산업기사
·
기사
실기대비용

차근차근 따라하는

AUTODESK INVENTOR

김선용 · 유대원 · 김정훈

진샘미디어
JINSAEM

저자 소개

김선용

울산과학대학교 기계공학부

유대원

한국폴리텍대학 창원캠퍼스 스마트제조기계설계

김정훈

울산과학대학교 기계공학부

차근차근 따라하는

AUTODESK INVENTOR

발 행 일 • 2024년 2월 26일

저 자 • 김선용 · 유대원 · 김정훈
발 행 인 • 최봉조
발 행 처 • 진샘미디어
주 소 • 서울시 은평구 연서로5길28 부호아파트 102동 상가5호
전 화 • (02)353-4421
팩 스 • (02)353-4431
웹 사 이 트 • www.jinsaem.co.kr

신 고 번 호 • 제311-2005-000025호
I S B N • 979-11-91419-35-1 93550

정가 32,000원

머리말

본 교재는 기계공학부 학부생들을 대상으로 Autodesk Inventor 과목의 강의 및 실습을 위해 구성한 것이 특징이다. 대부분의 CAD 상용소프트웨어는 방대한 명령어를 내포하고 있음에도 불구하고, 기계공학 엔지니어로서 현장에서 제품을 생산하기 위해 사용하는 명령어는 일부에 지나지 않는다. 기계공학을 전공하는 학생의 입장으로 현장에서 원하는 제품을 설계하기 위해 반드시 필요로 하는 명령어의 설명과 "예제 따라 하기"를 제공함으로 단기간에 Inventor의 활용 능력을 빠르게 배양할 수 있다.

Autodesk Inventor 2024 버전을 기반으로 교재를 구성하였으며, 인벤터 3D 모델링 방법에 대한 전반적인 설명에서 부터 제품제작을 위한 2D 도면 작성까지 총 9장으로 구성하였다. 차근차근 교재 순서에 따라 학습을 한다면 어느새 자기 자신이 Autodesk Inventor 전문가가 되어 있는 것을 발견할 수 있으리라 믿는다.

전산응용기계제도기능사, 기계설계산업기사, 일반기계기사 등 국가기술자격증을 준비하는 수험생에게도 많은 도움이되리라 믿는다.

부디 본 교재를 통해 현장에서 Autodesk Inventor의 전문가로 발돋움하여 질 좋은 제품설계를 통해 엔지니어로서의 꿈과 대한민국의 산업 발전을 이루는데 조그마한 보탬이 되길 희망한다.

이 교재를 출판하기 까지 많은 도움을 주신 진샘미디어 김경태 이사님을 비롯한 관계자 분들께 감사의 말씀을 전합니다.

저자 일동

차례

01 CHAPTER 인벤터 2024 시작하기

1.1 인벤터 소개

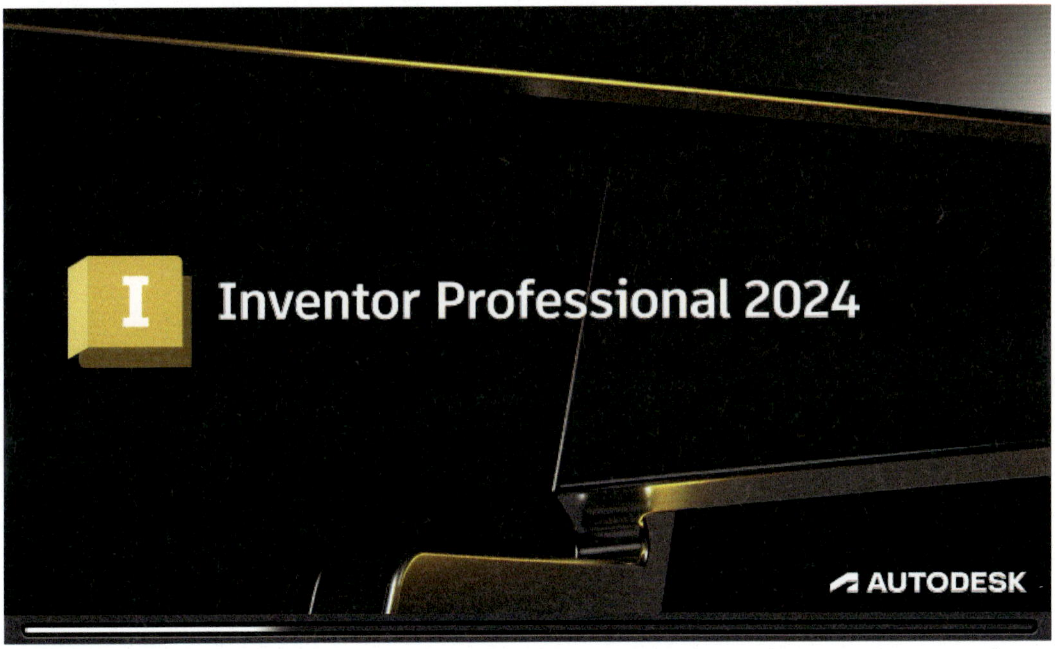

1.1.1 인벤터 소개

Autodesk Inventor는 기계 설계, 기계 가공 및 해석(CAD/CAM/CAE) 업무 수행을 위한 Feature-Based Parametric 3D Solid Modeling 설계 도구이다.

1.1.2 인벤터 작업 모드

인벤터에서 제공하는 4가지 기본 작업 모드는 다음과 같다.

1) Part Mode (부품 모드)
Parametric 2D 스케치를 그려 구속조건을 부여하고, 3D 솔리드 부품을 생성하는 인벤터의 주 설계 작업 환경이다. 생성 파일은 "*.ipt"이다.

2) Assembly Mode (조립품 모드)
Part mode에서 작성한 솔리드 부품들을 배치해서 서로 조립하거나 부품을 작성과 동시에 조립하면서 최종 조립품(Assembly) 모델을 완성하는 설계 작업 환경이다. 생성 파일은 "*.iam"이다.

3) Presentation Mode (프리젠테이션 모드)
조립품의 구성요소 관계, 조립 순서 및 분해, 애니메이트된 조립품 파일 혹은 프리젠테이션 문서를 작성하는 설계 작업 환경이다. 생성 파일은 "*.ipn"이다.

4) Drawing Mode (도면 모드)
부품 혹은 조립품의 구성요소 뷰와 상세 정보가 포함된 2D 엔지니어링 도면(Drawing) 문서를 작성하는 설계 작업 환경이다. 생성 파일은 "*.idw"이다.

1.1.3 인벤터 작업 순서

인벤터의 일반적인 작업 순서는 다음과 같다.

2D 스케치 → 3D 부품 모델링 → 3D 조립 모델링 → 3D 프리젠테이션 → 도면화

인벤터 모델은 3D 솔리드 부품 혹은 조립품이고, 3D 솔리드 피처들로 구성되어 있다. 부품 모델은 단일 3D 솔리드 기하학적 형상이고, 조립품 모델은 단일 혹은 다중 부품 모델로 이루어져 있다.

1.2 인벤터 시작

1.2.1 인벤터 실행

윈도우 시작 메뉴 혹은 바탕화면에 있는 Inventor 2024 아이콘으로부터 Inventor Professional 2024를 실행할 수 있다. 아이콘을 더블클릭하면 Inventor Professional 2024 로고 이미지가 표시된 후 아래 그림처럼 인벤터 2024 초기화면이 나타난다.

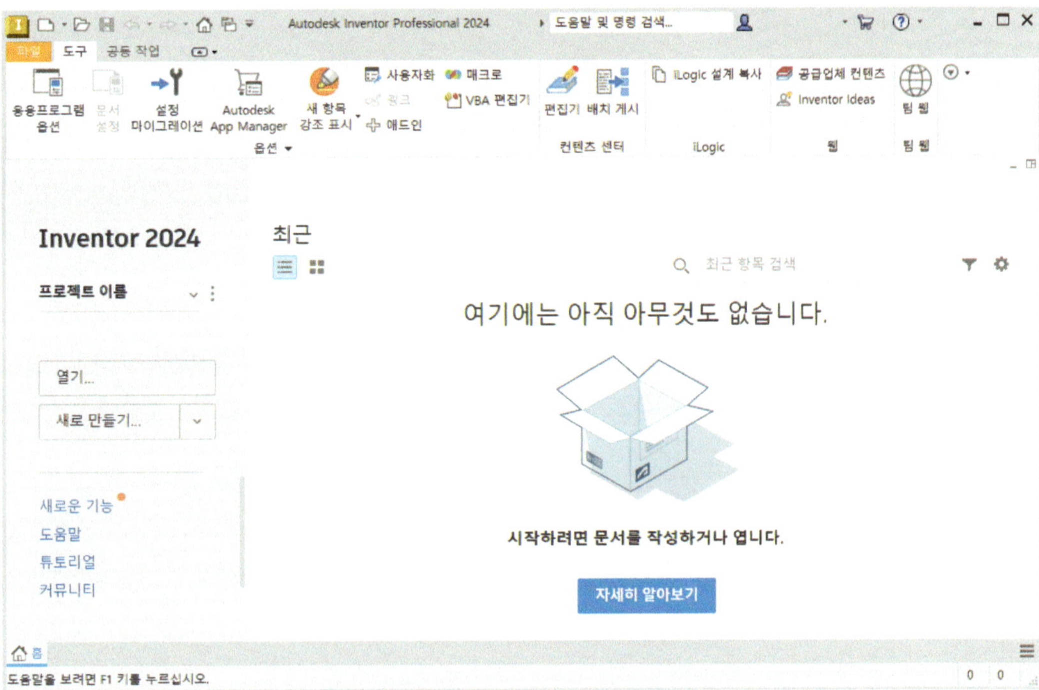

1.2.2 마우스 사용법

■ 왼쪽 버튼

① 메뉴나 명령 아이콘을 선택하여 여러 가지 명령을 실행할 수 있다.
② 임의의 점을 찍거나 화면에 그려진 객체를 선택할 때 주로 사용한다.

▣ 스크롤 휠 버튼

① 휠을 회전시켜 화면을 확대하거나 축소할 수 있다.(Zoom in/out)

② 화면의 임의의 점을 드래그하여 화면 전체를 이동할 수 있다.(PAN 기능)

③ 휠 버튼을 더블클릭하면 전체 화면을 표시할 수 있다. (Zoom Fit)

④ Shift키와 휠 버튼을 동시에 눌러 드래그하면 화면 전체를 3D 회전할 수 있다.(3D Rotate)

▣ 오른쪽 버튼

① 보조 메뉴를 불러올 수 있다.

② 명령 실행 중에 여러 가지 옵션을 선택할 수 있다.

1.2.3 단위설정 확인

인벤터를 처음 시작하고 가장 먼저 체크해야할 사항은 인벤터 전체 단위(Unit)가 작업 템플릿 환경에 맞게 설정되었는지 확인하는 것이다. 한글 인벤터에는 보통 ISO 규격으로 설정이 되어있으므로 다음과 같이 확인 해보기 바란다.

▶ ❶ [도구] 메뉴를 클릭하고 ❷ [응용프로그램 옵션]을 클릭하면 옵션 창이 나타난다. ❸[파일]탭을 선택한 후 ❹ [기본 템플릿 구성...]을 클릭하고 나타나는 구성 창에서 ❺ [밀리미터], ❻ [ISO]에 체크를 하고 ❼ [확인] 버튼을 누른다.

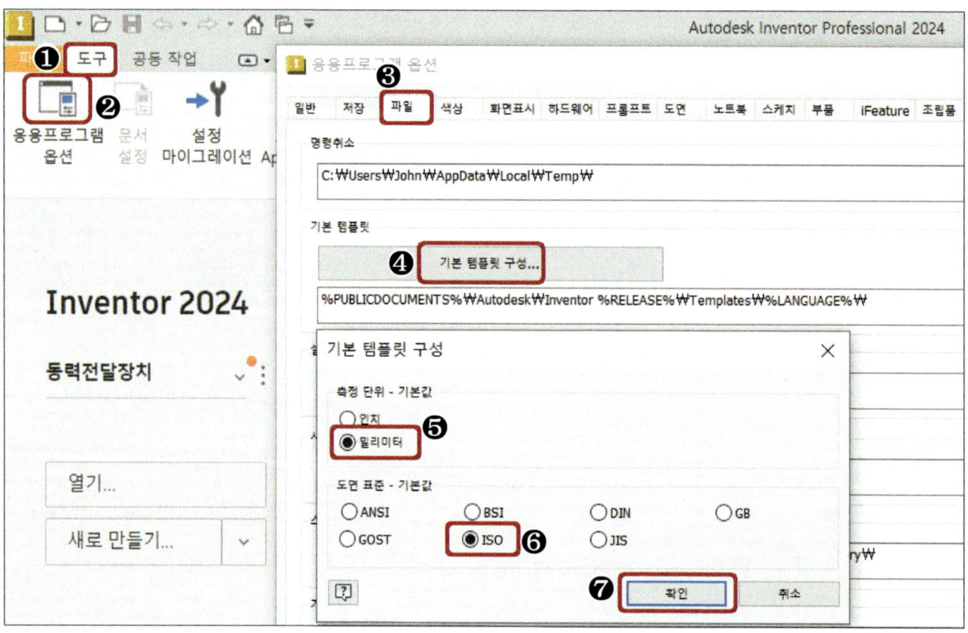

▶ 다음과 같은 창이 나타나는데 여기서 ❽ [덮어쓰기]를 클릭한다.

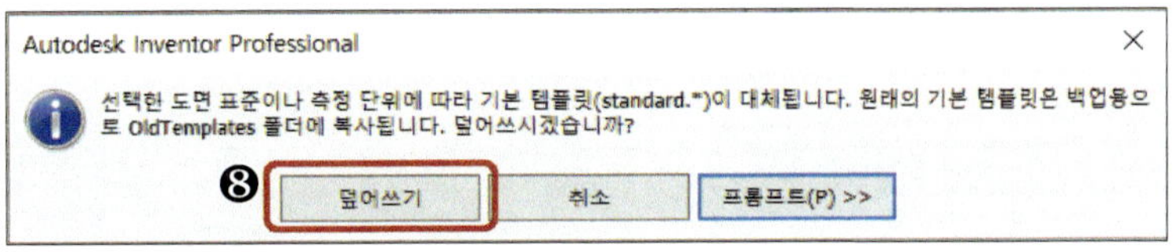

▶ ❾ [닫기]버튼을 눌러 [프로그램 옵션] 창을 완전히 빠져 나온다.

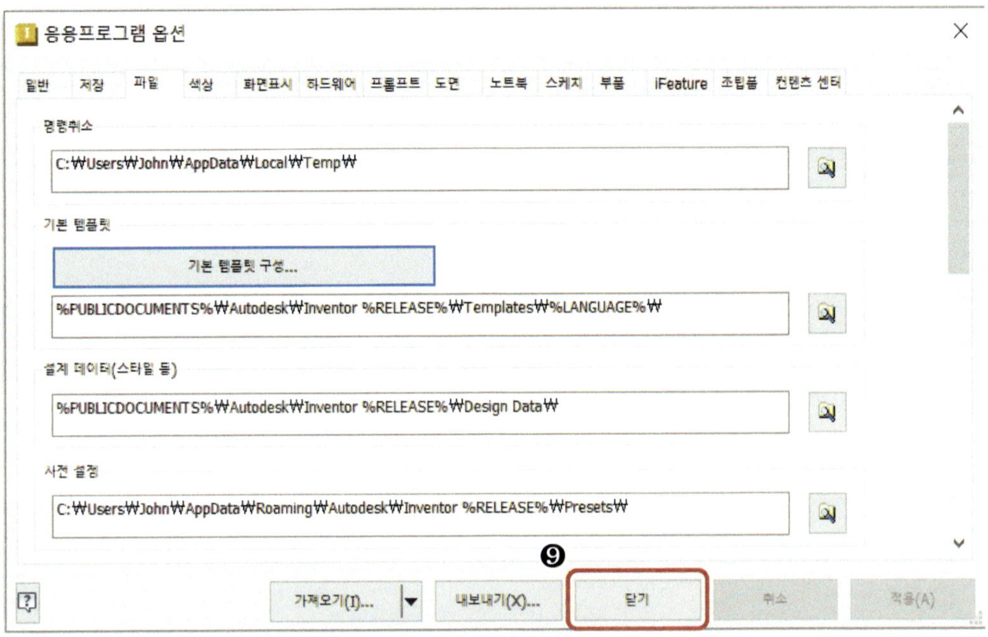

02 인벤터 2024 스케치

CHAPTER

2.1 인벤터 2024 스케치

2.1.1 스케치 시작하기

▶ ❶ [새로 만들기]를 클릭하고 ❷ [ko-KR]을 확장시켜 ❸[Metric]을 선택한다. ❹ [Standard(mm).ipt]를 선택하고 ❺ [작성] 버튼을 누른다.

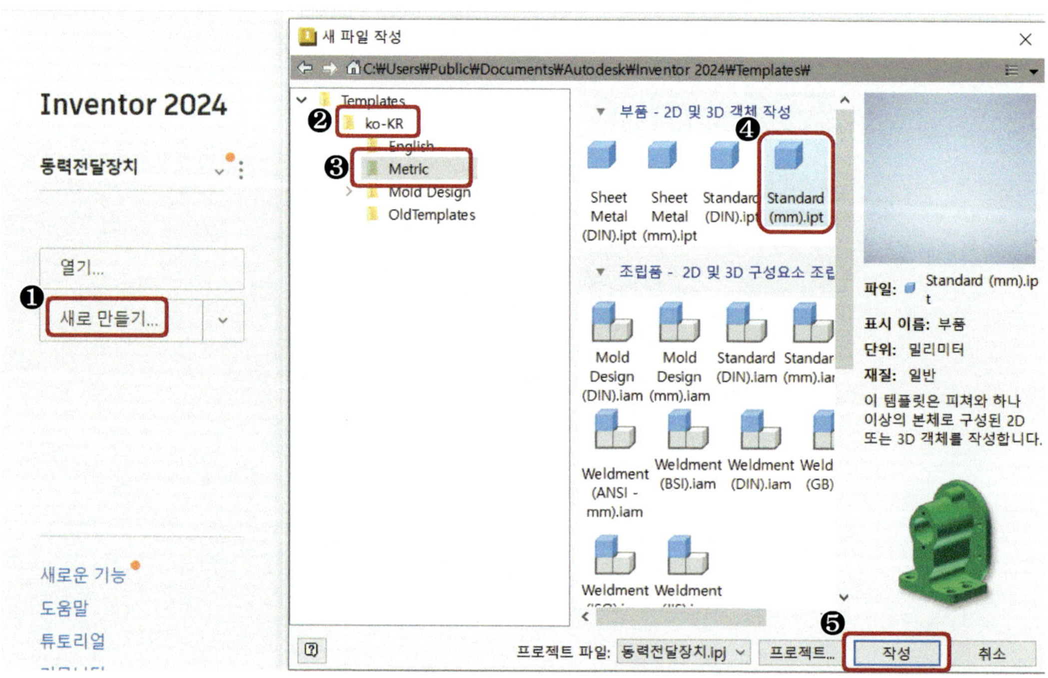

▶ 스케치 평면을 잡기 위해서 ❶ [2D 스케치 시작]을 클릭하면 다음과 같이 3개의 좌표 평면이 나타난다. ❷ [XY평면]을 선택한다.

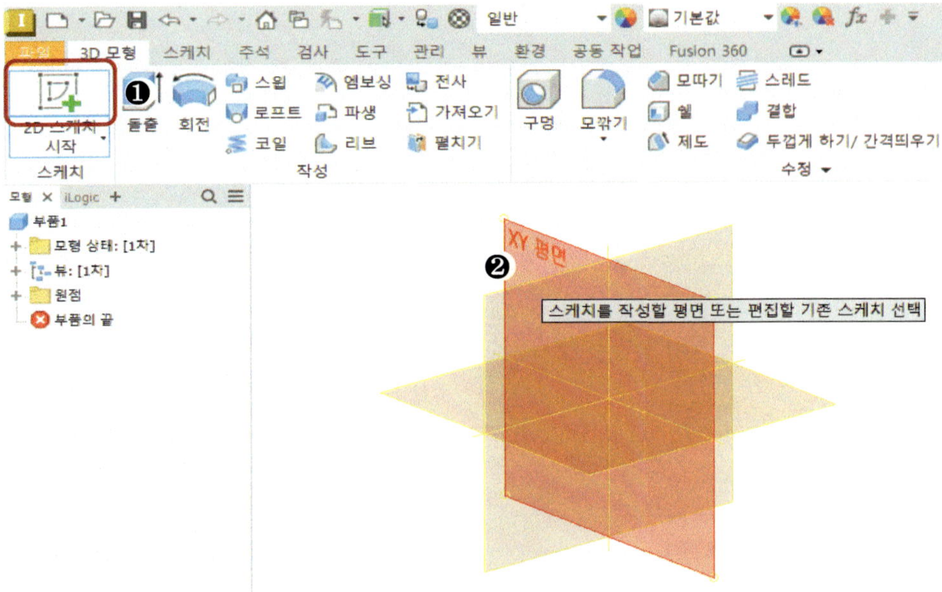

▶ 결과는 다음과 같다.

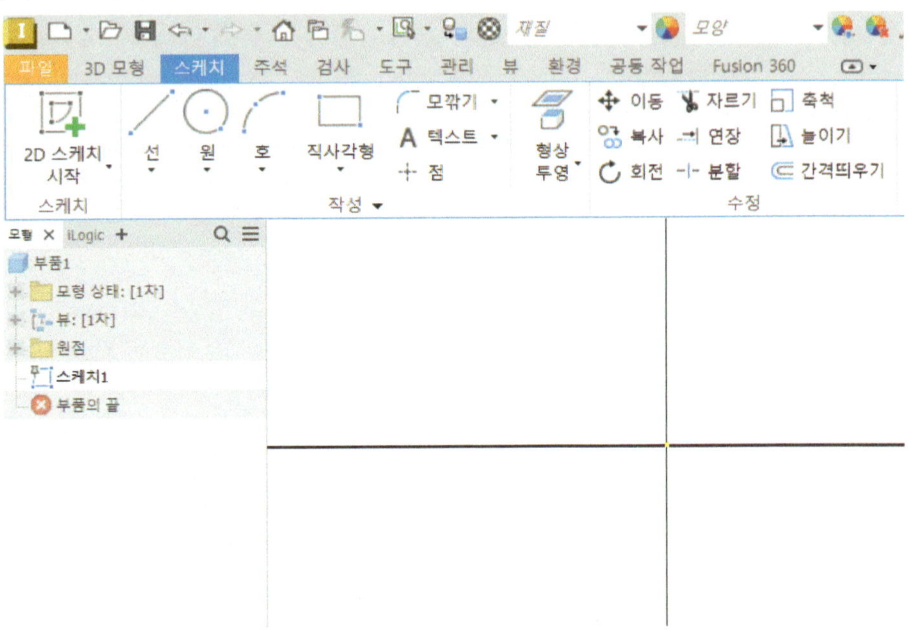

2.2 [작성] 리본 메뉴

2.2.1 선

(1) [선] 명령으로 임의의 점 ❶을 찍은 후 길이를 입력하거나 임의의 점 ❷를 클릭한 후 Esc를 누른다. 마찬가지 방법으로 점 ❶ ~ ❹까지 차례로 클릭하여 연결된 선을 그릴 수 있다.

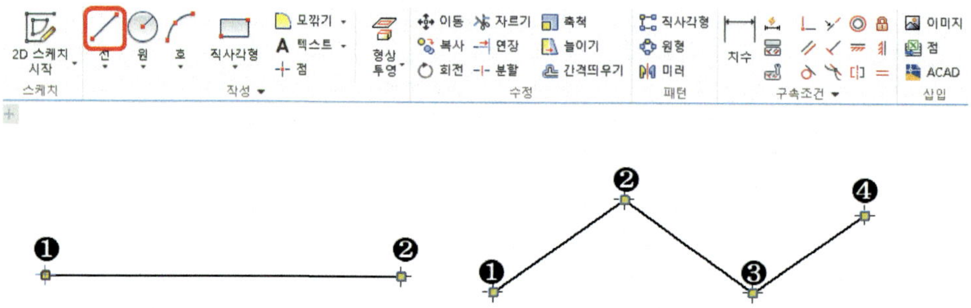

(2) [선] 명령의 아랫부분을 클릭하여 확장시켜 [제어 꼭짓점 스플라인]과 [보간 스플라인]을 점 ❶ ~ ❹까지 차례로 클릭하여 그릴 수 있다. 마지막에 확인(✔) 버튼을 누른다.

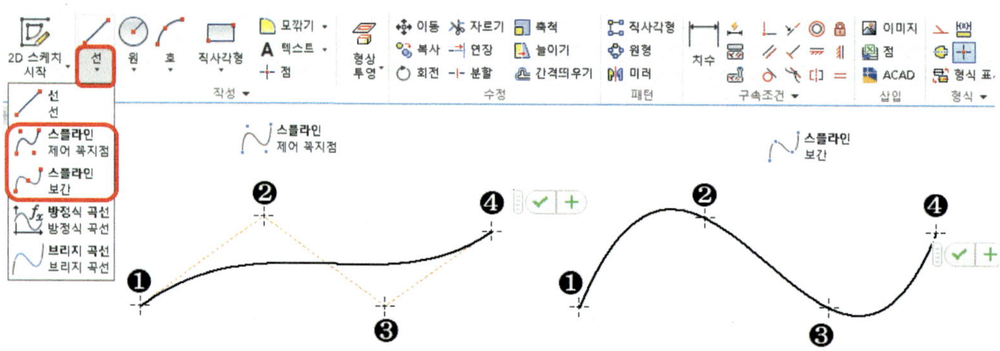

(3) [선] 명령의 아랫부분을 클릭하여 확장시켜 [방정식 곡선]을 선택한다.

직선의 방정식 $y=2x$를 작도하려면 다음 그림과 같이 x(t) : t, y(t) : 2*t, x축 범위 : -4~3을 입력한다. 마지막에 확인(✔) 버튼을 누른다.

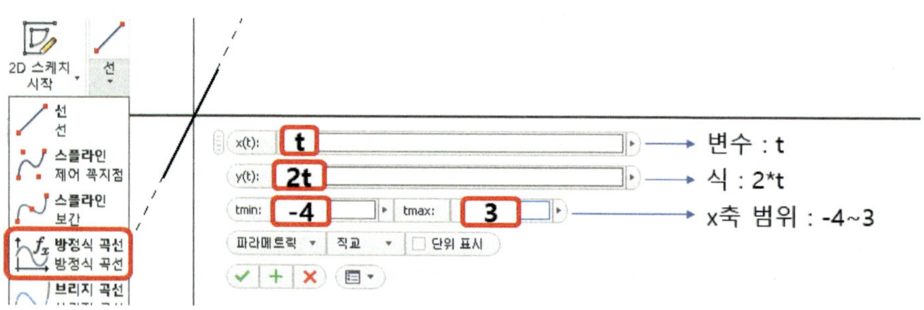

(4) 우선 아래 그림처럼 떨어져 있는 수평선 두 개를 그린다. [선] 명령의 아랫부분을 클릭하여 확장시켜 [브릿지 곡선]을 선택한다. 이미 그려져 있는 요소의 끝부분 ❶과 ❷를 각각 선택하면 서로 접하는 새로운 곡선 ❸을 그릴 수 있다.

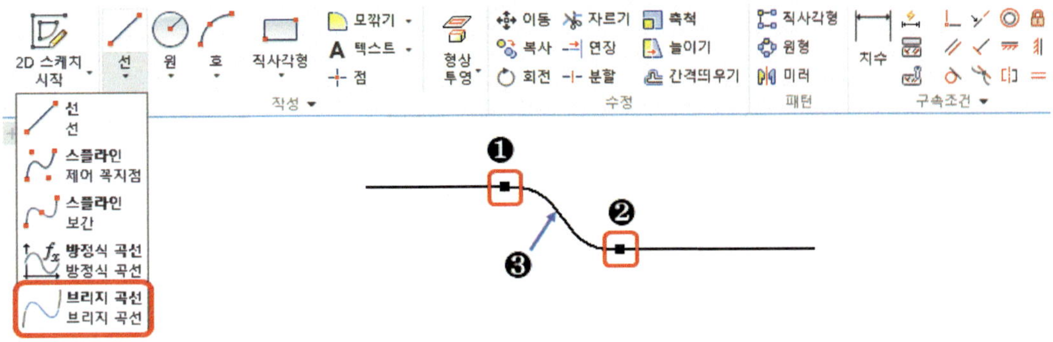

2.2.2 원

(1) 중심점 [원] : 중심점 ❶을 찍고 점 ❷에서 반지름(또는 마우스 우클릭 후 지름 선택)에 해당되는 점을 찍거나 값을 입력하여 원을 그릴 수 있다.

(2) 접선 [원] : 이미 그려져 있는 세 개의 선 ❶~❸에 접하는 원을 그린다.

(3) 타원 : 중심점 ❶과 장축의 점 ❷와 단축의 점 ❸으로 타원을 그린다.

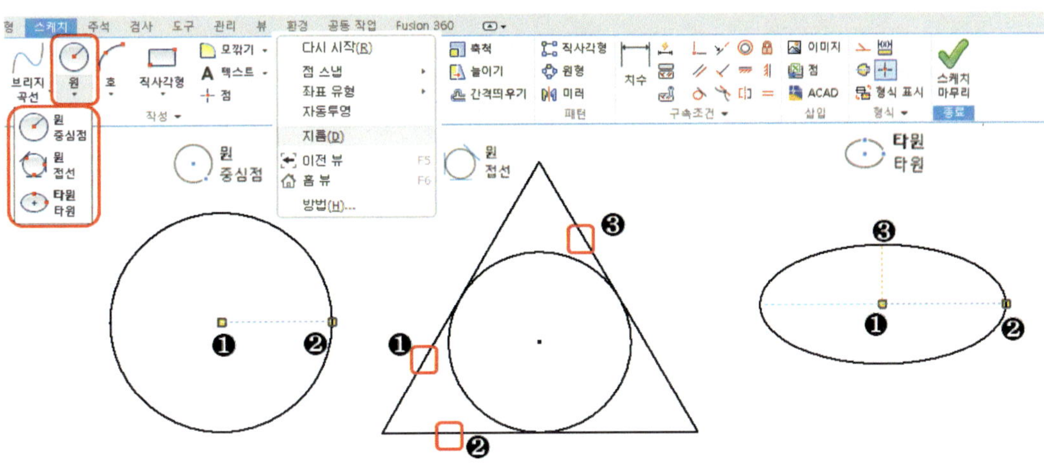

2.2.3 호

(1) 3점 [호] : 시작점 ❶과 끝점 ❷를 선택한 후 호가 지나는 점 ❸ 또는 반지름을 입력하여 3점 호를 그릴 수 있다.

(2) 접선 [호] : 기존에 그려진 요소의 끝부분 ❶을 선택한 후 점 ❷ 근처를 클릭하면 접선으로 연결된 호를 그릴 수 있다.

(3) 중심점 [호] : 중심점 ❶을 선택한 후 시작점 ❷와 ❸을 선택하여 중심점 호를 그릴 수 있다.

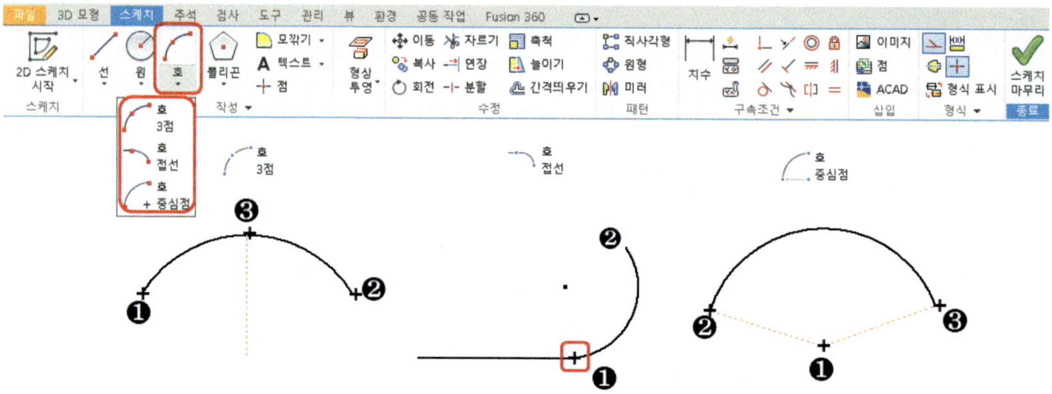

2.2.4 직사각형

(1) [직사각형] 명령으로 [2점], [3점], [두 점 중심], [세 점 중심] 직사각형을 그릴 수 있다. 각각 번호 순서대로 클릭한다.

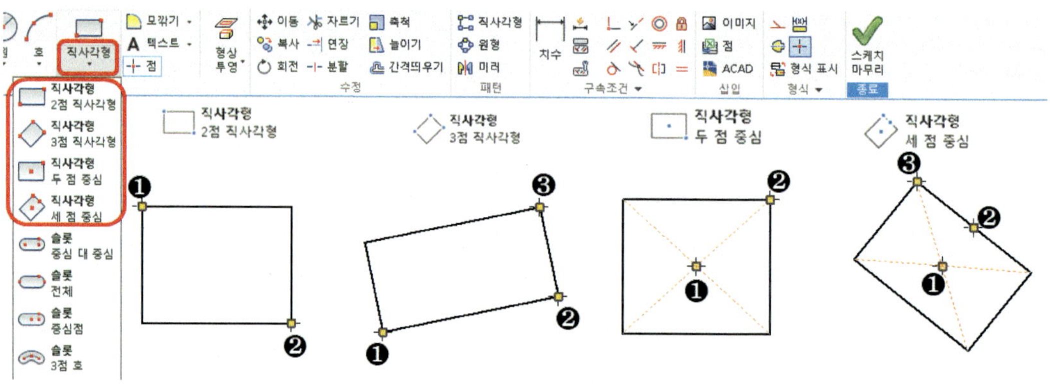

(2) 슬롯

① 곧은 슬롯

▶ [중심대 중심 슬롯], [전체 슬롯], [중심점 슬롯]을 그릴 수 있다.

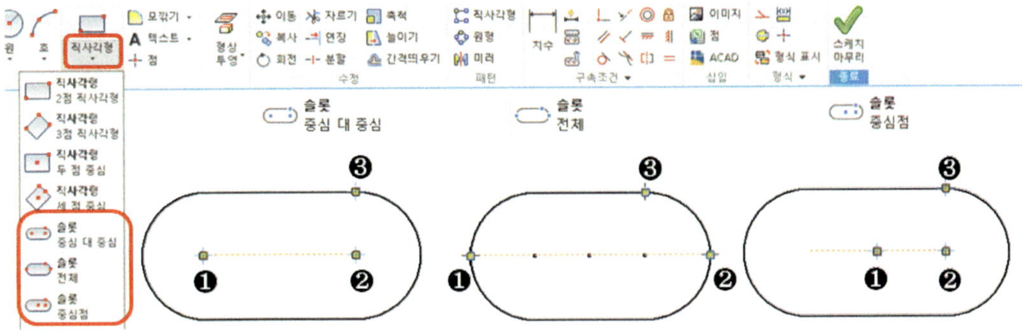

② 곡선 슬롯

▶ [3점 호 슬롯], [중심점 호 슬롯]을 다음과 같이 그릴 수 있다.

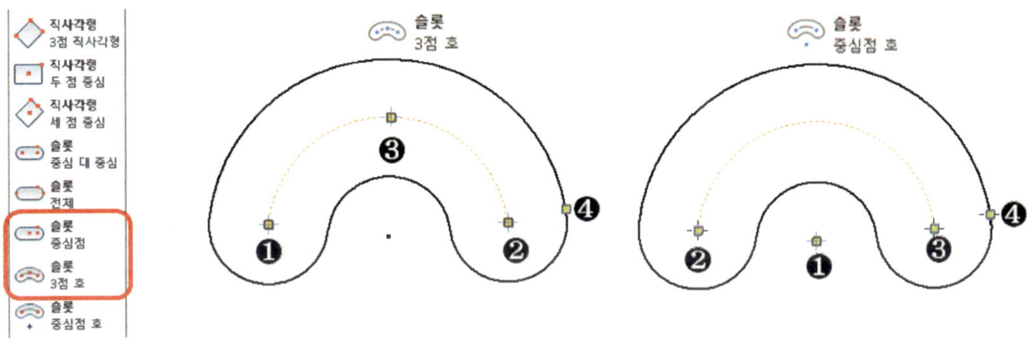

(3) [폴리곤] 그리기

▶ 원 중심점 ❶과 원의 사분점 ❷를 클릭한다. 폴리곤은 3~120각형까지 그릴 수 있으며, 내접과 외접으로 구분된다. 원은 이해를 돕기 위해 미리 그려 놓은 것이다.

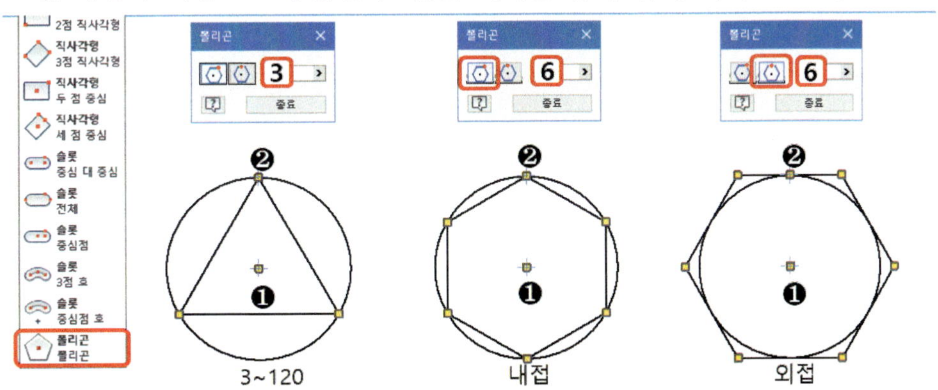

2.2.5 모서리 처리

(1) 모깎기 (Fillet)

▶ [모깎기] 명령을 클릭하고 ❶ 필렛 값 R5를 입력한 후 선 ❷와 선 ❸을 선택한다.

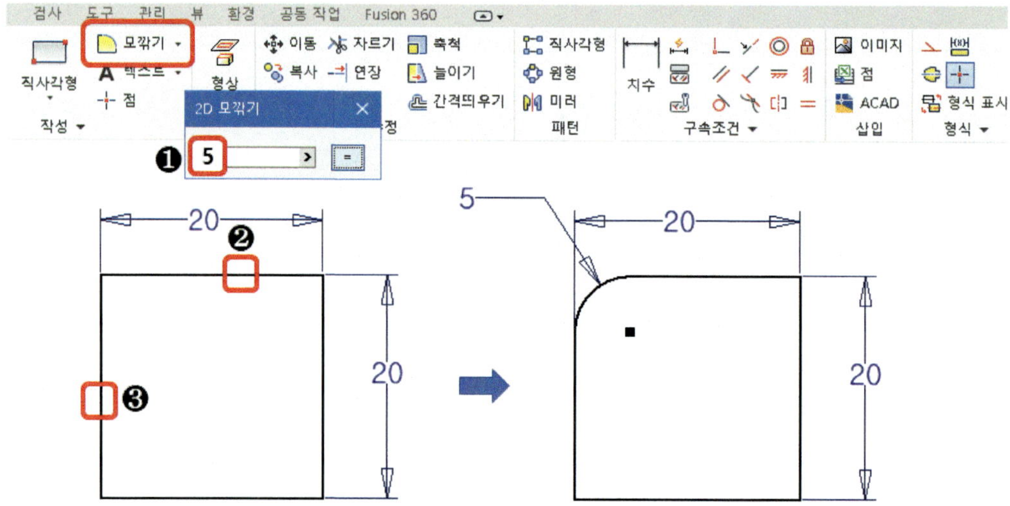

(2) 모따기(Chamfer)

▶ [모따기] 명령을 이용하여 직사각형에 대해 세 가지 방법으로 챔퍼(chamfer) 처리를 한 모습이다. ❶ 모따기 값을 먼저 입력한 후 선 ❷와 선 ❸을 선택한다.

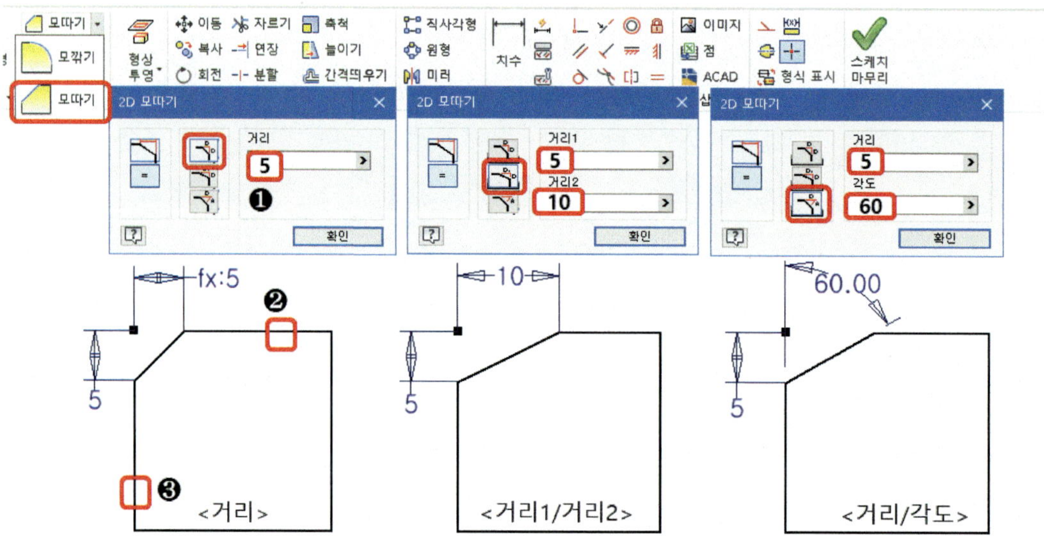

2.2.6 텍스트

(1) [텍스트]

▶ ❶ [텍스트] 명령을 클릭하고 임의의 점 ❷를 클릭한 후 ❸ [중간 자리맞추기], ❹ [3.5㎜], ❺ [굴림]을 선택한다. ❻ 원하는 텍스트를 입력하고 ❼ [확인] 버튼을 누른다.

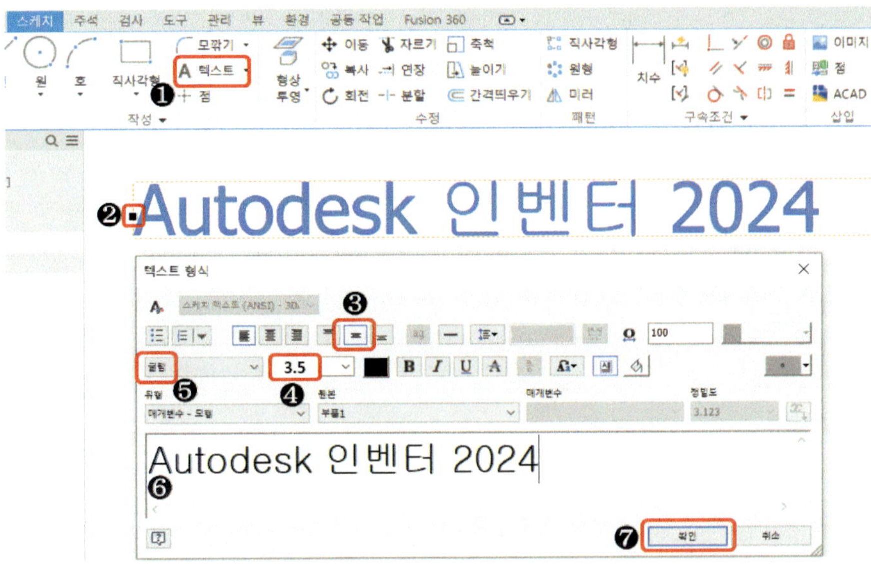

(2) [형상 텍스트]

▶ [선] 명령으로 길이가 50인 선(곡선)을 먼저 그린다. ❶ [형상 텍스트] 명령을 선택한 후 [형상] 선 ❷를 선택한다. ❸ [방향], ❹ [위치], ❺[[크기], ❻ [글꼴]을 설정하고 원하는 ❼ 텍스트를 입력한 후 ❽ [확인]을 누른다.

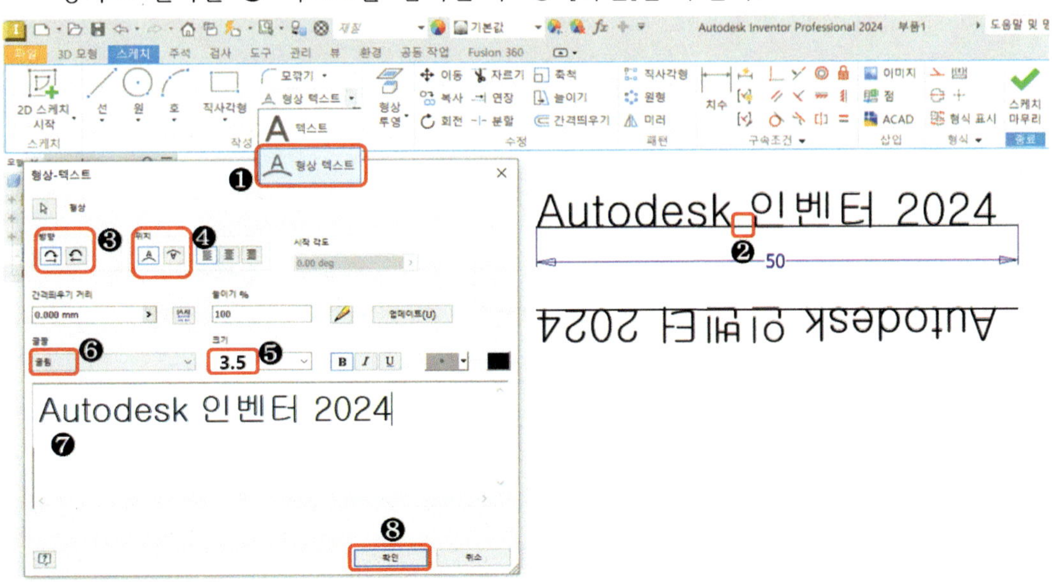

▶ [형상 텍스트]를 이용하여 다음과 같이 완성해 본다.

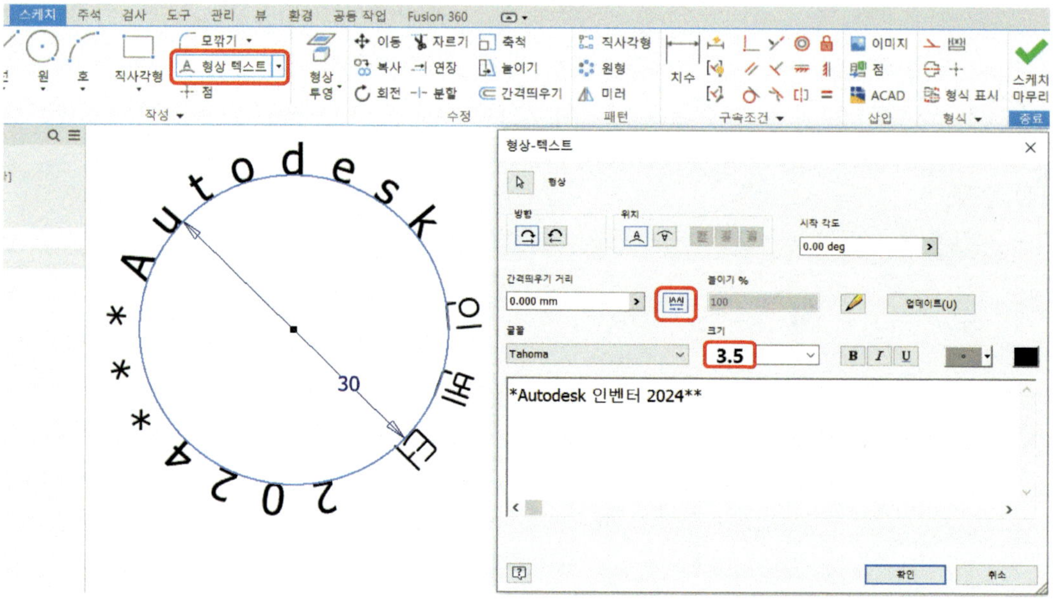

2.3 [구속 조건] 리본 메뉴

2.3.1 치수 구속

(1) 수평 & 수직 치수

▶ ❶ [직사각형] 명령으로 임의의 점 ❷와 ❸을 클릭하고 직사각형을 그린다. ❹ [치수] 명령을 클릭하고 선 ❺를 선택한 후 치수를 적당한 위치에 놓고 ❻ 수직 치수 20을 입력한다. 스페이스바(명령 반복)를 누른 후 선 ❼도 같은 방법으로 수평 치수 20을 입력한다.

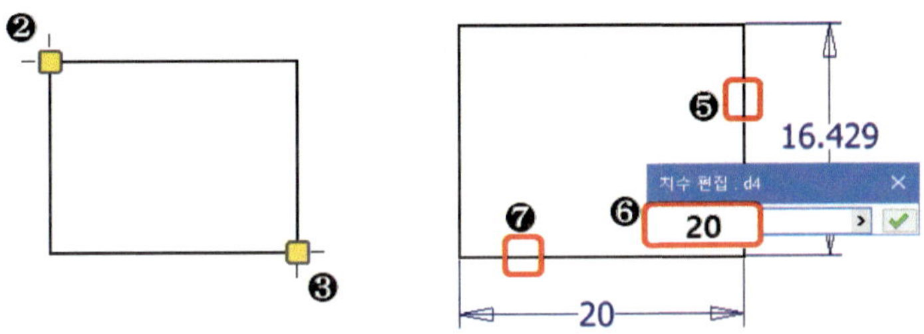

(2) 반지름 & 지름 치수 (아래 그림 왼쪽)

▶ [치수] 구속 명령으로 반지름과 지름 치수로 원을 그릴 수 있다. 지름 치수로 입력하기 위해서는 원 ❶을 선택한 후 마우스 우클릭하여 ❷ [치수 유형]에서 ❸ [지름] 선택하여 치수를 입력한다.

(3) 각도 & 정열 치수 (아래 그림 오른쪽)

▶ [치수] 구속 명령을 선택한 후 이미 그려진 선 ❶과 ❷를 선택하고 각도 치수를 입력한다. [정렬] 치수인 경우 경사진 선 ❸을 선택하고 우클릭한 후, ❹ [정렬(A)]를 선택하여 치수를 입력한다.

반지름 & 지름 치수

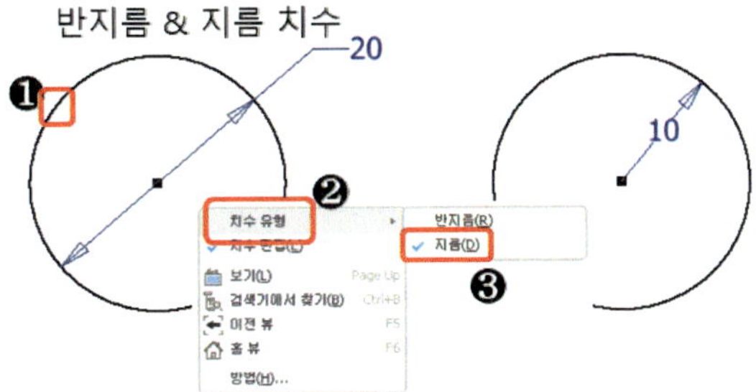

각도 & 정렬 치수

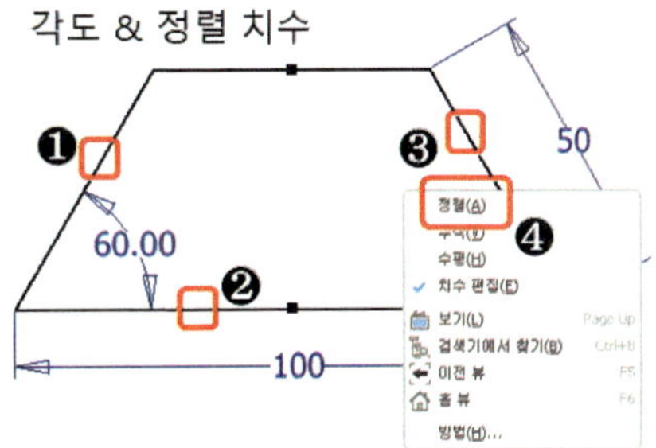

2.3.2 형상 구속

(1) 일치 구속조건

▶ ❶ [일치 구속조건]명령으로 선의 끝점 ❷와 끝점 ❸, 또는 끝점 ❹와 선 ❺를 일치 시킨다.

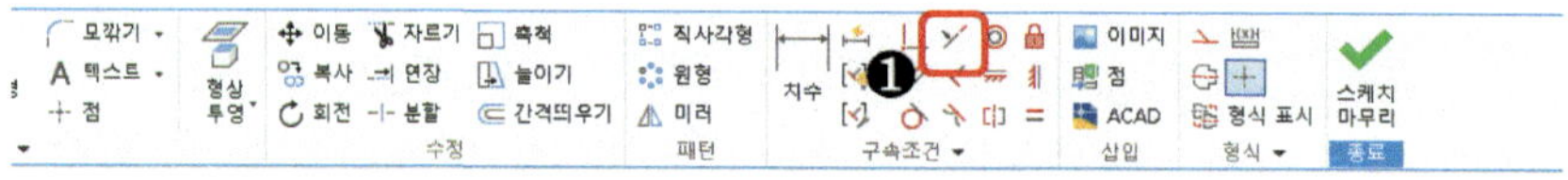

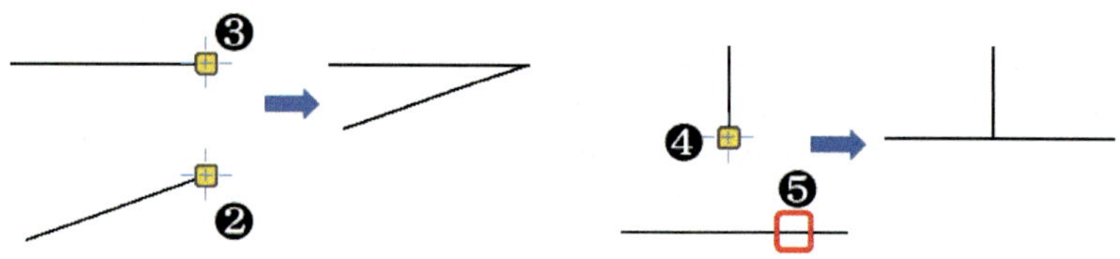

(2) 동일선상 구속조건

▶ ❶ [동일선상 구속조건] 명령은 선 ❷와 선 ❸을 동일 선상에 놓이게 하는 구속을 준다.

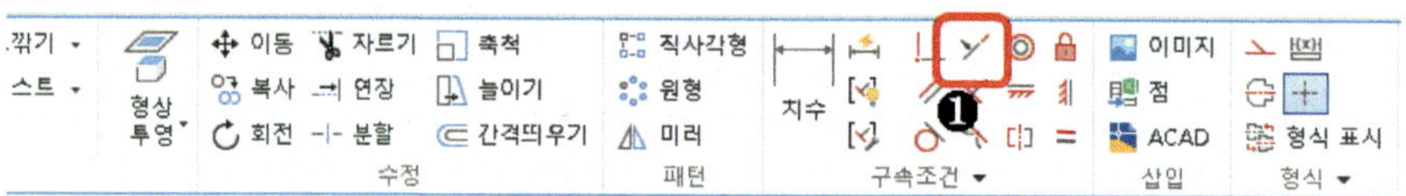

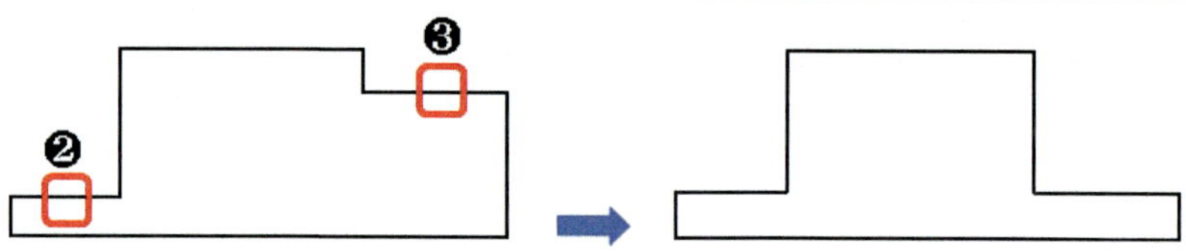

(3) 동심 구속조건]

▶ [동심 구속조건] 명령은 원(호, 타원)을 다른 원(호, 타원)의 중심점을 일치시키는 구속 조건을 준다. ❶ [동심 구속조건]을 클릭하고 원 ❷와 원 ❸을 선택한다.

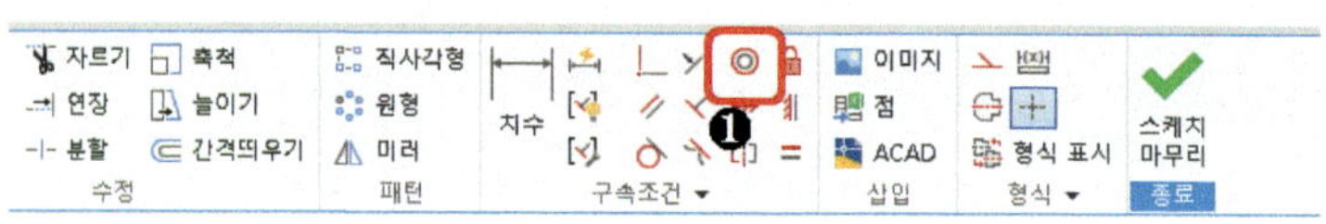

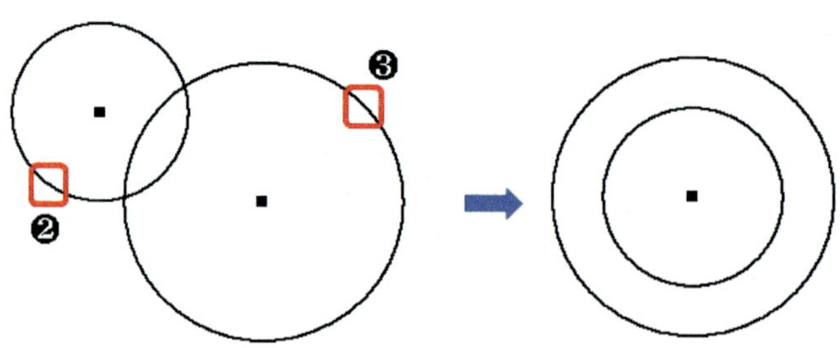

(4) 고정 구속조건

▶ ❶ [고정 구속조건] 명령은 점, 선, 곡선 등 요소의 위치를 고정할 수 있다. 선이나 호와 같이 **열린 요소**는 위치만 고정되고 끝점은 연장 또는 축소가 가능하다. 원과 같이 **닫힌 요소**는 위치와 크기 모두 완전히 고정된다.

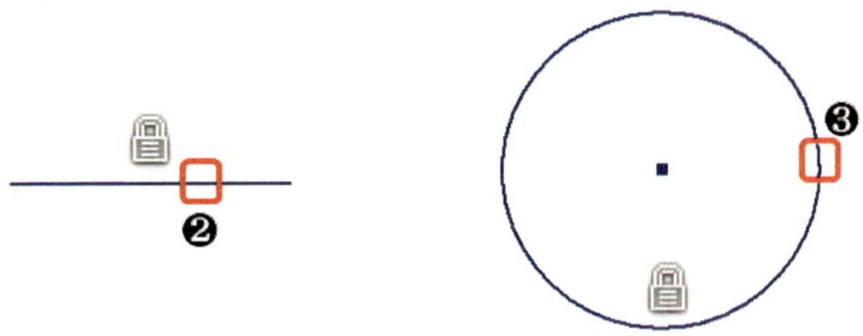

(5) 평행 구속조건

▶ ❶ [평행 구속조건] 명령은 수평선 ❷와 경사선 ❸을 평행하게 하는 구속을 준다.

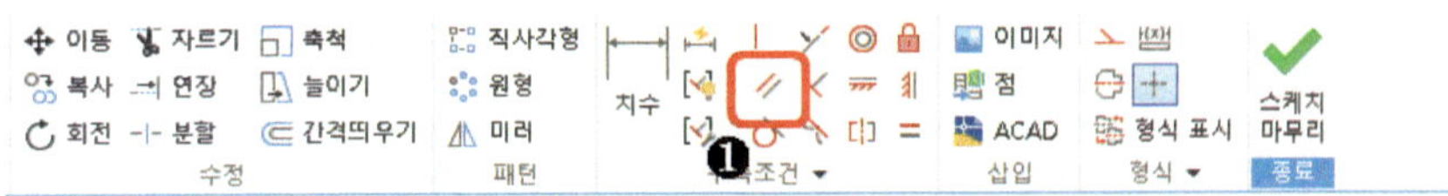

(6) 수직 구속조건

▶ ❶ [수직 구속조건] 명령은 수평선 ❷와 경사선 ❸을 수직구속이 되도록 한다.

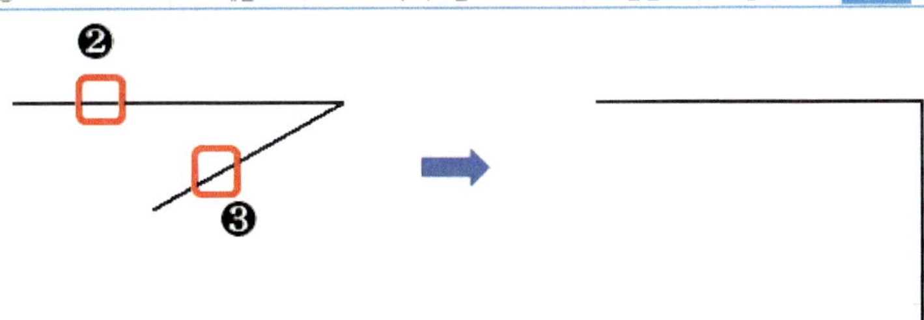

(7) 수평 & 수직 구속조건

▶ [수평 구속조건] 명령은 경사선 ❶을 선택하면 수평선 ❷로, [수직 구속조건] 명령은 경사선 ❶을 선택하면 수직선 ❸으로 만든다.

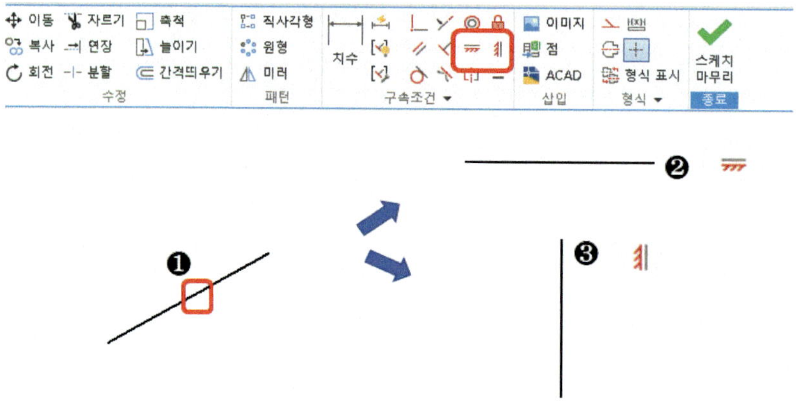

(8) 접선 구속조건

▶ ❶ [접선 구속조건] 명령을 경사선 ❷와 원 ❸을 선택하면 서로 달라붙는다.

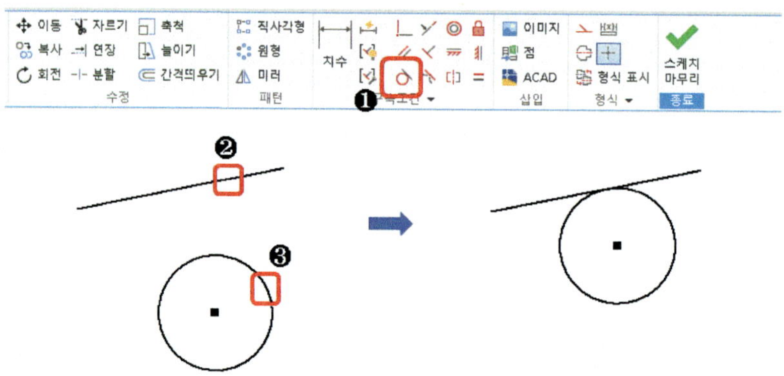

(9) 부드럽게(G2)

▶ ❶ [부드럽게(G2)] 명령을 클릭하고 이미 그려져 있는 스플라인 ❷와 선 ❸을 선택하면 만나는 지점에서 곡률이 연속인 구속을 줄 수 있다.

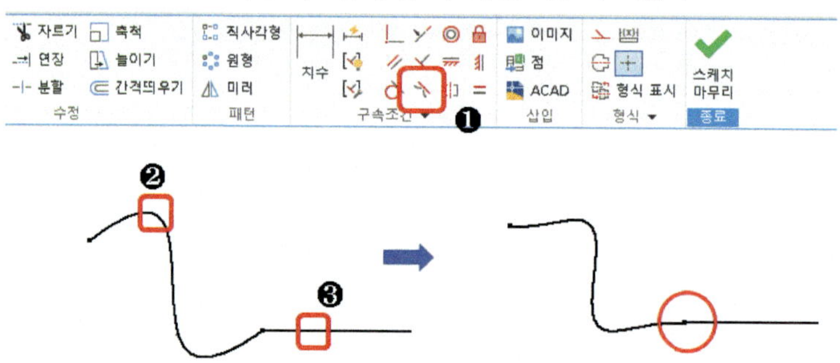

(10) 대칭

▶ ❶ [대칭] 명령을 클릭하고 선 ❷와 선 ❸을 선택한 후 대칭선 ❹를 선택한다.

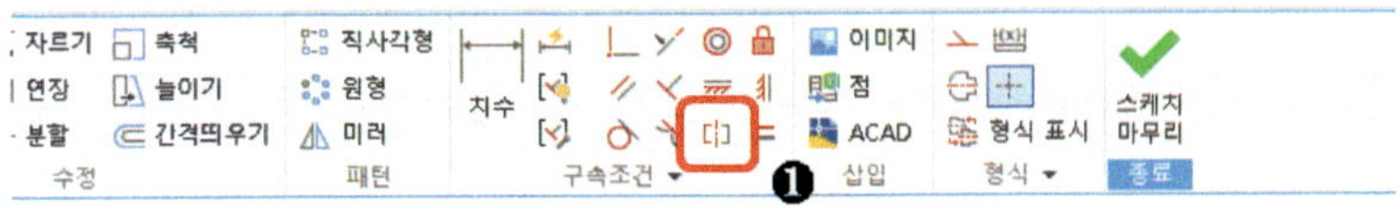

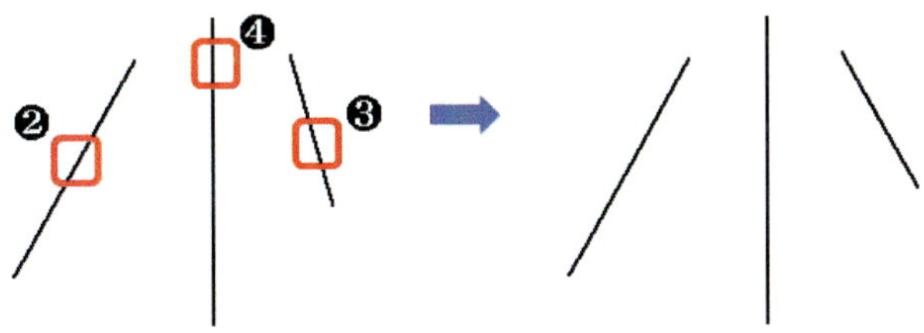

(11) 동일

▶ ❶ [동일] 명령을 클릭하고 경사선 ❷와 경사선 ❸을 선택하면 서로 크기(길이) 및 방향이 동일한 선으로 변경된다. 치수를 입력하면 서로 연동된다.

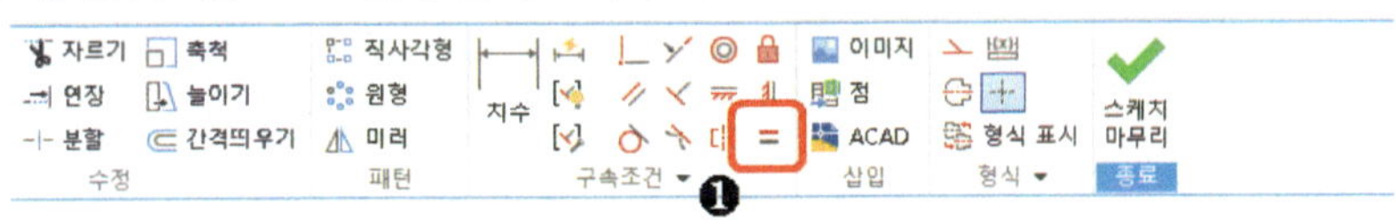

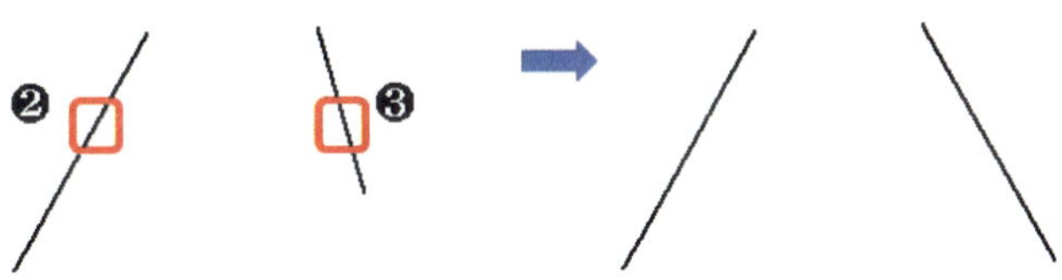

(12) 자동 치수 및 구속조건

▶ ❶ [자동 치수 및 구속조건] 명령으로 왼쪽그림을 점 ❷에서 드래그하여 점 ❸까지 Cross 선택하고 ❹ [적용] 버튼을 누르면 자동으로 완전하게 구속이 되기 위한 치수가 자동으로 기입된다.

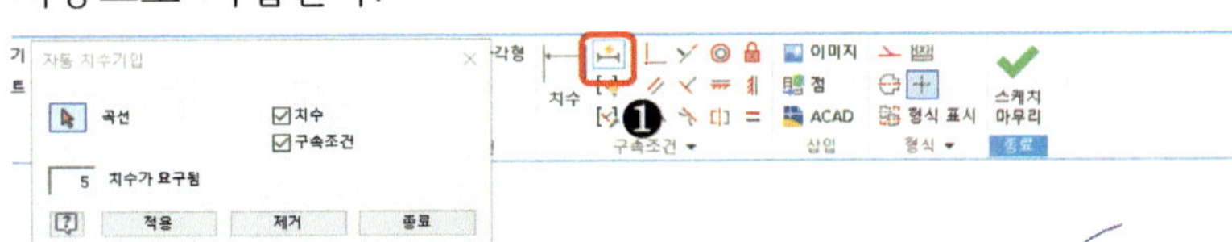

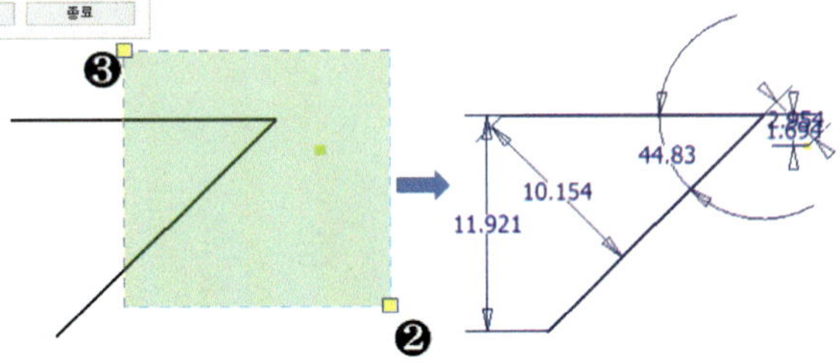

(13) 구속조건 표시

- ▶ 우선 왼쪽 도면과 같이 여러 도형을 그린다. ❶ [구속조건 표시] 명령을 클릭하고 원하는 개체를 선택하면 구속된 상태를 볼 수 있다. 점 ❷에서 ❸까지 드래그하여 전체선택(F8)하면 부여된 구속조건이 표시된다. 해제할 때는 F9를 누른다. 구속된 조건을 삭제하여 새로운 구속조건을 부여할 때 유용하다.

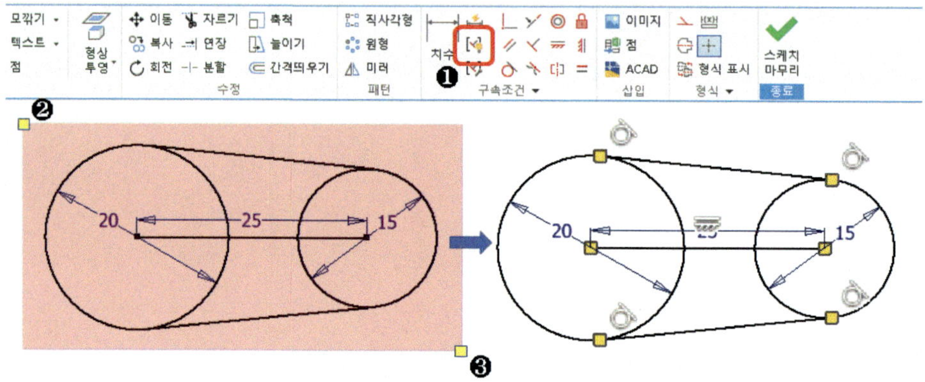

2.4 [수정] 리본 메뉴

2.4.1 이동

- ▶ 직경이 ∅20, ∅15인 원 2개를 먼저 그린다.
- ▶ ❶ [이동] 명령을 클릭하고 ❷ 원을 선택한 후 ❸ 기준점의 [화살표]를 누른다. 기준점 ❹를 클릭하고 목표점 ❺를 클릭하고 ❻ [종료] 버튼을 누른다.

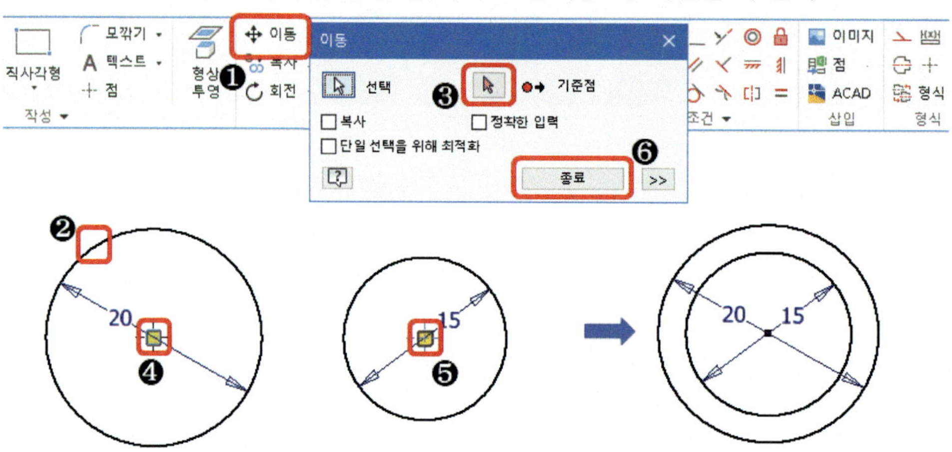

2.4.2 복사

▶ 직경이 ∅20인 원과 길이가 30인 선을 미리 그린다. ❶ [복사] 명령을 클릭하고 ❷ 원을 선택한 후 ❸ 기준점의 [화살표]를 누른다. 기준점 ❹를 클릭하고 목표점 ❺를 클릭하고 ❻ [종료] 버튼을 누른다.

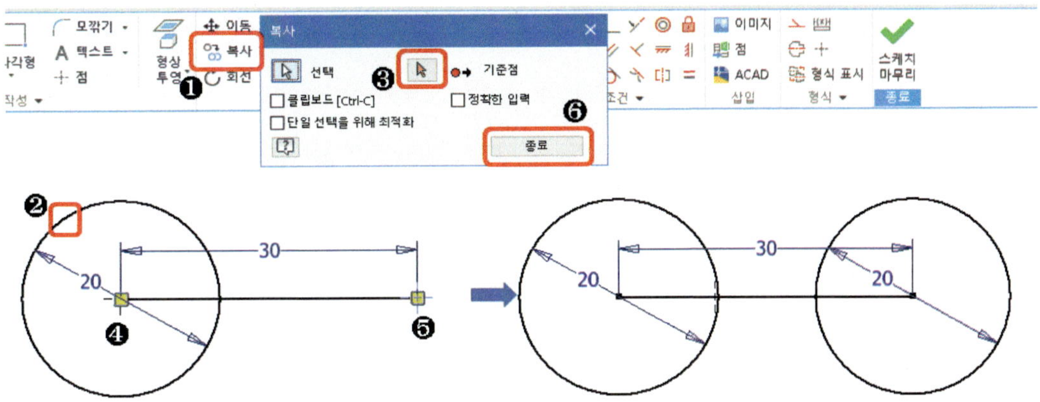

2.4.3 회전

▶ ❶ [회전] 명령을 클릭하고 점 ❷에서 점 ❸까지 드래그하여 회전시킬 객체를 모두 선택한 후 중심점을 선택하기 위해 ❹ [화살표]를 누른다. 회전 중심점으로 선의 끝점 ❺를 선택하면 새로운 윈도우 창이 열린다. ❻ [예(Y)]를 누르고 창이 사라지면 ❼ 회전각도 "45°"를 입력하고 [엔터키] 또는 ❽ [적용] 버튼을 누른다. 명령을 마치려면 [종료]버튼을 누른다.

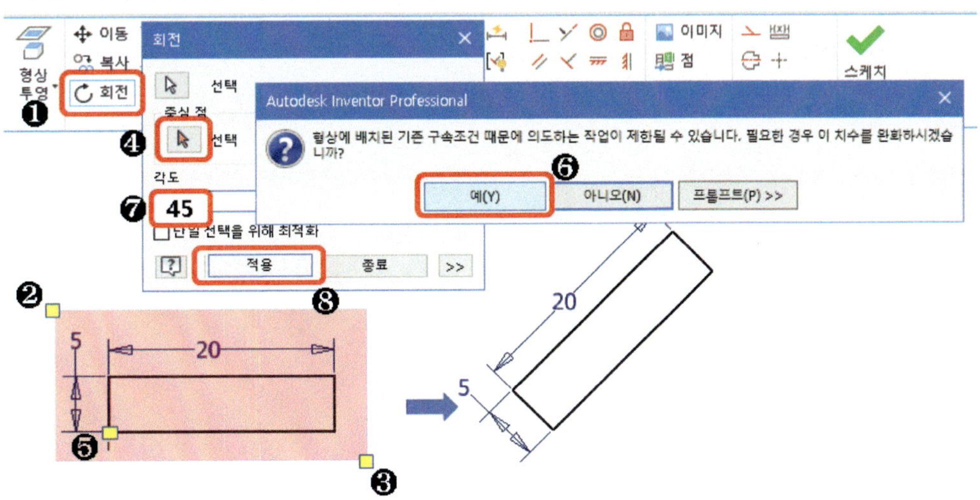

2.4.4 자르기

▶ ❶ [자르기] 명령을 클릭하고 선 ❷와 ❸을 선택하거나, 점 ❹에서 점 ❺까지 드래그하면 수직선(경계선)을 기준으로 선택한 부분을 자르기 할 수 있다.

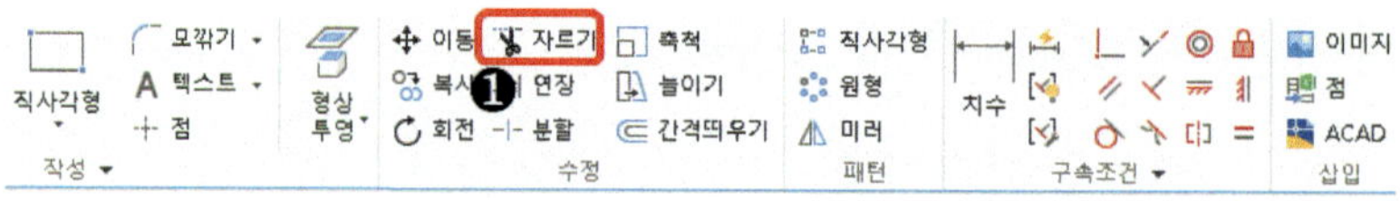

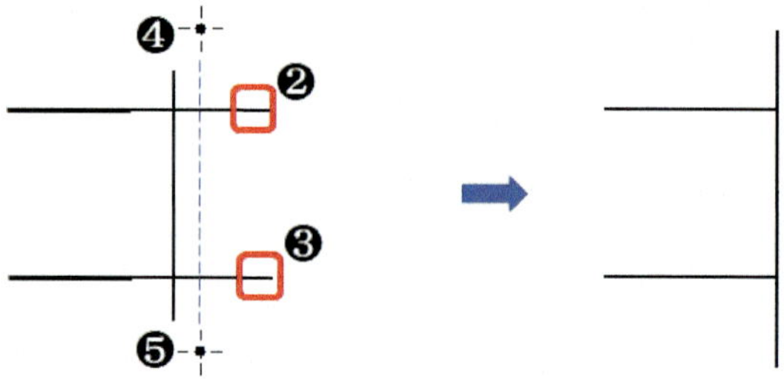

2.4.5 연장

▶ ❶ [연장] 명령을 클릭하고 선 ❷와 ❸을 선택하거나, 점 ❹에서 점 ❺까지 드래그하면 다음 수직선까지 연장할 수 있다.

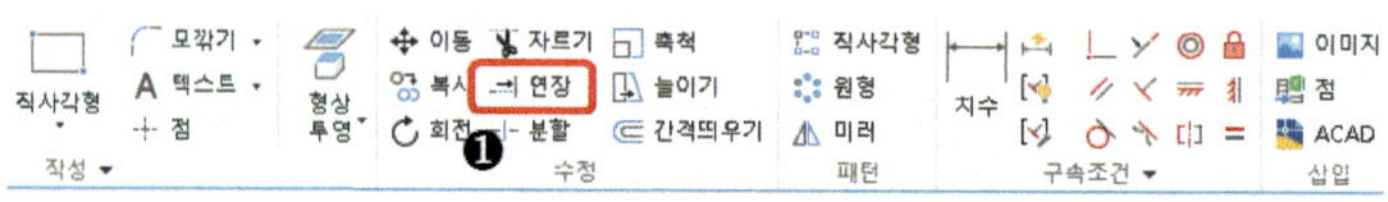

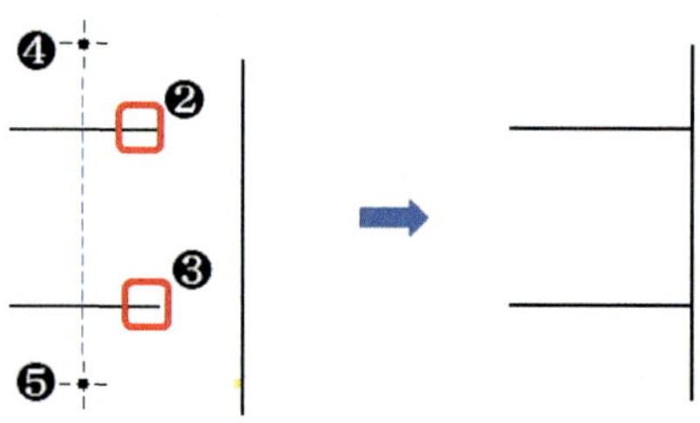

2.4.6 분할

▶ ❶ [분할] 명령을 클릭하고 선 ❷를 선택하면 수직선을 기준으로 선 ❸과 선 ❹로 각각 분할된다.

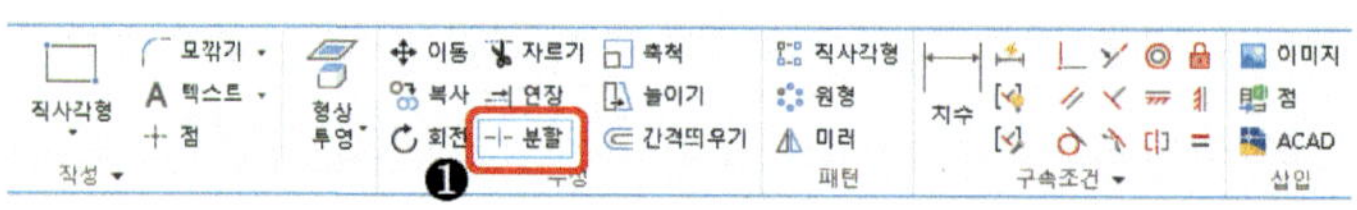

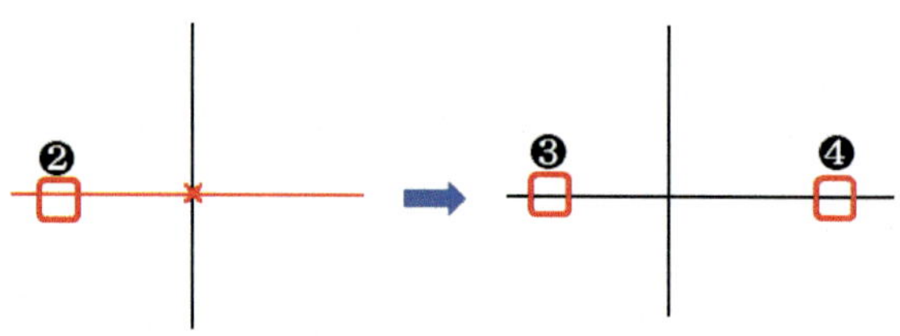

2.4.7 축척

▶ 먼저 원점에 직경이 ∅10인 원을 그린다. ❶ [축척] 명령을 클릭하고 스케일을 적용할 원 ❷ 선택한 후 ❸ 기준점의 [화살표]를 선택한다. 이어서, 원의 중심점 ❹를 선택하고 창이 나타나면 ❺ [예(Y)]클릭한다. ❻ 스케일 값 "2"를 주고 [엔터키]를 누르거나 ❼ [적용] 버튼을 누른다. 명령을 마치려면 [종료]버튼을 누른다.

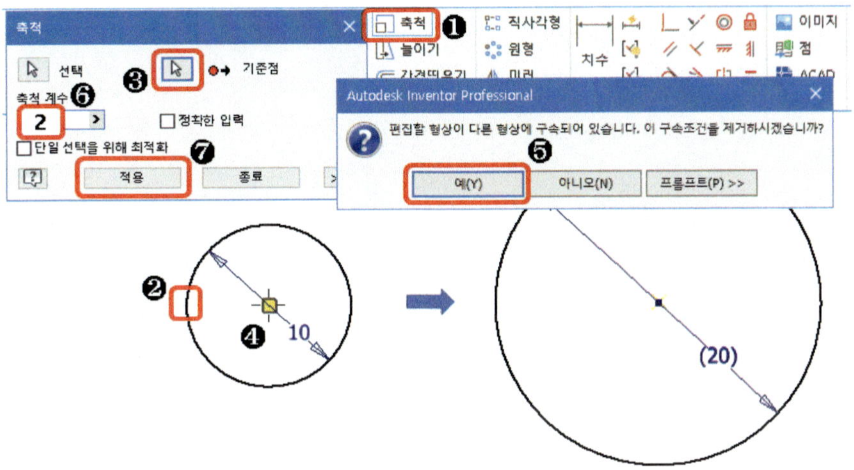

2.4.8 늘이기

▶ ❶ [늘이기] 명령을 클릭하고 임의점 ❷에서 ❸까지 Cross(걸침) 선택한 후 ❹ 기준점 [화살표]를 클릭한다. ❺ 꼭짓점을 선택하고 창이 나타나면 ❻ [예(Y)]를 클릭한 후 오른쪽으로 원하는 지점까지 클릭하여 늘이기를 한다. ❼ [종료]를 누른다.

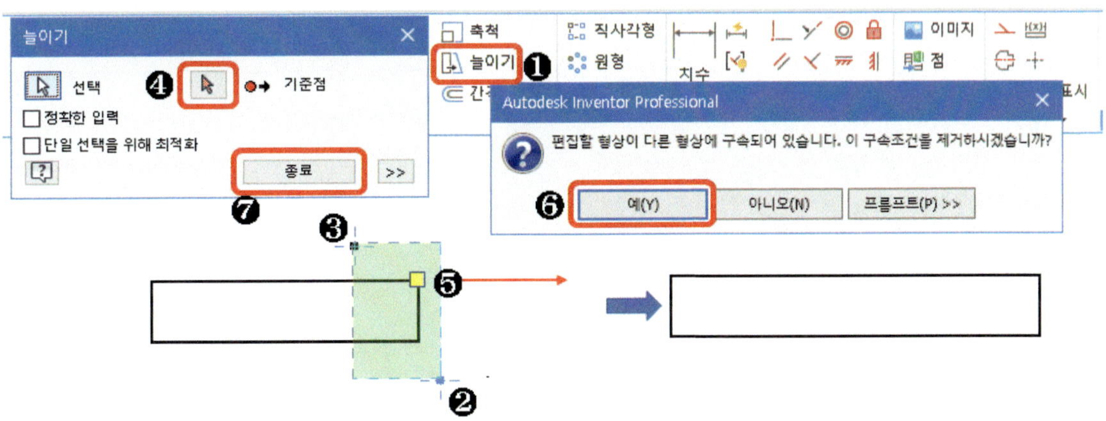

2.4.9 간격띄우기

① 도형 전체 간격띄우기

▶ 도형 전체의 간격을 띄우려면 ❶ [간격띄우기] 명령을 클릭하고 ❷ 슬롯을 선택한 후 마우스를 원하는 방향에 두고 간격 띄우기 치수 2를 입력한다.

▶ 여기서 선 하나만 선택된다면 마우스 우클릭해서 그림과 같이 ❸ [루프선택(L)]의 체크가 해제된 상태인 경우이다. 이 때 [루프선택]을 클릭하고 명령을 다시 실행하면 슬롯 도형 전체가 선택된다.

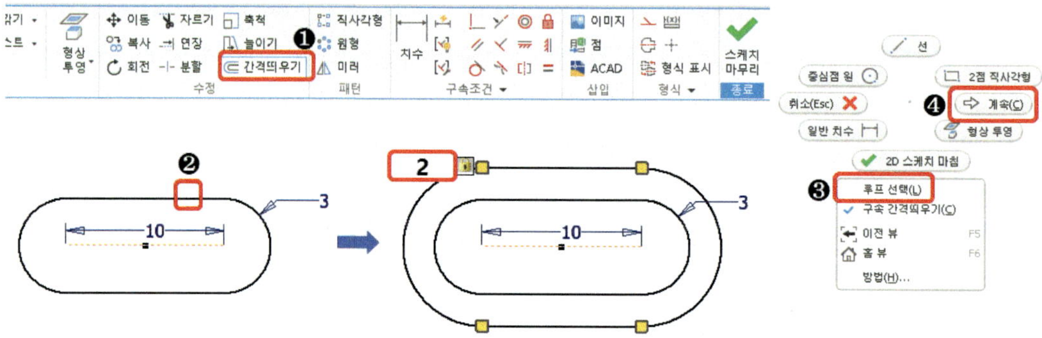

② 도형 일부 간격띄우기

▶ 만약 도형의 개별 요소를 띄울 때에는 위 그림처럼 요소 선택 후 우클릭 후 ❸ [루프선택(L)]의 체크를 풀고 명령을 다시 실행 시킨다.

▶ 도형의 일부에 대해 간격을 띄우려면 ❶ [간격띄우기] 명령을 클릭하고 슬롯의 일부인 요소 ❷ 또는 ❸을 선택한 후 우클릭 후 ❹ [계속(C)]를 누르고 원하는 방향에 마우스를 두고 치수 2를 입력하면 원하는 요소의 간격을 띄울 수 있다.

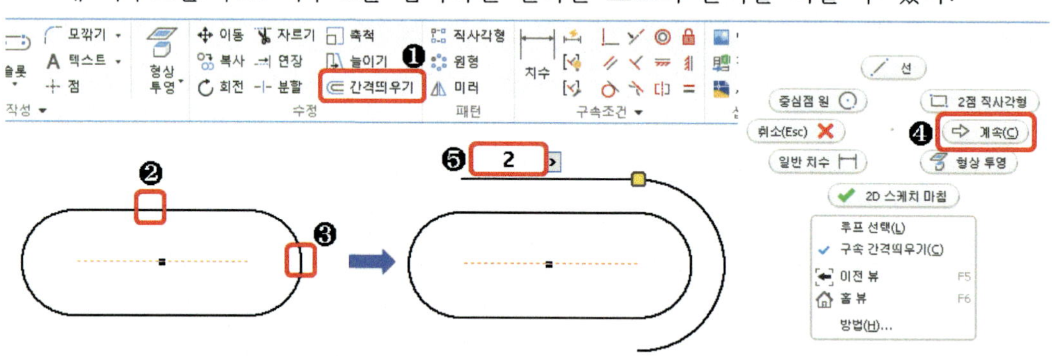

2.5 [패턴] 리본 메뉴

2.5.1 [직사각형] 패턴

▶ 먼저 아래 그림처럼 가로 100, 세로 50인 직사각형과 직경이 ∅15인 원을 그린다.

▶ ❶ [직사각형] 패턴 명령을 클릭하고 배열시키고자 하는 원 ❷를 선택한다.

▶ ❸ [방향1]의 [화살표]를 누르고 ❹ 수평선을 선택한 후 개수를 "4", 거리를 "25"이라고 입력한다.

▶ ❺ [방향2]의 [화살표]를 누르고 ❻수직선을 선택한 후 개수를 "2", 거리를 "20"이라고 입력한다.

▶ 이 때 화살표 방향이 다르면 [반전]을 클릭한 후 [엔터키] 또는 ❼ [확인] 버튼을 누른다.

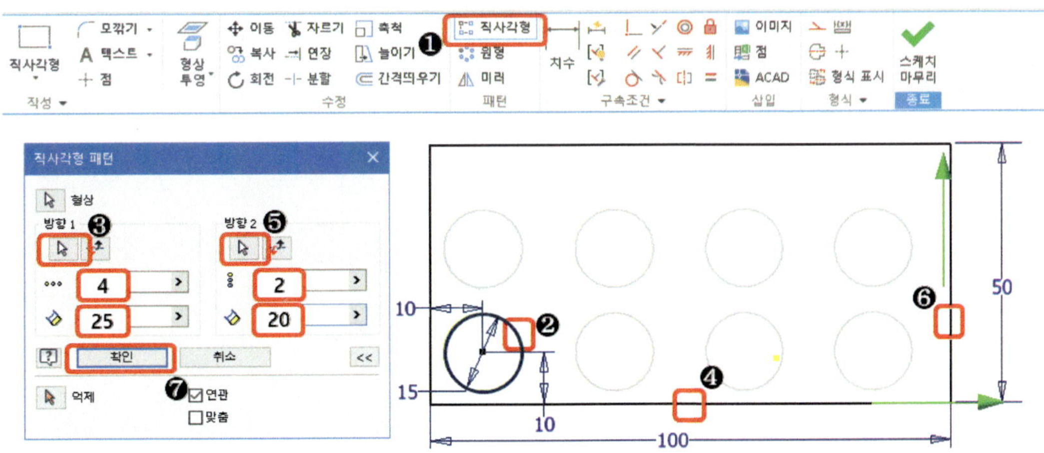

☑ [억제] : 필요가 없는 원을 선택하고 [확인] 버튼을 누르면 원이 사라진다.

☑ [연관] : 체크를 풀면 구속된 원을 개별로 선택 편집이 가능하다.

☑ [맞춤] : 체크를 한 경우 입력 거리 내에 지정 개수만큼 그릴 수 있다.

2.5.2 [원형] 패턴

▶ 그림처럼 수평선과 끝점에 원을 그린다. ❶ [원형] 패턴 명령을 클릭하고 ❷ 작은 원을 선택한 후 ❸[축]의 [화살표]를 선택한다. ❹ 패턴 중심점을 선택한 후 각도에 "360°"인지 확인하고, 개수를 "6"입력하고 [엔터키] 또는 ❺ [확인] 버튼을 누른다.

▶ [맞춤] : 체크를 해제한 경우 입력 각도만큼씩 지정 개수만큼 그릴 수 있다.

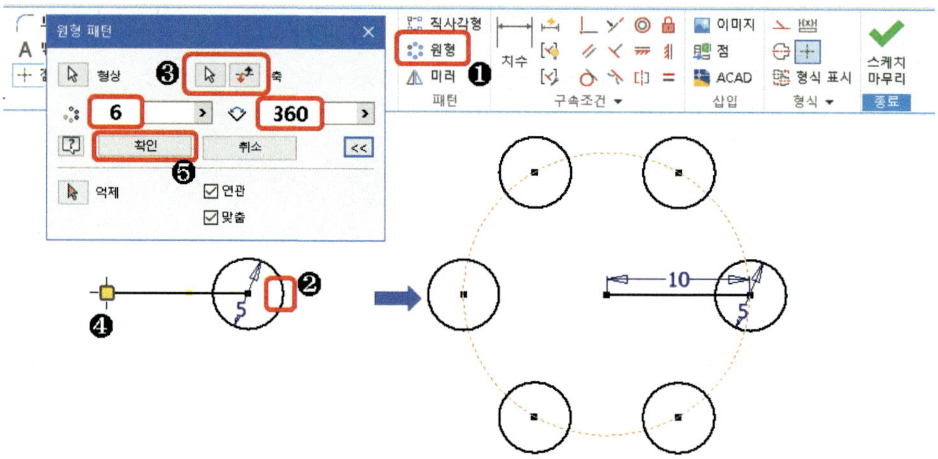

2.5.3 [미러] 패턴

▶ 그림처럼 원 ❷와 수직선 ❹를 미리 그린다. ❶ [미러] 명령을 클릭하고 ❷ 미러할 객체 하나 또는 여러 개를 선택한다. ❸ [미러선]의 [화살표]를 클릭하고 ❹ 대칭선을 선택한 후 ❺ [적용] 버튼을 누르고 [종료]버튼을 누른다.

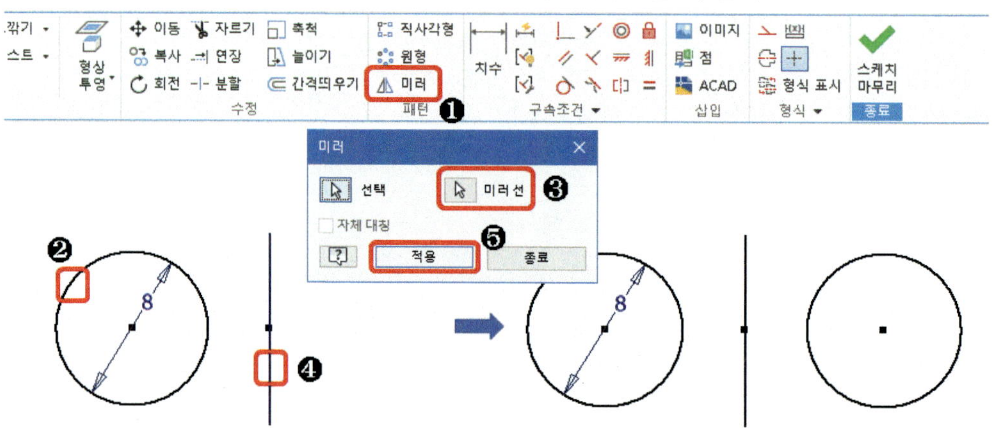

☑ 자체대칭

▶ 그림처럼 수직선과 스플라인을 비슷하게 그린다. ❶ [미러] 명령을 클릭하고 ❷ 미러할 객체를 선택한다. ❸ [미러선]의 [화살표]를 클릭하고 ❹ 대칭선을 선택한 후 ❺ [자체 대칭]에 체크를 한다. ❻ [적용] 버튼을 누르고 [종료]버튼을 누른다. 하나의 스플라인으로 생성된다.

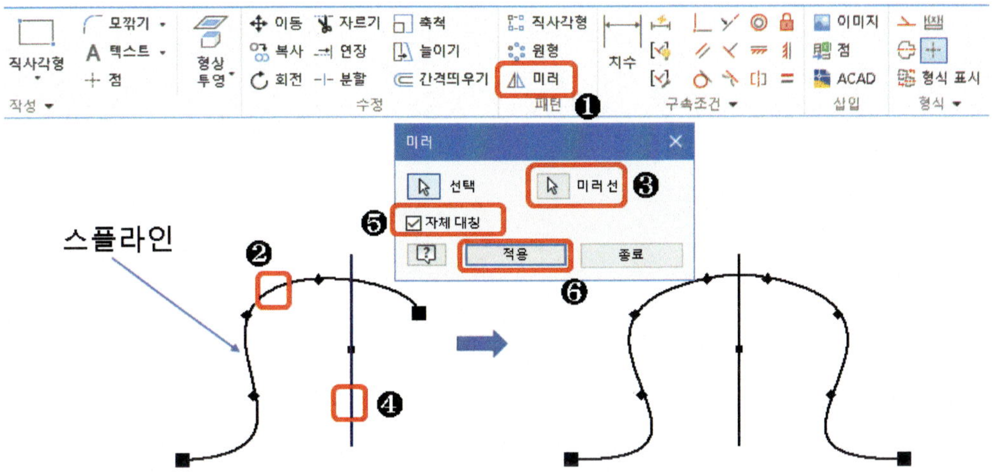

[도면 예제 1] 다음 도면을 보고 인벤터 스케치를 활용하여 작도해 보기 바란다.
지시 없는 치수는 비례척으로 그린다.

1

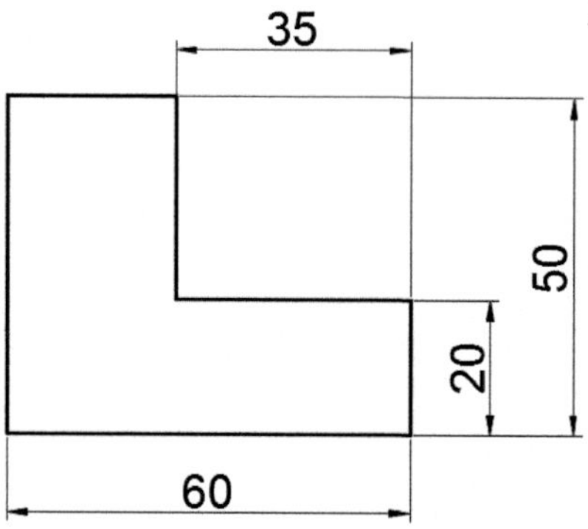

2

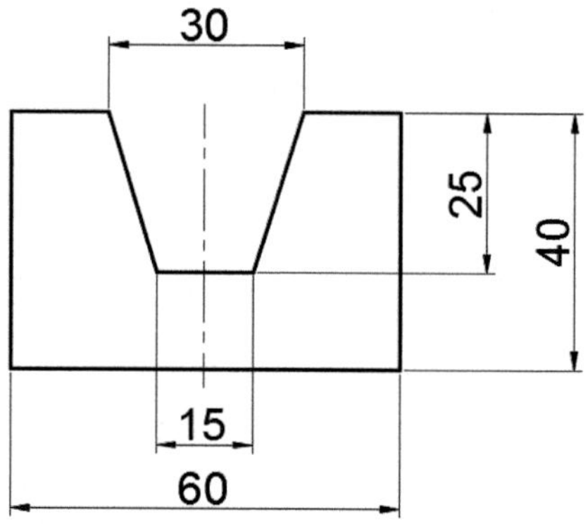

3

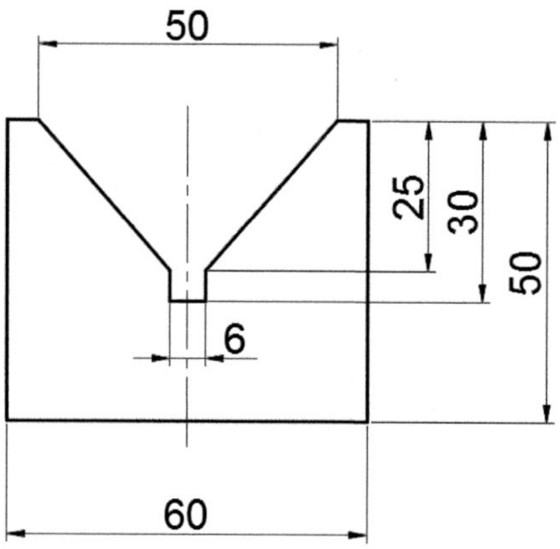

4

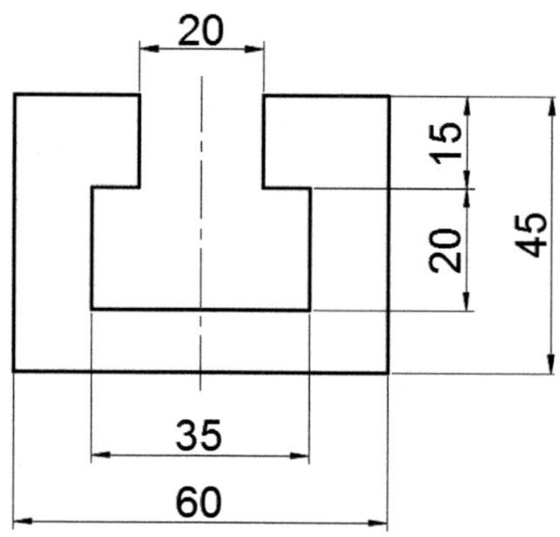

5

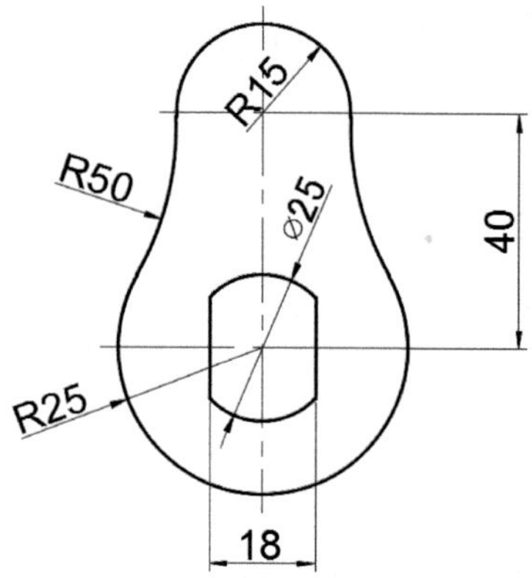

6

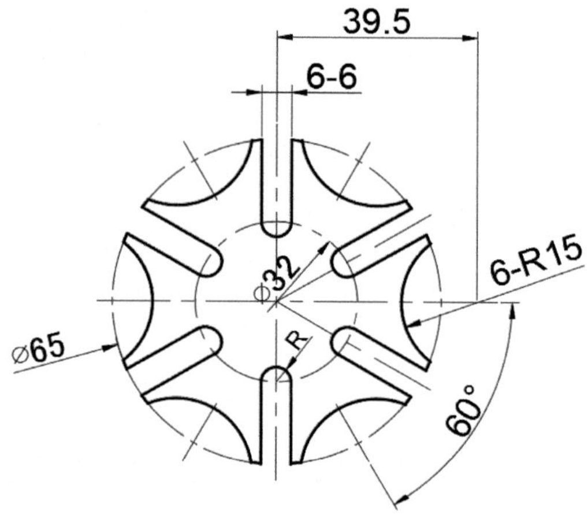

7

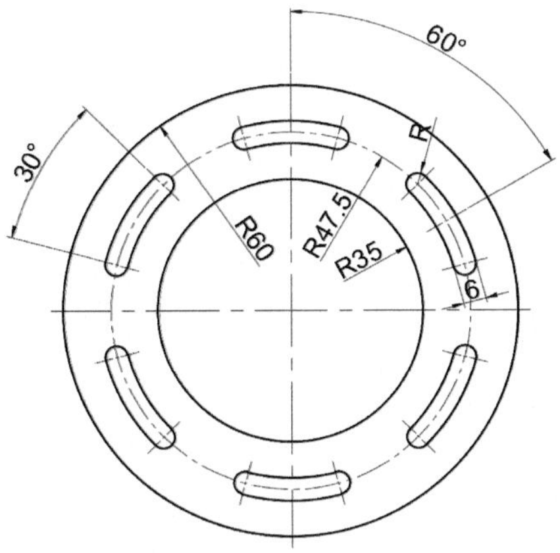

8

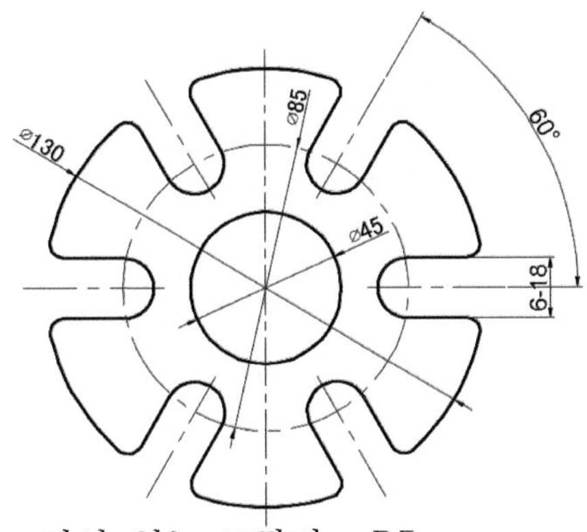

지시 없는 모깎기 : R5

9

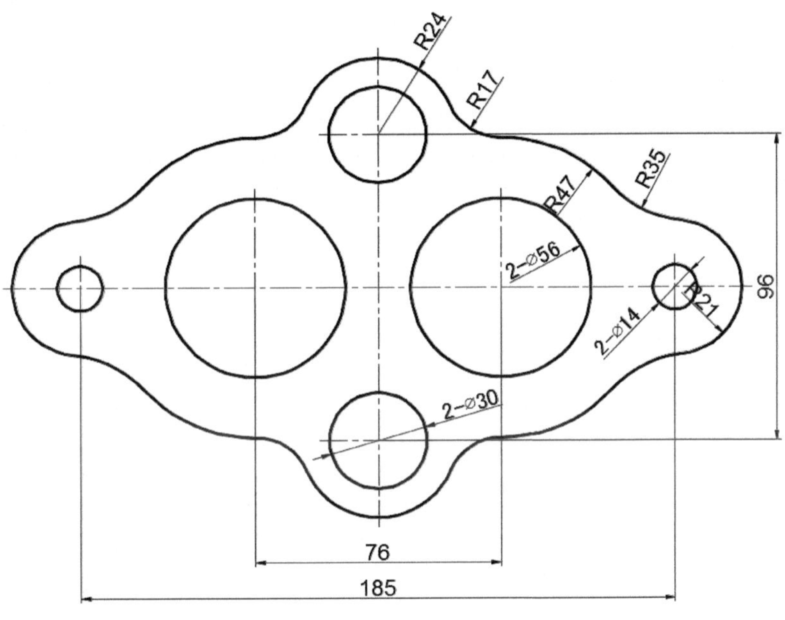

03 CHAPTER 3D 기본 명령

지금까지 스케치 모드에서 피처의 2D 단면 즉 프로파일을 작도하고 형상 구속조건 및 치수 구속조건들을 추가해서 스케치를 구속시켜 안정화하는 인벤터의 도구들을 다루어 보았다.

이제부터는 스케치로부터 3D 피처 즉 솔리드 피처 혹은 부품을 만드는 다양한 도구를 배우기로 하겠다.

3D 솔리드 피처 또는 부품을 작도하는 일반적인 순서는

① 스케치 평면 정의하기

② 피처의 개략적인 2D 단면 또는 윤곽 그리기

③ 기하학적 구속조건 적용하기

④ 치수 추가하기

⑤ 기준 피처 작성하기(돌출, 회전, … 등을 활용)

⑥ 구멍, 필렛 등 추가 피처들을 기준 피처에 추가하기

인벤터에서 대부분 3D 부품 모델들은 몇 개의 돌출 및 회전된 피처들을 결합하여 작성된다. 먼저 부품의 기본 형상을 나타내는 2D 단면 프로파일을 작도하고, 형상 및 치수 구속들을 적용해서 스케치를 완전 구속하고 부품 모드에서 피처 작성 도구를 사용하여 2D 스케치 피처를 3D 피처로 변환한다. 반복적인 작업을 통해 부품을 완성한다.

3.1 [작성] 리본 메뉴

3.1.1 돌출

[돌출] 명령은 스케치에서 작성한 프로파일로 3D 돌출 모형을 작성할 수 있다. 주어진 도면을 통해 [돌출] 명령을 알아본다.

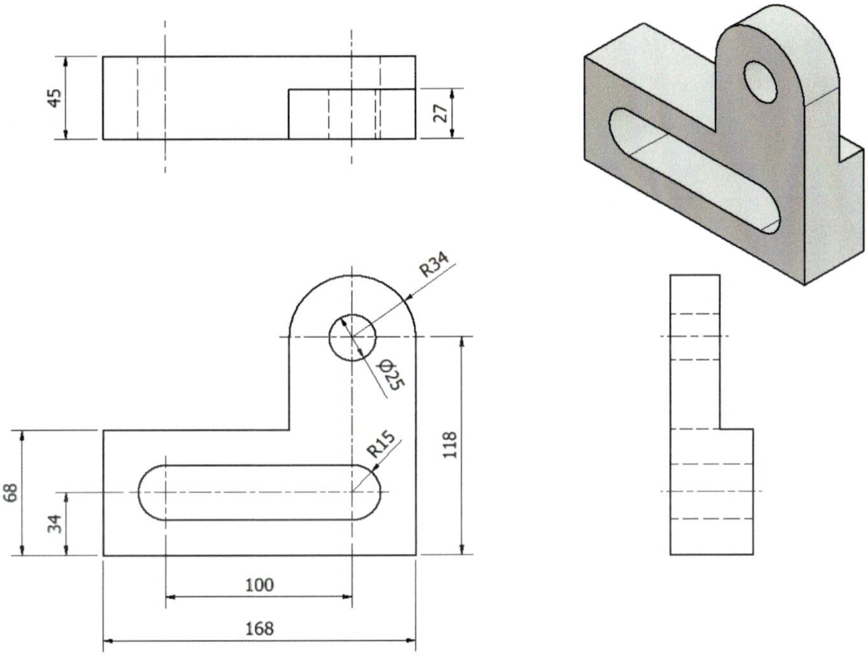

▶ 3D 부품을 작성하기 위해 ❶ [새로 만들기]의 작은 [역삼각형(▼)]을 눌러 ❷ [부품]을 선택한다.

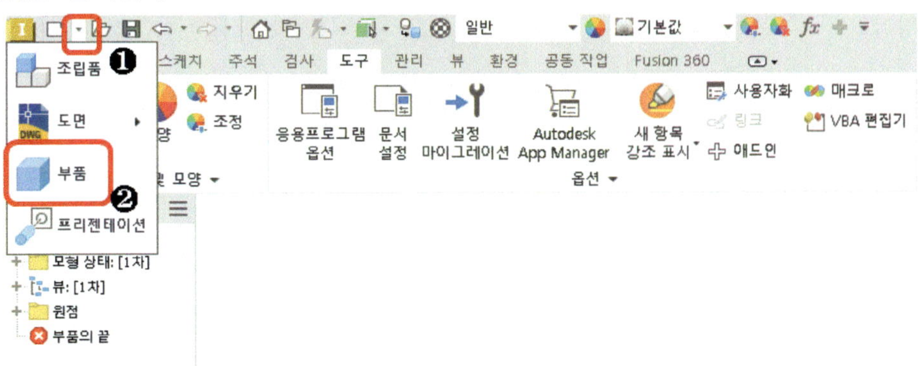

▶ 스케치 평면을 잡기 위해서 ❶ [2D 스케치 시작]을 클릭하면 다음과 같이 3개의 좌표 평면이 나타난다. ❷ [XY평면]을 선택한다.

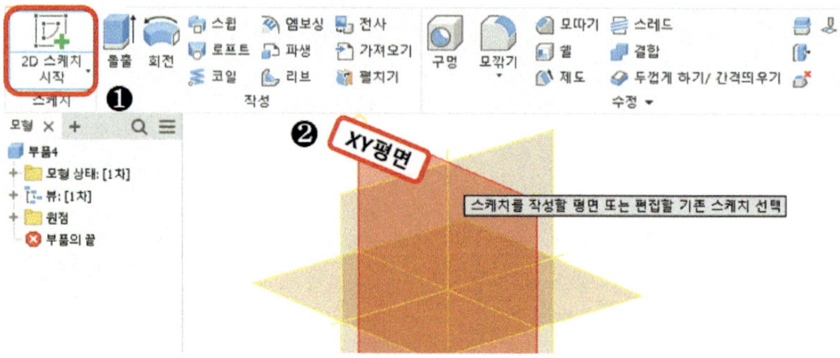

▶ ❶ [두 점 중심 직사각형] 명령을 클릭하고 ❷ 원점을 선택하고 대각선 방향의 점 ❸을 클릭하여 사각형을 그린다. ❹ [치수] 명령으로 치수 ❺ "168"과 치수 ❻ "68"을 입력한다. ❼ [스케치 마무리]를 클릭하여 스케치 모드를 빠져 나온다.

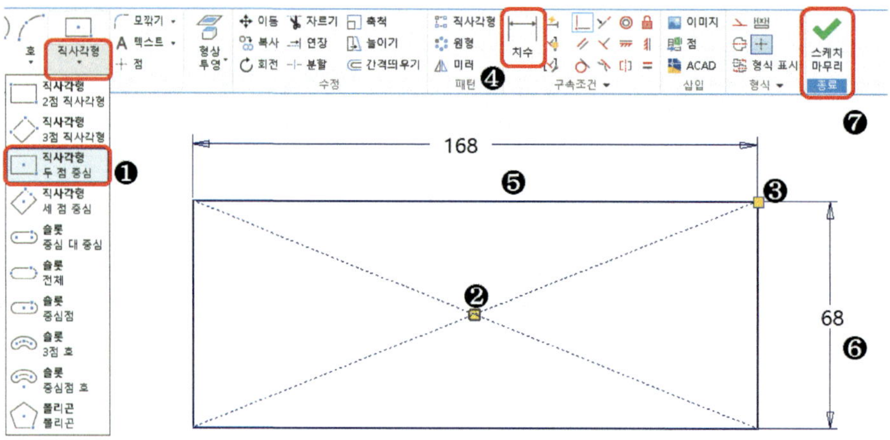

▶ ❶ [돌출] 명령을 클릭하고 ❷ 스케치가 자동으로 선택이 되나 그렇지 않은 경우 수동으로 그 영역을 선택한다. ❸ [대칭]을 클릭한 후 ❹ 돌출 거리 "45"를 입력하고 [엔터키] 또는 ❺ [확인] 버튼을 누른다.

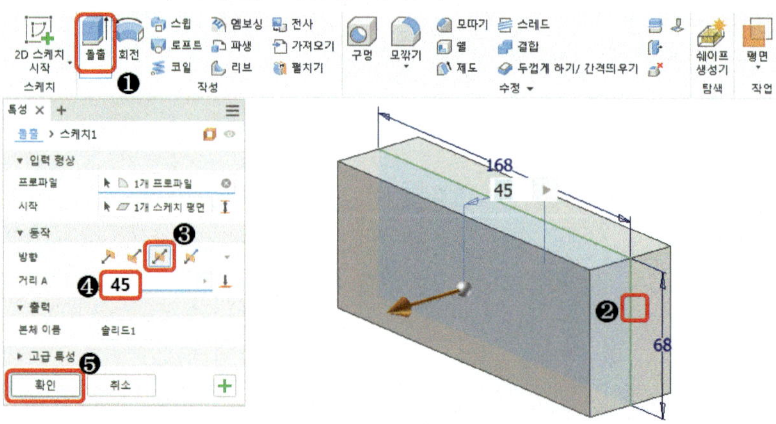

▶ 스케치를 작성하기 위해서 돌출 된 ❶ 앞면을 선택한 후 ❷ [스케치 작성] 버튼을 누르면 스케치 모드로 들어간다.

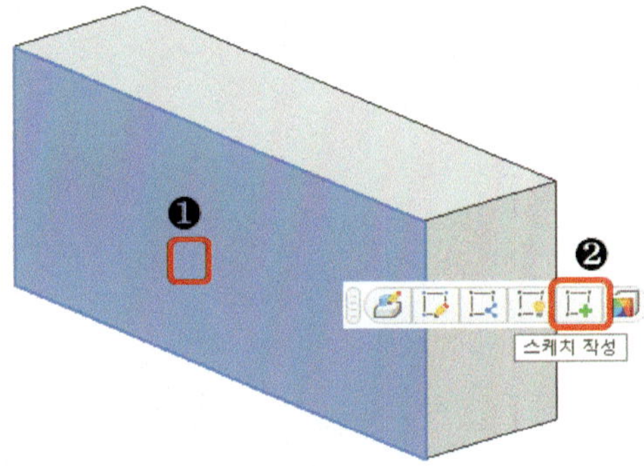

▶ [직사각형]명령을 확장시켜 ❶ [중심 대 중심 슬롯] 명령을 선택하고 임의의점 ❷, ❸, ❹를 순서대로 클릭하여 슬롯을 그린다.

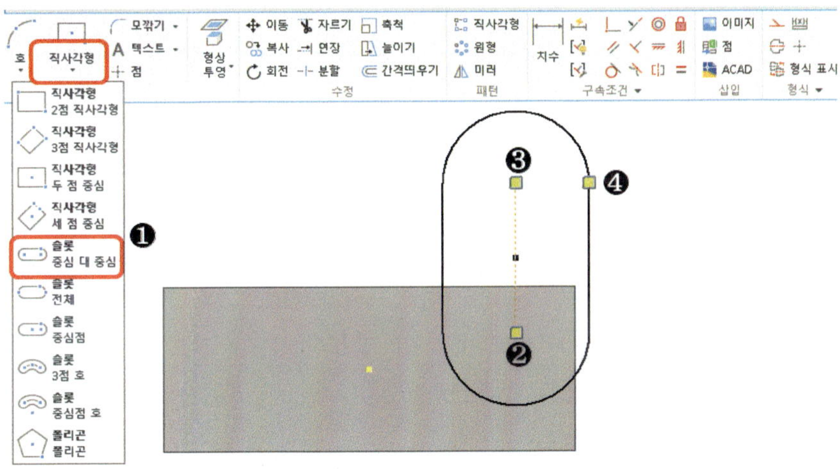

▶ ❶ [일치 구속조건]을 이용하여 점 ❷와 선 ❸을 선택하여 서로 일치 시킨다.

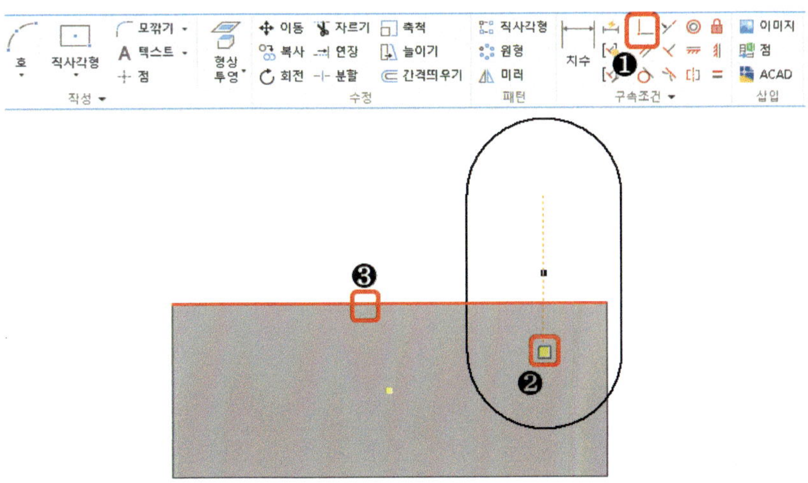

▶ ❶ [동일선상 구속조건]을 이용하여 선 ❷와 선 ❸을 선택하여 일치시킨다.

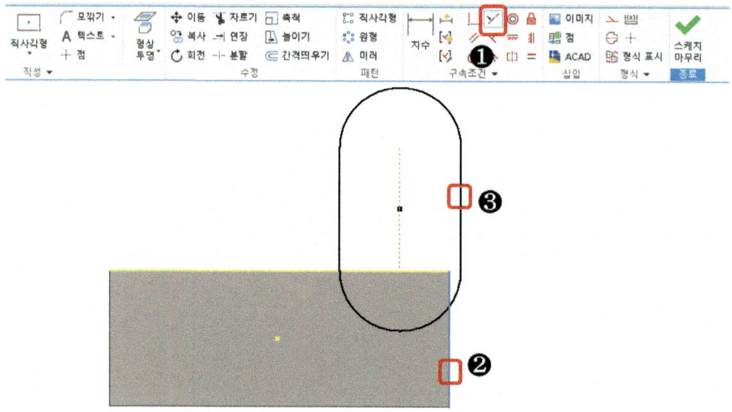

▶ ❶ [치수] 명령으로 ❷ 수직치수 “118”과 ❸ 반지름 치수 “34”를 입력하고 ❹ [스케치 마무리]를 눌러 스케치 모드를 빠져 나온다.

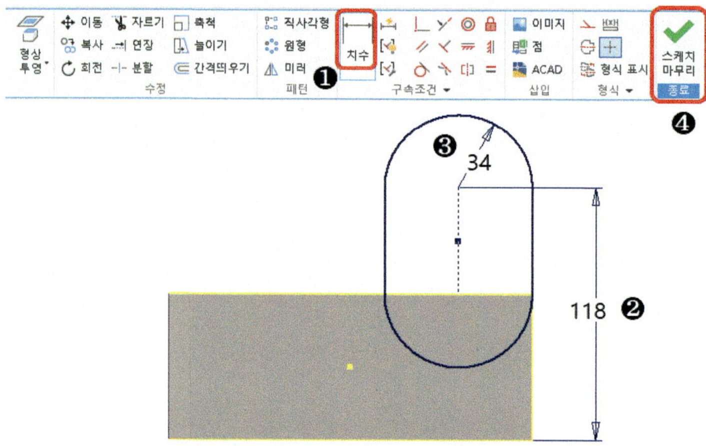

▶ ❶ [돌출] 명령을 클릭하고 ❷ 스케치의 윗부분 영역을 선택한다. ❸ [반전]을 클릭하여 돌출 방향을 그림과 같이 변경한 후 ❹ 돌출 거리 “27”을 입력하고 [엔터키] 또는 ❺ [확인] 버튼을 누른다.

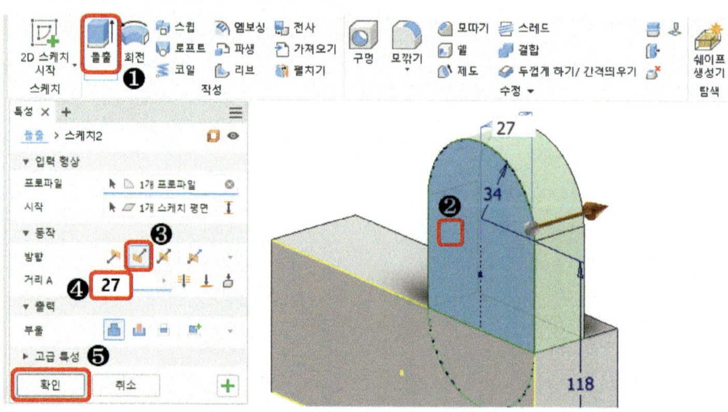

▶ ❶ 앞면을 선택한 후 ❷ [스케치 작성] 버튼을 눌러 스케치 모드로 들어간다.

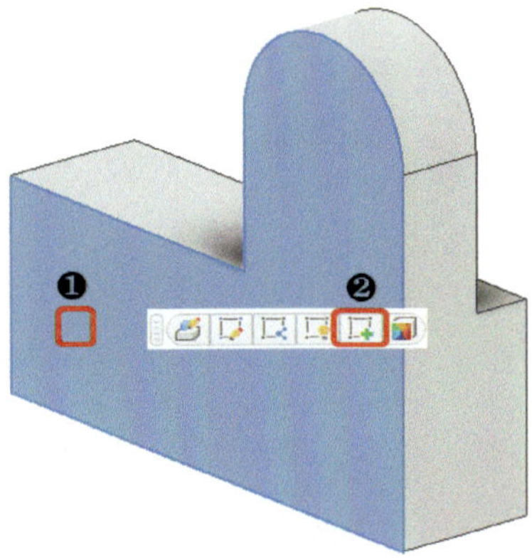

▶ ❶ [원] 명령으로 임의의 지점에 원 ❷를 그린다. ❸ [중심점 슬롯]을 명령으로 원점 ❹를 선택한 후 임의의 점 ❺와 ❻을 순서대로 클릭하여 슬롯을 그린다.

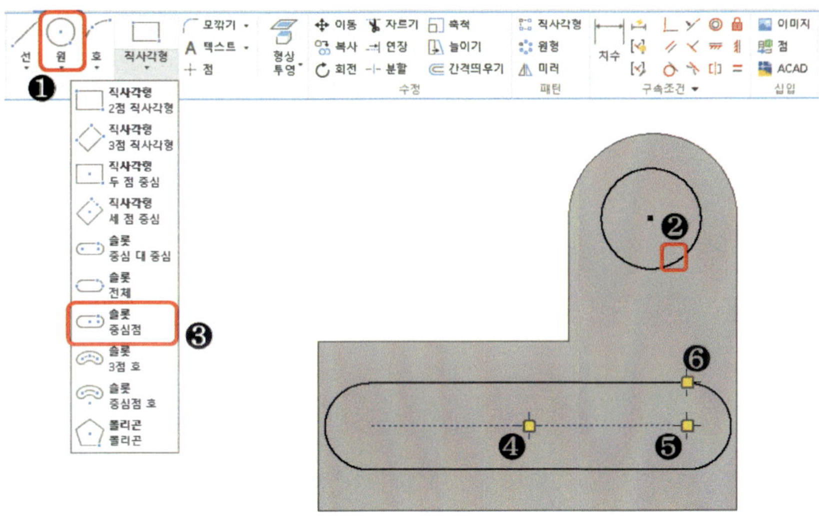

▶ ❶ [동심구속조건]을 이용하여 원 ❷와 원호 ❸을 선택하여 중심을 일치시킨다.

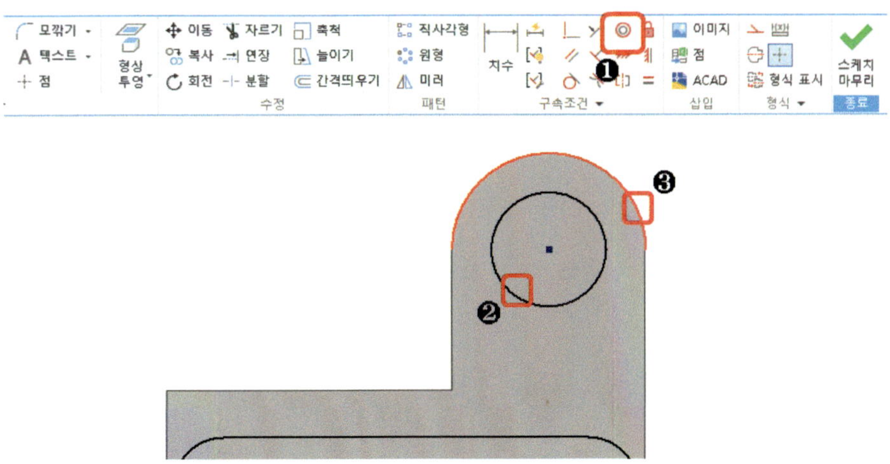

▶ ❶ [치수] 명령으로 원 ❷의 지름 “25”와 슬롯 ❸의 반지름 “15”와 길이 “100”을 입력한다. ❹ [스케치 마무리]를 눌러 스케치 모드를 빠져 나온다.

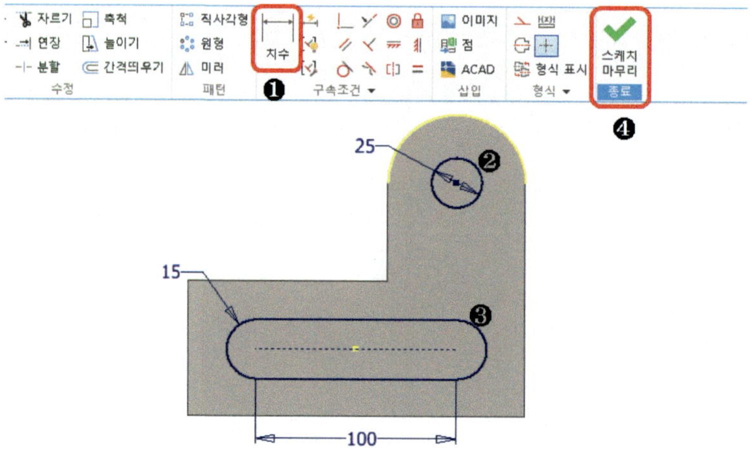

▶ ❶ [돌출] 명령을 클릭하고 ❷ [잘라내기]를 선택한 후 ❸ 슬롯 영역과 ❹ 원 영역을 선택한다. ❺ [전체 관통]을 클릭하고 ❻ [확인] 버튼을 누른다.

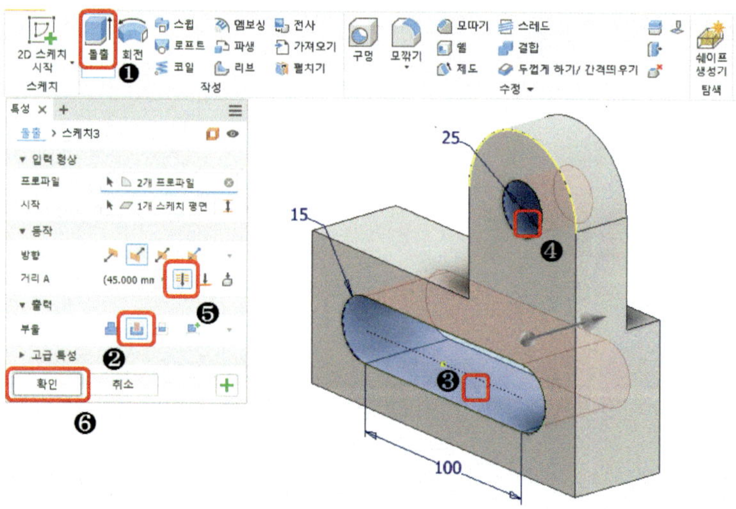

▶ 최종 모델링 결과는 다음과 같다.

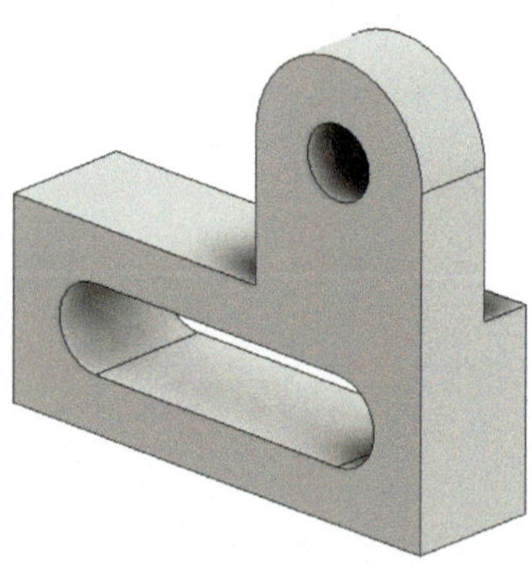

<< 연습 >> 돌출 도면 연습

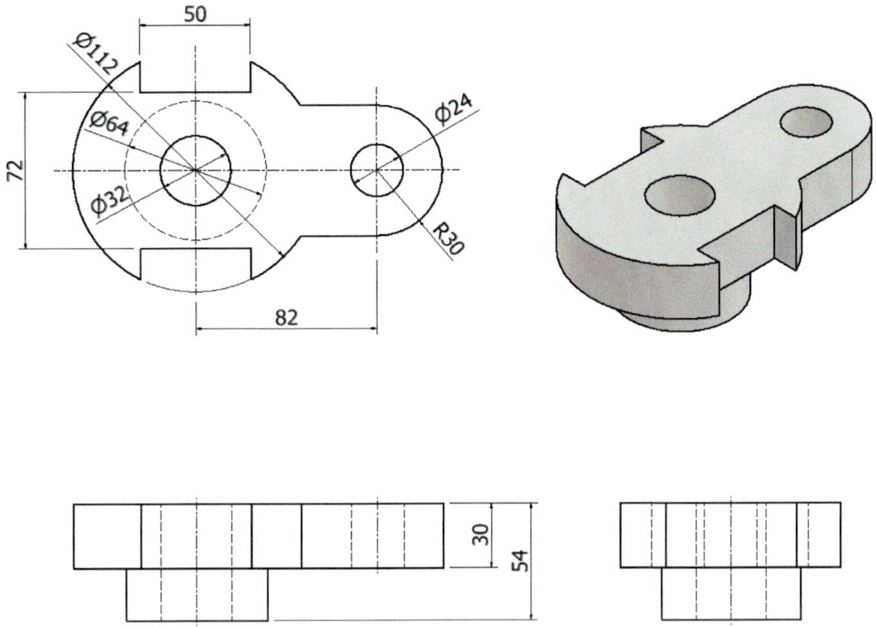

3.1.2 회전

[회전] 명령은 스케치에서 작성한 프로파일로 3D 회전체 모형을 작성할 수 있다.

주어진 도면을 통해 [회전] 명령을 알아본다.

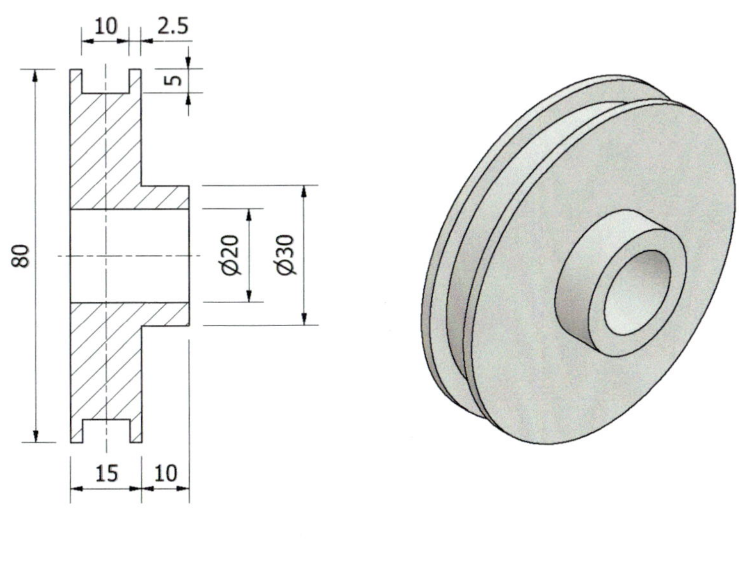

▶ 3D 부품을 작성하기 위해 ❶ [새로 만들기]의 작은 [역삼각형(▼)]을 눌러 ❷ [부품]을 선택한다.

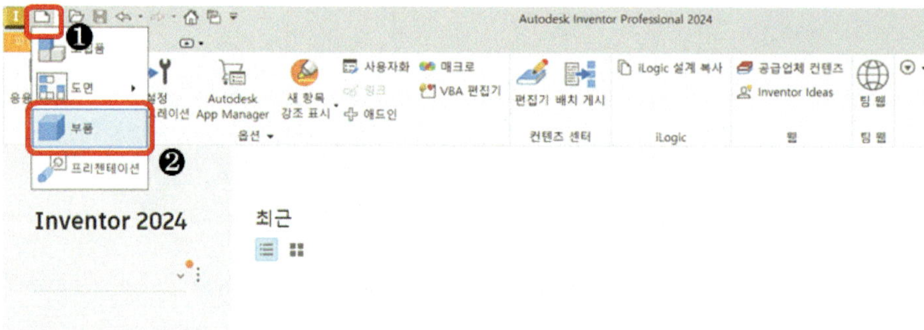

▶ 스케치 평면을 잡기 위해서 ❶ [2D 스케치 시작]을 클릭하면 다음과 같이 3개의 좌표 평면이 나타난다. ❷ [XY평면]을 선택한다.

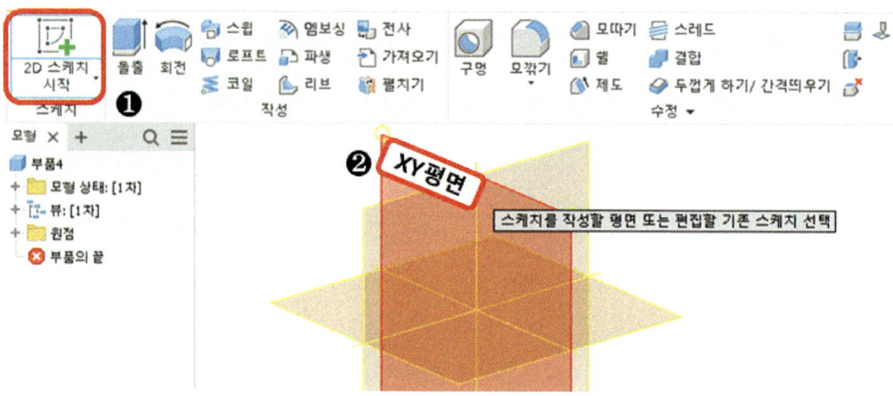

▶ ❶ [2점 직사각형] 명령을 선택하고 원점 ❷에서 임의의 점 ❸까지 직사각형을 그린다. 연속해서 그려진 사각형의 왼쪽 수직선의 끝점 ❹를 선택한 후 임의의 점 ❺를 클릭해서 직사각형을 추가적으로 그린다.

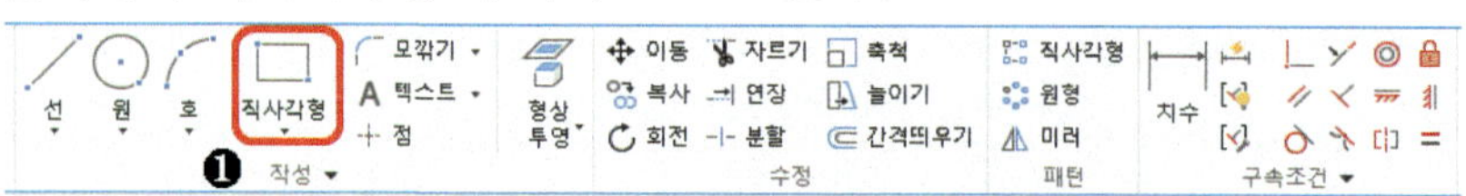

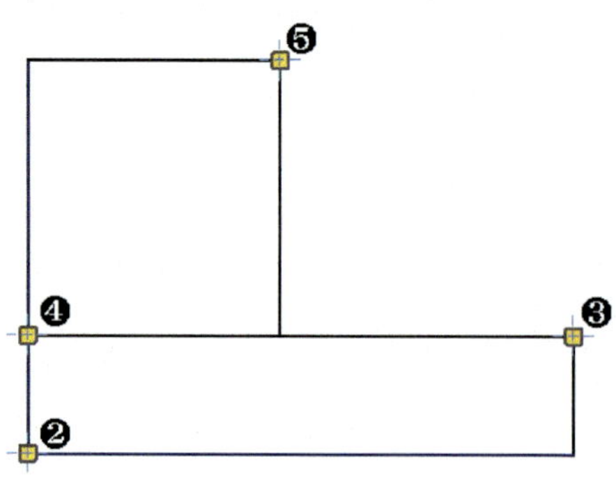

▶ Esc키를 누른다. 원점에서 그린 사각형의 밑변 ❶을 선택한 후 ❷ [중심선]을 선택하면 그림과 같이 중심선으로 변경한다.

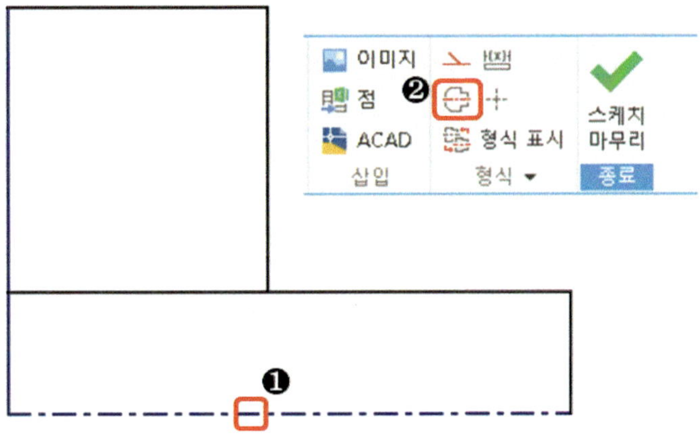

▶ ❶ [치수] 명령으로 선 ❷는"15", 선 ❸은 "25"를 입력한다. 지름 치수 기입을 위해서는 중심선 ❸과 선 ❷를 선택하고 직경 "80"을 입력한다. 이어서, 중심선 ❸과 선 ❹를 선택하고 직경 "30"을 입력한다. ❺ [스케치마무리]를 눌러 3D로 넘어간다.

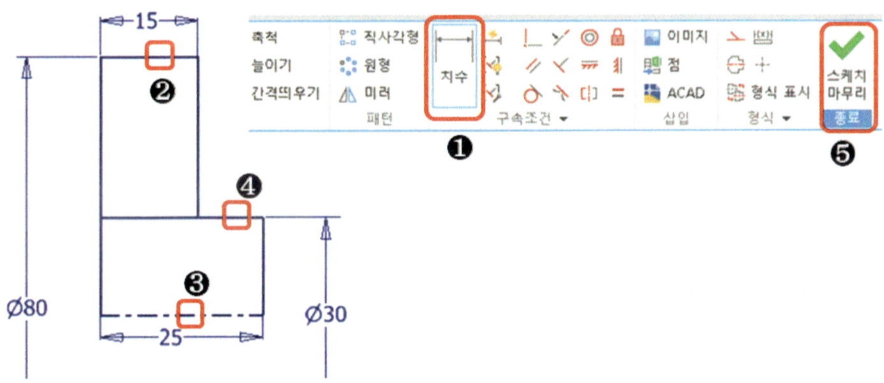

▶ ❶ [회전]명령을 실행하고 영역 ❷와 ❸을 선택한 후 ❹ [축] 클릭하면 회전체가 생성된다. ❺ [확인] 버튼을 누른다.

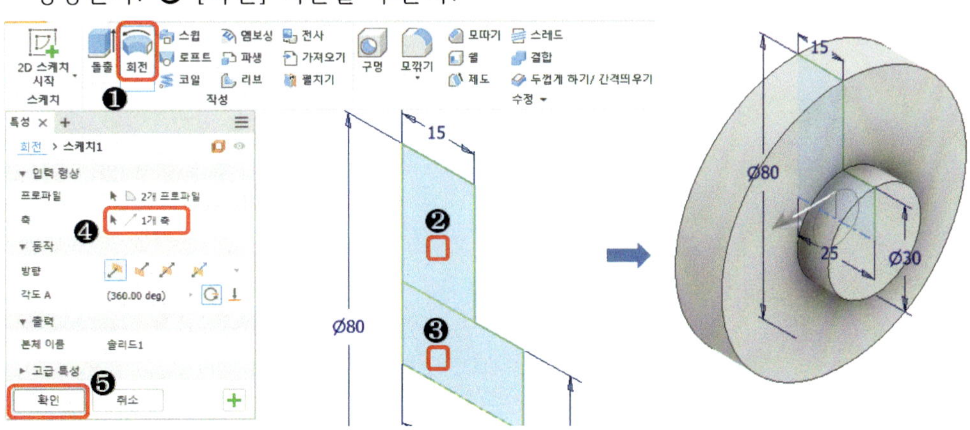

▶ 검색기 창의 ❶ [원점] 앞의 "+"를 클릭하여 확장시키고 ❷ [XY평면]을 선택한 후 ❸ [스케치 작성]명령을 선택한다. 하단의 ❹ 그래픽 슬라이스 또는 F7을 누르면 단면에 스케치 작성이 용이해 진다.

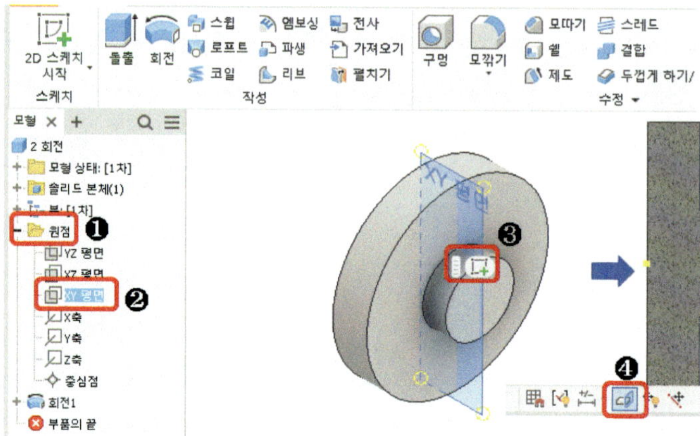

▶ ❶ [직사각형] 명령을 클릭하고 원점에서 수평선과 윗부분 사각형을 그리고 ❷ [치수] 명령으로 수평치수 "2.5", "10"을 먼저 입력한다. 끝점 ❸과 아래 수평선의 수직치수 "10"을 구속한다. ❹ [스케치 마무리]를 클릭한다.

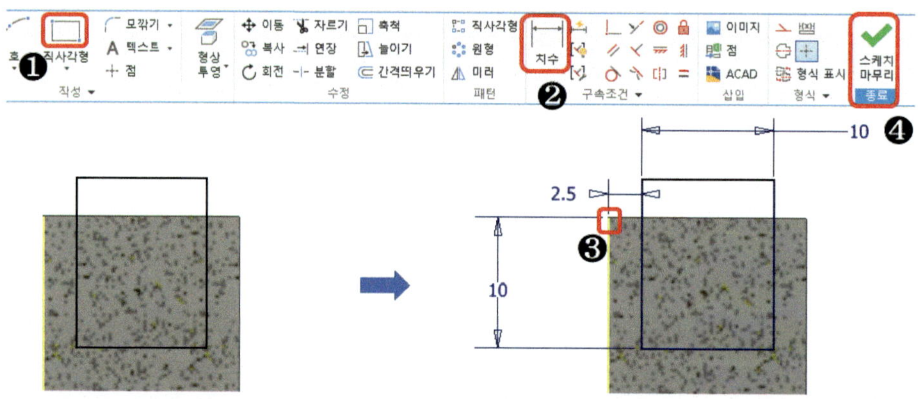

▶ ❶ [회전] 명령을 클릭하고 ❷ [자라내기] 버튼을 선택하면 사각형이 자동 선택된다. 왼쪽 검색기 창에서 ❸ [x축]을 선택하고 [확인] 버튼을 누른다.

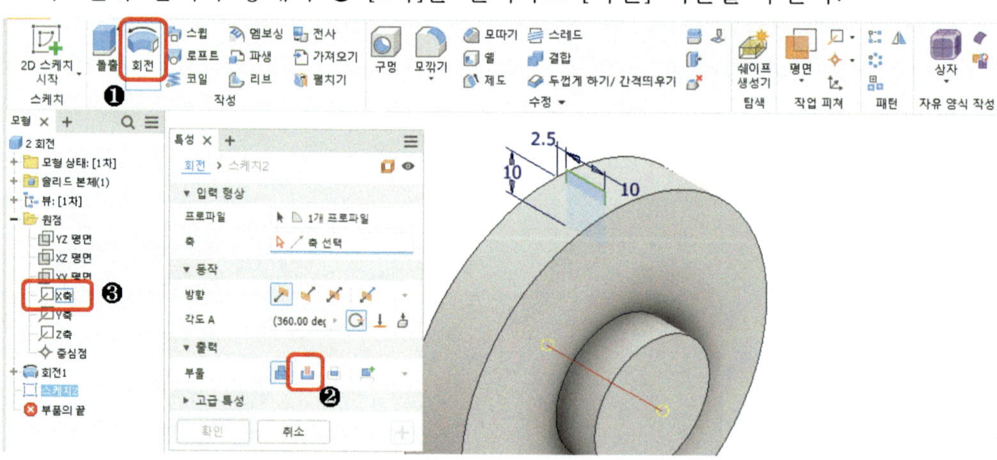

▶ 회전체의 앞부분 면 ❶을 선택하고 ❷ [스케치 작성]을 누른다.

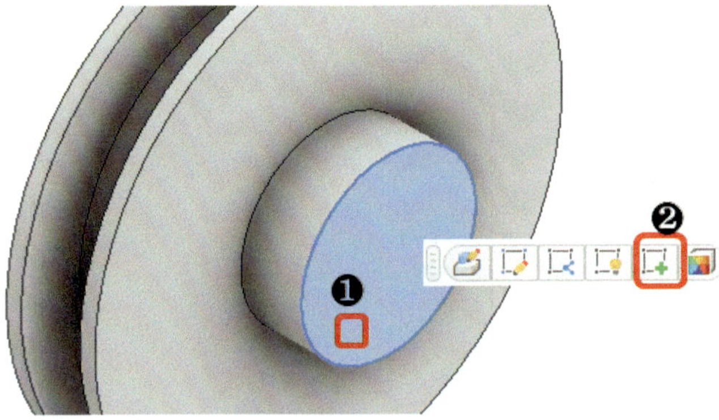

▶ [원] 명령으로 원점 ❶을 중심으로 원 ❷를 그리고 지름 "20"을 입력한다. [스케치 마무리]를 누르면 3D로 전환된다.

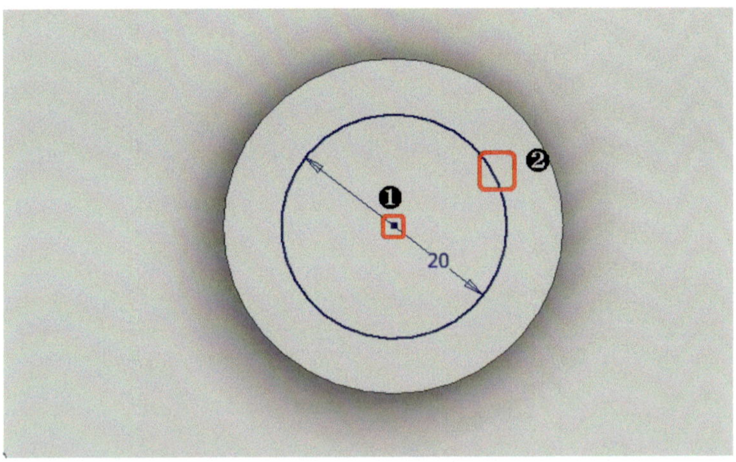

▶ ❶ [돌출] 명령을 실행하고 앞에서 그린 원의 영역❷를 선택한다. ❸ [잘라내기]를 선택한 후 ❹ [전체 관통]을 선택하면 그림처럼 나타난다. ❺ [확인] 버튼을 누른다.

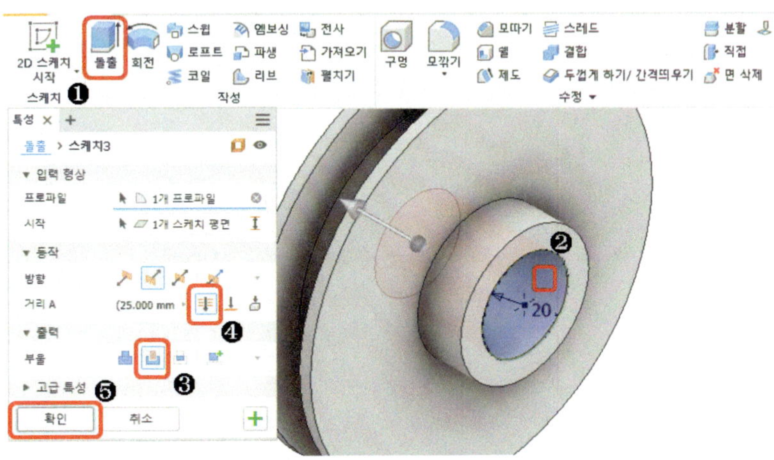

▶ 결과는 다음과 같다.

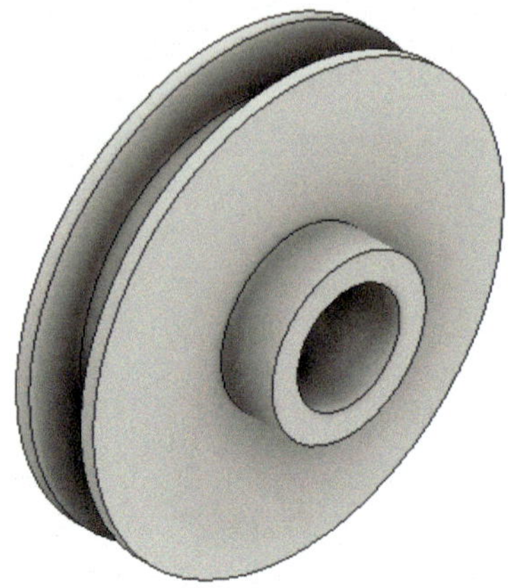

<< 연습 >> 회전 연습 도면

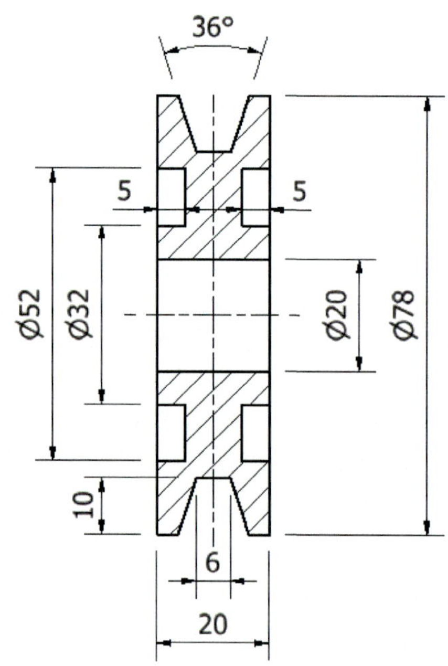

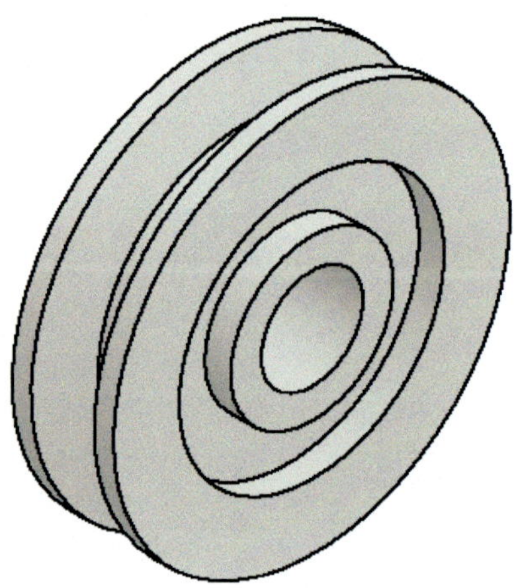

3.1.3 스윕

단면 형상이 일정한 레일 형태의 모형을 그릴 수 있다.

▶ 인벤터를 실행하고 [부품]을 선택한 후 ❶ [2D 스케치 시작] 명령을 클릭하고 ❷ [XZ평면]을 선택한다.

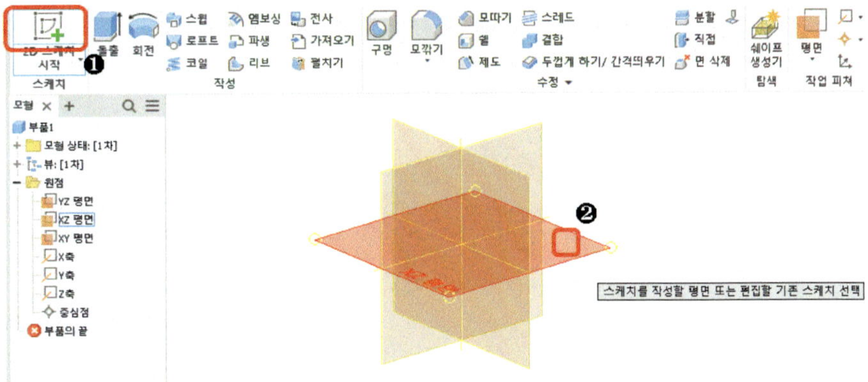

▶ ❶ [선]과 ❷ [모깎기] 명령으로 그림과 같은 프로파일을 그리고 ❸ [치수] 명령으로 그림과 같이 치수를 구속한다. ❹ [스케치 마무리]를 눌러 빠져 나온다.

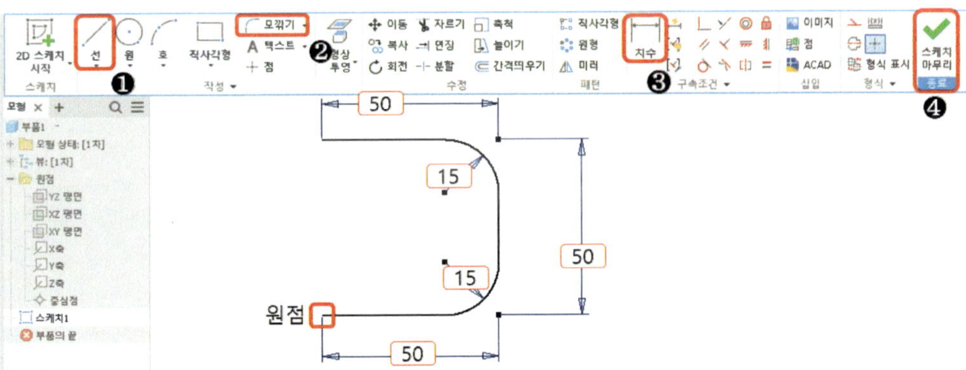

▶ ❶ [2D 스케치 시작] 명령을 클릭하고 ❷ [XY평면]을 선택한다.

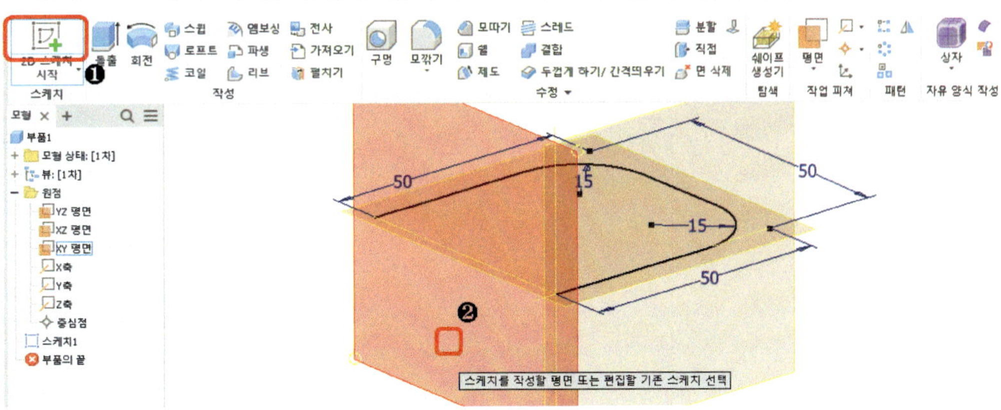

▶ ❶ [원] 명령을 클릭하고 스케치 원점 ❷에 직경이 "5"인 원을 그리고 ❸ [스케치 마무리]를 눌러 스케치를 빠져 나온다.

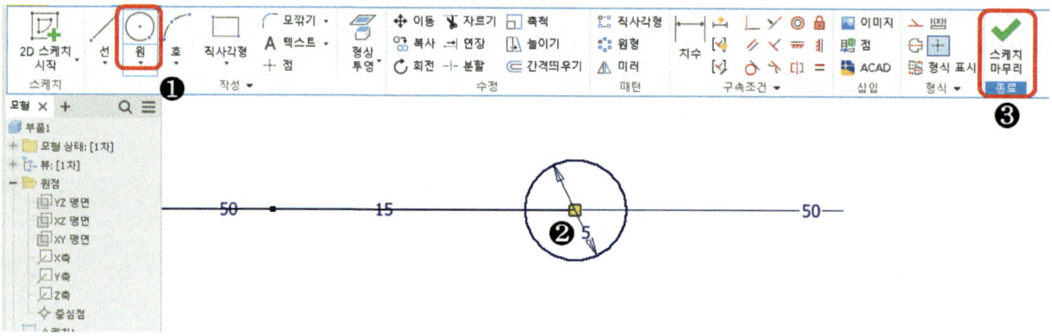

▶ ❶ [스윕] 명령을 클릭하면 앞에서 그린 원이 자동으로 선택이 된다. 경로 ❷를 선택하고 ❸ [확인] 버튼을 누른다.

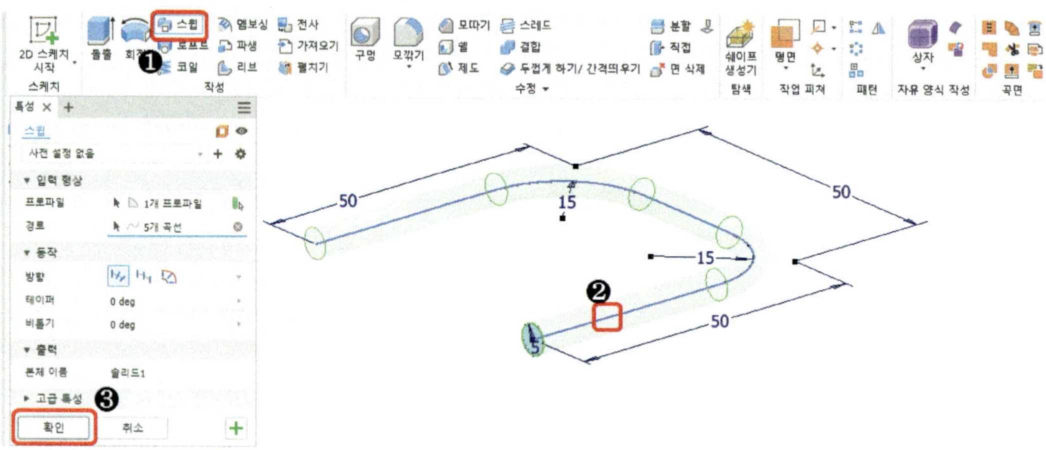

▶ 결과는 다음과 같다.

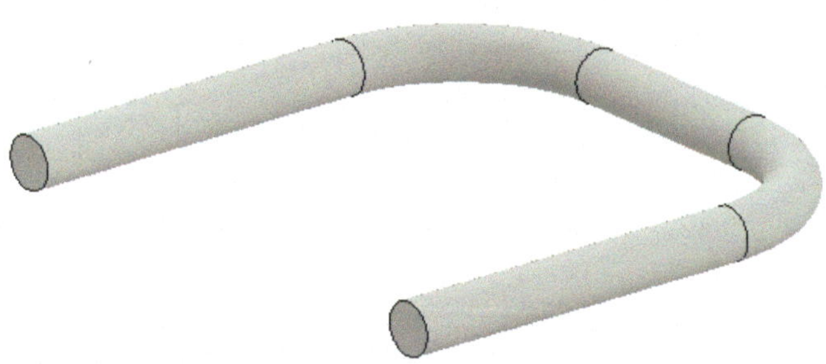

3.1.4 로프트

경로를 따라 단면 형상이 다른 모형을 그릴 수 있다. 앞 단계 스윕에서 사용했던 것과 동일하게 진행한다.

▶ 인벤터를 실행하고 [부품]을 선택한 후 ❶ [2D 스케치 시작] 명령을 클릭하고 ❷ [XZ평면]을 선택한다.

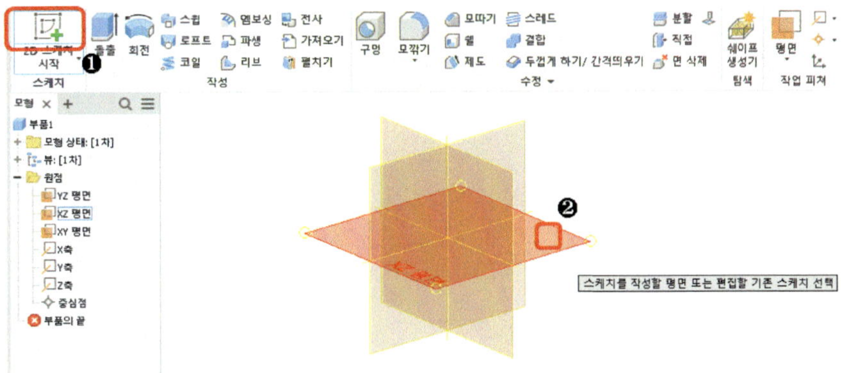

▶ ❶ [선]과 ❷ [모깎기] 명령으로 그림과 같은 프로파일을 그리고 ❸ [치수] 명령으로 그림과 같이 치수를 구속한다. ❹ [스케치 마무리]를 눌러 빠져 나온다.

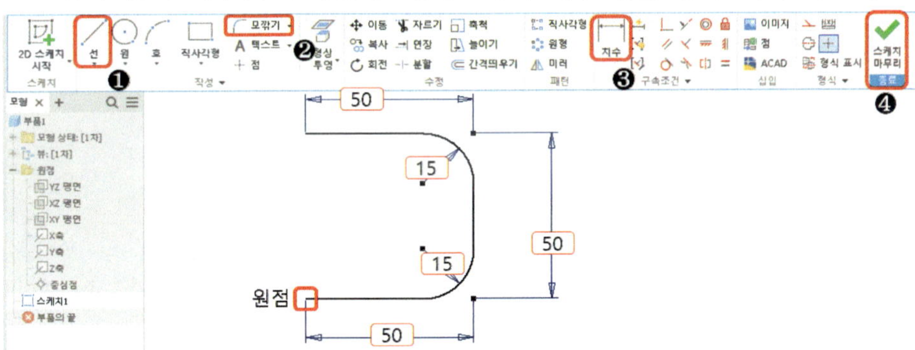

▶ ❶ [2D 스케치 시작] 명령을 클릭하고 ❷ [XY평면]을 선택한다.

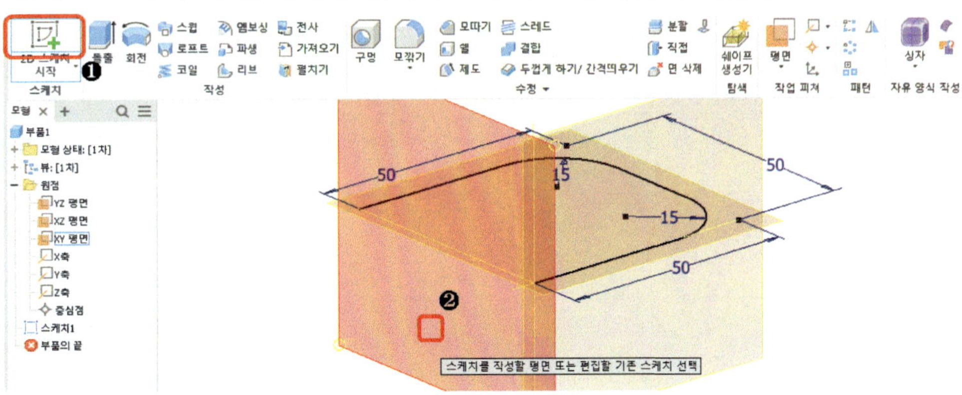

▶ ❶ [원] 명령을 클릭하고 스케치 원점 ❷에 직경이 “5”인 원을 그리고 ❸ [스케치 마무리]를 눌러 스케치를 빠져 나온다.

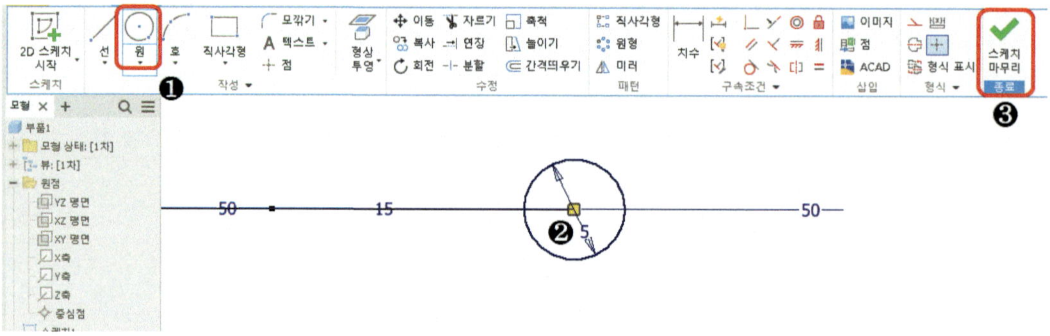

▶ ❶ [2D 스케치 시작] 명령을 클릭하고 다시 한 번 더 ❷ [XY평면]을 선택한다.

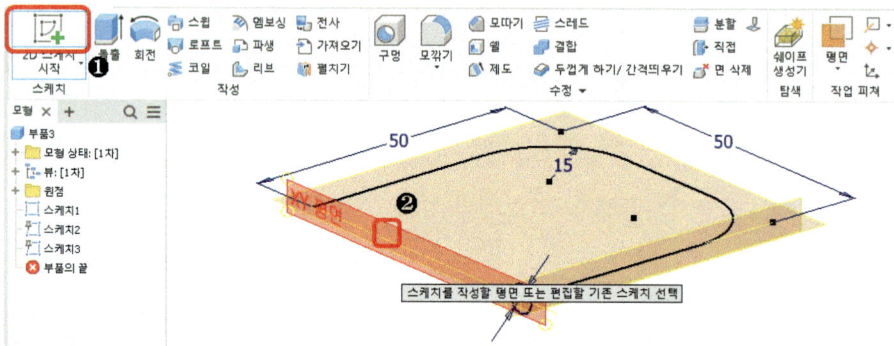

▶ ❶ [형상투영]을 클릭하고 반대쪽 끝점 ❷를 선택하면 새로운 점이 생성된다.

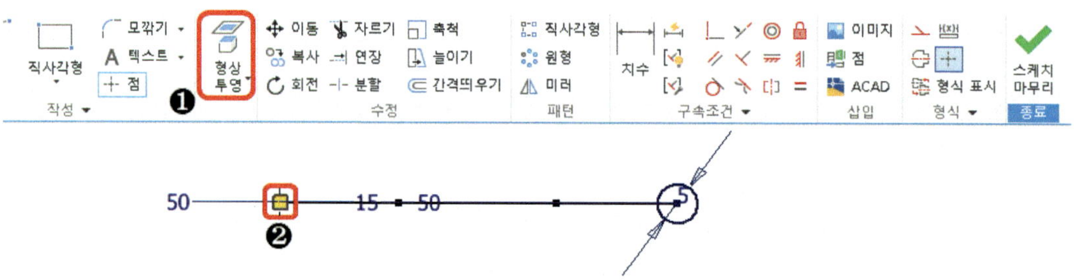

▶ ❶ [원] 명령을 실행하고 앞에서 투영한 점 ❷를 중심점으로 직경이 “∅10”인 원을 그린다. ❸ [스케치 마무리]를 누른다.

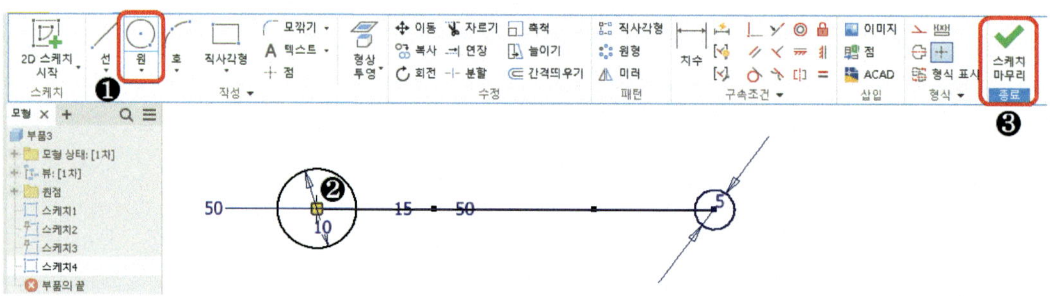

▶ ❶ [로프트] 명령을 클릭하고 앞에서 작성한 원 ❷와 ❸을 단면으로 선택한다. ❹ [중심선]을 선택하고 화면의 경로 ❺를 선택한 후 ❻ [확인]버튼을 누른다.

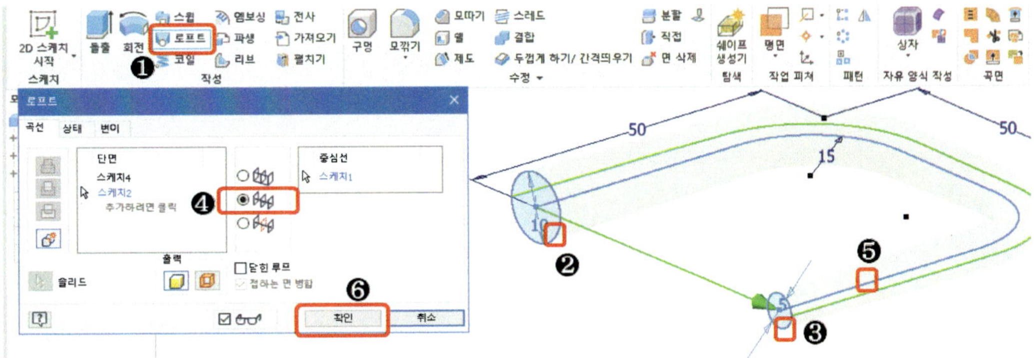

▶ 결과는 다음과 같다.

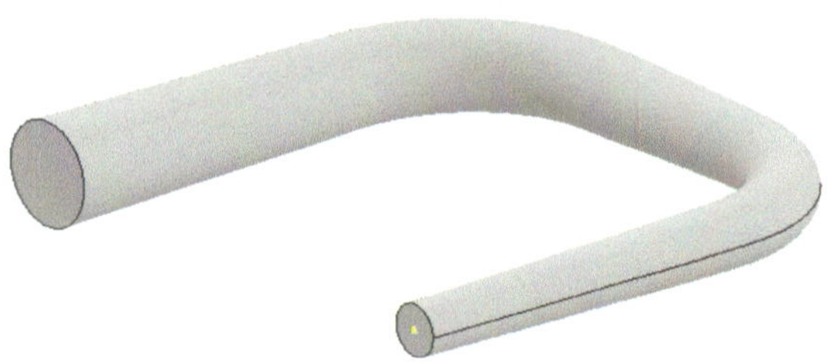

3.1.5 코일

▶ 스프링 형태의 나선 모형을 그릴 수 있다. 인벤터를 실행하고 [부품]을 선택한 후 ❶ [2D 스케치 시작] 명령을 클릭하고 ❷ [XZ평면]을 선택한다.

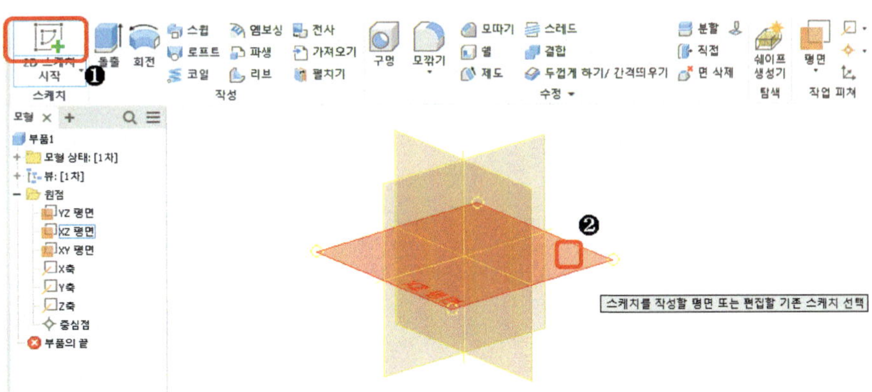

▶ ❶ [선]과 [원] 명령으로 그림과 같은 프로파일을 그리고 ❷ 치수 구속을 주도록 한다. ❸ [스케치 마무리]를 누른다.

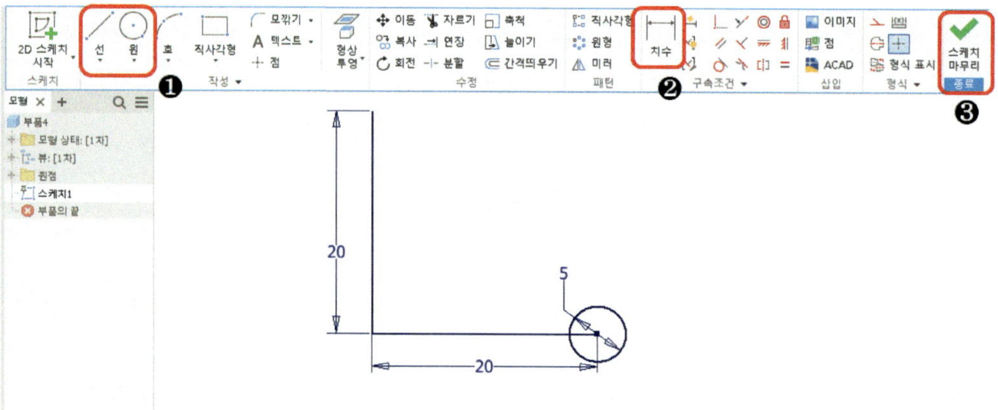

▶ ❶ [코일] 명령을 실행하면 원이 자동으로 선택이 되며, ❷ 축을 선택하고 ❸ [상하 회전(피치)]=10㎜, [회전(코일 권수)]=5개, [테이퍼(경사각)]=20°로 맞추고 ❹ [확인] 버튼을 누른다.

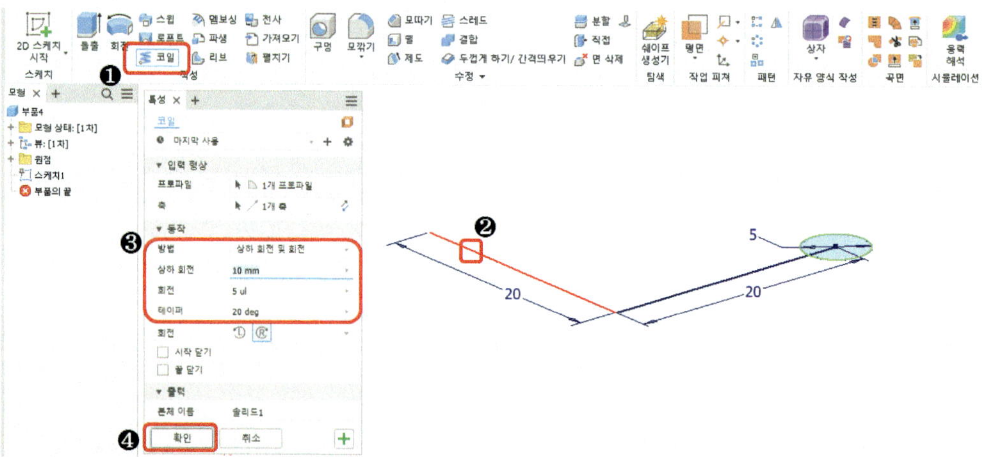

▶ [코일] 명령의 결과는 다음과 같다.

3.1.6 엠보싱

2D 프로파일 또는 글자를 볼록 또는 오목하게 만들 수 있다.

▶ 인벤터를 실행하고 [부품]을 선택한 후 ❶ [2D 스케치 시작] 명령을 클릭하고 ❷ [YZ평면]을 선택한다.

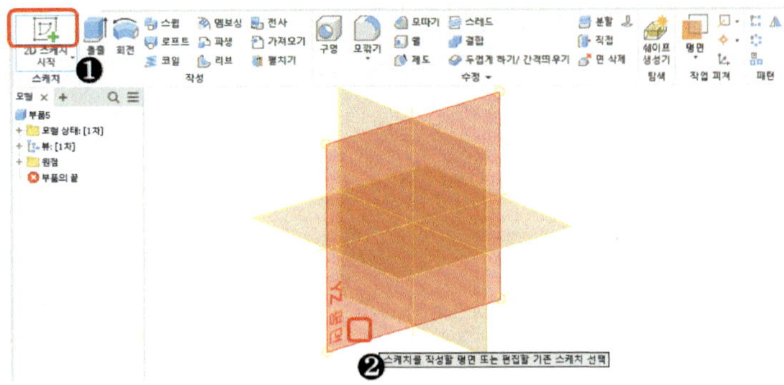

▶ ❶ [선] 명령을 클릭하고 원점을 기준으로 다음과 같은 도형을 그린다. ❷ [치수] 명령으로 그림과 같이 치수를 구속한다. ❸ [스케치 마무리]를 클릭한다.

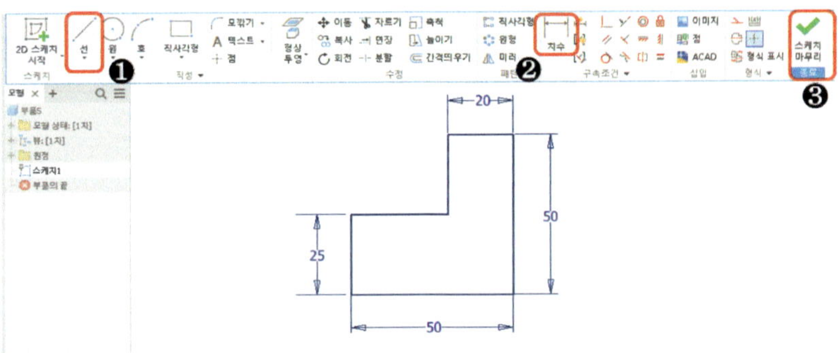

▶ ❶ [돌출] 명령을 클릭하면 스케치가 자동으로 선택이 되나 그렇지 않은 경우 수동으로 그 영역을 선택한다. ❷ [대칭]을 클릭한 후 ❸ 돌출 거리 "70"을 입력하고 [엔터키] 또는 ❹ [확인] 버튼을 누른다.

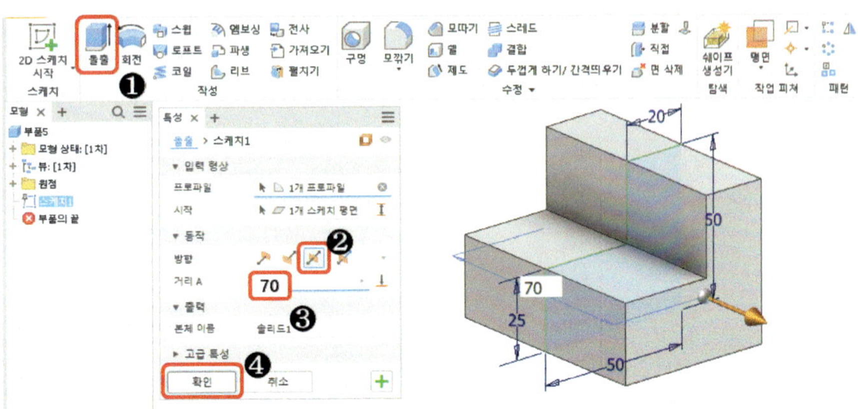

▶ 돌출된 ❶ 윗면을 선택한 후 ❷ [스케치 작성] 버튼을 누르면 스케치 모드로 들어간다.

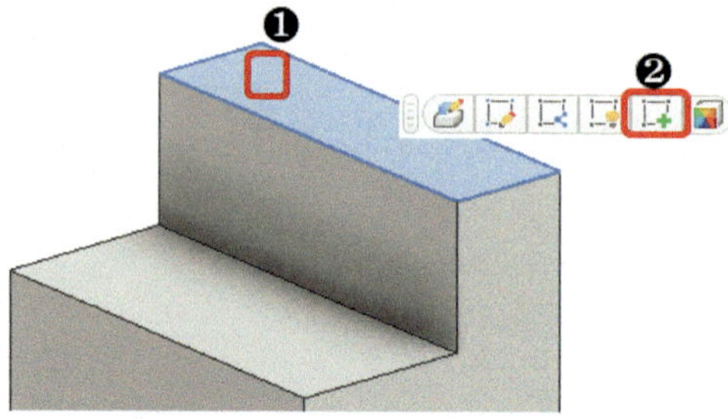

▶ ❶ [호] 명령을 클릭하고 점 ❷와 ❸을 클릭하고 마우스를 ❹위치에 두고 반경 “70”을 입력하고 [엔터]를 치면 호가 얻어진다. ❺ [스케치 마무리]를 누른다.

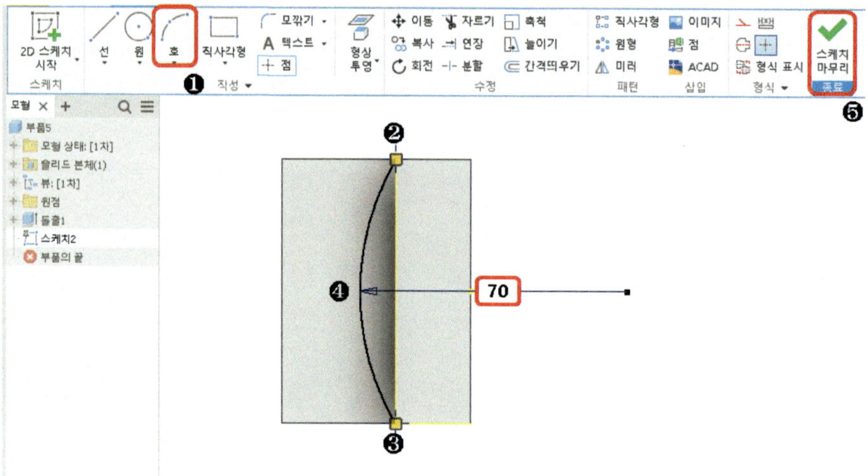

▶ ❶ [돌출] 명령을 클릭하여 앞에서 그린 호의 영역을 선택한다. ❷ [반전]을 클릭하여 돌출 방향을 변경하고 ❸ [다음까지] 버튼을 누른다. ❹ [확인] 버튼을 누른다.

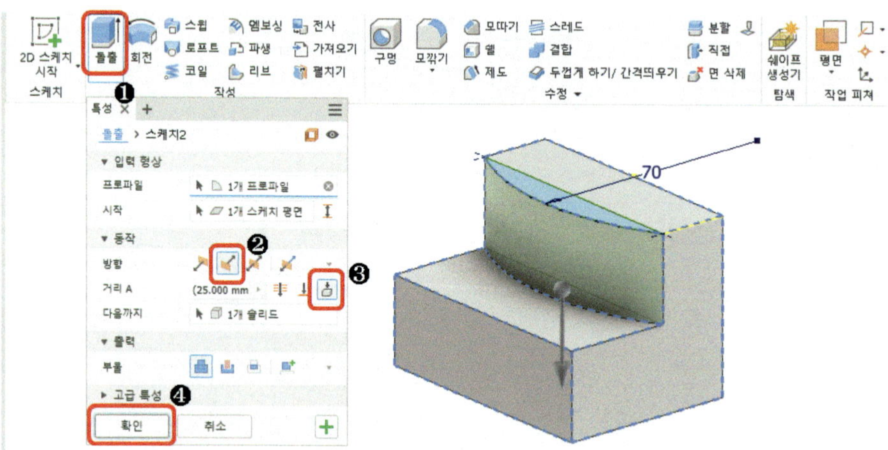

▶ 돌출 된 ❶ 앞면을 선택한 후 ❷ [스케치 작성] 버튼을 누른다.

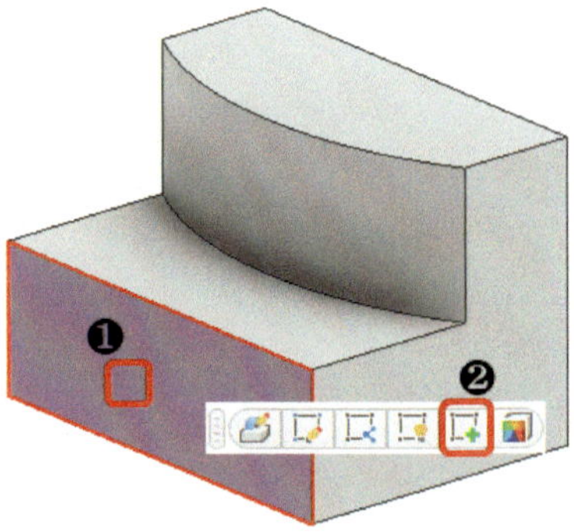

▶ ❶ [텍스트] 명령을 실행하고 ❷ 도형의 중간을 클릭한다. ❸ [중간], ❹ [중심], ❺ 글자 크기 "7", ❻ [굵게]로 맞추고 ❼ 폰트를 [맑은 고딕]으로 변경한다. ❽ 텍스트 입력창에 "인벤터 엠보싱"이라고 입력한 후 ❾ [확인] 버튼을 누른다. ❿ [스케치마무리]를 누른다.

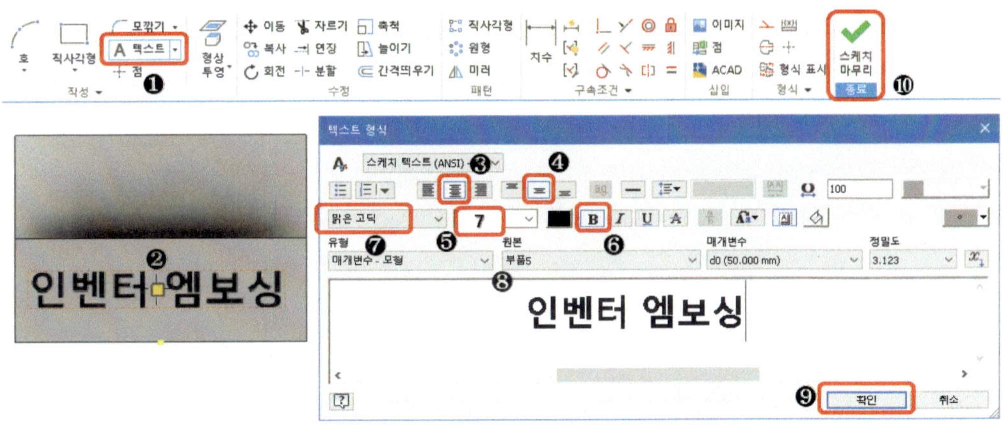

▶ ❶ [엠보싱] 명령을 클릭하고 ❷ 텍스트를 선택하고 ❸ "1mm"를 입력한다. ❹ [확인] 버튼을 누르면 볼록한 글자가 생성된다.

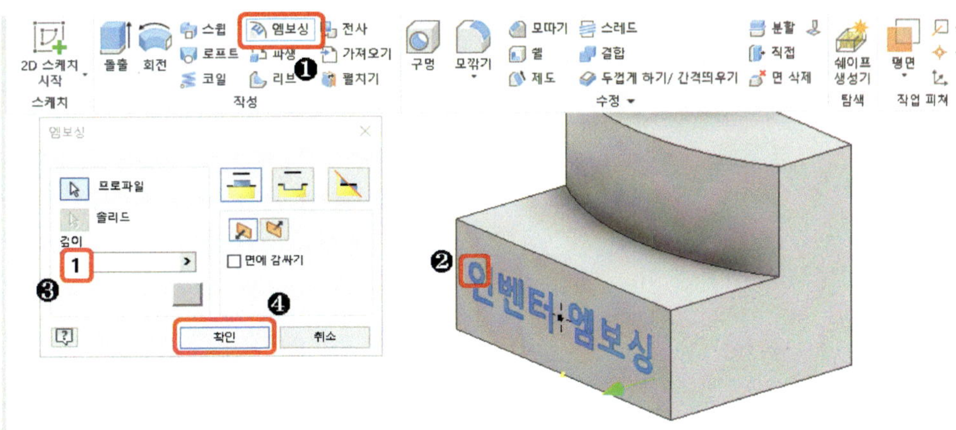

▶ 테스트가 있는 앞면 ❶을 선택하고 ❷ [스케치 작성]을 눌러 스케치 모드로 들어간다.

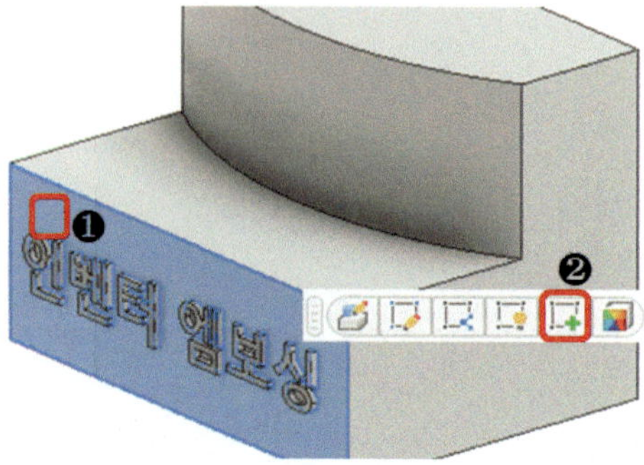

▶ ❶ [텍스트] 명령을 실행하고 ❷ 도형의 중간점을 클릭한다. ❸ [중간], ❹ [중심], ❺ 글자 크기 "7", ❻ [굵게]로 맞추고 ❼ 폰트를 [맑은 고딕]으로 변경한다. ❽ 텍스트 입력창에 "인벤터 엠보싱"이라고 입력한 후 ❾ [확인] 버튼을 누른다. ❿ [스케치마무리]를 누른다.

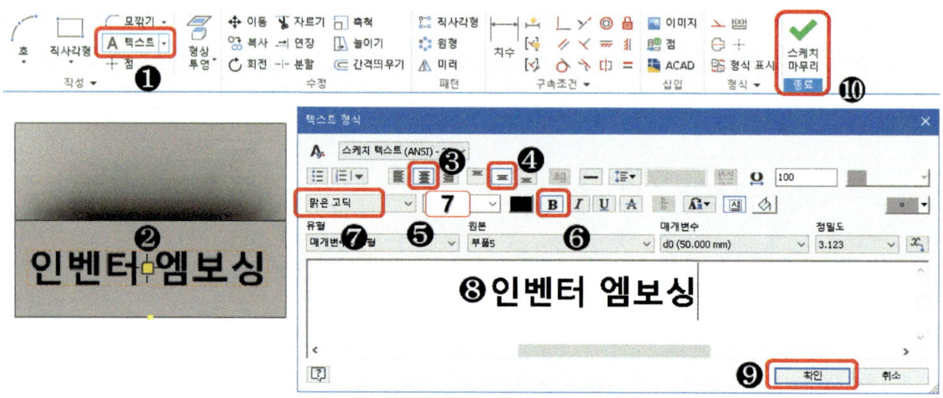

▶ ❶ [엠보싱] 명령을 클릭하고 ❷ 텍스트를 선택하고 ❸ [면에 감싸기]에 체크를 하고 ❹ 곡면을 선택한다. ❺ [반전]을 누르고 ❻ "1mm"를 입력한 후 ❼ [확인] 버튼을 누른다.

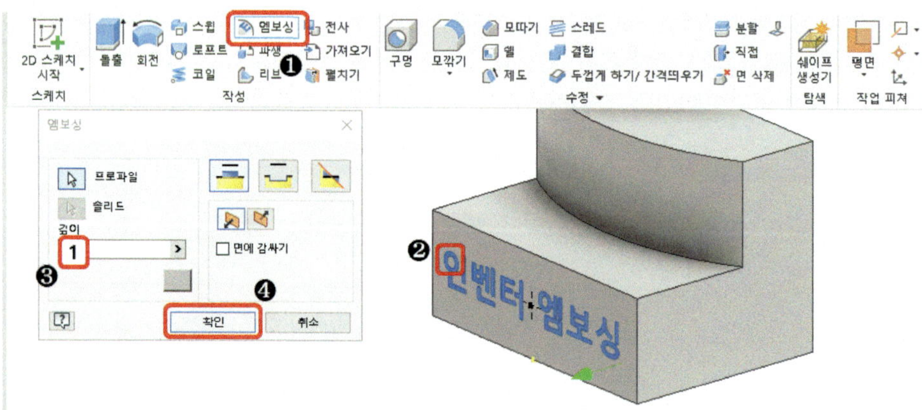

▶ 엠보싱 결과는 다음과 같다.

3.1.7 리브

① 스케치 평면에 수직

▶ 인벤터를 실행하고 [부품]을 선택한 후 ❶ [2D 스케치 시작] 명령을 클릭하고 ❷ [YZ평면]을 선택한다.

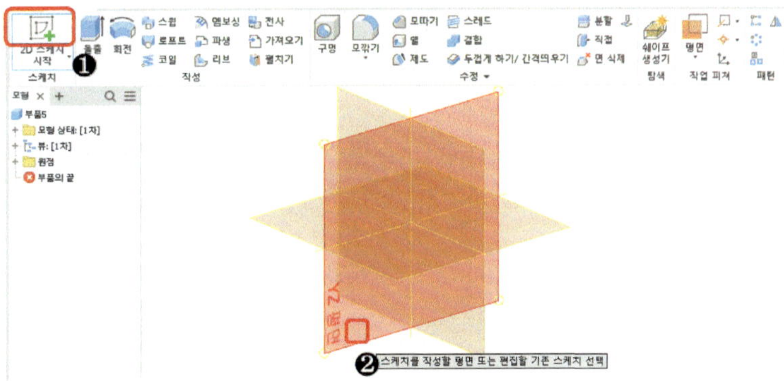

▶ ❶ [사각형] 명령을 클릭하고 원점 ❷에서 ❸까지, 바로 이어서 ❸에서 ❹까지 그리고 ❺에서 ❻까지 사각형 3개를 그린다. ❼ [치수] 명령으로 그림과 같이 치수를 구속한다. ❽ [스케치 마무리]를 누른다.

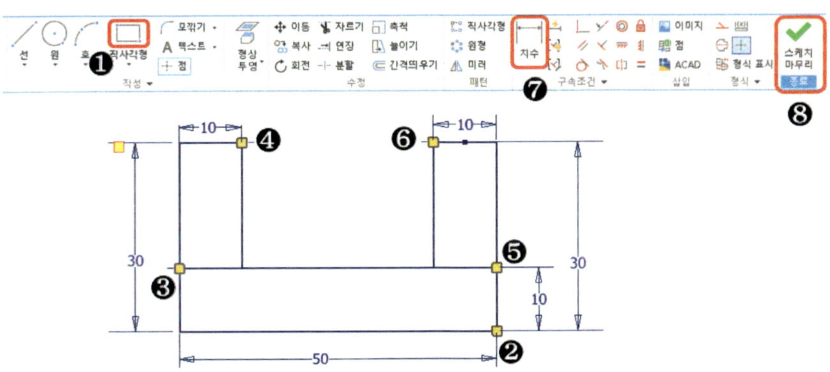

▶ ❶ [돌출] 명령을 클릭하고 ❷ 앞에서 그린 사각형 총 3개를 모두 선택한다. ❸ [대칭]을 선택하고 ❹ [거리]에 30을 입력 후 [엔터] 또는 ❺ [확인] 버튼을 누른다.

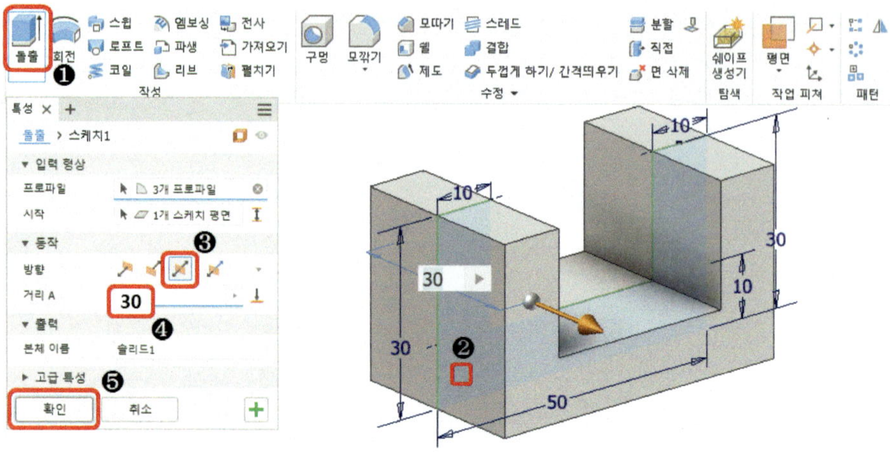

▶ 3D 모형의 윗면 ❶을 선택하고 ❷ [스케치작성]을 누른다.

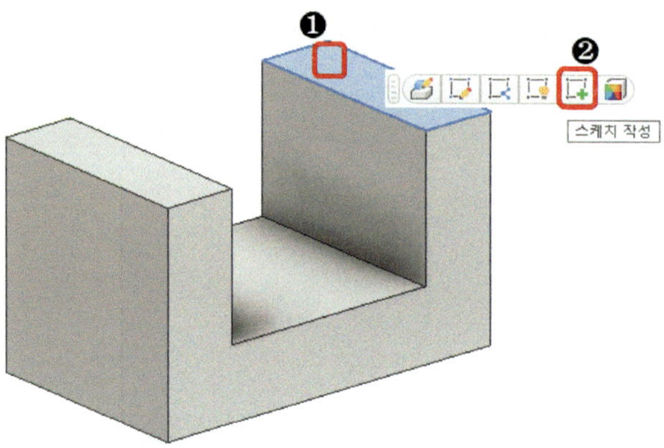

▶ ❶ [선] 명령을 누르고 중간점 ❷와 ❸을 클릭 후 ❹ [스케치 마무리]를 누른다.

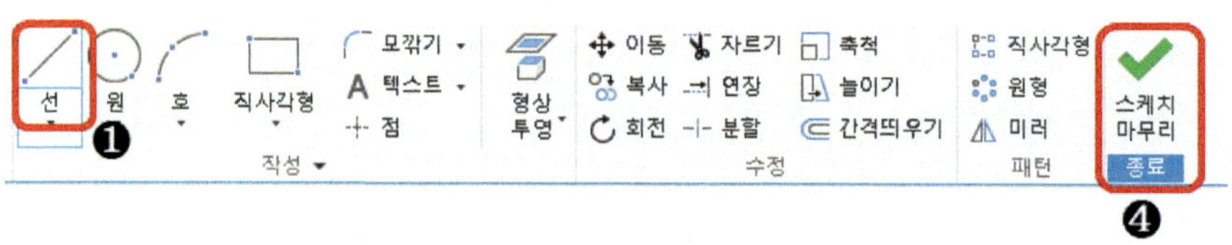

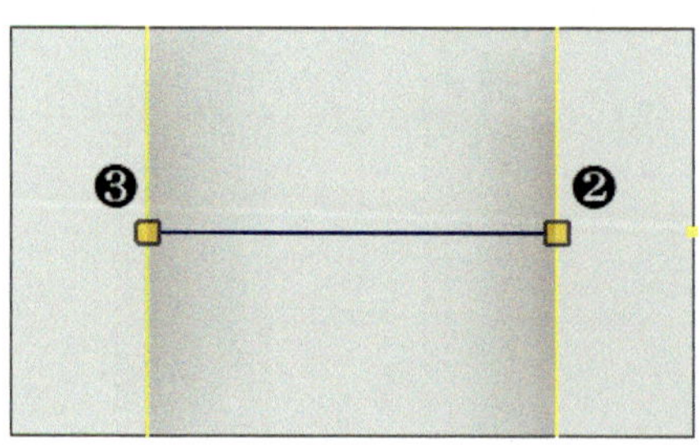

▶ ❶ [리브] 명령을 실행하면 앞에서 그린 선 ❷가 자동 선택이 된다. 리브의 ❸ 두께 "10"을 입력하고 [엔터키] 또는 ❹ [확인] 버튼을 누르면 리브가 생성된다.

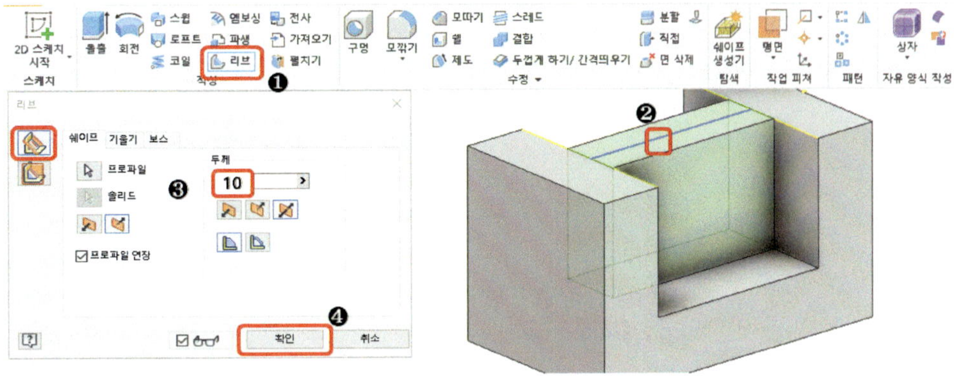

② 스케치 평면에 평행

▶ 인벤터를 실행하고 [부품]을 선택한 후 ❶ [2D 스케치 시작] 명령을 클릭하고 ❷ [YZ평면]을 선택한다.

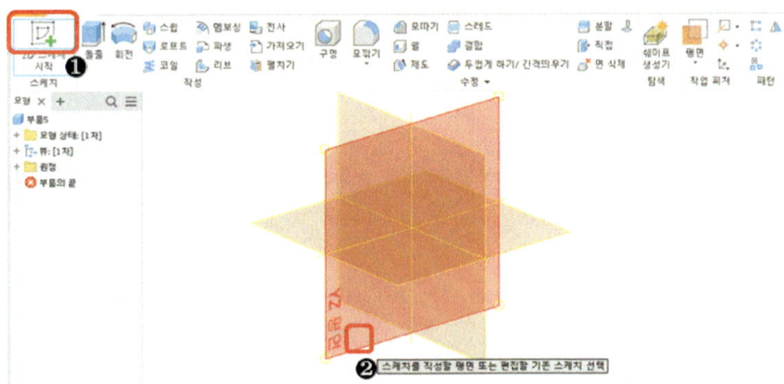

▶ ❶ [사각형] 명령을 클릭하고 원점 ❷에서 ❸까지, 바로 이어서 ❸에서 ❹까지 사각형을 그린다. ❺ [치수] 명령으로 그림과 같이 치수를 구속한다. ❻ [스케치 마무리]를 누른다.

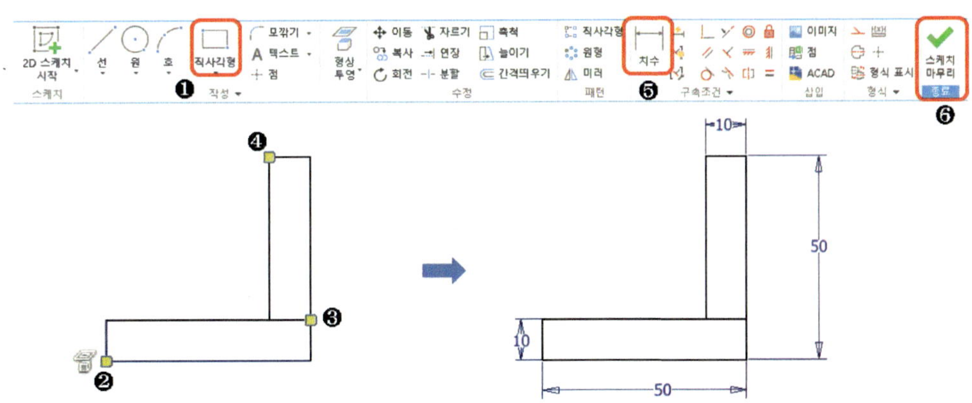

▶ ❶ [돌출] 명령을 클릭하고 사각형 영역 ❷와 ❸을 선택한다. ❹ [대칭]을 클릭한 후 ❺ 돌출 거리 “70”을 입력하고 [엔터키] 또는 ❻ [확인] 버튼을 누른다.

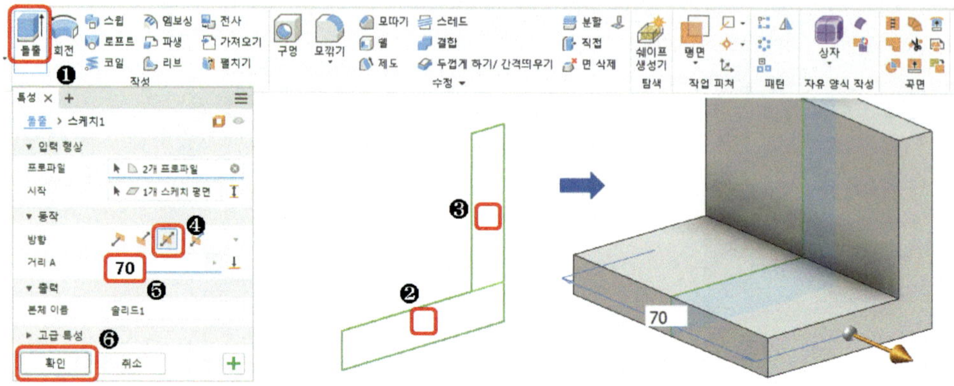

▶ 모형 검색기 창에서 ❶ [2D 스케치 시작] 명령을 클릭하고 검색기창에서 ❷ [YZ 평면]을 선택한다.

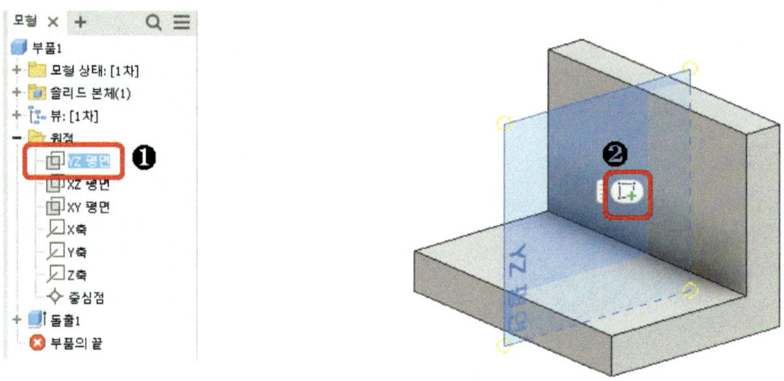

▶ ❶ [선] 명령을 클릭하고 임의의 점 ❷와 ❸을 연결하는 선을 그린다. ❹ 그림과 같이 [치수]구속을 주고 ❺ [일치 구속조건]을 클릭하고 점 ❸과 선 ❻을 선택해서 서로 일치시킨다. ❼ [스케치 마무리]를 클릭하여 스케치를 빠져 나온다.

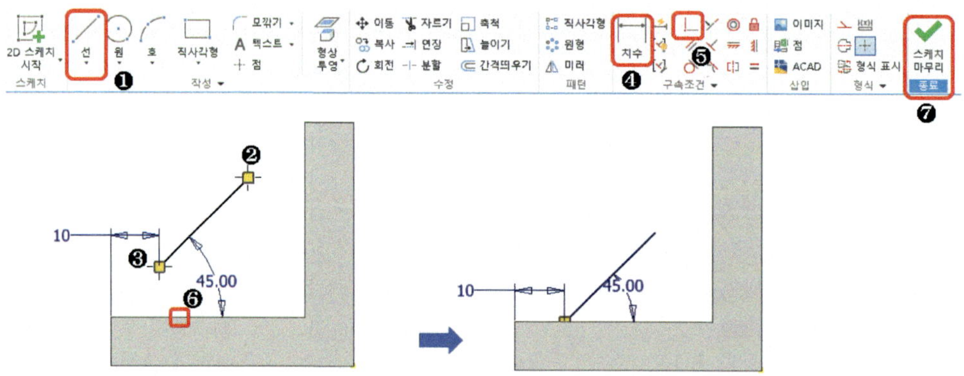

▶ ❶ [리브] 명령을 실행하고 ❷ [스케치 평면에 평행]을 선택한 후 앞에서 그린 선 ❸을 선택한다. ❹ 두께에 “10mm”을 입력한다. ❺ [확인] 버튼을 누른다.

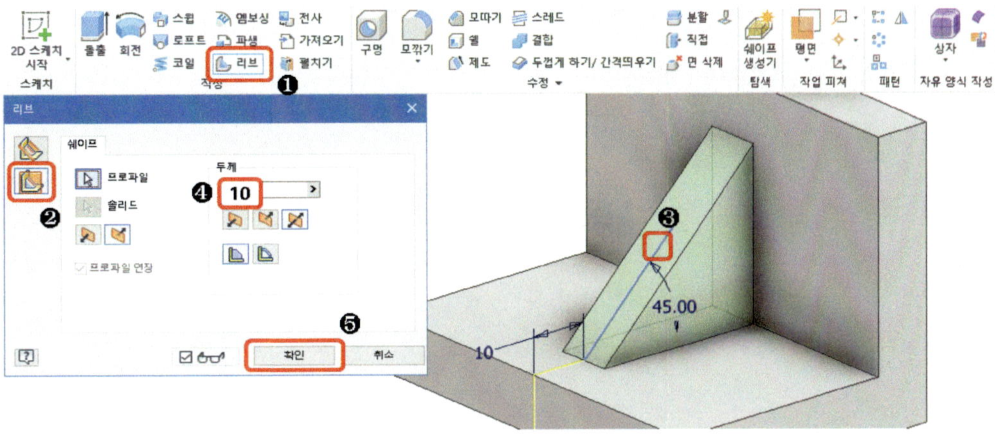

▶ [스케치 평면에 평행] 리브의 결과는 다음과 같다.

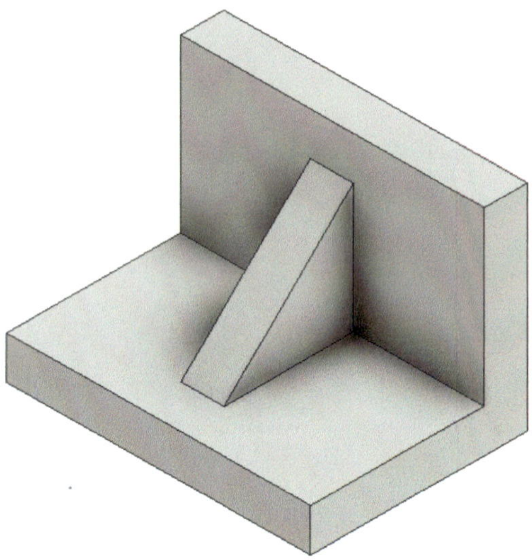

3.2 [수정] 리본 메뉴

3.2.1 구멍

(1) 단순 구멍 : 드릴 구멍을 작성할 수 있다.

다음 도면을 이용하여 [단순 구멍] 명령의 간단한 사용법을 알아보자.

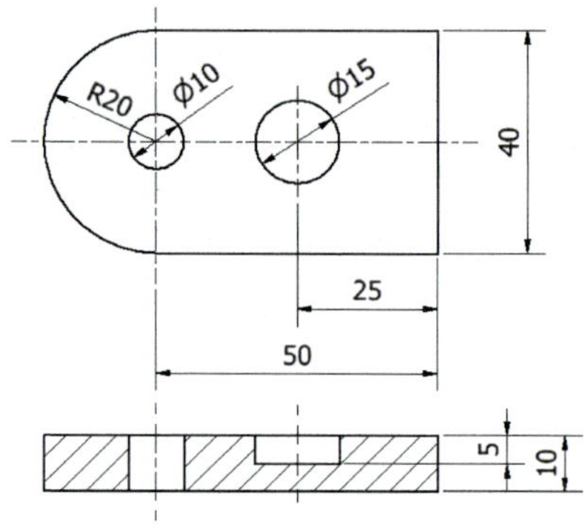

▶ 인벤터를 실행하고 [부품]을 선택한 후 ❶ [2D 스케치 시작]을 클릭하고 ❷ [XZ평면]을 선택한다.

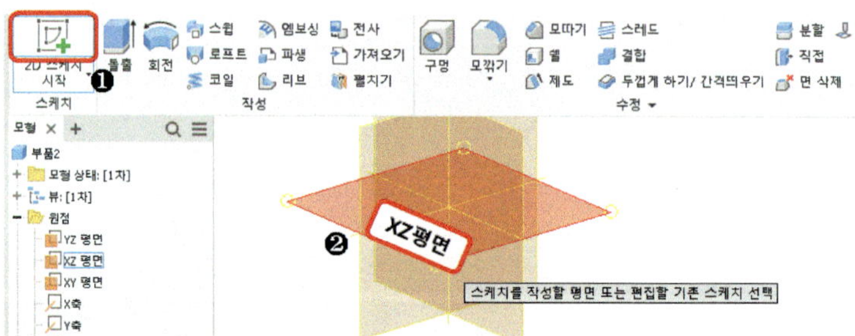

▶ ❶ [슬롯] 명령을 선택하고 원점 ❷와 점 ❸, ❹를 클릭하고 슬롯을 그린다. ❺ [선] 명령을 선택하고 슬롯의 점 ❹와 ❻을 잇는 선을 그린다. 선 ❼을 선택하고 ❽ [구성]을 누른다. ❾ [스케치 마무리]를 눌러 스케치에서 빠져 나온다.

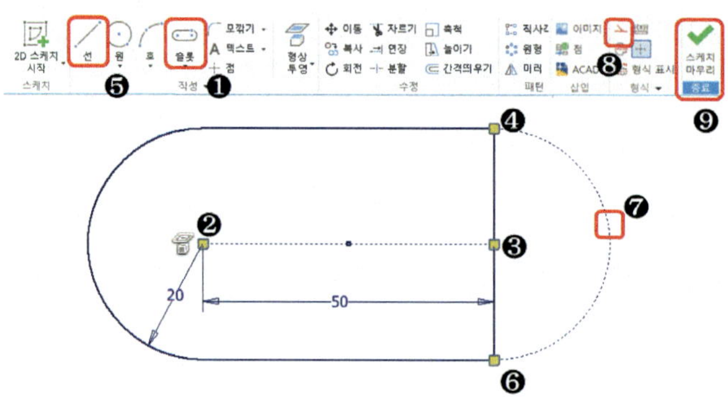

▶ ❶ [돌출] 명령을 클릭하면 스케치가 자동 선택이 되고 ❷ 거리에 "10"을 입력한 후 [엔터] 또는 ❸ [확인] 버튼을 클릭한다.

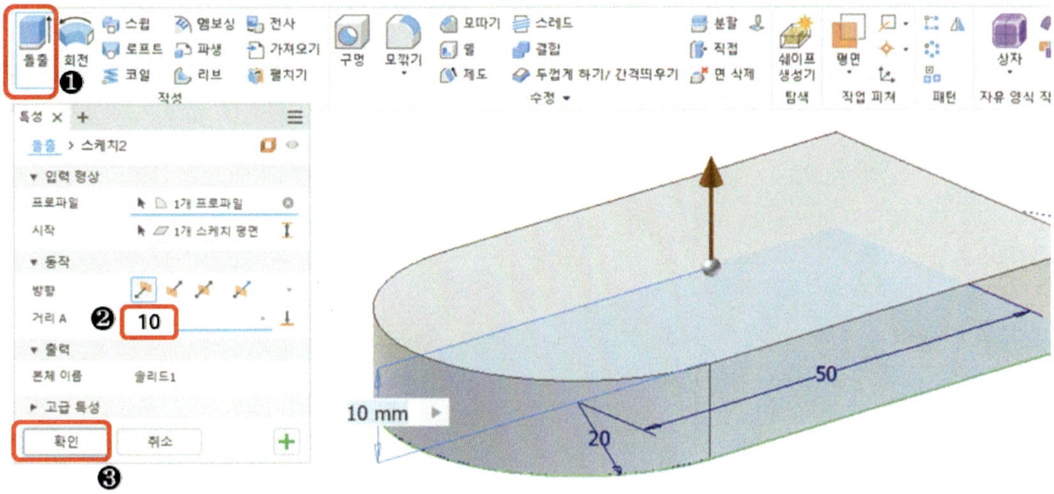

▶ ❶ [구멍] 명령을 클릭하고 ❷ [위치]의 [1개 위치] 하단에 파란 밑줄이 있는지, 그 옆에 [중심선 작성 허용 켜기]로 설정되었는지 확인한다.

▶ 먼저 도형의 윗면 ❸을 선택하여 구멍의 시작 면을 잡는다. 도형에서 정확하게 원의 중심을 구속하기 위해서 모서리 원호 ❹를 선택하고 ❺ [전체 관통]을 클릭한 후 ❻ 지름 치수 "10"을 입력한 후 [엔터키] 또는 ❼ [확인] 버튼을 누른다.

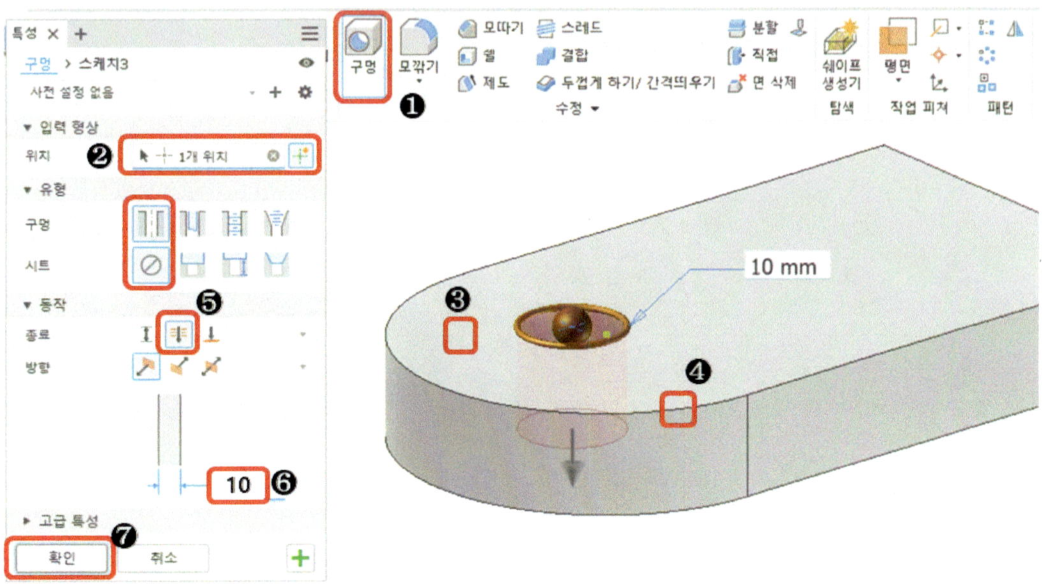

▶ ❶ [구멍] 명령을 클릭하여 도형의 윗면 ❷를 선택하고 모서리 ❸을 선택한다. 거리 “20”을 입력하고 엔터를 누르지 않은 상태에서 모서리 ❹를 선택하고 “25”를 입력한다. ❺ 여러 옵션을 그림과 같이 설정한다. 특히, 드릴 점이 [플랫]으로 설정되어 있는지 확인한다. ❻ 깊이를 “5”, 직경을 “15”로 변경한 후 [엔터] 또는 ❼ [확인] 버튼을 눌러 도형을 완성한다.

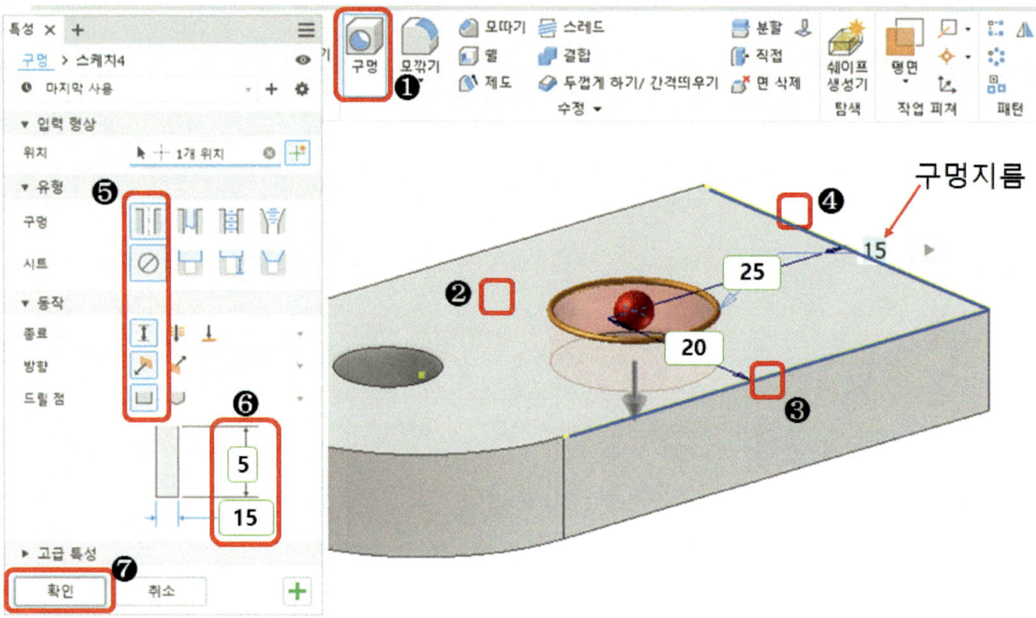

▶ 결과는 다음과 같다.

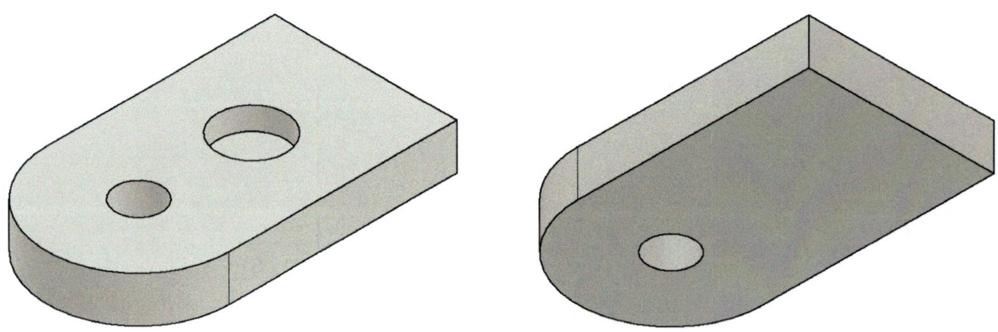

(2) 카운터 보어 : 볼트 삽입 자리를 만들 수 있다.

다음 도면을 이용하여 [구멍] 명령을 이용하여 [카운터 보어]를 작성하는 방법을 알아보자.

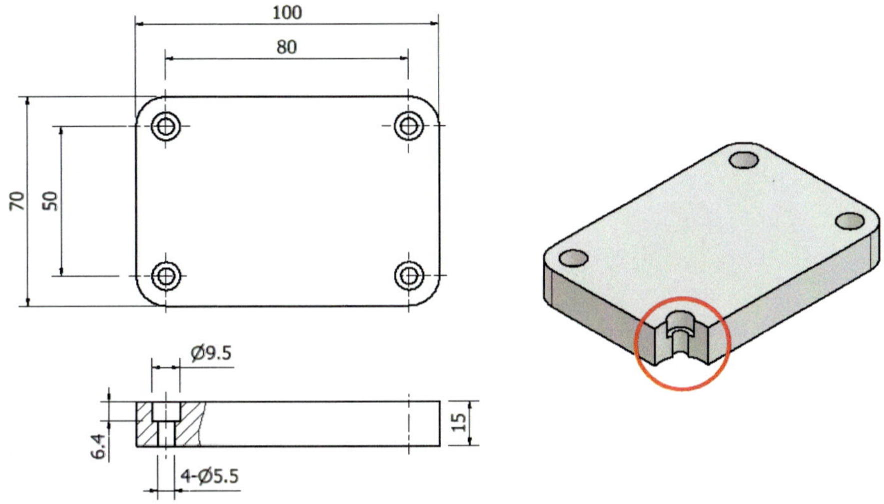

▶ 스케치에 중심점을 투영하기 위해서 ❶ [도구] 메뉴에서 ❷ [응용 프로그램 옵션] 명령을 클릭한다. ❸ [스케치] 탭으로 들어가서 ❹ [곡선 작성 시 모서리 자동투영]에 체크를 하고 ❺ [확인] 버튼을 누른다.

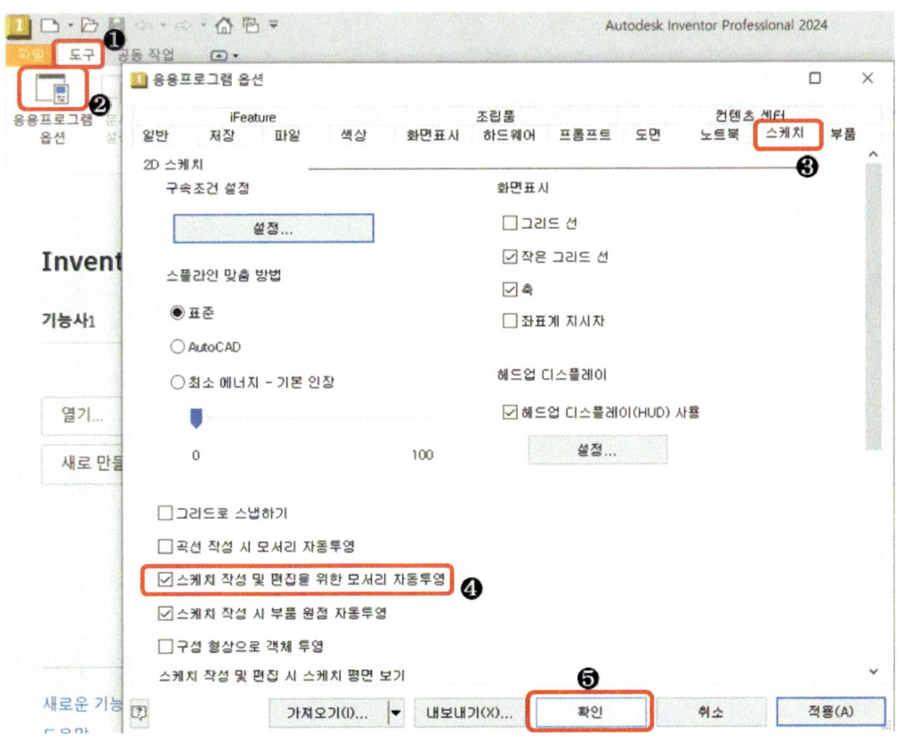

▶ 인벤터를 실행하고 [부품]모드로 들어간다. ❶ [2D 스케치 시작]을 클릭하고, ❷ [XZ평면]을 선택한다.

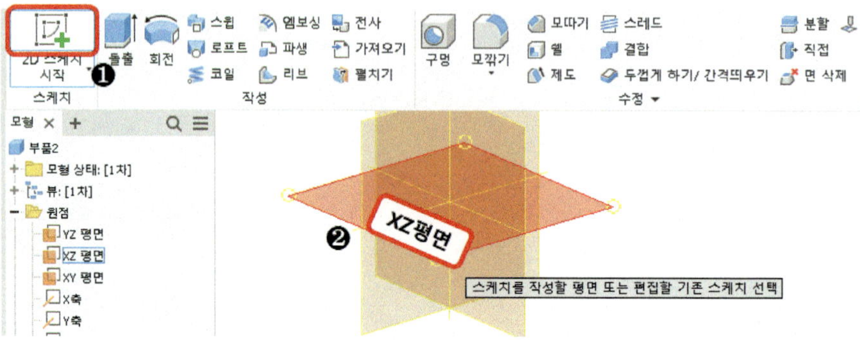

▶ ❶ [두 점 중심 직사각형] 명령으로 원점 ❷와 점 ❸으로 사각형을 그리고 ❹ [치수] 명령으로 가로 "100', 세로 "70"을 입력한 후 ❺ [스케치 마무리]를 누른다.

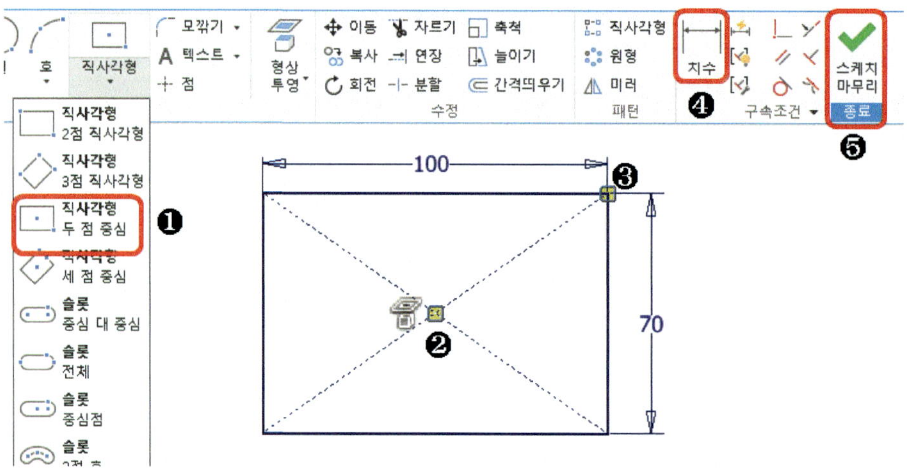

▶ ❶ [돌출] 명령을 실행하면 스케치가 자동으로 선택되고 ❷ 높이를 "15"라 입력하고 [엔터] 또는 [확인] 버튼을 누른다.

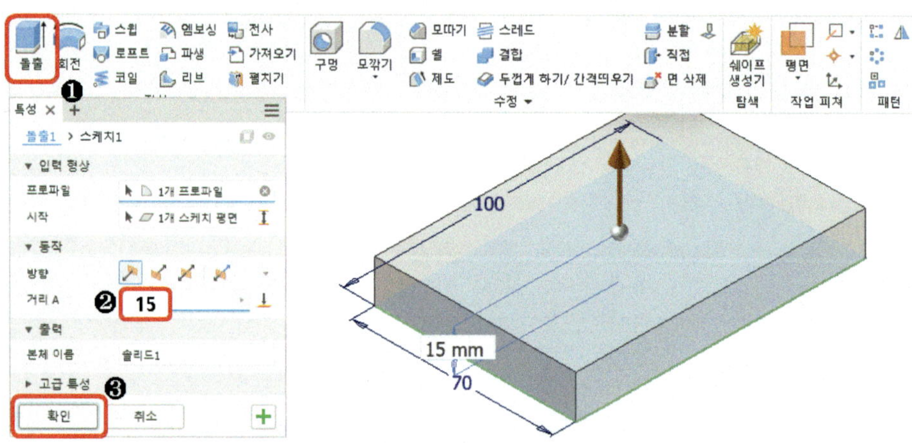

▶ ❶ [모깎기] 명령을 클릭하고 ❷ 반지름 치수 “10”을 입력한 후 ❸ 4개의 수직 모서리를 각각 선택하고 ❹ [확인] 버튼을 누른다.

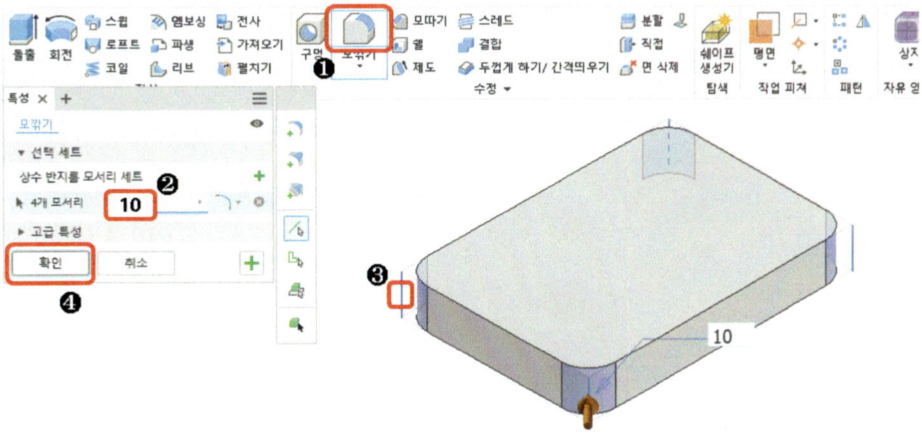

▶ ❶ 윗면을 선택한 후 ❷ [스케치 작성]을 클릭하면 스케치 모드로 들어간다.

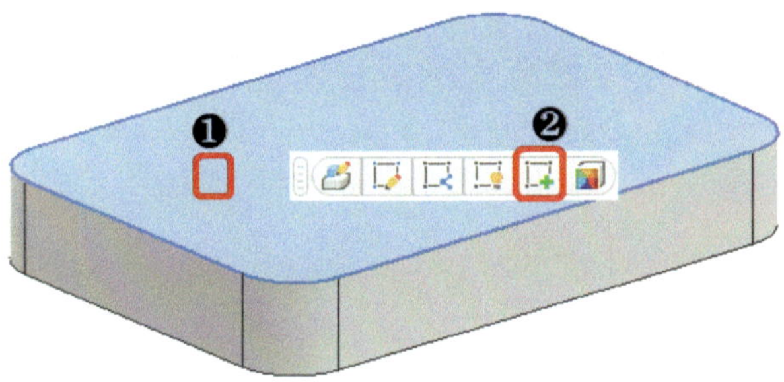

▶ 형상 윗면에 그림처럼 원점(중앙점)과 모서리 반경의 중심점 4개가 자동으로 생성된다. 원점을 제외하고 나머지 ❶ 4개의 점을 모두 선택한 후 ❷ [중심점]을 선택한다. ❸ [스케치 마무리]를 눌러 빠져 나온다.

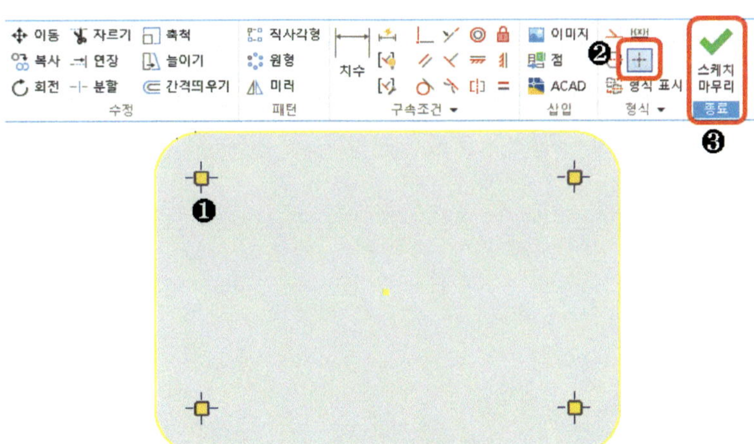

▶ ❶ [구멍] 명령을 클릭하면 4개의 점이 자동으로 선택된다. ❷ [단순 구멍], ❸ [카운터 보어], ❹ [전체 깊이]를 선택한 후 ❺의 값들을 입력하고 ❻ [확인] 버튼을 누르면 도형이 완성된다.

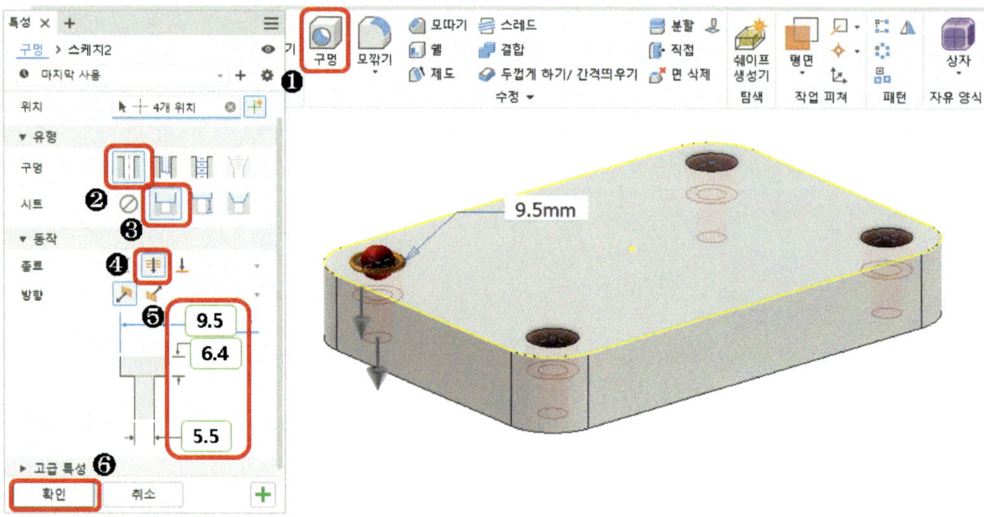

▶ 카운터 보어 결과는 다음과 같다.

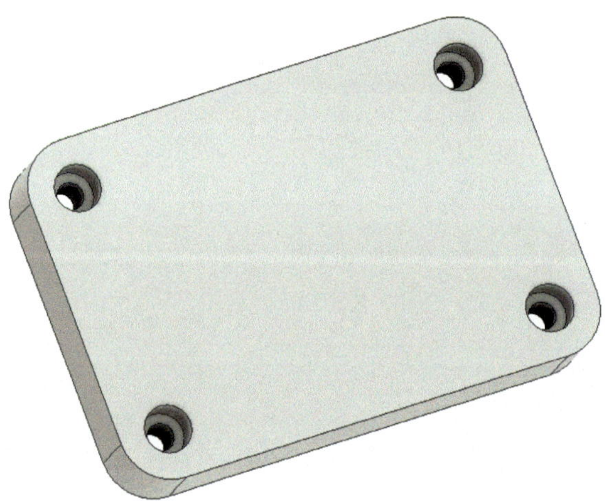

(3) 탭 구멍 : 암나사를 작성할 수 있다.

다음 도면으로 [구멍] 명령을 이용하여 [탭 구멍]을 작성하는 방법을 알아보자.

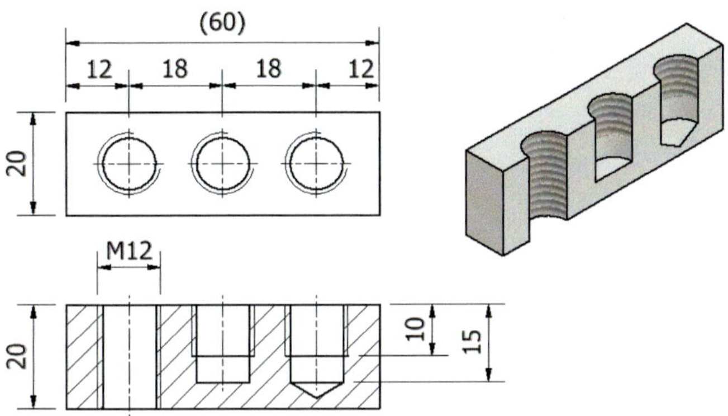

▶ 인벤터를 실행하고 [부품]모드로 들어간다. [2D 스케치 시작]을 클릭하고 [XZ평면]을 선택한다.

▶ ❶ [두 점 중심 직사각형] 명령으로 원점 ❷와 점 ❸을 클릭하여 직사각형을 그린다. ❹ [치수] 명령을 이용하여 그림과 같이 가로 60, 세로 20 치수를 입력한 후 ❺ [스케치 마무리]를 누른다.

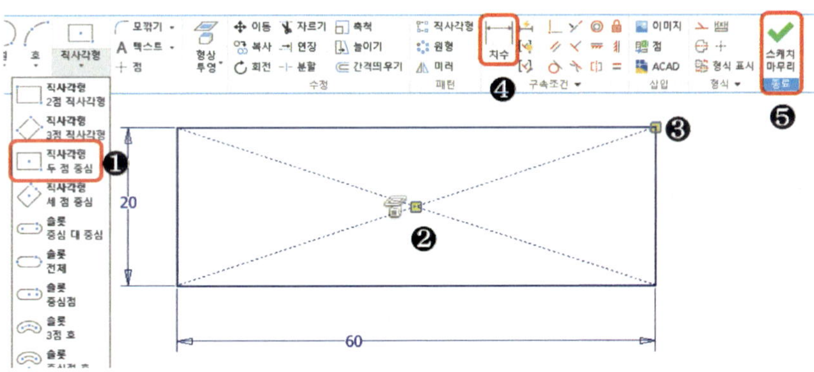

▶ ❶ [돌출] 명령을 ❷ 높이가 "20" 직육면체를 작성한다. ❸ [확인]을 누른다.

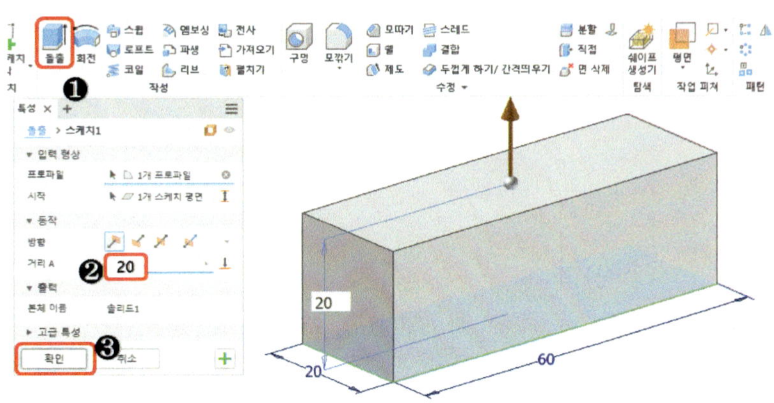

▶ ❶ 윗면을 선택한 후 ❷ [스케치 작성]을 클릭하면 스케치 모드로 들어간다.

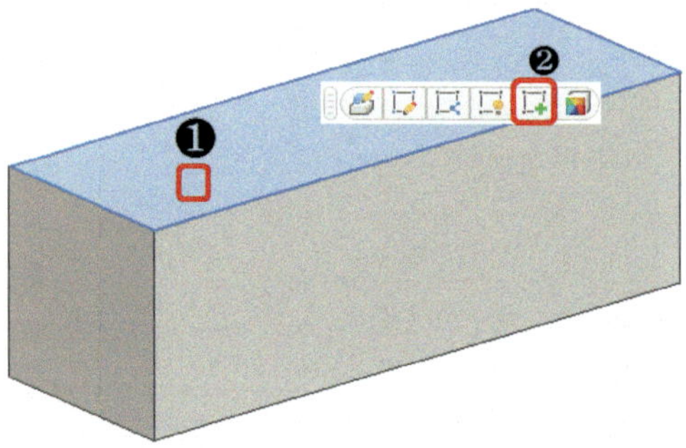

▶ ❶ [선] 명령으로 임의의 점 ❷와 ❸을 잇는 선을 그린다. ❹ [치수]명령으로 ❺ 길이 "36"을 준다.❻ [일치 구속조건]으로 선의 중간점 ❼과 원점 ❽을 선택하여 일치를 시킨다. ❾ [스케치마무리]를 누른다.

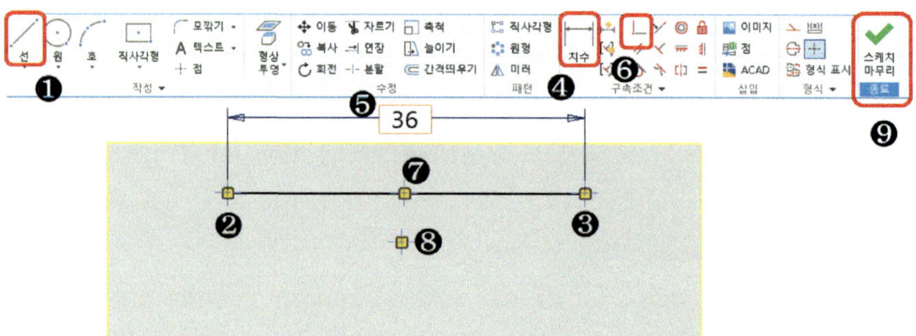

▶ ❶ [구멍] 명령을 클릭하고 선의 끝점 ❷를 선택하고 ❸ [탭 구멍], ❹ 시트 [없음], ❺ 유형에 [ISO Metric profile], ❻ 크기에 "12"를 입력한 후 ❼ 스레드를 [전체 깊이]에 체크를 한다. ❽ [전체 관통]을 선택하고 ❾ [확인] 버튼을 누른다.

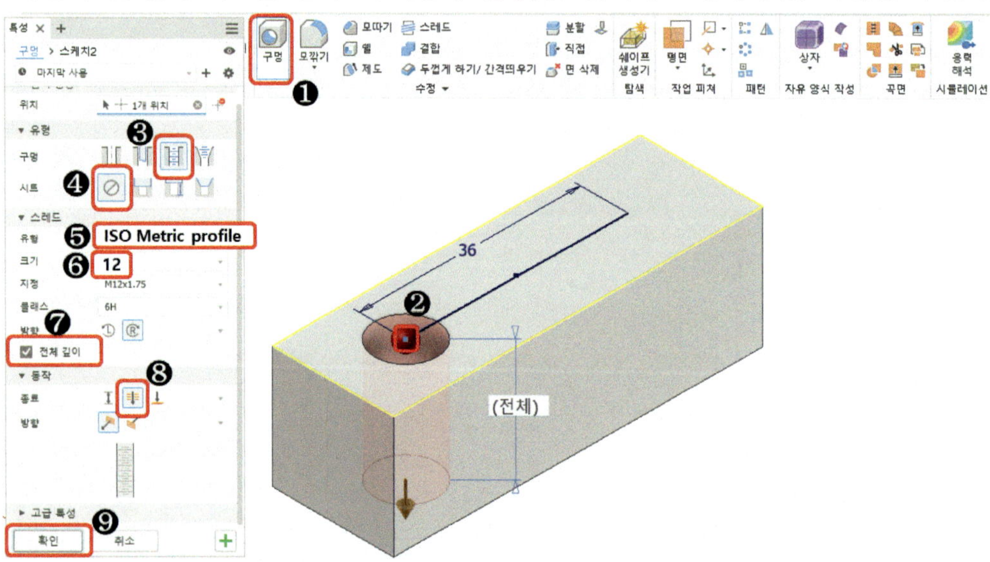

▶ 검색기 창에서 ❶ [스케치2]를 선택하고 마우스 우클릭하여 ❷ [가시성]을 누르면 그림과 같이 스케치가 다시 나타난다.

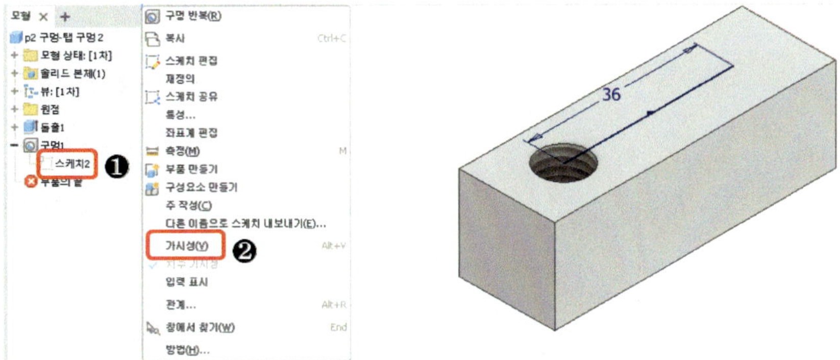

▶ 다시 ❶ [구멍] 명령을 클릭하고 선의 끝점 ❷를 선택한 후 ❸ [전체 깊이]의 체크를 해제한다. ❹ 종료옵션을 [거리] 변경하고 ❺ 드릴 날 끝을 [각도]로 변경한다. ❻ 스레드 깊이를 “10”, ❼ 드릴 깊이를 “15”라 입력하고 ❽ [새 구멍 작성 및 적용] 버튼을 누른다.

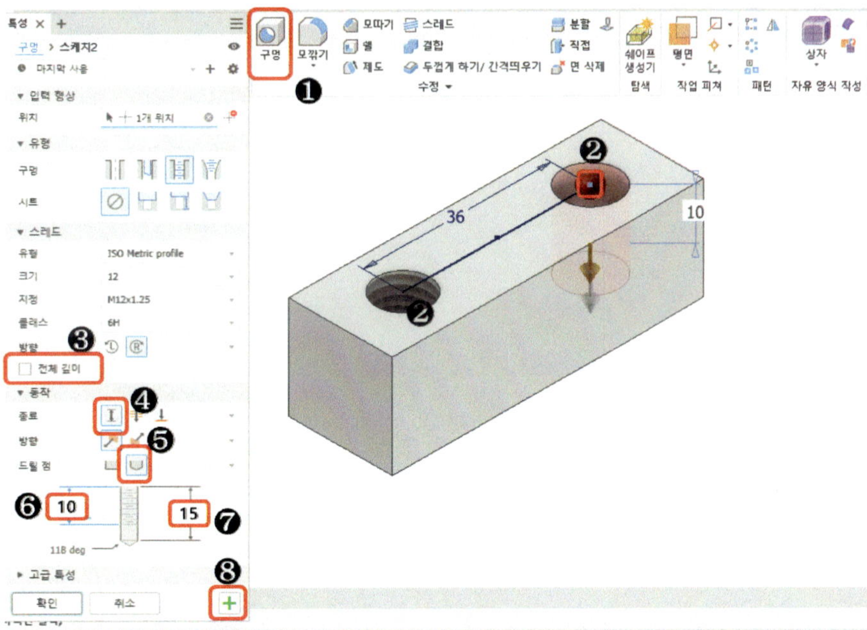

참고 인벤터에서 명령어 사용할 때 입력한 변수 값들은 대부분 기억하고 있으므로 같은 크기 값의 구멍을 여러 개 작성할 경우 편리하다. 구멍 명령 실행 중에 확인 버튼을 누르면 명령을 완전히 빠져나와서 구멍을 여러 개 작성할 경우 매번 구멍 명령을 다시 클릭해야하는 번거로움이 있다. 명령을 빠져 나오지 않고 연속해서 작업하고 싶을 경우에는 [새 구멍 작성 및 적용]버튼을 누르면 구멍 명령 상태가 계속 유지되므로 구멍 명령을 다시 클릭하지 않아도 되므로 편리하고 빠르게 작업할 수 있다.

▶ 아직 구멍 명령이 실행 중이므로, 선의 중간점 ❶를 선택한 후 ❷ 드릴 날 끝을 [플랫]으로 변경하고 ❸ [확인] 버튼을 누른다.

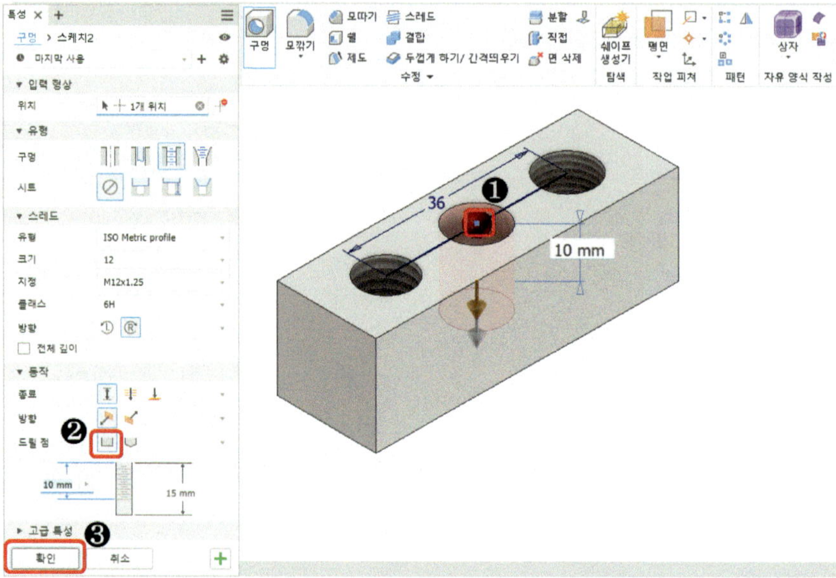

▶ 스케치를 없애려면 검색기 창에서 ❶ [스케치2]를 선택하고 마우스 오른쪽을 눌러 ❷ 가시성 체크를 해제하면 ❸ 선이 사라진다.

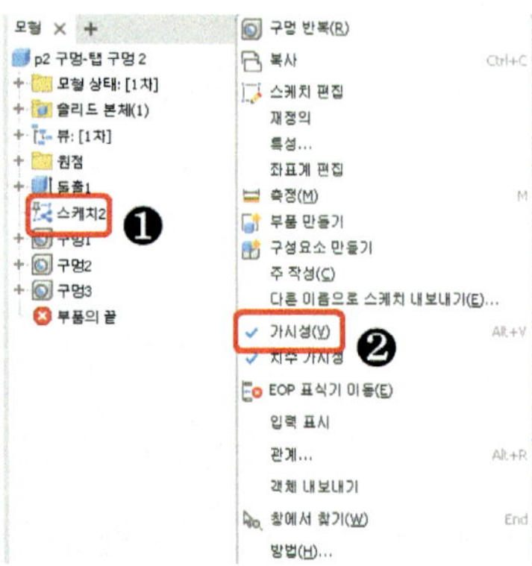

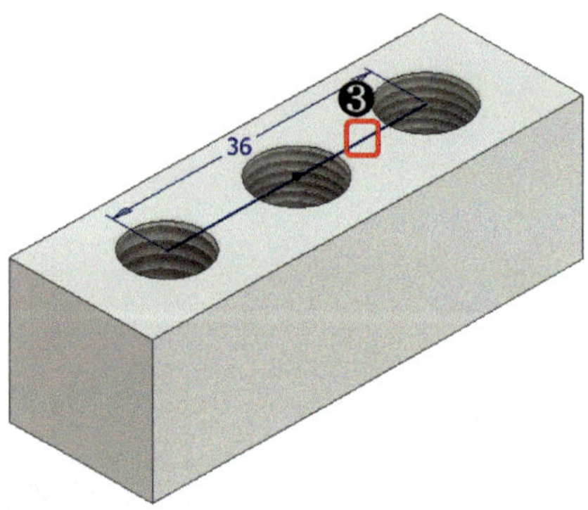

▶ 탭 구멍에 대한 결과는 왼쪽 그림과 같다. 오른쪽 그림은 반으로 자른 모습이다.

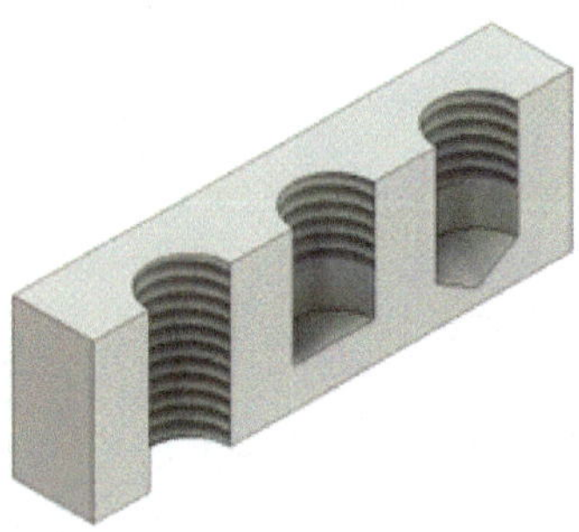

3.2.2 모깎기

▶ 인벤터를 실행하고 [부품]모드로 들어간 후 [2D 스케치 시작]을 클릭하고 [XZ평면]을 선택한다.

▶ 모서리 [모깎기] 연습을 위해 [XZ 평면]에 ❶ [두 점 중심 직사각형]명령으로 그림의 정사각형 3개를 그리고 ❷ [스케치 마무리]를 누른다.

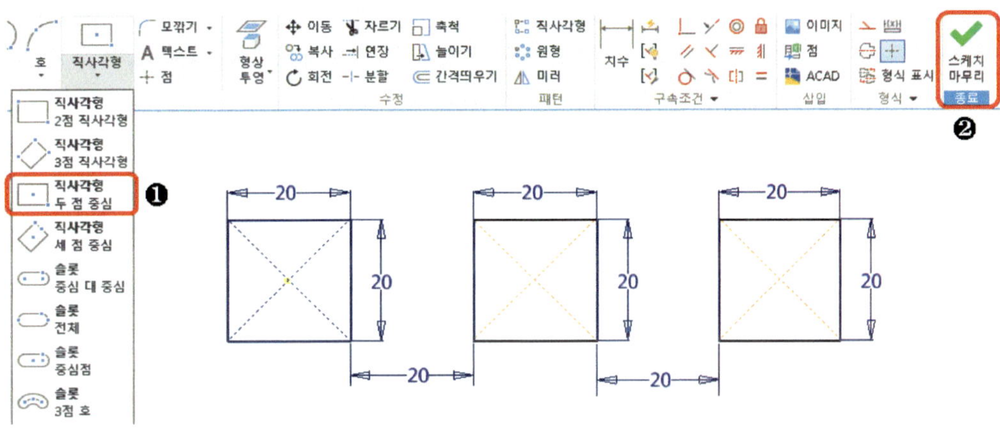

▶ ❶ [돌출] 명령을 클릭하고 ❷ 3개의 사각형을 모두 선택한 후 ❸ 높이 "20"이라 입력하고 [엔터키] 또는 ❹ [확인] 버튼을 누른다.

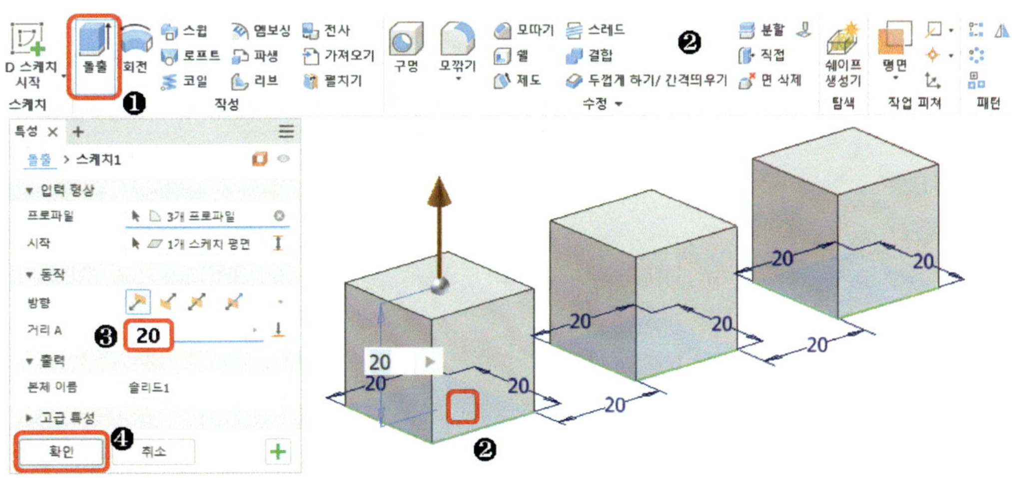

(1) 상수 반지름 모깎기

▶ ❶ [모깎기] 명령을 실행하여 ❷ [상수 반지름 모서리 세트 추가]를 선택한다. ❸ 모서리를 선택한 후 ❹ 반지름 치수 "5"를 입력하고 ❺ [확인]버튼을 누른다.

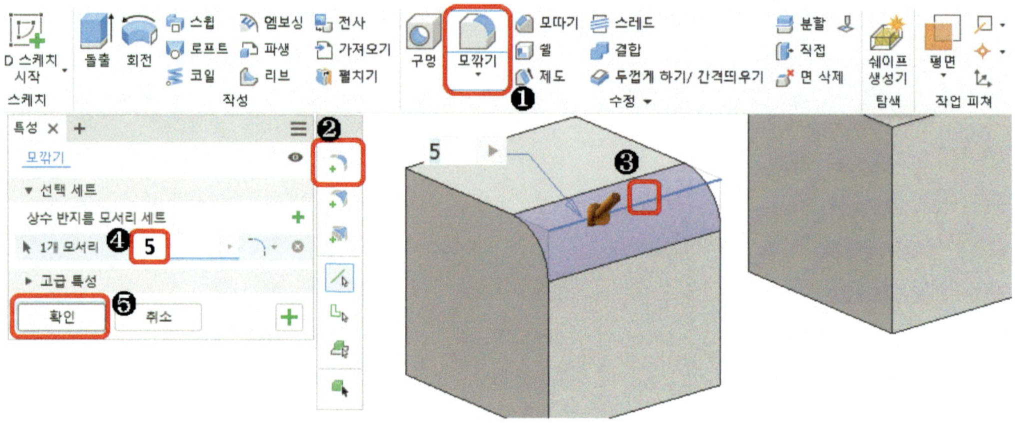

(2) 변수 반지름 모깎기

▶ ❶ [모깎기] 명령을 실행해서 ❷ [변수 반지름 모깎기] 모서리를 선택한 후 ❸ 모서리를 선택한다. ❹ 모서리 시작에 "10", ❺ 끝에 "5"를 입력하고 ❻ [확인]버튼을 누른다.

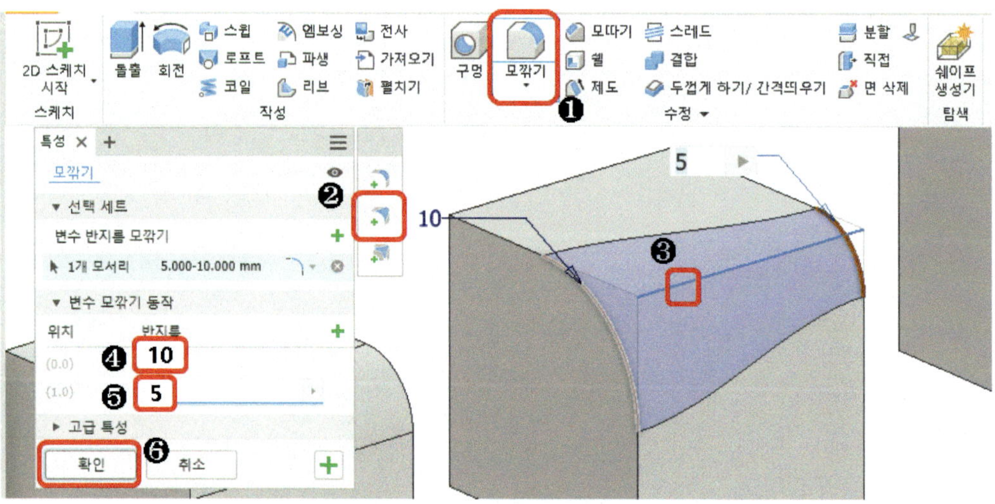

(3) 세트백 반지름 모깎기

▶ ❶ [모깎기] 명령을 실행해서 ❷ 반지름 치수 "5"를 입력하고 ❸ 모서리 3개를 모두 선택한 후 ❹ [세트백]을 누른다.

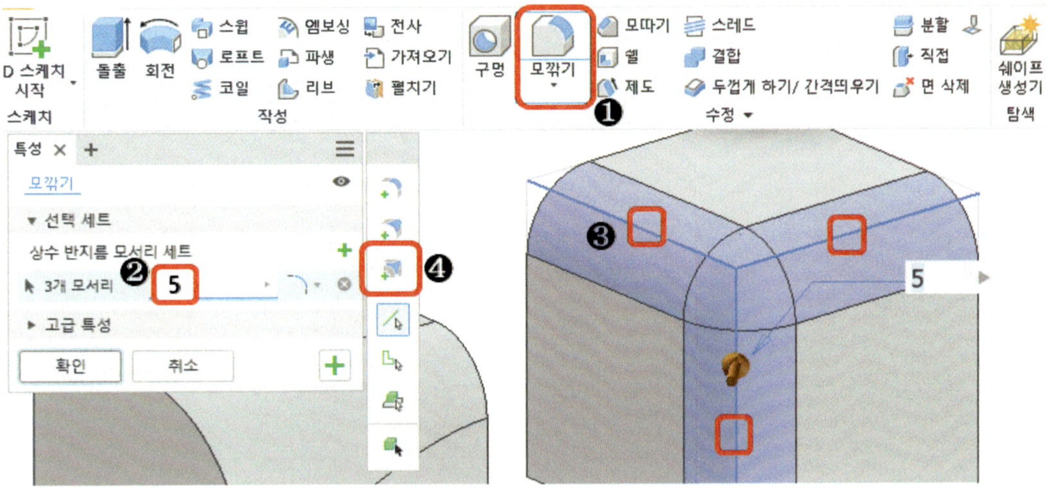

▶ 이어서 ❺ 꼭짓점을 선택한다. 꼭짓점에서 각 모서리에 떨어진 거리 값 ❻에 "6", ❼"8", ❽ "12"를 입력하고 ❾ [확인] 버튼을 누른다. 그러면 모서리의 끝점을 연결하는 부드러운 곡선으로 이루어진 모깎기를 얻을 수 있다. 각 값은 꼭짓점에서 필렛 시작까지의 거리이다.

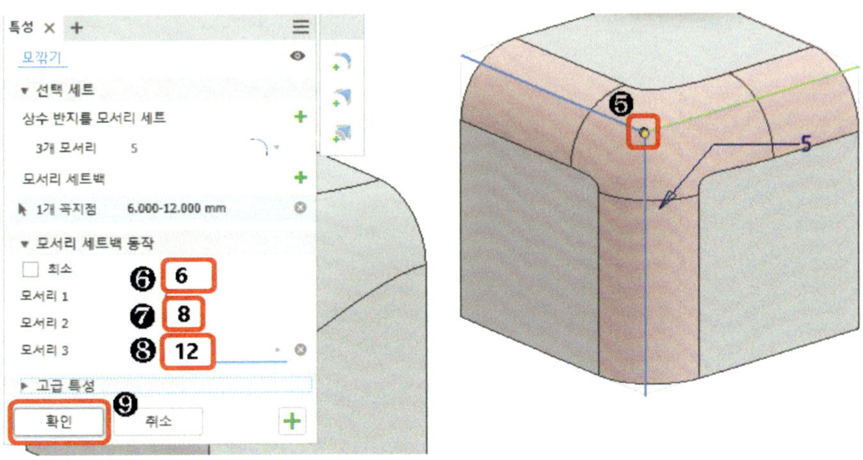

(4) 면 모깎기

▶ [면 모깎기] 연습을 위해 [YZ 평면]을 스케치 평면으로 잡고 그림처럼 그린다.

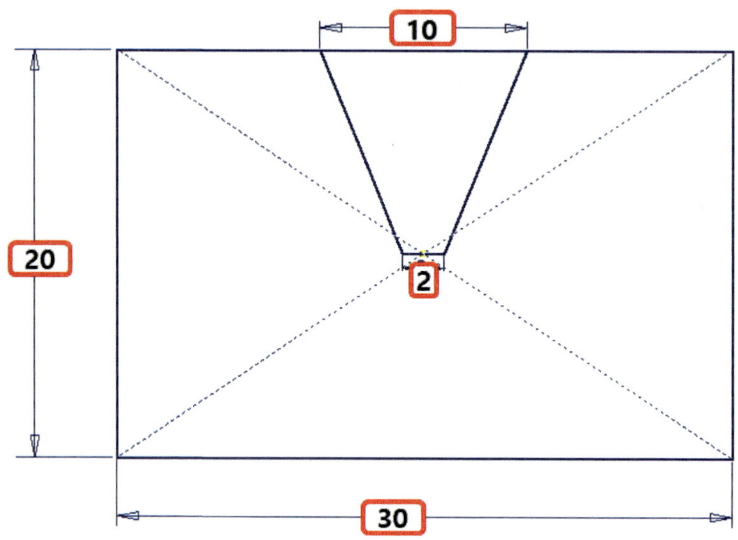

▶ ❶ [돌출] 명령을 실행하고 ❷의 영역을 선택한다. ❸ 거리를 "15"이라 입력하고 ❹ [확인]을 누른다.

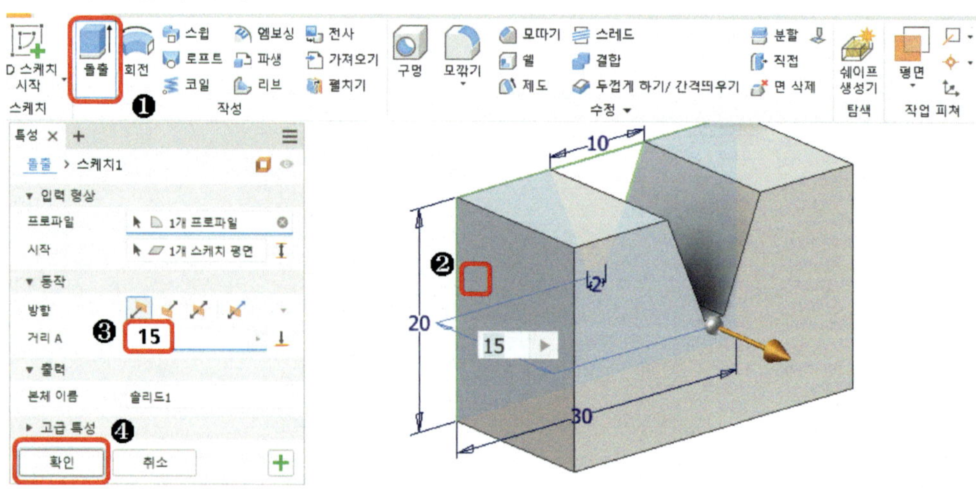

▶ ❶ [모깎기] 명령을 실행하고 ❷ [면 모깎기]를 선택한다. 경사면 ❸과 ❹를 선택한 후 ❺ [반지름]을 "3"이라 입력한다. 엔터 또는 ❻ [확인] 버튼을 누른다. 골짜기 사이로 반지름 R3인 공이 지나간 흔적이라 보면 이해가 쉽다.

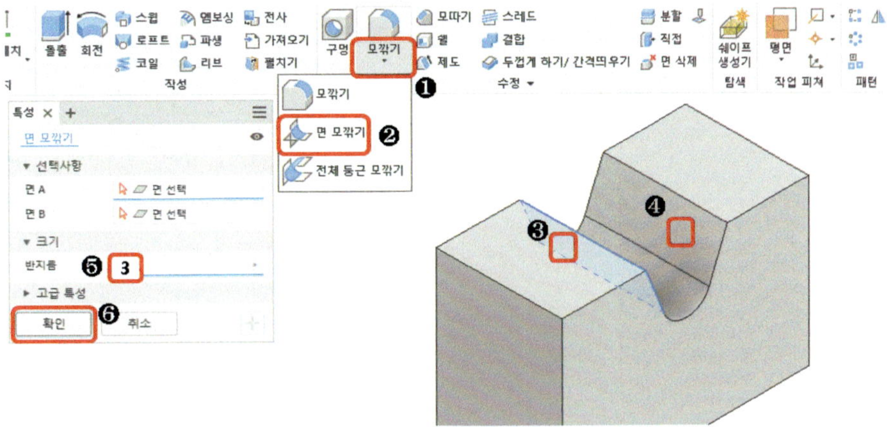

(5) 전체 둥근 모깎기

▶ [전체 둥근 모깎기] 연습을 위해 [XZ 평면]을 스케치 평면으로 잡고 직사각형 두 개를 그림처럼 그린다.

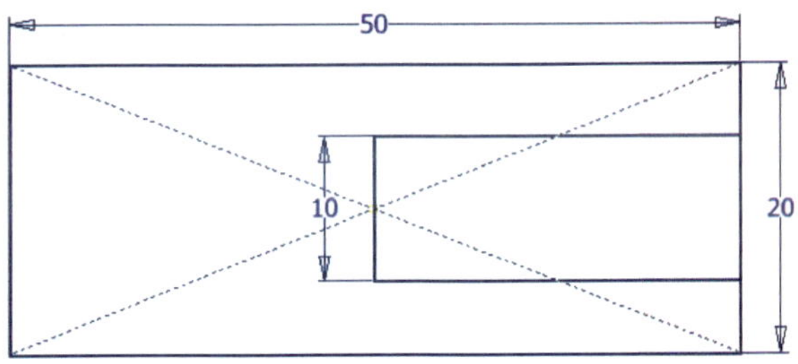

▶ ❶ [돌출] 명령을 실행하고 스케치 영역 ❷를 선택한 후 ❸ [거리]를 "20"이라 입력하고 ❹ [확인] 버튼을 누른다.

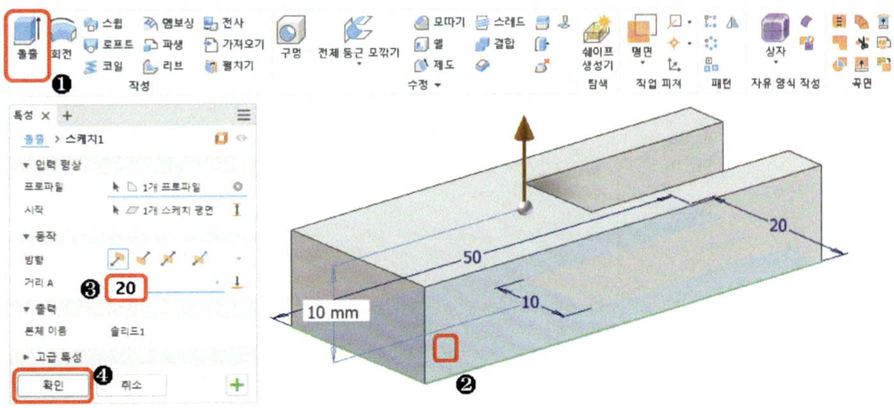

▶ ❶ [모깎기] 명령을 실행하고 ❷ [전체 둥근 모깎기]를 선택한다. 바깥 면 ❸과 앞면 ❹, 그리고 뒷면 ❺를 순서대로 선택하면 전체 둥근 모깎기가 생성된다. ❻ [적용] 버튼을 누른다.

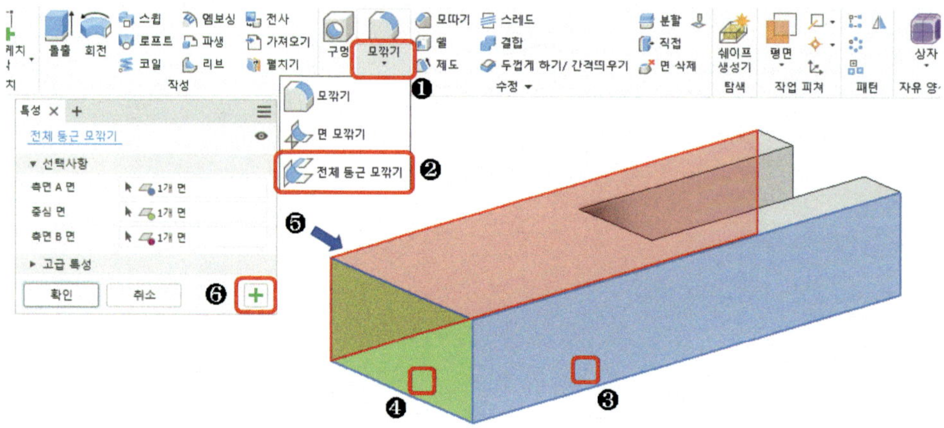

▶ 도형 내부의 측면 ❼, 안쪽 면 ❽, 내부 측면 ❾를 순서대로 선택하면 모깎기 처리가 된다. ❿ [확인] 버튼을 누른다.

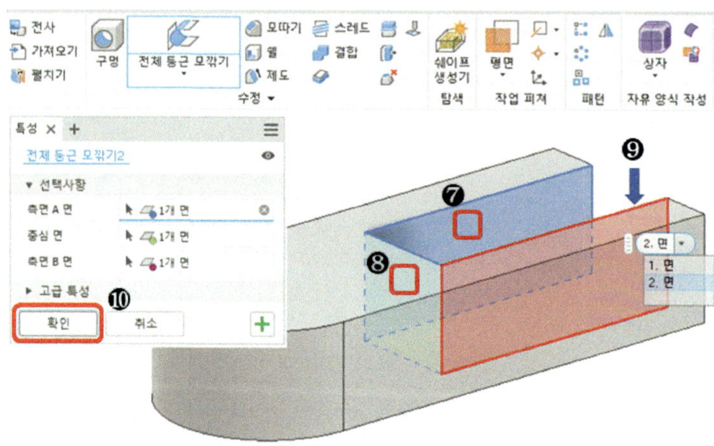

▶ 나머지 부분에도 같은 방법으로 아래 결과 그림처럼 모깎기 처리를 한다. 결과는 다음과 같다.

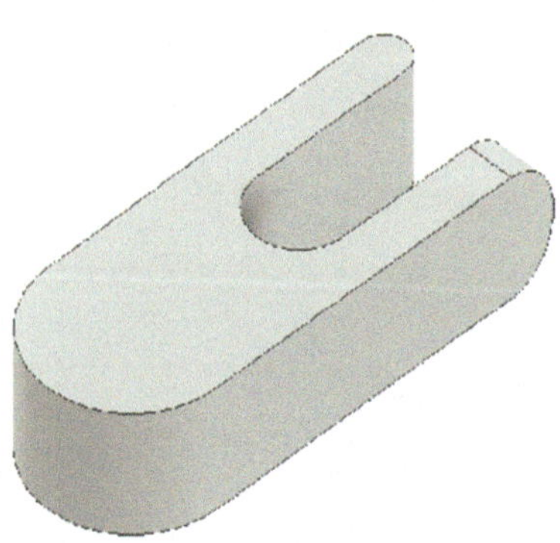

3.2.3 모따기

▶ 모따기는 물체의 모서리에 날카롭지 않게 각이 진 형체를 만들 때 사용하며, 오토캐드에서 챔퍼(chamfer)에 해당된다.

▶ 인벤터를 실행하고 [부품]모드를 선택한 후 [2D 스케치 시작]을 클릭하고 [XZ평면]을 선택한다.

▶ 모서리 [모따기] 연습을 위해 [XZ 평면]을 스케치 평면으로 잡고, ❶ [두 점 중심 직사각형]명령으로 그림의 정사각형 3개를 그리고 ❷ [스케치 마무리]를 누른다.

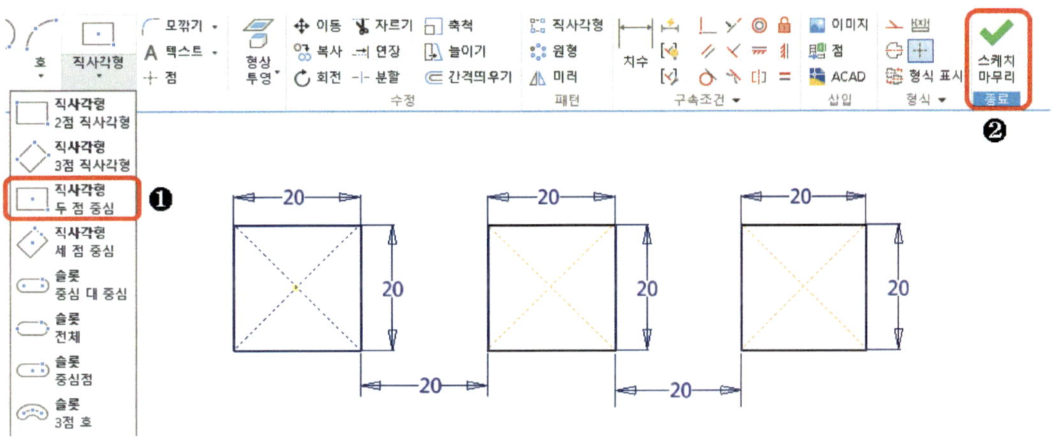

▶ ❶ [돌출] 명령을 클릭하고 ❷ 3개의 스케치를 모두 선택한 후 ❸ 높이 "20"이라 입력하고 [엔터키] 또는 ❹ [확인] 버튼을 누른다.

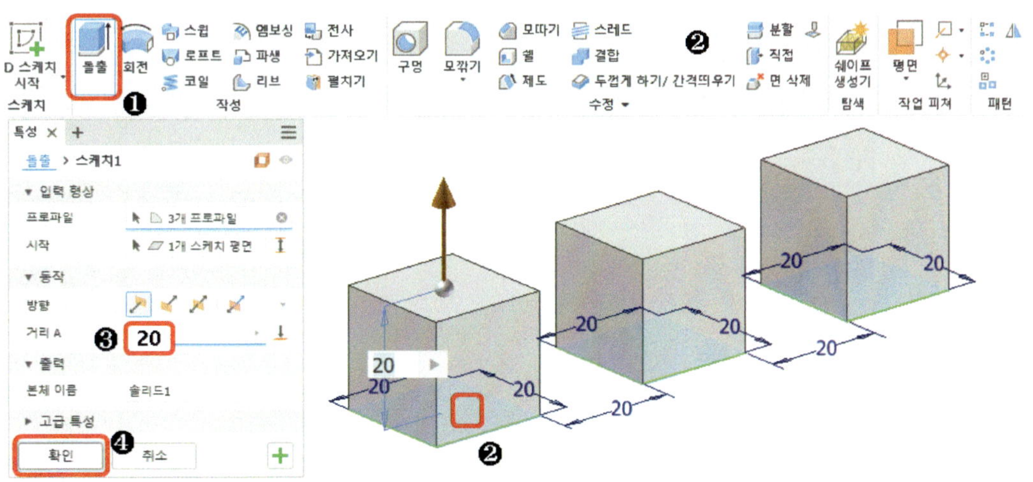

(1) 거리

▶ ❶ [모따기] 명령을 실행하여 ❷ [거리]를 선택하고 ❸ 모서리를 선택한다. ❹ 거리 값을 "5"라 입력하고 ❺ [확인] 버튼을 누른다.

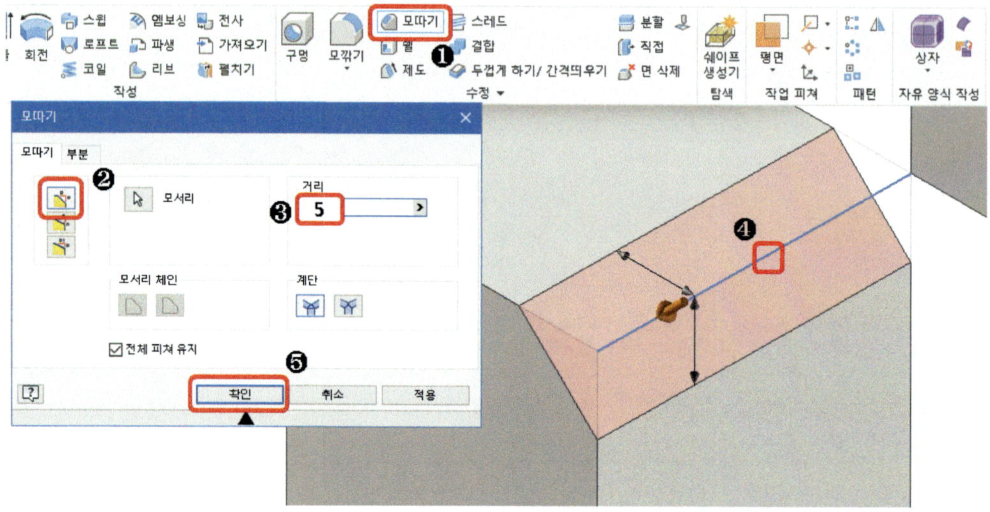

(2) 거리 및 각도

▶ ❶ [모따기] 명령을 실행하여 ❷ [거리 및 각도]를 선택한 후 ❸ [거리]를 "5", [각도]를 "60"이라 입한다. 수직면 ❹를 먼저 선택하고 그 면의 모서리 ❺를 선택한 후 ❻ [확인] 버튼을 누른다.

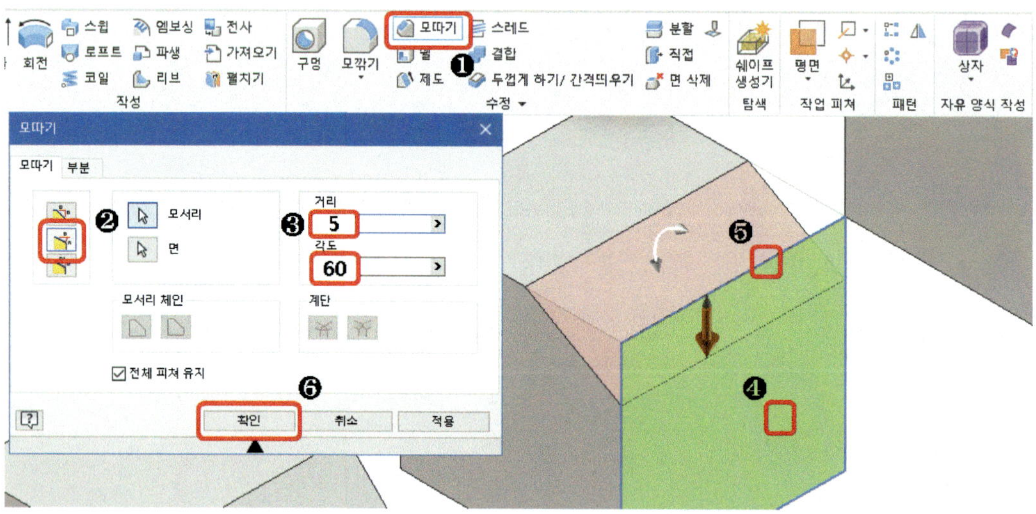

(3) 두 거리

▶ ❶ [모따기] 명령을 실행하여 ❷ [두 거리]를 선택한다. ❸ [거리1]을 "10", [거리2]를 "5"라 입력하고 모서리 ❹를 선택한다. 만약 모따기 방향을 바꾸고 싶으면 ❺ [반전]을 선택한 후 ❻ [확인] 버튼을 누른다.

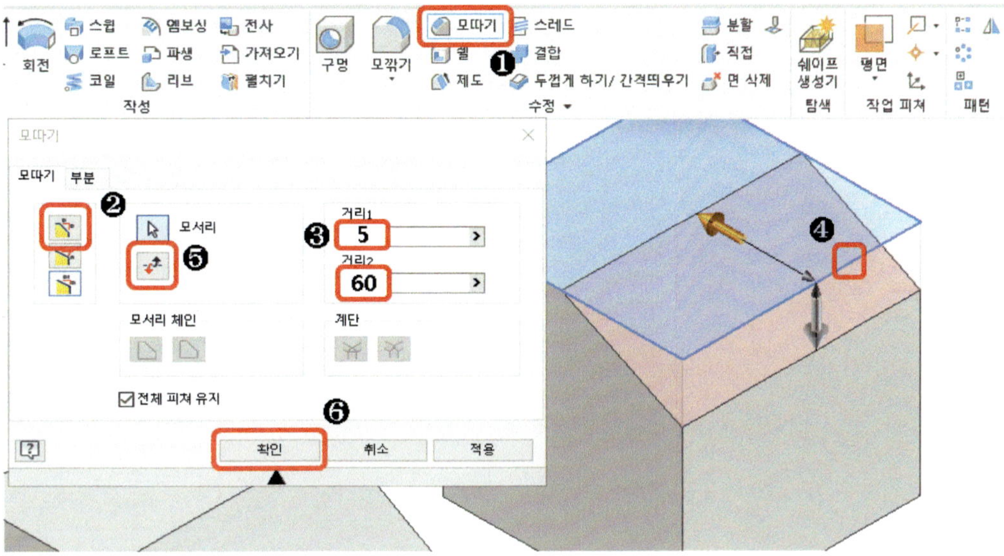

3.2.4 쉘

다음 도면을 이용하여 [쉘] 명령의 간단한 사용법을 알아보자.

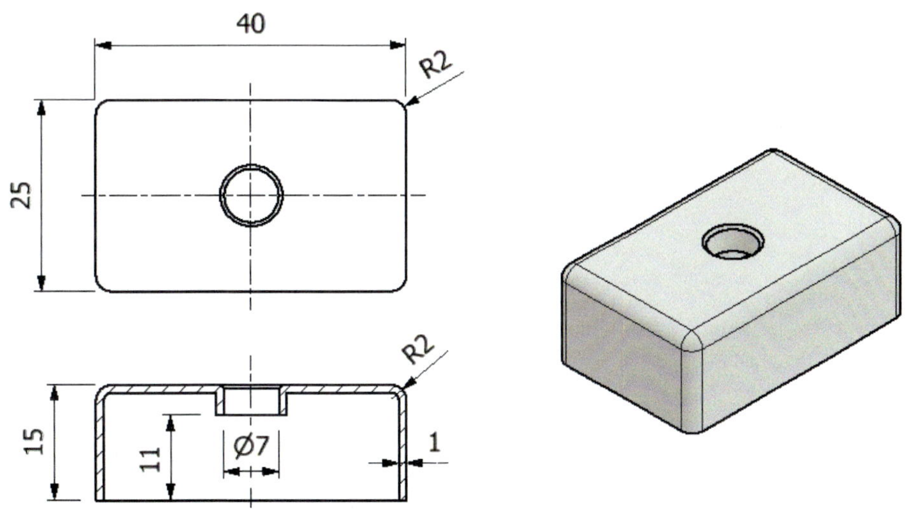

▶ [쉘] 명령 연습을 위해 [XZ 평면]을 스케치 평면으로 잡고 ❶ [두 점 중심 직사각형]과 ❷ [원] 명령으로 그림처럼 도형을 그린 후 ❸ [스케치 마무리]를 누른다.

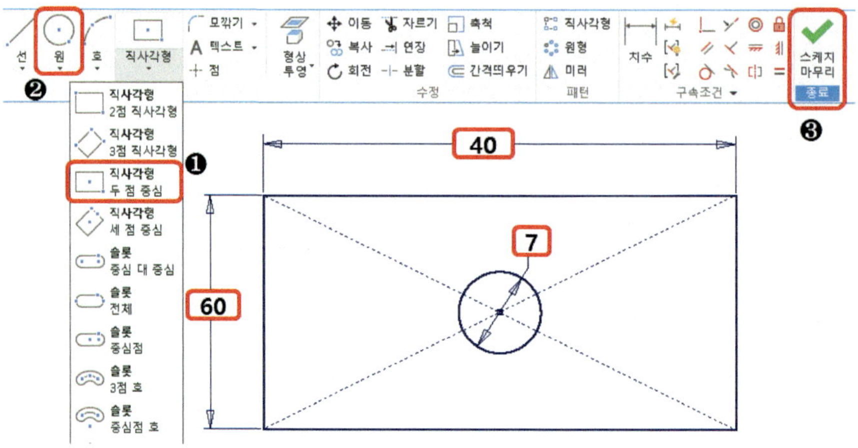

▶ ❶ [돌출] 명령을 실행하여 바닥 스케치 영역 ❷를 선택한다. ❸ [거리] "15"이라 입력하고 [엔터키] 또는 ❹ [확인] 버튼을 누른다.

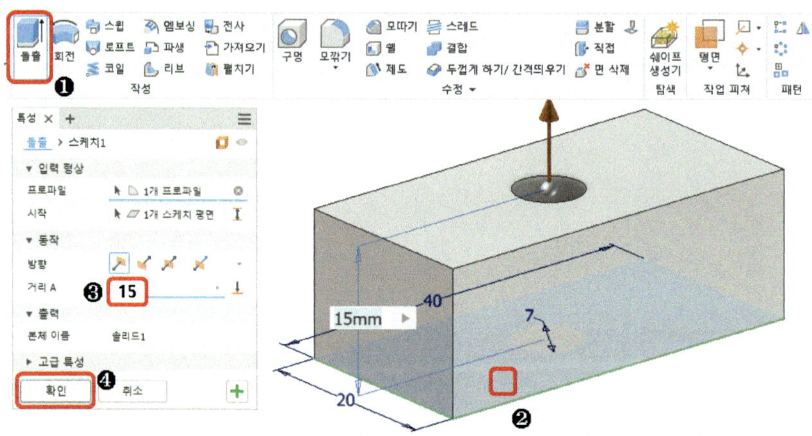

▶ ❶ [모깎기] 명령을 실행해서 ❷ 모서리 필렛 치수 "2"를 입력하고 ❸ 모서리 8개를 그림처럼 모두 선택한 후 ❹ [확인] 버튼을 누른다.

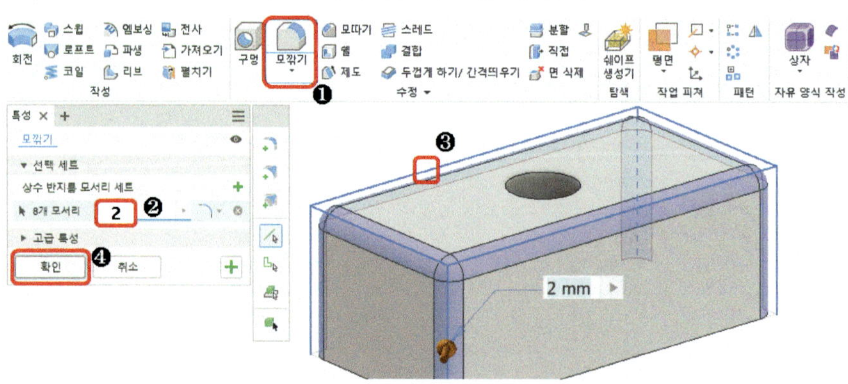

▶ 물체의 바닥이 보이도록 3D 회전시키도록 한다. ❶ [쉘] 명령을 클릭하고 ❷ 두께 "1"을 주고 ❸ 형상의 바닥면을 선택한 후 ❹ [확인] 버튼을 누른다.

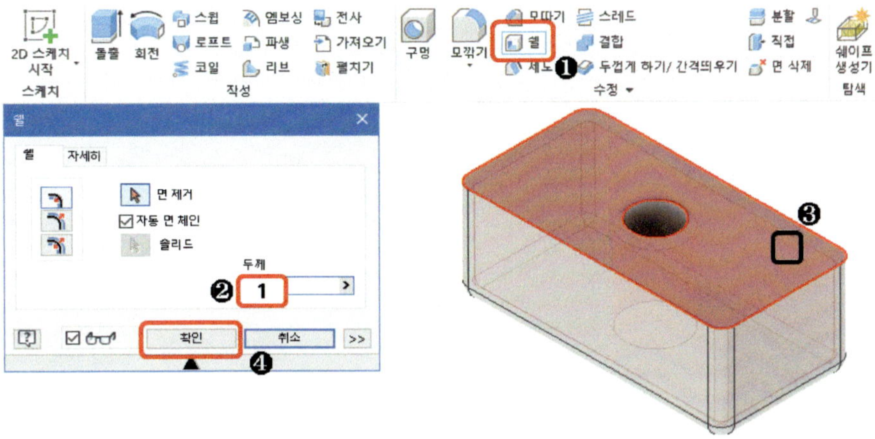

▶ ❶ [직접] 명령을 실행하고 ❷ 형상 바닥에서 돌출된 동그란 면을 선택한 후 나타나는 화살표 ❸을 밑으로 드래그하여 잡아 내린다. ❹ 이동 값을 "-11"이라고 입력하고 [엔터]를 누르면 모델링이 완성된다.

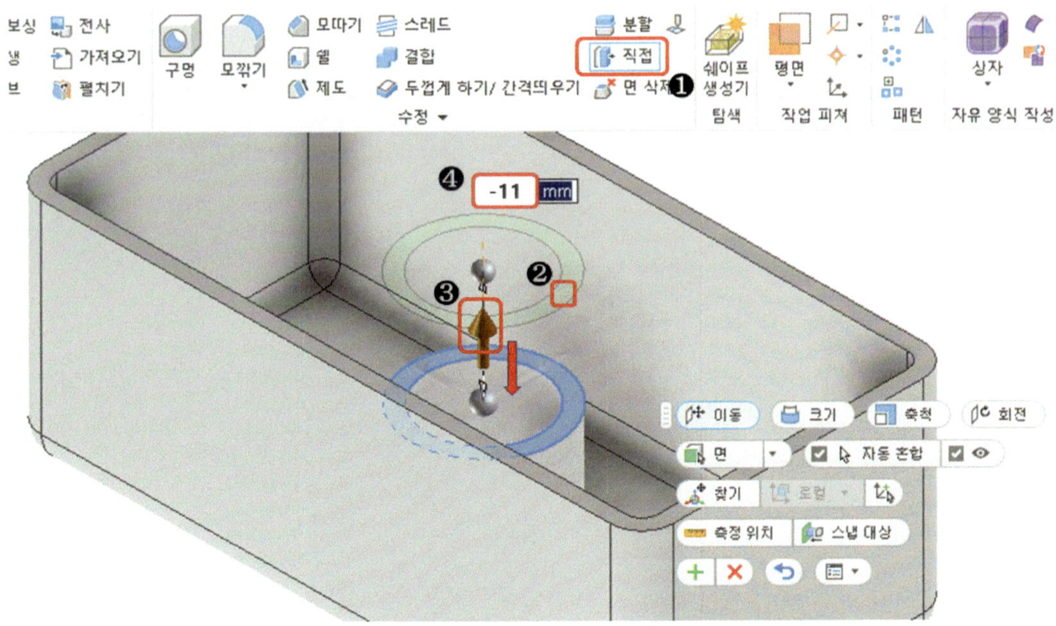

3.2.5 제도

(1) 고정된 모서리

▶ [제도] 명령 연습을 위해 [XZ 평면]을 스케치 평면으로 잡고 ❶ 직사각형을 그리고 ❷ 필렛 처리(R5)를 한다. ❸ [스케치 마무리]를 누른다.

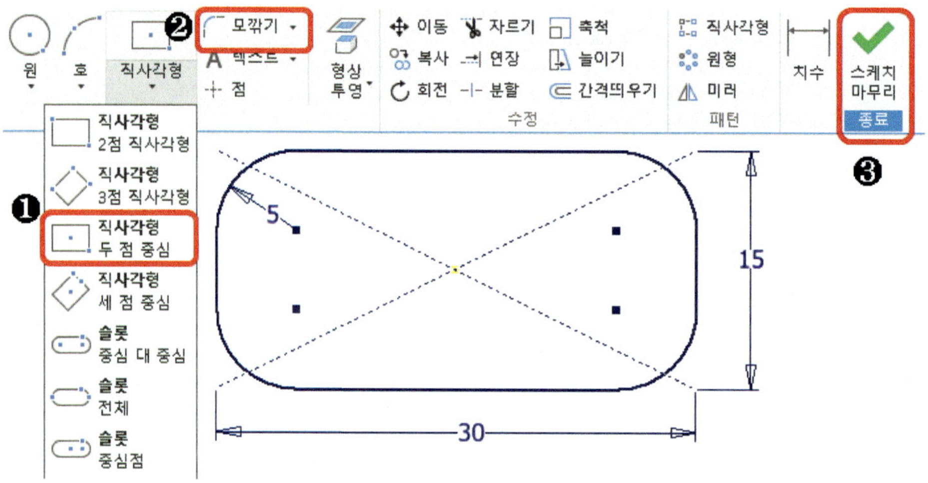

▶ ❶ [돌출] 명령을 실행하면 스케치가 자동으로 선택되고 ❷ [대칭] 옵션으로 ❸ 높이 "30"인 형상을 생성한다. ❹ [확인]을 누른다.

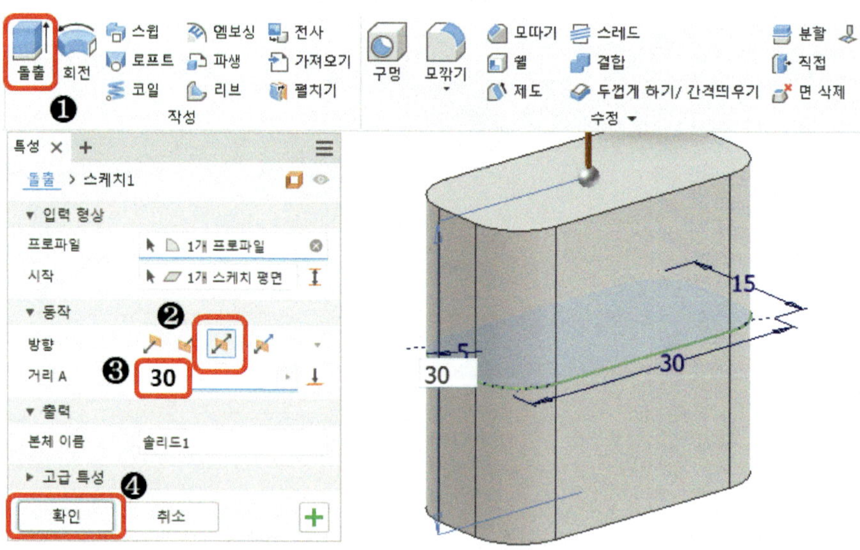

▶ ❶ [제도] 명령을 실행하고 ❷ [고정된 모서리]를 선택한다. ❸ [기울기 각도]에 “5”를 입력하고 [인장방향]으로 윗면 ❹를 선택한 후 ❺ [면]의 윗부분을 클릭한다.(주의 : 면을 선택하는 위아래 위치에 따라 형상이 다름) ❻ [확인] 버튼을 누른다.

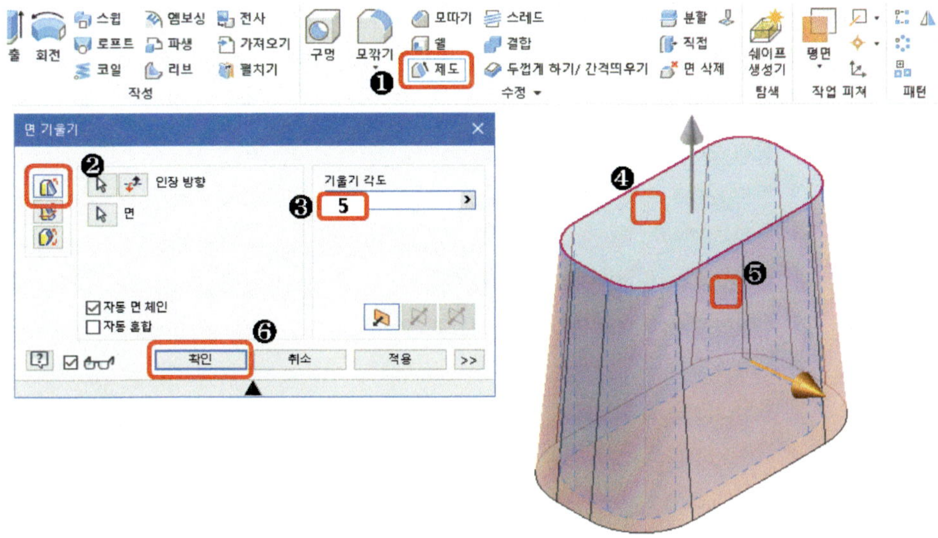

(2) 고정된 평면

▶ 앞 예제와 동일한 형상을 이용한다. ❶ [제도] 명령을 실행하고 ❷ [고정된 평면] 아이콘을 선택한 후 검색기 창의 ❸ [XZ 평면]을 선택한다. ❹ [면]을 선택한 후 ❺ 기울기 각도를 “10”으로 준다. 이 때 ❻ [단방향]인지 확인한다. 추가적으로 [대칭]과 [비대칭] 옵션을 선택하여 그 모형을 확인한다. 비대칭인 경우 서로 다른 각도를 입력하여 차이를 확인한다.

(3) 분할선

▶ 앞 예제와 동일한 형상을 이용한다. ❶ [제도] 명령을 실행하고 ❷ [분할선]을 선택한다. ❸ [인장방향]은 윗면을 선택하고, ❹ [분할 도구]는 검색기 창의 [XZ 평면]을 선택한다. ❺ 각도를 줄 면인 앞면을 선택한다. 이어서, ❻ [기울기 각도]에 "10"을 입력하고 ❼ [분할선 고정]을 선택한다. ❽ [확인] 버튼을 누른다. 여기서 ❼의 [분할선 고정]과 [분할선 이동]의 차이점을 확인해 본다.

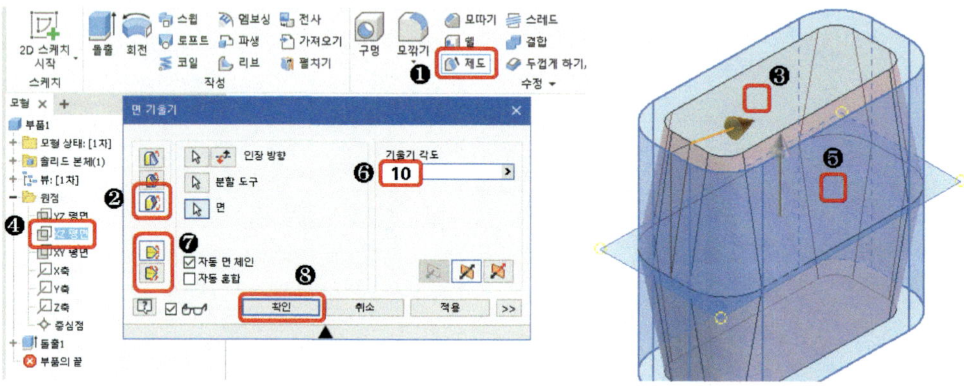

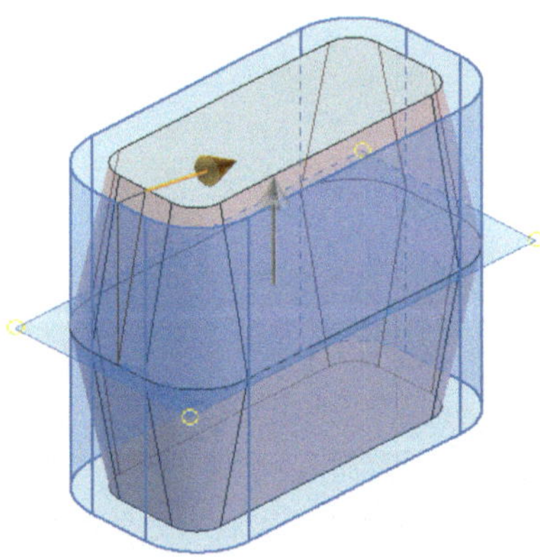

<분할선 고정>

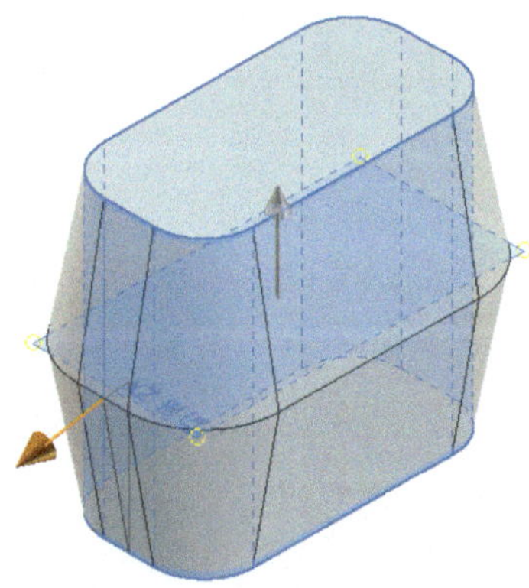

<분할선 이동>

3.2.6 스레드

(1) 수나사 작성

▶ 직경이 ∅10인 원을 그려 100㎜ 돌출 시킨다. ❶ [스레드] 명령을 실행하고 ❷ 축의 끝부분을 선택하면 직경의 크기를 자동으로 인식한다(면을 선택하는 위치가 중요!). ❸ [ISO Metric profile]을 선택하고 ❹ [전체 깊이 꺼짐]으로 놓고 ❺ 스레드 깊이를 "50"으로 하고 ❻ [간격띄우기]에 "10"을 준 후 ❼ [확인] 버튼을 누른다.

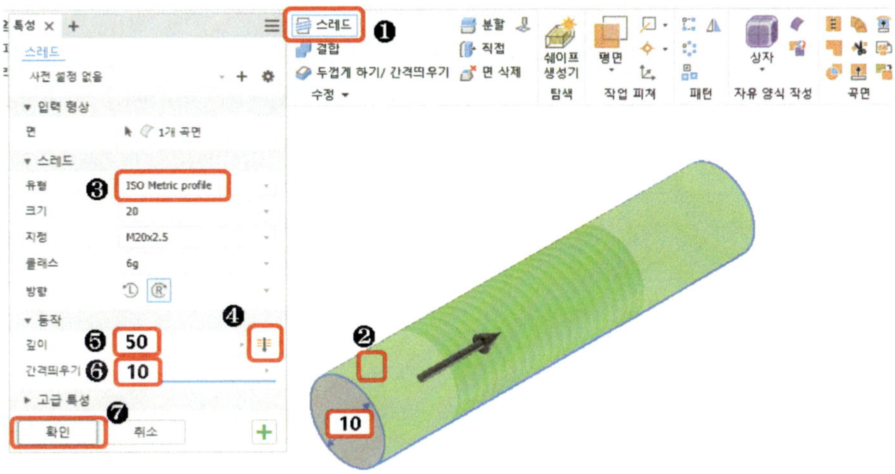

(2) 암나사 작성

▶ 그림과 같이 육면체에 직경이 ∅10인 구멍을 작성한 후 ❶ [스레드] 명령을 실행하고 구멍의 내면 ❷를 선택한다. ❸ 스레드 유형을 [ISO Metric profile]로 변경한 후 ❹ [전체 깊이 커짐]을 누르고 ❺ [확인]버튼을 누른다.

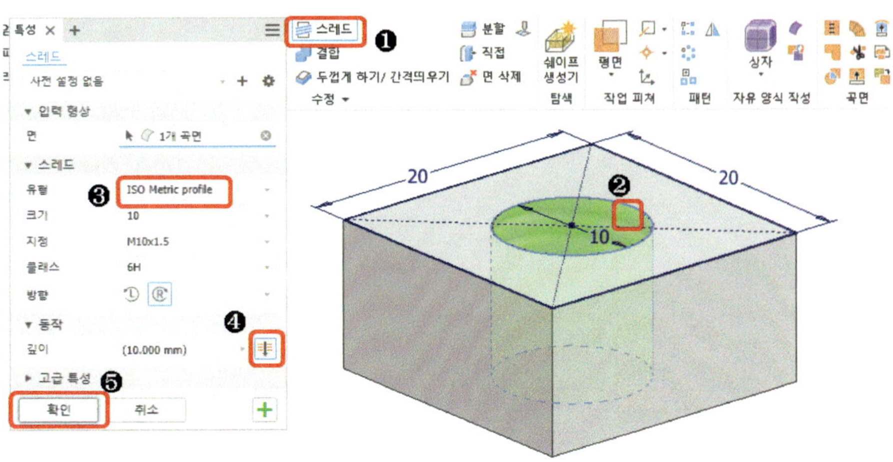

3.2.7 결합

[결합] 명령은 다음 도면을 모델링하면서 알아보자.

이 예제는 결합 명령을 단적으로 설명하기 위한 것으로 3D 모델링 작업에 조금 부자연스러운 면이 있을 수 있으므로 건너뛰어도 좋다.

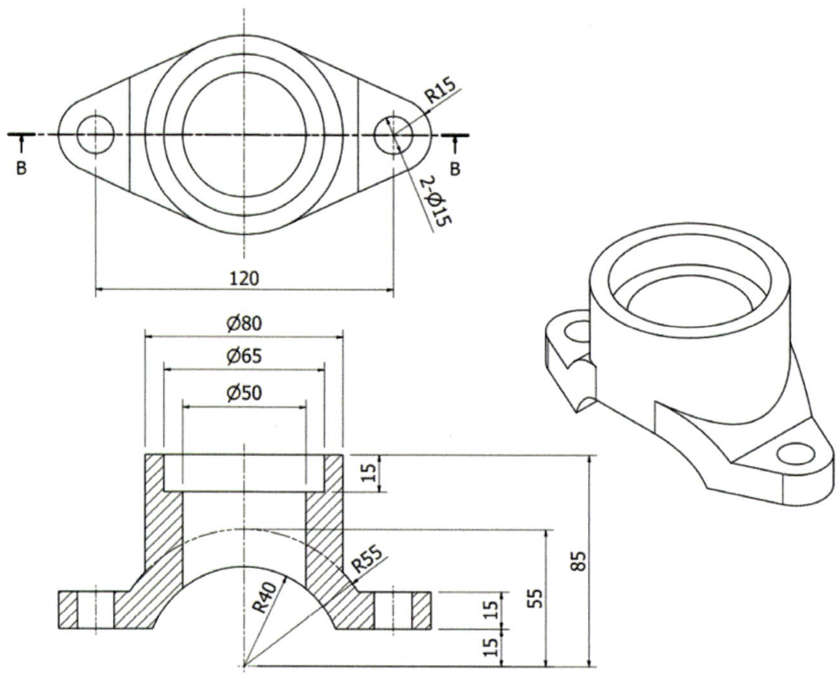

B-B (1 : 1)

▶ [XZ 평면]을 스케치 평면으로 잡는다. ❶ [선] 명령으로 수평선 "120"과 [원] 명령으로 중심점에 ∅80인 원과 선의 끝점에 각각 ∅30인 원 2개를 그린 후 ❷ [스케치 마무리]를 누른다.

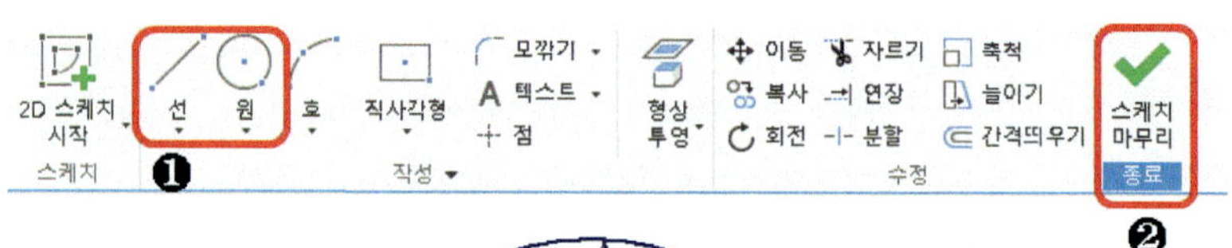

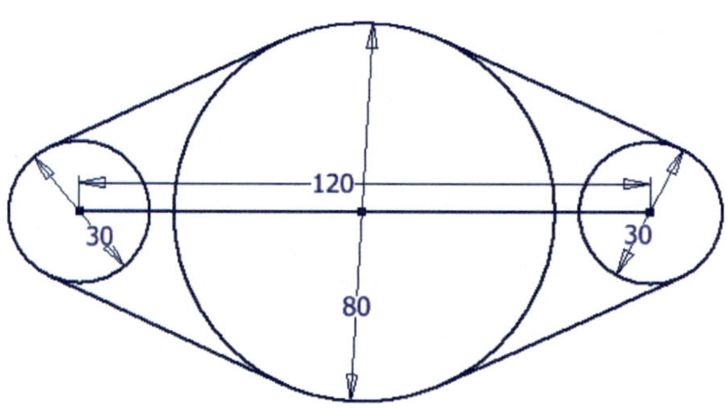

▶ ❶ [돌출] 명령을 클릭하고 점 ❷에서 점 ❸까지 드레그(window 선택)하여 모두 선택하고 ❹ [거리]에 “60(도면의 55보다 크게)”를 입력하고 [엔터] 또는 ❺ [확인] 버튼을 누른다.

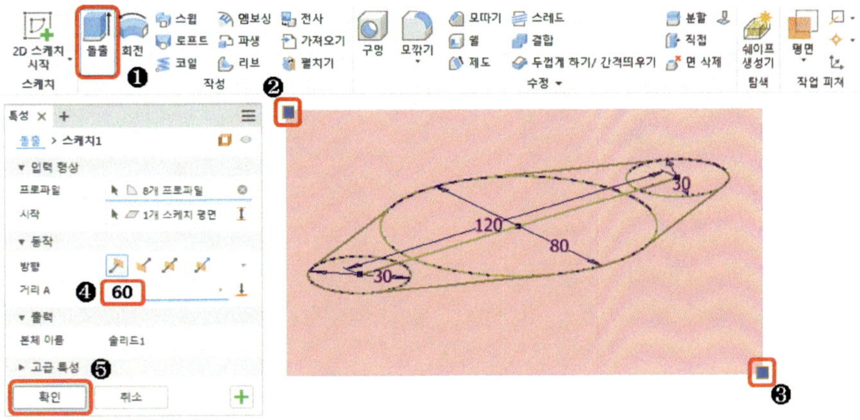

▶ 다음은 돌출이 생성된 모습이다.

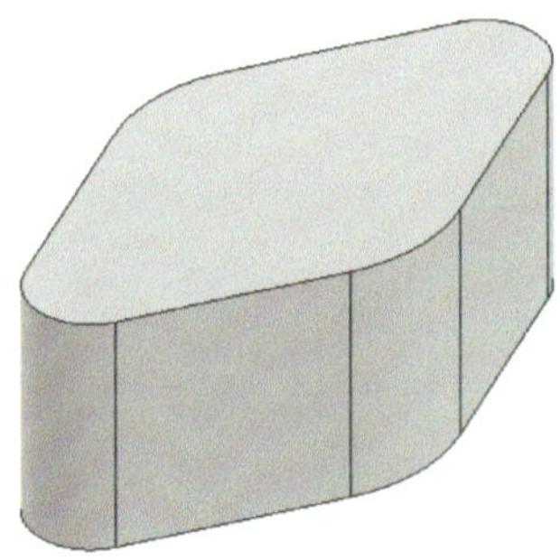

▶ ❶ [2D 스케치 시작]을 클릭하고 검색기 창의 ❷ [YZ 평면]을 스케치 평면으로 잡고 다음 스케치로 들어간다.

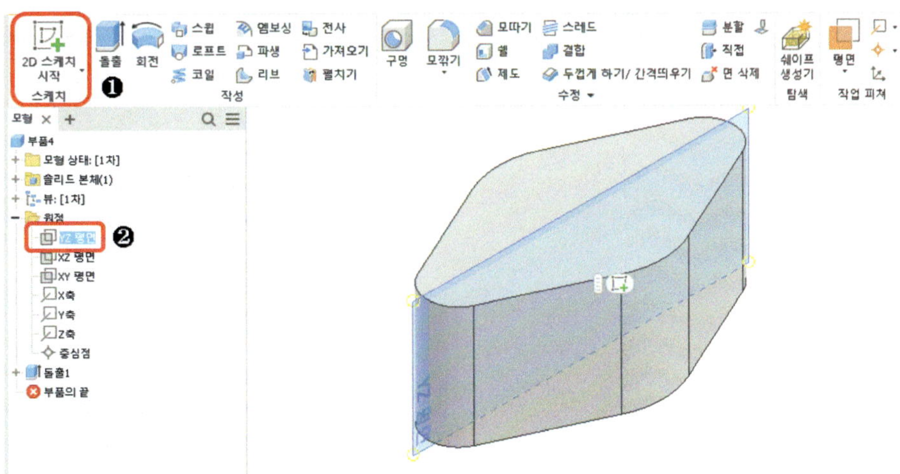

▶ 스케치 모드로 들어온 후 F7 키를 눌러 다음 스케치를 그린다.

▶ ❶ [두 점 직사각형] 명령을 실행하고 모서리 임의의 점 ❷와 ❸으로 사각형을 그린다. ❹ [중심점 호] 명령을 실행하고 원점 ❺를 선택하고 사각형의 윗선의 임의의 점 ❻과 ❼을 클릭하여 호를 그린다. ❼과 선에 [일치구속조건]을 부여한다. ❽ [치수] 명령으로 반지름 R55 치수를 입력하고 ❾ [스케치 마무리]를 누른다.

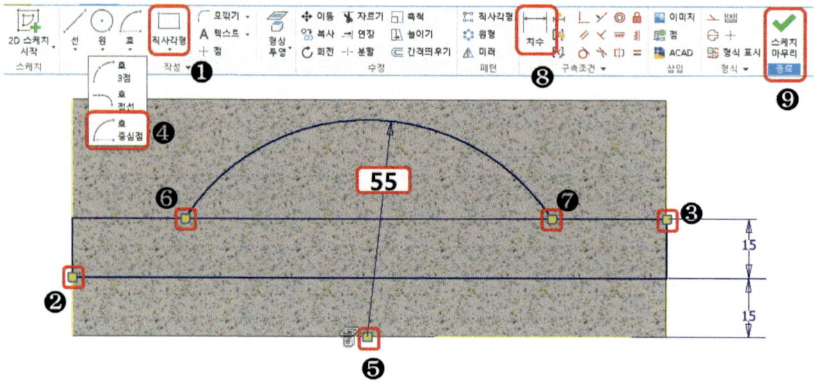

▶ ❶ [돌출] 명령을 실행하여 임의의 점 ❷에서 ❸까지 드래그(cross 선택)하여 앞에서 그린 스케치를 모두 선택한다.

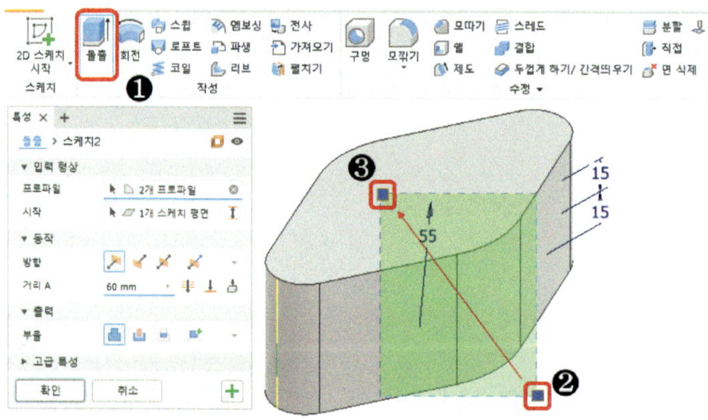

▶ 이어서, ❹ [대칭]을 선택하고 ❺ [새 솔리드]를 선택한다. ❻ [거리]를 "100(도면의 직경 ∅80보다 크게)"이라 입력한 후 [엔터] 또는 ❼ [확인]을 누르면 두 형상이 개별로 겹치게 생성된다.

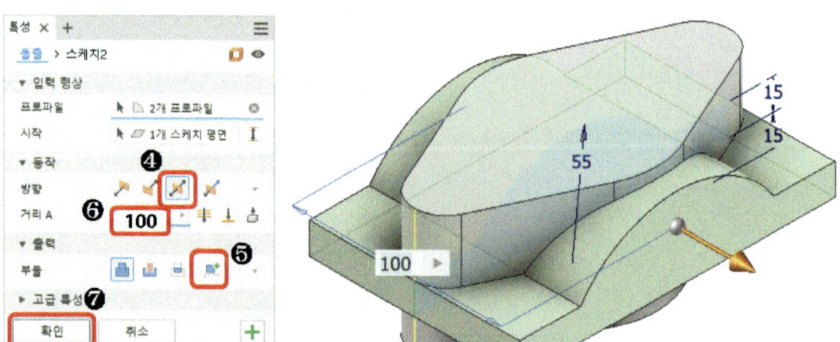

▶ ❶ [결합] 명령을 실행하여 ❷ [교차]를 클릭하고 솔리드 ❸과 ❹를 선택한 후 [엔터] 또는 ❺ [확인] 버튼을 누른다.

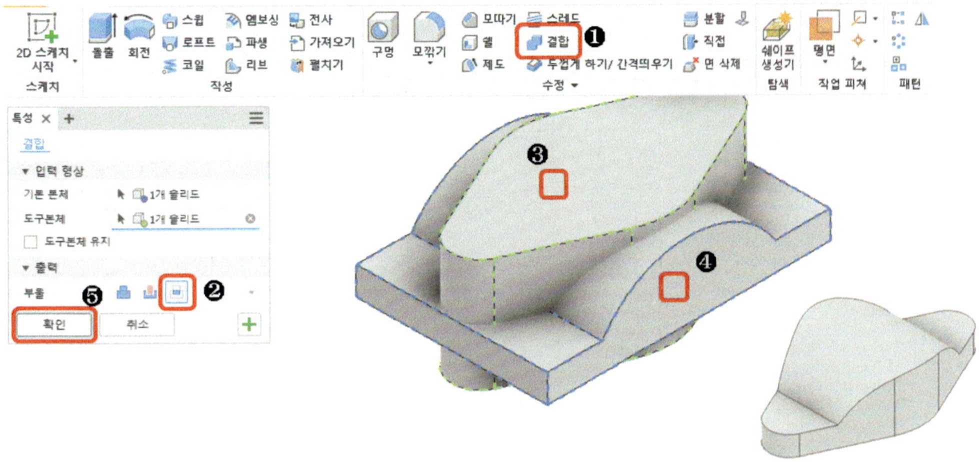

▶ 결과는 다음과 같다. 생성된 솔리드 아랫부분 ❶을 클릭하여 ❷ [스케치 작성]을 누른다.

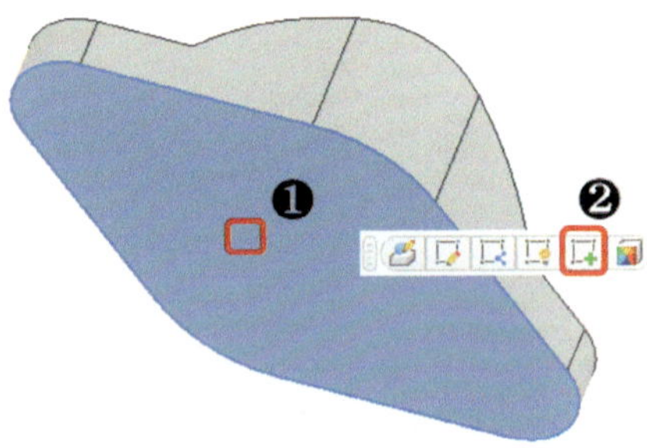

▶ ❶ [원] 명령을 실행하고 원점 ❷를 중심점으로 한 직경이 ∅80인 원을 그리고 ❸ [스케치 마무리]를 누른다.

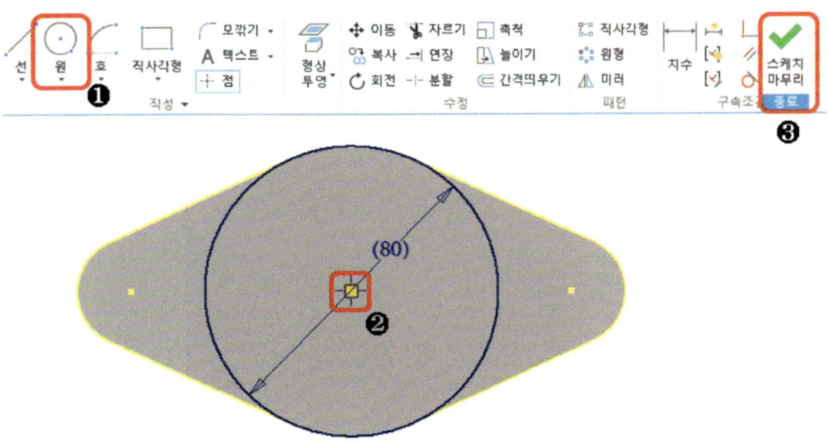

▶ ❶ [돌출] 명령을 실행하여 ❷ 맨 아래 원을 선택하고 ❸ [반전]을 클릭하여 돌출이 위로 향하게 한다. ❹ [새 솔리드]를 클릭한 후 ❺ [거리]에 “70”을 입력하고 [엔터]를 누른다.

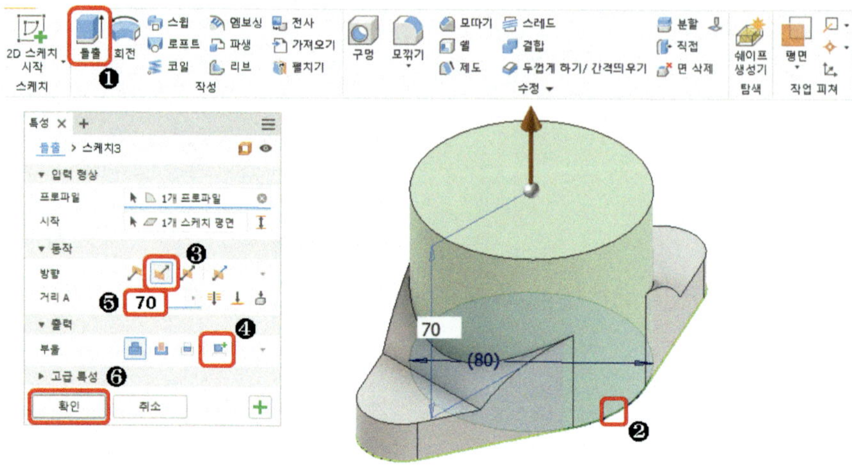

▶ ❶ [결합] 명령을 실행하여 ❷ [접합]을 클릭하고 솔리드 ❸과 ❹를 선택한 후 ❺ [확인]을 누른다.

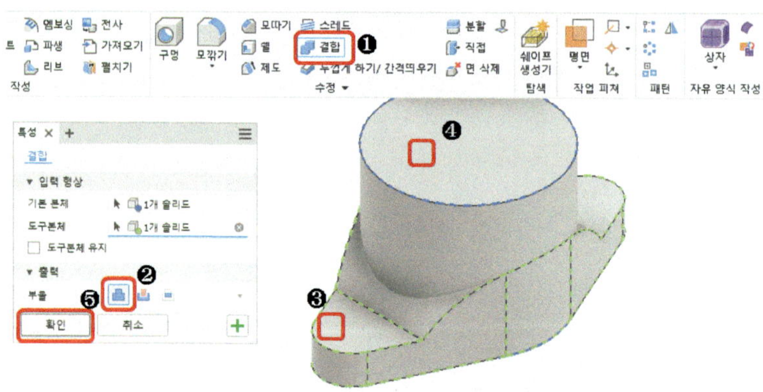

▶ 검색기 창에서 원점을 확장하여 ❶ [XY 평면]을 클릭한 후 ❷ [스케치 작성]을 선택한다.

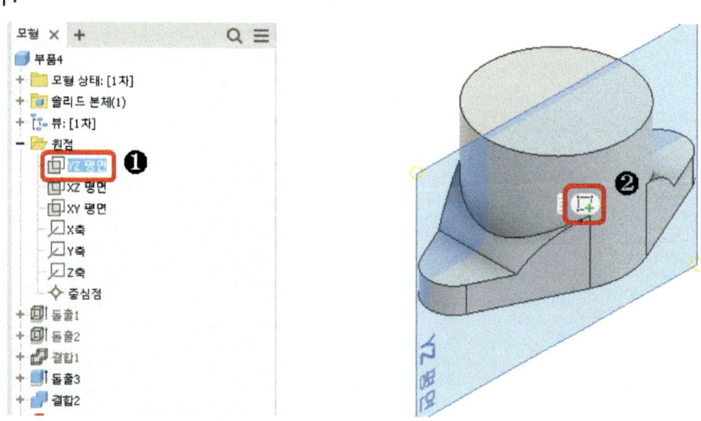

▶ F7을 누른다. ❶ [선] 명령으로 다음과 같이 스케치하고 중심선 ❷를 선택하여 ❸ [중심선]으로 변경한다. 그림처럼 치수를 입력하고 ❹ [스케치 마무리]를 누른다.

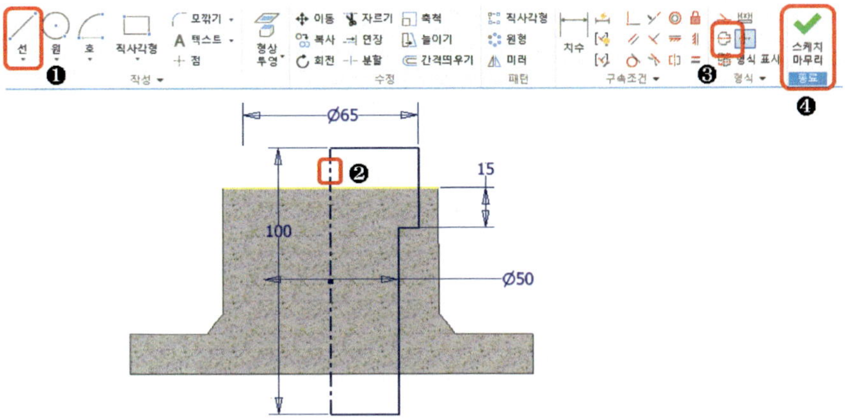

▶ ❶ [회전] 명령을 실행하여 회전체가 자동 생성되면 ❷ [새 솔리드]를 선택한다. ❸ [확인] 버튼을 클릭한다.

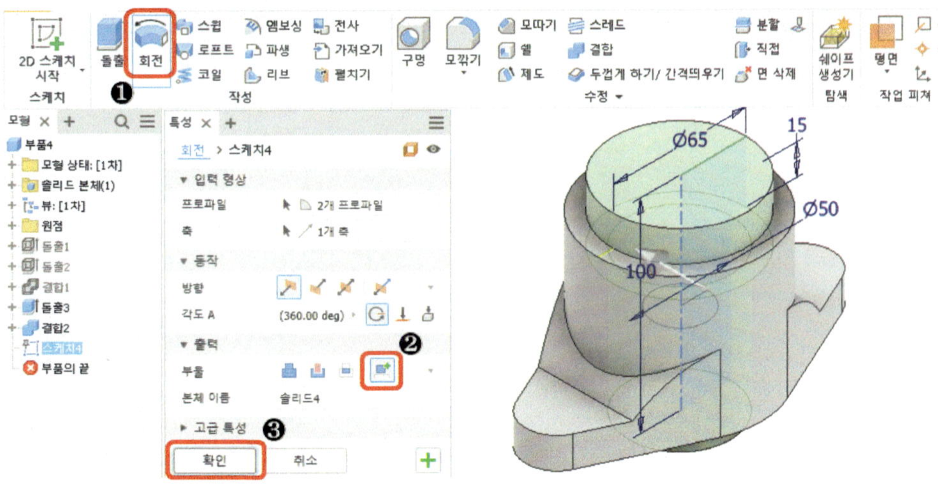

▶ ❶ [결합] 명령을 실행하여 ❷ [잘라내기]를 클릭하고 솔리드 ❸과 ❹를 순서대로 선택한 후 ❺ [확인]을 누른다.

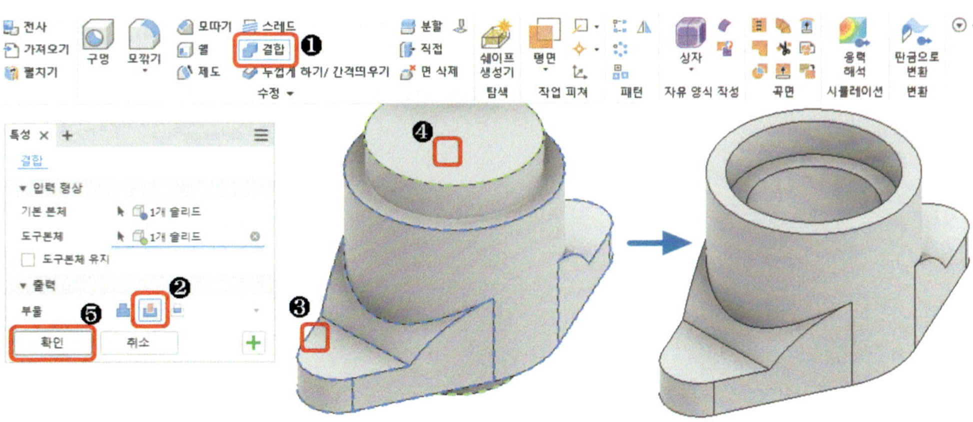

▶ ❶ [2D 스케치 시작]을 클릭하고 ❷ 윗면을 선택한다.

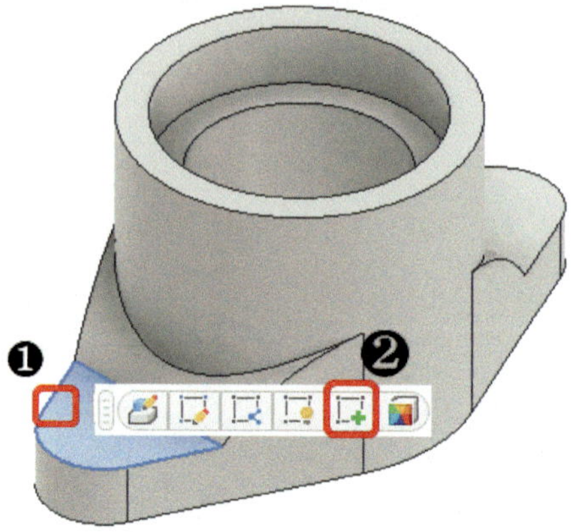

▶ ❶ [원] 명령을 실행하고 그림처럼 2개의 원을 그린 후 ❷ [스케치 마무리]를 눌러 빠져 나온다.

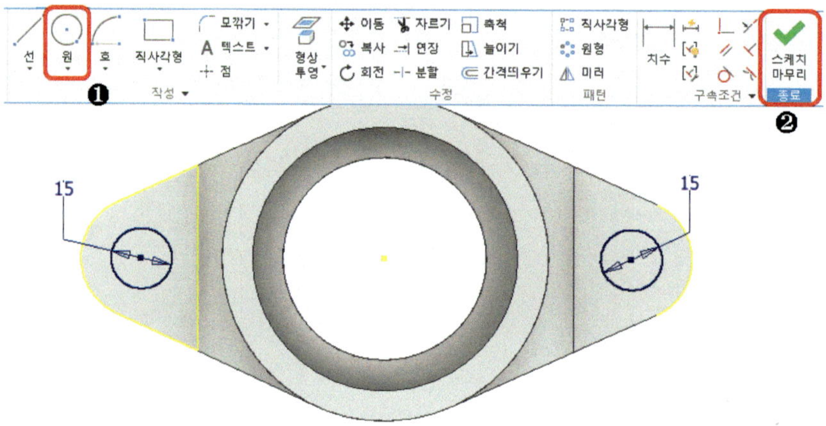

▶ ❶ [돌출] 명령을 실행하여 ❷ 원 두 개를 선택하고 ❸ [대칭]을 클릭한다. ❹ [새 솔리드]를 클릭한 후 ❺ [거리]에 "60"을 입력하고 ❻ [확인] 버튼을 누른다.

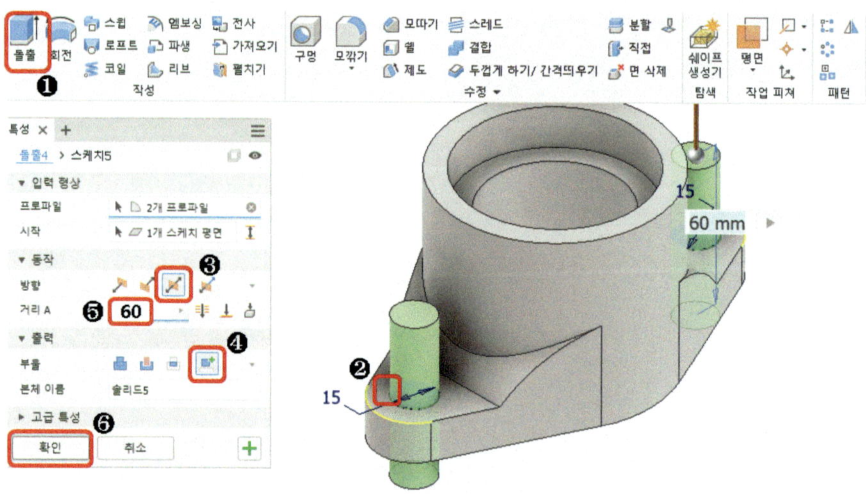

▶ ❶ [결합] 명령을 실행하여 ❷ [잘라내기]를 클릭하고 솔리드 ❸과 ❹를 순서대로 선택한 후 ❺ [확인]을 누른다.

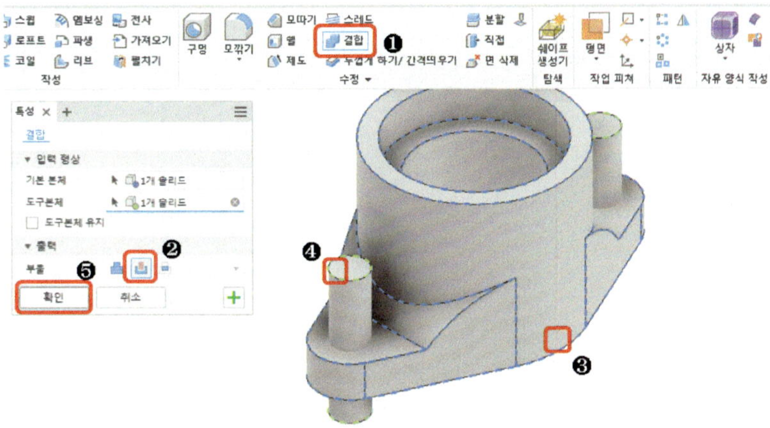

▶ ❶ [XY 평면]을 선택한 후 ❷ [스케치 작성]을 누른다.

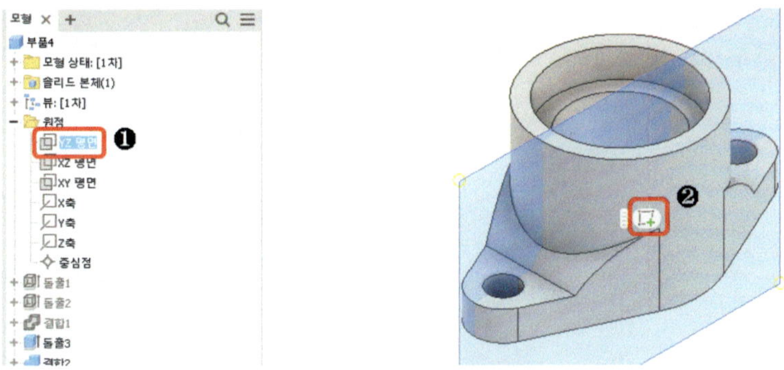

▶ ❶ [원] 명령을 실행하고 [그래픽 슬라이스(F7)]을 누르고 원점 ❷를 중심으로 하는 ∅40인 원을 그린 후 ❸ 스케치를 빠져 나온다.

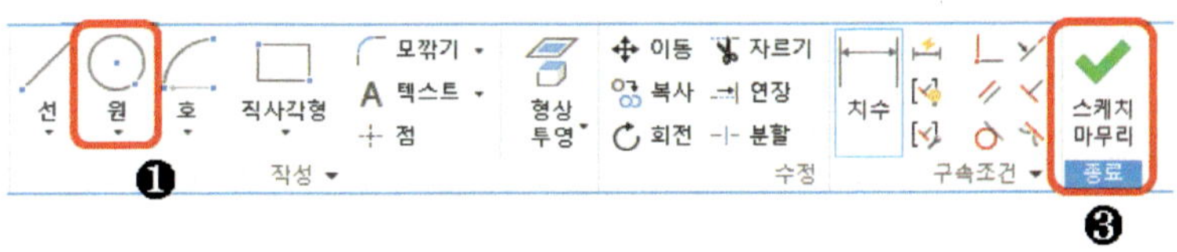

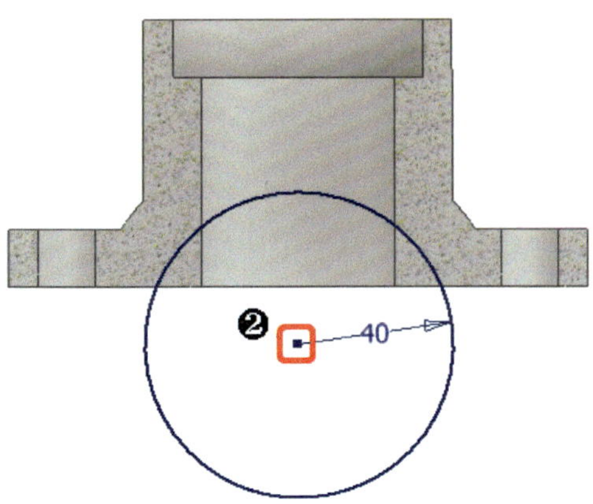

▶ ❶ [돌출] 명령을 실행하여 ❷ 스케치를 선택한 후 ❸ [대칭]을 클릭한다. ❹ [새 솔리드]를 선택한 후 ❺ [거리]를 “100”이라 입력하고 [엔터] 또는 ❻ [확인]을 누르면 두 형상이 겹치게 생성된다.

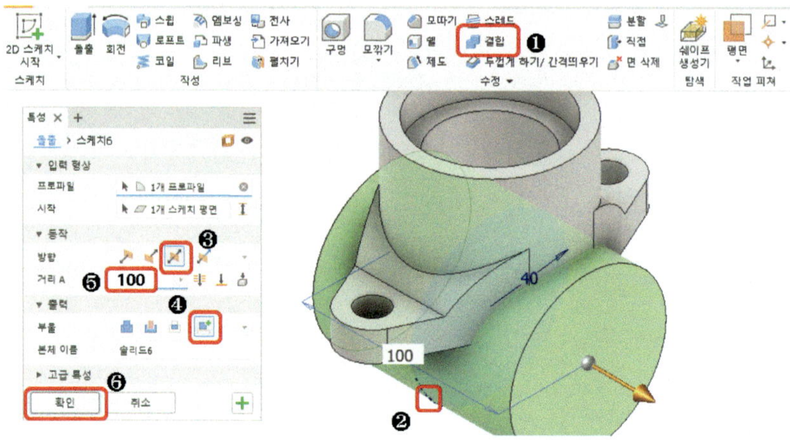

▶ ❶ [결합] 명령을 실행하여 ❷ [잘라내기]를 클릭하고 솔리드 ❸과 ❹를 순서대로 선택한 후 ❺ [확인]을 누른다.

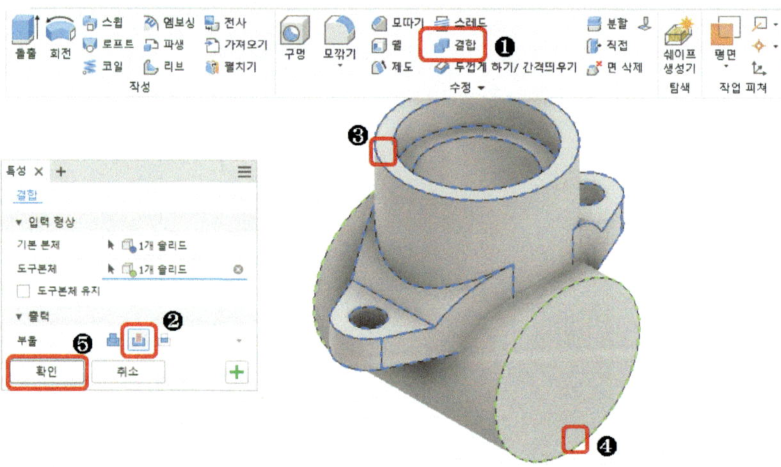

▶ 최종 형상은 다음과 같다.

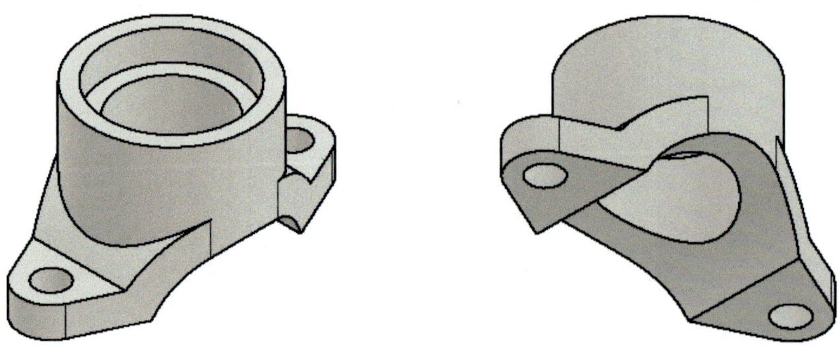

3.2.8 두껍게 하기/간격띄우기

1) [XZ 평면]을 스케치 평면으로 잡고 ❶ [두 점 중심 직사각형]을 클릭하고 원점 ❷와 점 ❸을 클릭하고 그림과 같은 크기의 사각형을 그린다. ❹ [스케치 마무리]를 누른다.

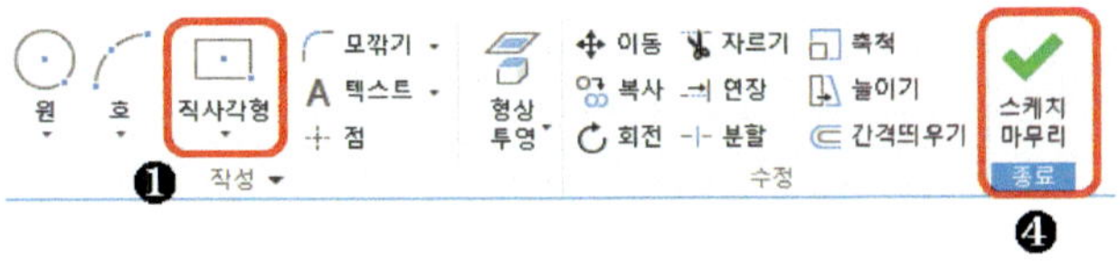

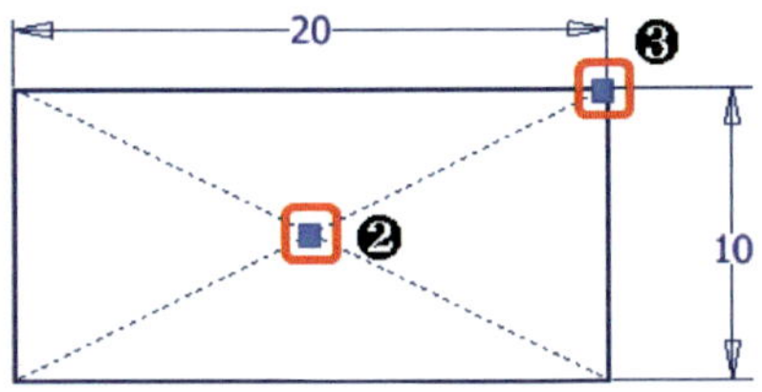

▶ ❶ [돌출] 명령을 실행하면 사각형이 자동으로 선택이 되고 ❷ 돌출 [거리]를 "10"으로 주고 ❸ [확인] 버튼을 누른다.

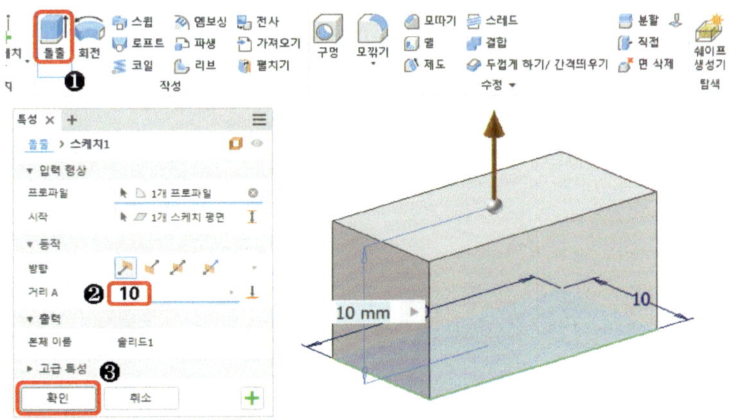

▶ ❶ [모깎기]를 실행하고 ❷ 필렛 값 "5"를 입력한 후 모서리 ❸을 선택한다. ❹ [확인] 버튼을 누른다.

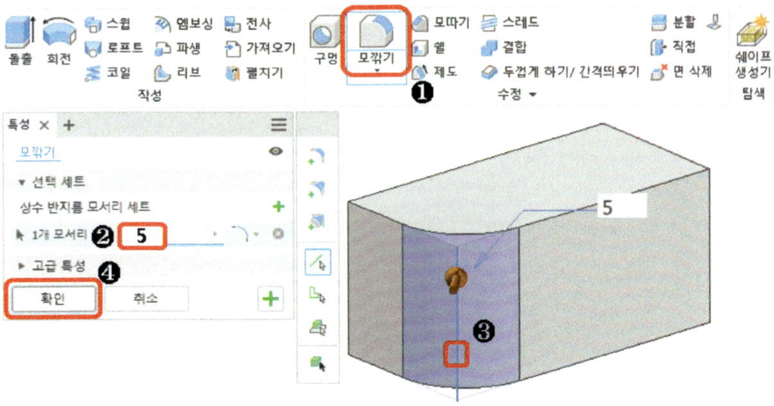

▶ ❶ [두껍게 하기]를 실행하고 ❷ [자동면체인]의 체크를 해제한 후 수직면 ❸을 선택한다. ❹ [거리]를 "5"로 입력한 후 ❺ [확인] 버튼을 누른다. [자동면체인]에 체크를 하면, 접선으로 연결된 면들을 자동으로 선택할 수 있다.

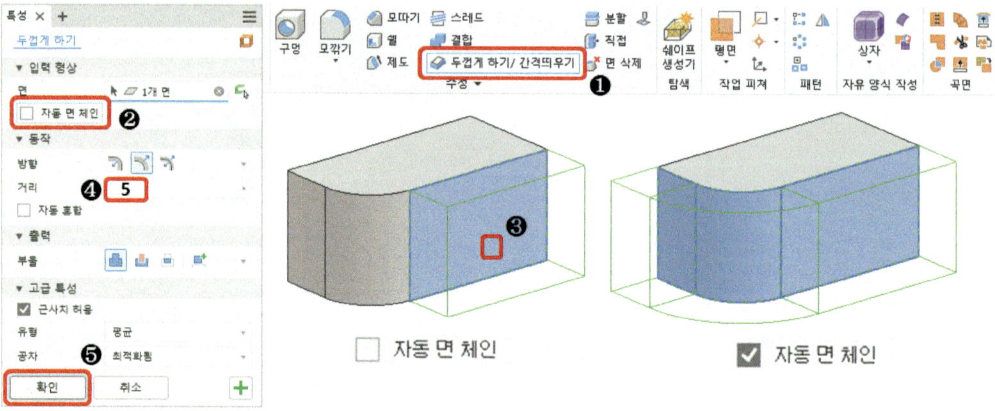

2) 다음과 같이 직경이 10인 원을 돌출 높이 10인 형상을 만들고, 필렛 처리를 R2로 한다.

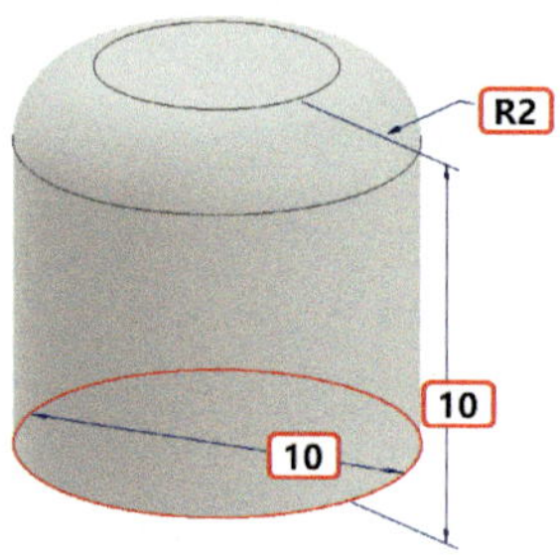

▶ ❶ [두껍게 하기]를 실행하고 ❷ [자동혼합]의 체크를 해제한 후 수직면 ❸을 선택한다. ❹ [거리]를 "2"로 입력한 후 ❺ [확인] 버튼을 누른다. 여기서 [자동 혼합]에 체크를 할 때와 해제할 때의 모양에 주의한다.

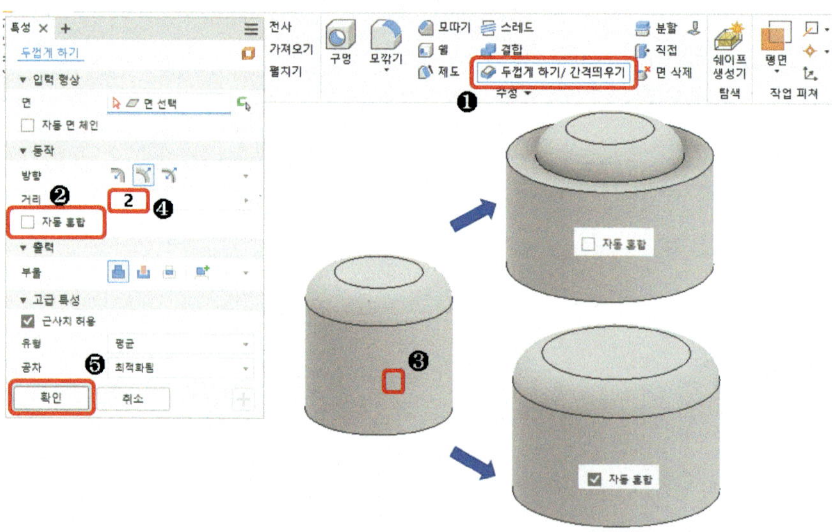

3.2.9 분할

▶ [XY 평면]을 스케치 평면으로 잡고 ❶ [두 점 중심 직사각형] 명령으로 아래 도형을 그리고 ❷ [스케치 마무리]를 누른다.

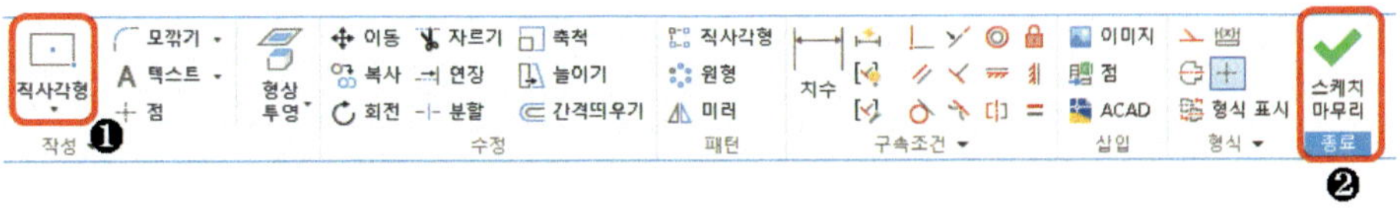

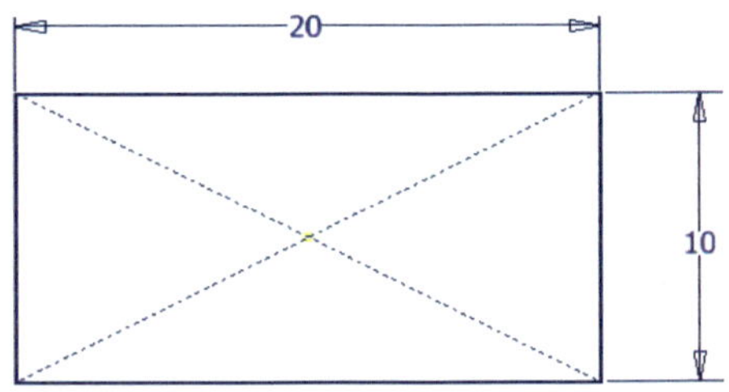

▶ ❶ [돌출] 명령을 실행하면 사각형이 자동으로 선택이 된다. ❷ [대칭]을 선택하고 ❸ 돌출 [거리] "10"을 입력하고 ❹ [확인] 버튼을 누른다.

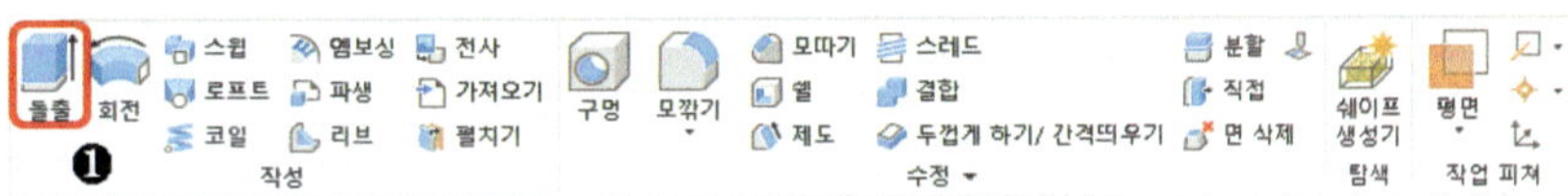

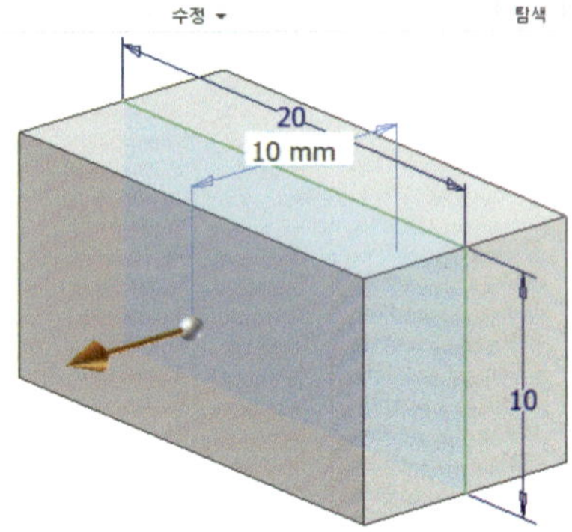

▶ 검색기 창에서 ❶ [원점] 앞의 "+" 기호를 눌러 확장시킨 후 ❷ [YZ평면]에서 우클릭해서 ❸ [가시성]을 누른다. 이렇게 하면 [YZ평면]이 나타난다.

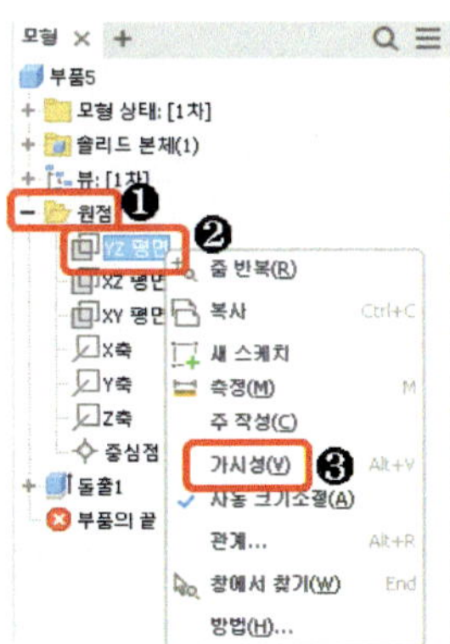

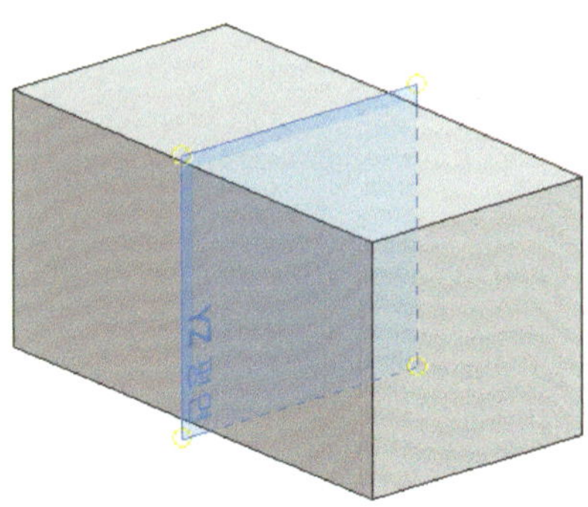

▶ ❶ [분할] 명령을 실행하고 ❷ [솔리드 선택 켜짐]을 누른 후 앞에서 가시성으로 활성화시킨 ❸ [YZ평면]을 선택한다. 사라지게 할 면의 방향을 설정하기 위해 ❹ [솔리드 분할 및 반대쪽 면 유지]를 클릭하고 ❺ [확인] 버튼을 누른다.

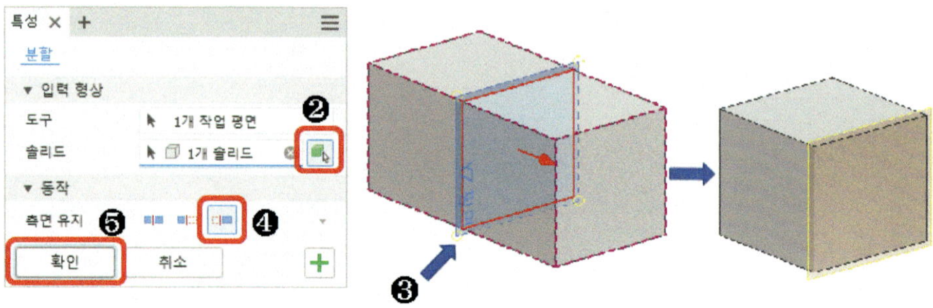

3.3 [패턴] 리본 메뉴

3.3.1 직사각형 패턴

[직사각형 패턴] 명령을 다음 도면을 모델링하면서 알아보자.

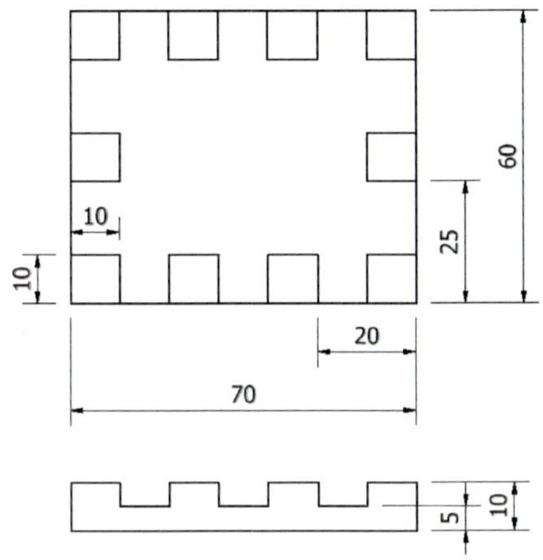

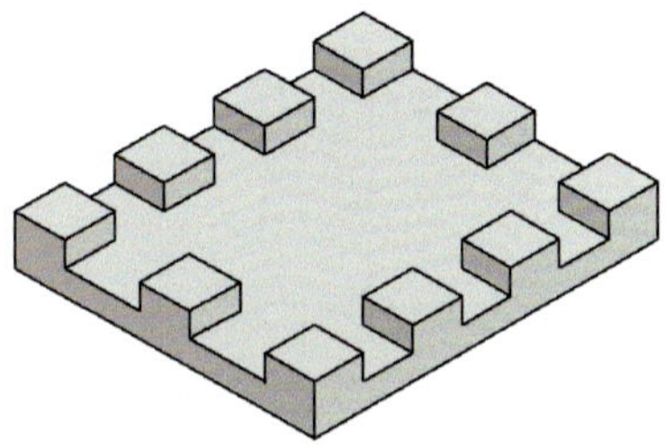

▶ [XZ 평면]을 스케치 평면으로 잡고 70×60×5인 베이스를 그린다.

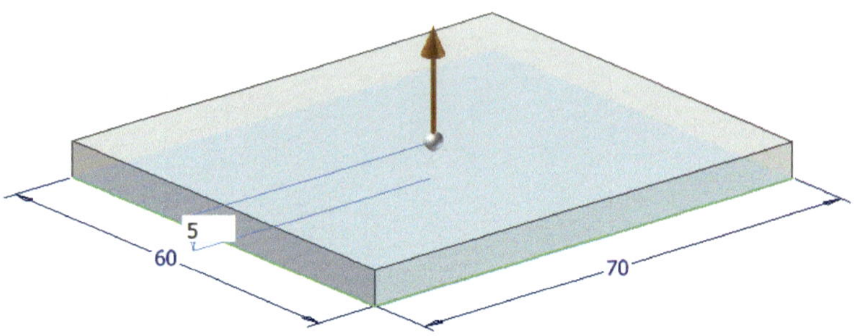

▶ 베이스의 윗면에 10×10×5인 작은 육면체를 그린다.

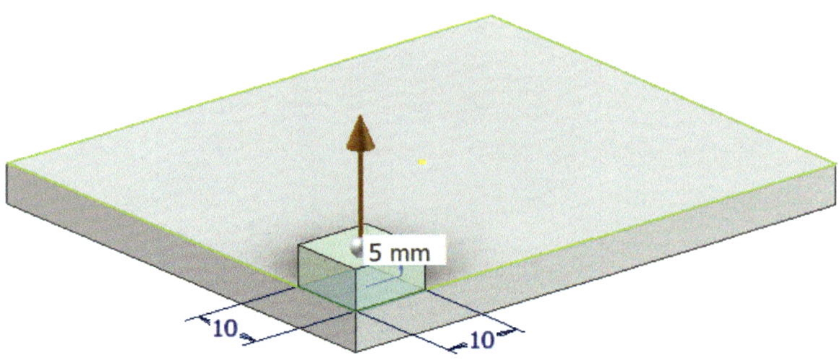

▶ ❶ [직사각형 패턴] 명령을 실행해서 ❷ 패턴을 시킬 피처(작은 육면체)를 선택하고 ❸ [방향1]의 화살표를 클릭한 후 ❹ 수평선을 선택한다. ❺ [개수]를 "4", [간격]을 "20"이라 입력한다.

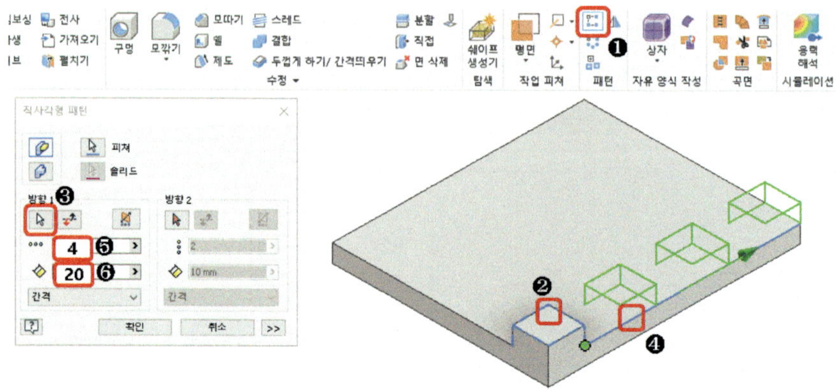

▶ 이어서, ❼ [방향2]의 화살표를 클릭하고 ❽ 수직선을 선택한 후 ❾ [반전]을 클릭한다. ❿ [개수]를 "3", [간격]을 "25"이라 입력하고 [확인] 버튼을 누른다.

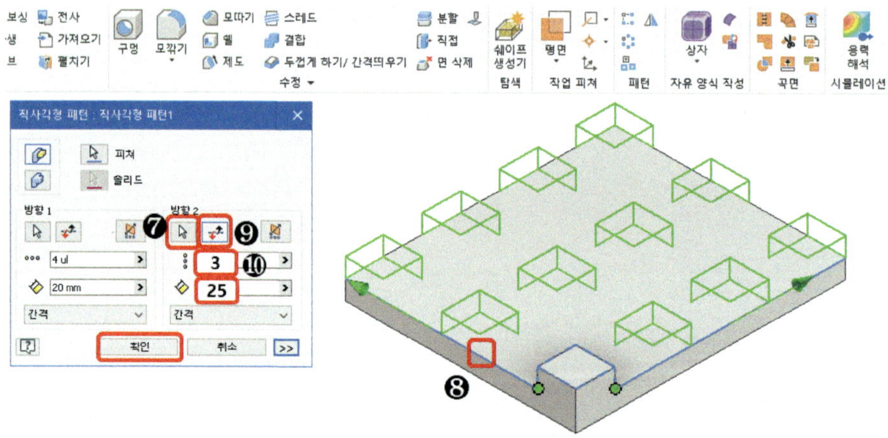

▶ 검색기 창에서 ❶ [직사각형 패턴1]을 확장시켜, 제거하고자 하는 피처 ❷를 복수 선택하고 마우스 오른쪽 버튼을 눌러 ❸ [억제]시킨다.

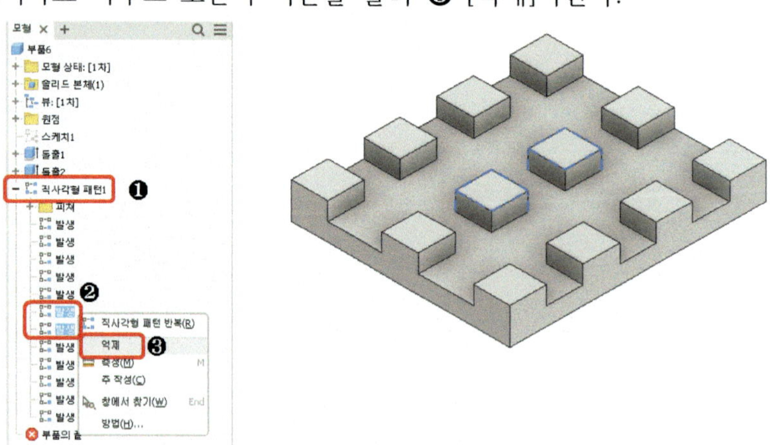

▶ 직사각형 패턴의 결과는 다음과 같다.

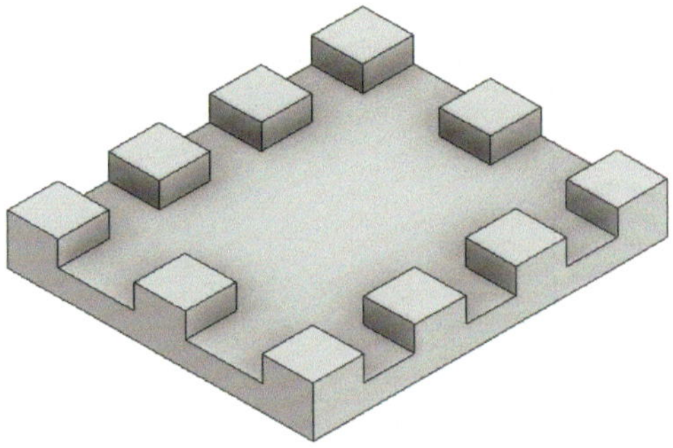

3.3.2 원형 패턴

[원형 패턴] 명령을 다음 도면을 모델링하면서 알아보자.

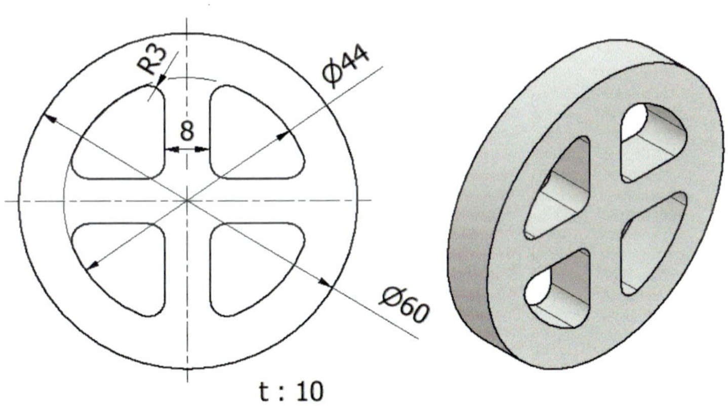

▶ [XZ 평면]을 스케치 평면으로 잡고, 직경이 "∅60", 돌출 높이가 "10"인 도형을 그림과 같이 생성한다.

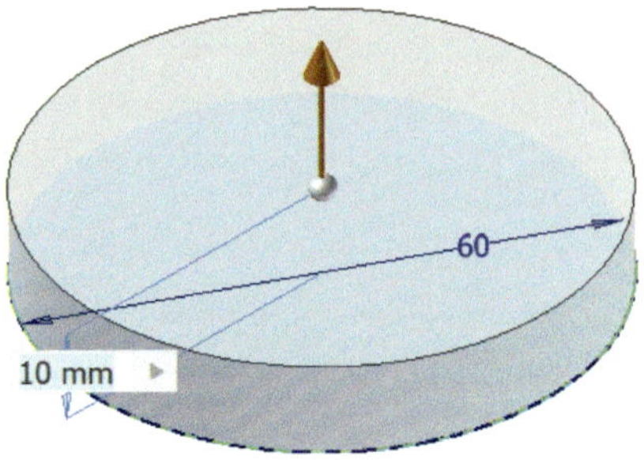

▶ 형상의 윗면을 스케치 평면으로 잡고 그림과 같은 프로파일을 그린다. ❶ [원] 명령을 클릭하고 원점 ❷를 선택하여 직경이 ∅44인 원을 그린다. ❸ [두 점 직사각형]을 클릭하고 점 ❹와 ❺를 클릭하여 사각형을 완성한다.

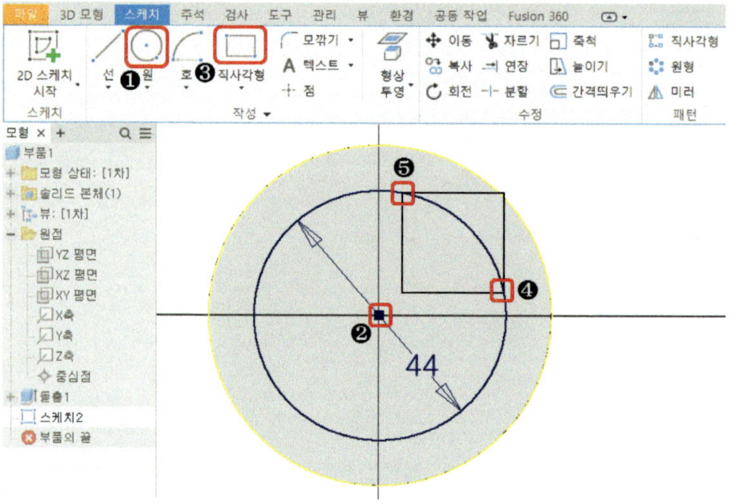

▶ ❶ [구성]을 클릭하고 선 ❷와 ❸을 선택하여 점선으로 변경한다. ❹ [치수]명령으로 원점을 기준으로 거리 치수 ❺와 ❻을 "4"로 구속한다.

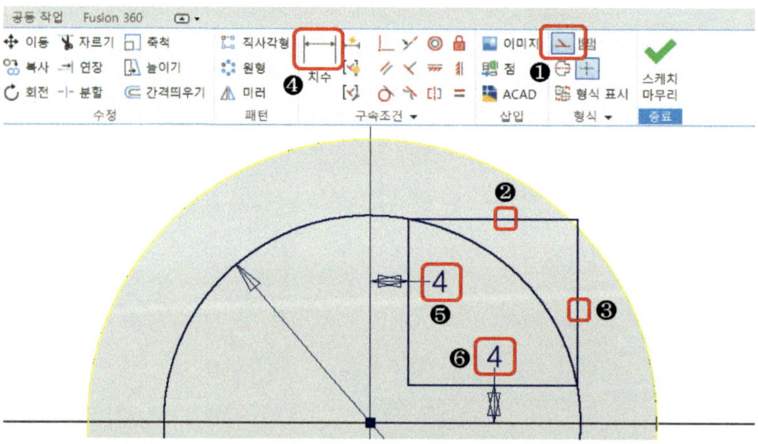

▶ ❶ [자르기] 명령을 클릭하고 ❷ 원의 왼쪽 부분을 선택하여 자르기를 한다.

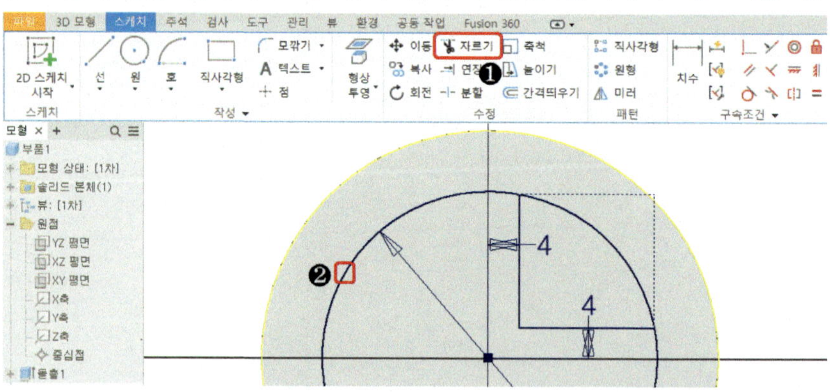

▶ ❶ [모깎기]를 실행하고 ❷ 필렛값으로 "3"을 주고 그림과 같이 3개의 모서리 ❸에 필렛처리를 한 후 ❹ [스케치 마무리]를 누른다.

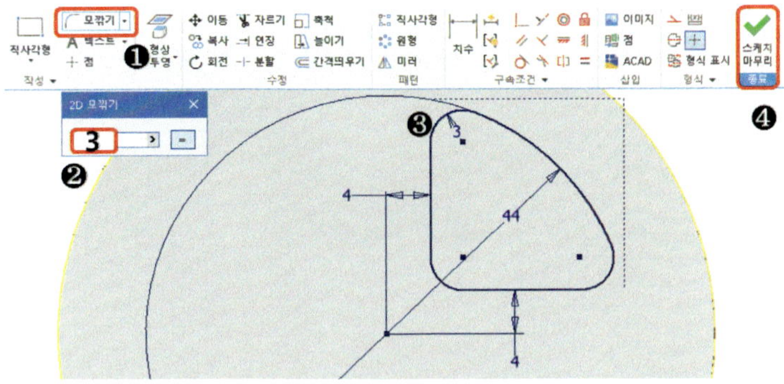

▶ ❶ [돌출] 명령을 실행해서 ❷ 프로파일을 선택하고 ❸ [전체관통]으로 설정하고 ❹ [잘라내기]를 누른 후 ❺ [확인] 버튼을 클릭한다.

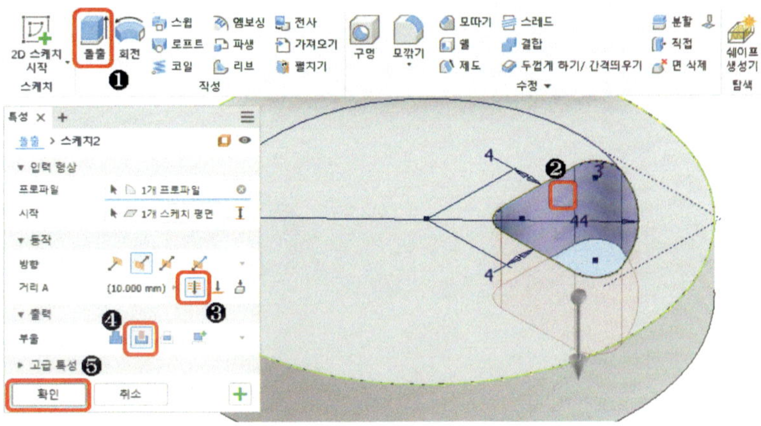

▶ ❶ [원형 패턴]을 실행해서 ❷ 잘라 내기한 피처를 선택하고 ❸ 회전축의 [화살표]를 누른다. 이어서 ❹ 원통 외면을 선택하여 회전 중심축을 설정하고 ❺ [배치]의 개수를 "4"라 입력한 후 ❻ [확인] 버튼을 눌러 형상을 완성한다.

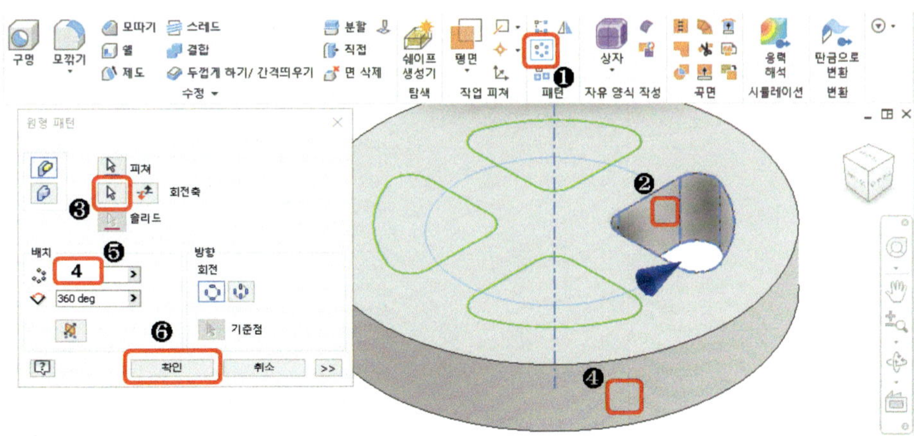

▶ 원형 패턴의 결과는 다음과 같다.

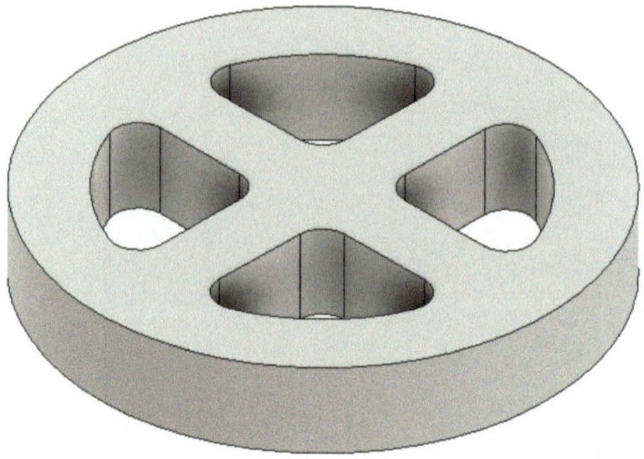

3.3.3 스케치 연계 패턴

[스케치 연계 패턴] 명령을 다음 도면을 모델링하면서 알아보자.

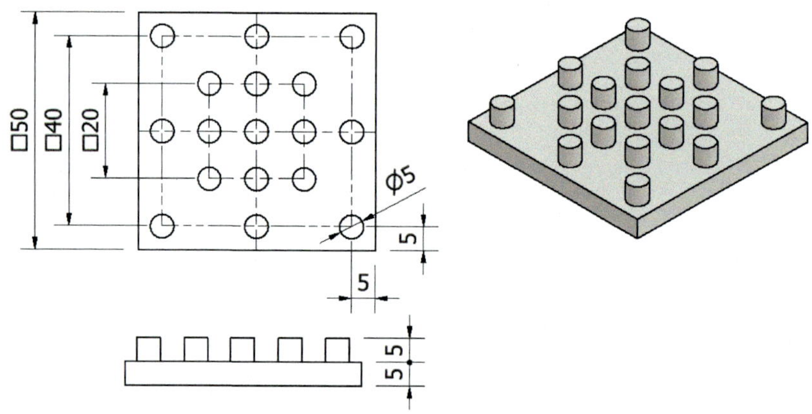

▶ [XY 평면]을 스케치 평면으로 잡고, 50×50 정사각형을 그리고 돌출 높이 5인 그림과 같은 형상을 생성한다.

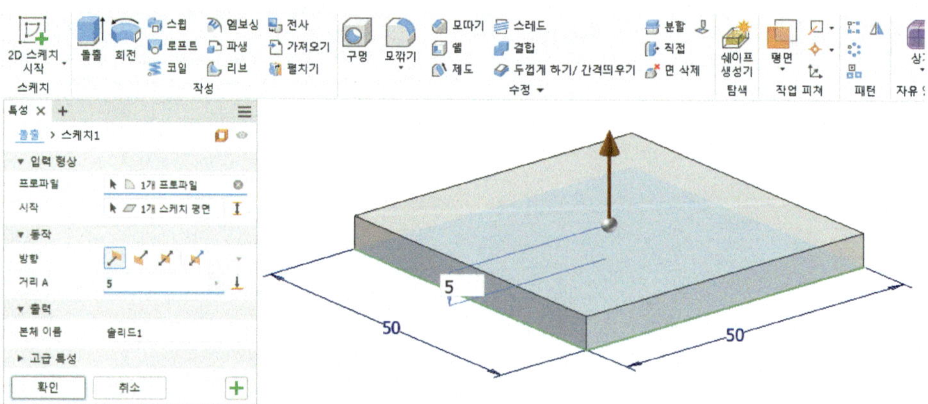

▶ 베이스의 윗면에 다음과 같은 원기둥 피처를 생성한다. 각 모서리에서 5씩 떨어지고 직경이 ∅5이고 돌출 높이도 5이다.

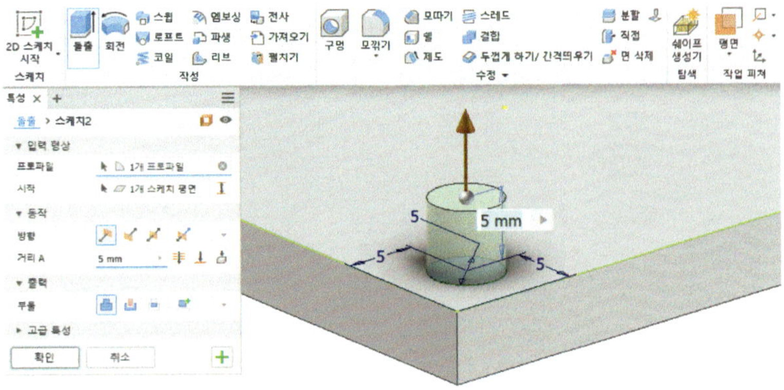

▶ 윗면을 스케치 평면으로 잡고, ❶ [두 점 중심 직사각형] 명령으로 정사각형 2개를 그리고, ❷ [치수]를 입력한다. ❸ [점] 명령으로 ❹사각형의 각 꼭짓점과 선의 중간점에 노란 점들을 그림과 같이 생성한다. ❺ [스케치 마무리]를 누른다.

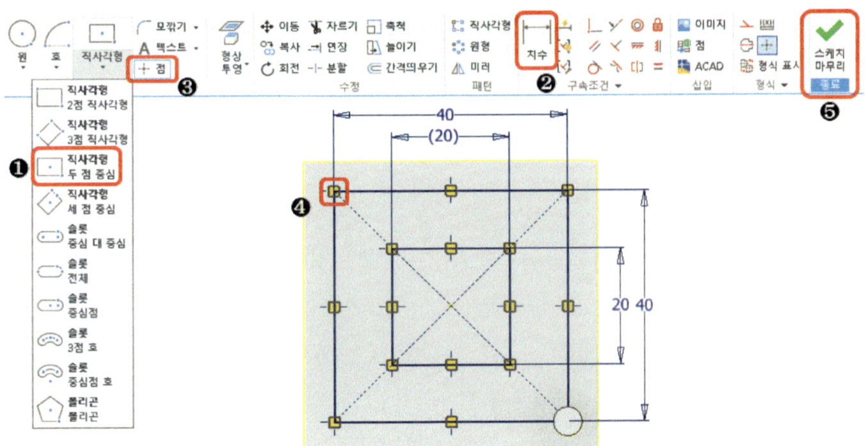

▶ ❶ [스케치 연계] 패턴 명령을 실행하고 ❷ 돌출 원기둥 피처를 클릭하면 앞에서 생성한 점에 원기둥 피처가 생성되면 ❸ [확인] 버튼을 누른다.

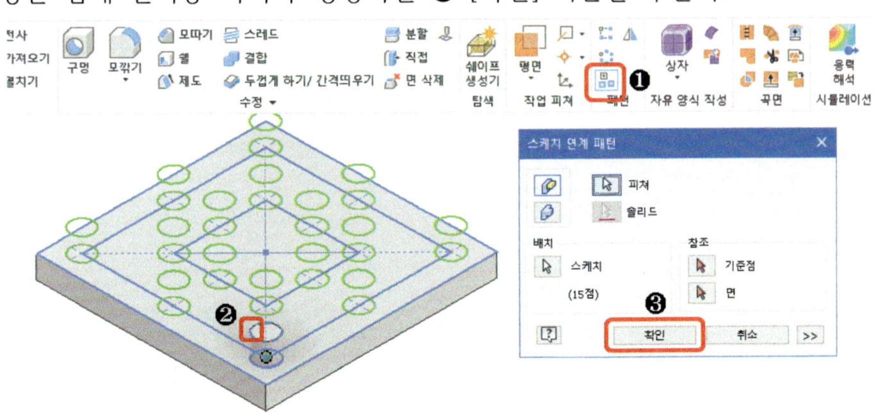

▶ 스케치 연계 패턴의 결과는 다음과 같다.

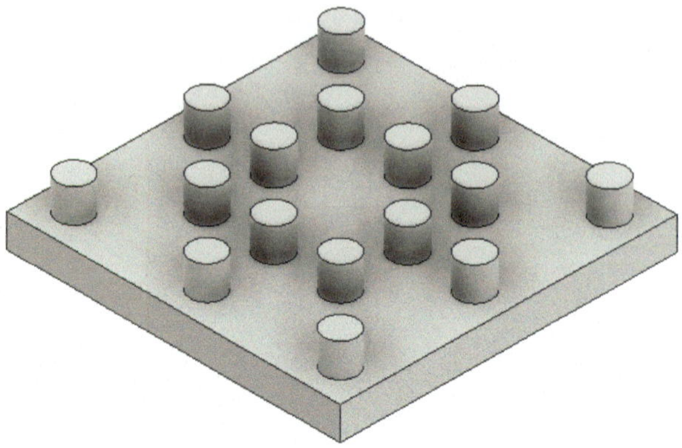

3.3.4 미러

[미러] 명령을 다음 테이블 도면을 모델링하면서 알아보자.

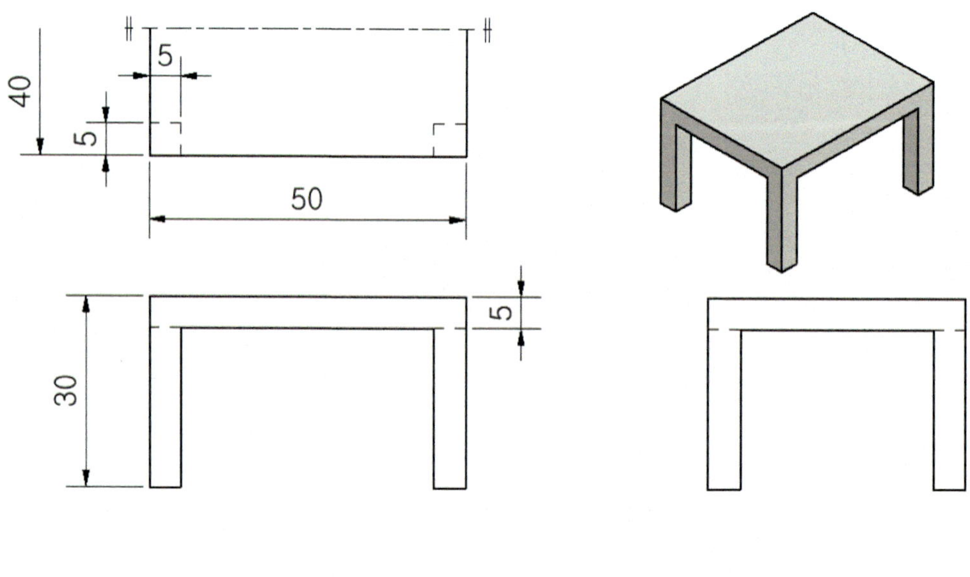

▶ [XZ 평면]을 스케치 평면으로 잡고 평면도를 보고 ❶ [두 점 직사각형] 명령으로 임의의 점 ❷와 ❸을 클릭하여 직사각형을 그린다. ❹ [일치 구속조건]을 클릭하고 원점 ❺와 수평선의 중간점 ❻을 선택한다.

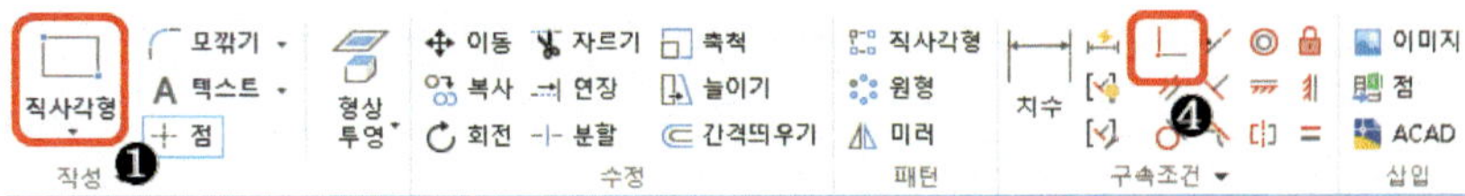

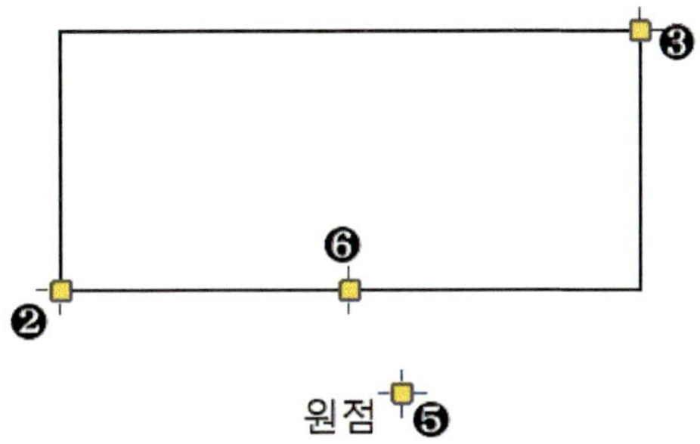

▶ ❷ [치수]를 그림과 같이 입력한 후 ❸ [스케치 마무리]를 누른다.

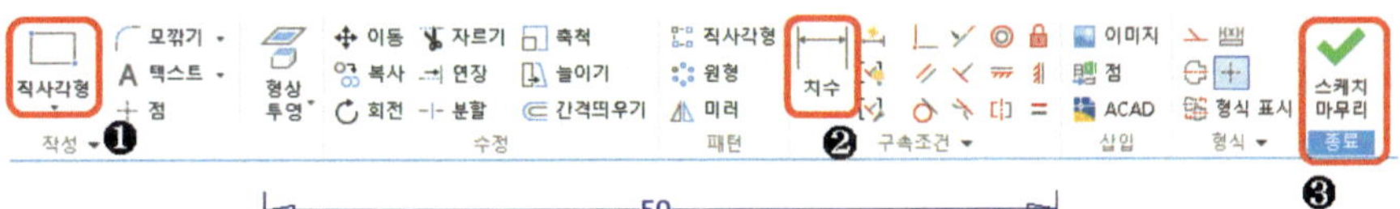

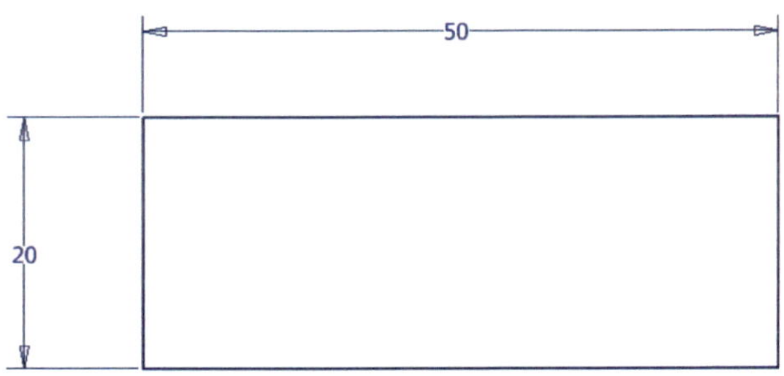

▶ ❶ [돌출] 명령을 클릭하면 앞에서 그린 사각형이 자동으로 선택이 되고 ❷ 돌출 [거리]에 “5”를 입력한 후 ❸ [확인] 버튼을 누른다.

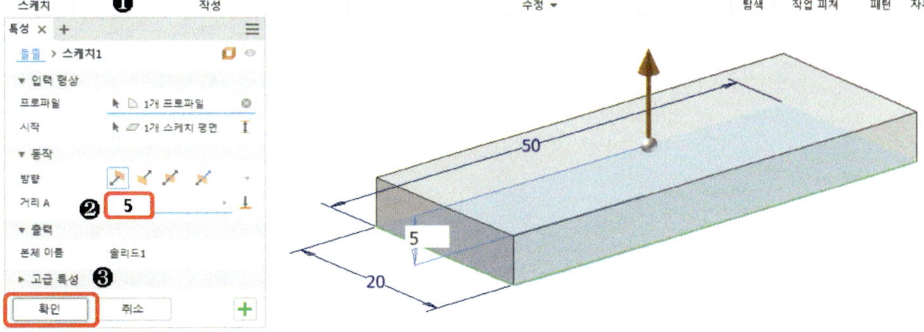

▶ 윗면을 스케치평면으로 잡고, ❶ [2점 직사각형] 명령으로 그림과 같이 직사각형 두 개를 모서리에 그린 후 ❷ [치수]를 입력하고 ❸ 스케치를 빠져 나온다.

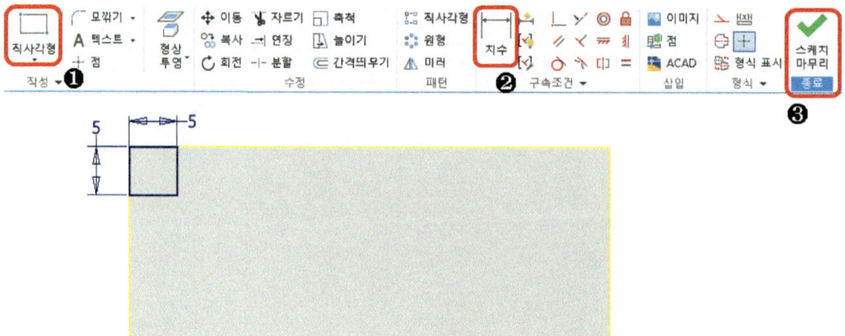

▶ ❶ [돌출] 명령을 실행하고 앞에서 스케치한 두 개의 정사각형 ❷를 선택한다. ❸ [반전] 버튼을 클릭한 후 ❹ [거리]를 "30" 이라 입력한다. ❺ [접합]을 클릭한 후 ❻ [확인]을 누른다.

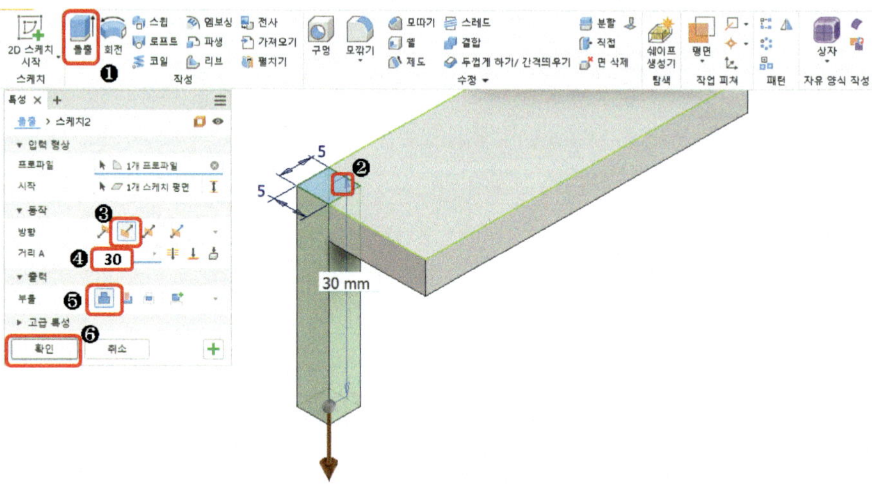

▶ ❶ [미러]를 실행하고 앞에서 돌출한 ❷ 다리를 선택한 후 ❸ [XY평면]을 누르면 오른쪽에 다리가 생성되면 ❹ [확인] 버튼을 누른다.

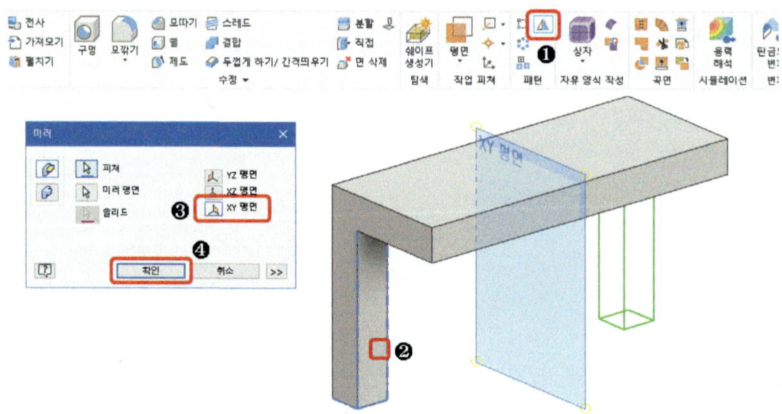

▶ 다시 ❶ [미러] 명령을 실행하고 ❷ [솔리드 미러]를 선택하면 솔리드 전체가 선택된다. ❸ 미러 평면의 [화살표]를 클릭하고 ❹ 대칭면을 선택한 후 ❺ [확인] 버튼을 누른다.

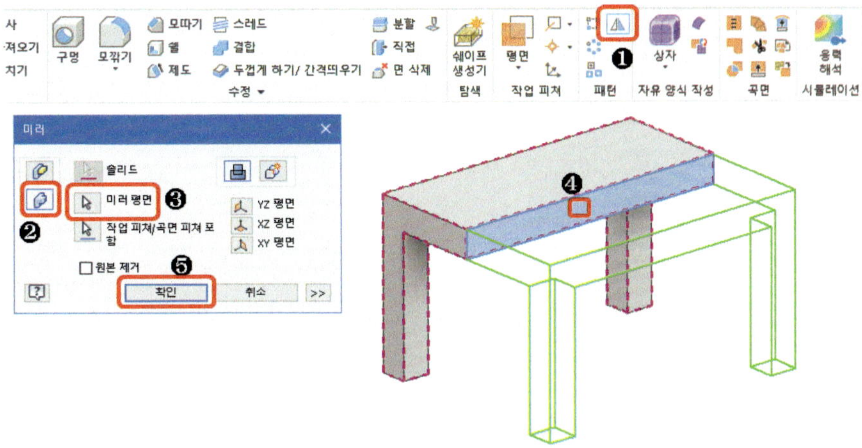

▶ 미러 결과는 다음과 같다.

3.4 [평면] 리본 메뉴

작업 평면은 스케치를 작성하거나 분할 시 경계 작업면으로 사용할 수 있다.

1) 평면에서 간격띄우기

▶ ❶ [평면에서 간격띄우기] 명령을 실행하고 ❷ 앞면을 선택한 후 드래그하여 점 ❸ 지점에 놓고 ❹ 거리 "20"을 입력하면 평행 이동한 작업평면이 만들어진다.

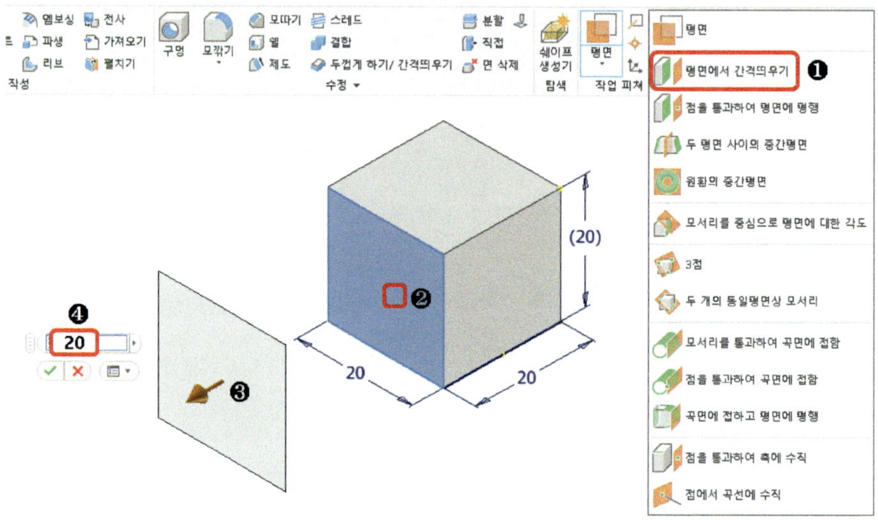

2) 점을 통과하여 평면에 평행

▶ 윗면을 스케치 평면으로 잡고 끝 모서리에서 30 떨어진 점 ❸을 그린다.

▶ ❶ [점을 통과하여 평면에 평행] 명령을 실행하여 면 ❷를 선택한고 점❸을 선택하면 그 점으로 평행 이동한 작업평면이 만들어진다.

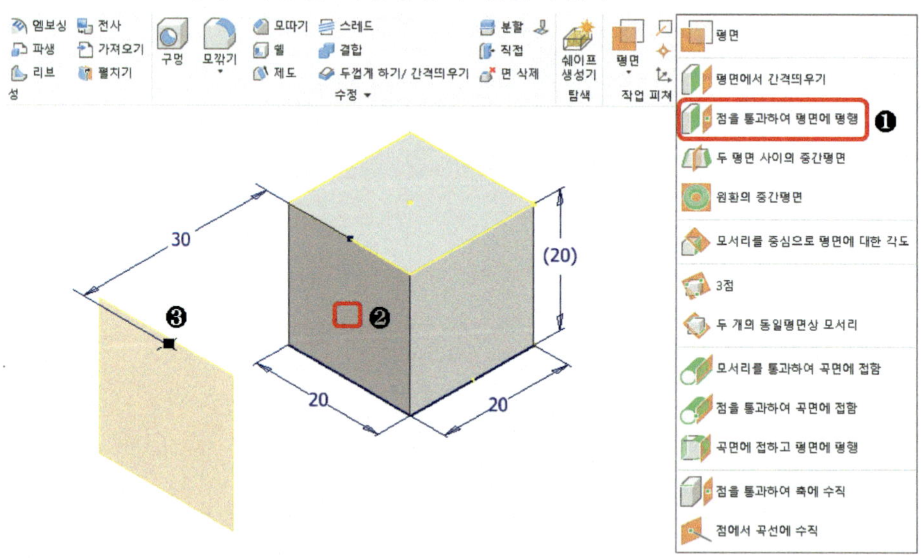

3) 두 평면 간의 중간평면

▶ ❶ [두 평면 간의 중간평면] 명령을 실행하여 면 ❷를 선택하고 선 ❸ 근처에서 3초 정도 기다린 후 ❹ 뒷면을 선택하면 중간에 두 면의 길이를 이등분한 작업평면이 만들어진다. 면이 경사진 경우에는 각도를 이등분한다.

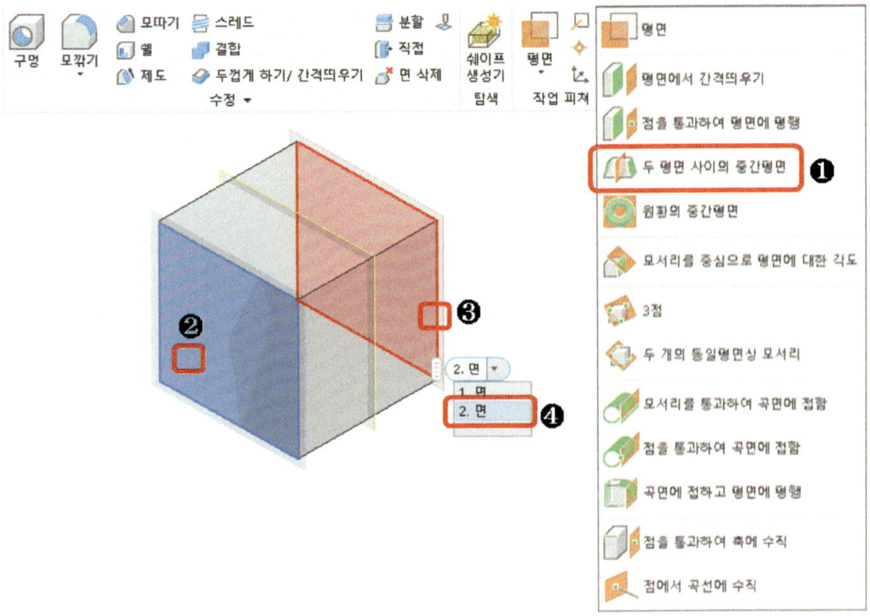

4) 원환의 중간평면

▶ 먼저 왼쪽 스케치를 회전시켜 원환체를 만든다. ❶ [원환의 중간평면] 명령을 실행하여 면 ❷를 선택하면 도넛형상의 중간에 작업평면이 만들어진다.

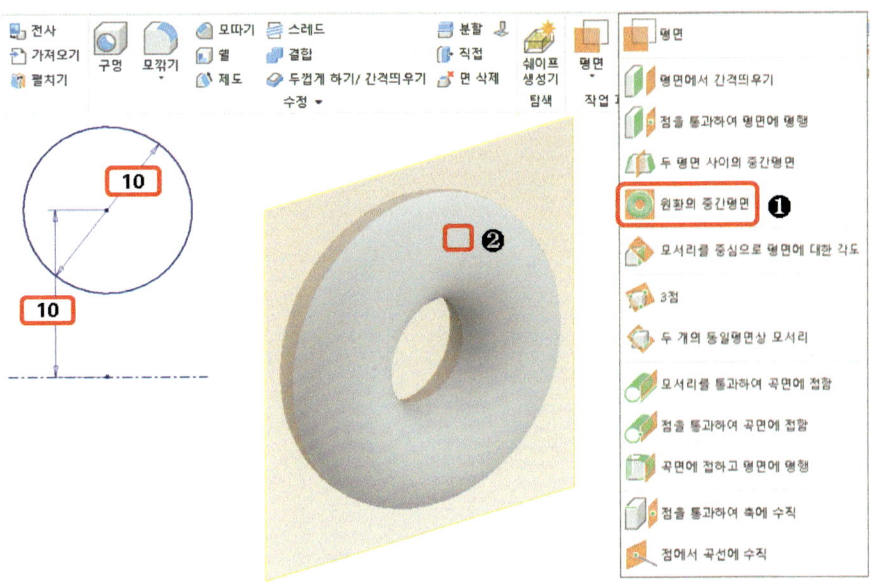

5) 모서리를 중심으로 평면에 대한 각도

▶ ❶ [모서리를 중심으로 평면에 대한 각도] 명령을 실행하고 ❷ 윗면을 선택한 후 모서리 선 ❸을 선택하고 ❹ 각도 "45"를 입력하면 선택한 모서리 선을 중심축으로 경사진 작업평면이 만들어진다.

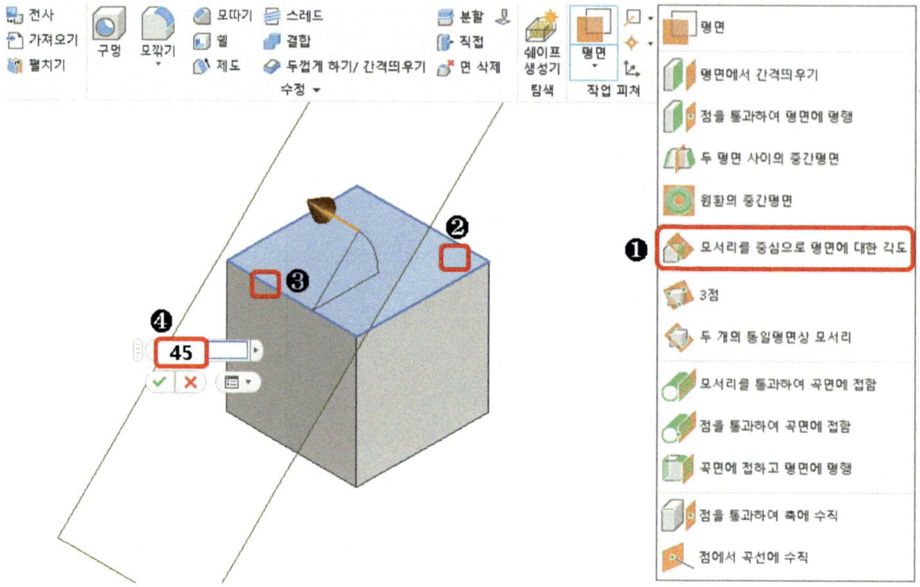

6) 3점

▶ ❶ [3점] 명령을 실행하고 꼭짓점 ❷, ❸ 그리고 중간점 ❹를 선택하면 3점을 지나는 작업 평면이 만들어진다.

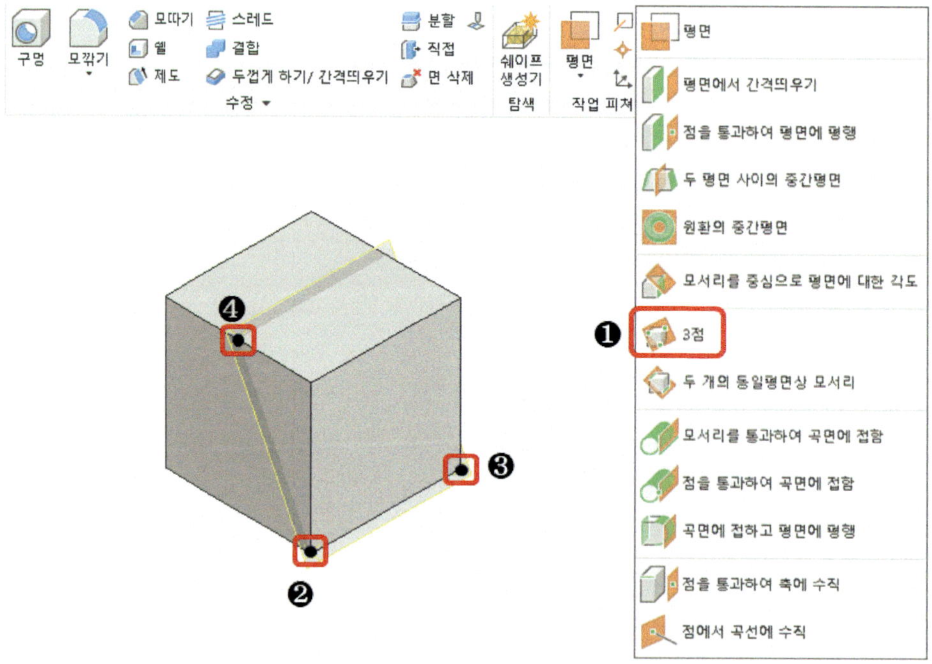

7) 두 개의 동일평면상 모서리

▶ ❶ [두 개의 동일평면상 모서리] 명령을 실행하고 모서리 선 ❷와 , ❸을 선택하면 2개의 선을 지나는 작업 평면이 만들어진다.

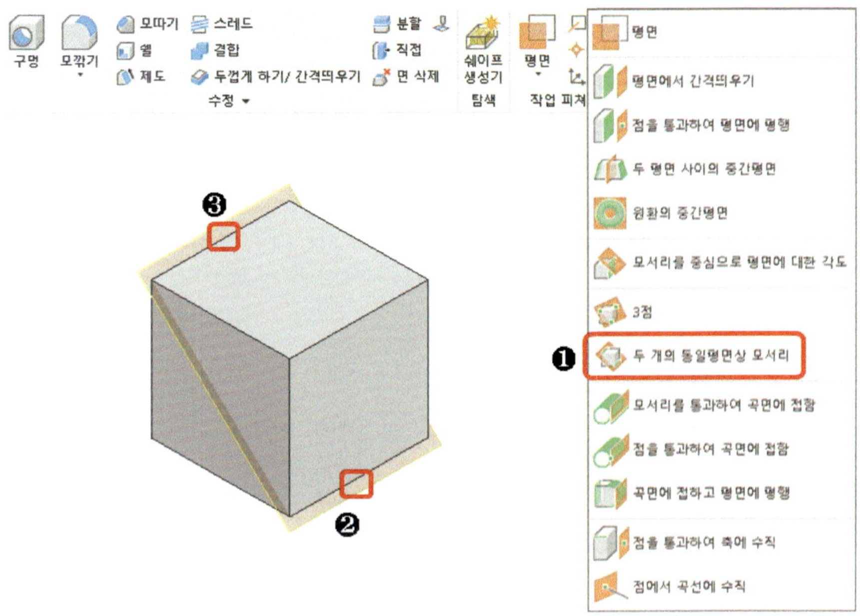

8) 모서리를 통과하여 곡면에 접함

▶ ❶ [모서리를 통과하여 곡면에 접함] 명령을 실행하고 모서리 선 ❷와 곡면 ❸을 선택하면 선과 원통면에 접하는 작업 평면이 만들어진다.

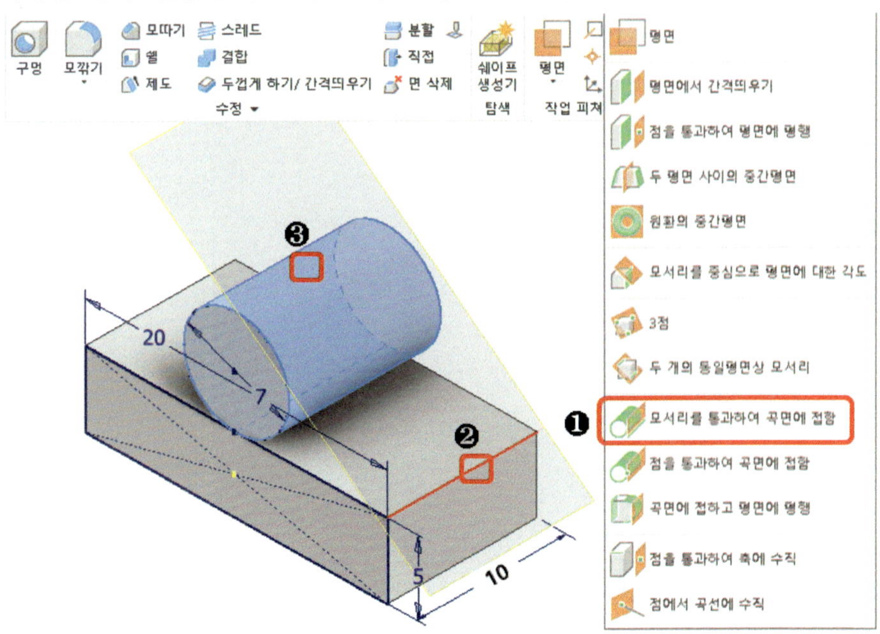

9) 점을 통과하여 곡면에 접함

▶ 먼저 원통의 앞면을 스케치 평면으로 잡고 원둘레에 점을 생성한다. ❶ [점을 통과하여 곡면에 접함] 명령을 실행하고 ❷ 원통면을 선택하고 원둘레에 있는 점 ❸을 선택하면 그 점에서 원통면에 접하는 작업 평면이 만들어진다.

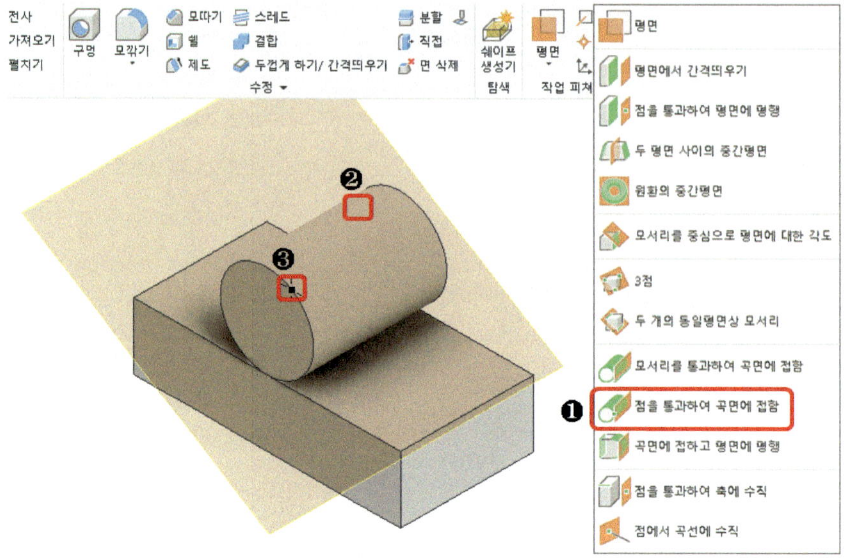

10) 곡면에 접하고 평면에 평행

▶ ❶ [곡면에 접하고 평면에 평행] 명령을 실행하고 ❷ 직육면체의 측면을 선택하고 ❸ 원통면을 선택한다. 그러면 수직면에 평행하고 원통면에 접하는 작업 평면이 만들어진다.

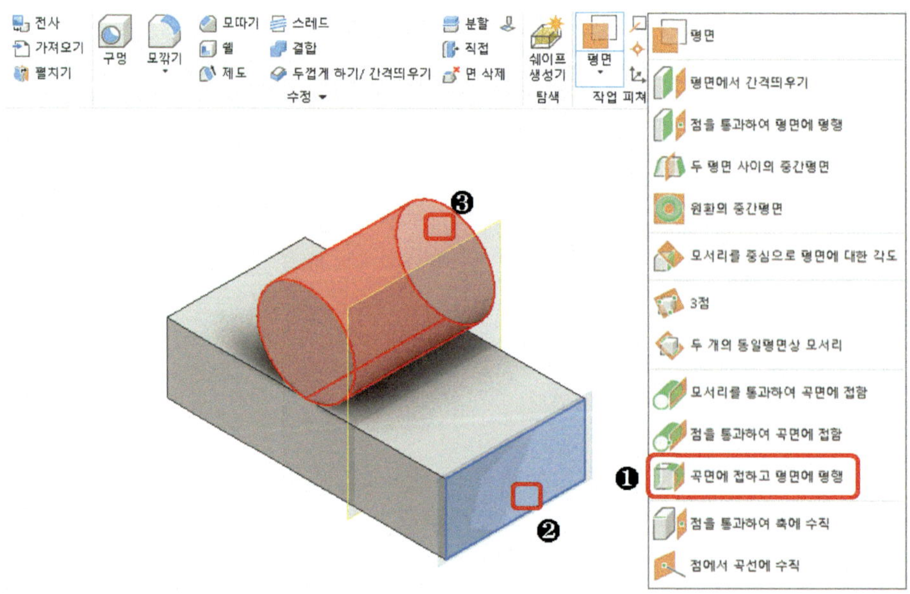

11) 점을 통과하여 축에 수직

▶ ❶ [점을 통과하여 축에 수직] 명령을 실행하고 선 ❷를 선택한 후, 선의 임의의 점 ❸을 선택한다. 그러면 선택한 선에 수직한 작업평면이 지정한 점에 만들어진다.

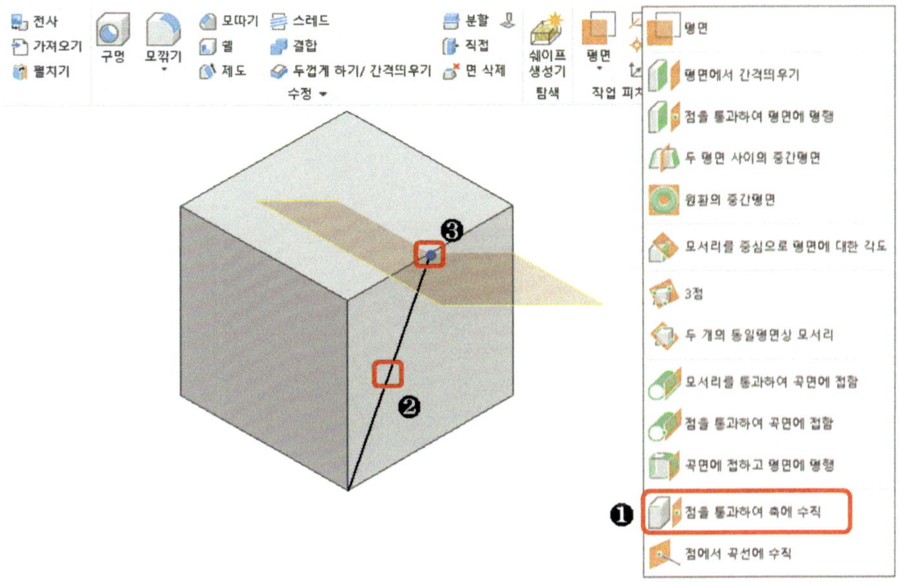

12) 점에서 곡선에 수직

▶ 스케치 평면에서 호와 그 곡선 상에 점을 생성한다. ❶ [점에서 곡선에 수직] 명령을 실행하고 ❷ 곡선을 선택한 후, 곡선 상의 점 ❸을 선택한다. 그러면 선택한 곡선에 수직한 작업평면이 지정한 점에 만들어진다.

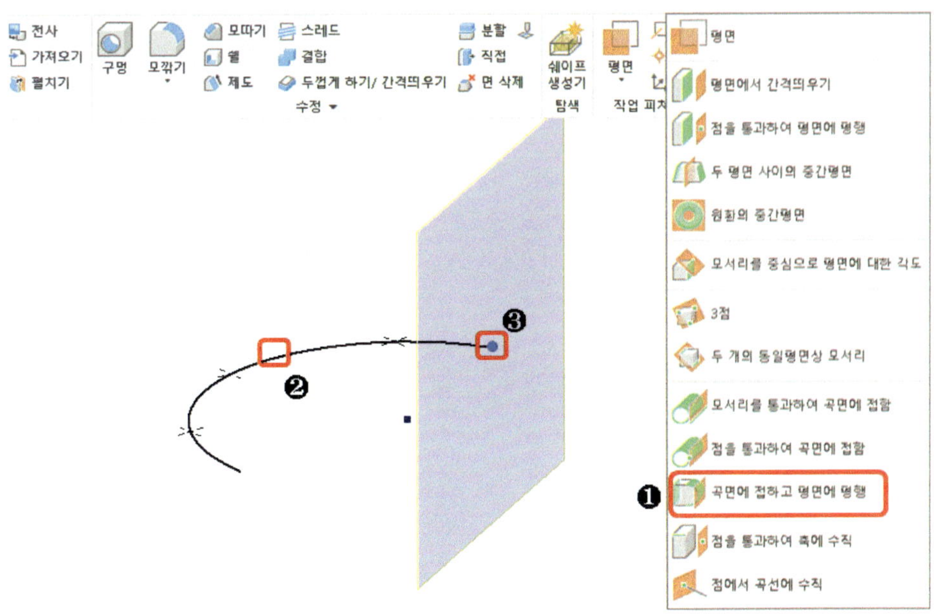

[도면 예제 2] 다음 도면을 보고 인벤터를 활용하여 3D로 작도하시오.
지시 없는 치수는 비례척으로 할 것.

1.

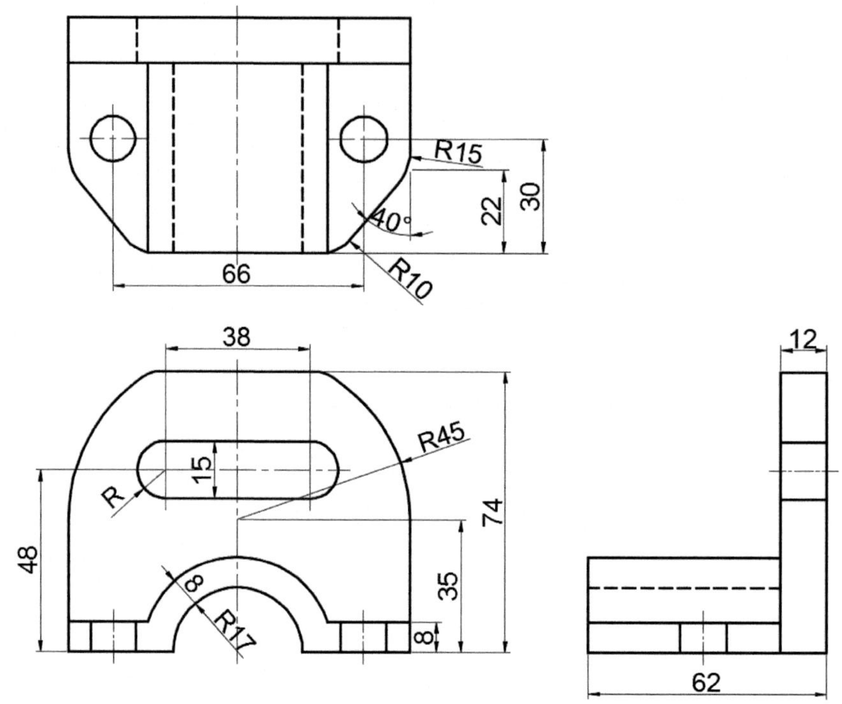

2.

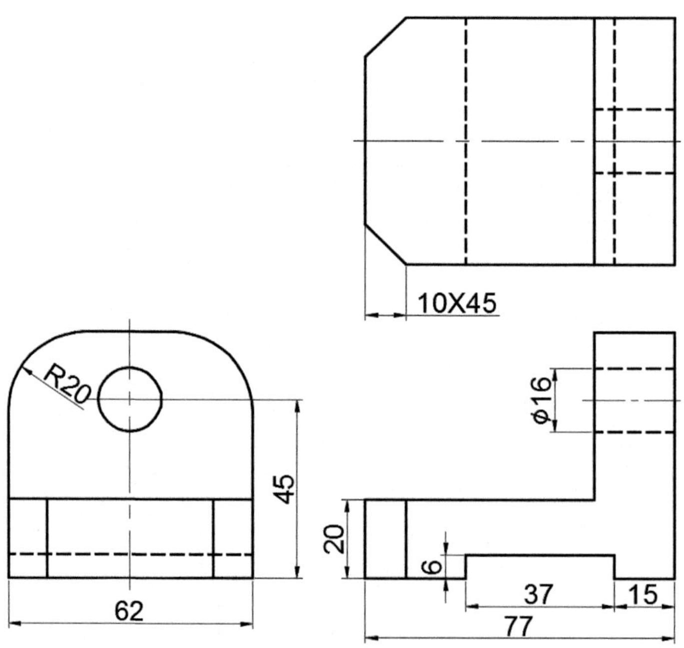

3.

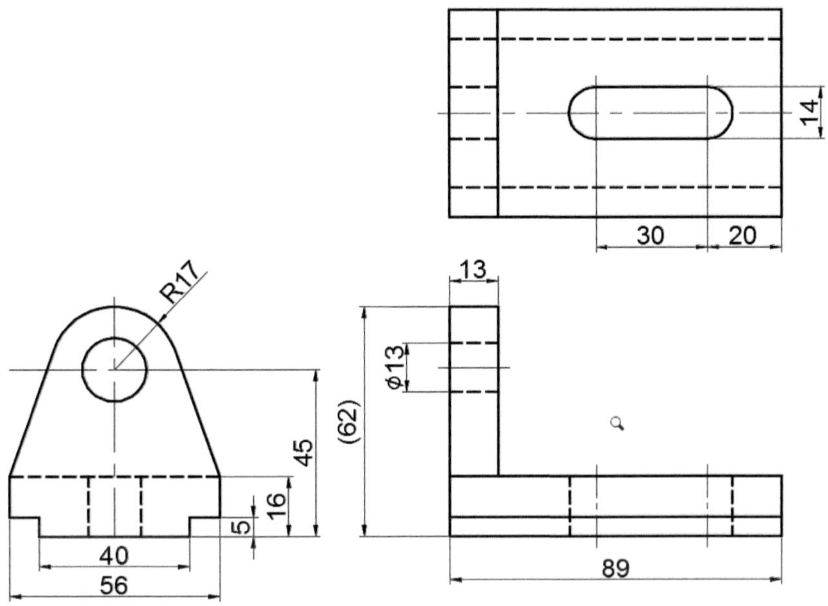
14
30
20
R17
13
ϕ13
(62)
45
16
5
40
56
89

4.

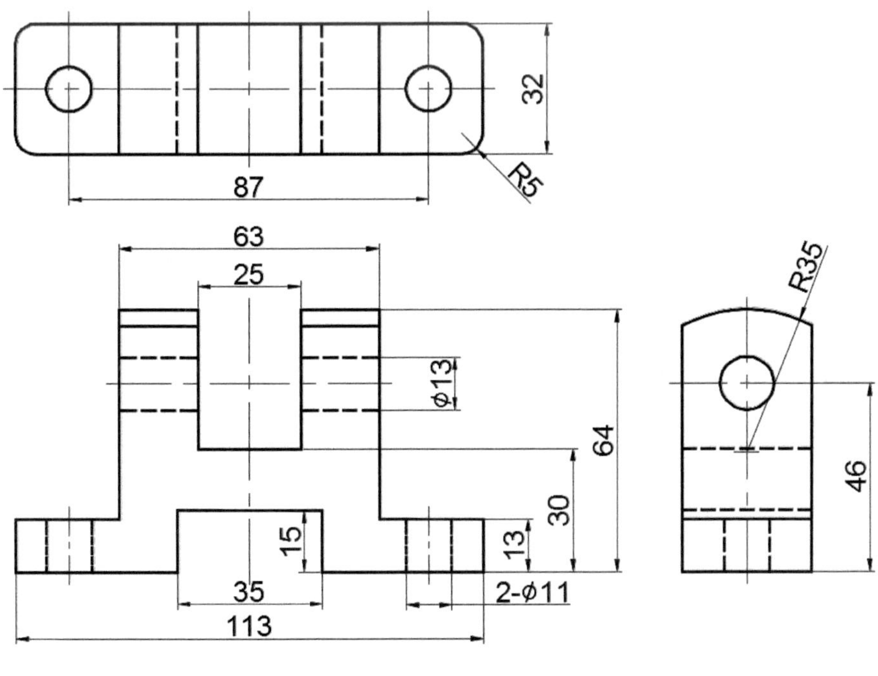
32
87
R5
63
25
ϕ13
64
30
15
13
35
2-ϕ11
113
R35
46

5.

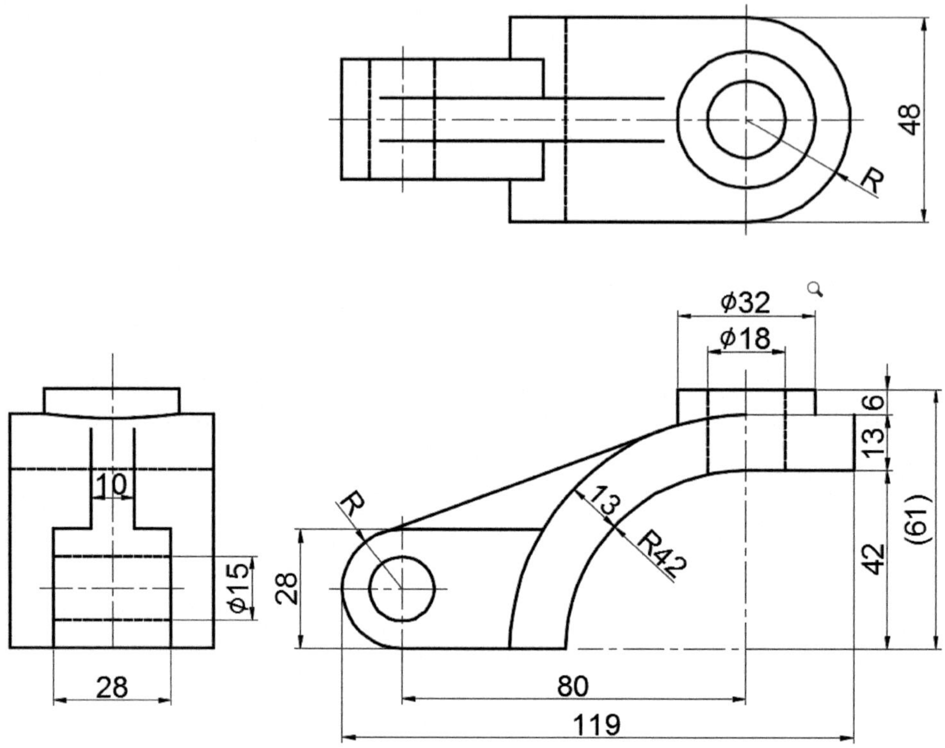
48
R
ϕ32
ϕ18
6
13
(61)
42
10
R
13
R42
ϕ15
28
28
80
119

6.

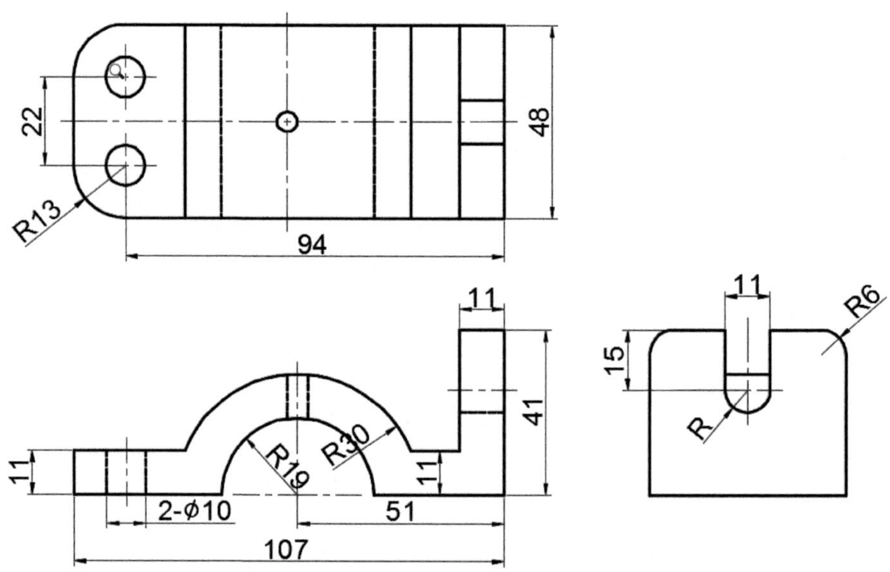
22
48
R13
94
11
41
11
11
R19
R30
2-ϕ10
51
107
11
R6
15
R

7.

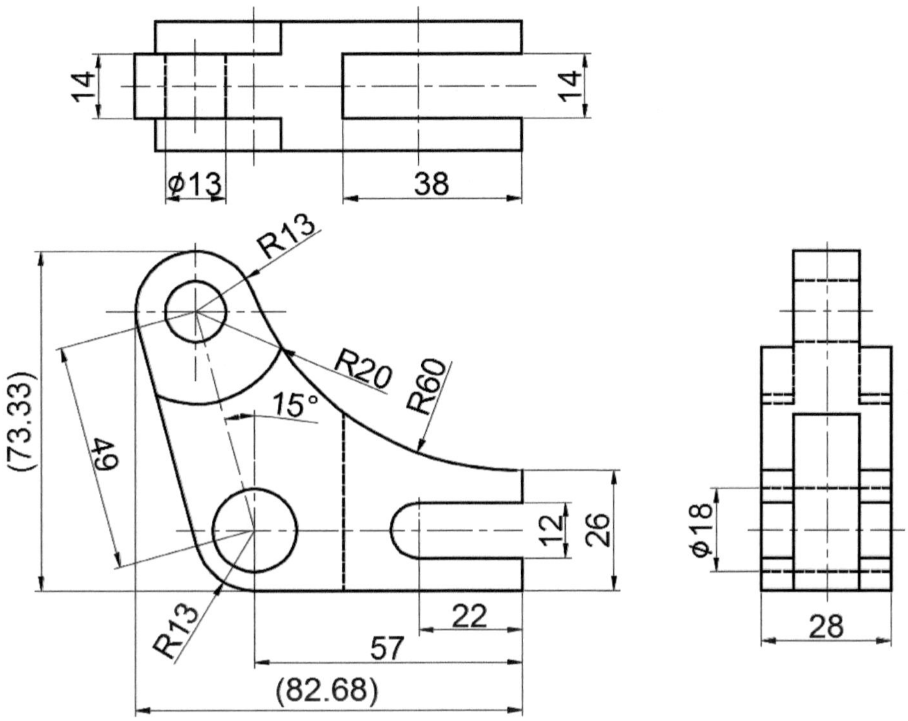
14
14
φ13
38
R13
R20
R60
15°
(73.33)
49
12
26
R13
22
57
(82.68)
φ18
28

8.

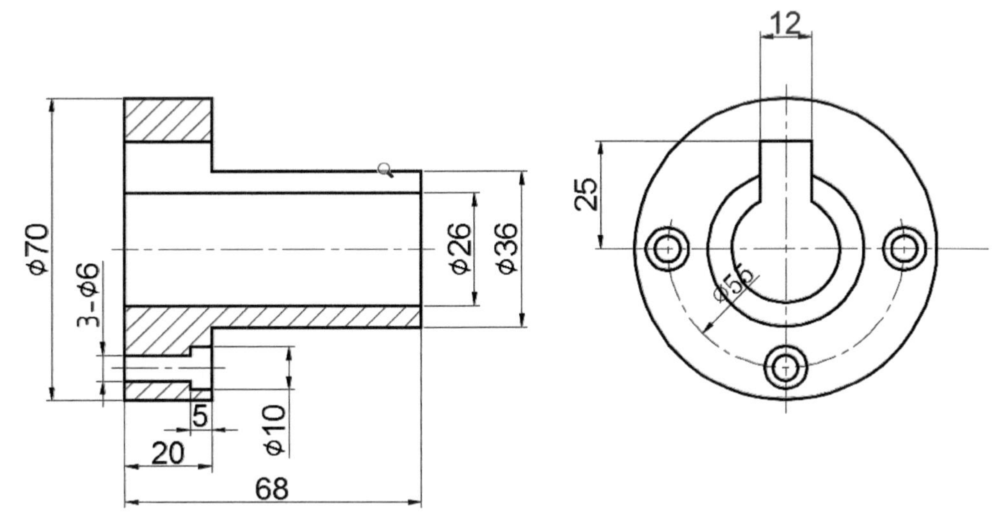
12
25
φ70
3-φ6
φ26
φ36
φ55
5
φ10
20
68

04 CHAPTER 3D 모델링 작성

4.1 3D 모델링 준비

3D 모델링을 시작하기 위해 파일 관리 방법에 대해서 알아보자.

보통 제품은 여러 가지의 부품으로 이루어져 있으므로 여기서는 먼저 그 부품들을 저장하기 위한 폴더 관리를 위한 프로젝트 설정 방법에 대해 알아본다.

4.1.1 프로젝트 설정

원하는 폴더를 미리 만들고 그 폴더에 프로젝트를 설정하면 인벤터에서 작업하고 저장되는 모든 파일을 한 폴더에서 관리가 가능해진다. 인벤터 2024버전에서 프로젝트 설정으로 들어가는 방법은 두 가지가 있다.

▶ 빠른 도구 모음에서 ❶ [프로젝트]를 클릭한다.

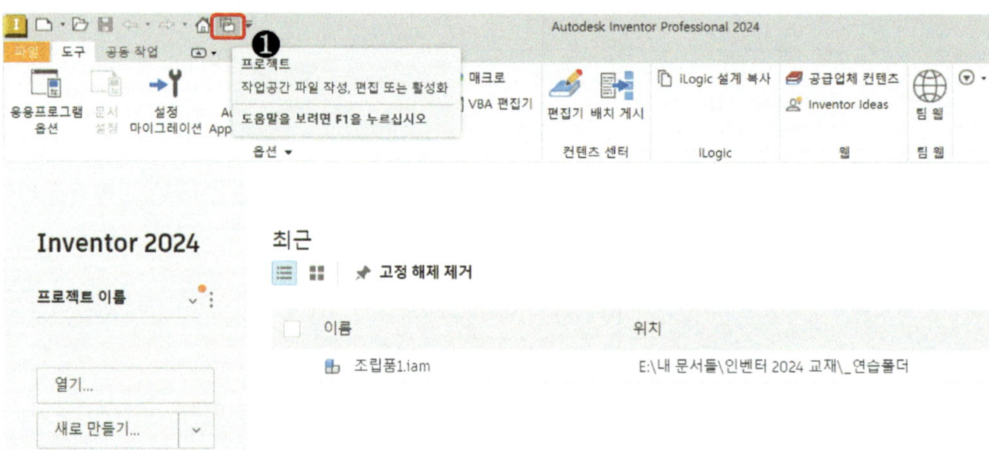

▶ 또 다른 방법으로 화면상에서 ❶ [프로젝트 및 설정] 탭(⁝)을 클릭하고 ❷ [설정]을 선택하는 방법이 있다.

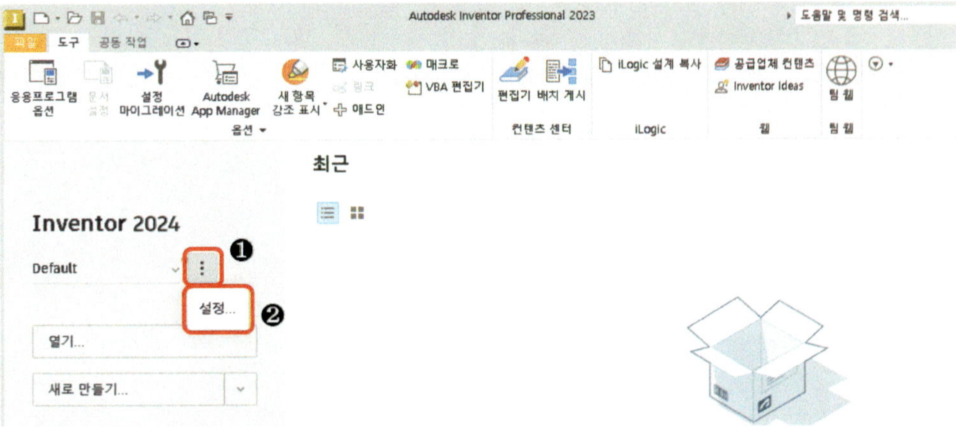

▶ 프로젝트 설정을 누르면 다음과 같은 창이 뜬다. 초기 [Default]의 프로젝트 위치는 [내 PC > Documents > Inventor] 이다. 폴더를 변경하기 위해 ❶ [새로 만들기]를 누른다.

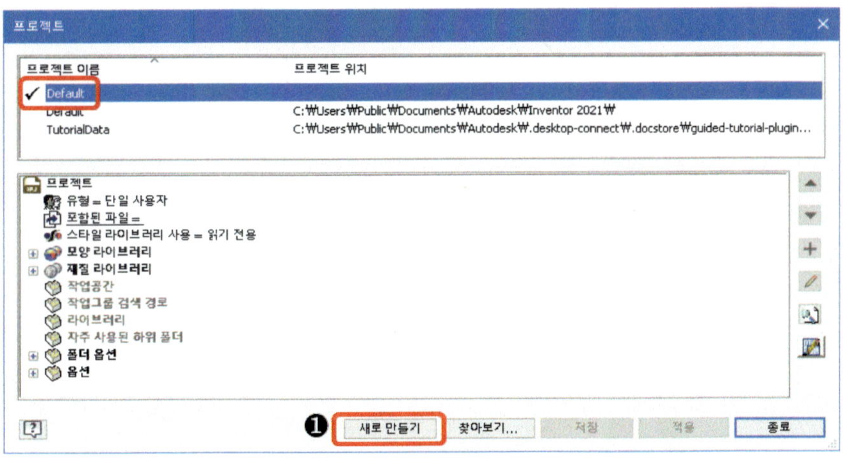

▶ [새 단일 사용자 프로젝트]에 체크가 되어있는지 확인하고 ❷ [다음]을 누른다.

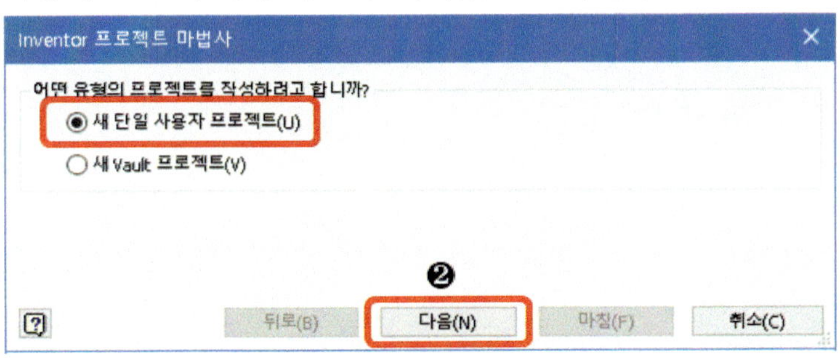

▶ ❸ 프로젝트 이름을 입력하고, 이미 만들어진 폴더를 선택하기 위해 ❹ [...(프로젝트 위치 찾아보기)]를 클릭한다.

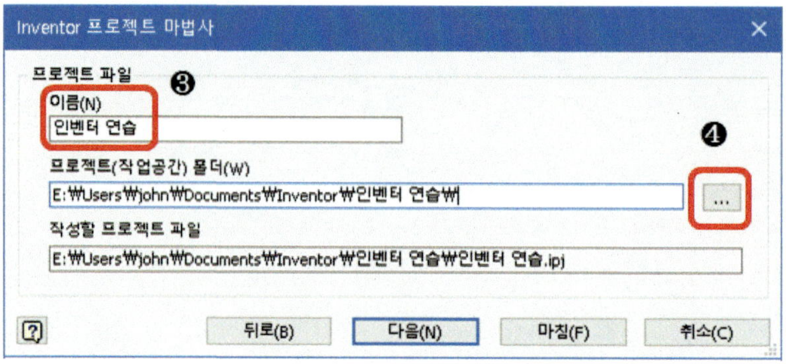

▶ 이미 만들어진 폴더가 있으면 ❺ 그것을 선택하고 ❻ [확인] 버튼을 누른다. 폴더를 새로 만들려면 [새 폴더 만들기]를 클릭하면 새 폴더를 생성할 수 있다.

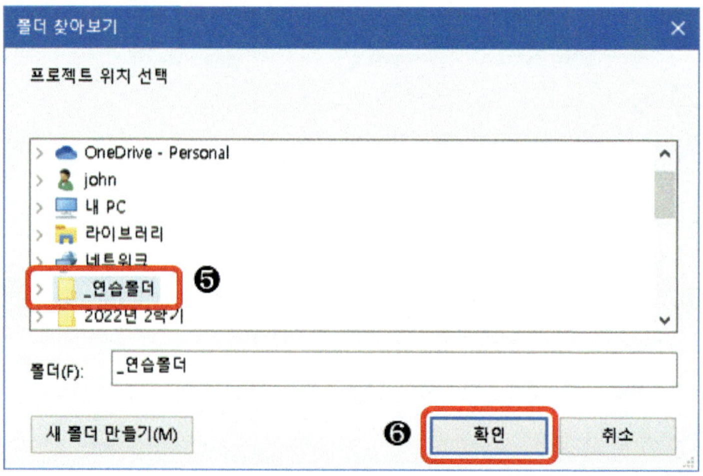

▶ 그림처럼 원하는 폴더로 지정되었는지 확인하고 ❼ [마침] 버튼을 클릭한다.

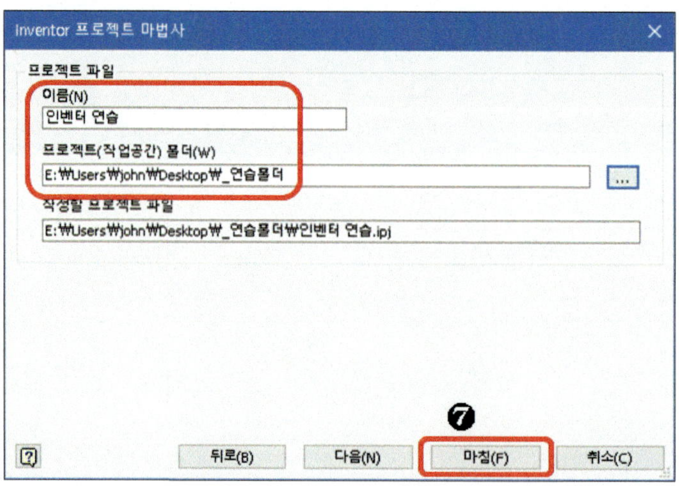

▶ 지정된 폴더로 프로젝트 이름이 생성되었는지 확인하고 ❽ [종료]를 클릭한다.

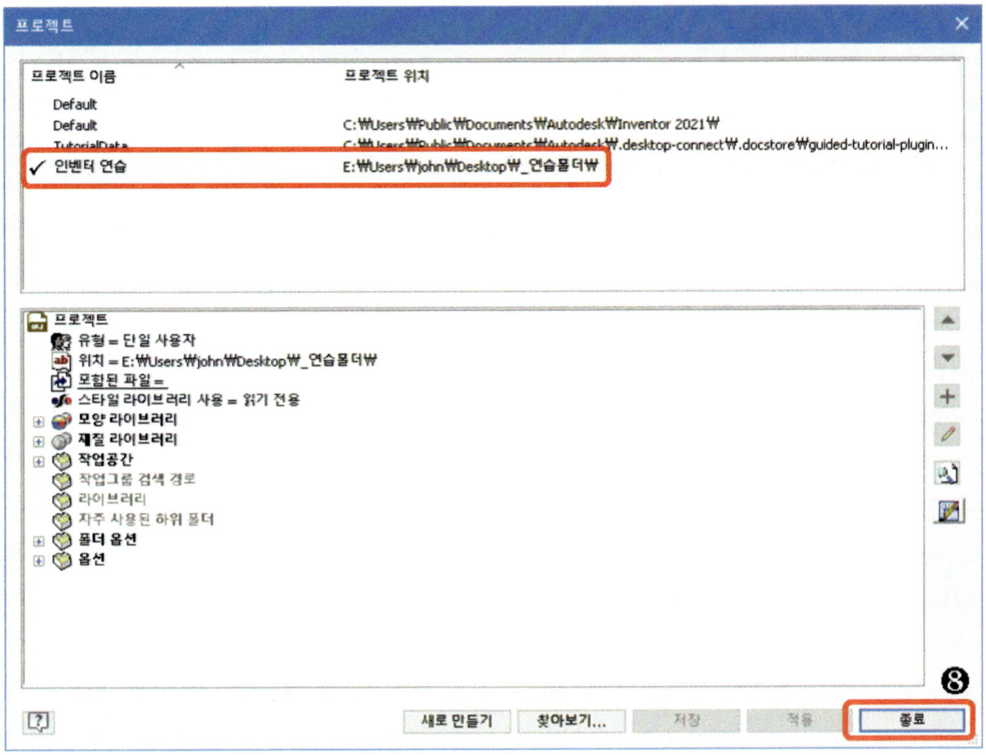

4.2 본체 모델링

다음 도면을 참고로 본체 모델링을 따라서 해보기로 한다.

① 도면

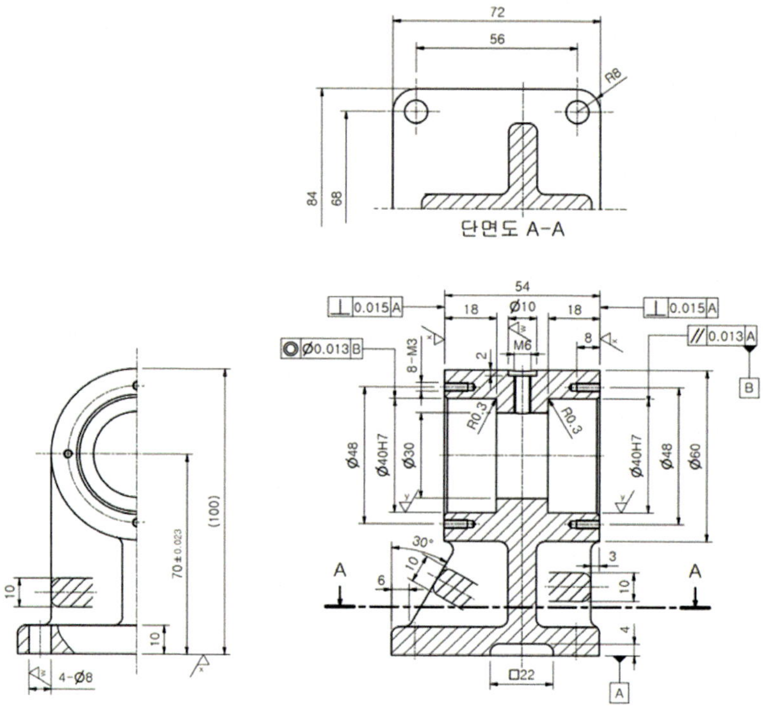

② 작업순서

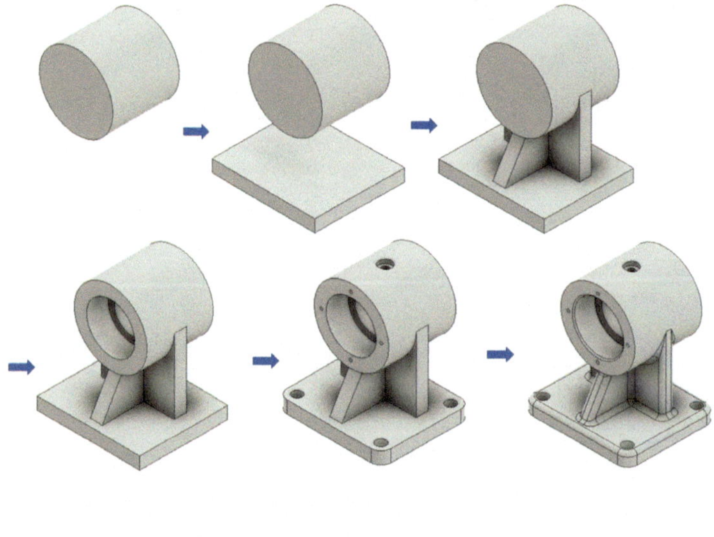

▶ 인벤터를 실행시키고 ❶ [새로 만들기]를 눌러 확장시킨 후 ❷ [부품(.ipt)]를 누르면 작업 공간으로 넘어간다. 화면상에서 뷰큐브의 ❸ [홈]을 누르면 좌표축 ❹처럼 전환된다.

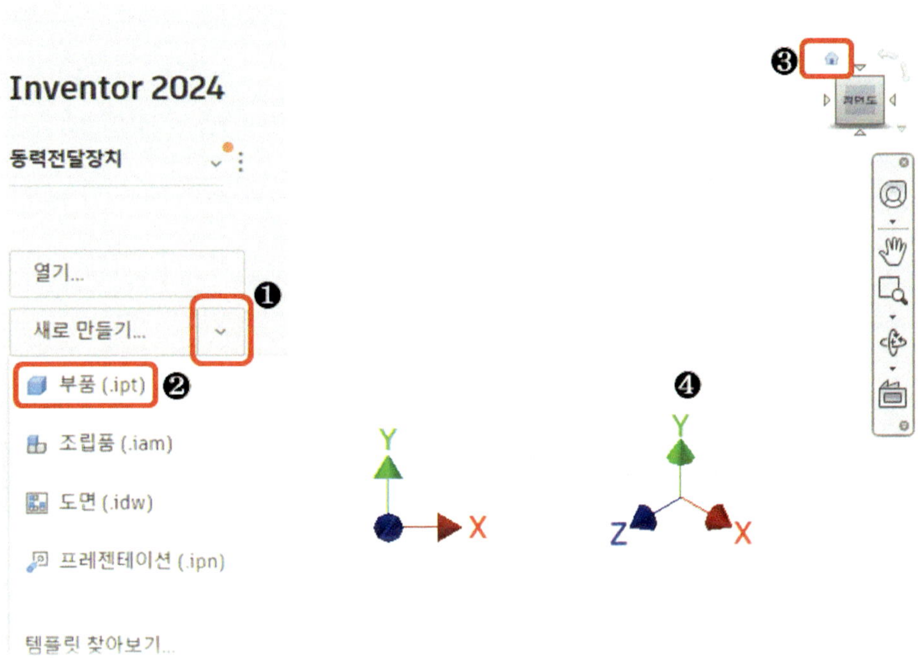

▶ 원통형의 하우징을 그리기 위해 모형 검색기 창에서 ❶ [원점] 앞의 "+"를 눌러 확장시키고 ❷ [XY 평면]을 클릭한 후 ❸ [스케치 작성]을 누른다.

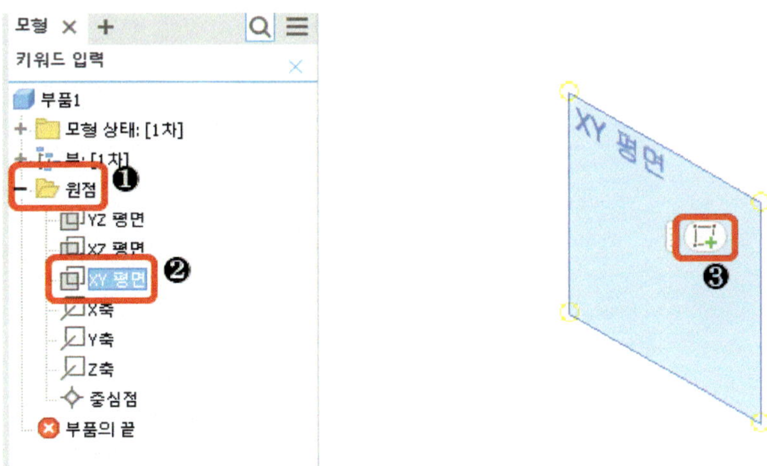

▶ ❶ [원] 명령으로 원점 ❷를 클릭하고 직경이 "60"인 원을 그리다. ❸ 스케치를 나온다.

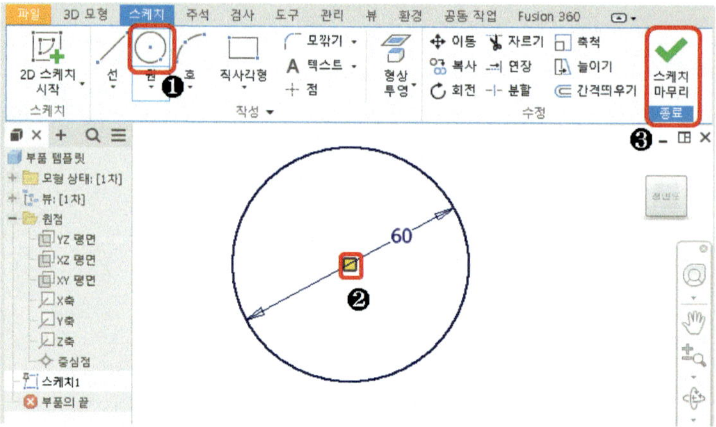

▶ ❶ [돌출] 명령을 실행하면 원이 자동으로 선택이 되는데 이 때 ❷ [대칭]을 선택하고 ❸ [거리]를 "54"로 하고 ❹[확인] 버튼을 누른다.

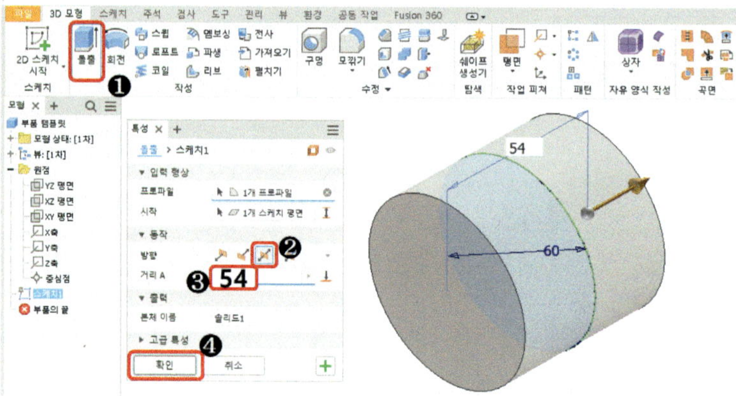

▶ 바닥 베이스를 그리는 스케치 평면을 잡기 위해서 ❶ [평면]을 누르고 ❷ [평면에서 간격띄우기]를 선택한다. 검색기 창에서 ❸ [XZ 평면]을 선택하면 화면상의 원통에 화살표가 생기는데 이 화살표 ❹를 아래로 드래그하여 잡아당기고 ❺ 거리 "-70"을 입력하고 [엔터키]를 누른다.

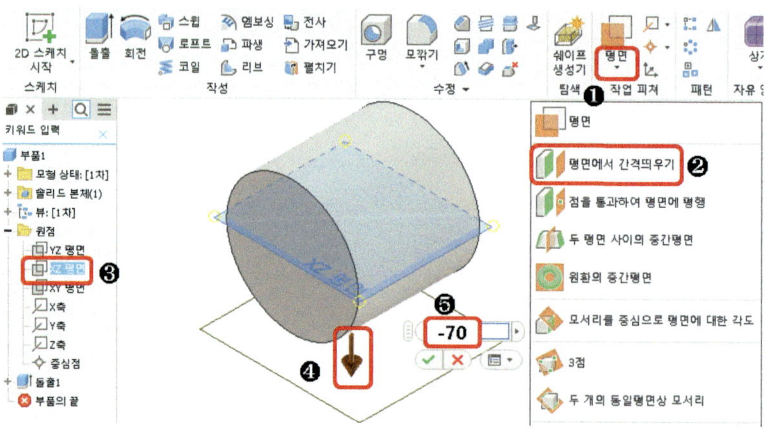

▶ 생성된 작업 평면의 모서리 ❶을 선택하고 ❷ [스케치 작성] 버튼을 누르면 오른쪽 그림처럼 스케치 모드로 전환된다. (좌표축 주의 바람.)

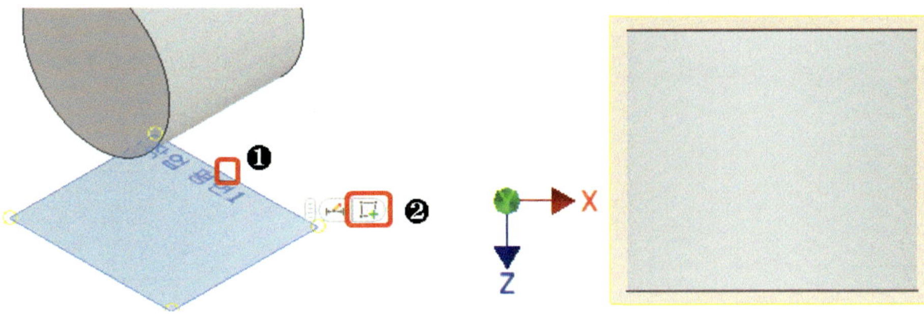

▶ 스케치 모드로 들어오면 F7키를 누른다. 직사각형을 그리기 위해 ❶ [두 점 중심 직사각형]을 실행하여 원점 아래 임의의 점 ❷와 ❸ 지점을 클릭한다.

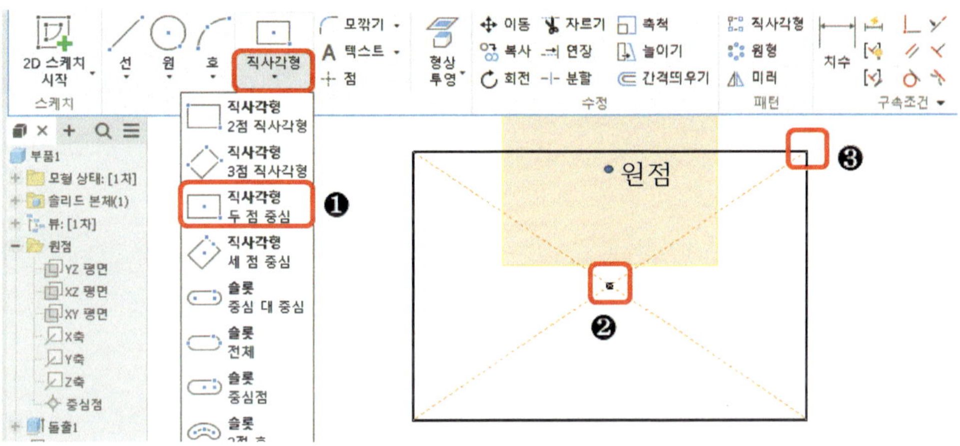

▶ ❶ [수직 구속조건]을 클릭하고 직사각형의 중심점 ❷를 클릭하고 원점 ❸을 선택하면 수직으로 점들이 나열된다.

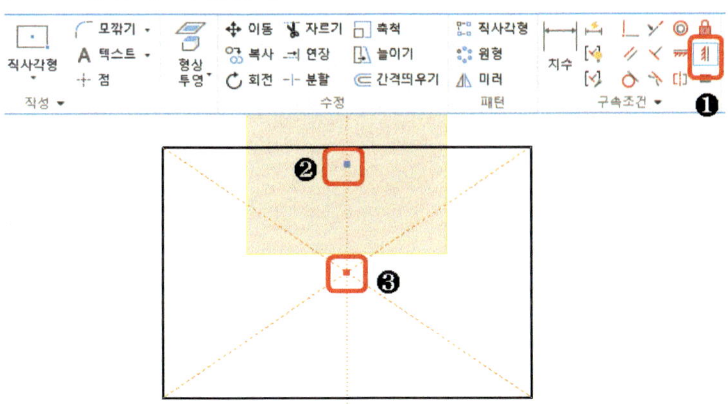

▶ ❶ [치수] 명령을 이용하여 그림과 같이 치수를 입력하고 ❷ [스케치 마무리]를 누른다.

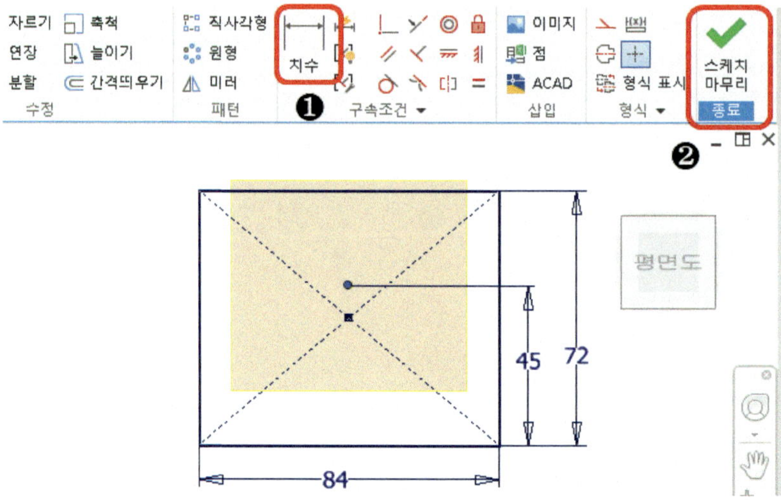

▶ ❶ [돌출] 명령을 실행하면 사각형이 자동 선택되고 ❷ [거리] "10"을 입력한 후 ❸ [확인]을 누른다.

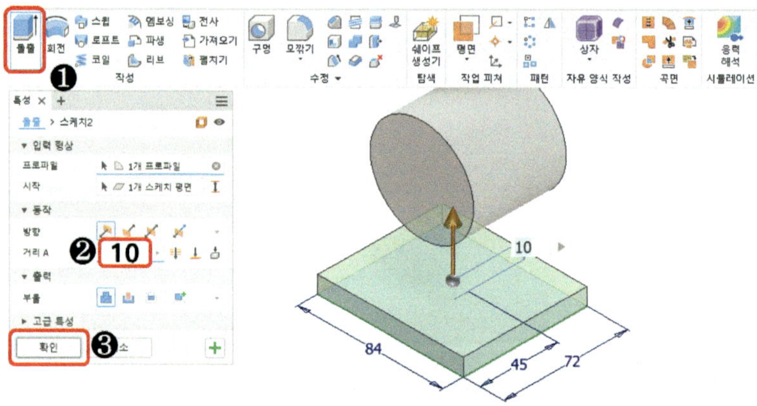

▶ 검색기 창에서 ❶ [XZ 평면]을 선택한 후 ❷ [스케치 작성] 아이콘을 클릭한다.

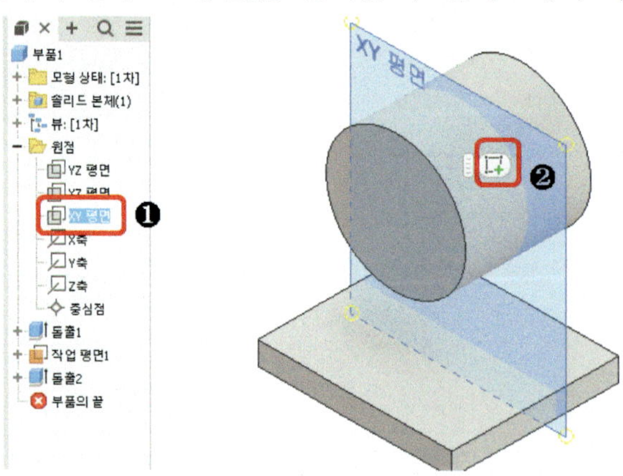

▶ 스케치 모드로 들어오면 F7키를 누르고, [2점 직사각형] 명령으로 그림과 같이 사각형 ❶을 그린다. ❷ [일치 구속조건]을 이용하여 선의 중간점 ❸과 원점 ❹, 아래선의 중간점 ❺와 베이스 중간점 ❻을 클릭하여 일치시킨다.

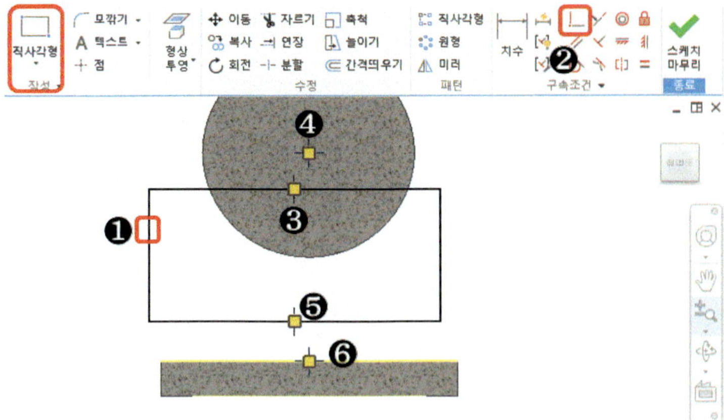

▶ ❶ [접선]을 클릭하고 원 ❷와 선 ❸을 선택하여 접선 구속 시킨다. ❹ 스케치를 빠져 나온다.

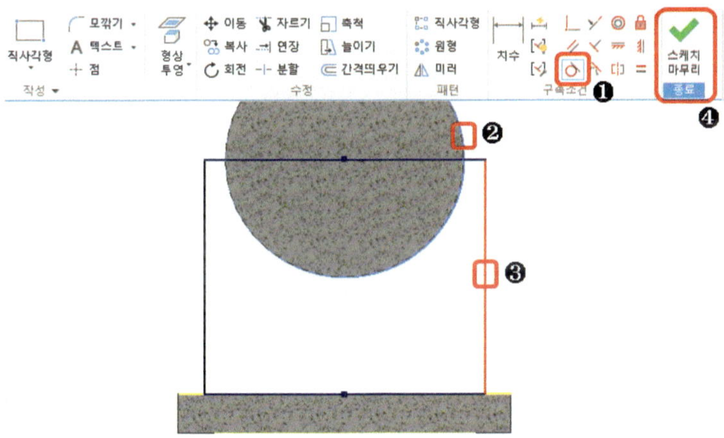

▶ ❶ [돌출] 명령을 클릭하고 앞에서 그린 ❷ 스케치(사각형)를 선택한다. ❸ [대칭]을 클릭하고 ❹ [거리]에 "10"을 입력한 후 ❺ [확인] 버튼을 클릭한다.

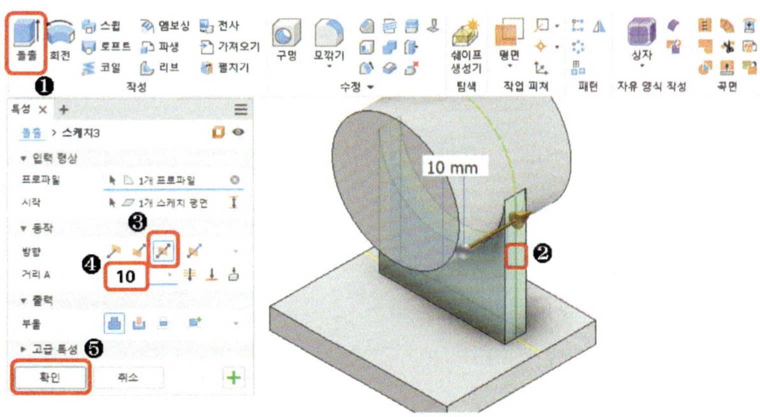

▶ 앞쪽 리브를 그리기위해 검색기 창에서 ❶ [YZ 평면]을 선택한 후 ❷ [스케치 작성] 아이콘을 클릭한다.

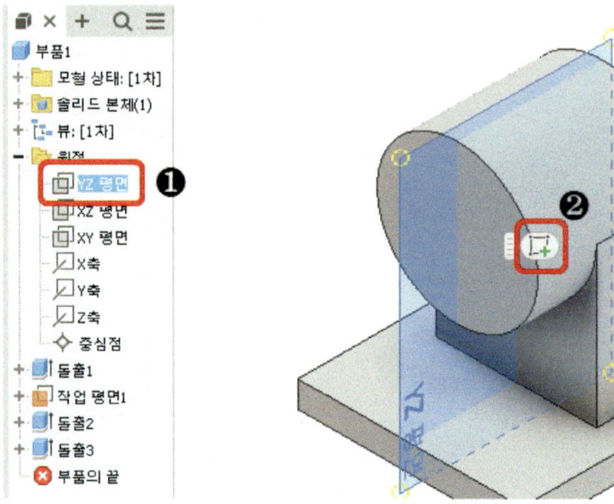

▶ F7키를 누르고 ❶ [선] 명령을 실행하고 베이스의 위쪽 모서리 임의의 점 ❷에서 경사진 선을 그림과 같이 그린다. ❸ [치수] 명령으로 거리 "6"과 각도 "30°" 치수를 구속하고 ❹ [스케치 마무리]를 누른다. 이 때 선의 길이는 주지 않아도 된다.

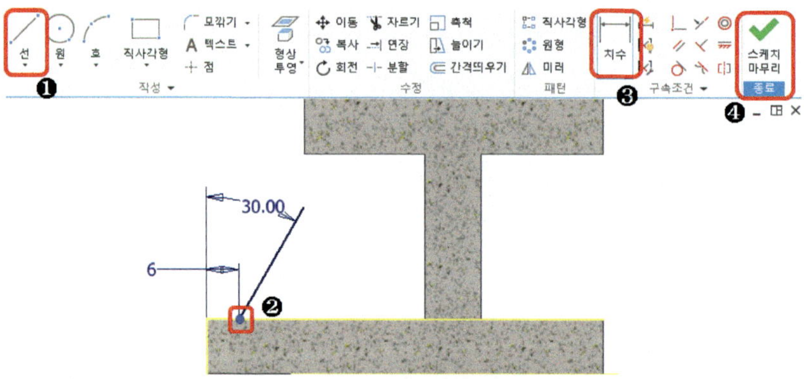

▶ ❶ [리브] 명령을 실행하고 ❷ [스케치 평면에 평행]을 선택한 후 앞에서 스케치한 선 ❸을 선택한다. ❹ [두께]를 "10"으로 하고 ❺ [확인] 버튼을 누른다.

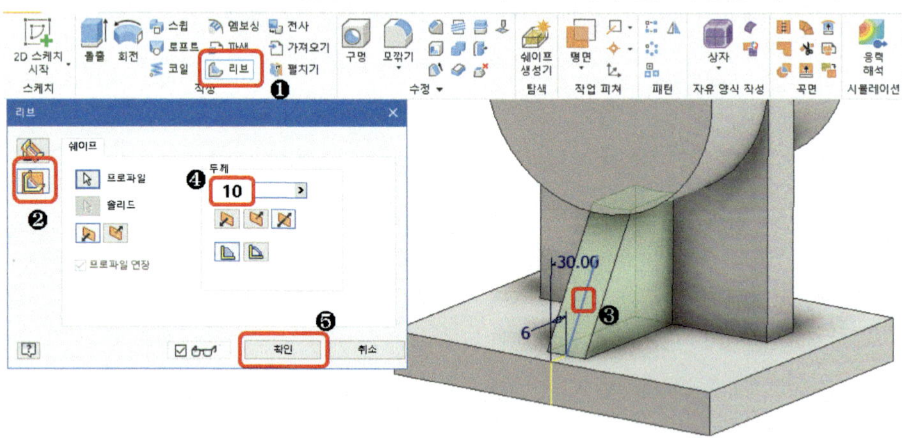

▶ 뒤쪽 리브를 그리기 위해 검색기 창에서 ❶ [YZ 평면]을 선택한 후 ❷ [스케치 작성] 아이콘을 클릭한다.

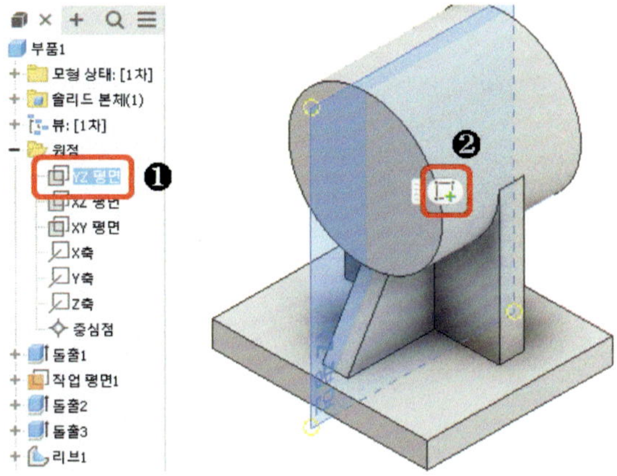

▶ ❶ [선] 명령으로 그림과 같이 수직선을 그리고 ❷ [치수] 명령으로 거리 "3"을 입력한 후 ❸ [스케치 마무리]를 누른다. 여기서도 선의 길이는 중요하지 않다.

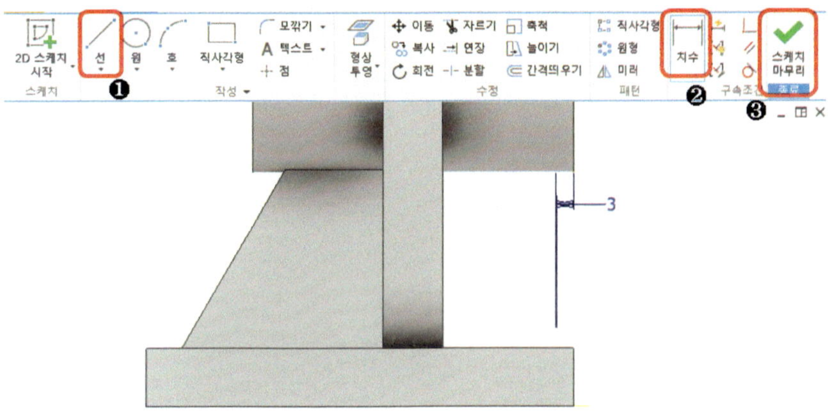

▶ ❶ [리브] 명령을 실행하고 ❷ [스케치 평면에 평행]을 선택한 후 앞에서 스케치한 선 ❸을 선택한다. ❹ [방향2]를 누르고 ❺ [두께]가 "10"인지 확인하고 ❻ [확인] 버튼을 누른다.

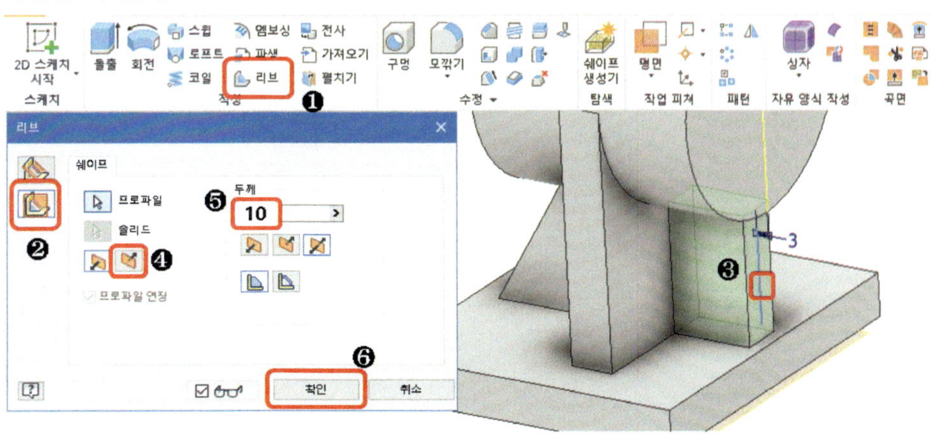

▶ 베어링 삽입부인 하우징의 내부를 그리기 위해 검색기 창에서 ❶ [YZ 평면]을 선택한 후 ❷ [스케치 작성] 아이콘을 클릭한다.

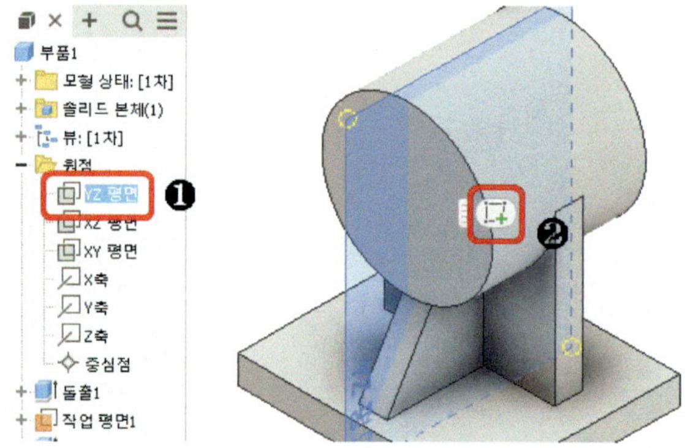

▶ 스케치 모드로 들어오면 F7키를 누르고 ❶ [2점 직사각형] 명령을 실행하고 원통의 왼쪽 수직선 중간점 ❷와 점 ❸을 잇는 직사각형을 그린다. 이어서 점 ❹와 ❺, 점 ❻과 원통의 왼쪽 수직선상의 임의 점 ❼을 잇는 직사각형 3개를 그린다. 이때 점 ❷, ❹, ❻은 초록색일 때 선택해야 한다.

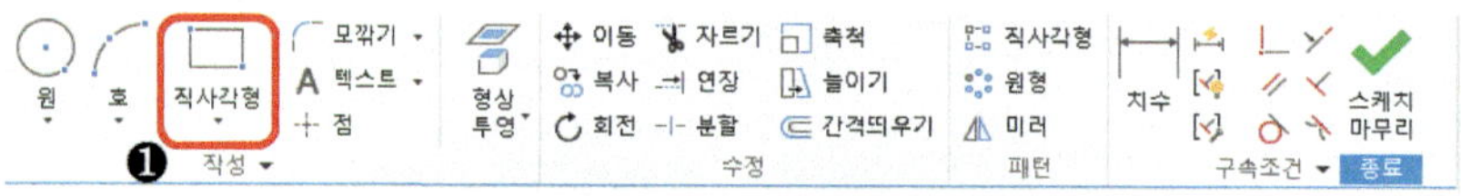

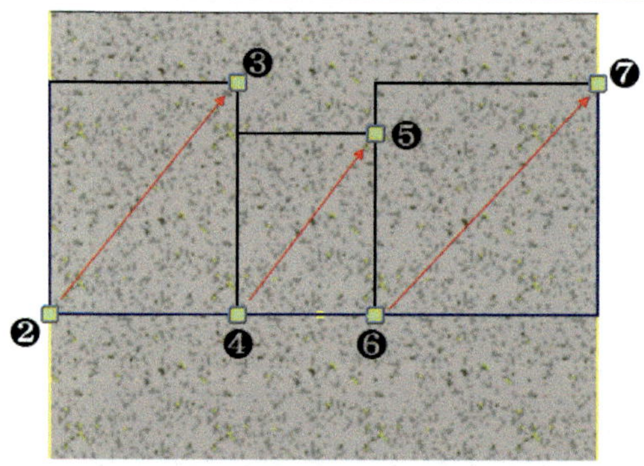

▶ Esc키를 눌러 사각형 명령을 빠져 나온다. 점 ❶에서 ❷까지 드래그하여 원점을 지나는 수평선을 모두 선택한 후 ❸ [중심선]을 선택한다.

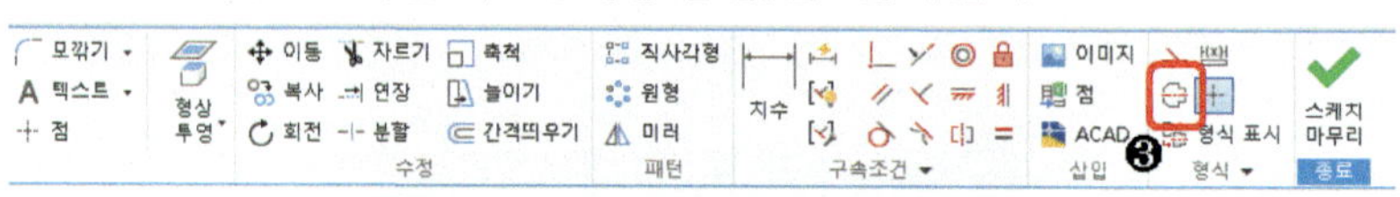

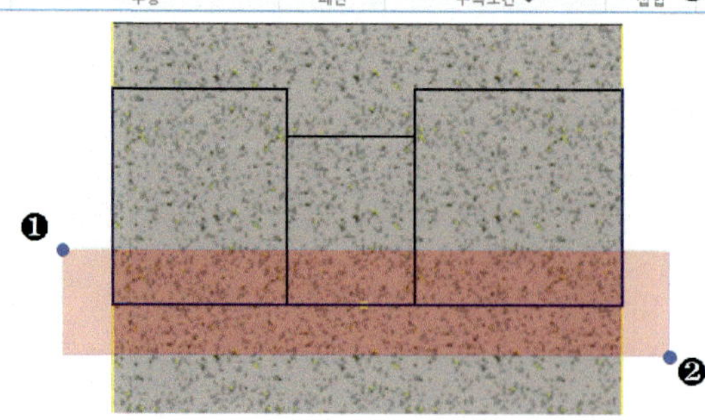

▶ ❶ [동일 선상]을 누르고 선 ❷와 ❸을 선택하면 선의 높이를 맞출 수 있다. 이어서 ❹ [동일] 구속조건을 누르고 다시 선 ❷와 ❸을 선택하면 그 길이를 똑같이 맞출 수 있다.

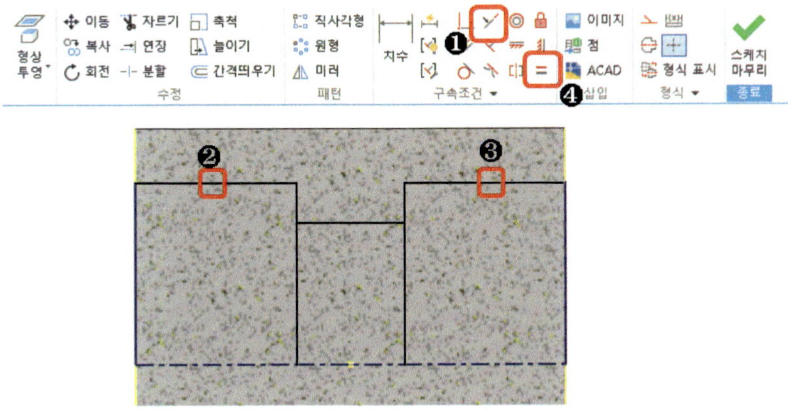

▶ ❶ [치수] 명령을 이용하여 선 ❷와 ❸, ❷와 ❹를 각각 선택하여 그림과 같이 직경 치수 "∅40"과 "∅30"을 준다. 그리고 선 ❸을 선택하고 길이 치수 "18"을 입력한다. ❺ [스케치 마무리]를 누른다.

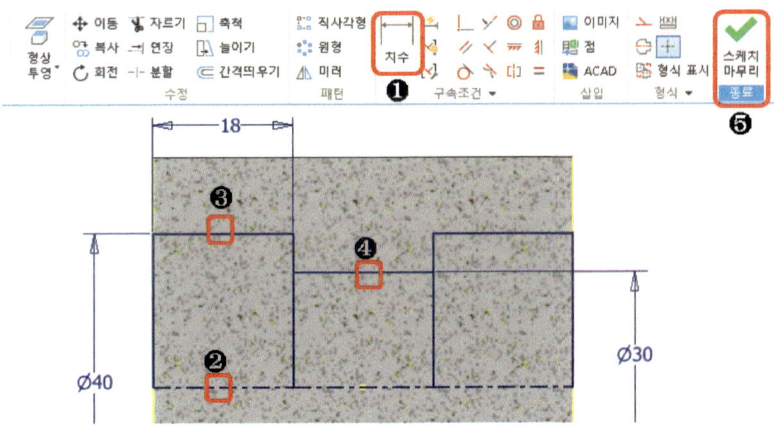

▶ ❶ [회전] 명령을 클릭하고 화면상의 임의의 점 ❷에서 ❸까지 드래그하여 앞에서 그린 사각형 3개를 모두 선택한다.

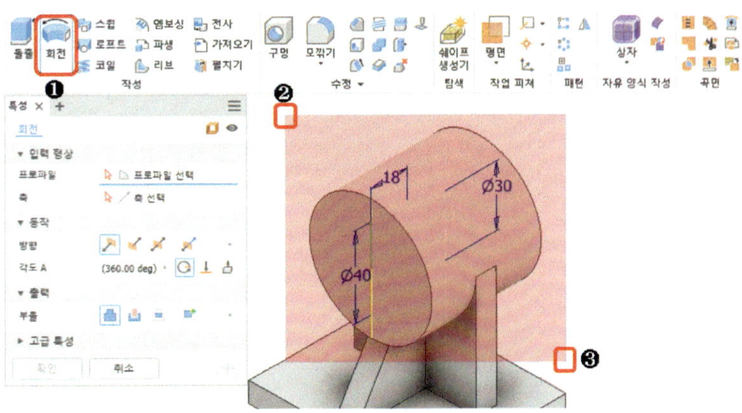

▶ 이어서, ❹ [축]을 누르고 앞에서 그린 3개의 중심선 중에서 하나(❺)를 선택한다. ❻ [절단]을 누르고 ❼ [확인] 버튼을 누르면 내부 형상이 완성된다.

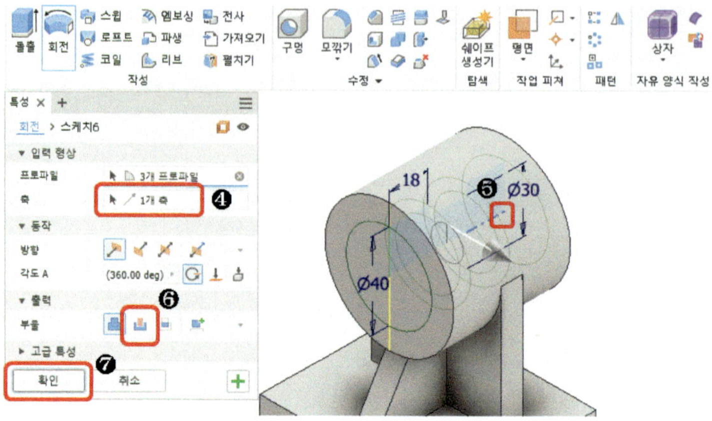

▶ ❶ [평면]을 눌러 ❷ [곡면에 접하고 평면에 평행]을 선택한다. 베이스의 윗면 ❸을 선택하고 원기둥의 맨 윗면 ❹를 선택하면 맨 위에 작업 평면이 생성된다.

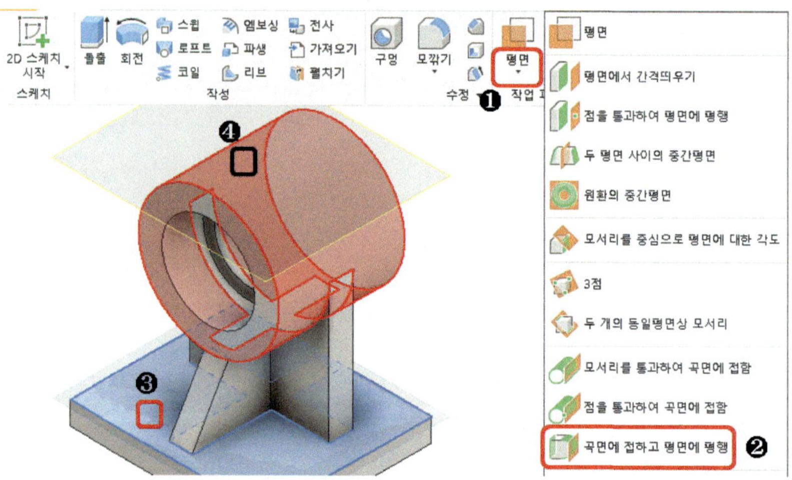

▶ 앞에서 생성한 작업평면의 모서리 ❶을 선택하고 ❷ [스케치 작성]을 클릭하면 스케치 모드로 들어간다.

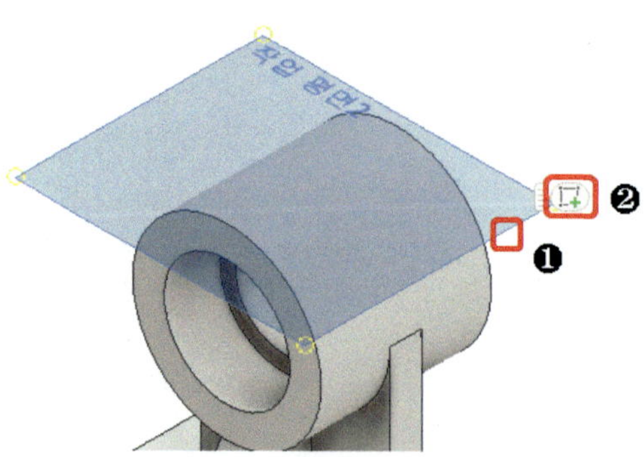

▶ 스케치 모드에서 아무런 작업 없이 바로 ❸ [스케치 마무리]를 눌러 3D 모드로 빠져 나간다. 가운데 노란색 점이 생긴 것을 확인한다.

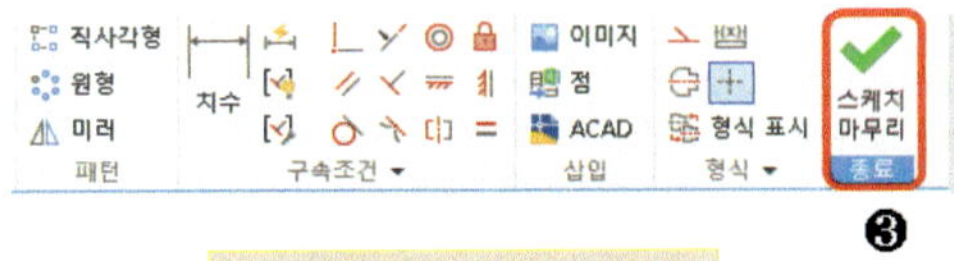

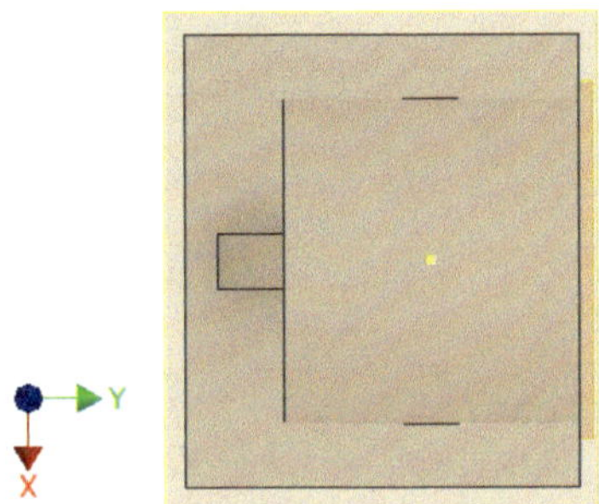

▶ ❶ [구멍] 명령을 이용하여 그림처럼 값들을 세팅하고 앞 단계에서 생성된 점을 선택하고 [확인] 버튼을 누른다.

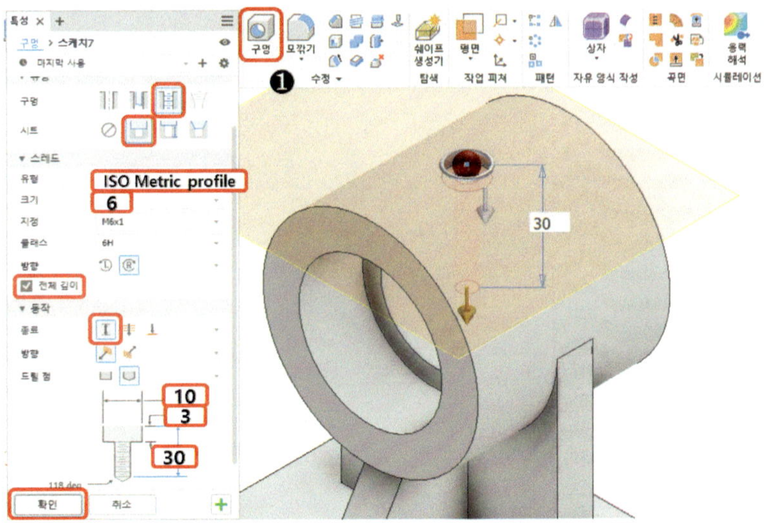

▶ 작업평면을 숨기기 위해 ❶ 모서리에서 마우스 오른쪽 버튼을 클릭한 후 ❷ [가시성]을 누르면 체크가 해제되어 숨기기가 가능하다.

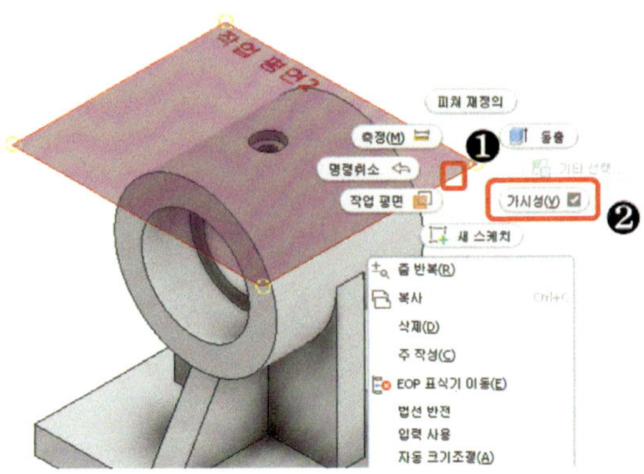

▶ ❶ [모깎기] 명령을 실행하고 ❷ 필렛 값을 "8"로 입력한 후 ❸ 베이스의 4개 모서리를 선택한다. ❹ [확인] 버튼을 누르면 R8로 필렛 처리가 가능하다.

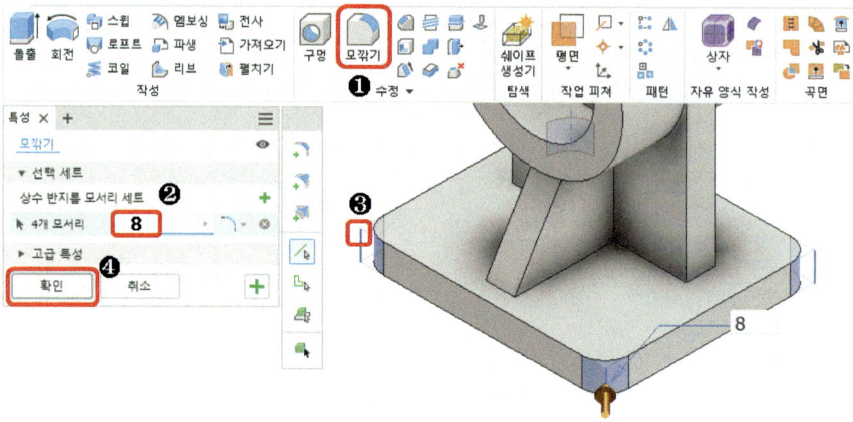

▶ ❶ [도구] 메뉴를 클릭하고 ❷ [응용 프로그램 옵션]을 선택한다. ❸ [스케치] 탭을 선택하고 ❹ [스케치 작성 및 편집을 위한 모서리 자동 투영]에 체크를 하고 ❺ [확인] 버튼을 누른다.

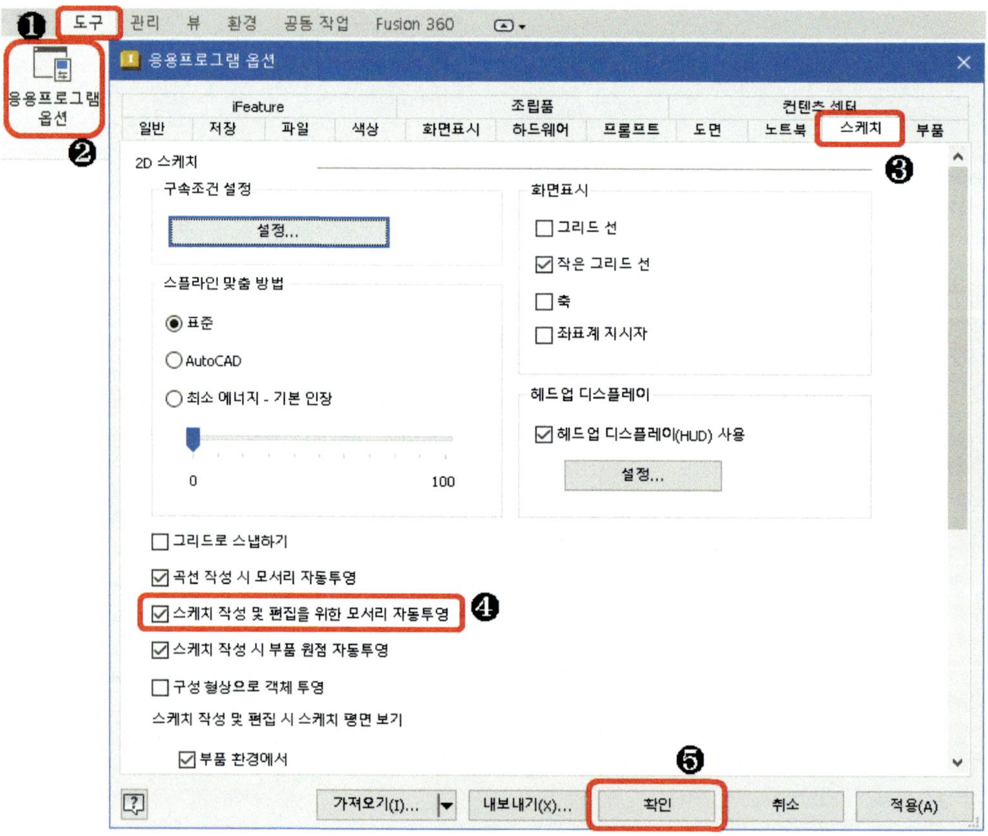

▶ 바닥에 구멍이 생기는 윗면 ❶을 선택한 후 ❷ [스케치 작성]을 누른다. 스케치 모드에서 4개의 점을 확인한 후 아무 작업 없이 ❸ [스케치 마무리]를 누른다.

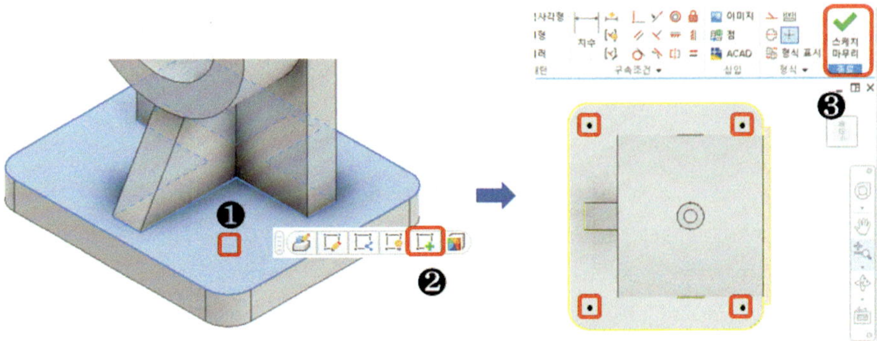

▶ ❶ [구멍] 명령을 클릭한 후 4개의 점을 모두 선택한다. 그림과 같이 구멍 세팅 값을 조정한 다음 직경을 "8"로 입력한 후 엔터키 또는 확인 버튼을 누른다.

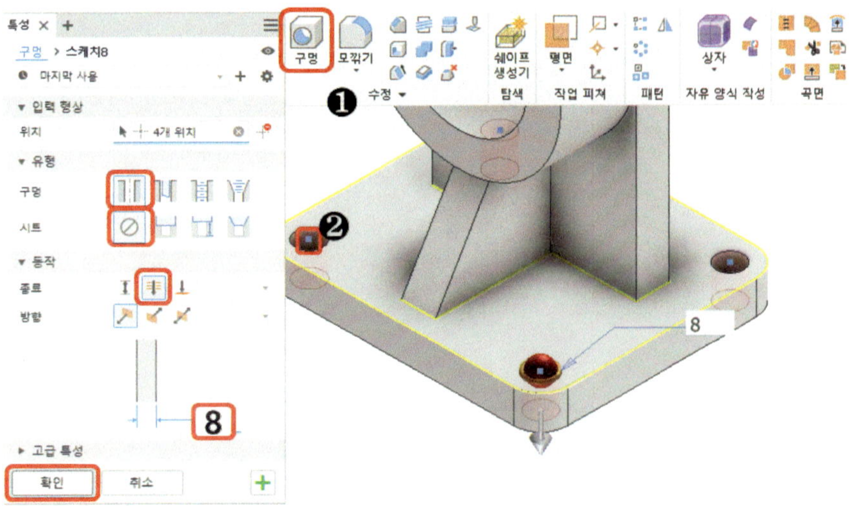

▶ 하우징의 앞면 ❶을 선택하고 ❷ [스케치 작성]을 눌러 스케치 모드로 들어간다.

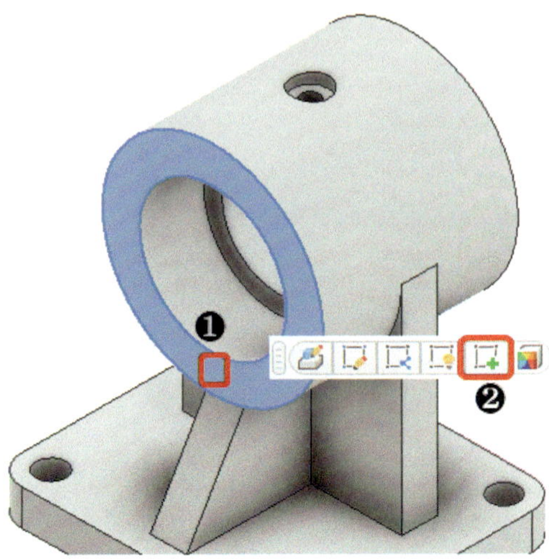

▶ ❶ [선] 명령을 실행하고 원점 ❷에서 수직으로 거리가 “24”인 수직선을 그린 후 ❸ [스케치 마무리]를 누른다. 선의 끝점을 구멍의 중심점으로 이용할 것이다.

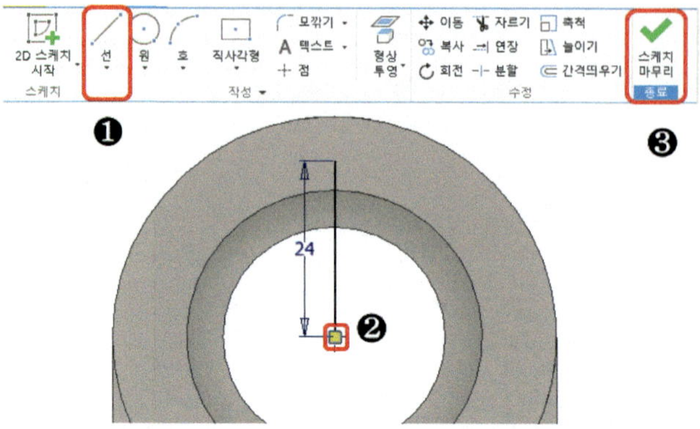

▶ ❶ [구멍] 명령을 클릭한 후 선의 끝점 ❷를 선택한다. 그림과 같이 구멍 세팅 값을 조정한 다음 [확인] 버튼을 누른다.

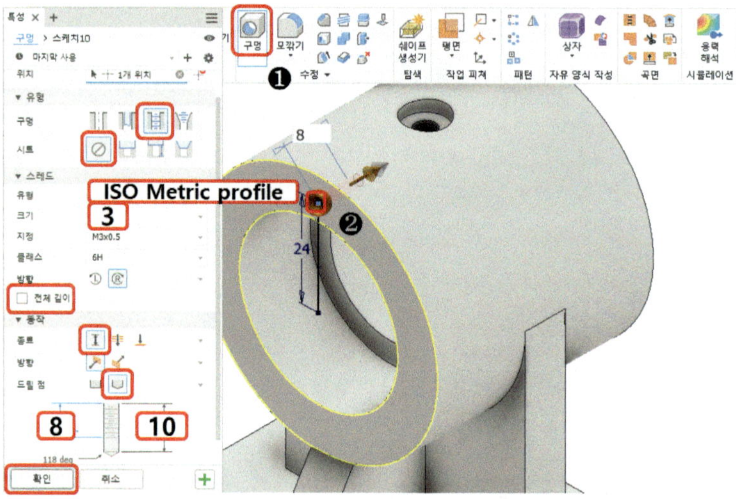

▶ ❶ [원형패턴]을 클릭하고 앞에서 작성한 구멍 또는 검색기에서 ❷ [구멍]을 선택한다. ❸ [회전축] 앞의 화살표를 클릭하고 ❹ 하우징의 외면 또는 내면을 선택한다. ❺ 배치 개수를 “4”개로하고 ❻ [확인] 버튼을 누른다.

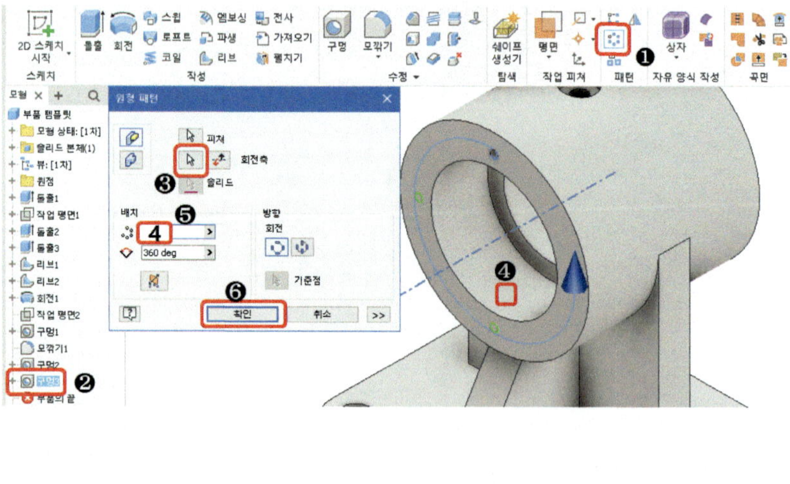

▶ ❶ [미러] 명령을 실행해서 검색기 창에서 ❷ [원형패턴]을 선택하고 ❸ [XZ 평면]을 클릭한 후 ❹ [확인] 버튼을 누른다. 그러면 뒤쪽에 볼트 구멍이 생긴다.

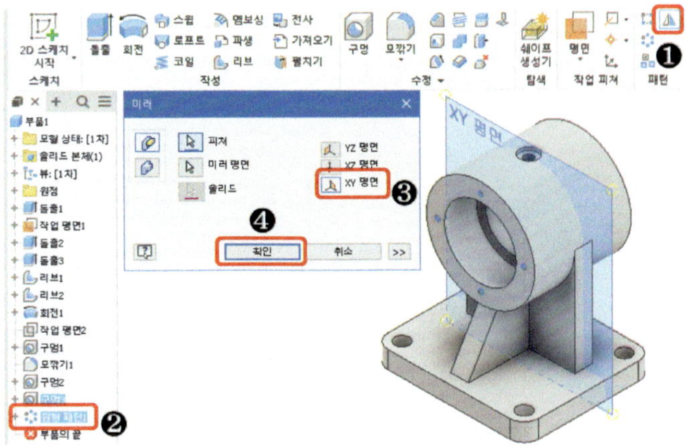

▶ 베이스의 바닥면이 보이게 회전한 후 작업평면의 ❶ 모서리를 선택하고 ❷ [스케치 작성]을 누른다.

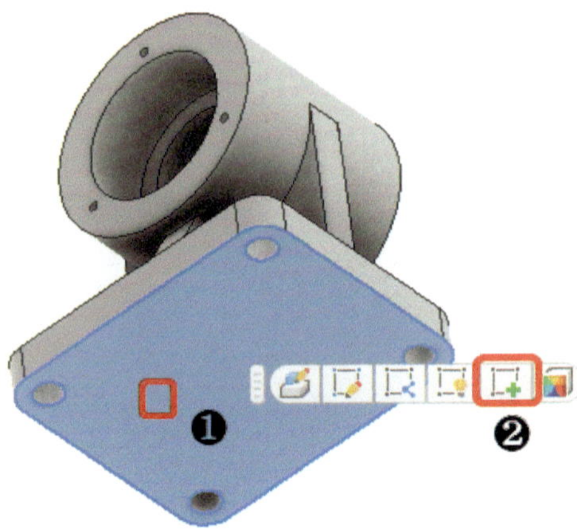

▶ ❶ [두 점 중심 직사각형] 명령으로 그림처럼 원점이 중심점인 정사각형 ❷를 그린 후 ❸ [스케치 마무리]를 누른다.

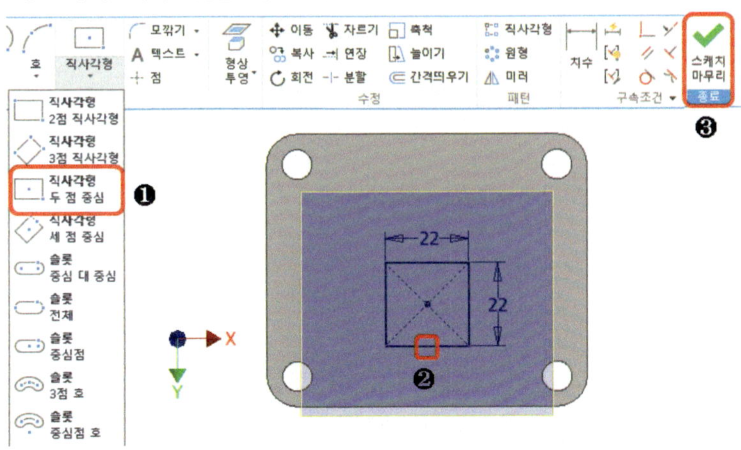

▶ ❶ [돌출] 명령을 실행하면 ❷ 정사각형이 자동 선택되고 ❸ [거리]를 "4"로 입력한다. ❹ [절단] 옵션으로 되어있는지 보고 ❺ [확인] 버튼을 누른다.

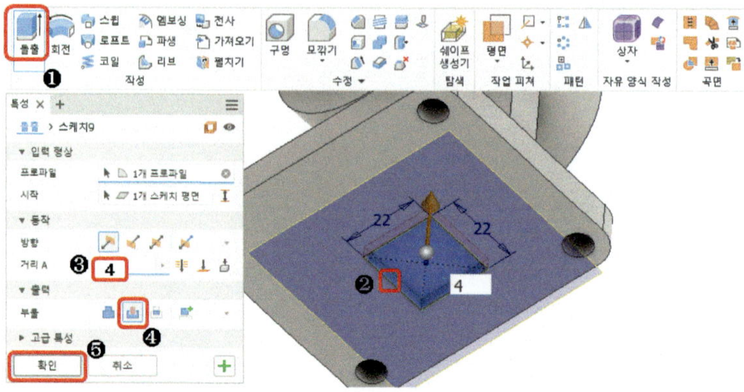

▶ 작업평면을 숨기기 위해 ❶ 모서리에서 우클릭한 후 ❷ [가시성]을 누르면 체크가 해제되어 작업 평면 숨기기가 가능하다.

▶ ❶ [모깎기] 명령을 실행하고 ❷ 필렛값 "3"을 주고, 옵션으로 ❸ [피처에 대한 우선순위...]를 선택한다. 앞에서 생성한 ❹ 돌출 피처를 선택한 후 ❺ [확인] 버튼을 누른다. 확인 버튼을 누르면 필렛 처리가 되면서 명령이 해제됨을 상기한다.

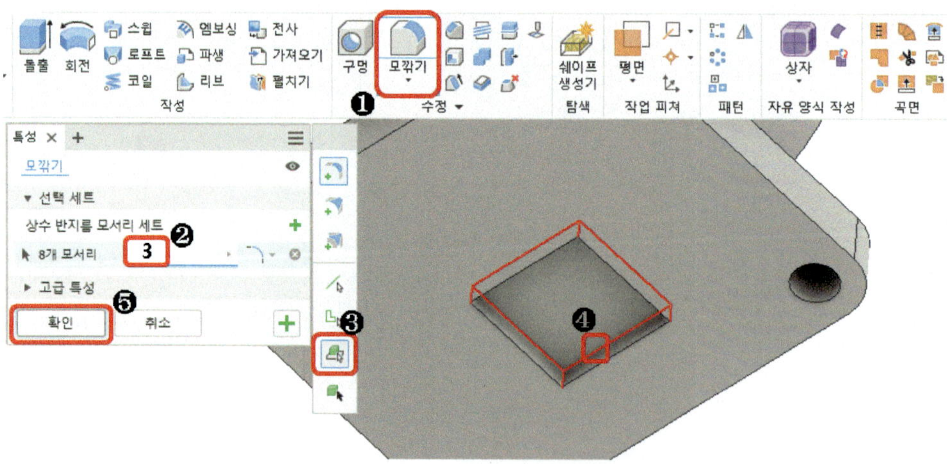

▶ ❶ [모깎기] 명령을 실행하고 ❷ 필렛값 “3”을 주고, 옵션으로 ❸ [선택 우선순위를 모서리...]를 선택한다. 앞에서 생성한 ❹ 리브의 모서리 총 12개를 모두 선택한 후 ❺ [적용] 버튼을 누른다.

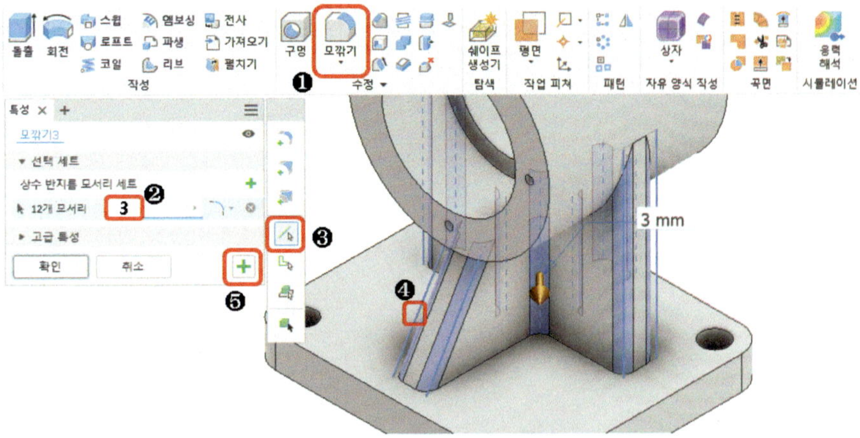

▶ 이어서 그림처럼 연속적인 4개의 모서리 ❶ ~ ❹를 선택하여 모깎기 처리를 하고 다시 ❺ [적용] 버튼을 누른다.

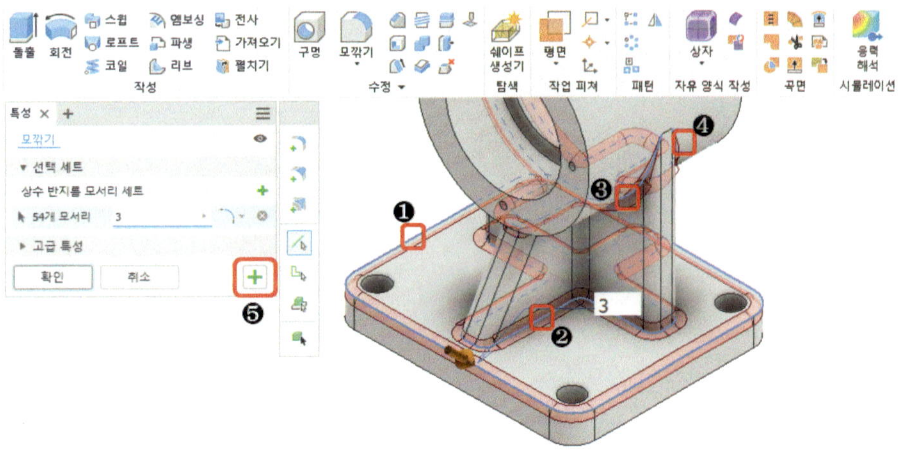

▶ ❶ 베어링 구석부 양쪽 2개를 선택한 후 ❷ 필렛 값을 “0.3”으로 하고 ❸ [확인] 버튼을 누른다.

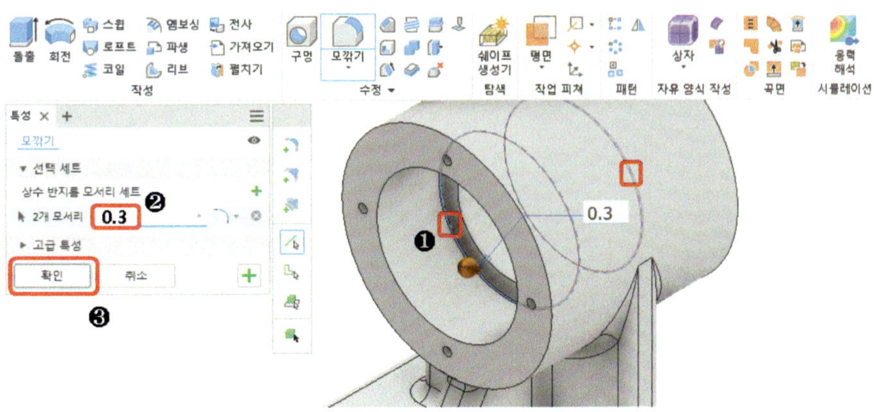

▶ 베어링 삽입부 챔퍼 처리를 위해 ❶ [모따기] 명령을 클릭한다. 옵션으로 ❷ [거리]를 선택하고 ❸ 챔퍼값 "1"을 주고 ❹ 모서리 2개를 선택한 후 ❺ [확인] 버튼을 누르면 본체 모델링이 마무리 된다.

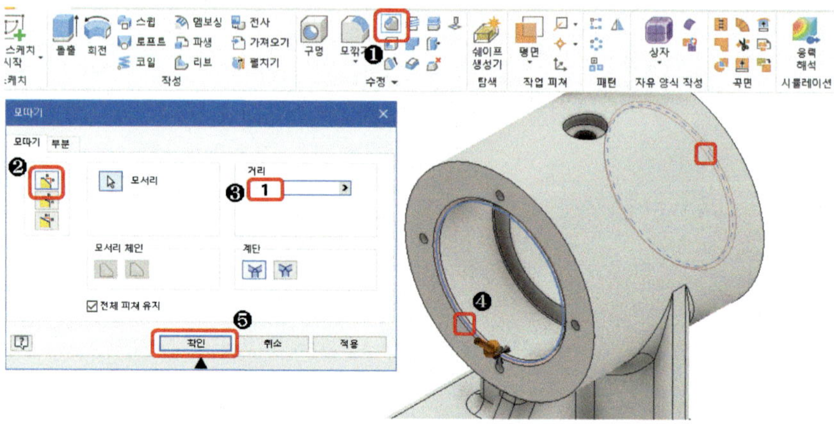

▶ 다음은 본체 모델링을 완성 모습이다.

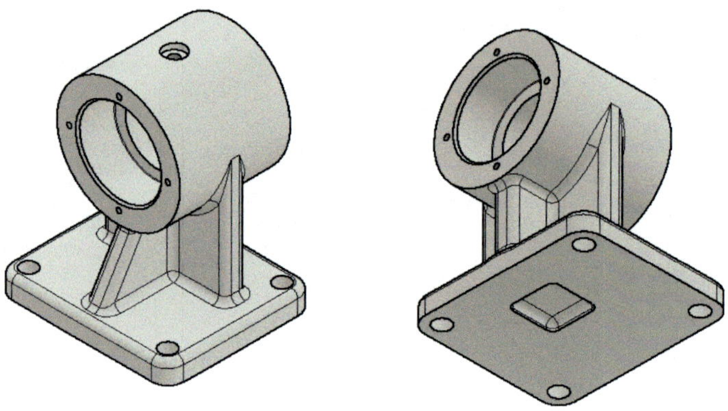

▶ 본체 모델링이 완성되었으므로 파일명을 "부품1 본체"로 저장한다.

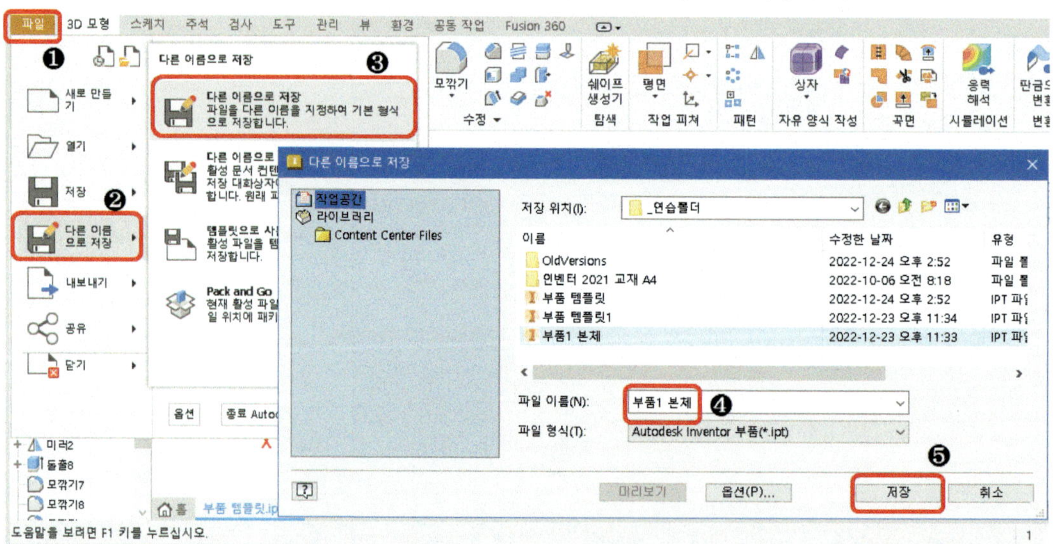

4.3 커버 모델링

① 도면

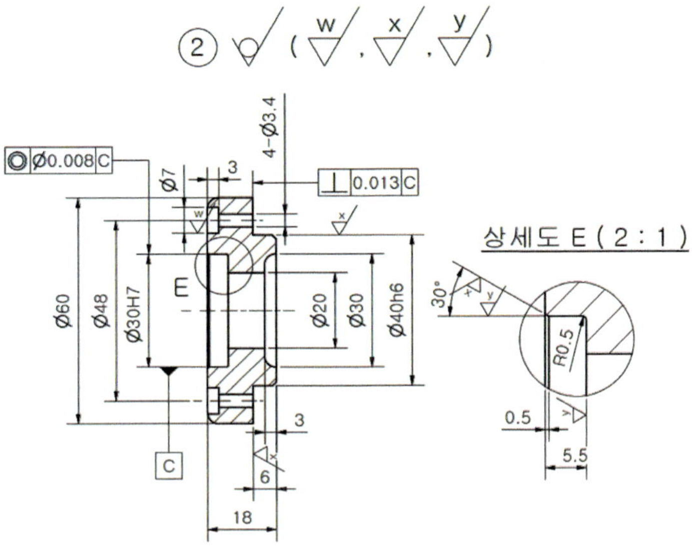

② 모델링 순서

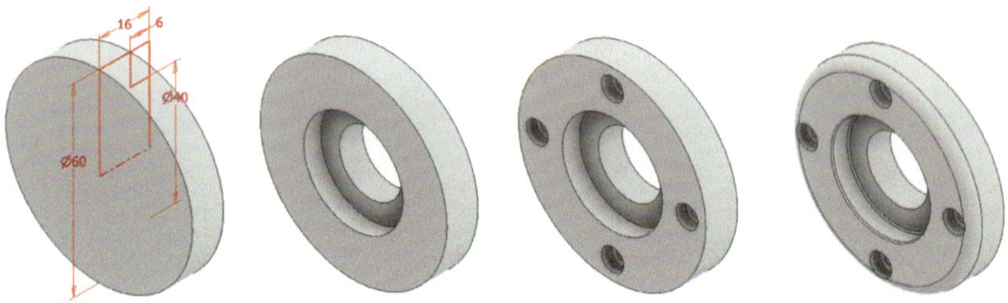

▶ 인벤터를 실행시키고 ❶[새로 만들기]를 눌러 확장시킨 후 ❷[부품(.ipt)]를 누르면 작업 공간으로 넘어간다. 화면상에서 ❸[홈]을 누르면 좌표축 ❹처럼 전환된다.

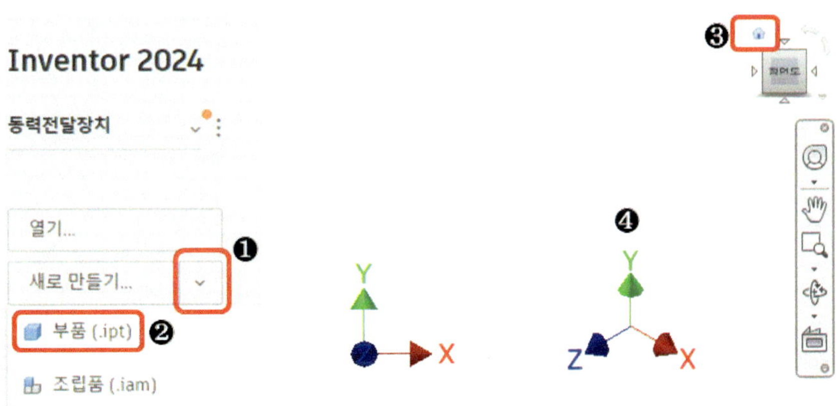

▶ 단면을 그릴 스케치 작업평면을 잡기위해 검색기 창의 ❶ [원점] 앞의 “+” 기호를 눌러 확장시키고 ❷ [YZ평면]을 눌러 ❸ [스케치 작성]을 클릭한다.

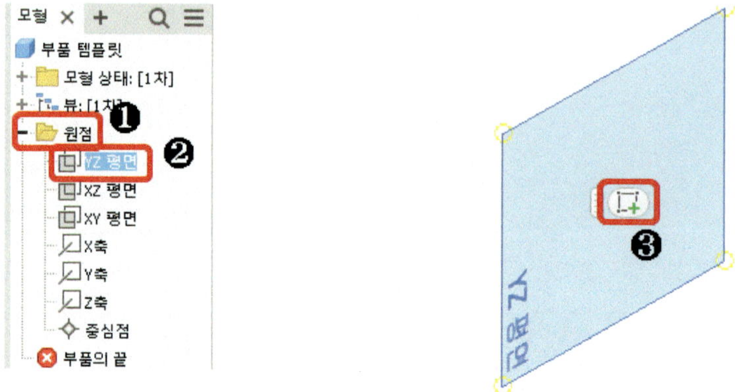

▶ ❶ [2점 직사각형] 명령을 실행하고 원점 ❷와 임의의 점 ❸을 클릭해서 첫 번째 직사각형을 그린다. 점 ❸과 점 ❹를 이용하여 또 다른 사각형을 그린다.

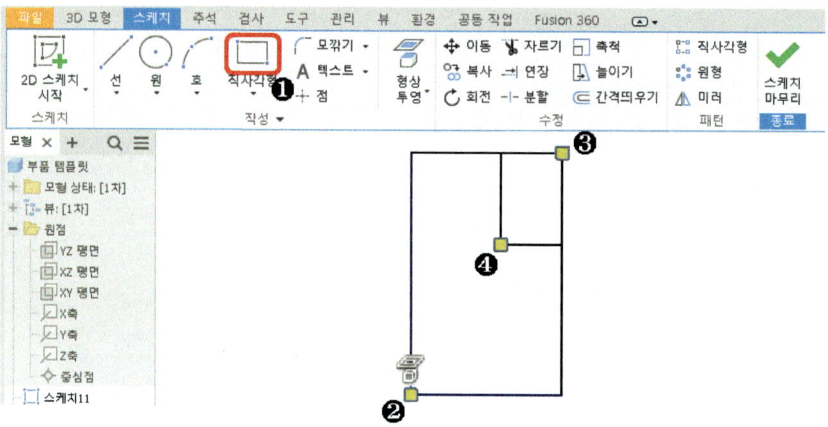

▶ 맨 아래 수평선 ❶을 선택하고 ❷ [중심선]을 눌러 선을 중심선으로 변경한다.

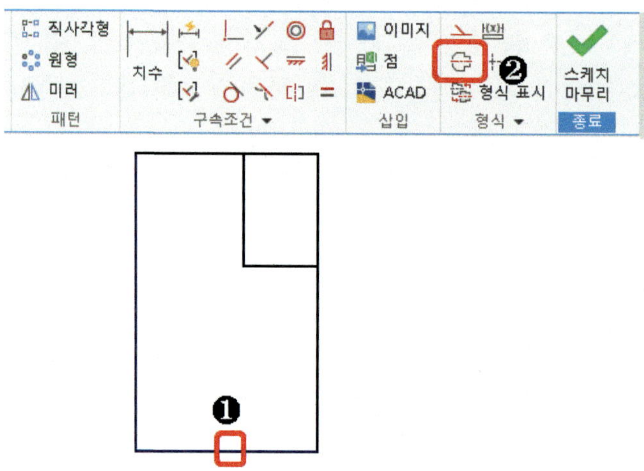

▶ ❶ [치수] 명령을 실행해서 선 ❷와 ❸을 잡고 직경 "60"을 입력한다. 다시 선 ❷와 ❹를 잡고 직경 "40"을 입력하다. 선 ❸을 잡고 수평 치수 "16"을 입력하고 선 ❹를 잡고 수평 치수 "6"을 입력한 후 ❺ [스케치 마무리]를 누른다.

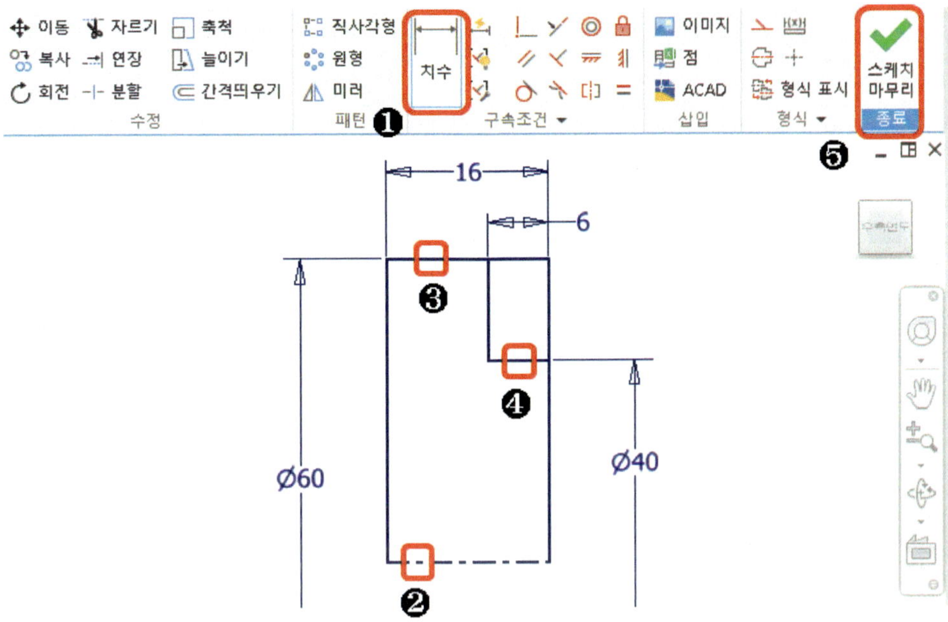

▶ ❶ [회전] 명령을 실행해서 영역 ❷를 선택한 후 ❸ [축] 부분을 선택하면 회전체가 만들어진다. ❹ [확인] 버튼을 누른다.

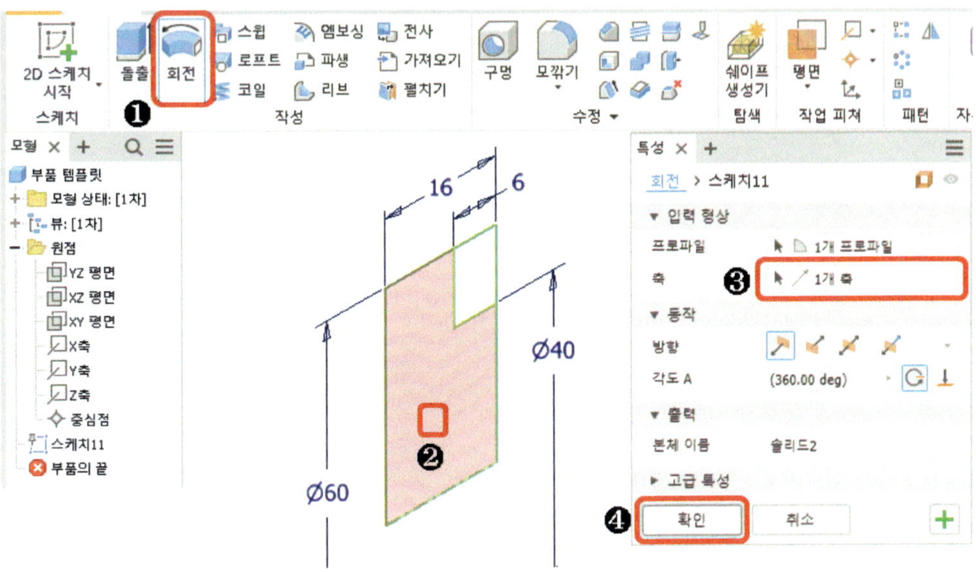

▶ ❶ [구멍] 명령을 실행해서 면 ❷를 먼저 선택한 후 모서리 ❸을 선택하여 구멍의 중심점을 잡는다. 그림과 같이 구멍 옵션을 세팅한 후 ❹ 구멍 직경을 "20"으로 한 후 ❺ [적용] 버튼을 누른다.

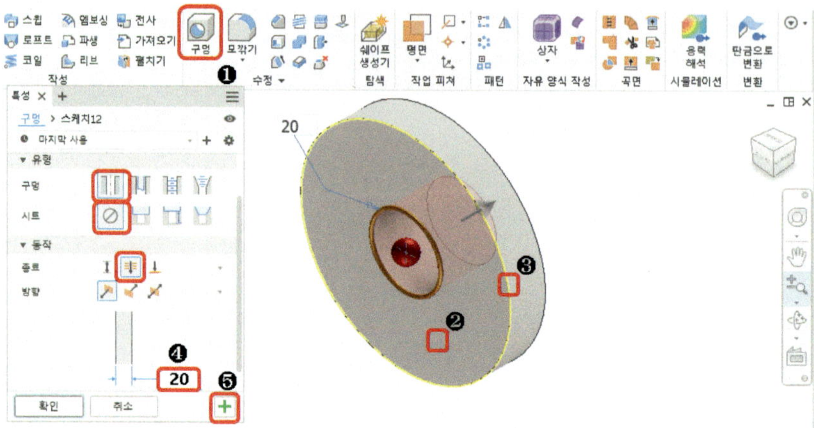

▶ 바로 이어서 구멍의 중심점 ❶을 먼저 잡고 ❷ [거리] 옵션과 ❸ [플랫]을 선택한다. ❹ 드릴의 길이를 "5.5", 직격을 "30"로 한 후 ❺ [확인] 버튼을 누른다.

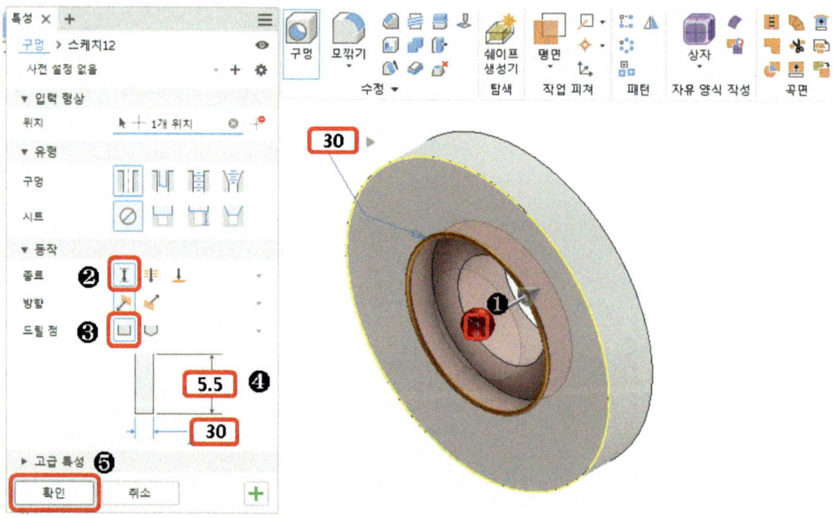

▶ 반대쪽에 구멍을 내기 위해 화면을 회전시켜 뒷면이 보이도록 한다.

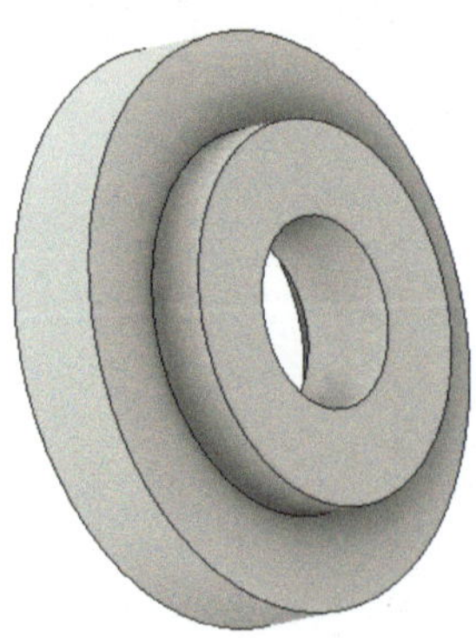

▶ ❶ [구멍] 명령을 실행하고 뒷면 ❷를 먼저 선택한 후 ❸ 모서리 원을 선택한다. 아래와 같이 옵션을 지정하고 ❹ 구멍의 길이를 “3”로, 직경을 “30”을 입력한 후 ❺ [확인] 버튼을 누른다.

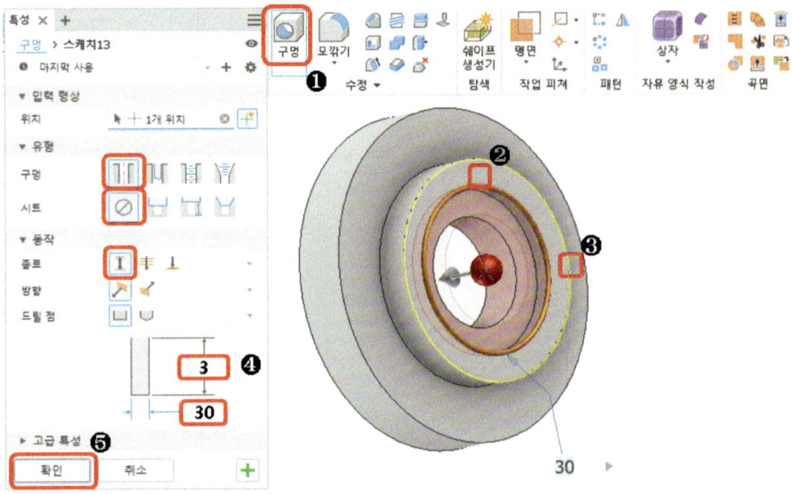

▶ 앞면이 보이도록 화면을 회전한 후 앞면 ❶을 선택한 후 ❷ [스케치 작성]을 클릭한다.

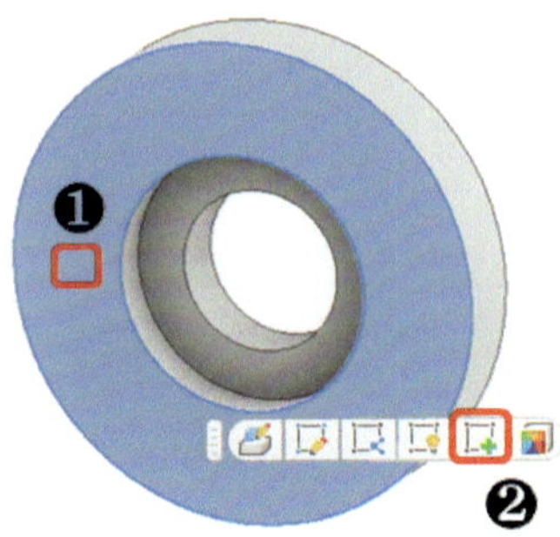

▶ ❶ [선] 명령으로 원점에서 길이가 “24”인 선을 그리고 ❷ [스케치 마무리]를 누른다.

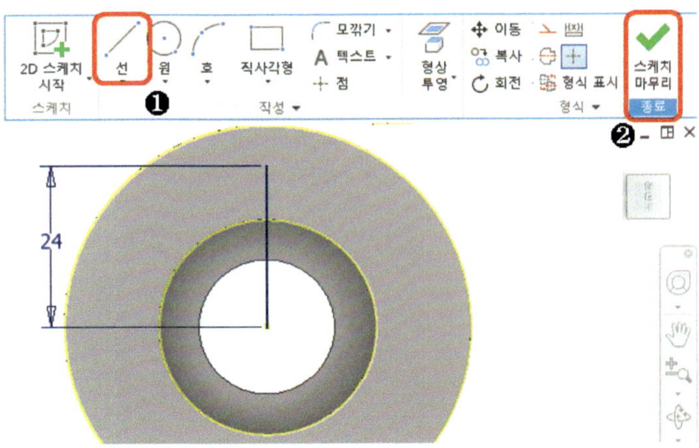

▶ ❶ [구멍] 명령을 실행하고 선의 끝점 ❷를 클릭한 후 그림과 같이 옵션을 지정한다. 옵션을 [단순구멍], [카운터보어], [전체 관통]을 선택하고 ❸ 시트 직경을 "7", 높이를 "3", 그리고 드릴 직경에 "3.4"로 입력한 후 ❹ [확인] 버튼을 누른다.

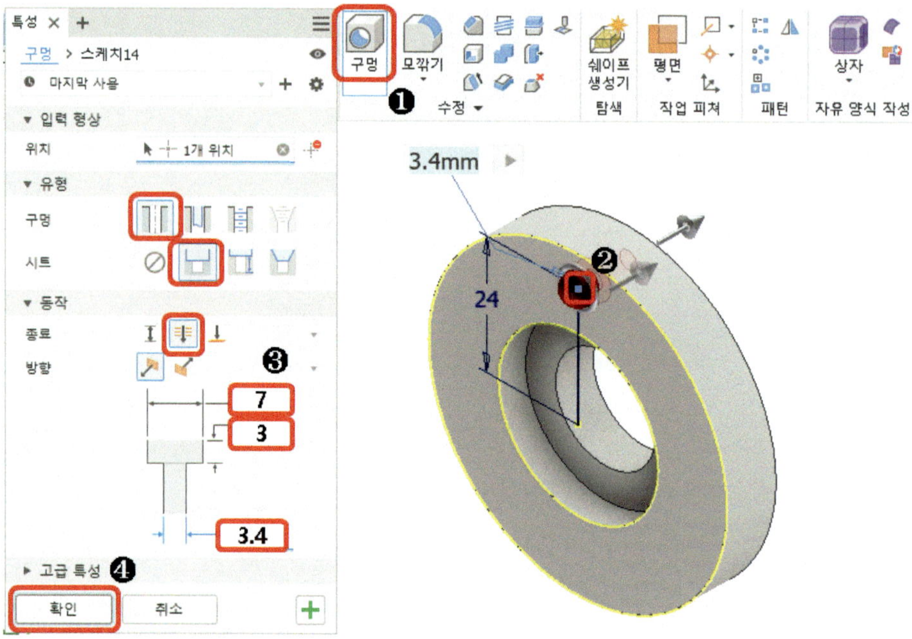

▶ ❶ [원형 패턴] 명령을 실행해서 앞에서 만든 ❷ 카운터보어를 선택한다. ❸ 회전축 앞의 [화살표]를 선택하고 커버의 외면 ❹를 선택한 후 ❺ 배치 개수를 "4"라고 입력한 후 ❻ [확인] 버튼을 누른다.

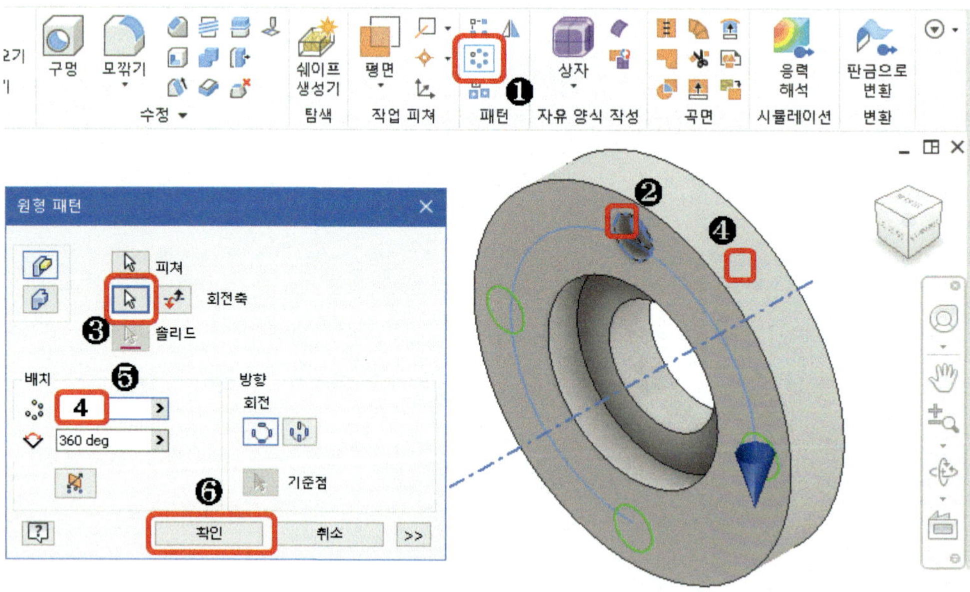

▶ ❶ [모깎기] 명령을 실행해서 ❷ 필렛값을 "3"으로 주고 커버의 ❸ 모서리를 선택한 후 ❹ [적용] 버튼을 누른다.

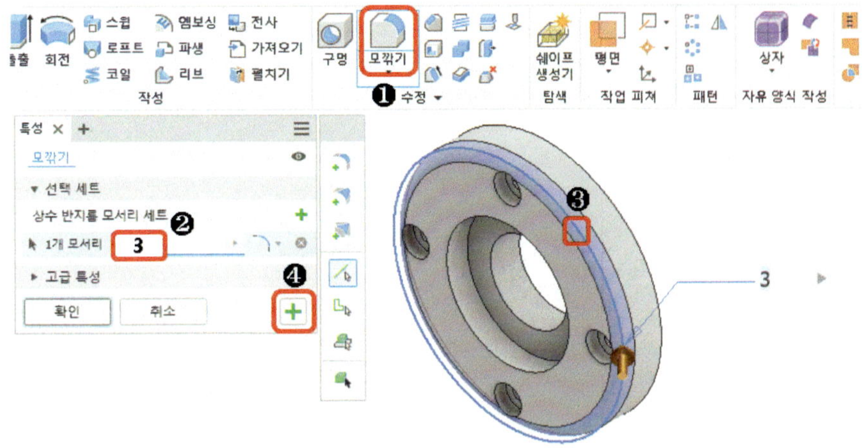

▶ 커버 뒷면이 보이도록 회전시켜 ❶ 모서리를 선택하고 ❷ [적용] 버튼을 누른다.

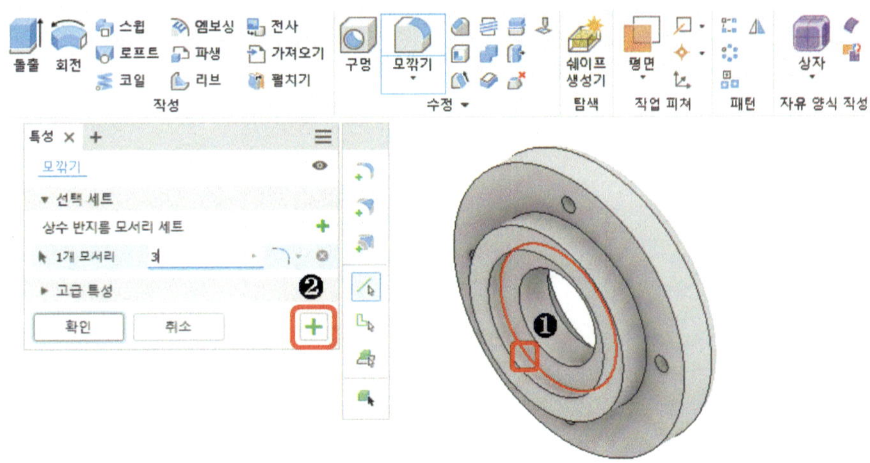

▶ 커버 앞면이 보이도록 회전시켜 ❶ 모서리를 선택하고 ❷ 필렛 값을 "0.5"로하고 ❸ [확인] 버튼을 누른다.

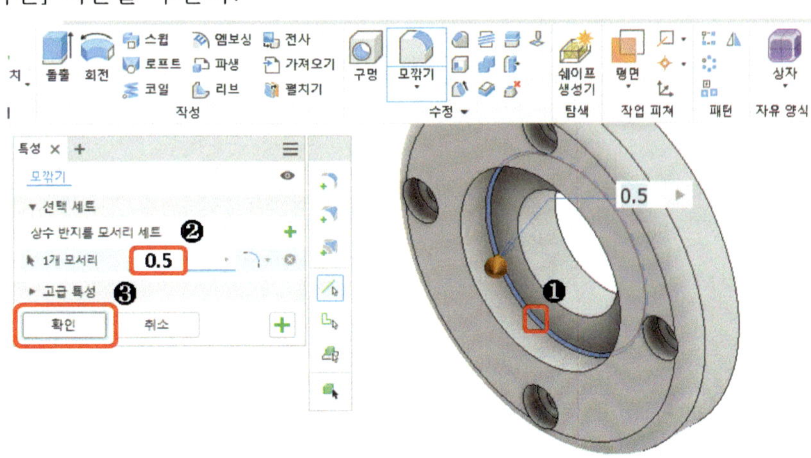

▶ ❶ [모따기] 명령을 실행하고 ❷ [거리 및 각도] 선택한 후 ❸ [거리]에 “0.5”, [각도]에 “30”을 입력한다. 오일 실 삽입부 내면 ❹를 먼저 선택한 후 모서리 ❺를 선택하고 ❻ [적용] 버튼을 누른다.

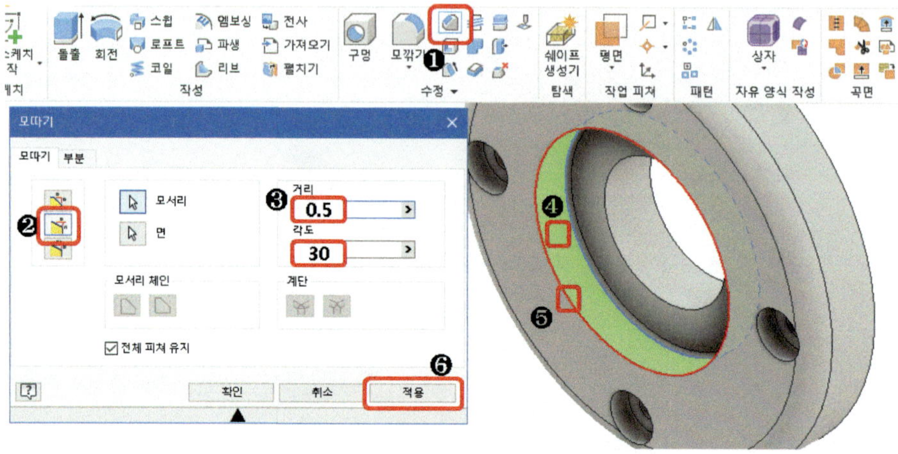

▶ 모따기 옵션 중에서 ❶ [거리]를 선택하고 ❷ [거리]를 1“로 입력한다. ❸ 모서리를 선택한 후 ❹ [확인] 버튼을 누른다.

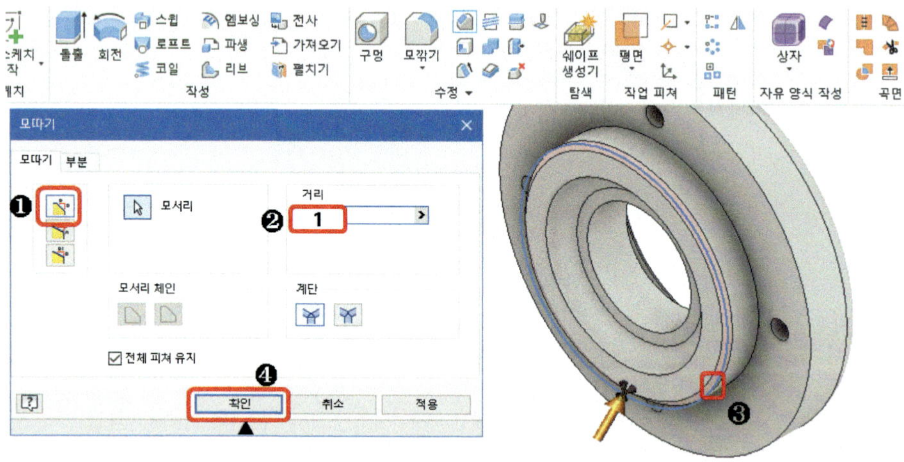

▶ 커버 모델링이 완성되면 다른 이름으로 저장하기를 바란다.

▶ 다음은 커버 모델링을 한 결과이다.

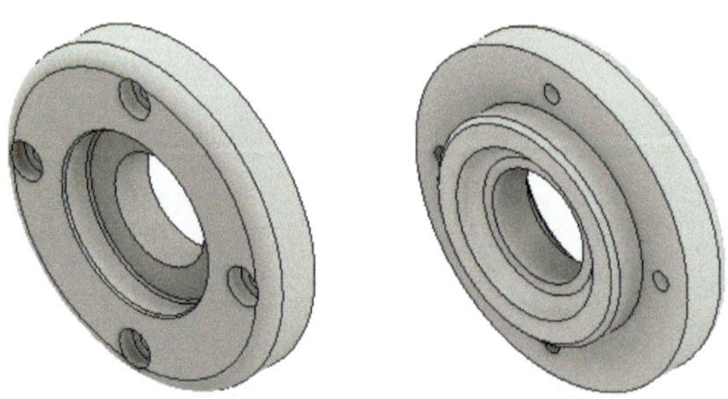

4.3 스퍼기어 모델링

4.3.1 스퍼기어 모델링

① 도면

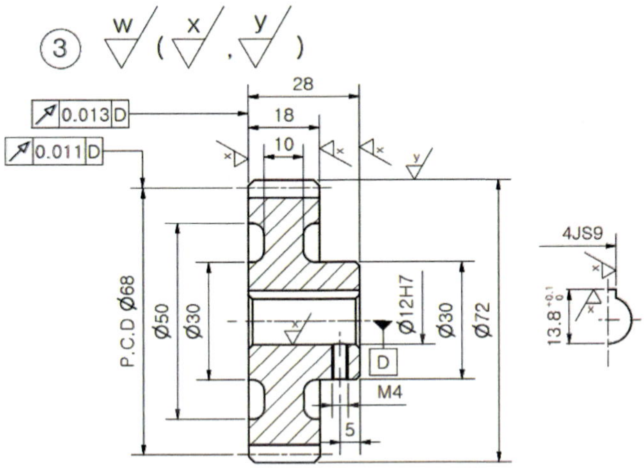

스퍼기어 요목표는 다음과 같다.

스퍼기어 요목표		
기어치형		표준
공구	모듈	2
	치형	보통이
	압력각	20°
전체 이 높이		4.5
피치원 지름		Ø68
잇수		34
다듬질 방법		호브절삭
정밀도		KS B ISO 1328-1, 4급

② 모델링 순서

▶ 인벤터를 실행시키고 ❶ [새로 만들기]를 눌러 확장시킨 후 ❷ [부품(.ipt)]를 누르면 작업 공간으로 넘어간다. 화면상에서 뷰큐브의 ❸ [홈]을 누르면 좌표축 ❹처럼 전환된다.

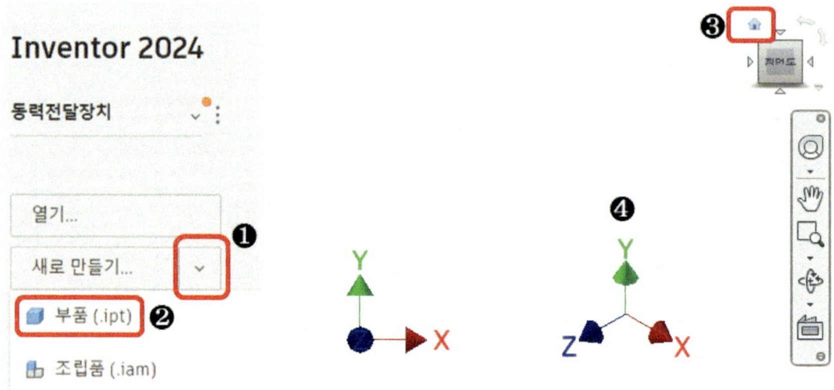

▶ 단면을 그릴 스케치 작업평면을 잡기위해 검색기 창의 ❶ [원점] 앞의 "+" 기호를 눌러 확장시키고 ❷ [YZ평면]을 눌러 ❸ [스케치 작성]을 클릭한다.

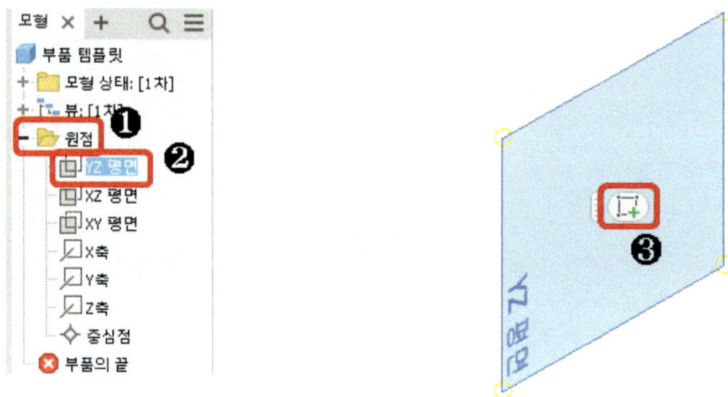

▶ ❶ [2점 직사각형] 명령을 실행하고 원점 ❷와 임의의 점 ❸을 클릭해서 첫 번째 직사각형을 그린다. 점 ❹와 점 ❺를 이용하여 또 다른 사각형을 그린다. 계속해서 점 ❻과 ❼로 사각형을 그리고, 점 ❽과 ❾는 동일선상 구속을 주며 직사각형을 그린다.

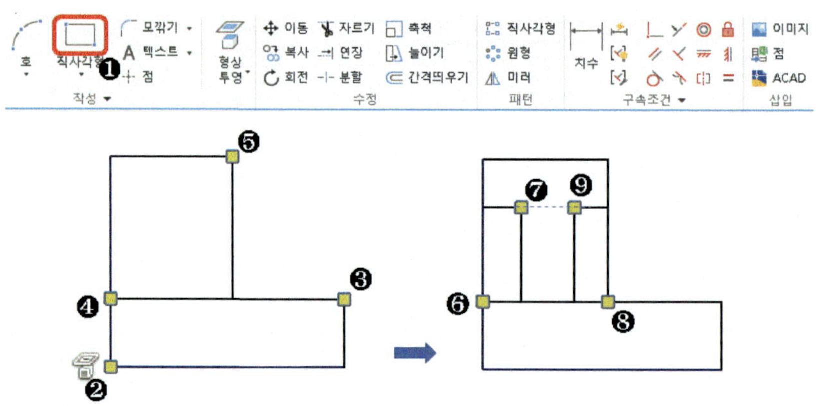

▶ ❶ [동일] 구속조건을 누르고 선 ❷와 ❸을 선택하면 두 선의 길이가 같아진다.

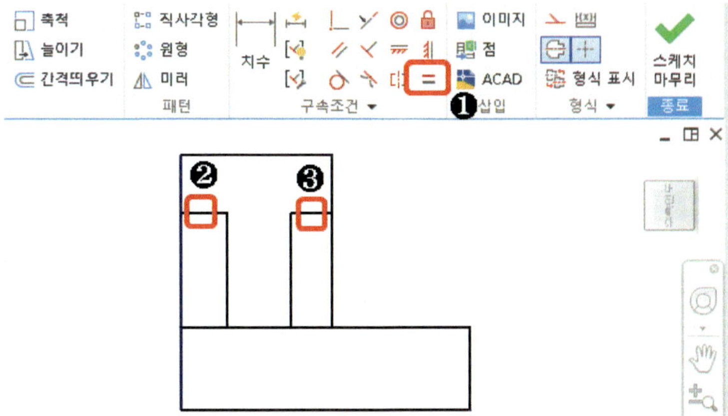

▶ 맨 아래 수평선 ❶을 선택한 후 ❷ [중심선]을 누르면 그림과 같이 중심선으로 변경된다.

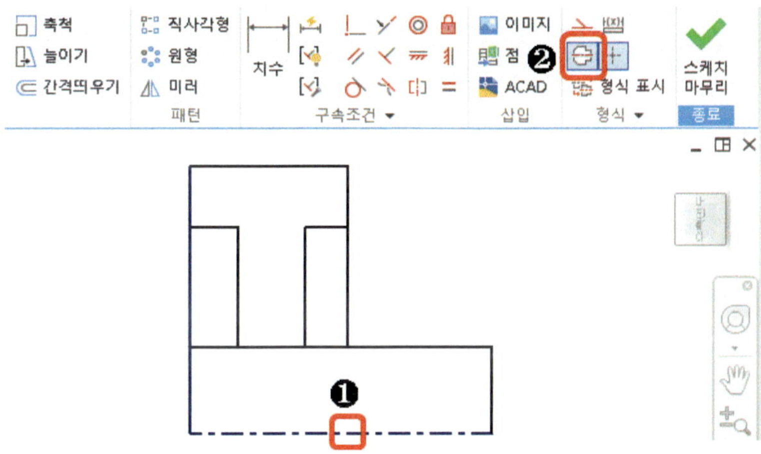

▶ ❶ [치수] 명령을 이용하여 다음과 같이 치수를 입력한다.

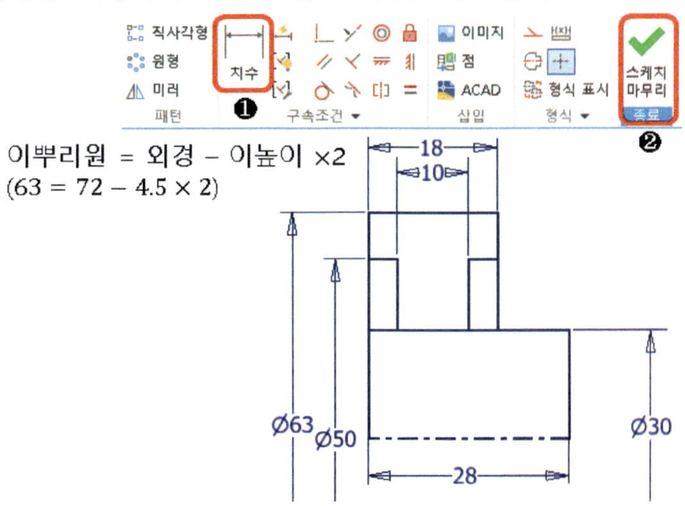

▶ ❶ [회전] 명령을 실행하고 사각형 영역 ❷와 "T"자 영역 ❸을 선택한다.

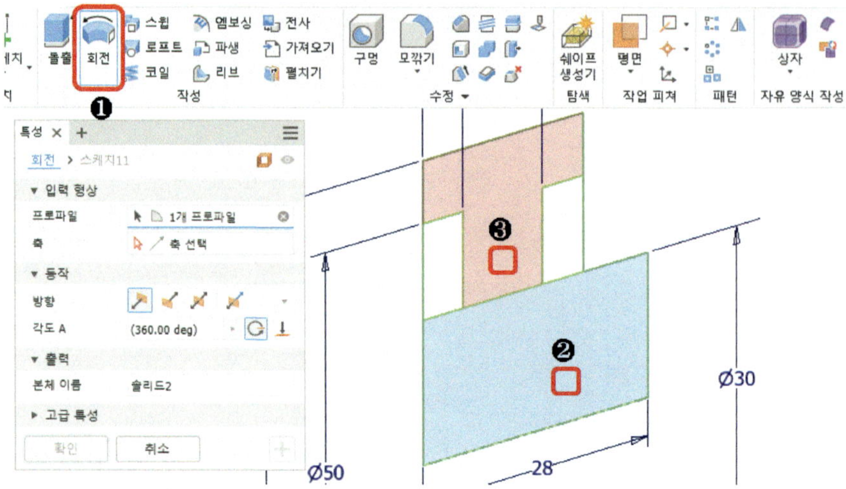

▶ ❹ [축]을 누르면 회전체가 만들어지고 ❺ [확인] 버튼을 누른다.

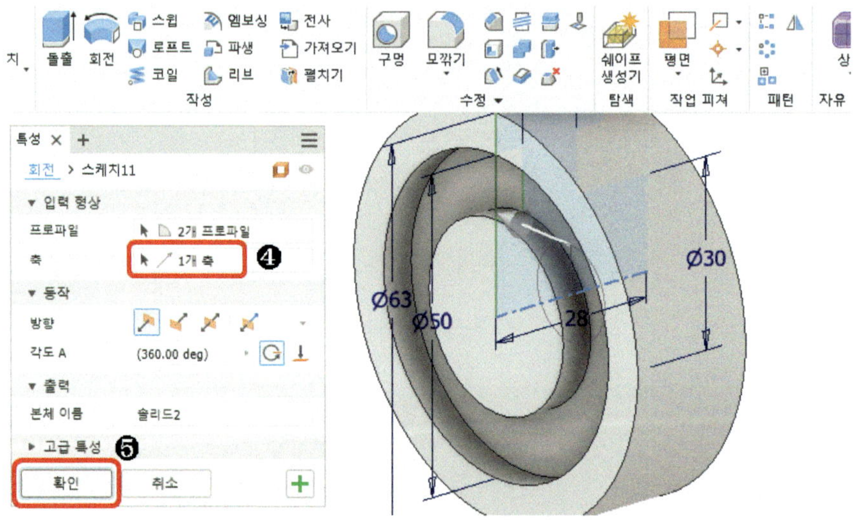

▶ 앞 면 ❶을 선택하고 ❷ [스케치 작성]을 눌러 스케치 모드로 들어간다.

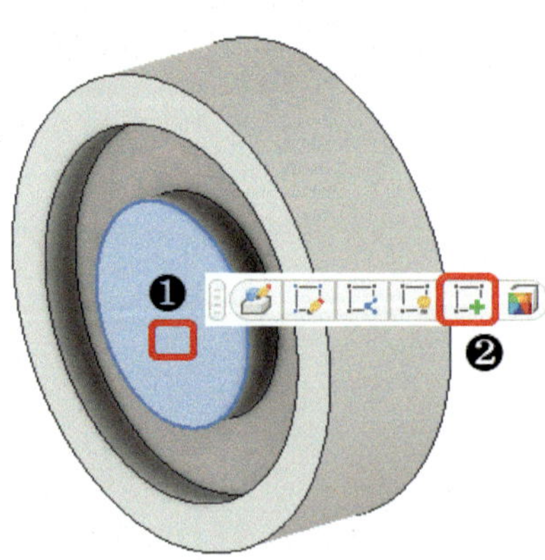

▶ ❶ [원] 명령으로 그림과 같이 직경이 “⌀72”, “⌀68”, “⌀63”인 3개의 원을 그린다.

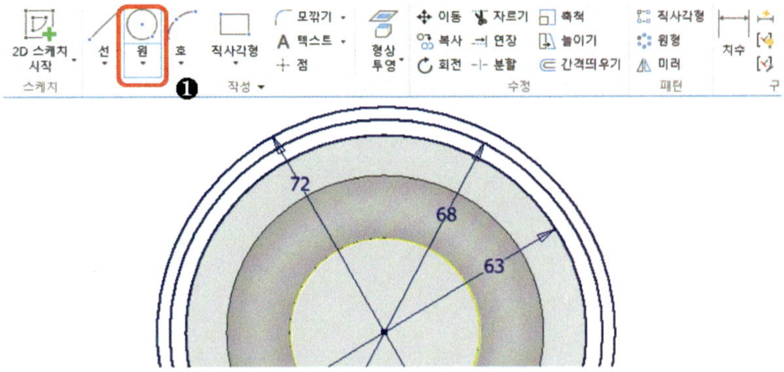

▶ ❶ [선] 명령 실행시켜 점 ❷와 ❸을 잇는 수직선을 그린다.

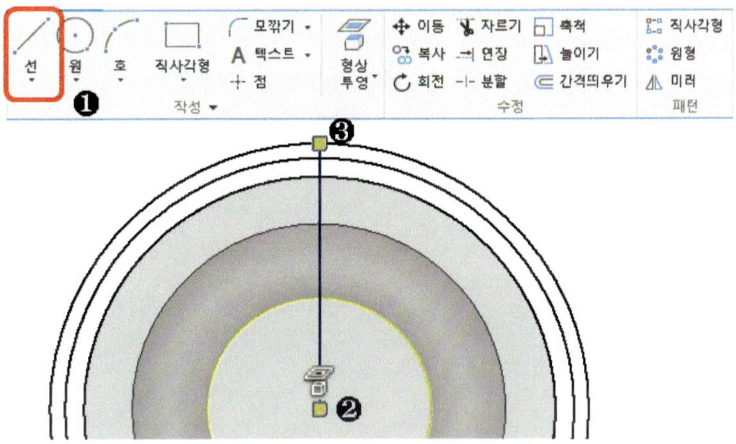

▶ ❶ [점] 명령으로 3개의 원주상에 각각 점 ❷, ❸, ❹를 생성한다. ❺ [치수] 명령으로 그림과 같이 “1.57”, “1”, “0.5” 치수를 입력한다.

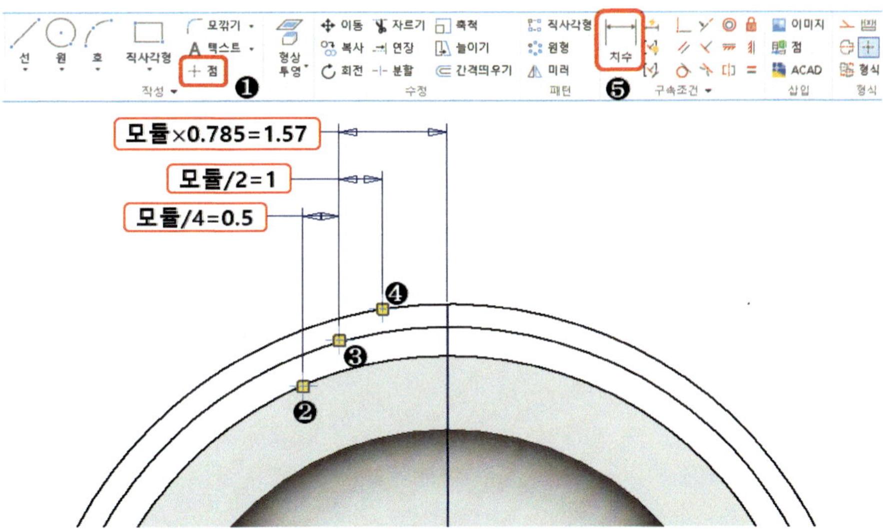

▶ ❶ [3점 호] 명령을 실행시키고 점 ❷와 ❸을 먼저 선택한 후 점 ❹를 선택하여 그림과 같이 호를 완성한다.

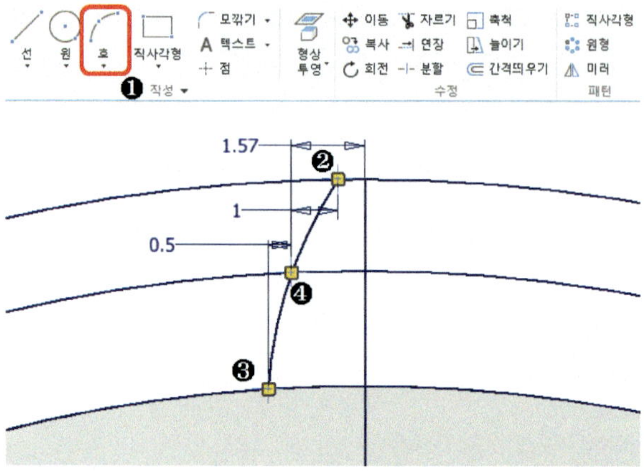

▶ ❶ [미러] 명령을 실행하고 앞에서 그린 호 ❷를 선택한다. ❸ [미러선] 앞의 [화살표]를 클릭한 후 선 ❹를 선택하고 ❺ [적용] 버튼을 누른 후 ❻ [종료] 버튼을 누른다. ❼ [스케치 마무리]를 누른다.

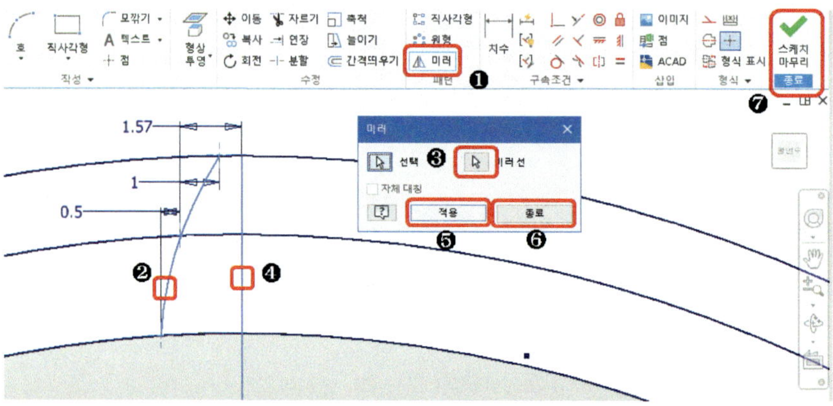

▶ ❶ [돌출] 명령을 실행하고 앞에서 스케치한 영역을 임의의 점 ❷에서 ❸까지 드래그해서 선택한 후 ❹ [끝]을 누른다. ❺ 뒤쪽 면을 선택하고 ❻ [확인]을 누른다.

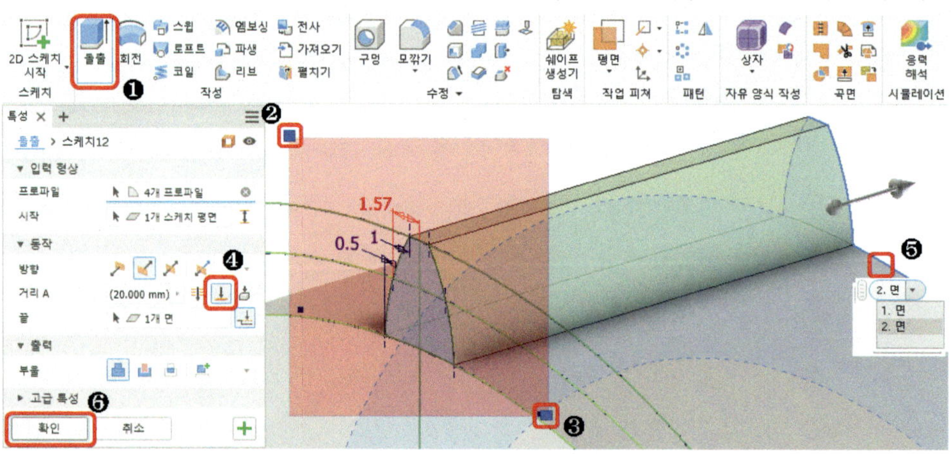

▶ ❶ [모깎기] 명령을 실행해서 ❷ 필렛값을 "0.5"로 주고 기어 이빨의 ❸ 모서리 2개를 선택한 후 ❹ [확인] 버튼을 누른다.

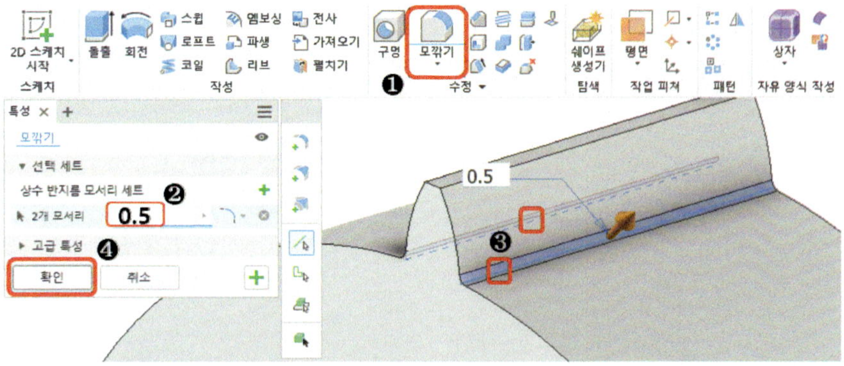

▶ ❶ [모따기] 명령을 실행하고 옵션이 [거리]인지 확인한다. ❷ [거리]에 "1"을 입력한 후 기어 이빨의 ❸ 양쪽 모서리 2개를 선택하고 ❹ [확인] 버튼을 누른다.

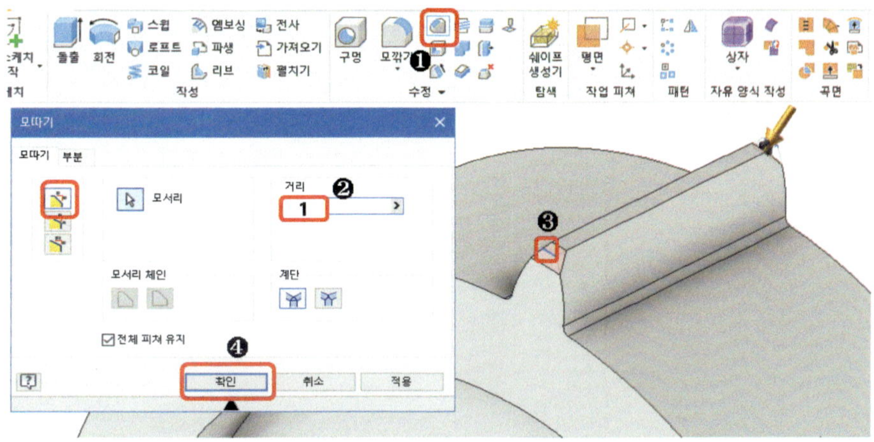

▶ ❶ [원형 패턴] 명령을 실행해서 검색기 창에서, 앞에서 만든 ❷ [돌출], [모깎기], [모따기]를 모두 선택한다. ❸ 회전축 앞의 [화살표]를 선택하고 원통의 외면 ❹를 선택한 후 ❺ 배치 개수를 "34"라고 입력한 후 ❻ [확인] 버튼을 누른다.

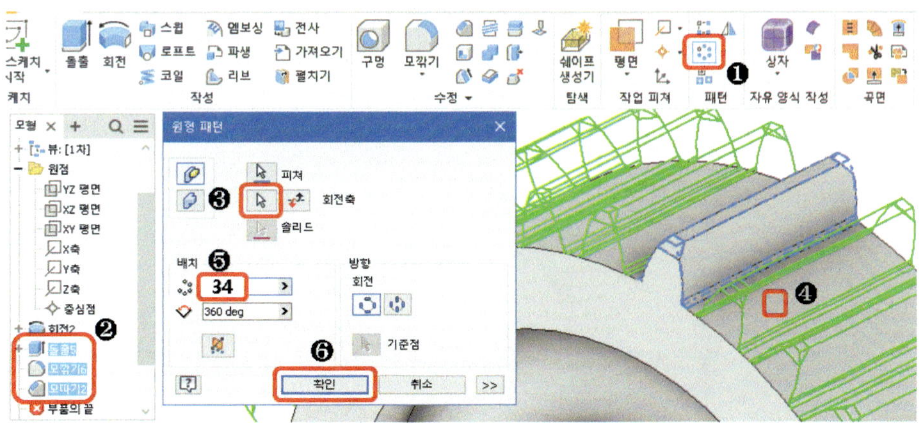

▶ ❶ [구멍] 명령을 실행해서 면 ❷를 먼저 선택한 후 모서리 ❸을 선택하여 구멍의 중심점을 잡는다. 그림과 같이 구멍 옵션을 세팅한 후 ❹ 구멍 직경을 "12"로 한 후 ❺ [적용] 버튼을 누른다.

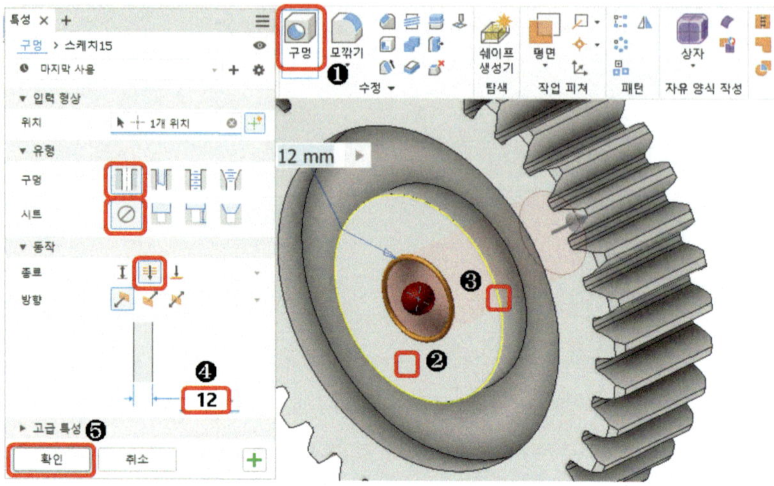

▶ 앞면 ❶을 선택한 후 ❷ [스케치 작성]을 클릭한다.

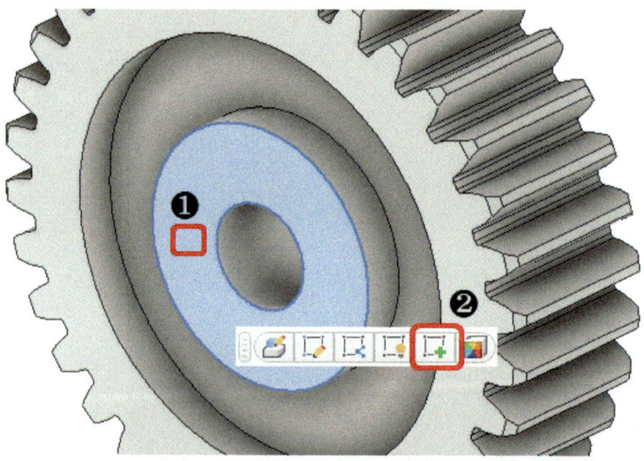

▶ ❶ [2점 직사각형] 명령을 이용하여 그림과 같이 지사각형을 그리고 ❷ [일치 구속조건]을 클릭하여 원점 ❸과 선의 중간점 ❹를 선택하여 일치 시킨다.

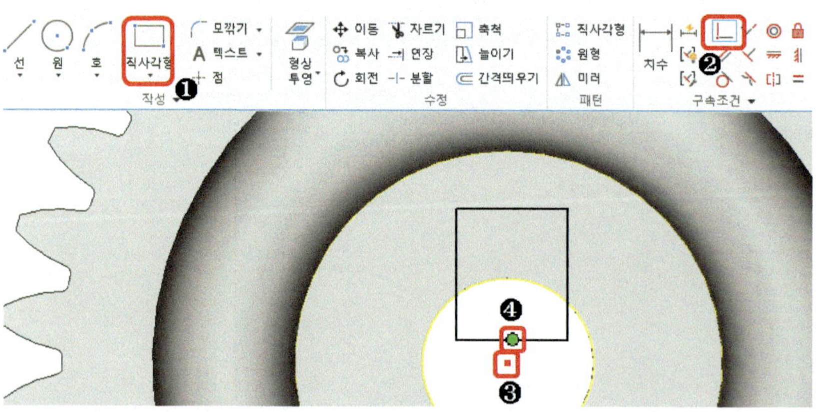

▶ ❶ [치수] 명령을 실행하고 선 ❷를 잡고 길이 “4”를 입력한다. 그리고 선 ❷와 원의 하단부 ❸을 클릭하고 길이 “13.8”을 입력한다. 이 때 마우스 아이콘이 접점 표시가 되어 있어야 한다. ❹ [스케치 마무리]를 누른다.

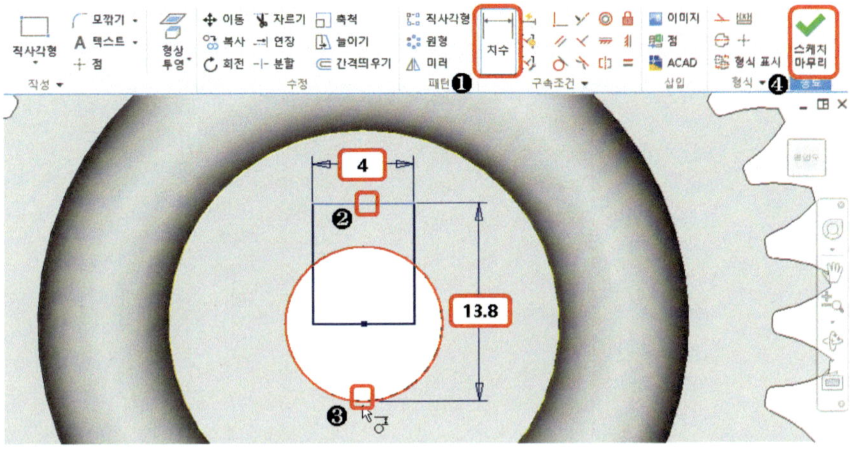

▶ ❶ [돌출] 명령을 실행하고 앞에서 작성한 ❷ 사각형을 선택한 후 ❸ [전체 관통]을 누른다. 부울 옵션이 ❹ [절단]인지 확인하고 ❺ [확인] 버튼을 누른다.

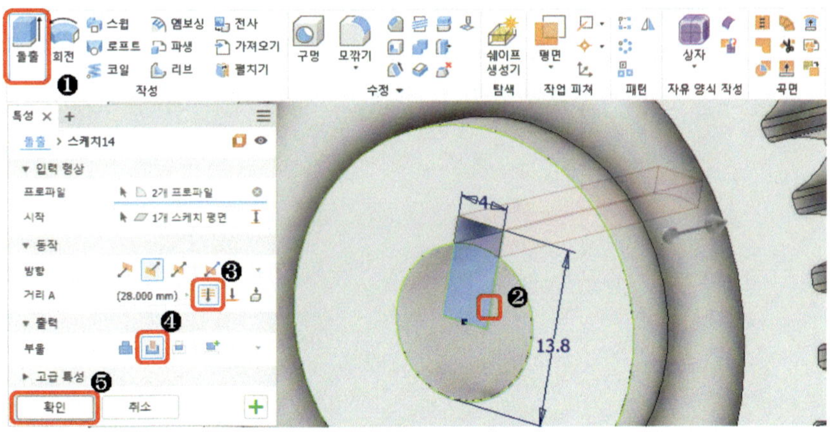

▶ 멈춤 나사 홈을 위해 ❶ 키 홈의 윗면을 선택한 후 ❷ [스케치 작성]을 누른다.

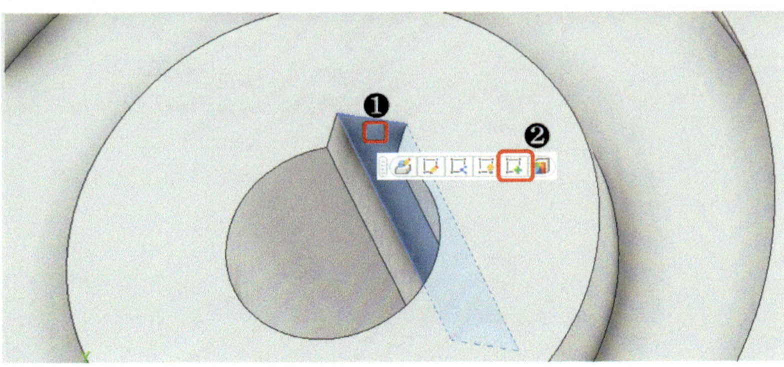

▶ F7을 누른 다음 ❶ [선] 명령으로 맨 아래 선의 중간점에 길이가 "5"인 선 ❷를 그린다.

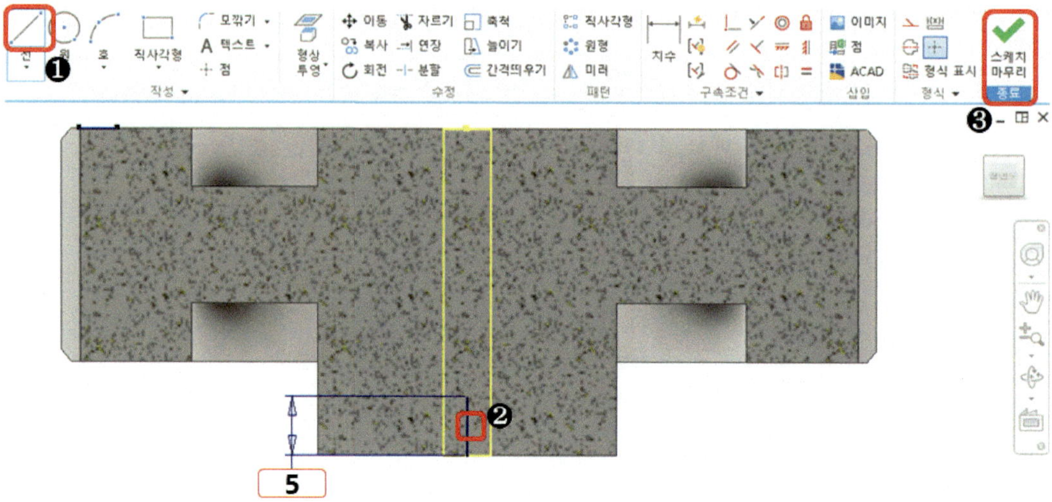

▶ ❶ [구멍] 명령을 클릭한 후 선의 끝점 ❷를 선택한다. 그림과 같이 ❸ [크기]에 "4"로 구멍 세팅 값을 조정한다. 구멍의 ❹ [전체깊이]에 체크한다. ❺ 전체관통, ❻ 방향을 맞추고 ❼ [확인]을 누른다.

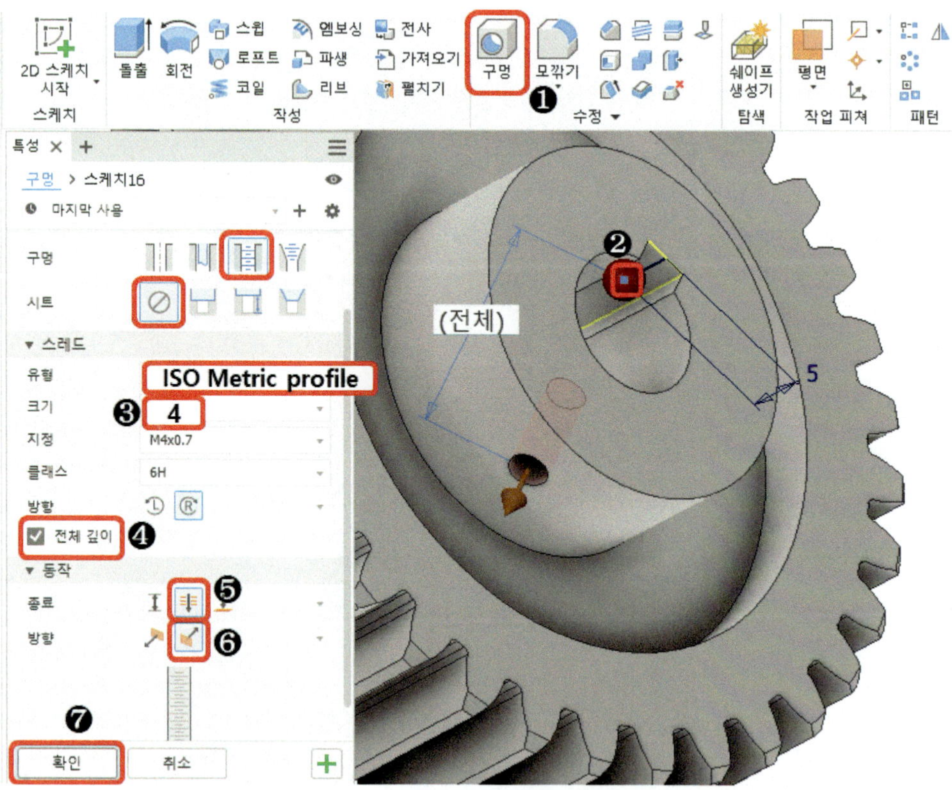

▶ ❶ [모깎기] 명령을 실행해서 ❷ 필렛 값을 "3"으로 주고 모서리 ❸과 ❹를 선택한 후 ❺ [적용] 버튼을 누른다.

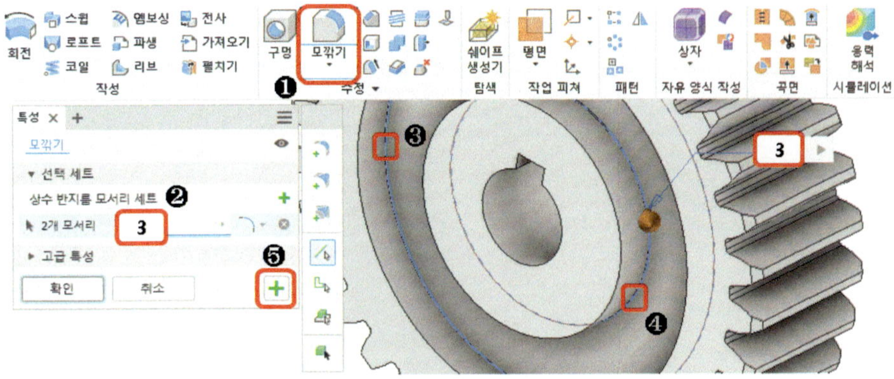

▶ 뒷면이 보이도록 회전시켜 모서리 ❶과 ❷를 선택하고 ❸ [확인] 버튼을 누른다.

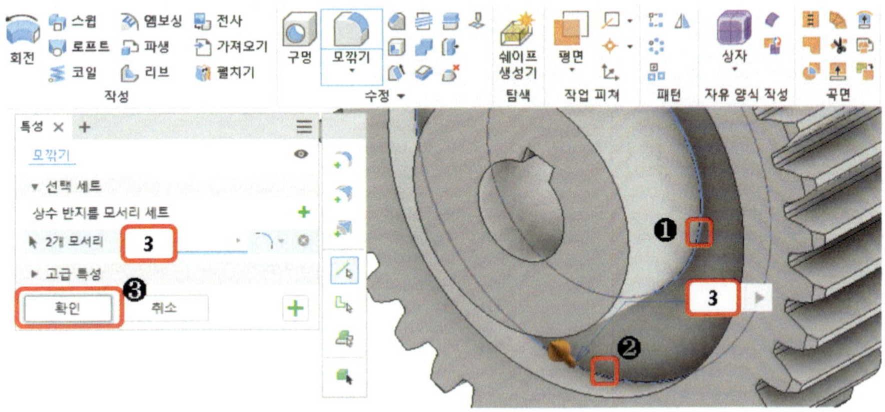

▶ ❶ [모따기]명령을 실행하고 옵션 중에서 [거리]인지 확인하고 ❷ [거리]를 1"로 입력한다. 모서리 ❸과 ❹를 선택한 후 ❺ [적용] 버튼을 누른다.

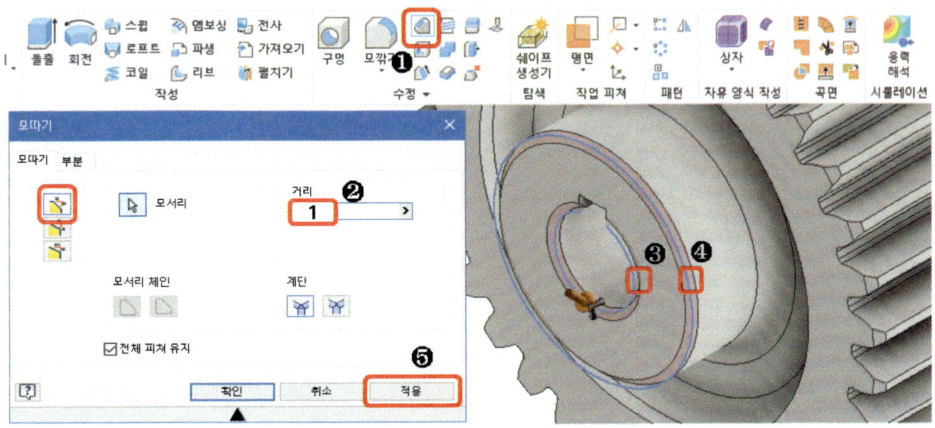

▶ 모따기 명령이 실행 주인 상태에서 앞면이 보이도록 3D 회전시켜 ❶ 모서리를 선택하고 ❷ [확인] 버튼을 누른다. 기어 모델링이 마무리된다.

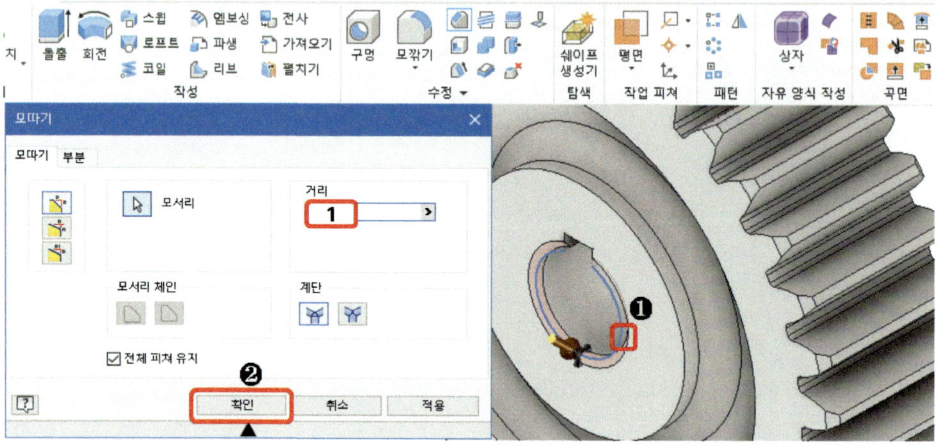

▶ 기어 모델링이 마무리되면 위 작업을 저장한다.

▶ 다음은 기어를 모델링한 결과이다.

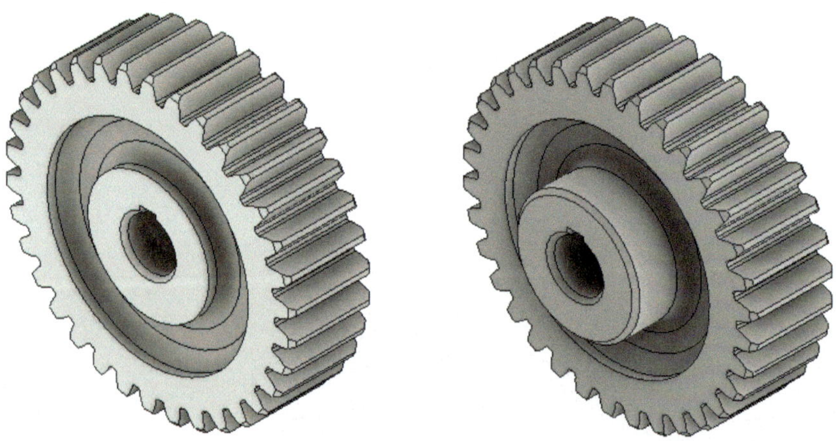

4.3.2 설계마법사를 이용한 스퍼기어 모델링

▶ 설계마법사는 조립품 상태에서 작업이 가능하다. 인벤터를 실행시키고 ❶을 클릭한 후 ❷ [조립품]을 선택한다. 상단 메뉴에서 ❸ [설계]를 클릭하고 ❹ 기어 명령을 클릭한다.

▶ ❺ [확인]을 누른다.

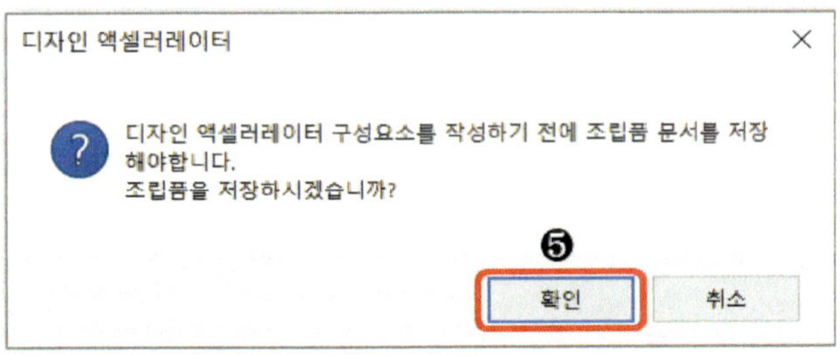

▶ 기어 조립품을 저장한다.

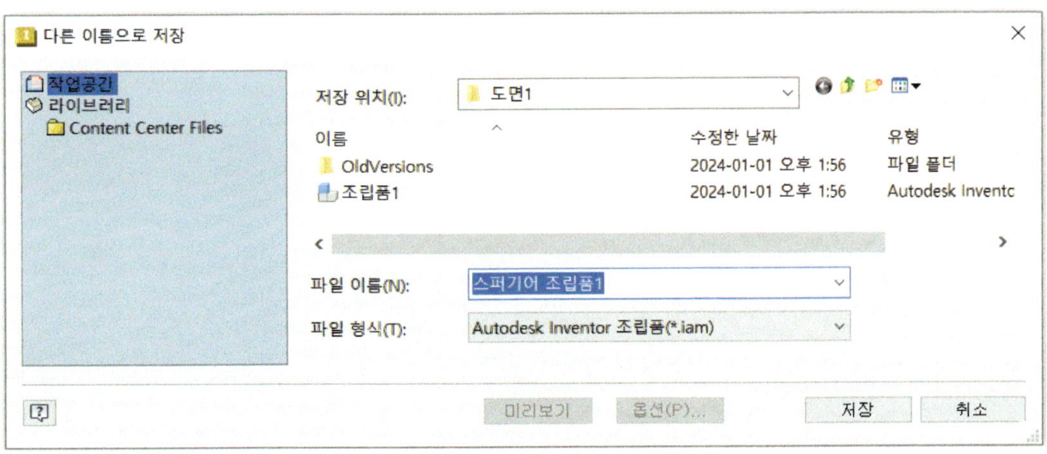

▶ ❶ [중심거리], ❷ 모듈은 2, ❸ 톱니 수는 34, ❹ 이나비는 20로 변경한다. 작성하고자 하는 기어는 한 개이므로 [기어2]에서 ❺ [모형 없음]을 선택한 후 ❻ [확인]을 누른다.

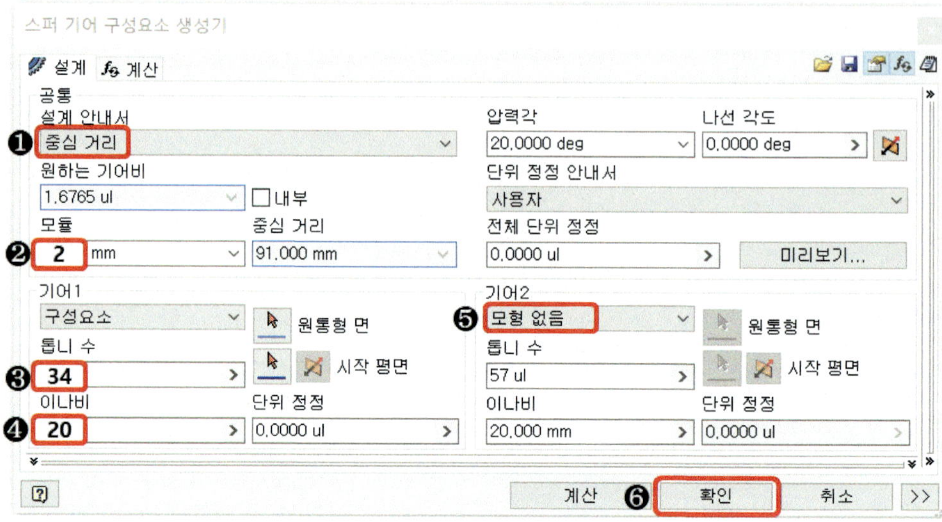

▶ 다음은 기어가 저장되는 폴더이다. ❼ [확인]을 누른다.

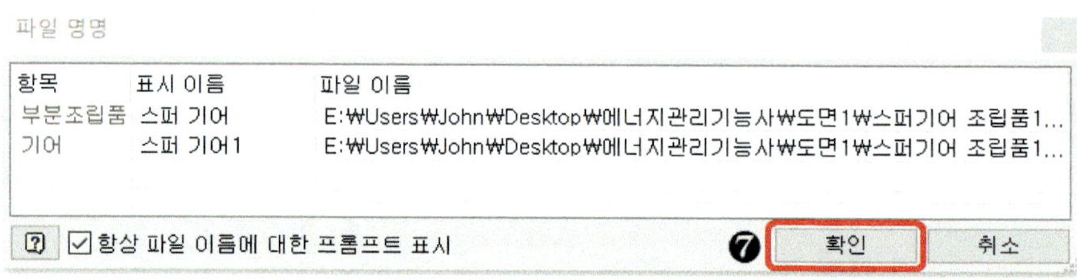

▶ 적당한 곳에 마우스를 클릭해서 기어를 위치시킨다. 모형 검색기 창에서 ❶ [스퍼 기어:1]을 확장시킨다. ❷ [스퍼기어1:1]을 선택한 후 우클릭하여 ❸ [열기]를 클릭하면 기어 단독으로 부품(.ipt) 편집이 가능하다.

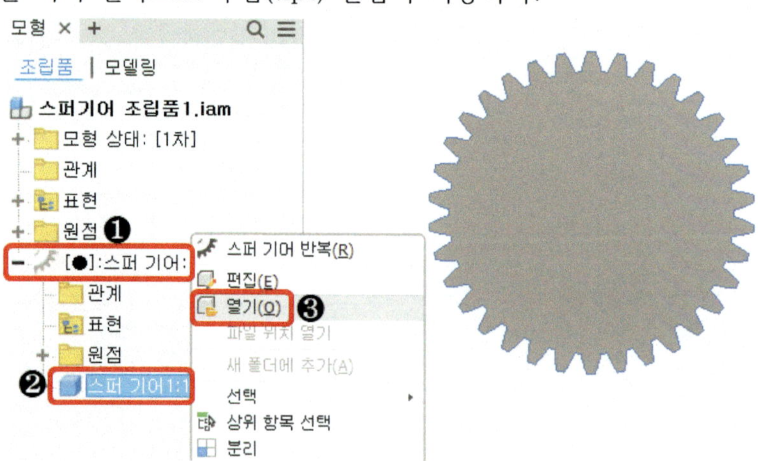

▶ 기어 이의 양쪽에 모따기를 하기 위해 검색기 창에서 ❶ [부품의 끝]을 선택한 후 드래그하여 ❷ [돌출] 아래까지 끌어서 놓도록 한다. 그러면 ❸과 같이 되고 기어의 이가 잠시 사라지게 된다.

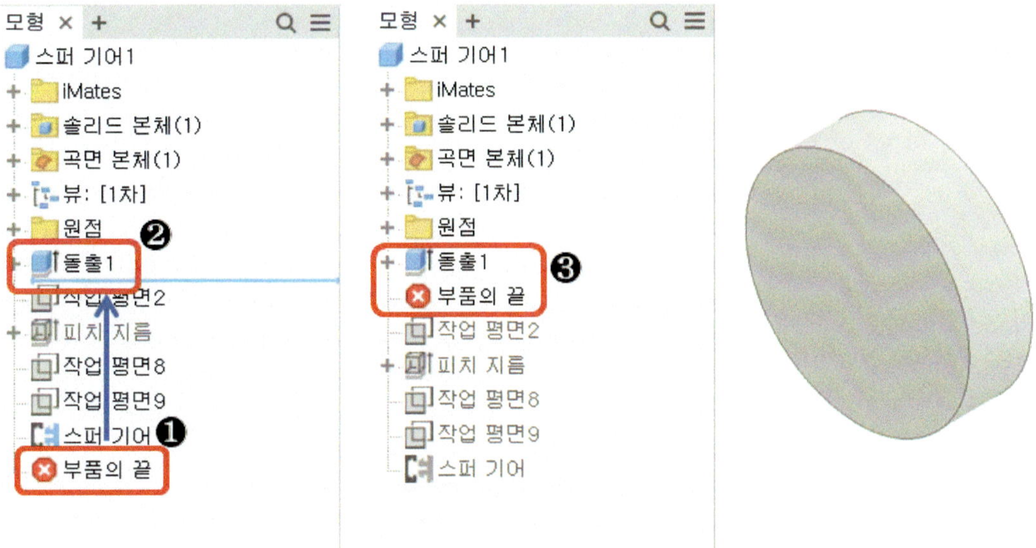

▶ ❶ [모따기]를 클릭하고 모서리 ❷와 ❸을 선택한다. ❹ [거리]에 "1"을 입력한 후 ❺ [확인]을 누른다.

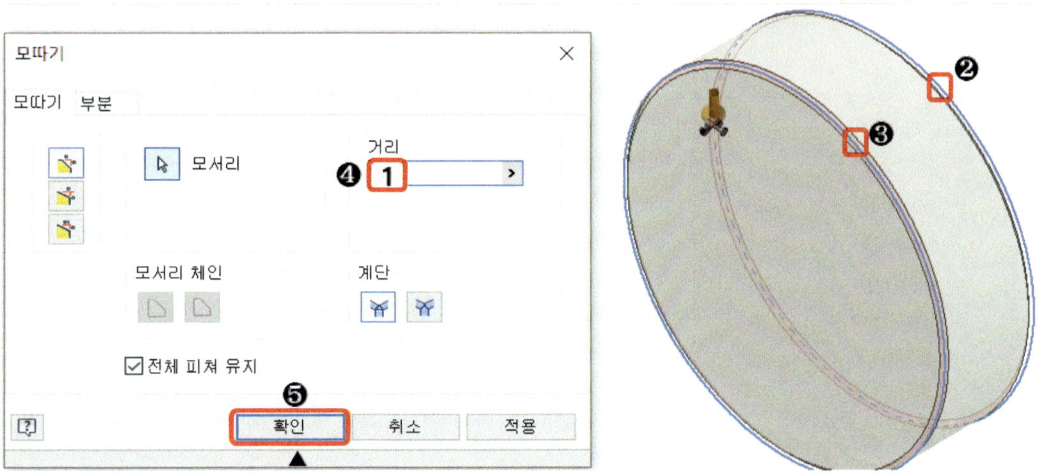

▶ 모따기 처리가 끝나면 반대로 ❶ [부품의 끝]을 아래로 드래그하여 ❷ [스퍼기어] 밑으로 끌어다 놓는다. 그러면 ❸과 같이 되고 기어의 이가 모따기가 된 상태로 다시 나타나게 된다.

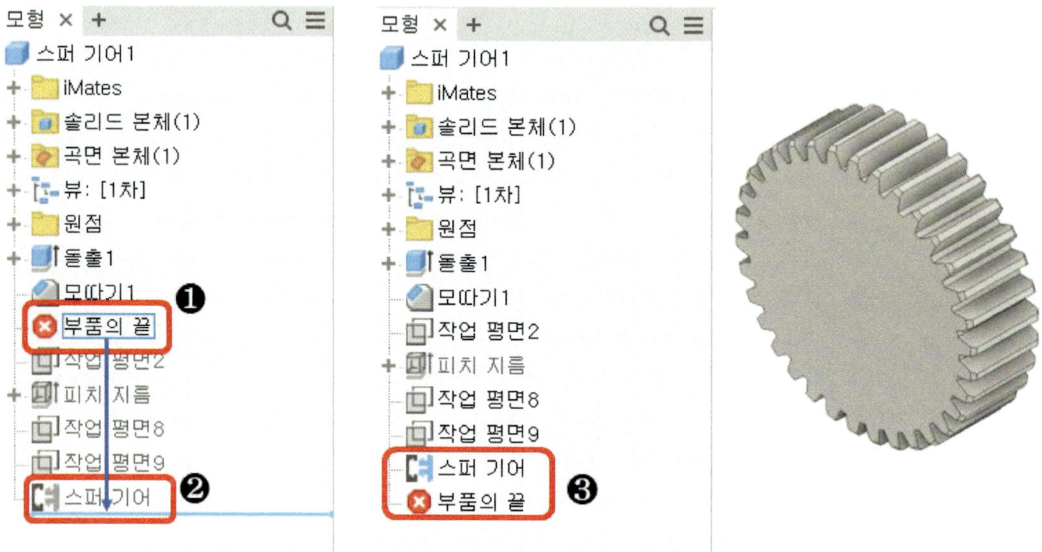

▶ 기어의 한 면 ❶을 선택하고 ❷ [스케치 작성]을 누른다.

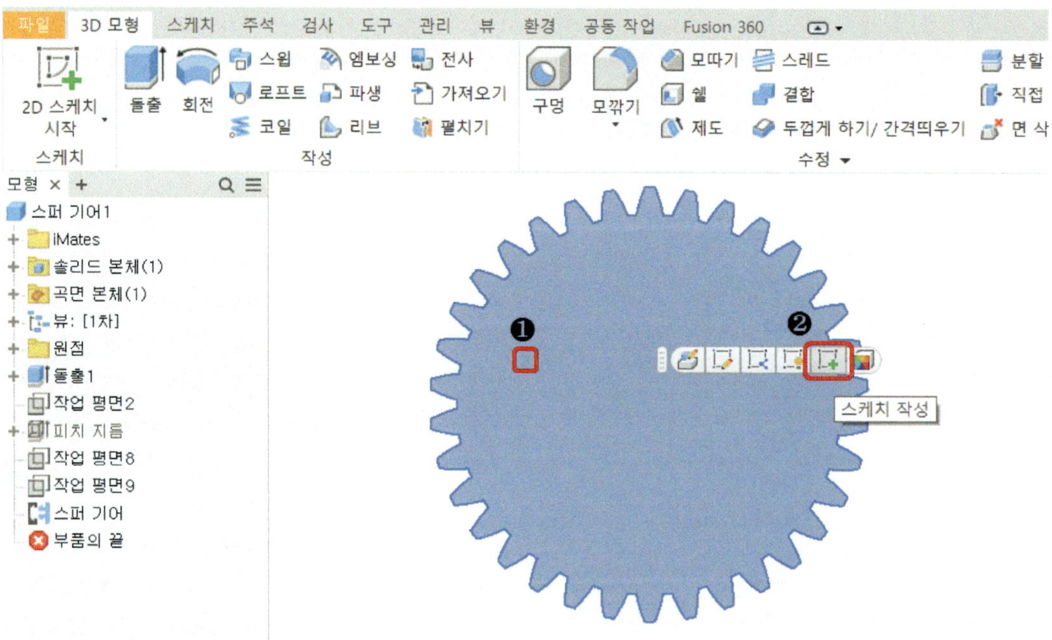

▶ ❶ [원] 명령으로 직경이 30, 50인 원 2개를 그리고 ❷ [스케치 마무리]를 누른다.

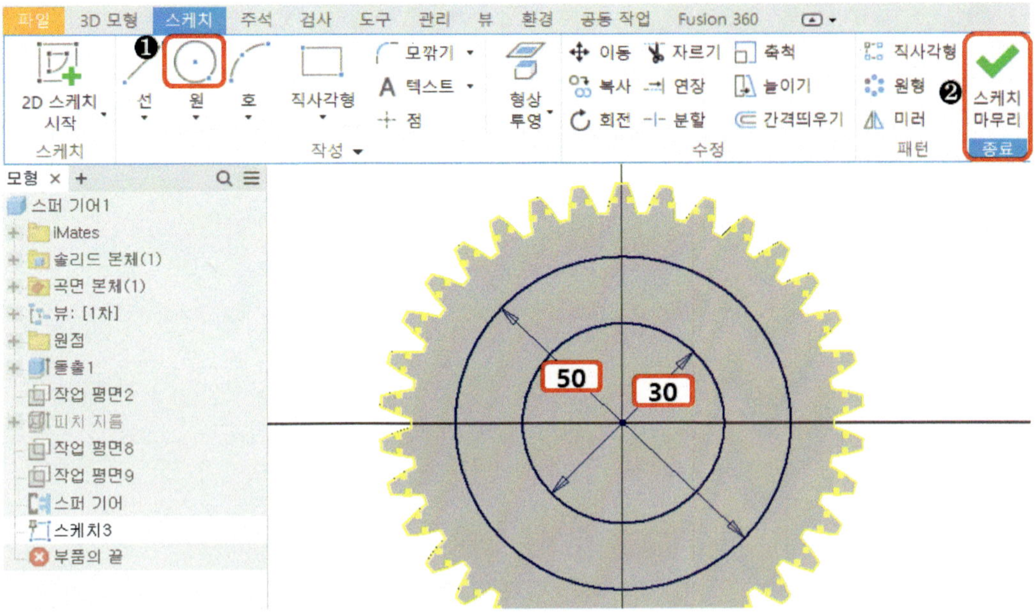

▶ 펑션키 F6을 누른다. ❶ [돌출] 명령을 클릭하고, 앞에서 그린 2개의 원의 영역 ❷를 선택한다. ❸ [잘라내기] 옵션을 선택하고 ❹ [거리A]에 "5"를 입력한 후 ❺ [확인]을 누른다.

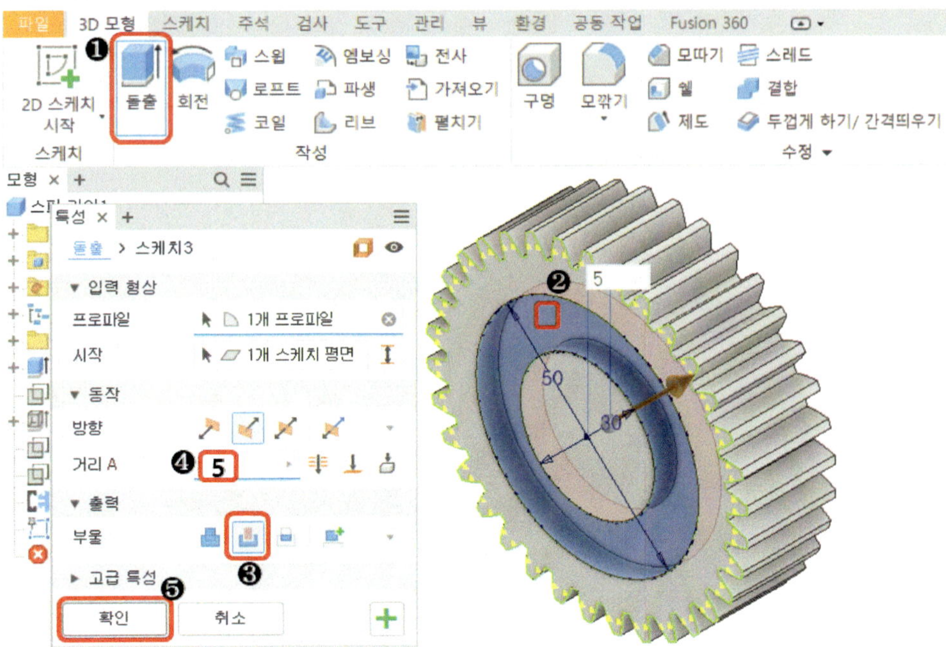

▶ 기어의 반대쪽 면에도 앞 단계와 같은 방법으로 원 2개를 그리고 돌출 명령으로 잘라내기를 한다. (그림 생략)

▶ 기어 이의 하나에 필렛 처리를 하도록 한다. ❶ [모깎기]를 클릭하고 모서리 ❷와 ❸을 선택한다. ❹ 필렛 값을 "0.5"로하고 ❺ [확인]을 누른다.

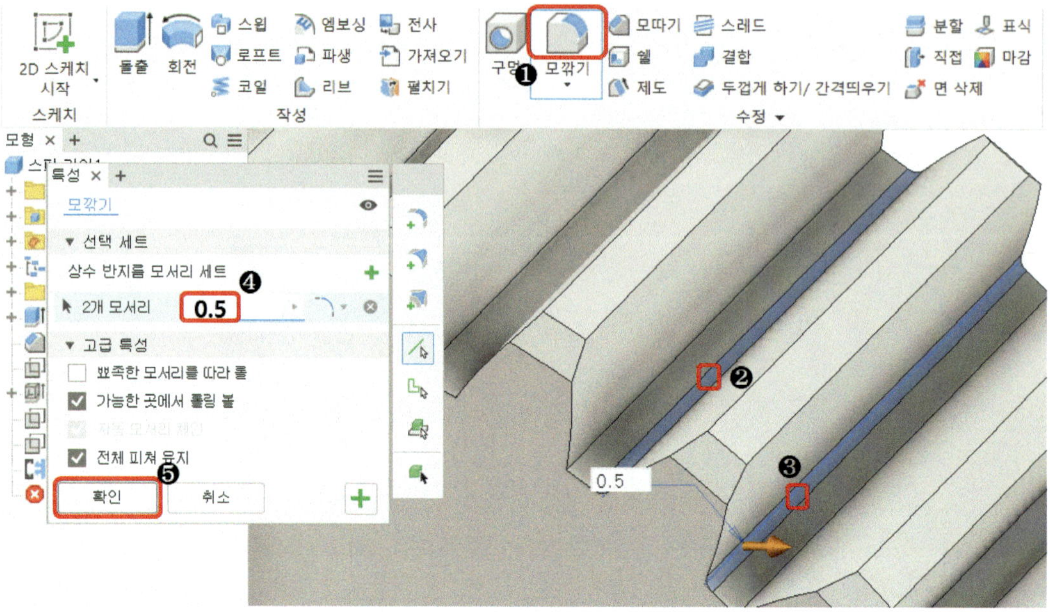

▶ ❶ [원형 패턴]을 클릭하고 모형 검색기 창에서 맨 아래 ❷ [모깎기]를 선택한다. ❸ [회전축]의 화살표를 클릭하고 기어의 안쪽 원기둥 ❹ 면을 선택한다. 기어 이 수가 34개 이므로 ❺ 배치의 개수를 "34"로 입력한 후 ❻ [확인]을 누른다.

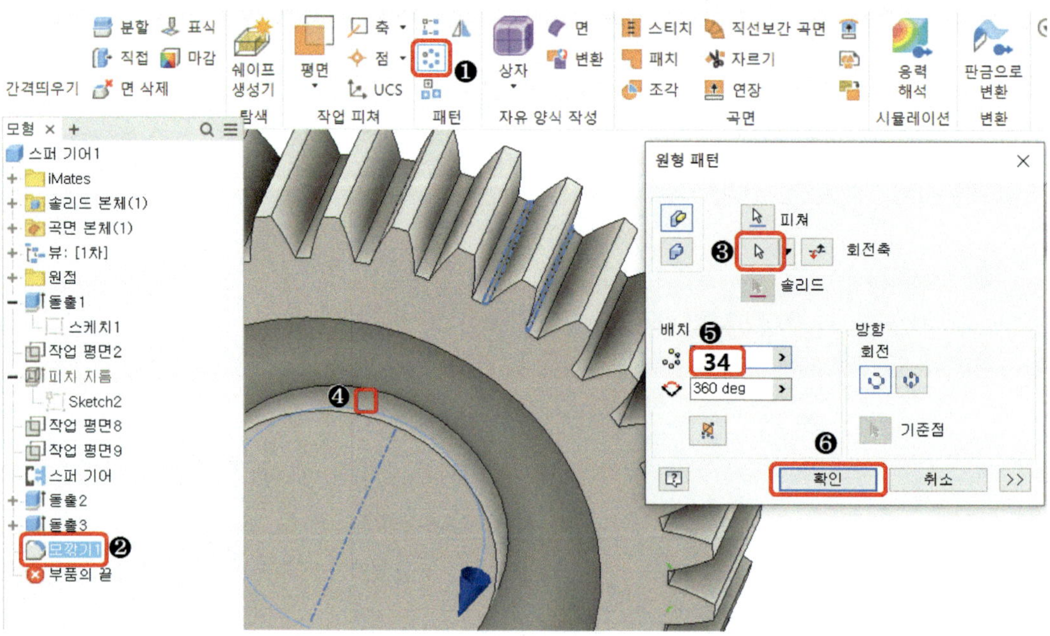

▶ ❶ [두껍게 하기/간격띄우기]를 클릭하고 그림처럼 ❷ 기어의 면을 선택한다. ❸ [거리]에 “10”을 입력한 후 ❹ [확인]을 누른다.

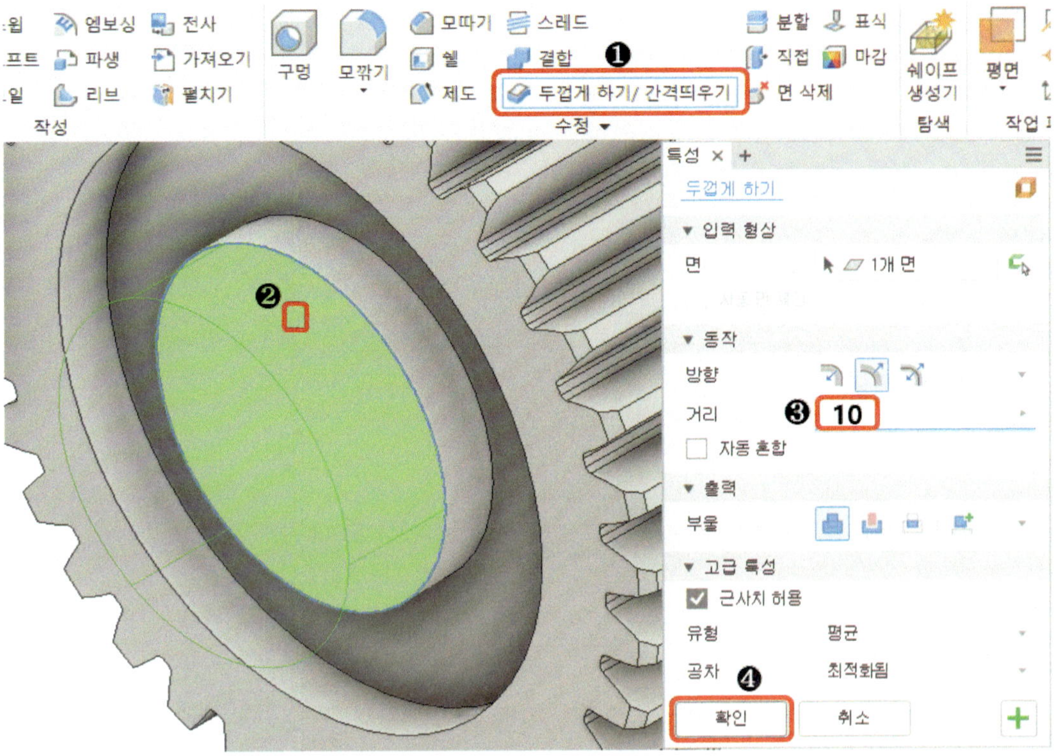

▶ 결과는 다음과 같고 저장하도록 한다.

▶ 나머지 과정은 앞 단계인 스퍼기어 모델링과정에서 설명하였으므로 이 단계에서 마무리까지 과정(p156~)은 독자가 직접 해보기 바란다.

4.4 축 모델링

① 도면

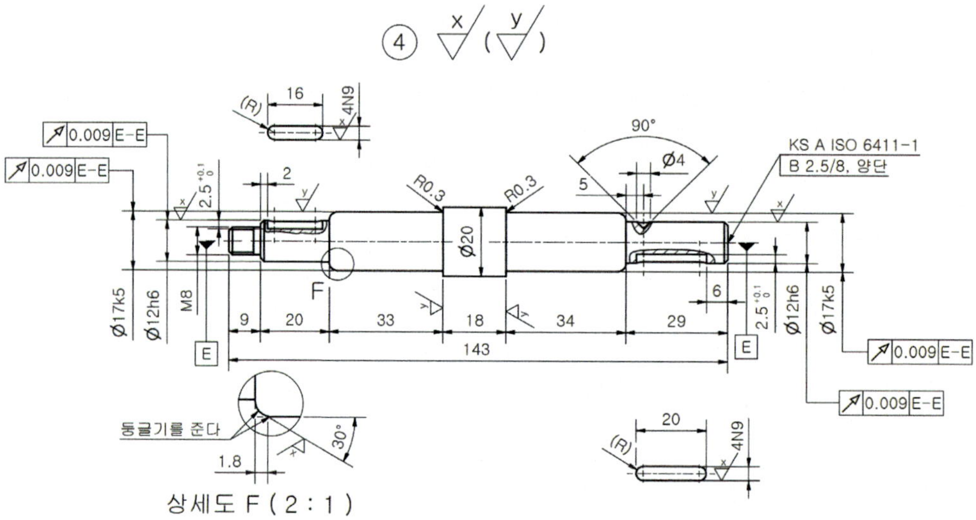

② 모델링 순서

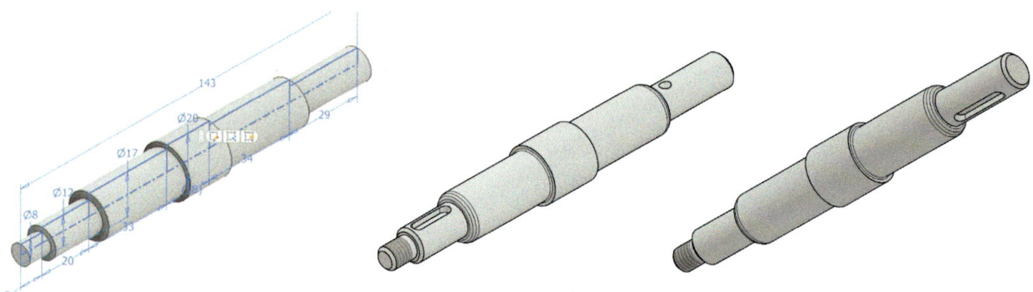

▶ 인벤터를 실행시키고 ❶ [새로 만들기]를 눌러 확장시킨 후 ❷ [부품(.ipt)]를 누르면 작업 공간으로 넘어간다. 화면상에서 뷰큐브의 ❸ [홈] 버튼을 누르면 좌표축 ❹처럼 전환된다.

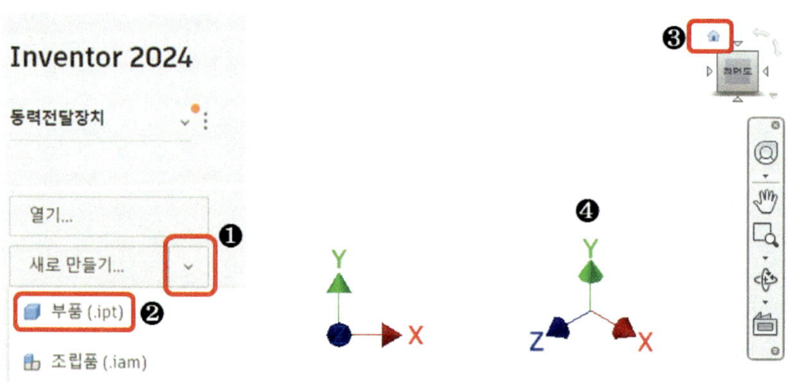

▶ 단면을 그릴 스케치 작업평면을 잡기위해 검색기 창의 ❶ [원점] 앞의 "+" 기호를 눌러 확장시키고 ❷ [YZ평면]을 눌러 ❸ [스케치 작성]을 클릭한다.

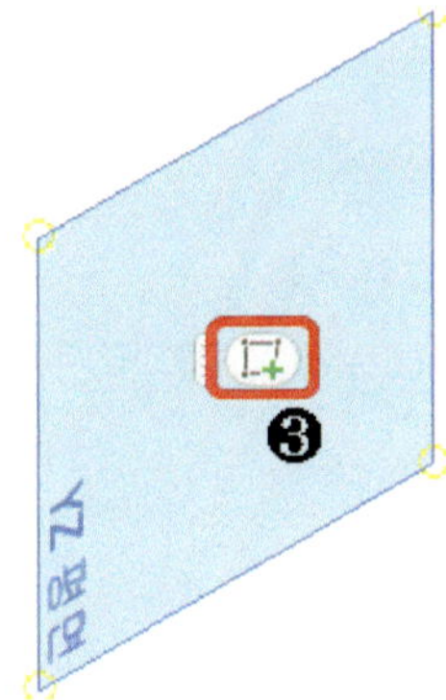

▶ ❶ [2점 직사각형] 명령을 실행하고 원점 ❷와 ❸, 바로 이어서 점 ❹와 ❺를 이용하여 사각형을 그린다. 나머지 사각형도 같은 방식으로 총 7개의 사각형을 연결해서 그린다. 가능하면 동일선상의 구속은 그리면서 미리 주는 것이 좋다.

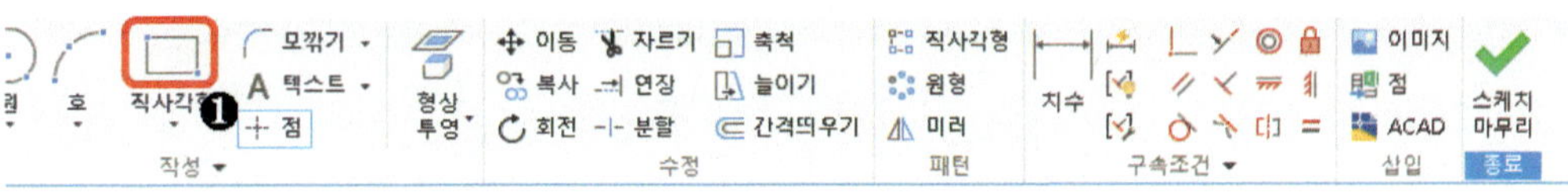

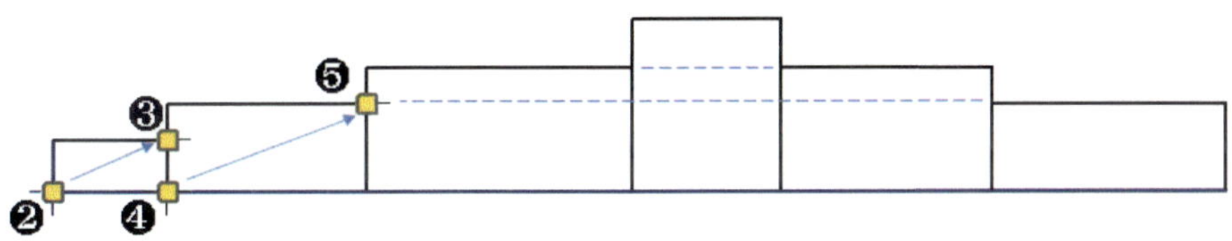

▶ 점 ❶에서 ❷까지 드래그하여 맨 아래 선들을 모두 선택한 후 ❸ [중심선]을 변경한다. 이는 직경 치수를 편리하게 주기 위함이다.

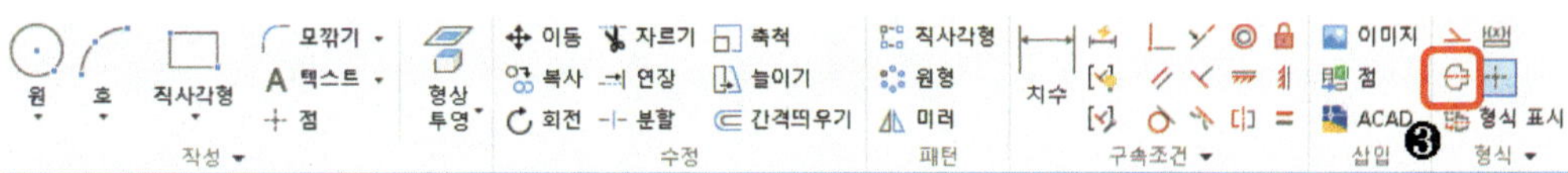

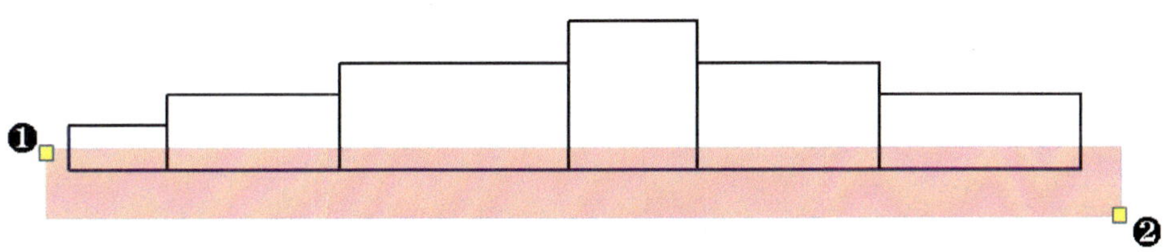

▶ ❶ [치수] 명령을 실행하고 선 ❷와 ❸을 잡고 길이 “143”을 입력한다.

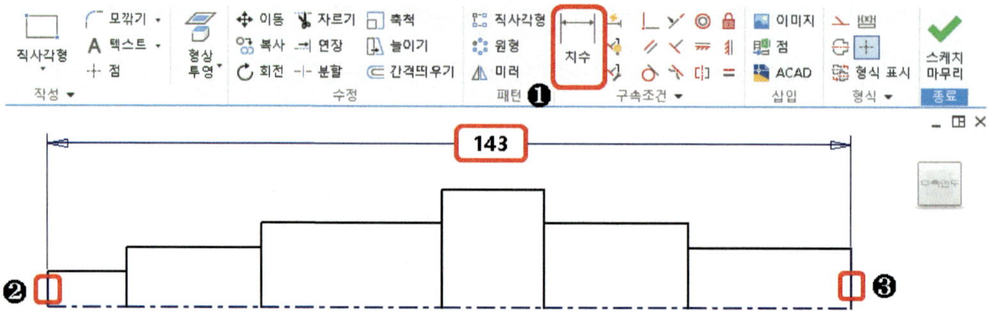

▶ 계속해서 아래 그림처럼 각각의 수평선들을 선택해서 길이 치수를 입력하도록 한다(순서대로 9, 20, 33, (18), 34, 29). 그림처럼 치수선은 맞출 필요는 없다.

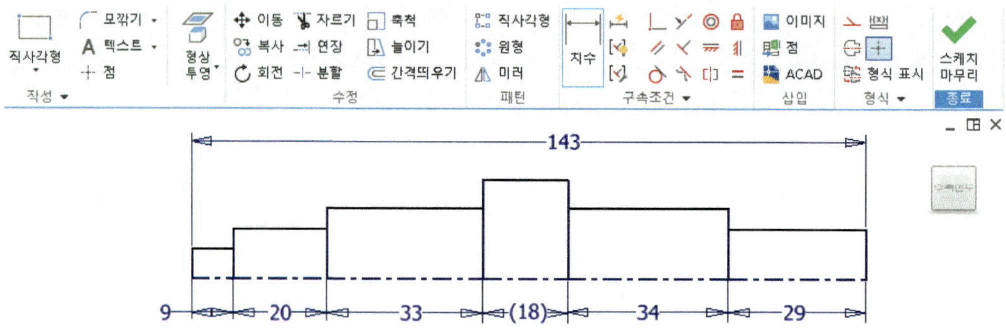

▶ 계속해서 중심선 ❶과 바로 위에 있는 선 ❷를 선택하고 직경 “8”을 입력한다. 같은 방법으로 나머지 직경치수 순서대로 “12”, “17”, “20”을 입력하고 ❸ [스케치 마무리]를 누른다.

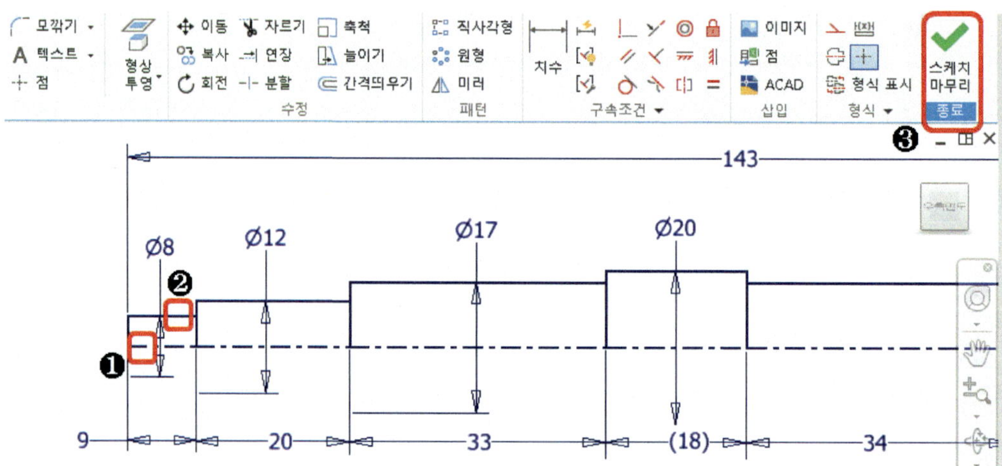

▶ ❶ [회전] 명령을 실행하고 점 ❷에서 ❸까지 드래그하여 앞에서 그린 사각형 7개를 모두 포함되도록 선택한다.

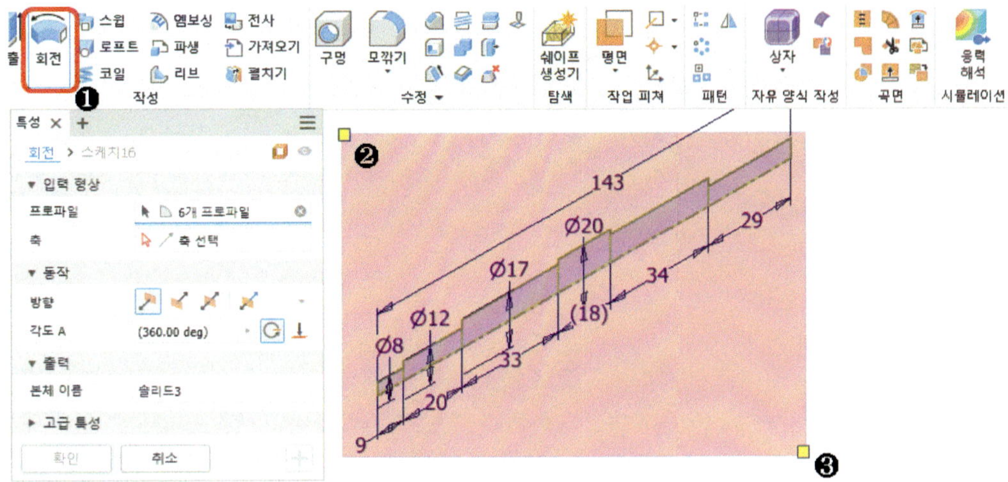

▶ 이어서, ❹ [축 선택]을 선택해서 앞에서 중심선으로 변경한 선들 중에서 임의의 선(중심선) ❺를 선택하면 회전체가 만들어지고 ❻ [확인] 버튼을 누른다.

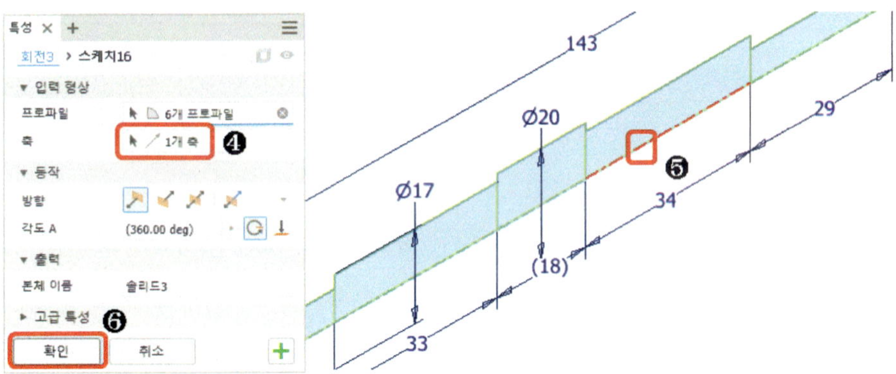

▶ 회전 결과는 다음과 같다.

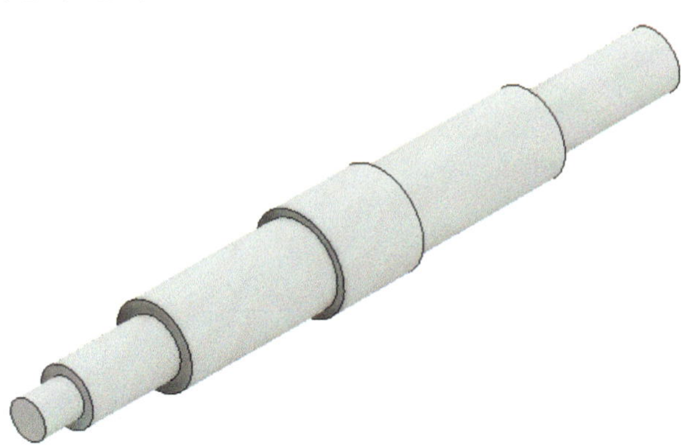

▶ 키(key)를 그릴 스케치 평면을 잡기 위해 검색기 창의 ❶ [YZ평면]을 선택하고 ❷ [스케치 작성]을 누른다.

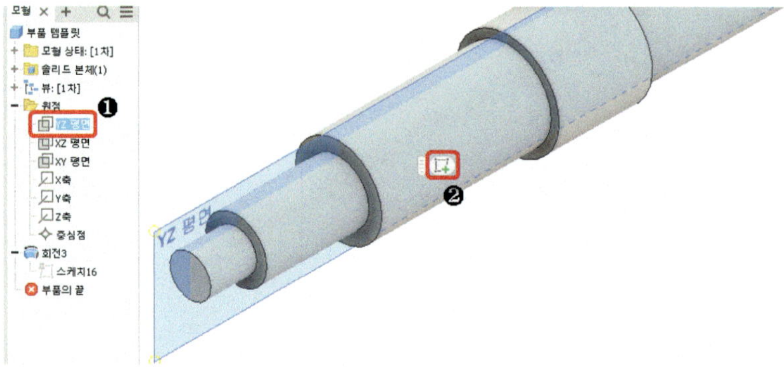

▶ 스케치 모드로 들어오면 F7을 누르고 ❶ [2점 직사각형]으로 그림과 같이 사각형을 그린다. ❷ [치수] 명령으로 그림처럼 치수를 입력하고 ❸ [스케치 마무리]를 누른다. "4"는 임의의 값으로 해도 된다. 여기서는 KS규격의 키 [높이]이다.

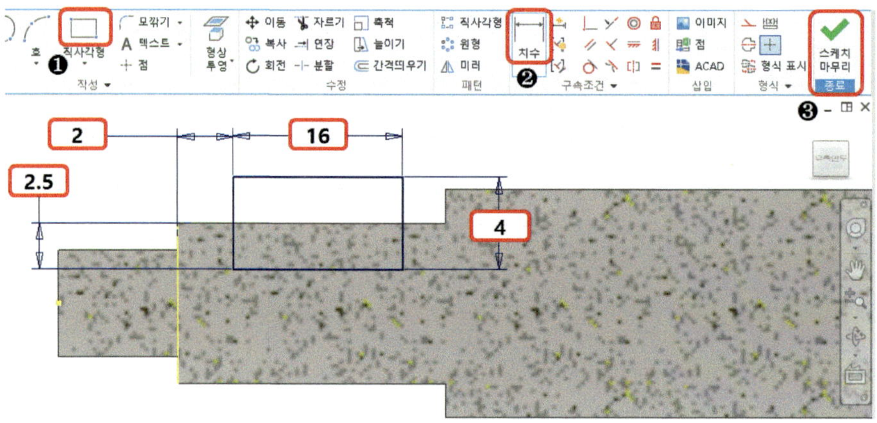

▶ ❶ [돌출] 명령을 실행하면 앞에서 그린 사각형이 자동으로 선택이 되며 ❷ [대칭]을 클릭한다. ❸ [거리]를 키의 폭 "4"로 입력한 후 ❹ [절단]을 클릭 후 ❺ [확인]을 누른다.

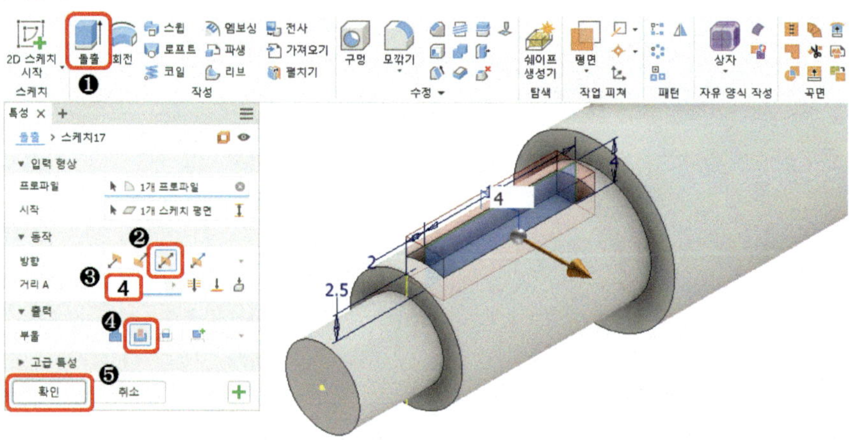

▶ ❶ [모깎기] 명령을 실행하고 키 구멍의 ❷ 수직 모서리 4개를 모두 선택한 후 ❸ 필렛 값을 "2"로 입력한다. ❹ [확인] 버튼을 누른다.

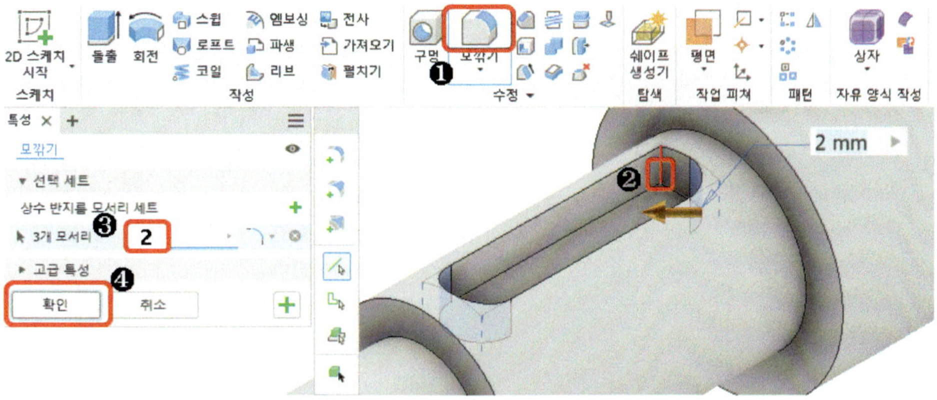

▶ 오른쪽의 키를 그리기 위해 축의 반대쪽이 보이도록 3D 회전시킨다. 그릴 스케치 평면을 잡기 위해 검색기 창의 ❶ [YZ평면]을 선택하고 ❷ [스케치 작성]을 누른다.

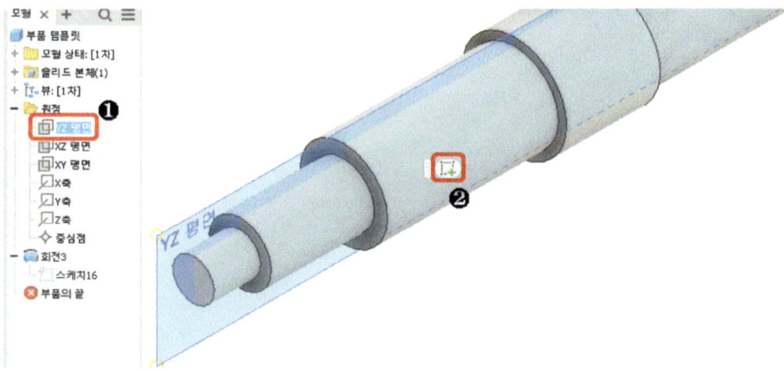

▶ 스케치 모드로 들어오면 F7을 누르고 ❶ [2점 직사가형]으로 그림과 같이 사각형을 그린다. ❷ [치수] 명령으로 그림과 같이 치수를 입력하고 ❸ [스케치 마무리]를 누른다. 여기서 "4"는 KS 규격에 따른 키의 높이이다.

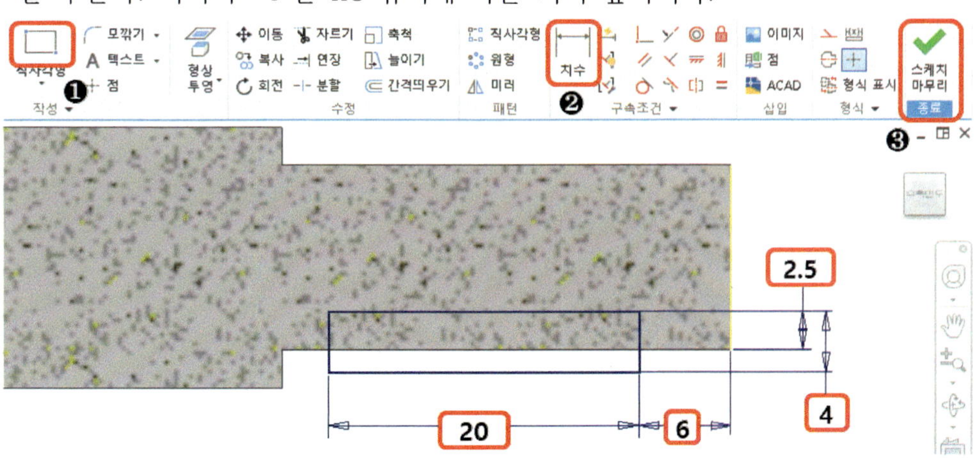

▶ ❶ [돌출] 명령을 실행하면 앞에서 그린 사각형이 자동 선택 되며 ❷ [대칭]을 클릭한다. ❸ [거리]를 "4"로 입력한 후 ❹ [절단]을 클릭 후 ❺ [확인]을 누른다.

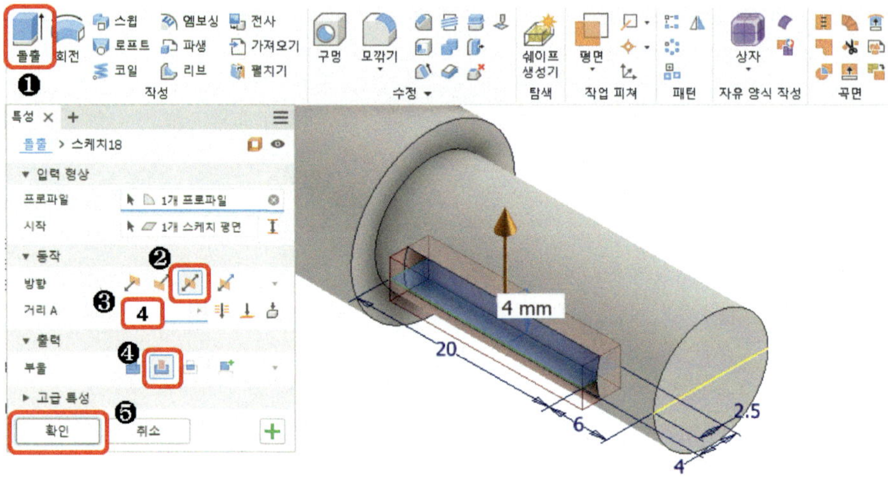

▶ ❶ [모깎기] 명령을 실행하고 키 구멍의 ❷ 수직 모서리 4개를 모두 선택한 후 ❸ 필렛 값을 "2"로 입력한다. ❹ [확인] 버튼을 누른다.

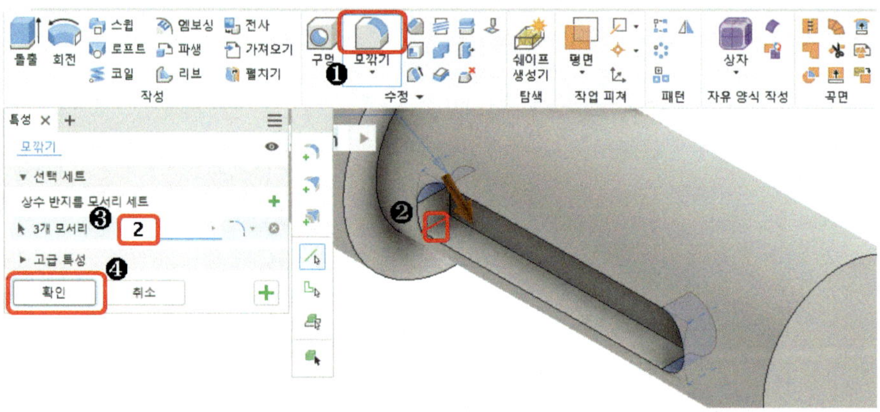

▶ 오른쪽의 멈춤나사 홈부를 그릴 스케치 평면을 잡기 위해 검색기 창의 ❶ [YZ평면]을 선택하고 ❷ [스케치 작성]을 누른다.

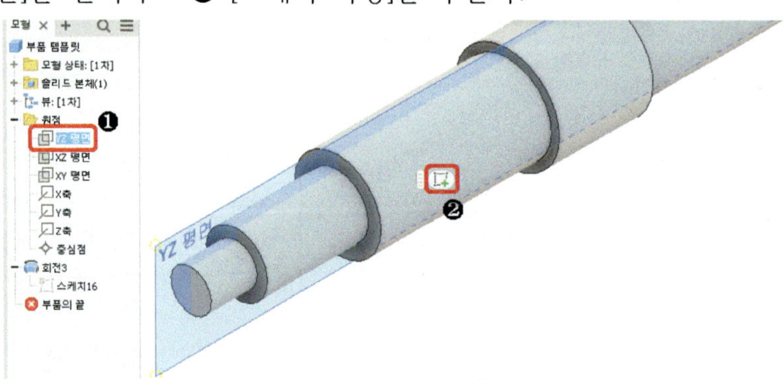

▶ 스케치 모드로 들어오면 F7을 누르고 오른쪽 끝부분에서 ❶ [선] 명령으로 그림과 같은 삼각형을 그린다. ❷ 수직선을 선택해서 ❸ [중심선]을 클릭한다.

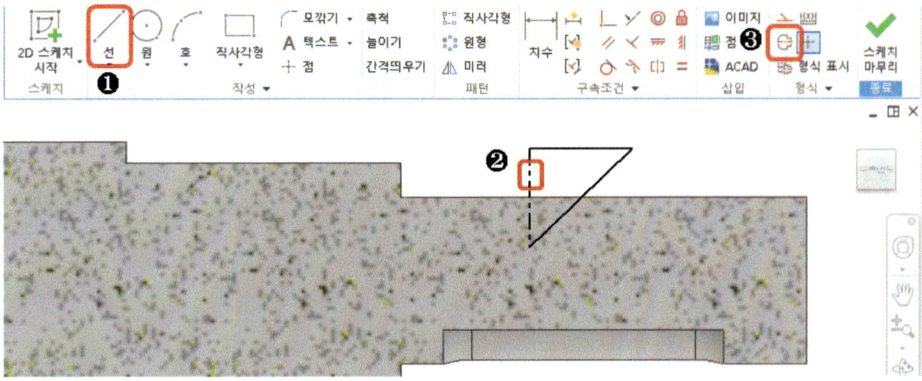

▶ ❶ [치수] 명령으로 그림과 같이 나오는 대로 두고 변경하지 않는다. ❷ [일치 구속조건]을 실행하고 끝점 ❸과 수평선 ❹를 선택하여 일치시킨다.

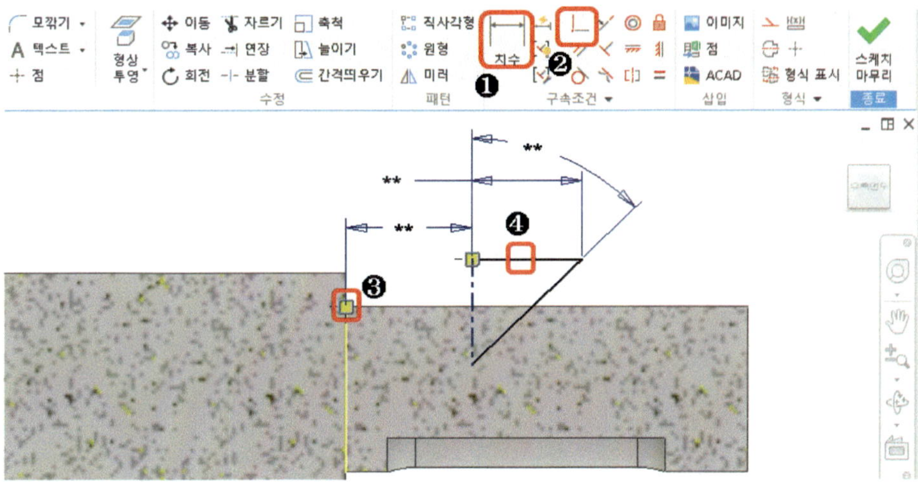

▶ ❶ [치수] 명령을 실행하고 각각의 치수를 선택해서 그림과 같이 변경한 후 ❷ [스케치 마무리]를 누른다.

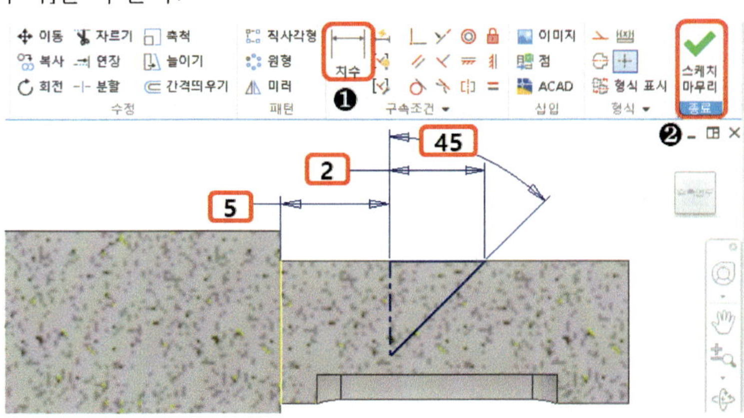

▶ ❶ [회전] 명령을 실행하면 앞에서 그린 삼각형이 자동으로 선택되고 ❷ [절단]을 클릭한 후 ❸ [확인] 버튼을 누르면 멈춤 나사 홈이 생성된다.

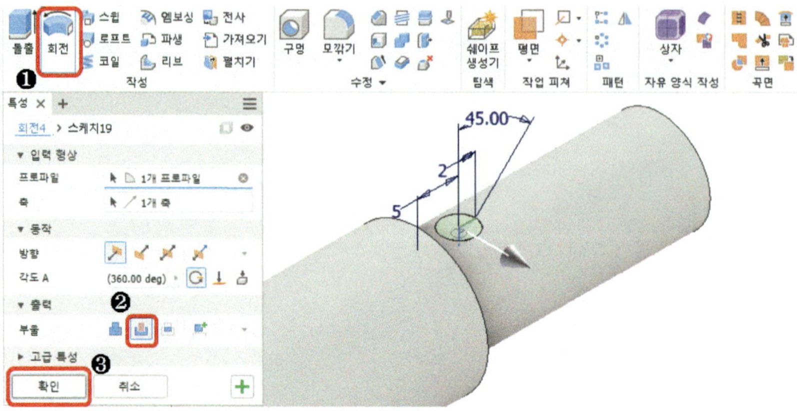

▶ 왼쪽 오일 실 삽입부의 모따기를 위해 ❶ [모따기] 명령을 실행하고 ❷ [거리 및 각도]를 선택한 후 ❸ [거리]에는 "1.8", [각도]에는 "30"을 입력한다. 먼저 축의 외면 ❹를 선택하고 ❺ 모서리 원을 선택한 후 ❻ [적용] 버튼을 누른다.

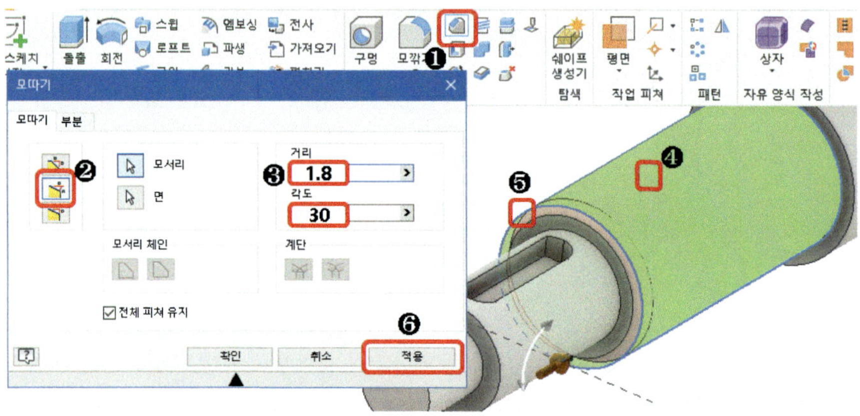

▶ 오른쪽 오일 실 삽입부의 모따기를 위해 3D 회전한다. 먼저 축의 외면 ❶을 선택하고 ❷ 모서리 원을 선택한 후 ❸ [확인] 버튼을 누른다.

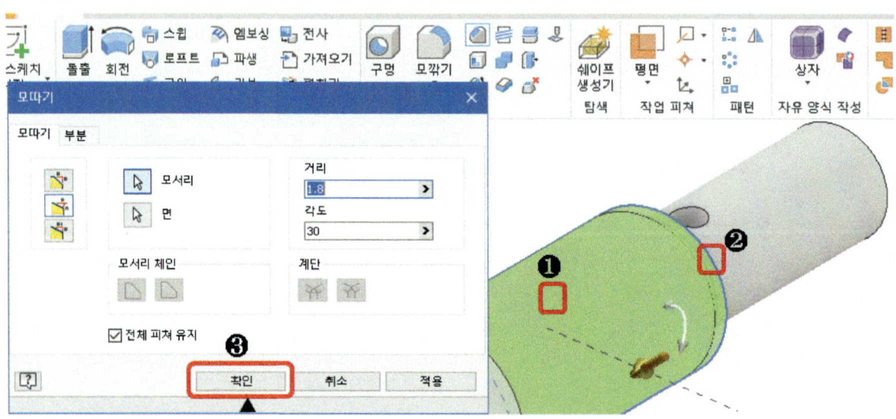

▶ ❶ [모깎기] 명령을 실행하고 축의 모서리 원 ❷를 선택하고 ❸ 필렛 값 "2"를 입력한다. 모깎기 추가를 위해 ❹ [상수 반지름 모서리 세트 추가]를 클릭하면 모서리 추가란이 나타난다. 모서리 원 ❺를 선택한 후 ❻ 필렛 값 "1"을 입력한 후 ❼ [적용] 버튼을 눌러 모깎기를 이어나간다.

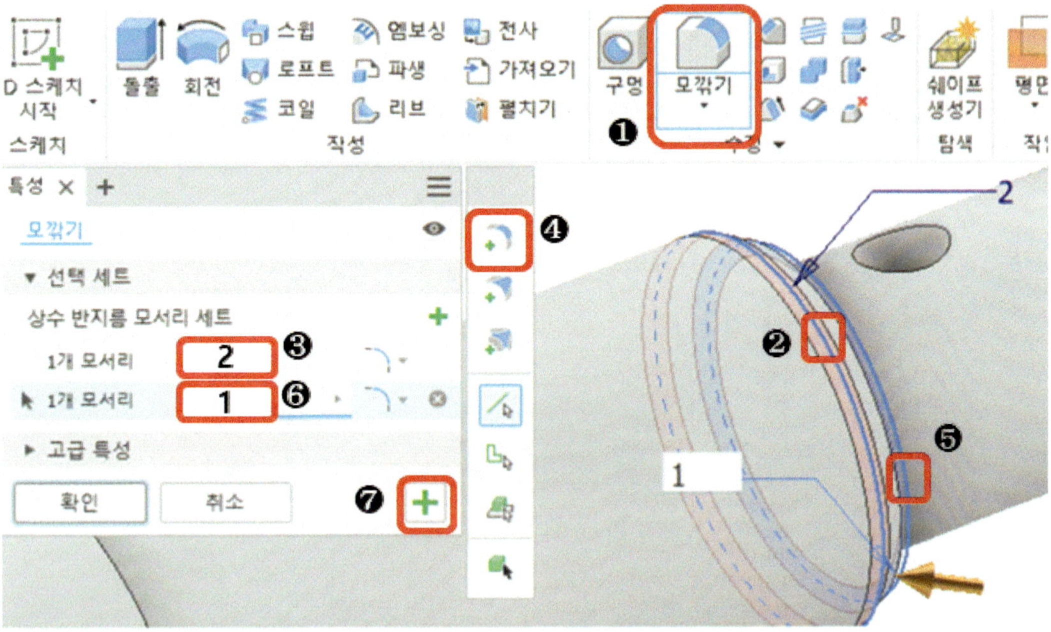

▶ 반대편의 모깎기를 위해 화면을 3D 회전한다. 축의 모서리 원 ❶을 선택하고 ❸ 필렛 값 "1"을 입력한다. 모깎기 추가를 위해 ❸ [상수 반지름 모서리 세트 추가]를 클릭하면 모서리 추가란이 나타나고 모서리 원 ❹를 선택한 후 ❺ 필렛 값 "2"를 입력한다. ❻ [확인] 버튼을 누른다.

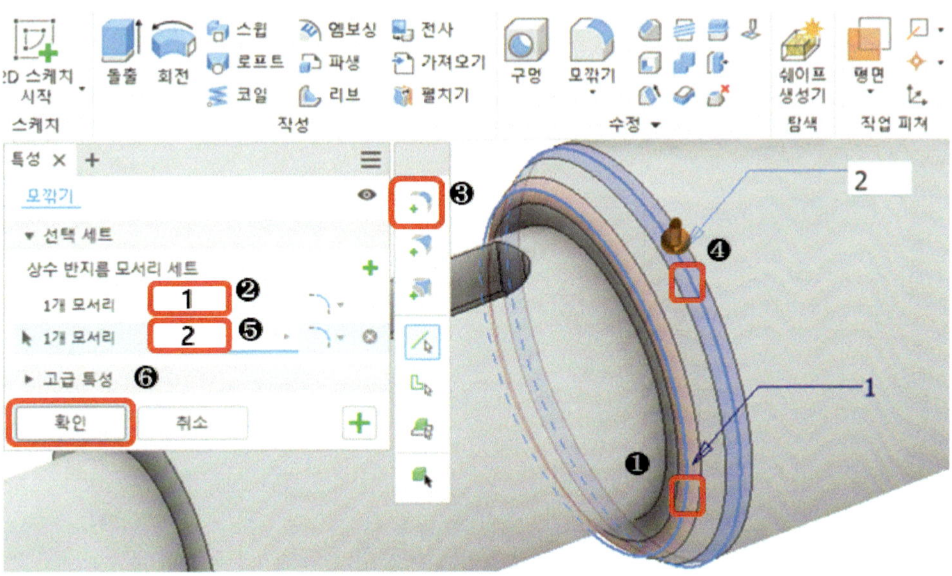

▶ 베어링 구석부 둥글기를 주기 위해 ❶ [모깎기] 명령을 실행하고 모서리 원 ❷와 ❸을 선택한 후 ❹ 필렛 값을 "0.3"으로 입력한다. ❺ [확인] 버튼을 누른다.

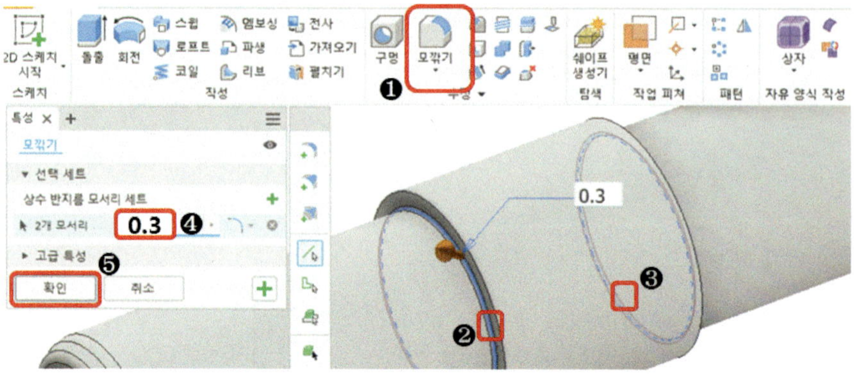

▶ 수나사 작업을 위해 ❶ [스레드] 명령을 실행하고 ❷ [ISO Metric profile]로 변경한다. 크기 8(M8)은 자동으로 지정되며 ❸ 축의 끝단부를 선택하고 ❹ [전체 깊이 꺼짐]으로 둔 후 ❺ 스레드 길이 7을 입력한다. ❻ [확인] 버튼을 누른다.

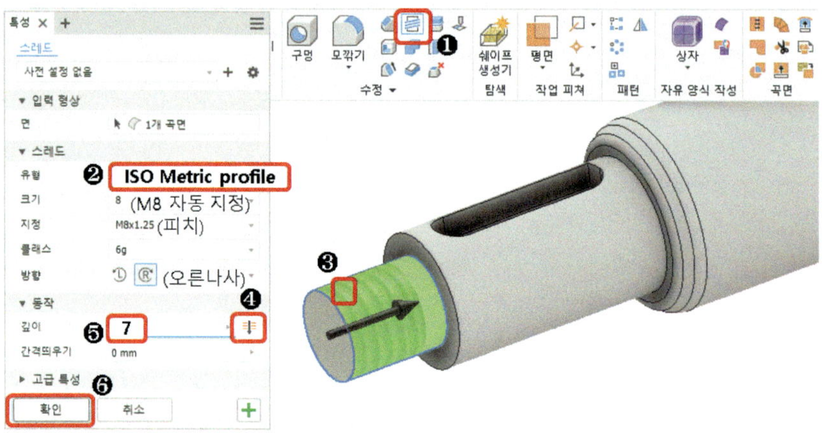

▶ ❶ [모따기] 명령을 선택하고 ❷ [거리] 옵션을 선택한 후 ❸ [거리]로 "1"을 입력한다. 챔퍼처리할 모서리 ❹와 ❺를 선택한 후 ❻ [적용] 버튼을 누른다.

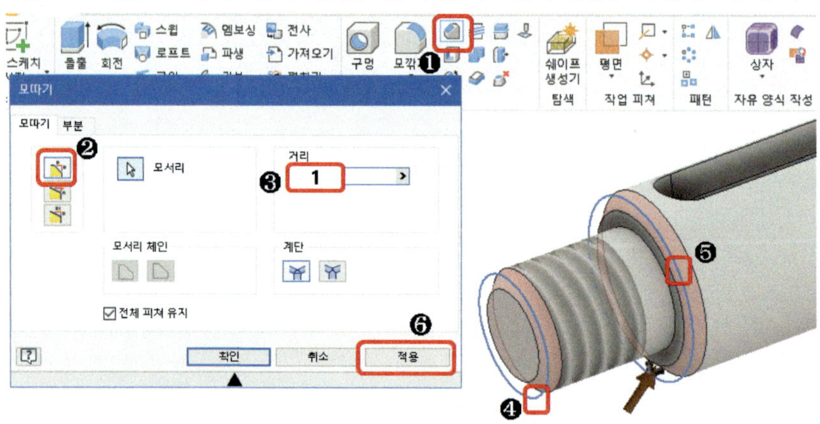

▶ 축의 끝단 모서리 ❶을 선택한 후 ❷ [확인] 버튼을 누른다. 축의 모델링이 완성되면 다른 이름으로 저장하도록 한다.

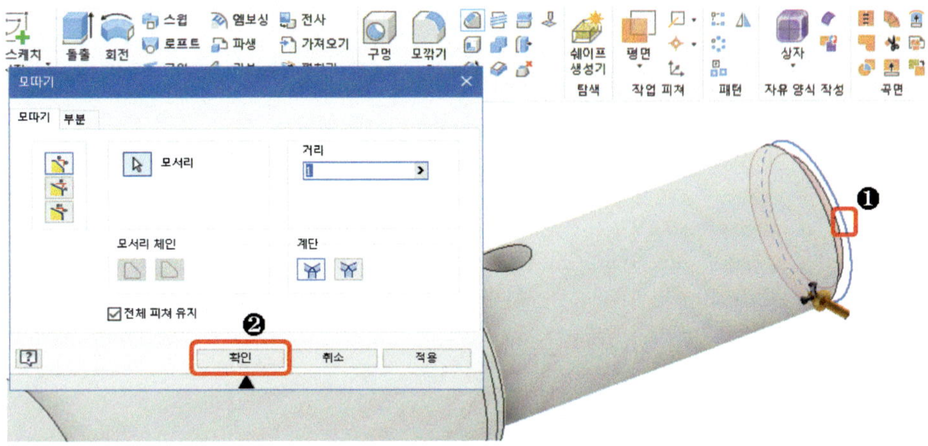

▶ 모델링 결과는 다음과 같다.

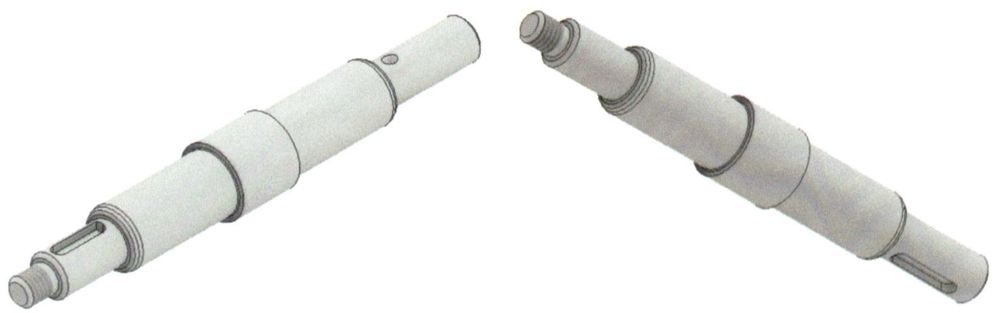

4.6 V 벨트 풀리 모델링

① 도면

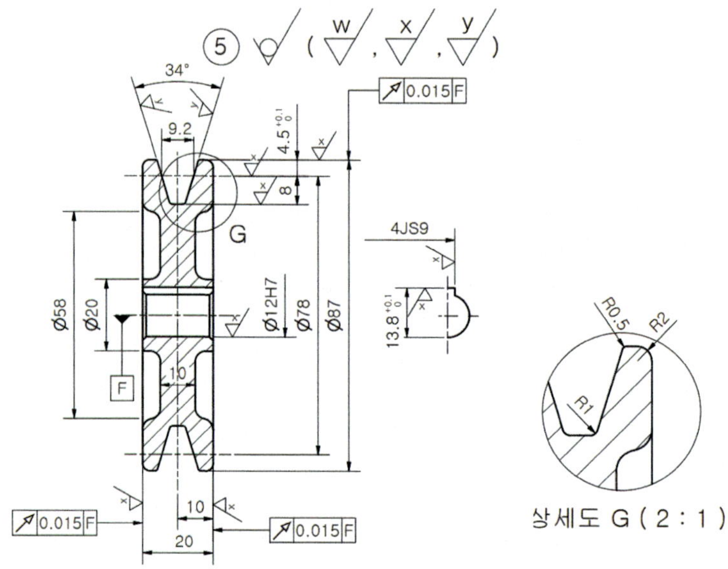

② 모델링 순서

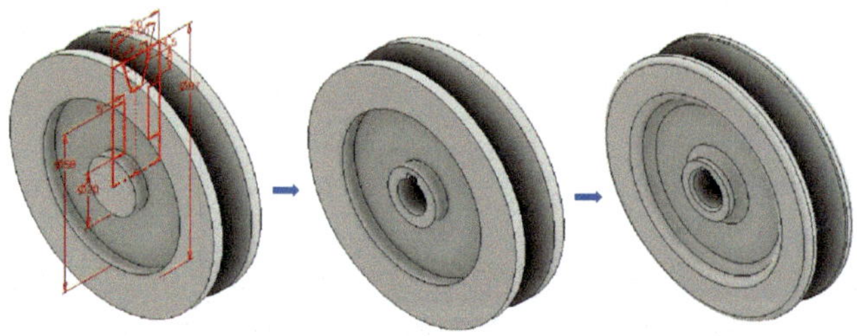

▶ 인벤터를 실행시키고 ❶ [새로 만들기]를 눌러 확장시킨 후 ❷ [부품(.ipt)]를 누르면 작업 공간으로 넘어간다. 화면상에서 뷰큐브의 ❸ [홈] 버튼을 누르면 좌표축 ❹처럼 전환된다.

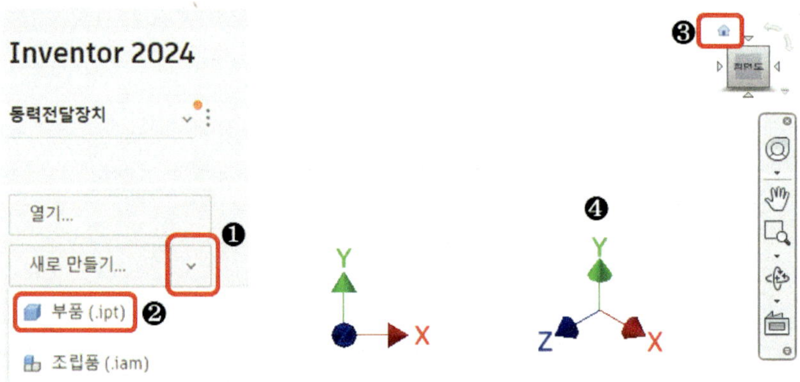

▶ 단면을 그릴 스케치 작업평면을 잡기위해 검색기 창의 ❶ [원점] 앞의 "+" 기호를 눌러 확장시키고 ❷ [YZ평면]을 눌러 ❸ [스케치 작성]을 클릭한다.

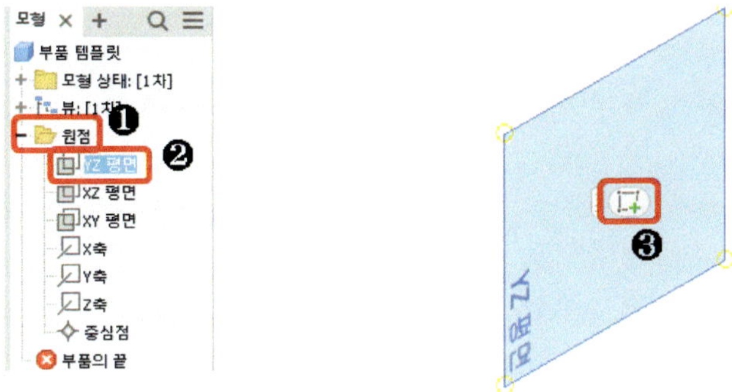

▶ ❶ [2점 직사각형] 명령을 실행하고 원점 근처의 임의의 점 ❷와 ❸을 대각선으로 하는 사각형을 그린다.

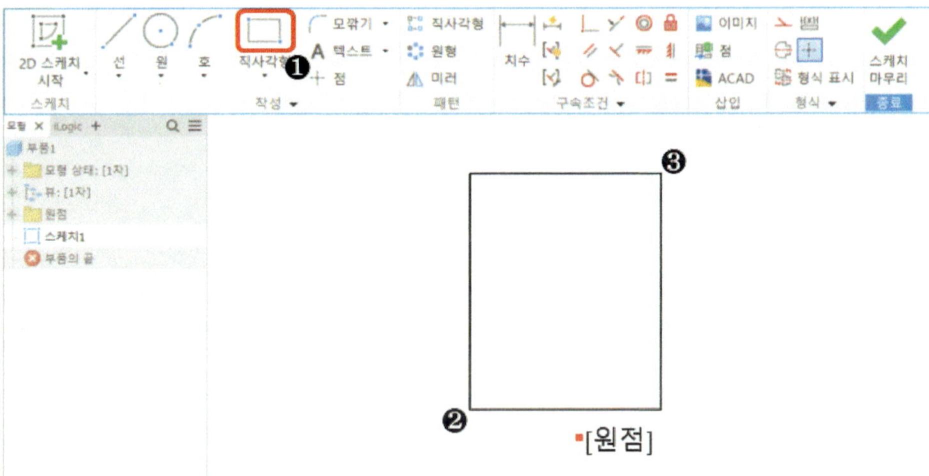

▶ ❶ [일치 구속조건] 명령을 이용하여 원점 ❷와 선의 중간점 ❸을 선택하여 일치시킨다. 그러면 좌우 대칭형이 된다.

▶ Esc를 누른다. 아래 선 ❶을 선택하고 ❷ [중심선]을 선택하여 선을 중심선으로 변경한다.

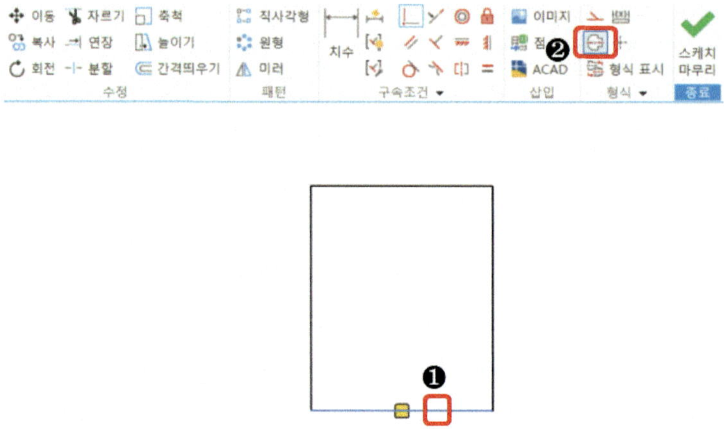

▶ ❶ [치수] 명령을 실행하고 중심선 ❷와 위의 선 ❸을 선택하여 직경 치수 "87"을 입력하고, 선 ❸을 선택하여 수평치수 "20"을 입력한다.

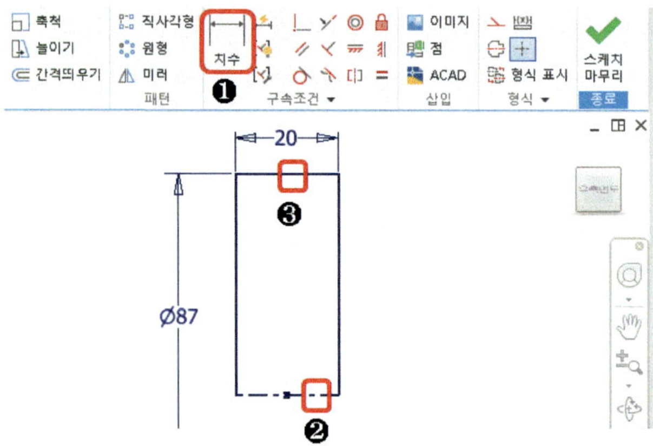

▶ ❶ [2점 직사각형] 명령으로 그림과 같이 점 ❷와 ❸, 점 ❹와 ❺를 이용하여 동일선상 구속을 주면서 사각형 2개를 그린다.

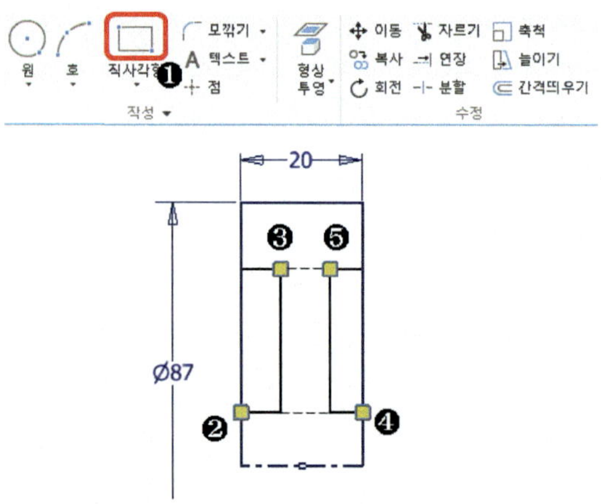

▶ ❶ [동일] 명령을 실행하고 선 ❷와 ❸을 선택하면 그 길이가 같아진다.

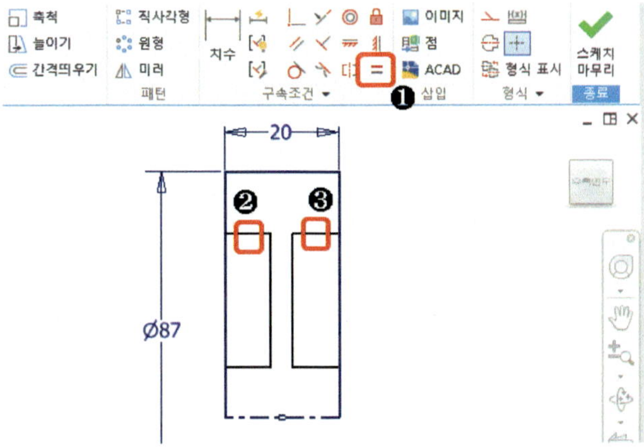

▶ ❶ [치수] 명령을 이용하여 다음과 같이 직경치수 20, 58과 간격 치수 10을 입력한다. ❷ [스케치 마무리]를 누른다.

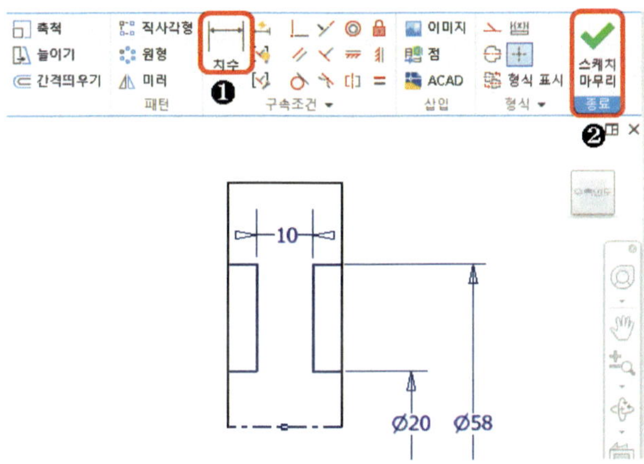

▶ ❶ [회전] 명령을 실행시키고 앞에서 그린 스케치 영역 ❷를 선택한 후 ❸ [축 선택]을 누른다.

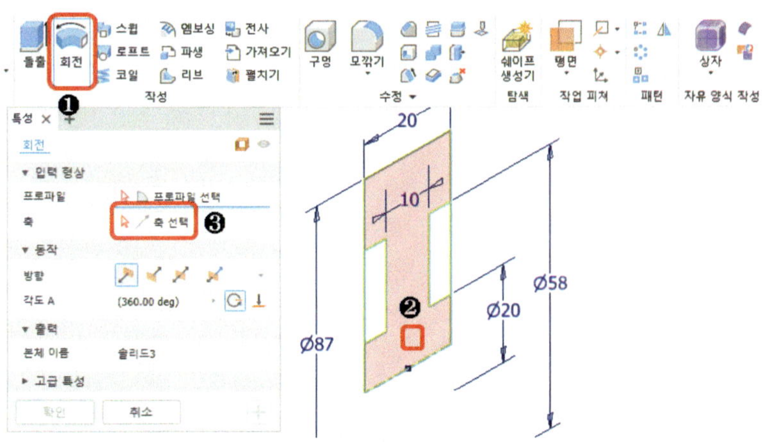

▶ 자동적으로 회전체가 만들어지면 ❹ [확인] 버튼을 누른다.

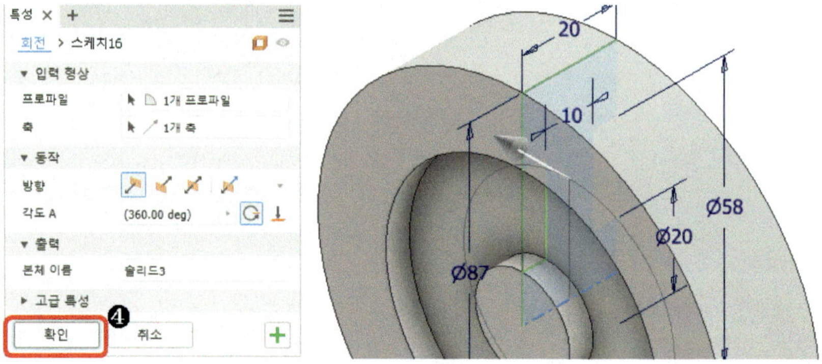

▶ V홈을 그리기 위해서 검색기 창에서 ❶ [YZ평면]을 클릭하고 ❷ [스케치 작성]을 누른다.

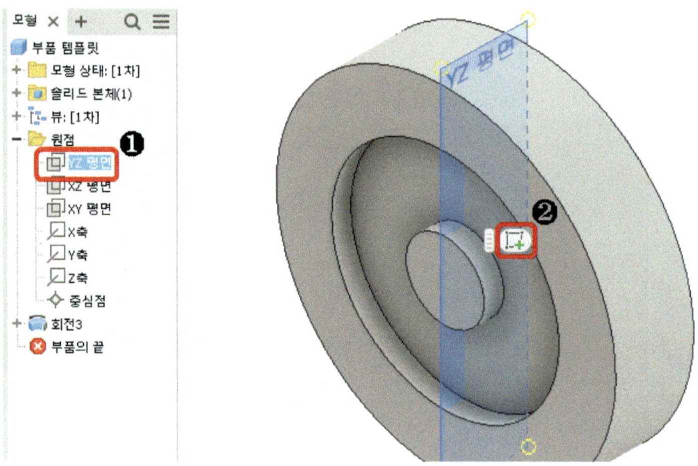

▶ 스케치 모드로 들어오면 F7를 누른다. ❶ [선] 명령으로 ❷와 같은 마름모를 그린다. ❸ [수평] 구속을 누르고 선의 중간점 ❹와 ❺를 선택하고 이어서 점 ❻과 원점 ❼을 선택하여 수직 정렬이 되도록 한다.

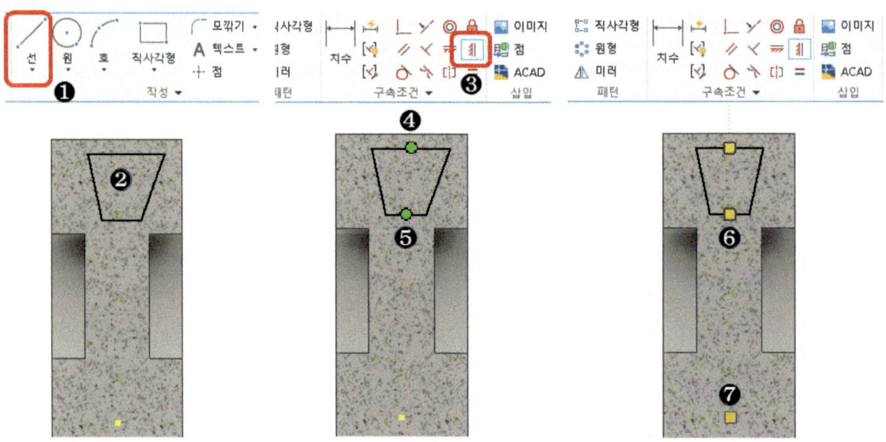

▶ ❶ [형상 투영]을 누르고 맨 위의 선 ❷를 선택하면 노란선이 생성된다. ❸ [일치 구소조건]을 클릭하고 선 ❹와 ❺의 중간점을 선택해서 일치시킨다. ❻ [선] 명령으로 그림과 같이 도형 위쪽으로 수평선 ❼을 그린다.

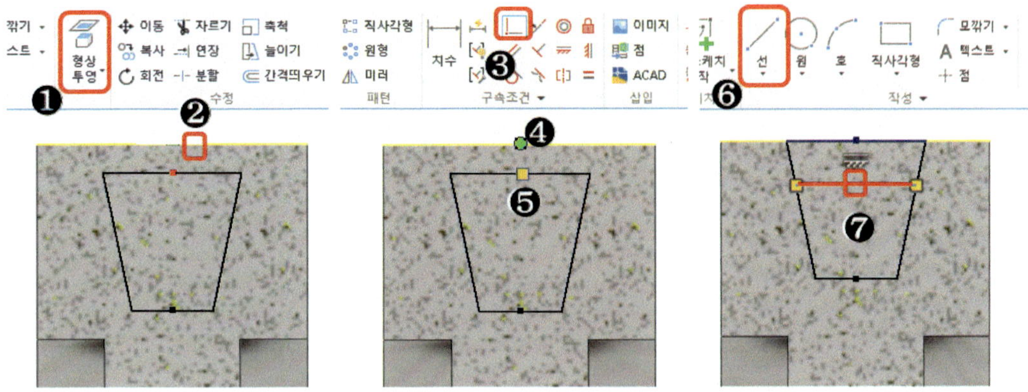

▶ ❶ [치수] 명령을 실행하고 다음과 같이 각도 34˚, 거리 치수 9.2, 4.5, 8을 입력한 후 ❷ [스케치 마무리]를 누른다.

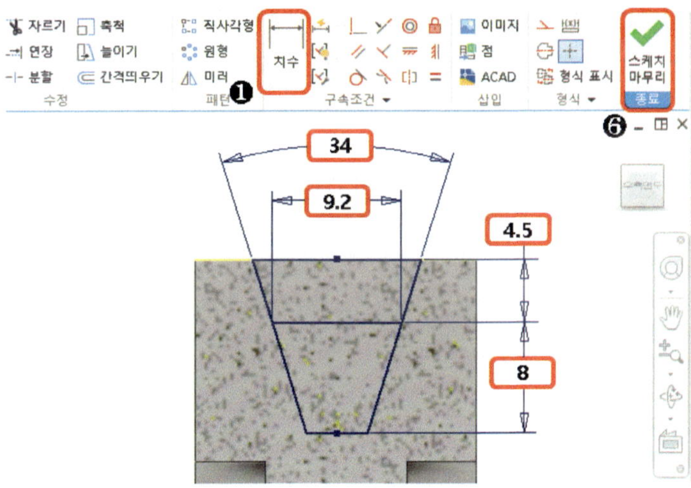

▶ ❶ [회전] 명령을 실행하고 앞에서 그린 스케치를 임의의 점 ❷에서 ❸까지 드래그하여 앞에서 그린 모든 영역을 선택한다.

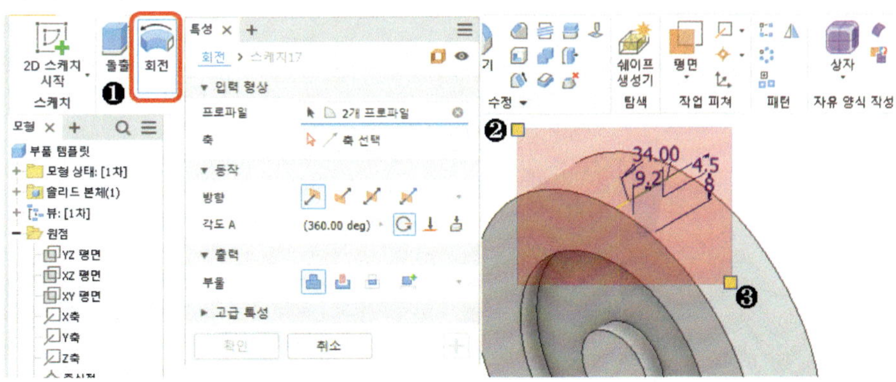

▶ 이어서, ❹ [축] 화살표를 클릭하고 검색기 창의 ❺ [Z축]을 선택한 후 ❻ [절단]을 누른다. 그러면 회전체가 생성되면서 V홈이 만들어진다. ❼ [확인] 버튼을 누른다.

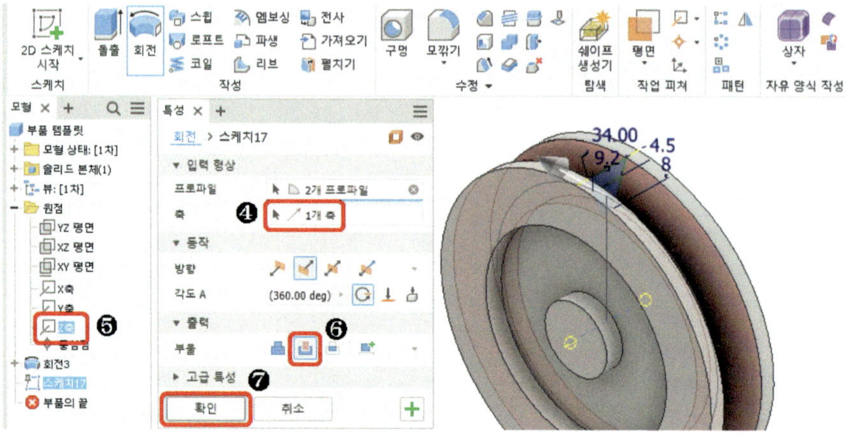

▶ ❶ [구멍] 명령을 실행시켜 맨 앞의 면 ❷를 먼저 선택하고 모서리 ❸을 선택한다. 그림과 같이 구멍 옵션을 [단순 구멍] 및 시트 [없음]을 클릭하고 [전체 관통]을 선택한다. ❹ 구멍의 직경 치수 "12"를 입력하고 ❺ [확인] 버튼을 누른다.

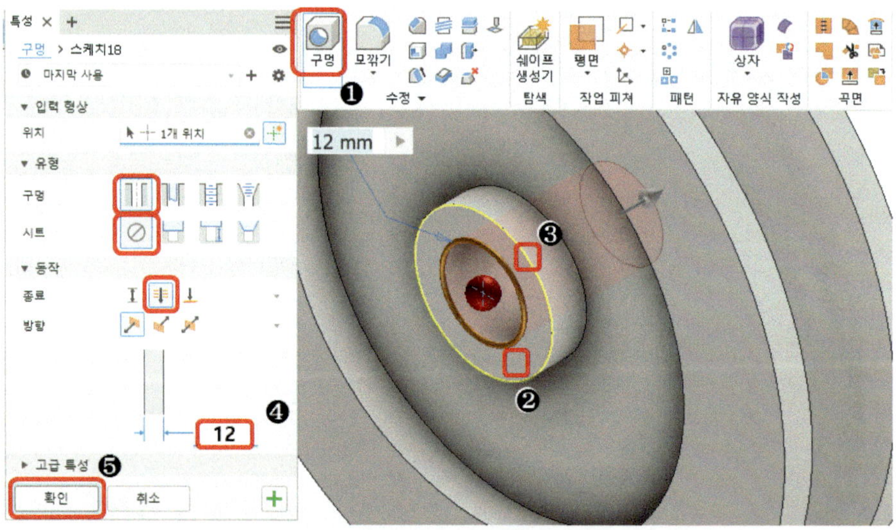

▶ 키 홈을 그리기 위해 앞면 ❶을 클릭하고 ❷ [스케치 작성]을 누른다.

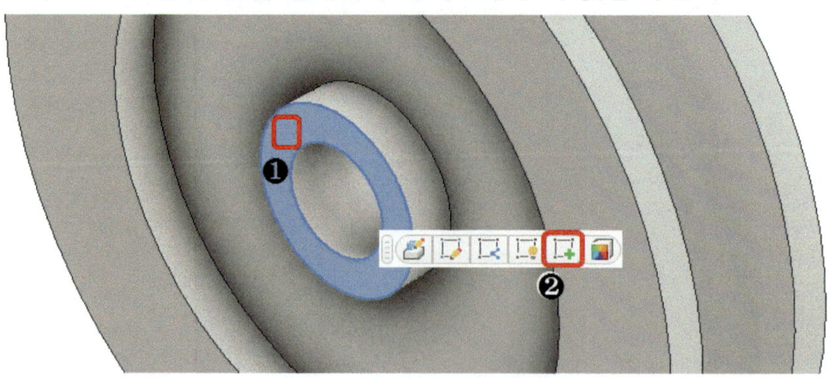

▶ ❶ [2점 직사각형] 명령으로 그림과 같이 사각형을 그리고 ❷ [일치 구속조건] 명령을 누르고 원점 ❸과 선의 중간점 ❹를 클릭하여 일치시키도록 한다.

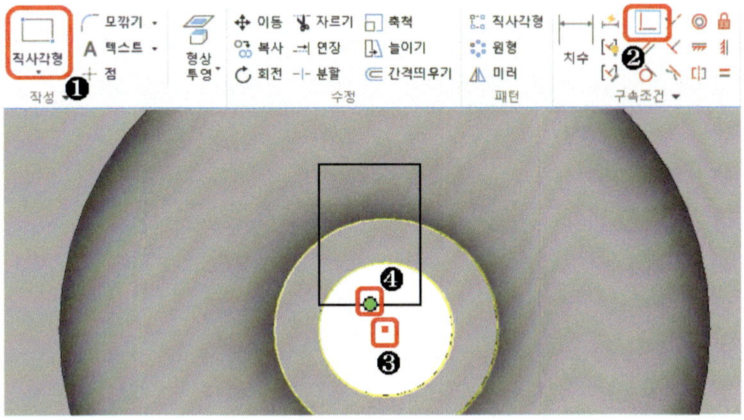

▶ ❶ [치수] 명령으로 그림과 같이 치수를 입력하고 ❷ [스케치 마무리]를 누른다.

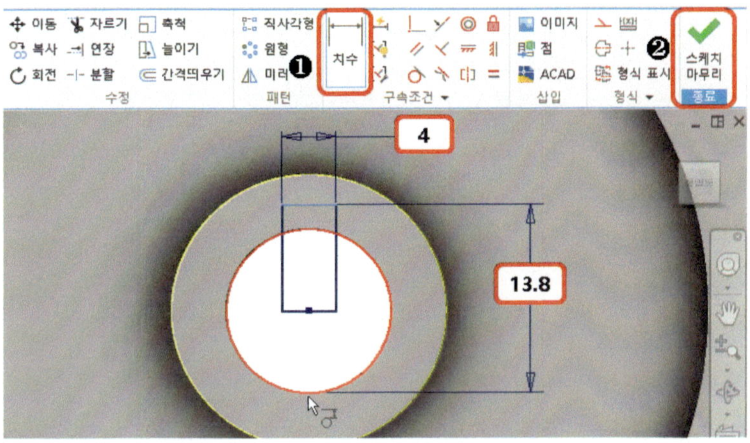

▶ ❶ [돌출] 명령을 실행하고 앞에서 작성한 ❷ 사각형을 선택한 후 ❸ [전체 관통]을 누른다. 부울 옵션이 ❹ [절단]인지 체크하고 ❺ [확인] 버튼을 누른다.

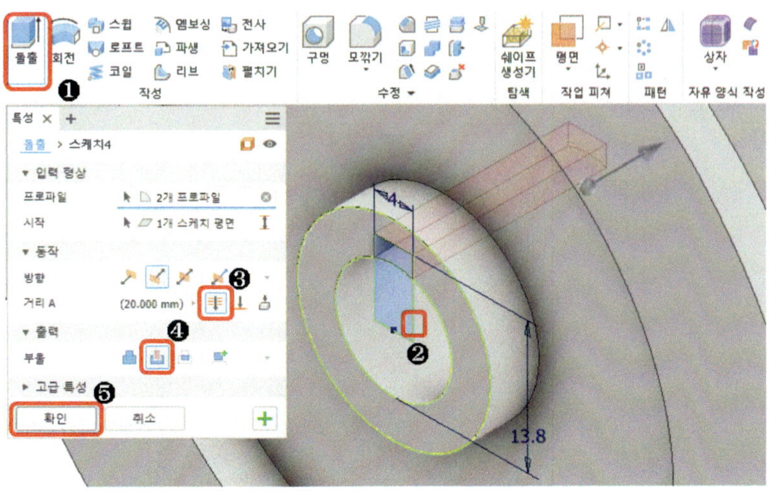

▶ ❶ [모깎기] 명령을 실행하여 ❷ 반지름에 "3"을 입력한다. ❸ 모서리 원 3개를 모두 선택하고 ❹ [확인] 버튼을 누른다. 반대쪽도 같은 방법으로 모깎기를 한다.

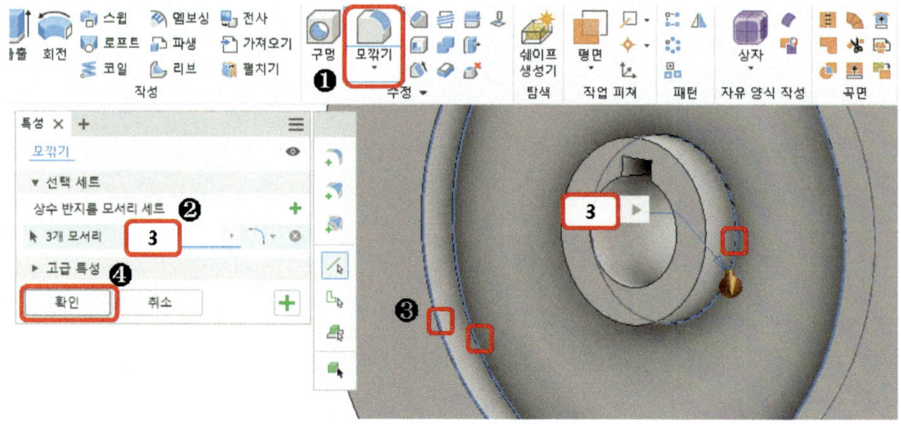

▶ ❶ [모깎기] 명령을 실행하고 ❷ 필렛 값을 "2"로 주고 그림과 같이 ❸ 바깥쪽 모서리 원 2개를 모두 선택한다. ❹ [적용] 버튼을 누른다.

▶ 계속해서, ❶ 반지름 "0.5"를 입력하고 ❷ 안쪽 모서리 원 2개를 모두 선택한 후 ❸ [적용] 버튼을 누른다.

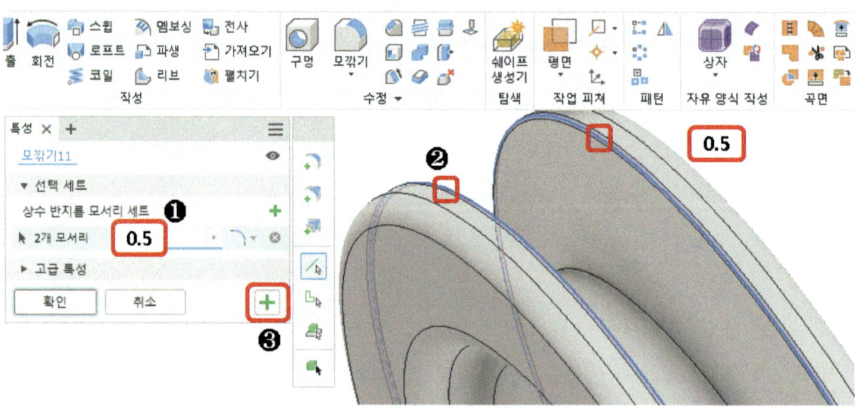

▶ 마지막으로, ❶ 반지름 치수 "1"을 입력하고 ❷ 원의 모서리 2개를 모두 선택하고 ❸ [확인] 버튼을 누른다.

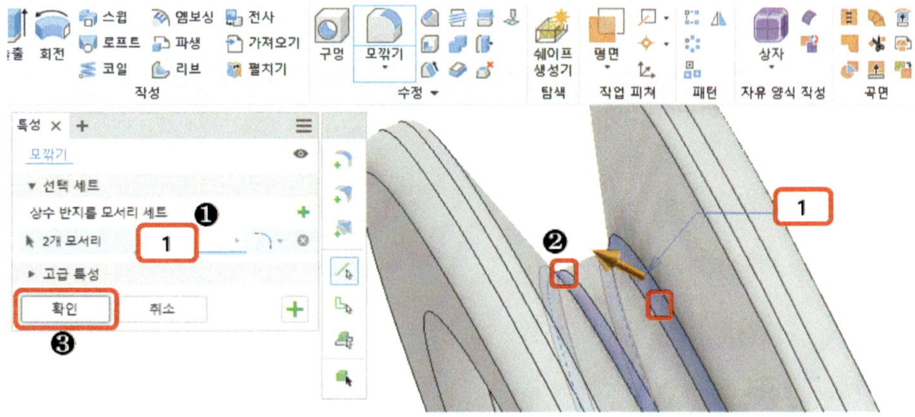

▶ ❶ [모따기] 명령을 이용하여 ❷[거리] 옵션을 지정하고 ❸ [거리]에 "1"을 입력한다. ❹ 구멍의 양쪽 모서리 2개를 모두 선택하고 ❺ [확인] 버튼을 누른다.

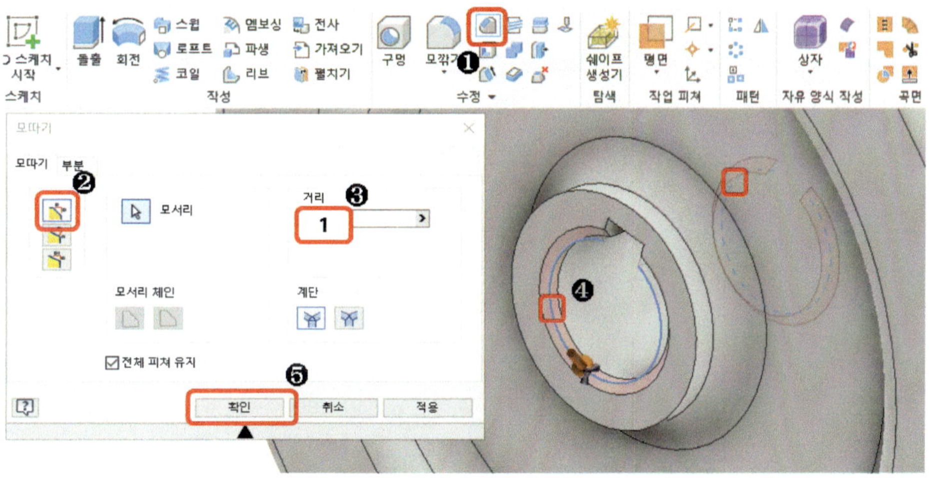

▶ V 벨트 풀리 모델링이 완성되면 다른 이름으로 저장하기 바란다.

▶ V 벨트 풀리 모델링 결과는 다음과 같다.

05 CHAPTER 조립 모델링 작성

5.1 3D 조립품 모델링

다음은 동력전달장치 조립도이다.

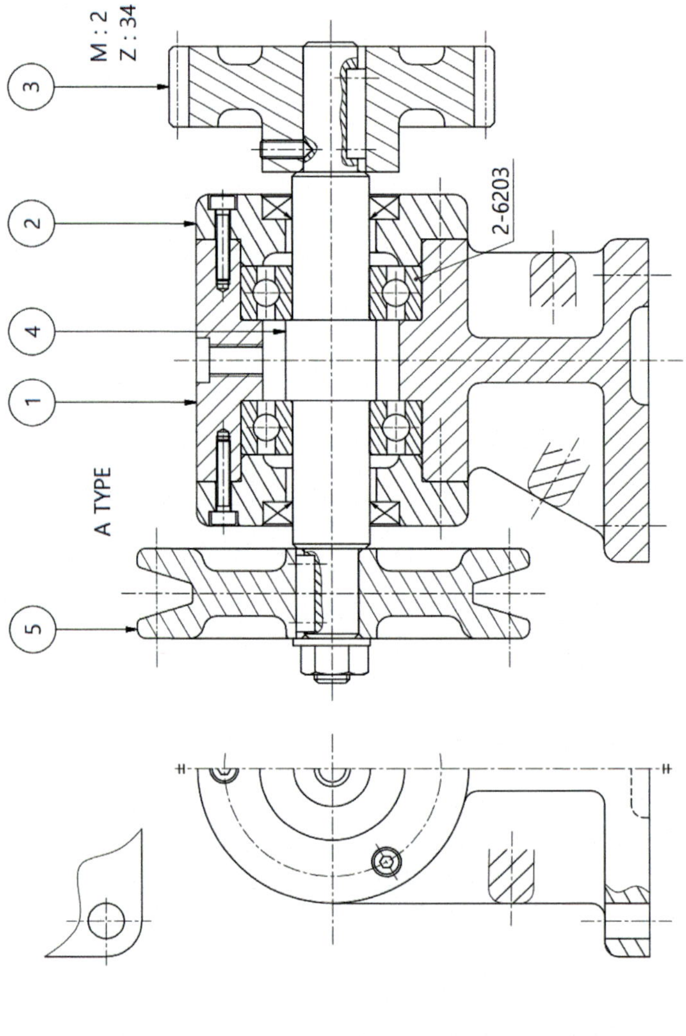

조립 모델링 순서는 다음과 같다.

1) 본체 배치
2) 베어링 조립(KS규격품)
3) 축 조립
4) 커버 조립
5) 오일 실 조립(KS규격품)
6) 볼트 조립(KS규격품)
7) 키 조립(KS규격품)
8) V 벨트 풀리 조립
9) 와셔 조립(KS규격품)
10) 너트 조립(KS규격품)
11) 기어 조립
12) 멈춤 나사 조립(KS규격품)
13) 그리스 니플 조립
14) 간섭체크
15) 구동하기

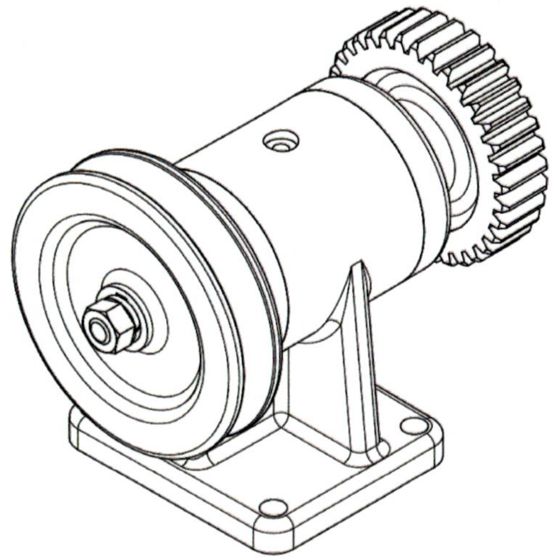

5.1.1 본체 배치

▶ 인벤터를 실행한 후 ❶ [새로 만들기]를 확장시켜 ❷ [조립품(.iam)]을 선택한다.

▶ ❶ [배치]를 누르고 ❷ [부품1 본체]를 선택한 후 ❸ [열기]버튼을 누른다.

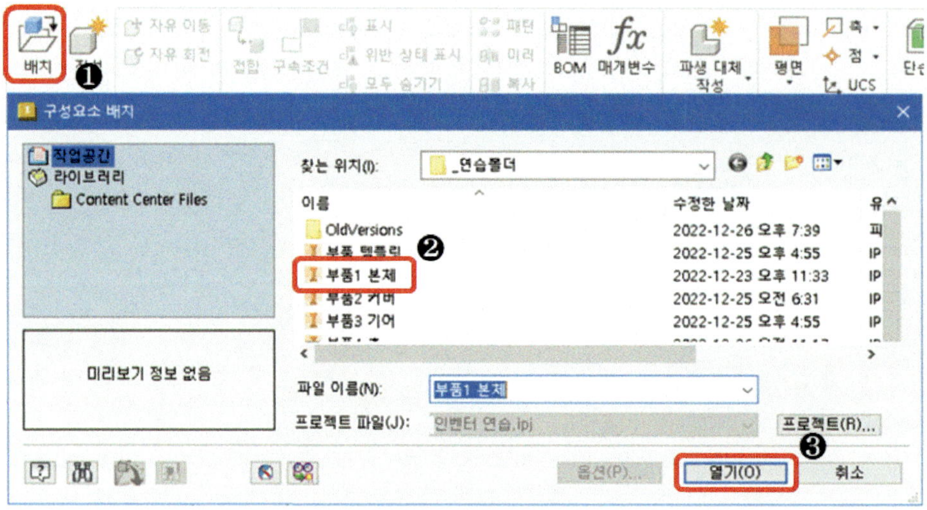

▶ 화면상 임의의 위치 ❶에서 마우스 오른쪽 버튼을 클릭한 후 ❷ [원점에 고정 배치]를 누른다. Esc를 눌러 배치 명령을 종료한다.

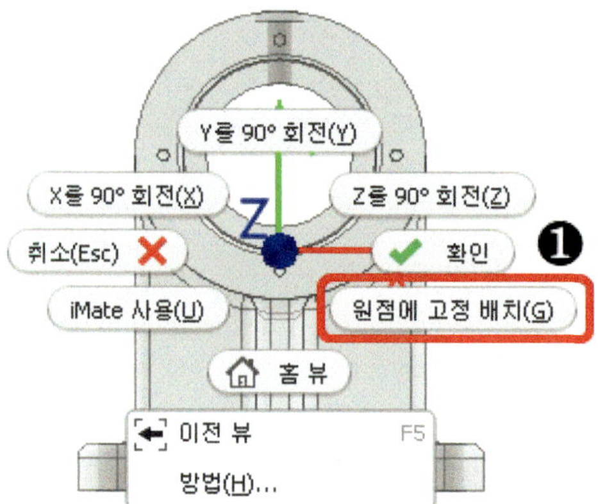

▶ ❶ [뷰] 메뉴를 누르고 ❷ [비주얼 스타일]을 확장시켜 ❸ [모서리로 음영처리]를 선택하면 본체의 모서리가 검정색으로 나타난다.

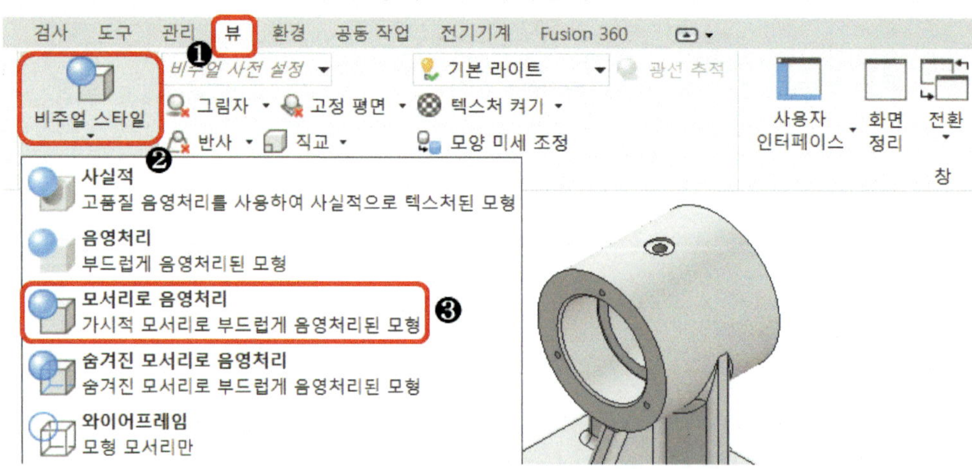

5.1.2 베어링 조립

베어링은 컨텐츠 센터에서 불러와서 조립하도록 한다.

▶ ❶ [배치▼]를 눌러 ❷ [컨텐츠 센터에서 배치]를 누른다. 그림처럼 [샤프트 부품]을 확장시키고 [베어링], [볼베어링] 그리고 ❸ [깊은 그루브 볼 베어링]을 선택한다. ❹ [KS B 2023]을 찾아 더블클릭을 한다.

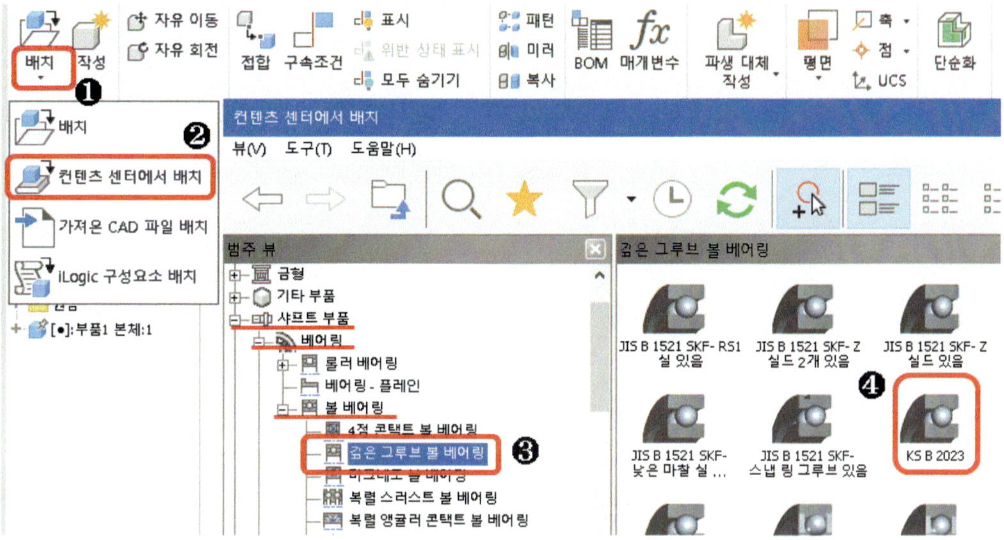

▶ 베어링이 나타나면 임의의 위치에서 마우스 오른쪽 버튼을 눌러 ❶ [크기변경]을 누른다. ❷ [6203] 베어링을 찾아 선택하고 ❸ [사용자로] 앞에 체크한 후 ❹ [확인] 버튼을 누른다.

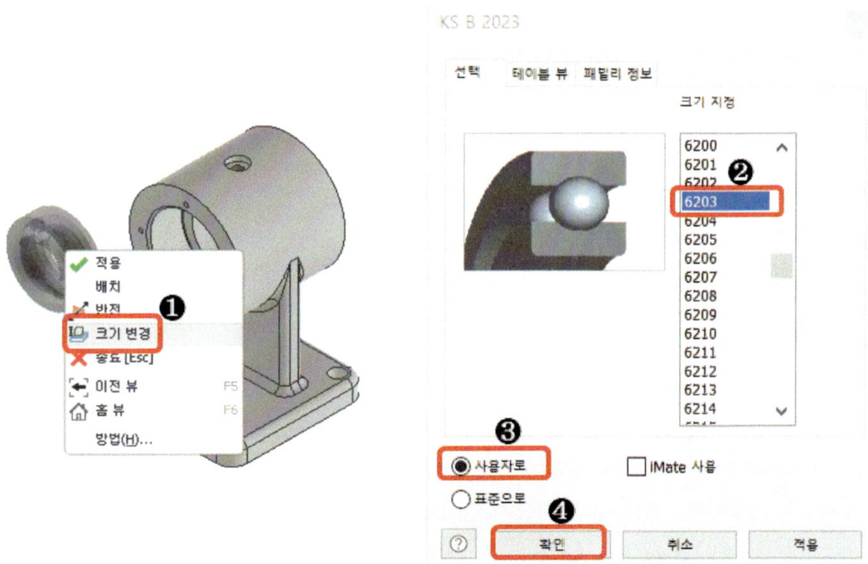

▶ ❶ 베어링 6203을 입력하고 ❷ [저장] 버튼을 누른다.

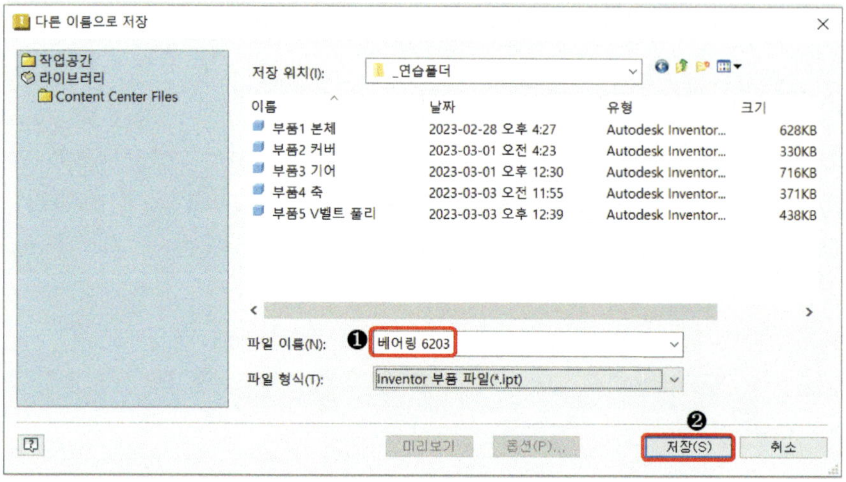

▶ 생성된 베어링을 임의의 위치 ❶과 ❷에 클릭하여 위치시킨다.

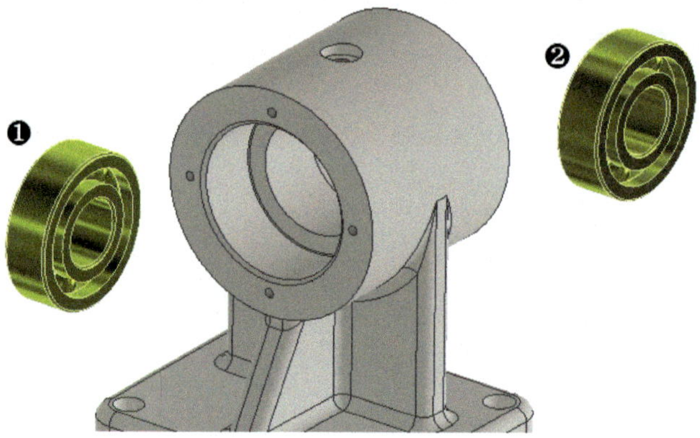

▶ ❶ [조립] 메뉴에서 ❷ [구속조건]을 누르고 ❸ [삽입] 명령을 클릭한 후 그림처럼 베어링의 모서리 원 ❹와 하우징의 안쪽 모서리 원 ❺를 선택하면 조립이 된다. ❻ [적용] 버튼을 누른다.

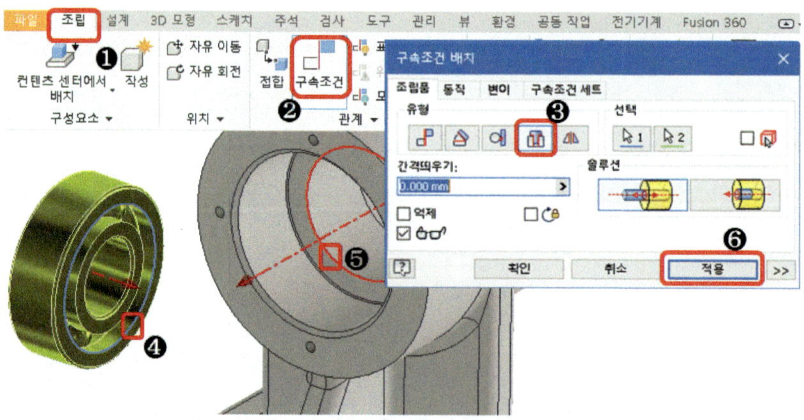

▶ 반대쪽 베어링과 구멍(하우징)이 잘 보이도록 회전시킨다. [삽입] 명령이 계속 유지되는 상태이므로 그림처럼 베어링의 모서리원 ❶과 하우징의 모서리 원 ❷를 선택하면 조립이 된다. ❸ [확인] 버튼을 누른다.

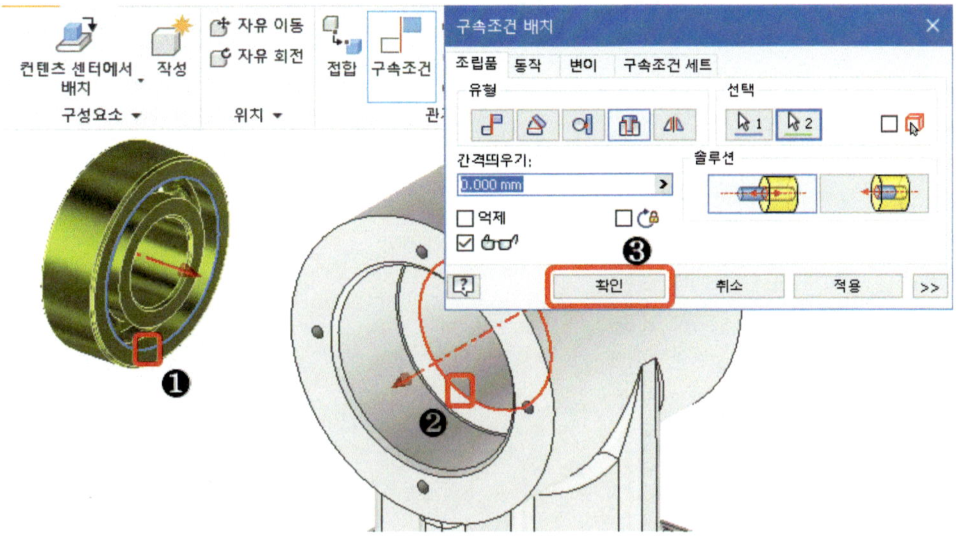

5.1.3 축 조립

▶ ❶ [컨텐츠 센터에서 배치]를 눌러 ❷ [배치]를 클릭한다. ❸ [부품4 축]을 선택하고 ❹ [열기] 버튼을 누른다.

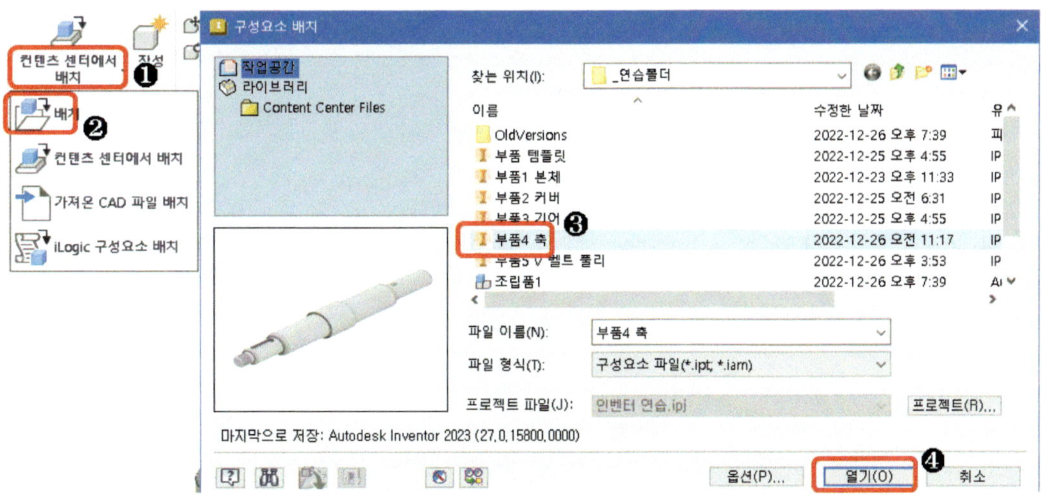

▶ 축이 열리면 임의의 위치 ❶에 배치하고 Esc를 눌러 배치 명령을 종료한다.

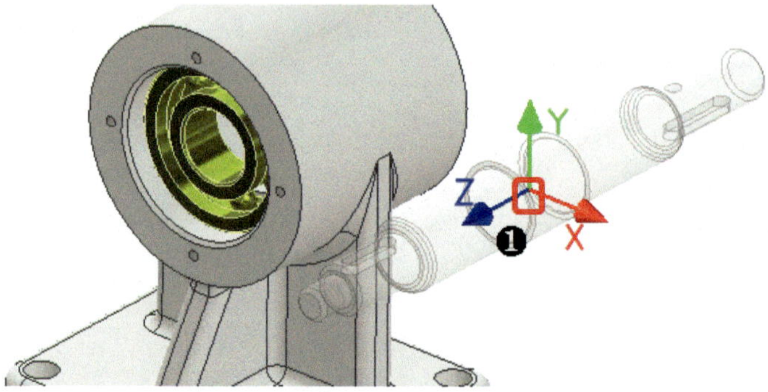

▶ ❶ [구속조건] 명령을 클릭하면 유형에 [메이트], 솔루션에 [메이트]로 되어있고, 축의 외면 ❷와 본체의 외면 ❸을 선택하면 각각의 축 중심이 맞춰진다.

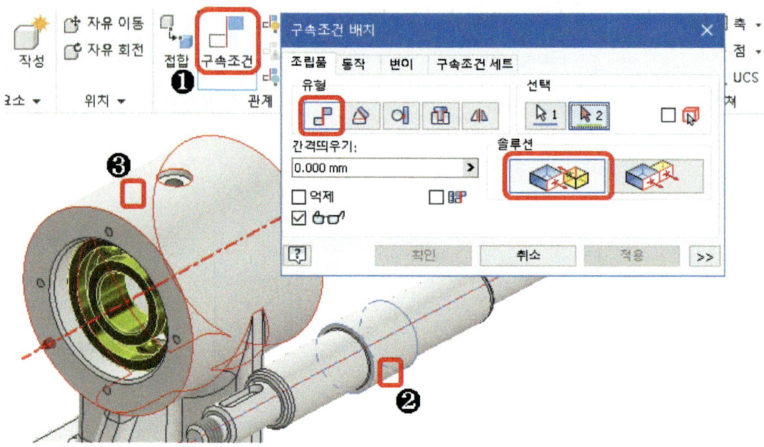

▶ 축 중심 제대로 맞춰져 있는지 확인하고 ❹ [확인] 버튼을 누른다.

▶ Esc를 누르고 축을 드래그하면 축방향으로만 움직이는 것을 확인할 수 있다.

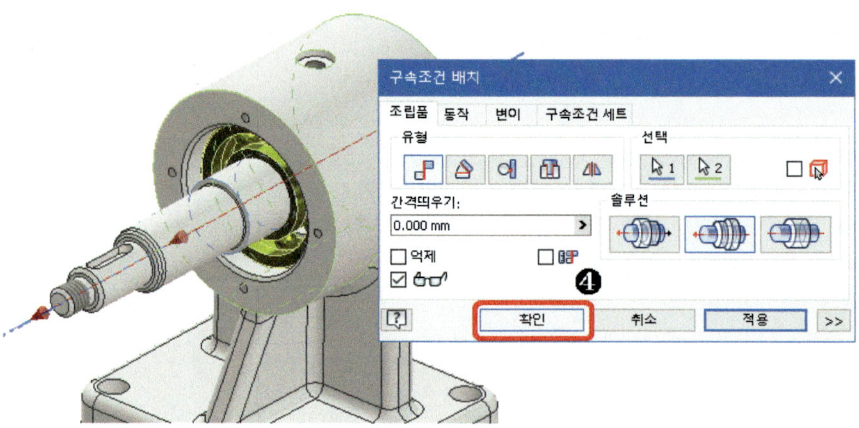

▶ 베어링을 잠시 숨기기 위해 베어링 ❶을 선택한 후 마우스 오른쪽 버튼을 누르고 ❷ [가시성]을 누르면 체크해제가 되면서 베어링이 사라진다.

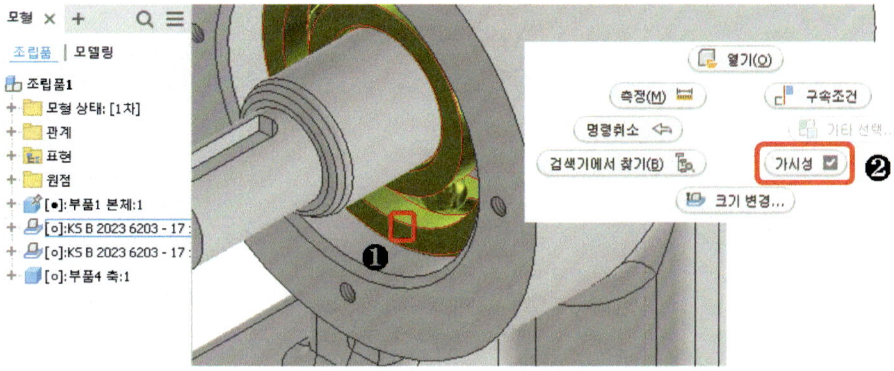

▶ ❶ [구속조건] 명령을 실행하고 유형에 [메이트]인지 확인하고 ❷ [플러시]를 누른다. 이어서, 축의 베어링 접촉부 면 ❸을 선택하고 하우징의 베어링 접촉부 면 ❹를 선택한 후 ❺ [확인] 버튼을 누른다.

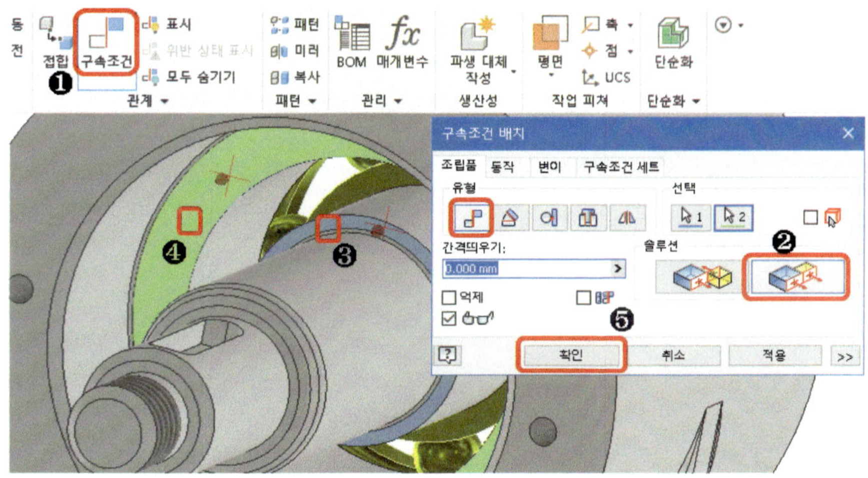

▶ 숨겨 놓은 베어링을 다시 불러오기 위해 검색기 창에서 ❻ 베어링을 선택하고 마우스 오른쪽 버튼을 눌러 ❷ [가시성]을 누르면 베어링이 다시 나타난다.

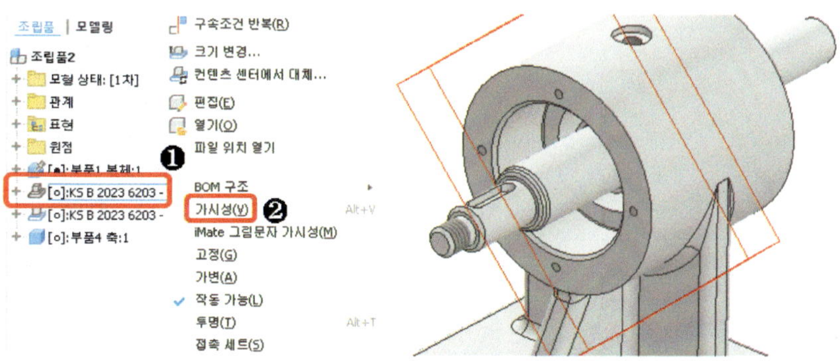

5.1.4 커버 조립

▶ ❶ [배치]를 클릭하고 ❷ [부품2 커버]를 선택한 후 ❸ [열기]를 누른다.

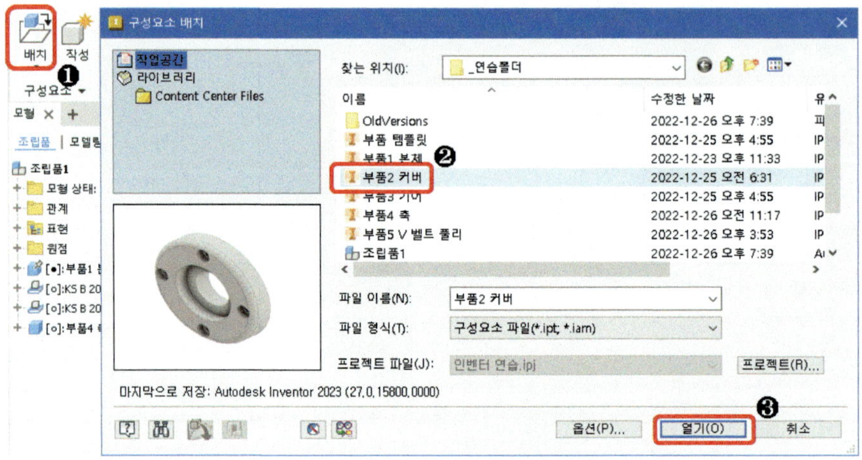

▶ 적당한 위치 ❶에 커버를 배치한다. Esc를 눌러 배치 명령을 종료한다.

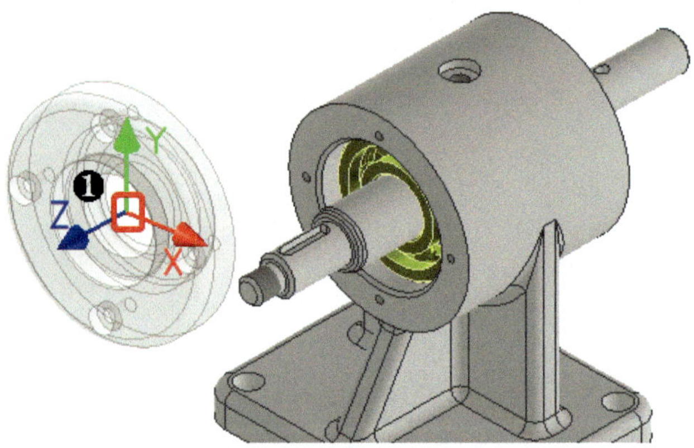

▶ ❶ [구속조건]을 누르고 ❷ [삽입] 명령을 클릭한 후 그림처럼 하우징의 모서리원 ❸과 커버의 모서리 원 ❹를 선택하면 조립이 된다. ❺ [확인] 버튼을 누른다.

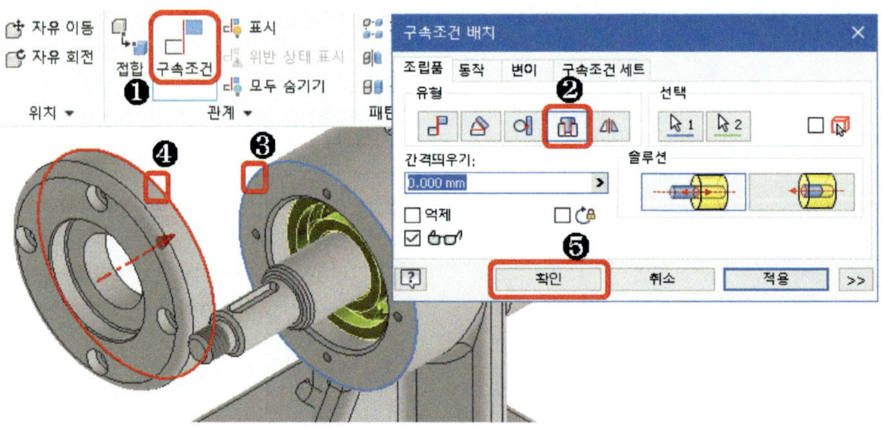

▶ 커버의 카운터보어 부위를 확대시키고 ❶ [구속조건] 명령을 클릭한 후 ❷ [메이트]를 선택한다. 솔루션에 [메이트]인지 확인하고 나사 안쪽 면 ❸과 카운터보어 안쪽 면 ❹를 선택하고 축을 일치시킨다. ❺ [확인]을 누른다.

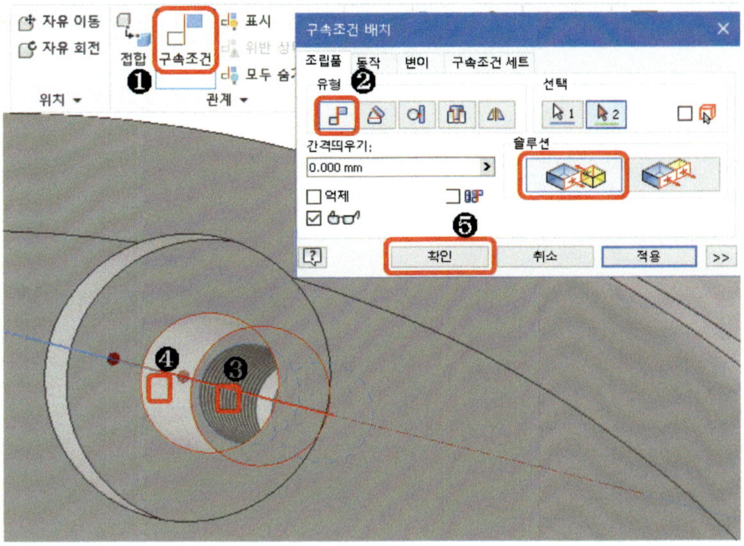

▶ ❶ [미러] 명령을 클릭하고 ❷ 커버를 선택한 후 ❸ [XZ 평면]을 누른다. ❹ [새 구성요소 고정]을 체크하고 ❺ [다음] 버튼을 누른다.

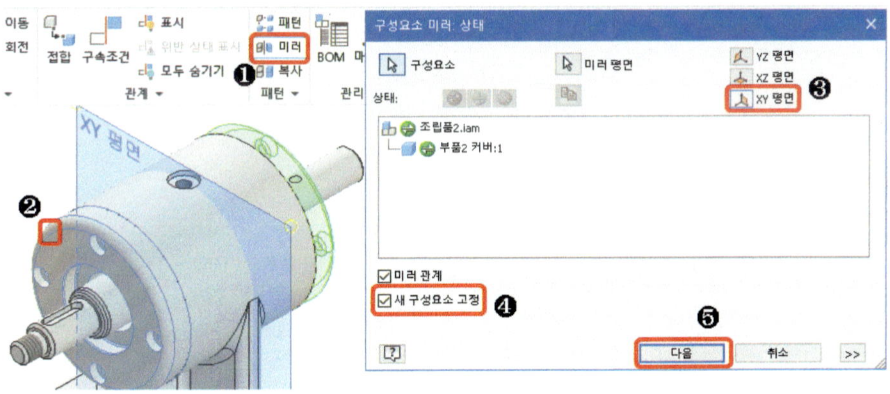

▶ ❻ 확인 버튼을 누른다.

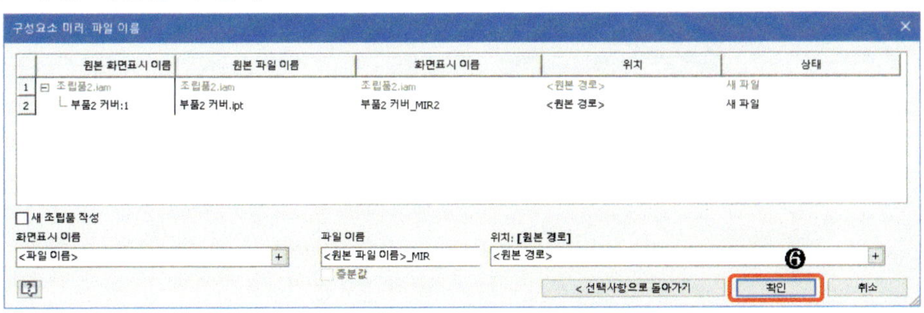

5.1.5 오일 실 조립

▶ 오일 실을 불러오기 위해 ❶ [배치]를 눌러 ❷ [컨텐츠 센터에서 배치]를 클릭한다. 샤프트 부품을 확장시켜 [실링]의 ❸ [립실]을 클릭한 후 ❹ [JIS B 2402]를 더블클릭하거나 ❺ [확인] 버튼을 누른다.

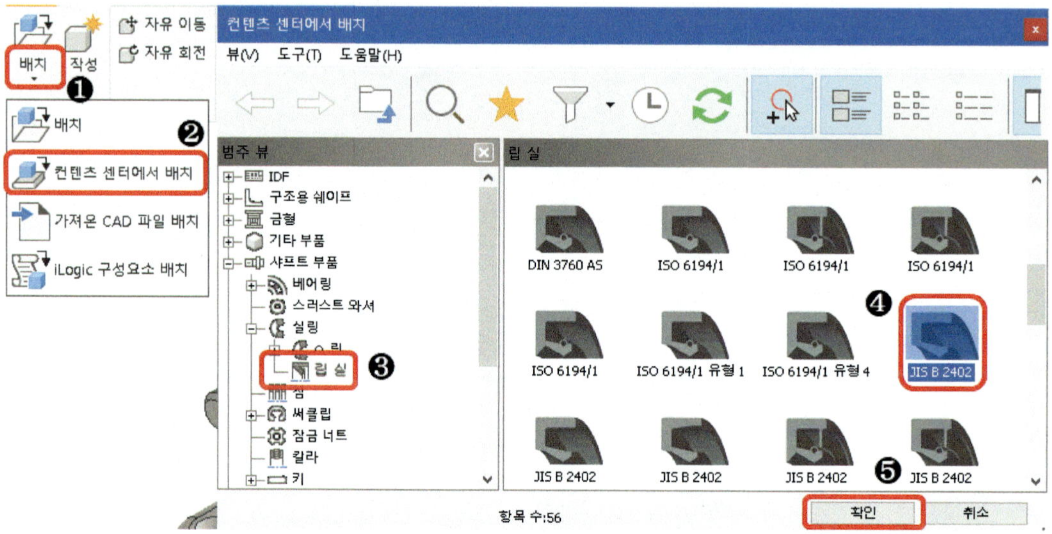

▶ 이어서, 오일실 규격 ❻ [17×30×5]를 선택하고 ❼ [사용자로] 버튼을 누른 후 ❽ 확인버튼을 누른다. 창이 뜨면 다른 이름으로 저장한다. 오일 실이 나타나면 화면상 임의의 위치 ❾에 배치시킨다.

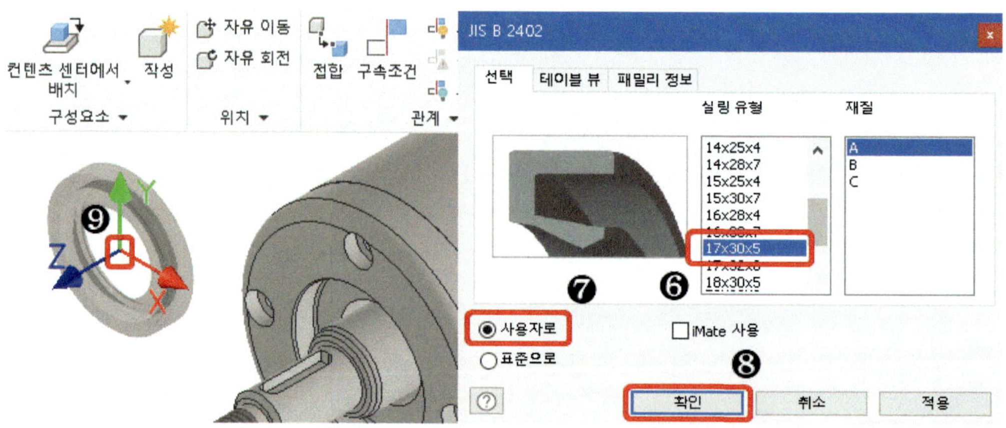

▶ ❶ [구속조건]을 누르고 ❷ [삽입] 명령을 클릭한 후 그림처럼 커버의 안쪽 모서리 원 ❸과 오일 실의 모서리 원 ❹를 선택하면 조립이 된다. ❺ [확인] 버튼을 누른다.

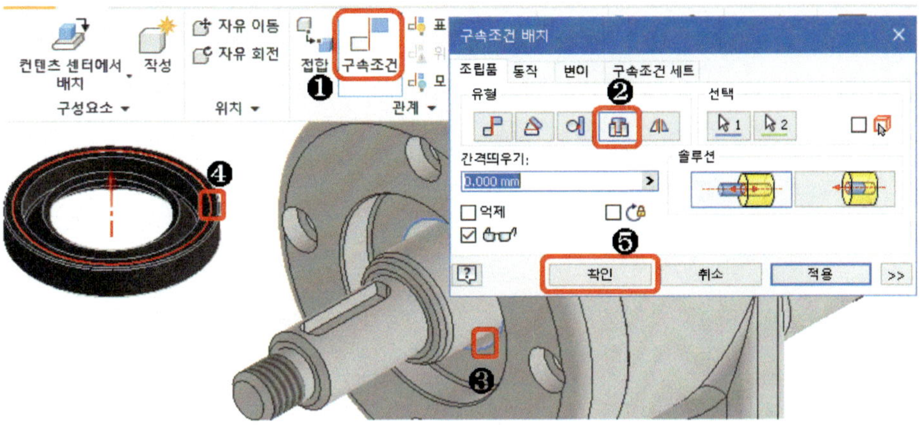

▶ ❶ [미러] 명령을 클릭하고 ❷ 커버를 선택한 후 ❸ [XZ 평면]을 누른다. ❹ [새 구성요소 고정]을 체크를 확인하고 ❺ [다음] 버튼을 누른다.

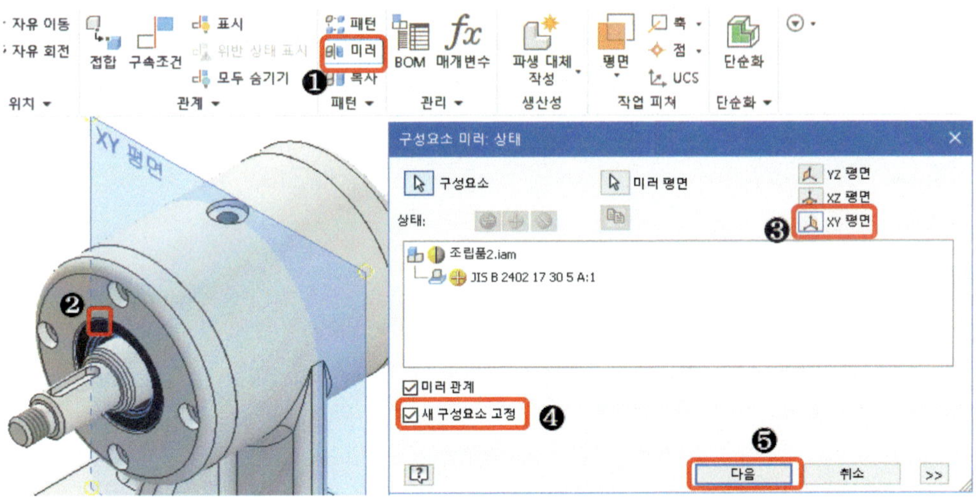

▶ ❻ 확인 버튼을 누르면 반대편에 오일 실이 생성된다.

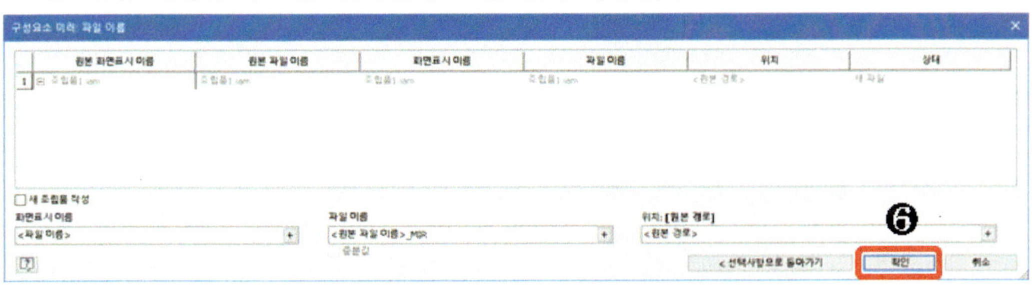

5.1.6 볼트 조립

▶ ❶ [컨텐츠 센터에서 배치] 아이콘을 누르고, [조임쇠]의 [볼트]를 확장시켜 ❷ [소켓머리]를 선택한다. ❸ [KS B 1003-미터]를 찾아서 선택한 후 더블클릭하거나 ❹ [확인] 버튼을 누른다.

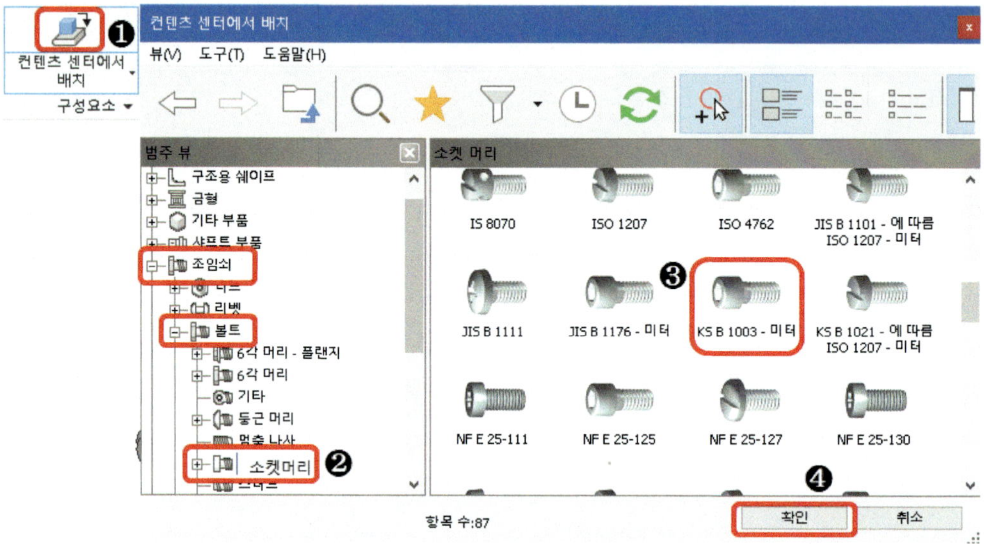

▶ 볼트가 나타나면 바로 마우스 오른쪽 버튼을 클릭하여 ❶ [크기 변경]을 누른다. ❷ [M3]과 ❸ [20]을 선택한다. ❹ [사용자로]에 체크하고 ❺ [확인] 버튼을 누르고 다른 이름으로 저장한다.

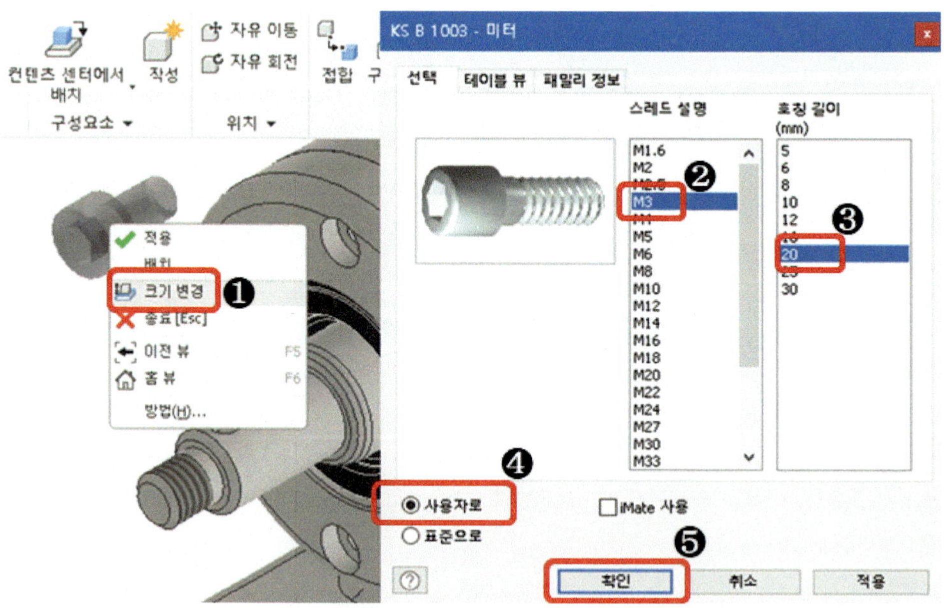

▶ 크기가 변경된 볼트가 나타나면 임의의 위치 ❶에 클릭하고, Esc를 누른다.

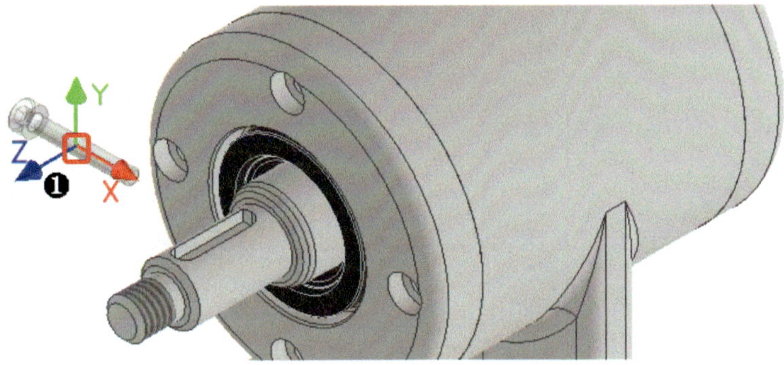

▶ ❶ [구속조건]을 누르고 ❷ [삽입] 명령을 클릭한다. 그림처럼 볼트 시트의 모서리 원 ❸과 카운터보어 바닥 모서리 원 ❹를 선택한 후 ❺ [확인] 버튼을 누른다.

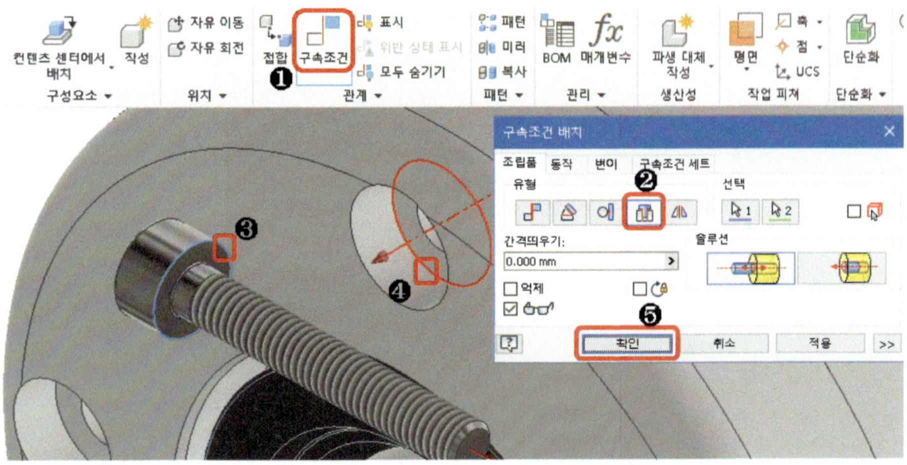

▶ ❶ [패턴]을 누르고 ❷ 볼트를 선택한 후 ❸ [화살표]를 클릭한다. ❹ 카운터보어를 선택한 후 ❺ [확인]버튼을 누른다.

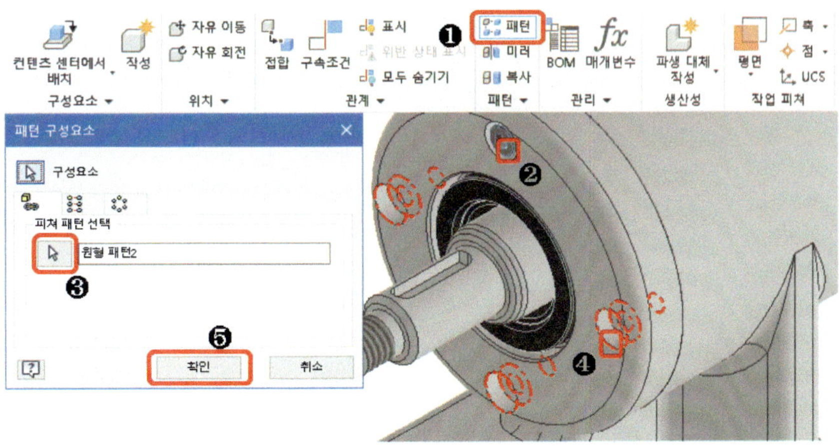

▶ ❶ [미러] 명령을 누르고 ❷ 검색기 창에서 [구성요소 패턴] 또는 조립되어져 있는 볼트를 선택한다. ❸ [XY평면]을 누른 후 ❹ [새 구성요소 고정]을 체크하고 ❺ [다음]을 클릭한다.

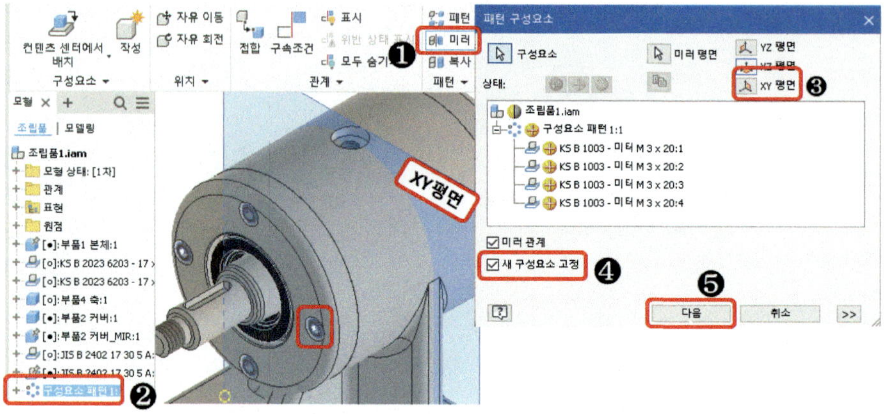

▶ ❻ 확인 버튼을 누르면 반대편에 볼트 4개가 생성된다.

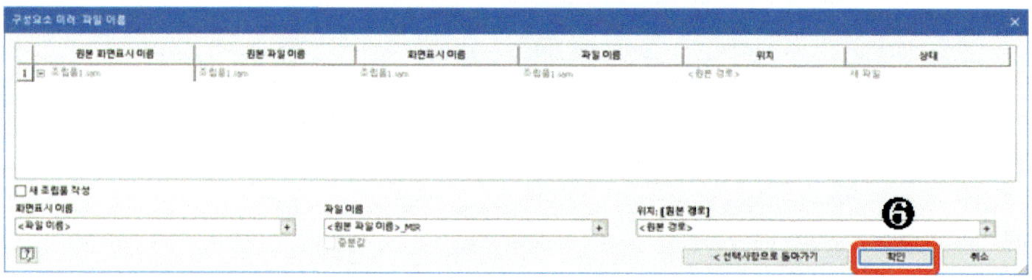

▶ 나머지 부품을 조립작업을 하는데 축이 움직이지 않아야 조립이 편리하므로 축을 임시 고정하도록 한다.

▶ ❶ 화면상에서 직접 축을 선택하거나, 검색기 창에서 [부품4 축]을 선택한 후 마우스 오른쪽 버튼을 클릭한다. ❷ [고정]을 선택하면 축을 고정시킬 수 있다.

5.1.7 키 조립

▶ ❶ [컨텐츠 센터에서 배치] 아이콘을 누르고, [샤프트 부품]의 [키]에서 [키-기계]를 확장시켜 ❷ [둥금]을 선택한다. ❸ [KS B 1311(I)]를 찾아서 선택한 후 더블클릭하거나 ❹ [확인] 버튼을 누른다.

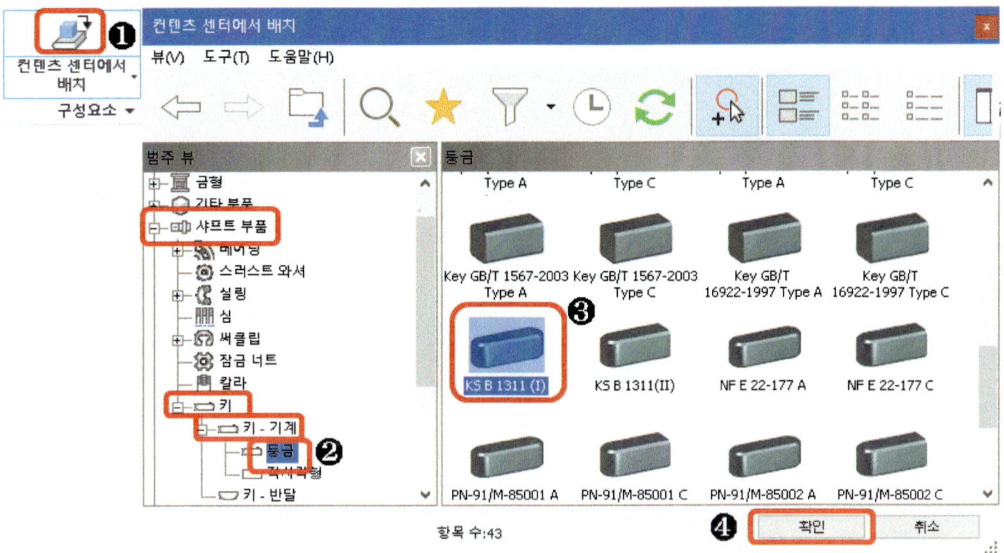

▶ 이어서 ❶ 샤프트 지름은 [10-12], 폭×높이는 [4×4], 호칭 길이는 [16]을 선택하고 ❷ [사용자로]에 체크를 한다. ❸ [확인]을 클릭한 후 키를 저장하고 그림처럼 생성된 키를 임의의 위치에 배치하고 Esc를 누른다.

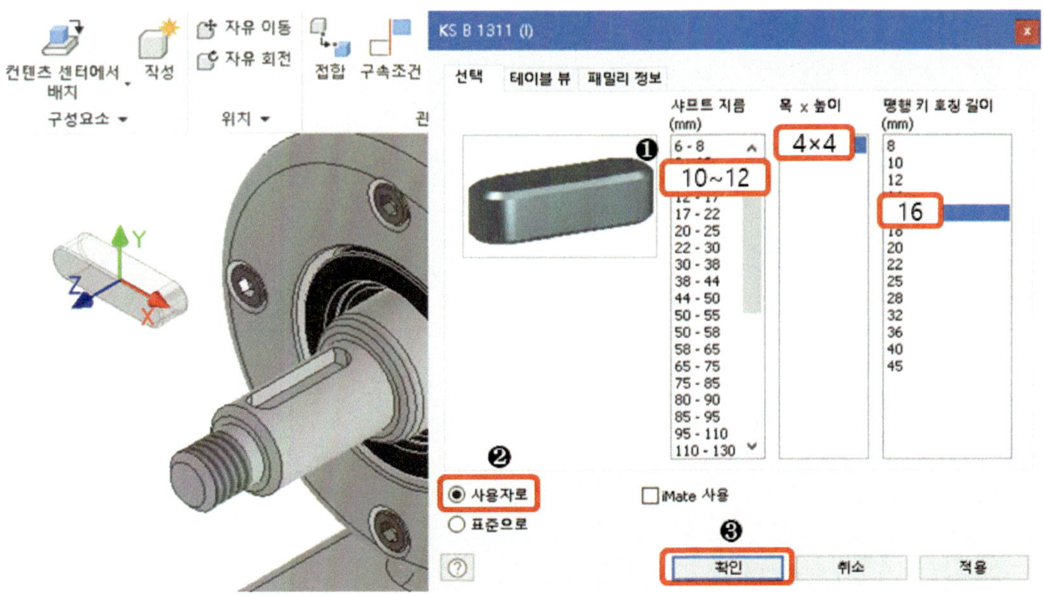

▶ ❶ [구속조건]을 누르고 ❷ [삽입] 명령을 클릭한다. 그림처럼 키(key)의 맨 위 모서리 ❸과 키 홈의 바닥 모서리 ❹를 선택한 후 ❺ [적용] 버튼을 누른다.

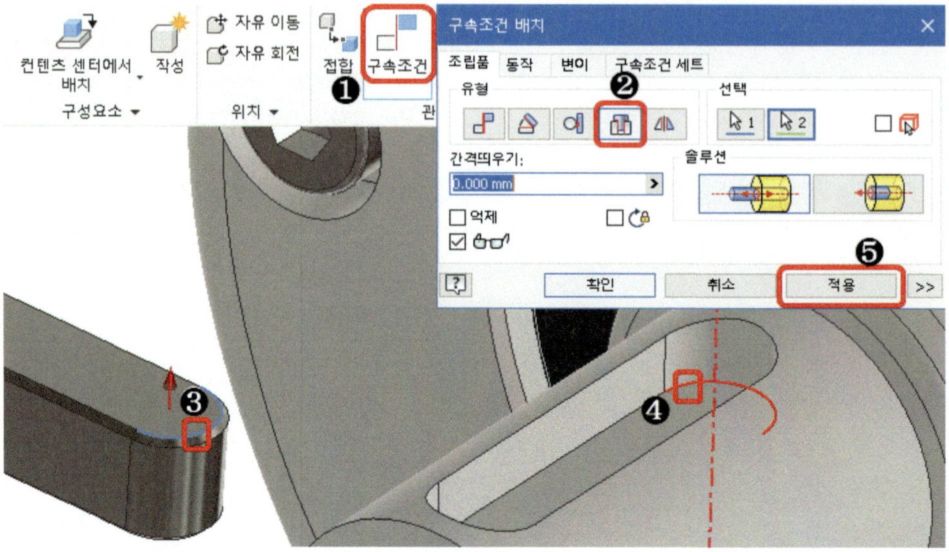

▶ ❶ [메이트] 명령을 클릭하고 ❷ 키의 측면를 선택하고 ❸ 키홈의 측면을 선택하면 서로 조립이 되는 것을 확인하고 ❹ [확인] 버튼을 누른다.

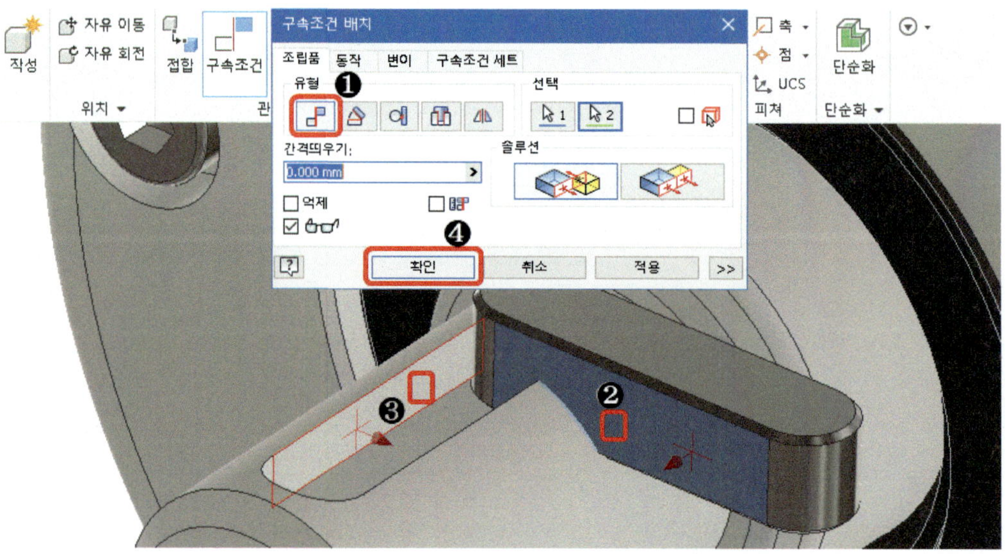

▶ 반대편의 길이가 20인 키를 컨텐츠 센터에서 불러와야 하는데 위 과정을 반복해야 한다. 여기서는 시간 단축을 위하여 이미 생성한 키를 복사해서 그 크기만 병경하는 방법을 알아보기로 하겠다.

▶ 방금 생성한 키를 선택하고 [CTRL+C]로 복사를 하고 축의 반대편인 오른쪽에 마우스를 옮겨 임의의 위치에서 [CTRL+V]로 붙여넣기를 한다.

▶ 붙여 넣기를 한 키를 선택하고 마우스 오른쪽 버튼을 클릭해서 ❶ [컨텐츠센터에서 대체]를 클릭한다.

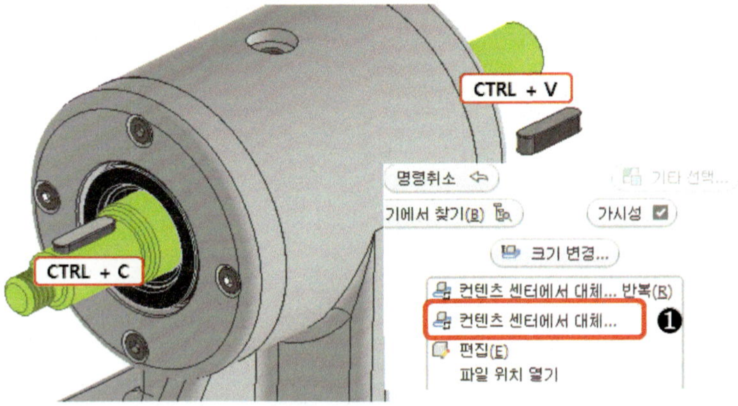

▶ 앞에서 사용했던 키를 더블클릭하거나 ❷ [확인] 버튼을 누른다.

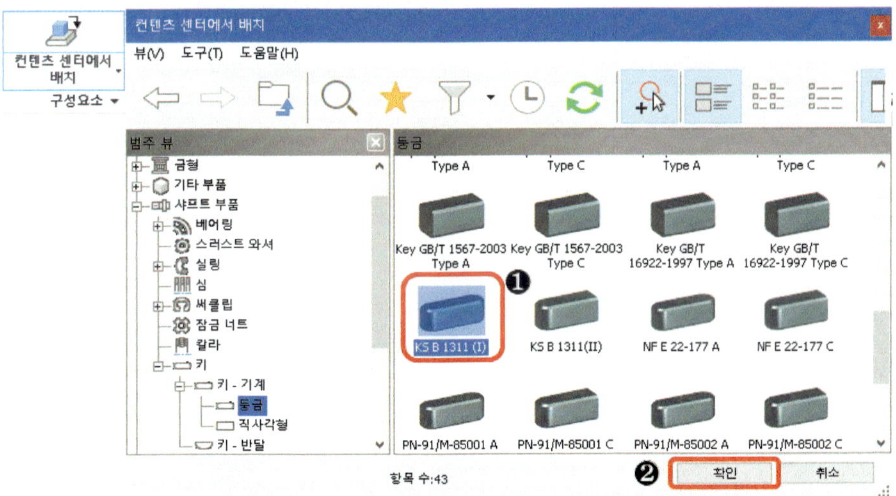

▶ 테이블에서 길이만 ❶ [20]으로 바꾸고 ❷ [확인] 버튼을 누르고 키를 저장한다.

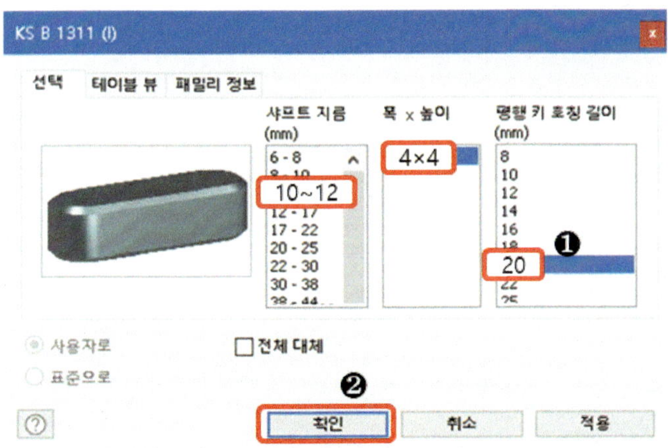

▶ 검색기 창에서 키의 길이가 변경된 것을 확인할 수 있다. 호칭 치수는 [4×4×20(폭×높이×길이)]임을 확인할 수 있다.

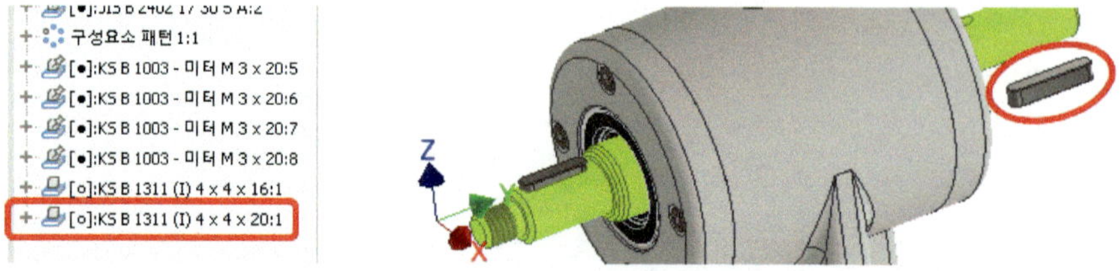

▶ ❶ [구속조건]을 누르고 ❷ [삽입] 명령을 클릭한다. 그림처럼 키홈의 바닥 둥근 모서리 ❸과 키의 맨 위쪽 모서리 ❹를 선택한 후 ❺ [확인] 버튼을 누른다.

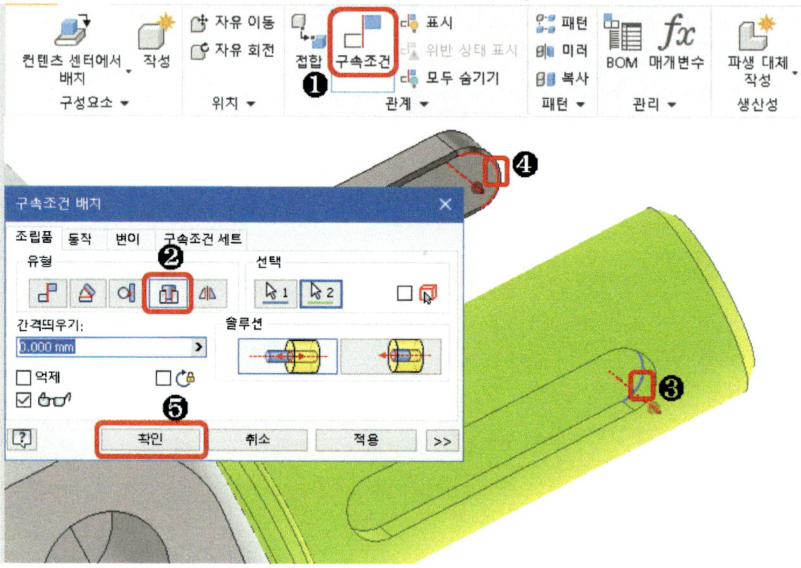

▶ 키를 그림처럼 보이게 한 후 ❶ [메이트] 명령을 클릭하고 ❷ 키의 둥근 측면를 선택하고 ❸ 키홈의 둥근 측면을 선택해서 서로 조립이 되면 ❹ [확인] 버튼을 누른다.

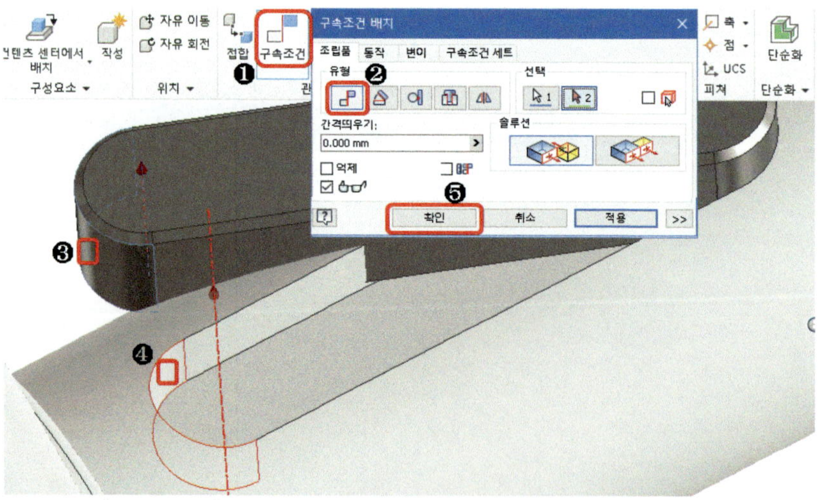

5.1.8 V 벨트 풀리 조립

▶ ❶ [컨텐츠 센터에서 배치]를 눌러 ❷ [배치]를 클릭한다. ❸ [부품5 V 벨트 풀리]를 선택하고 ❹ [열기] 버튼을 누른다.

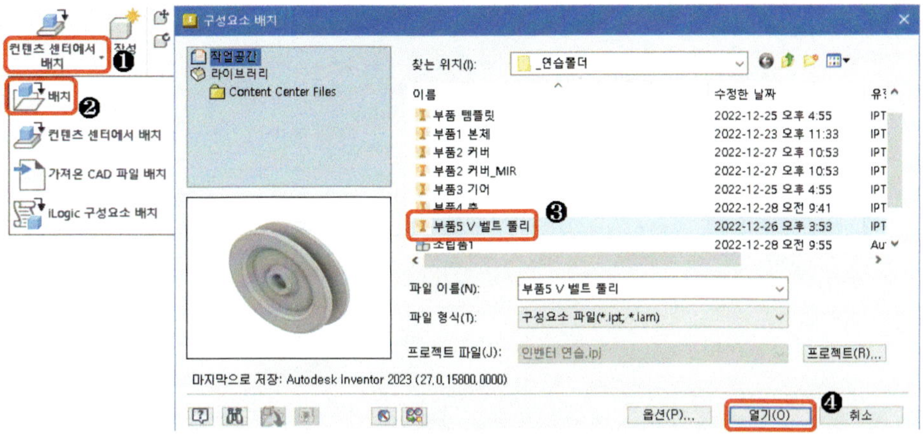

▶ 적당한 위치 ❶에 V 벨트 풀리를 배치한다. Esc를 눌러 배치 명령을 종료한다.

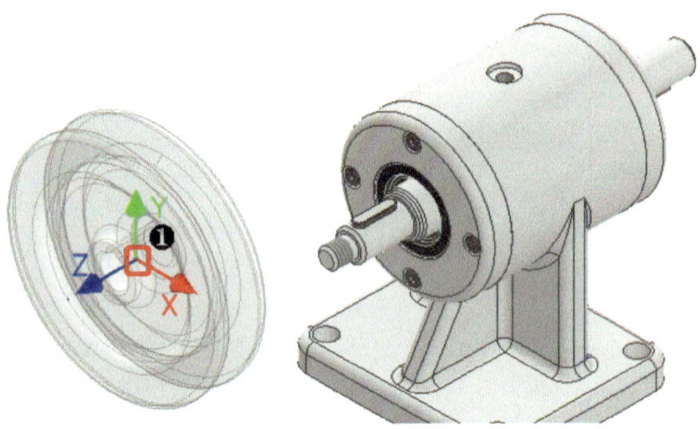

▶ ❶ [구속조건]을 누르고 ❷ [삽입] 명령을 클릭한다. 그림처럼 축의 첫 번째 단의 모서리 ❸과 V벨트풀리 모서리 ❹를 선택한다. 방향이 반대로 조립이 되면 ❺ [정렬] 버튼을 누르고 ❻ [확인]을 누른다.

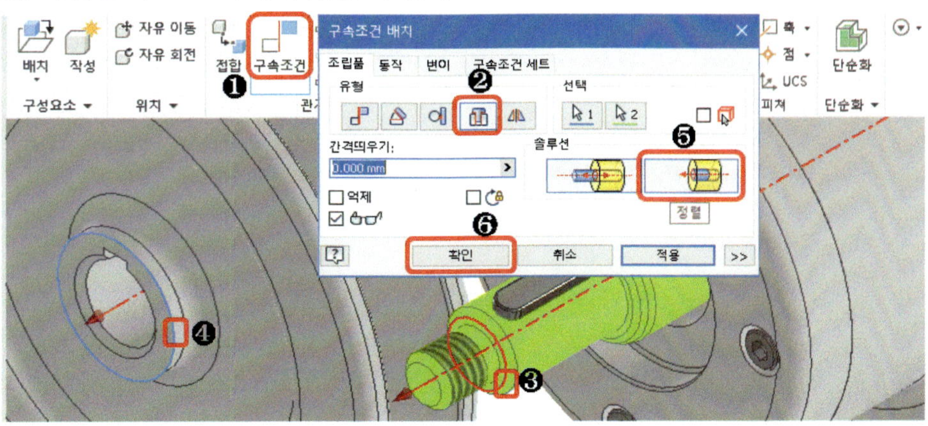

▶ 키를 그림처럼 보이게 회전한 후 ❶ [구속조건]을 누르고 ❷ [메이트] 명령을 클릭한 후 ❸ 키의 측면를 선택한다. 화면을 회전시켜 ❹ 키홈의 측면을 선택하면 서로 조립이 되는 것을 확인하고 ❺ [확인] 버튼을 누른다.

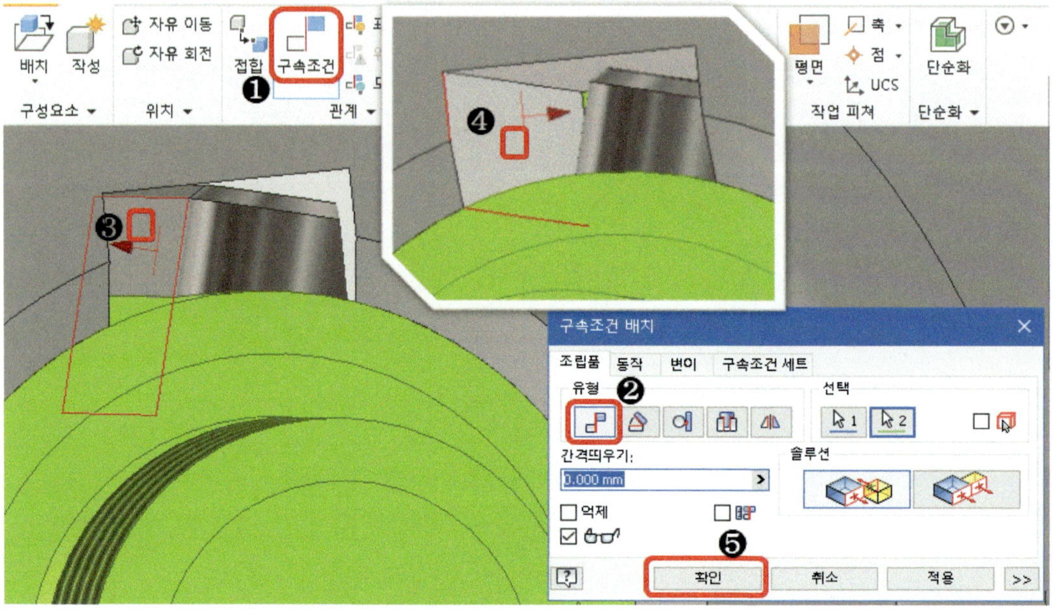

▶ 다음은 V 벨트 풀리를 조립한 모습이다.

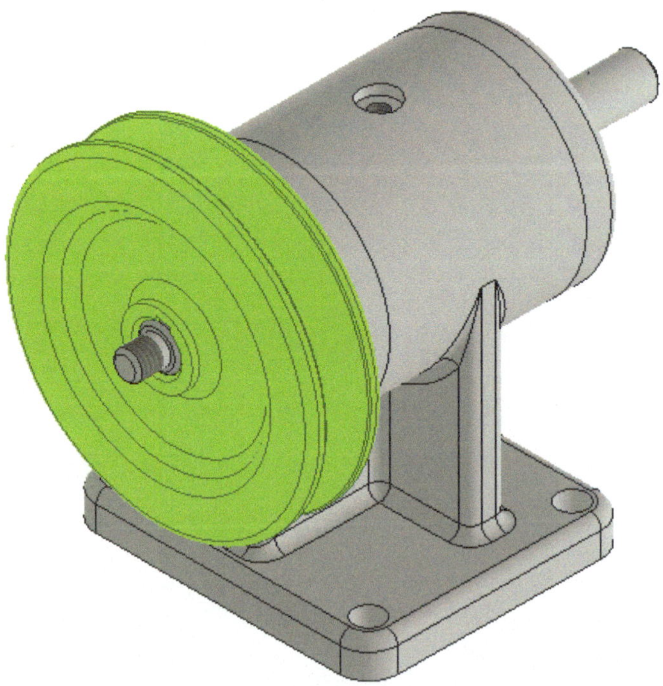

5.1.9 와셔 조립

▶ ❶ [컨텐츠 센터에서 배치]를 클릭하고 [조임쇠]의 [와셔]를 확장시켜 ❷ [플레인]을 선택한다. ❸ [KS B 1326]을 더블클릭하거나 ❹ [확인] 버튼을 누른다.

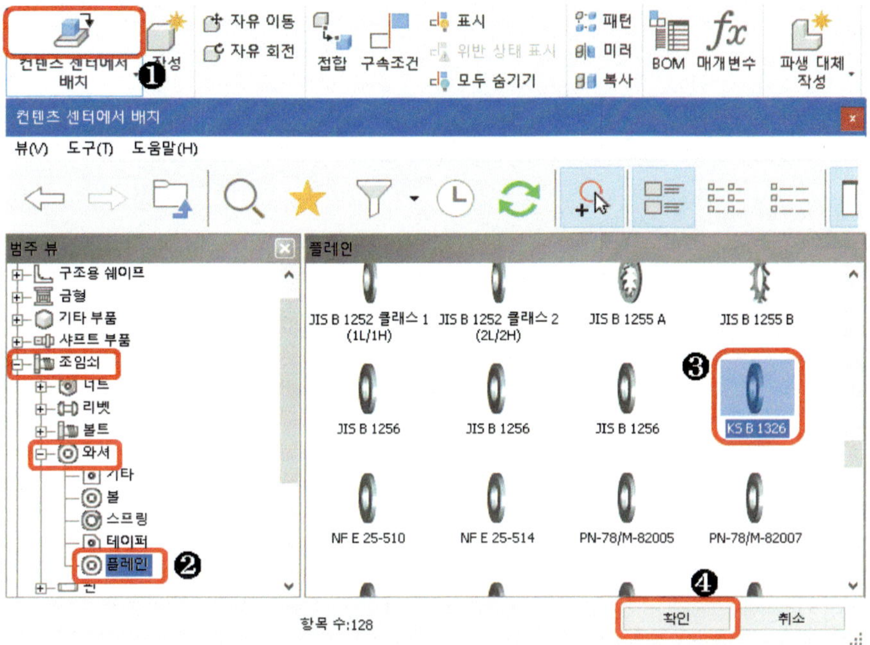

▶ 와셔가 나타나면 오른쪽 버튼을 눌러 ❶ [크기변경]을 클릭한 후 ❷ 호칭 지름을 "8"로 선택한다. ❸ 유형에서 [Regular Circular]를 선택하고 ❹ [사용자로]에 체크한 후 ❺ [확인] 버튼을 누른다. 저장하고 와셔를 축 근처에 위치시킨다.

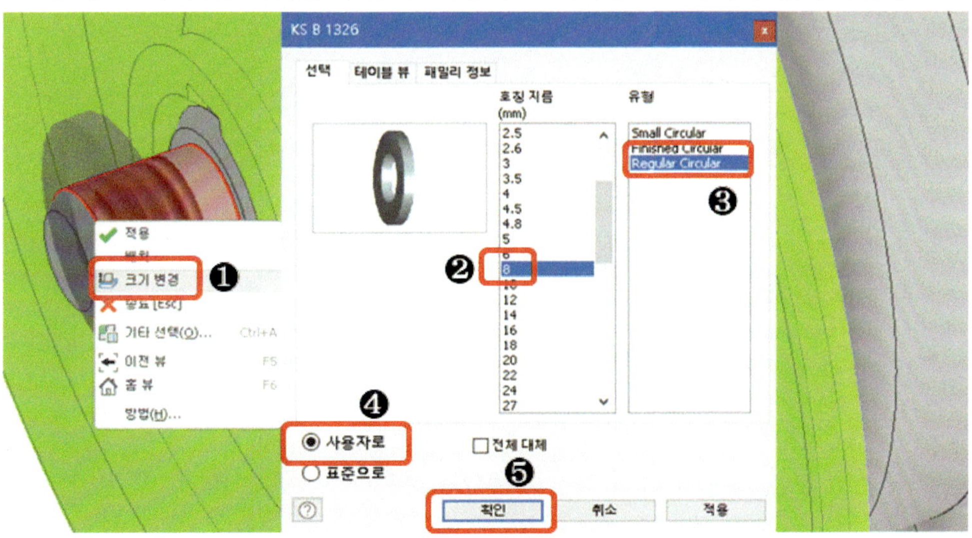

▶ ❶ [구속조건]을 클릭하고 ❷ [삽입] 명령을 실행한다. 와셔의 아래 쪽 모서리 원 ❸을 선택하고 V 벨트 풀리의 앞쪽 모서리 원 ❹를 선택하면 조립이 된다. ❺ [확인] 버튼을 누른다.

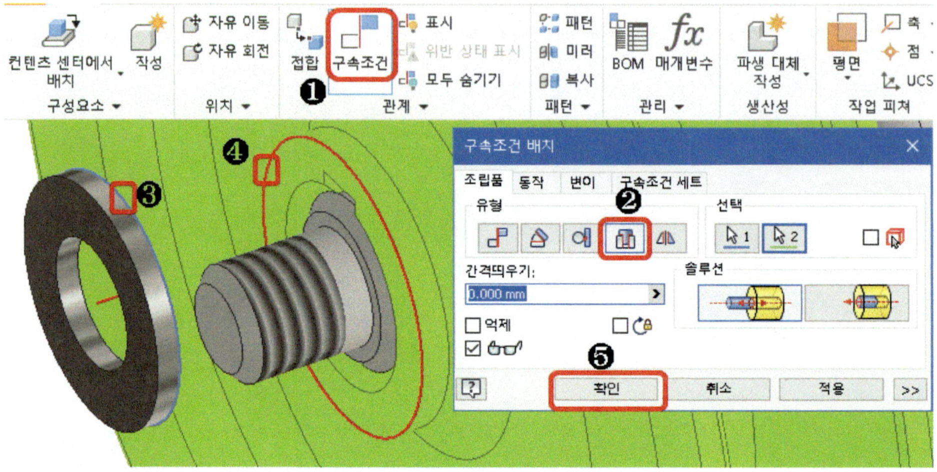

5.1.10 너트 조립

▶ ❶ [컨텐츠 센터에서 배치]를 클릭하고 [조임쇠]의 [너트]를 확장시켜 ❷ [6각]을 선택한다. ❸ [KS B 1012 클래스1 다듬질-미터]를 더블클릭하거나 ❹ [확인] 버튼을 누른다.

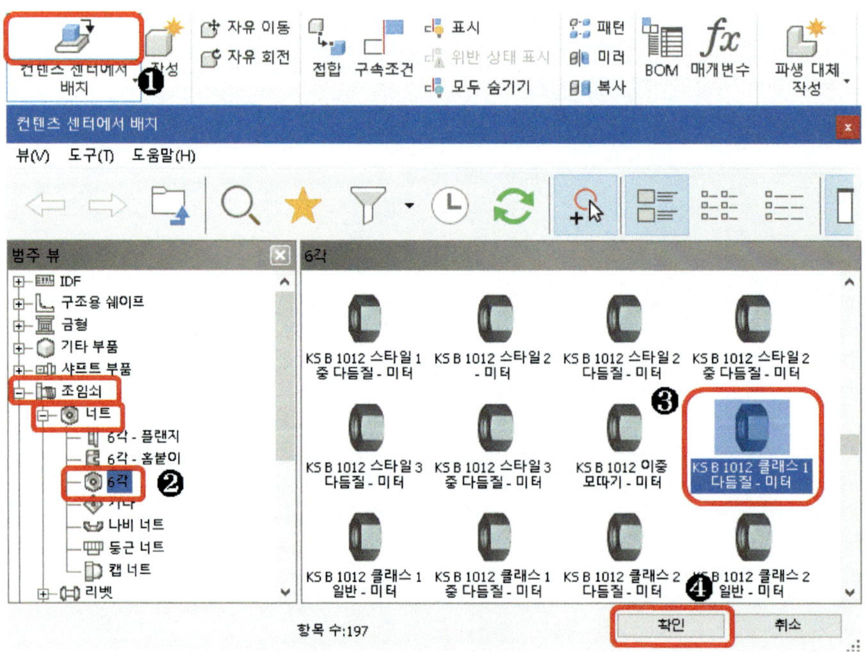

▶ 너트가 나타나면 수나사에 두고 마우스 오른쪽 버튼을 눌러 ❶ [크기변경]을 클릭한 후 ❷ [M8×1]을 선택한다. ❸ [사용자로]에 체크를 하고 ❹ [확인] 버튼을 누른다. 너트를 저장하고 축 근처에 위치시킨다.

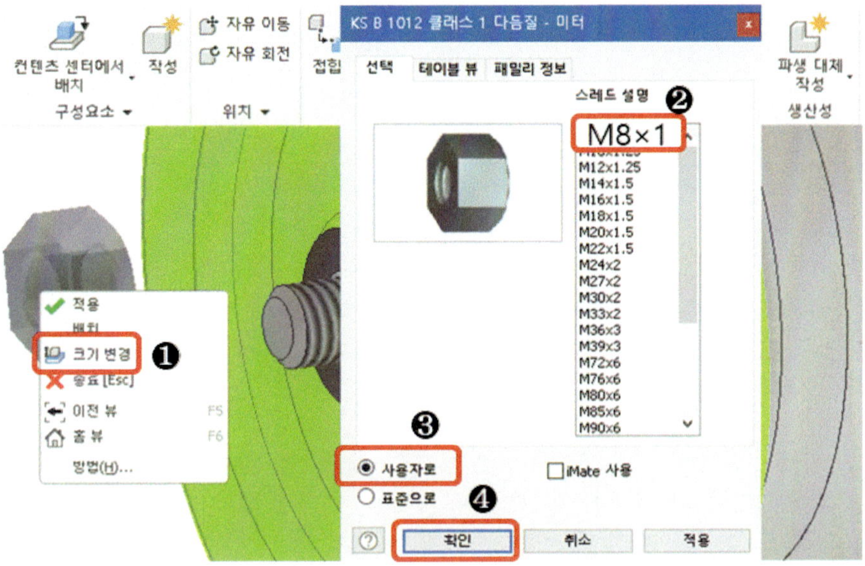

▶ 너트를 [자유회전]으로 그림과 같이 회전시킨다. ❶ [구속조건]을 클릭하고 ❷ [삽입] 명령을 실행한다. 너트의 아래 쪽 모서리 원 ❸을 선택하고 와셔의 앞쪽 모서리 원 ❹를 선택한 후 ❺ [확인] 버튼을 누른다.

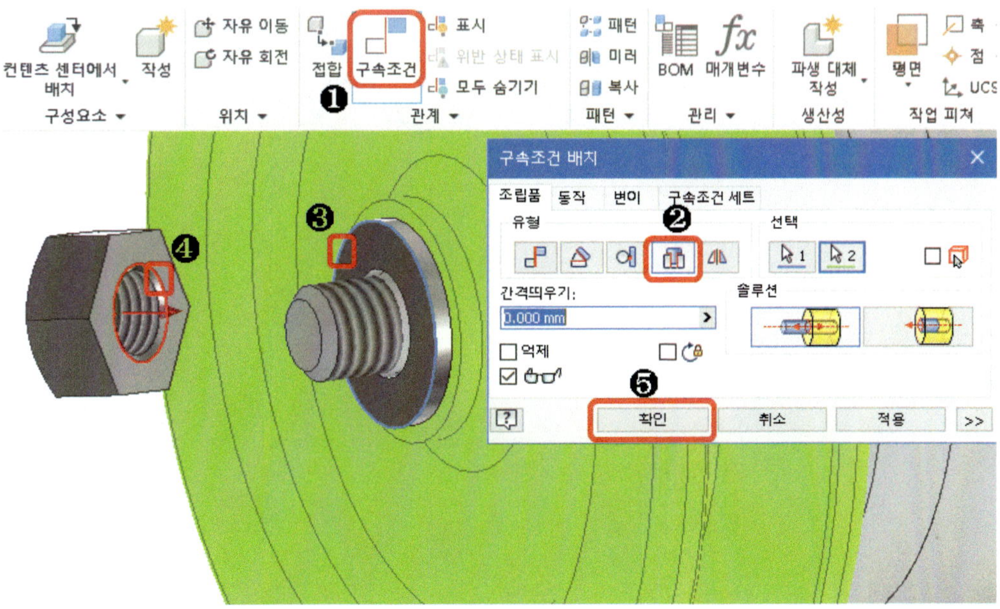

5.1.11 기어 조립

▶ 큐브의 안쪽 꼭짓점 ❶을 클릭하여 그림처럼 기어 조립 부위를 보이도록 회전한다.

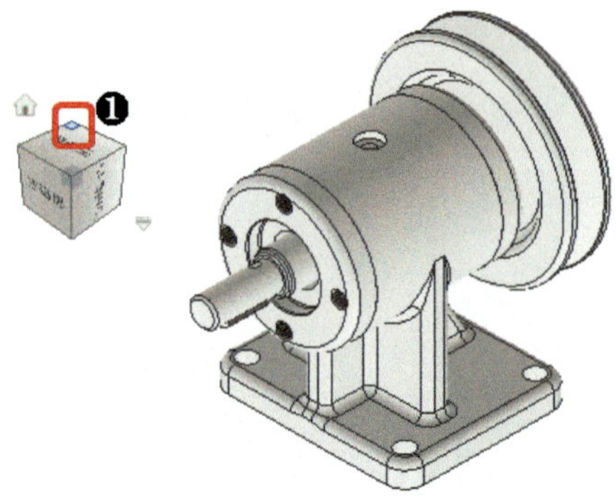

▶ ❶ [컨텐츠 센터에서 배치] 텍스트 부위를 눌러 ❷ [배치]를 클릭한다. ❸ [부품3 기어]를 선택하고 ❹ [열기] 버튼을 누른다.

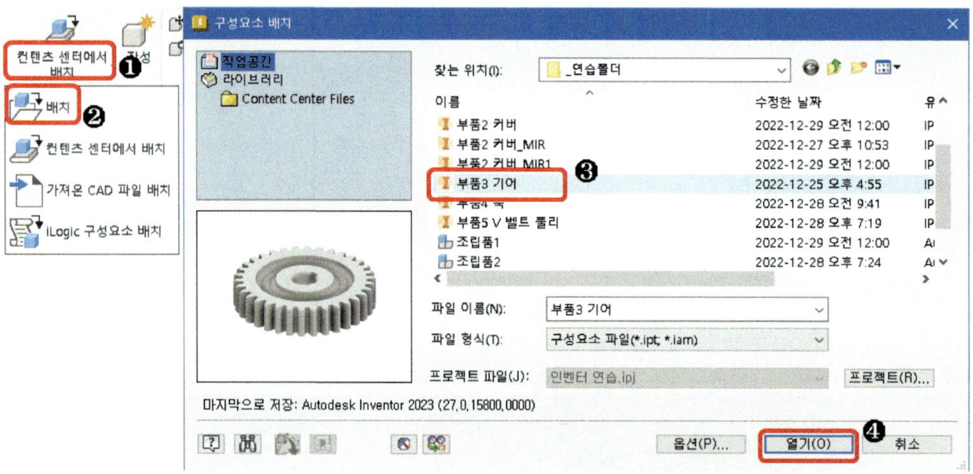

▶ 적당한 위치 ❶에 기어를 배치한다. Esc를 눌러 배치 명령을 종료한다.

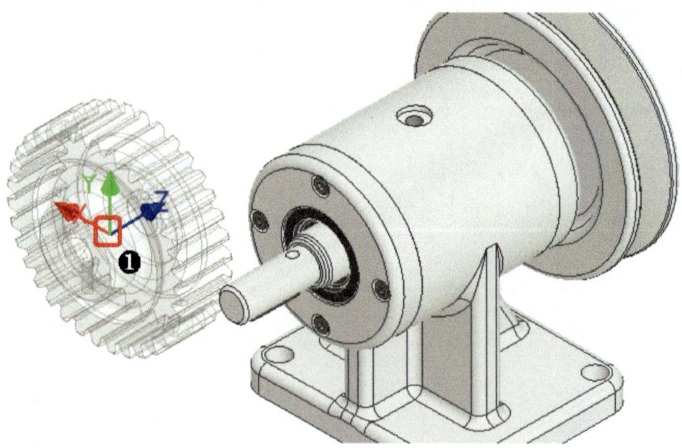

▶ ❶ [구속조건]을 클릭하고 ❷ [삽입] 명령을 실행한다. 기어의 모서리 원 ❸을 선택하고 축의 모서리 원 ❹를 선택한 후 ❺ [확인] 버튼을 누른다.

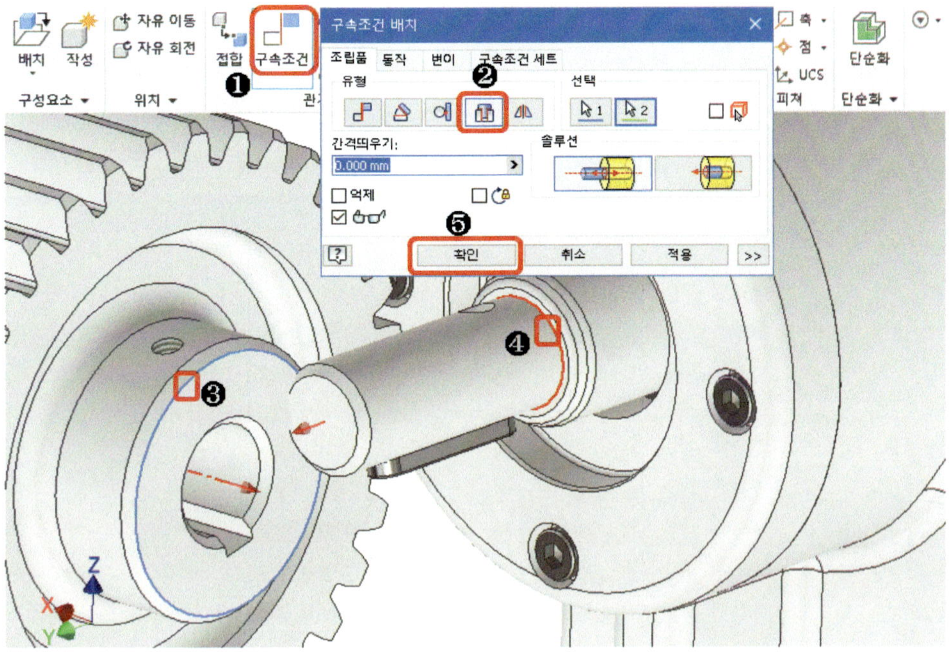

▶ 멈춤 나사 부위를 확대해서 그림처럼 회전한 후 ❶ [구속조건]을 누른다. ❷ [메이트] 명령을 클릭하고 축의 멈춤 나사 홈 경사부 ❸을 선택하고, 기어의 멈춤 나사 안쪽 스레드 부위 ❹를 선택하여 일치시킨 후 ❺ [확인]을 누른다.

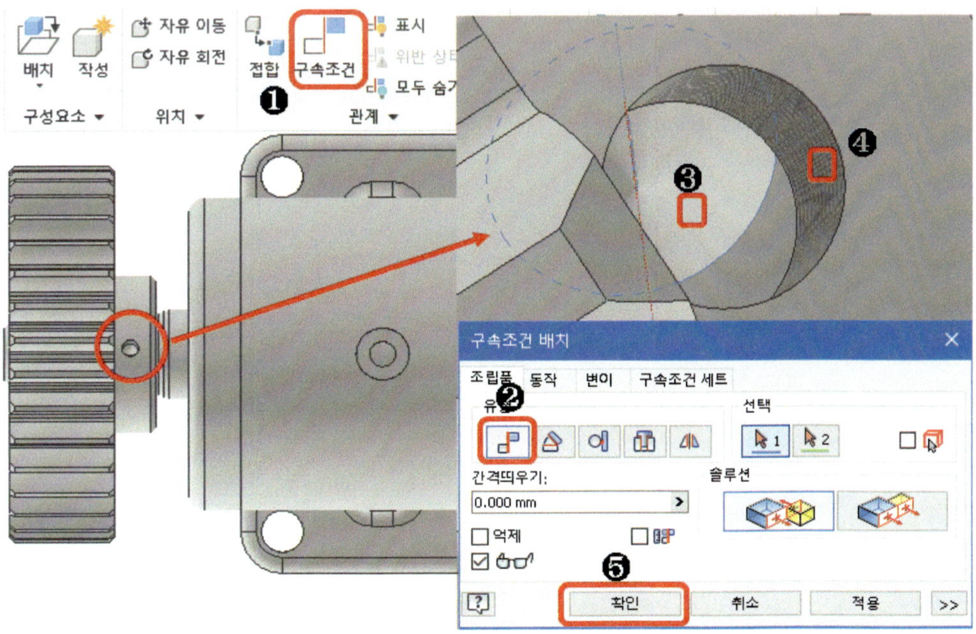

5.1.12 멈춤 나사 조립

▶ ❶ [배치▼]를 눌러 ❷ [컨텐츠 센터에서 배치]를 누른다. 그림처럼 [조임쇠]를 확장시키고 [볼트]를 눌러 ❸ [멈춤 나사]를 선택한다. ❹ [KS B 1028 원추점-미터]를 찾아 더블클릭을 하거나 ❺ [확인] 버튼을 누른다.

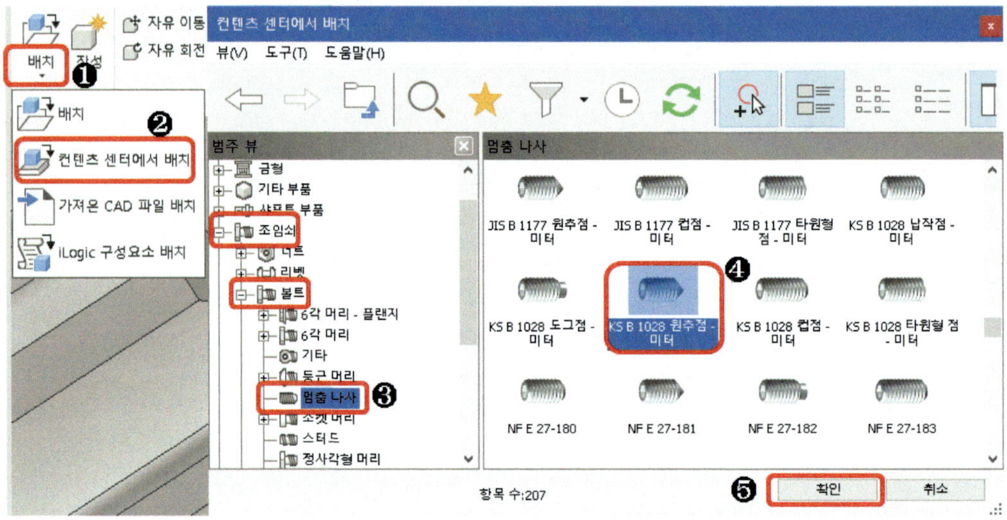

▶ 멈춤 나사가 나타나면 바로 마우스 오른쪽 버튼을 눌러 ❶ [크기 변경]을 누른다. ❷ 나사규격 [M4]를 누르고 호칭 길이는 ❸ [10]을 선택한다. ❹ [사용자로]에 체크하고 ❺ [확인] 버튼을 누른 후 저장하도록 한다.

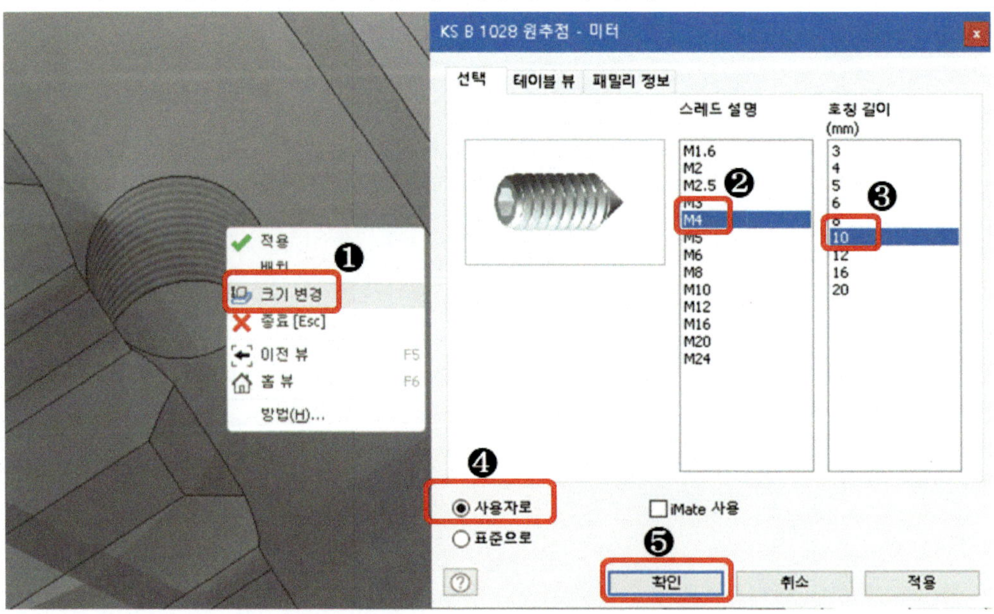

▶ 멈춤 나사를 적당한 위치 ❶에 놓고, Esc를 누른다.

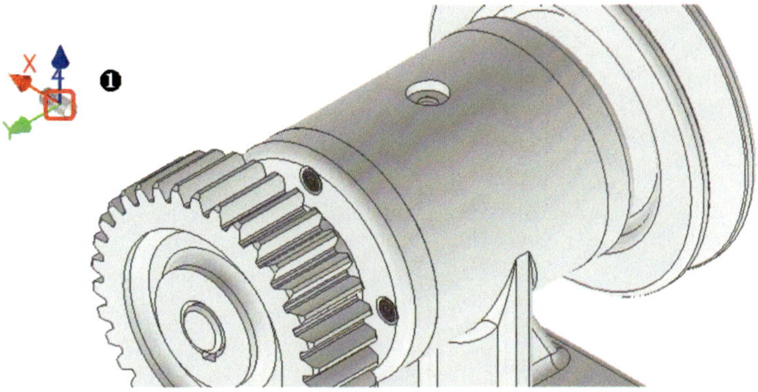

▶ ❶ [구속조건] 명령을 클릭해서 ❷ [메이트]를 누르고, 멈춤 나사의 외면 ❸을 선택하고 기어의 멈춤 나사의 나사부 ❹를 선택한 후 ❺ [확인] 버튼을 클릭한다.

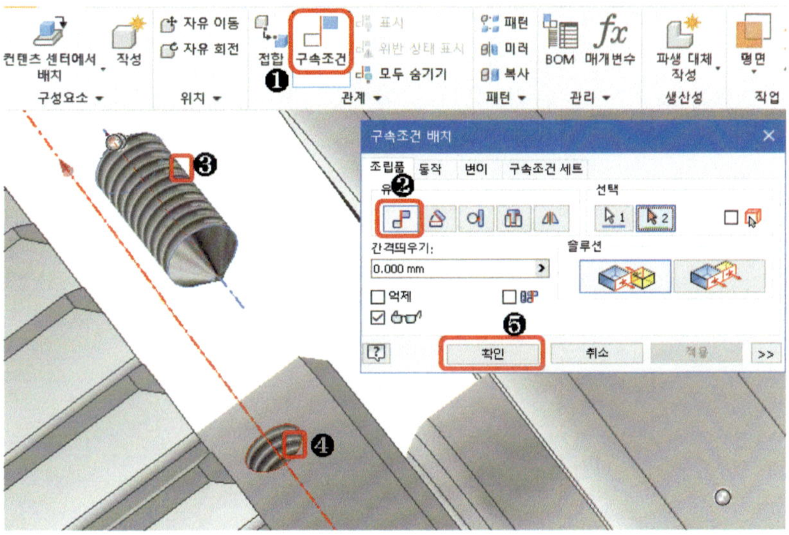

▶ 기어를 선택하고 마우스 오른쪽 버튼을 눌러 ❶ [가시성]을 누르면 기어가 일적으로 사라지게 할 수 있다.

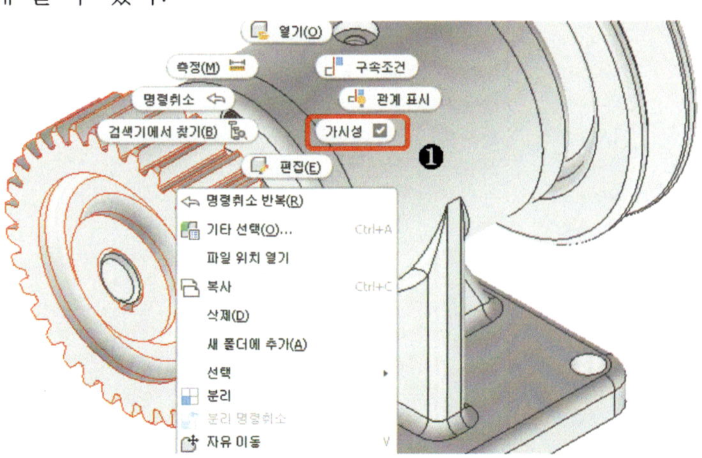

▶ ❶ [구속 조건]을 누르고 ❷ [접선] 명령을 실행시킨다. ❸ 멈춤 나사의 원추부를 선택하고 ❹ 축의 홈 경사부를 선택한 후 ❺ [내부]를 선택한다. ❻ [확인]을 누른다.

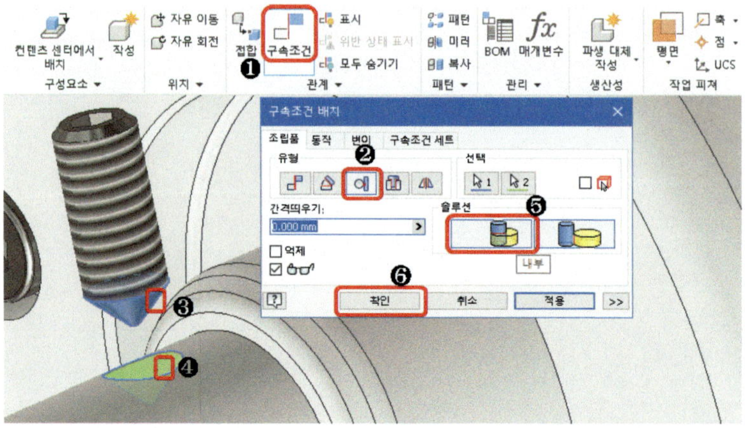

▶ 숨겨둔 기어를 불러오기 위해 검색기 창에서 ❶ [부품3 기어]를 찾아서 선택한다. 마우스 오른쪽 버튼을 클릭하여 ❷ [가시성]을 눌러 불러온다.

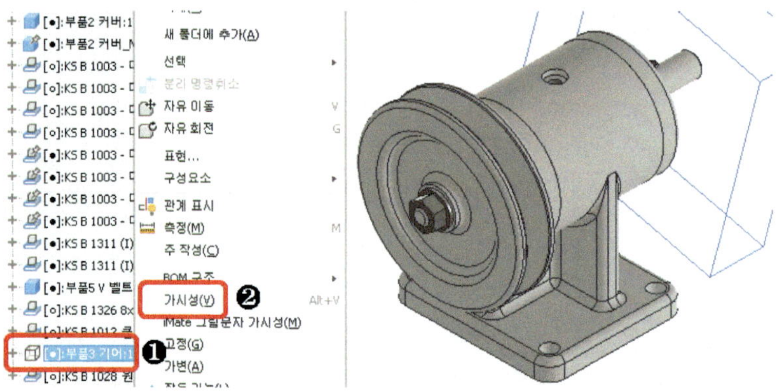

▶ 결과는 다음과 같다.

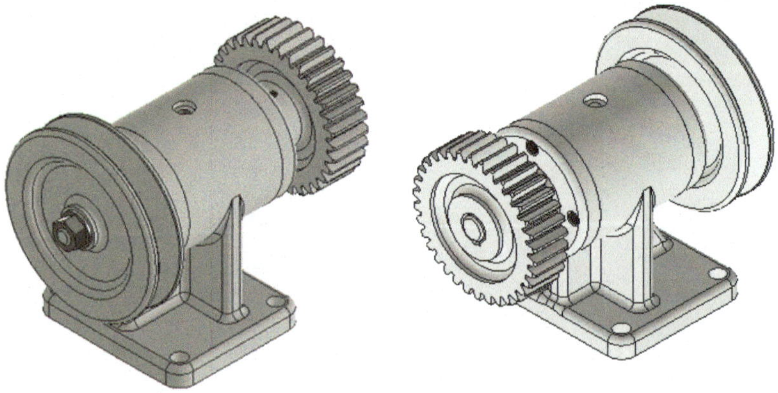

5.1.13 그리스 니플 조립

▶ ❶ [컨텐츠 센터에서 배치]를 클릭하고 ❷ [기타 부품]을 확장시켜 ❸ [그리스 부속품]을 클릭한다. ❹ [JIS B 1575 A- 미터]를 더블클릭한다.

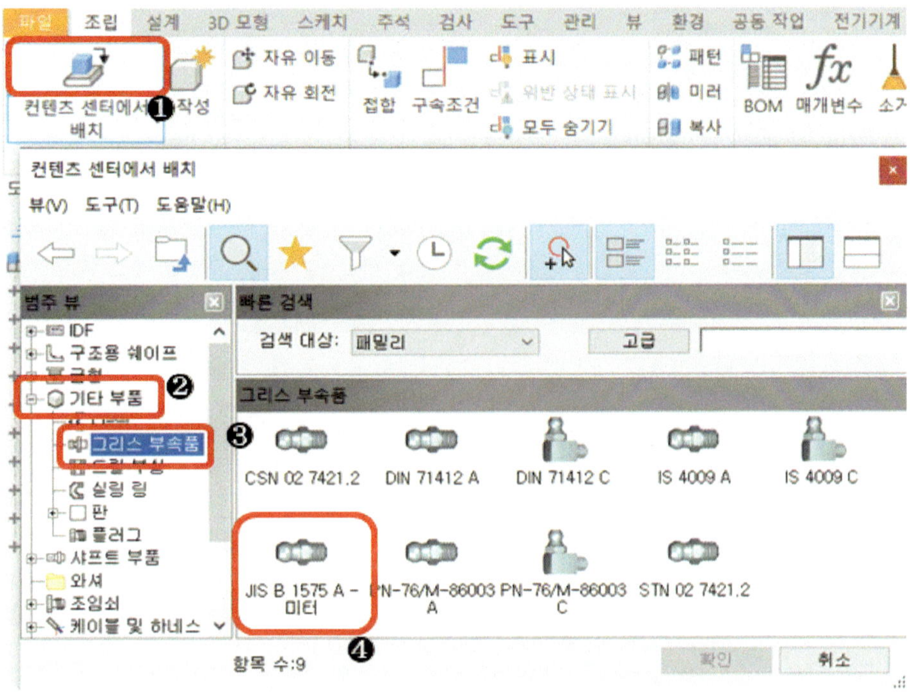

▶ ❶ [M6×0.75]를 선택하고 ❷ [사용자로]에 체크한 후 ❸ [확인]을 누른다.

▶ 파일 이름을 ❶ [그리스 니플]로 입력하고 ❷ [저장]을 누른다.

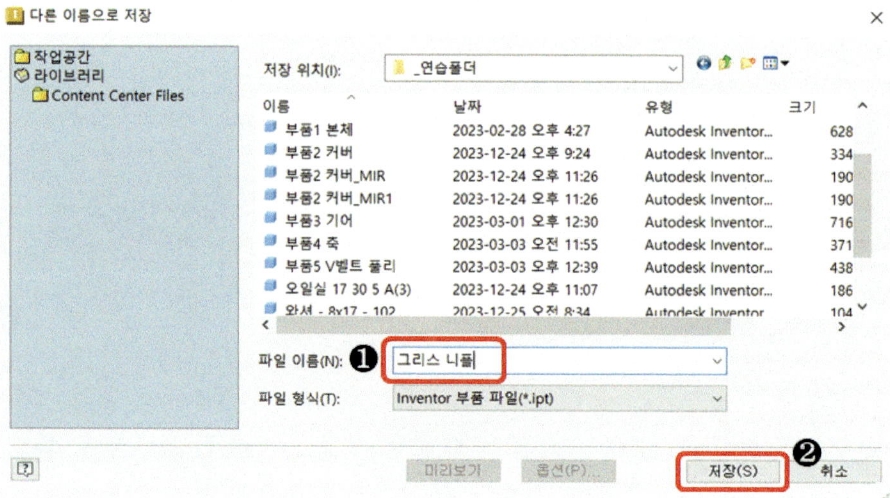

▶ 화면에 그리스 니플이 나타나면 적당한 위치에 배치한다. ❶ [구속조건] 명령을 클릭하고 ❷ [삽입]을 누른다. 이어서 그리스 니플의 나사부 위쪽 원 모서리 ❸을 선택하고 카운터 보어의 바닥면 ❹를 선택한 후 ❺ [확인]을 누른다.

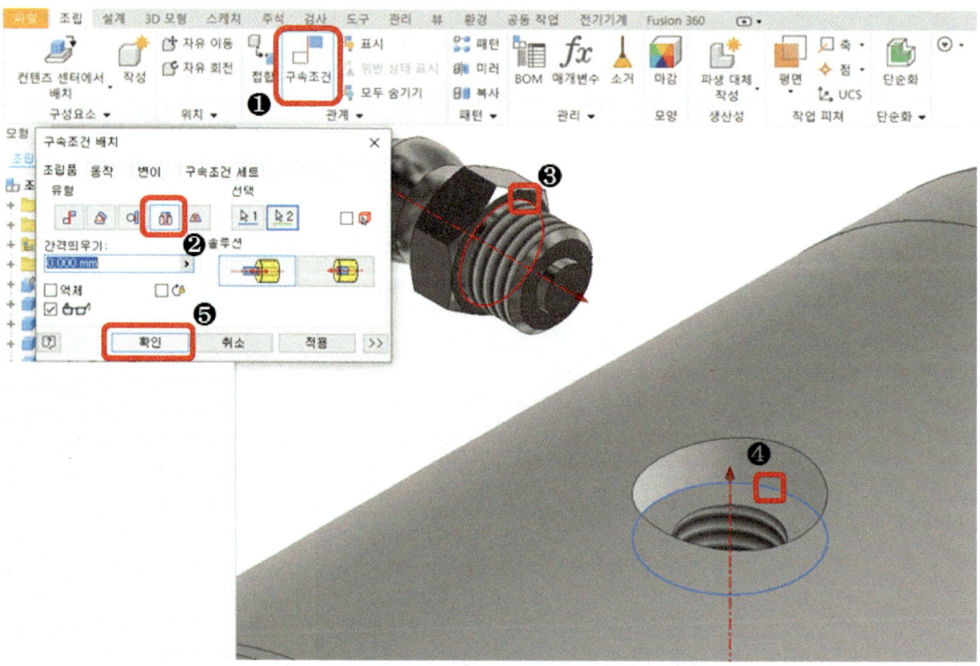

▶ 조립품이 완성되면 [동력전달장치 조립품]이라 저장한다.

5.2 간섭 체크

① 간섭이 탐지되지 않는 경우

▶ ❶ [검사] 메뉴를 클릭하고 ❷ [간섭 분석]누른다. ❸ 세트 #1 정의의 [화살표]를 누르고 검색기 창에서 ❹ [부품4 축]을 선택한다. ❺ 세트 #2 정의의 [화살표]를 누르고 ❻ 본체와 양쪽 커버를 모두 선택한다. ❼ [확인] 버튼을 누르면 [간섭이 탐지되지 않음]이란 메시지가 뜬다. ❽ [확인] 버튼을 누른다.

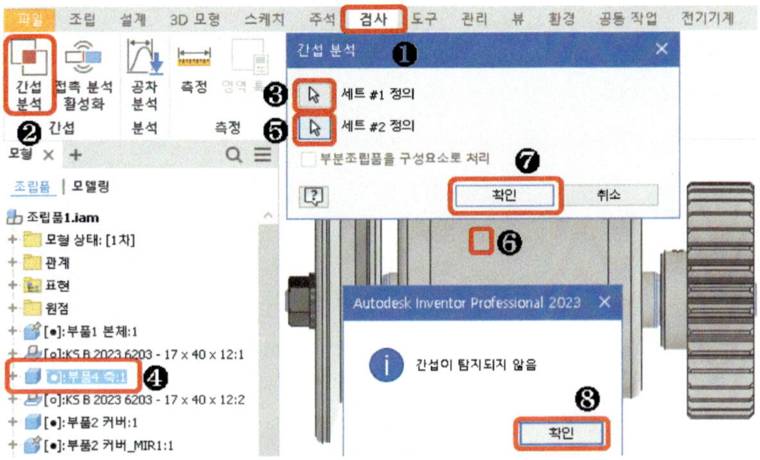

② 간섭이 탐지되는 경우

▶ 우선 왼쪽 커버의 가시성을 해제하여 일시 숨기기를 한다.

❶ [검사] 메뉴를 클릭하고 ❷ [간섭 분석]누른다. ❸ 세트 #1 정의의 [화살표]를 누르고 ❹ 볼트를 선택한다. ❺ 세트 #2 정의의 [화살표]를 누르고 ❻ 본체를 선택한다. ❼ [확인] 버튼을 누르면 [간섭이 탐지됨]이란 창이 뜬다. ❽ [더보기] 버튼을 누른다.

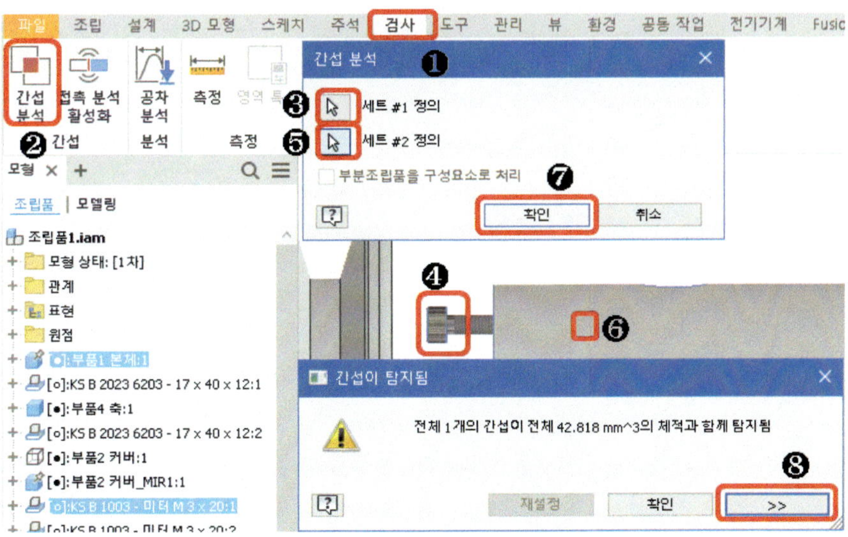

▶ ❶ [스레드]를 누르면 간섭이 되는 부위를 확인할 수 있다. 볼트 조립부는 항상 간섭이 됨을 알 수 있다.

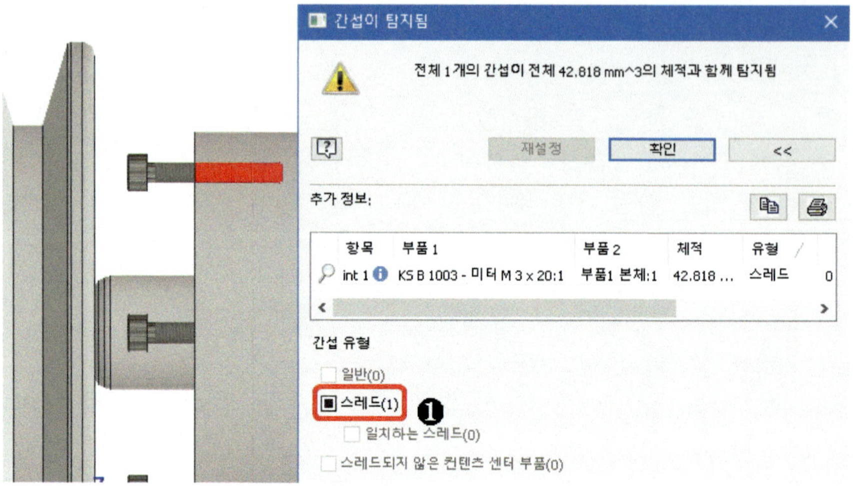

5.3 구동하기

▶ 앞에서 축을 고정한 것을 해제시키기 위해서 검색기 창에서 ❶ [부품4 축]을 찾아 선택한 후 마우스 오른쪽 버튼을 눌러 ❷ [고정]을 누르고(체크해제) 회전체(기어, 축, V 벨트 풀리)를 돌려보면 움직이는 것을 확인할 수 있다.

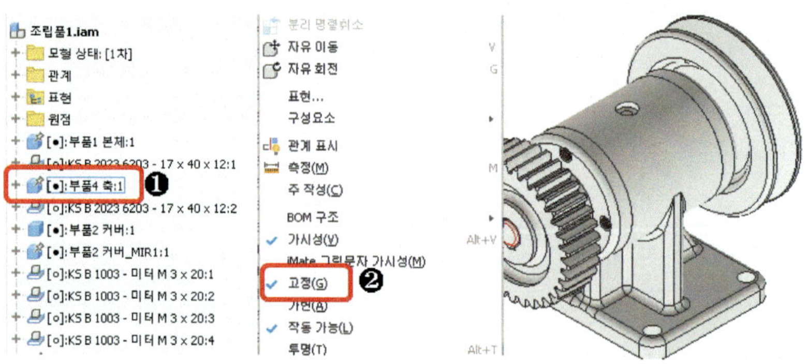

▶ ❶ [구속조건]을 클릭하고 ❷ [각도] 명령을 실행시킨 후 솔루션에서 ❸ [지정 각도]를 클릭한다. 검색기 창에서 위쪽 원점을 확장시켜 ❹ [YZ평면]과 [부품4 축]의 원점을 확장시켜 ❺ [YZ평면]을 선택한다. ❻ [각도]에 "0"을 입력한 후 ❼ [확인] 버튼을 누른다.

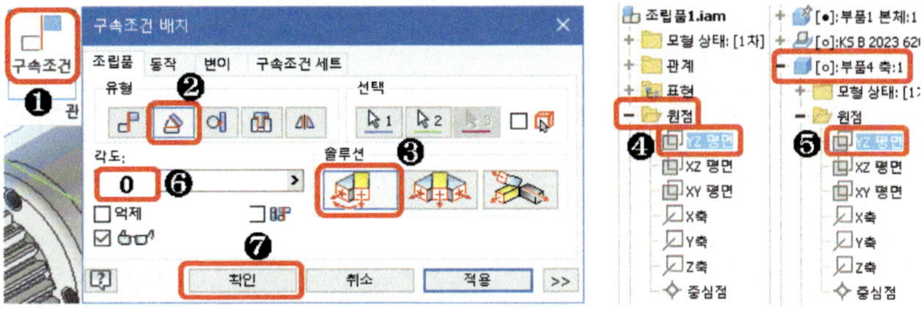

▶ 검색기 창에서 ❶ [각도:1(0.00deg)]를 선택하고 마우스 오른쪽 버튼을 눌러 ❷ [드라이브]를 선택한다. ❸ [끝]에 회전각도 "360"을 입력한 후 ❹ 더보기를 클릭하고 ❺ 회전속도를 조절하기 위해 [증분값]에 "3(각도)", ❻ [반복] 횟수를 "2(바퀴)"로 입력한다. ❼ [앞으로]를 눌러 구동되는지 확인한다.

▶ 회전속도를 빠르게 하고 싶다면 ❺ [증분값]에 큰 값을 주고, 반복 횟수를 늘리고 싶다면 ❻ [반복]값을 크게 한다.

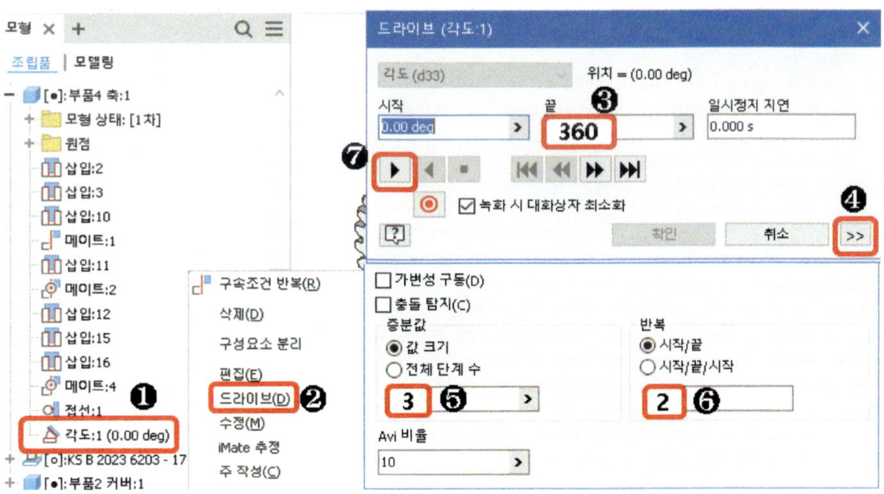

AUTODESK INVENTOR 2024

CHAPTER 06 분해 조립도 작성

프리젠테이션은 분해 및 조립되는 순서를 보여주고 또한 그것에 대한 도면 작업을 할 수 있다.

주어진 조립품으로 다음과 같은 분해도를 작성하도록 한다.

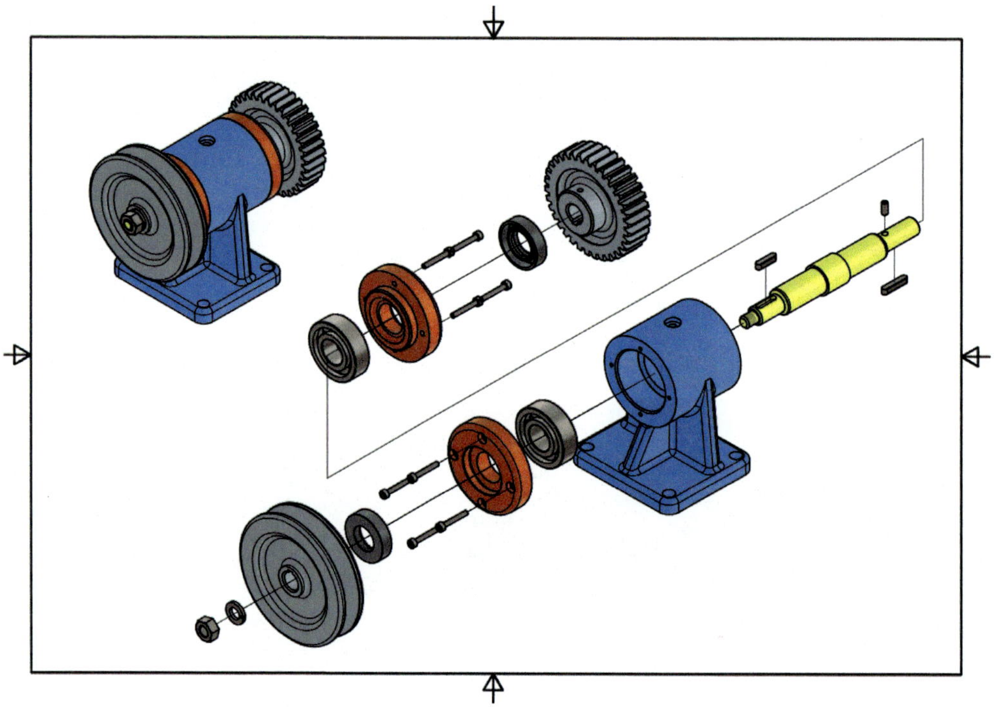

6.1 프리젠테이션 작성

▶ 인벤터를 실행하고 ❶ [새로 만들기]를 확장시켜 ❷ [프리젠테이션(.ipn)]를 클릭한다.

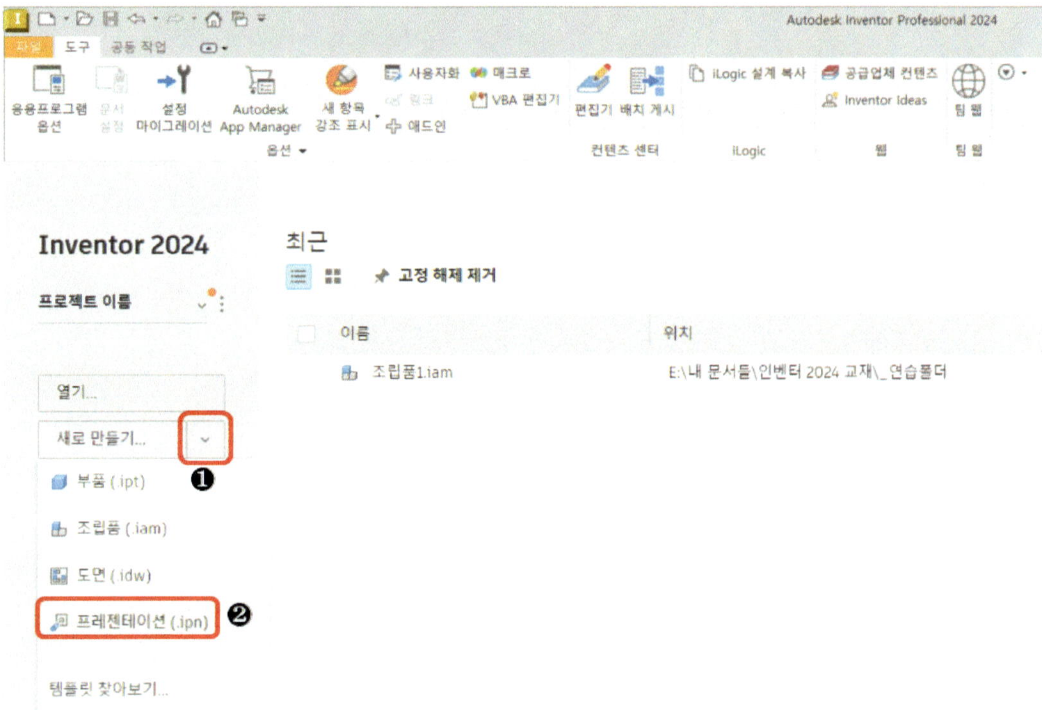

▶ 삽입 창에서 ❶ [동력전달장치 조립품]을 선택한 후 ❷ [열기] 버튼을 누른다.

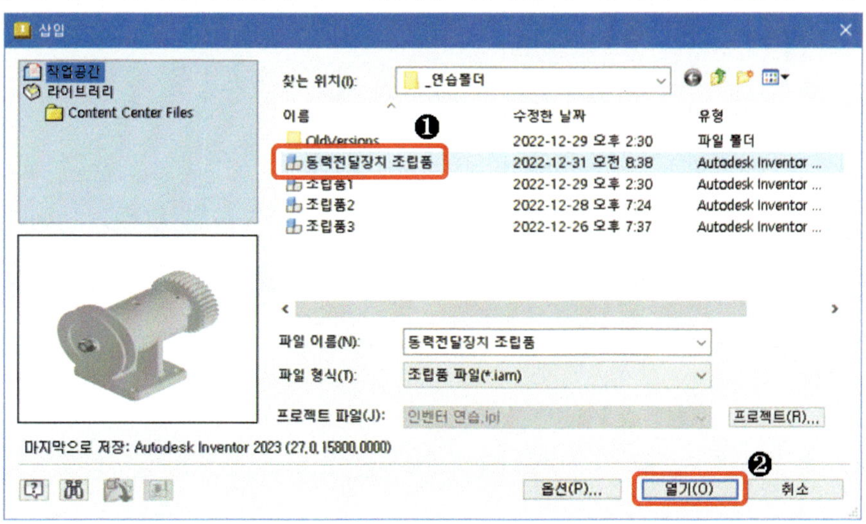

▶ ❶ [새 스토리보드]를 클릭하고 ❷ 이름을 [동력전달장치]라 입력한 후 ❸ [확인] 버튼을 누른다.

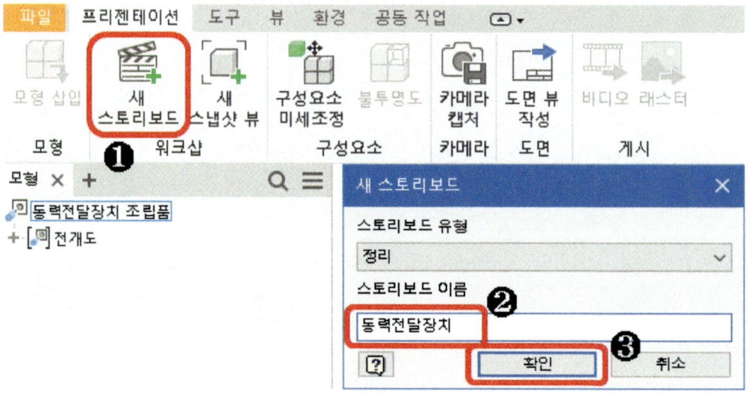

▶ ❶ [새 스냅샷 뷰]를 클릭하면 ❷ [뷰1]이 생성된다. 이 뷰는 도면화 작업할 때 사용할 수 있다.

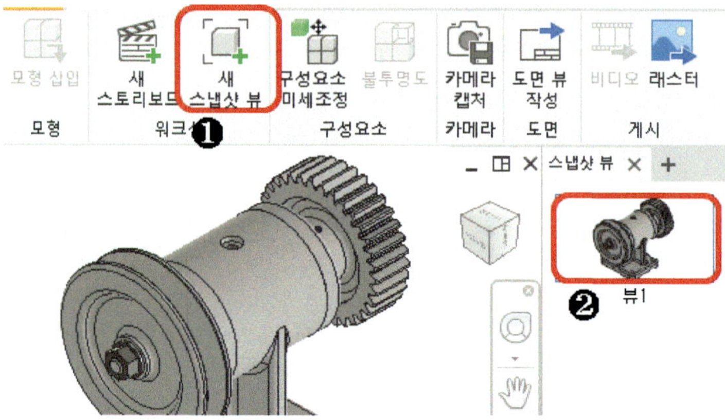

▶ ❶ [구성요소 미세조정]을 클릭하고 ❷ [너트]를 선택한다. ❸ 로컬에서 [표준]으로 바꾸고 ❹ [지속시간]을 1.5로 변경한다.

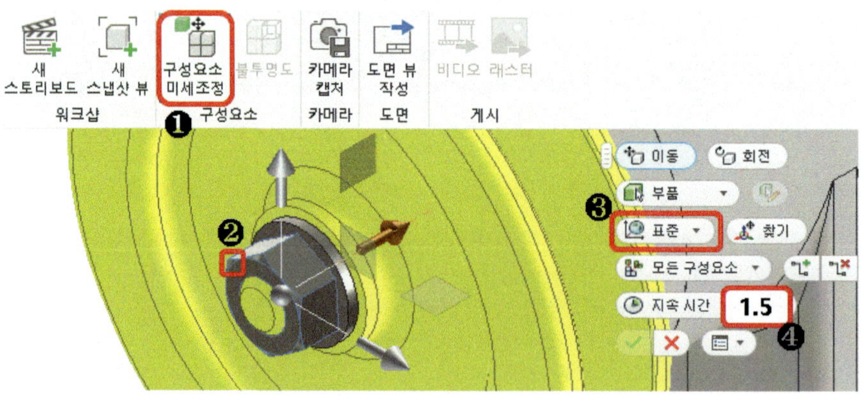

▶ 이어서, ❶ [화살표]를 드래그하여 뒤로 잡아 당겨 ❷ Y축 거리를 [-15]로 입력하고 ❸ [체크]를 클릭한다.

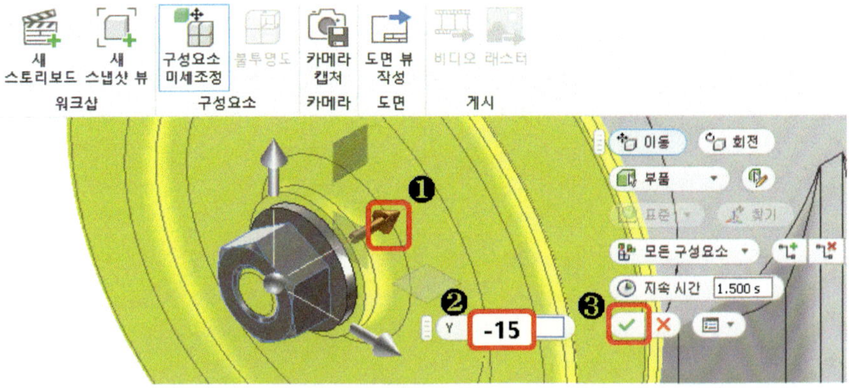

▶ ❶ [구성요소 미세조정]을 클릭하고 ❷ [너트]를 선택한 후 Ctrl를 누르고 ❸ [와셔]를 선택한다. ❹ [화살표]를 드래그하여 뒤로 잡아 당겨 ❺ Y축 거리를 [-40]으로 입력하고 ❻ [체크]를 클릭한다.

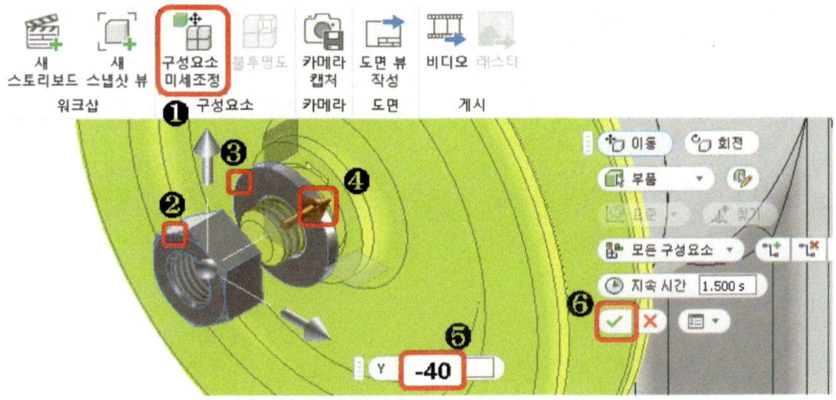

▶ ❶ [구성요소 미세조정]을 클릭하고 ❷ [너트]를 선택한 후 Ctrl를 누르고 ❸ [와셔], ❹ [V 벨트 풀리]를 선택한다. ❺ [화살표]를 드래그하여 뒤로 잡아 당겨 ❻ Y축 거리를 [-40]으로 입력하고 ❼ [체크]를 클릭한다.

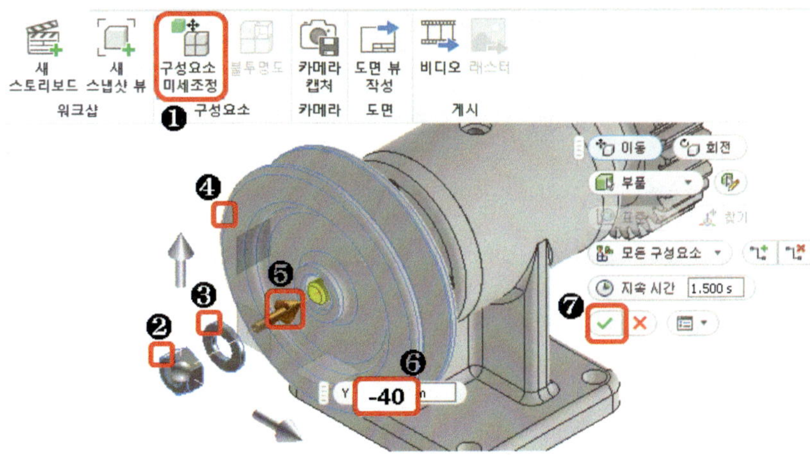

▶ ❶ [구성요소 미세조정]을 클릭하고 ❷ [너트]를 선택한 후 Ctrl를 누르고 ❸ [와셔], ❹ [V 벨트 풀리], ❺ [볼트] 4개를 모두 선택한다. ❻ [화살표]를 드래그하여 뒤로 잡아 당겨 ❼ Y축 거리를 [-55]로 입력하고 ❽ [체크]를 클릭한다.

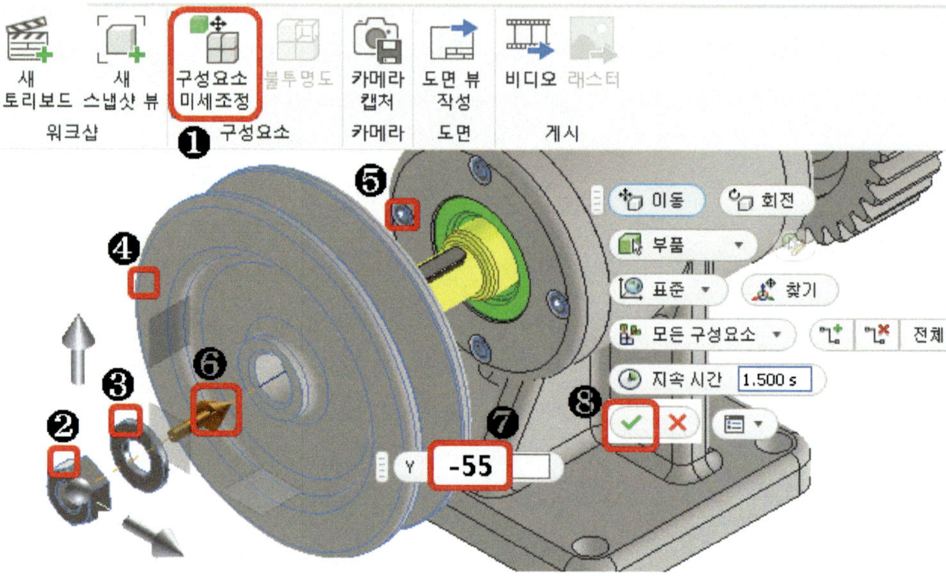

▶ ❶ [구성요소 미세조정]을 클릭하고 ❷ [너트]를 선택한 후 Ctrl를 누르고 ❸ [와셔], ❹ [V 벨트 풀리], ❺ [볼트] 4개, ❻ [오일 실]을 선택한다. ❼ [화살표]를 드래그하여 잡아 당겨 ❽ Y축 거리를 [-40]으로 입력하고 ❾ [체크]를 클릭한다.

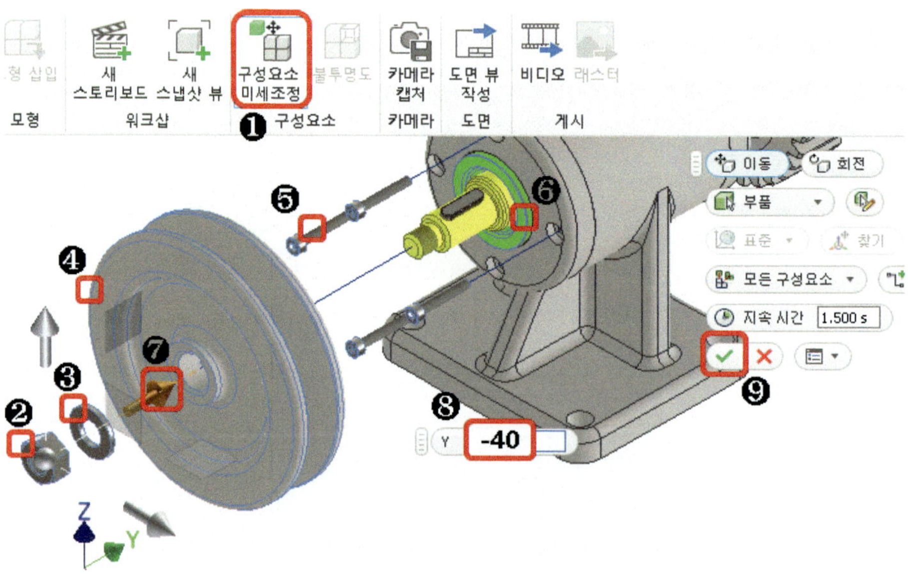

▶ ❶ [구성요소 미세조정]을 클릭하고 ❷ [너트]를 선택한 후 Ctrl를 누르고 ❸ [와셔], ❹ [V 벨트 풀리], ❺ [볼트] 4개, ❻ [오일 실], ❼ [커버]를 선택한다. ❽ [화살표]를 드래그하여 뒤로 잡아 당겨 ❾ Y축 거리를 [-100]으로 입력하고 ❿ [체크]를 클릭한다.

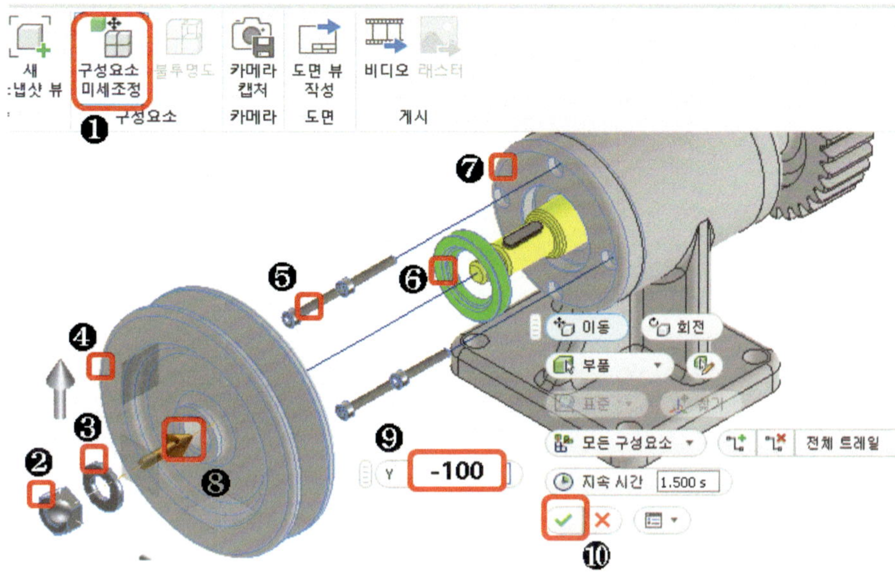

▶ ❶ [구성요소 미세조정]을 클릭하고 ❷ [베어링]을 선택한 후 ❸ [화살표]를 드래그하여 뒤로 잡아 당겨 ❹ Y축 거리를 [-65]로 입력하고 ❺ [체크]를 클릭한다.

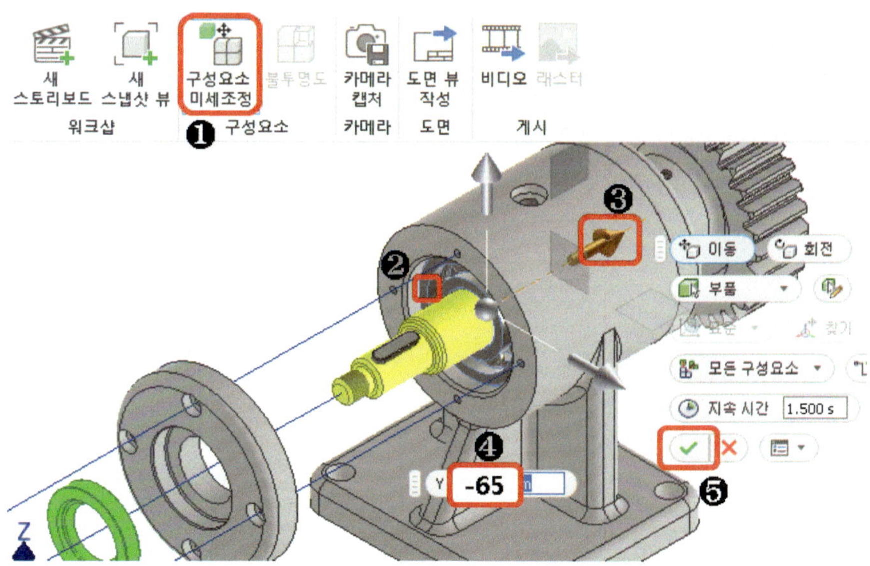

▶ ❶ [구성요소 미세조정]을 클릭한 후 임의의 점 ❷에서 ❸까지 드래그하여 부품들을 선택한다.

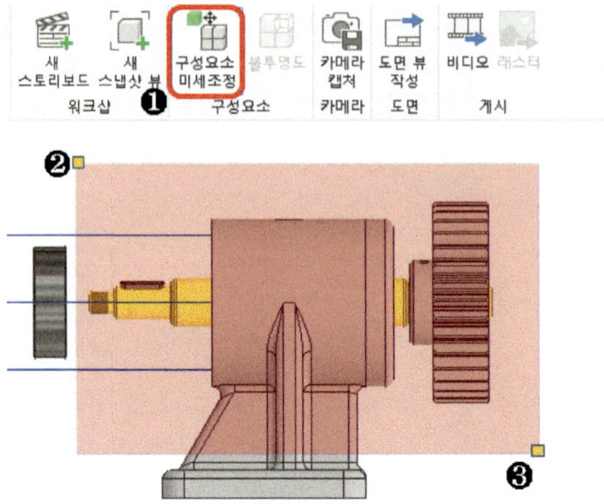

▶ ❶ [화살표]를 드래그하여 잡아 당겨 ❷ Y축 거리를 [130]로 입력하고 ❸ [체크]를 클릭한다.

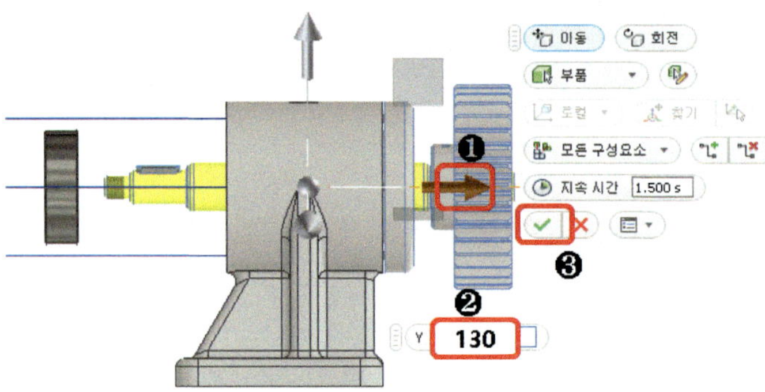

▶ ❶ [구성요소 미세조정]을 클릭하고 ❷ [멈춤나사]를 선택한 후 ❸ [화살표]를 드래그하여 뒤로 잡아 당겨 ❹ Z축 거리를 [30]로 입력하고 ❺ [체크]를 클릭한다.

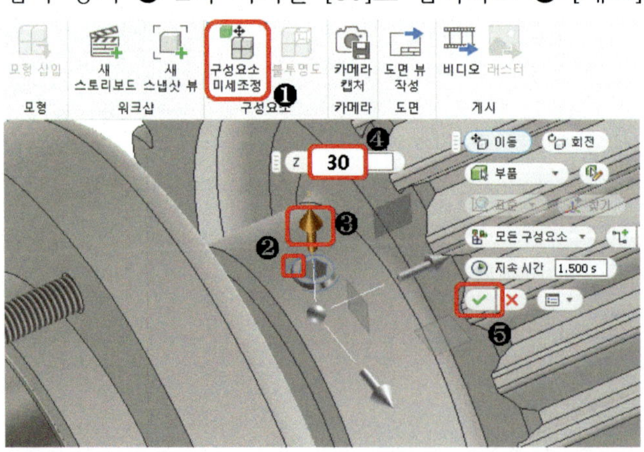

▶ ❶ [구성요소 미세조정]을 클릭한 후 임의의 점 ❷에서 ❸까지 드래그하여 부품들을 선택한다. ❹ [+] 기호를 클릭하여 트리를 확장시킨다.

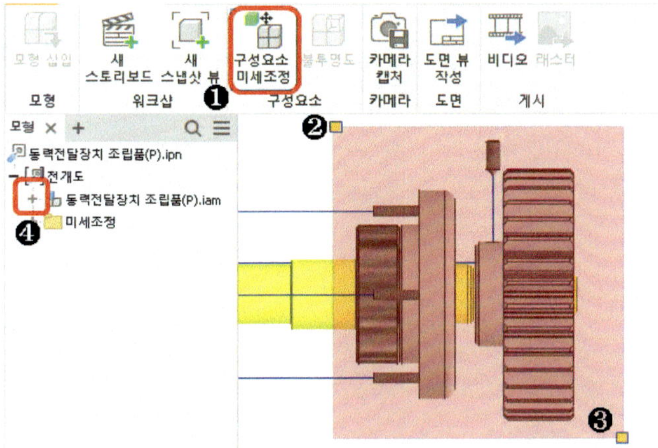

▶ 부품 선택을 해제시키기 위해서 Ctrl를 누른 상태에서 ❶ 키 [... 4×4×20 ...]과 ❷ 멈춤나사 [... 원추점 M4 ...]를 선택하면 선택 해제할 수 있다.

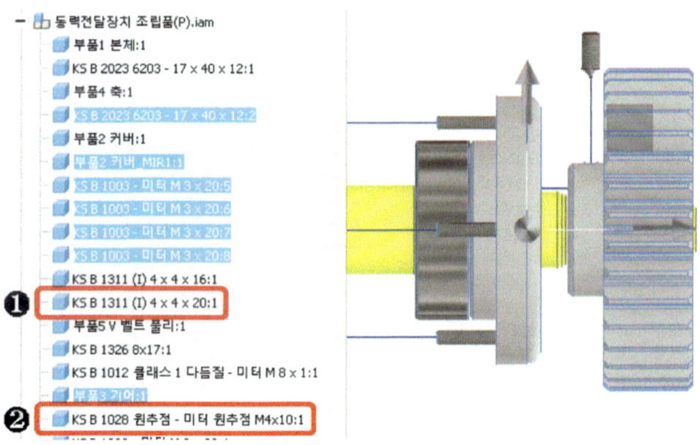

▶ ❶ [화살표]를 드래그하여 잡아 당겨 ❷ Y축 거리를 [65]로 입력하고 [엔터]키를 누르지 말고 대기....

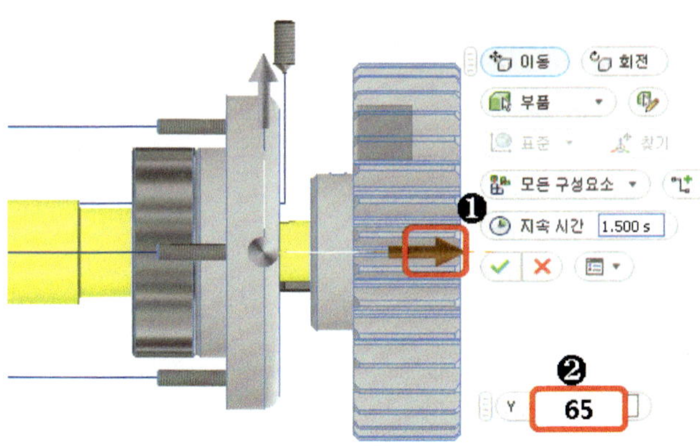

▶ ❶ [화살표]를 드래그하여 잡아 당겨 ❷ Z축 거리를 [60]로 입력하고 [엔터]키를 누르지 말고 대기....

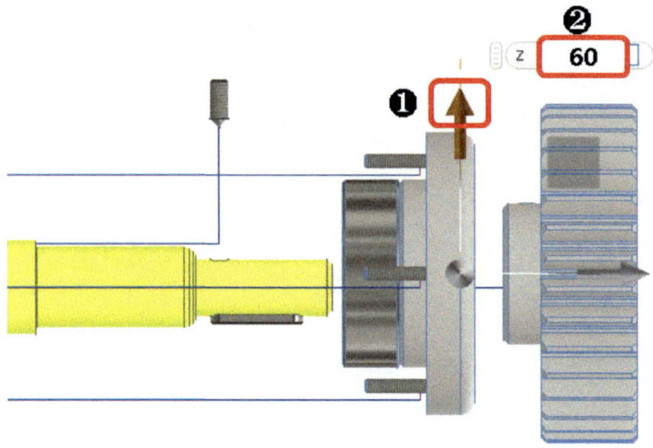

▶ ❶ [화살표]를 드래그하여 잡아 당겨 ❷ Y축 거리를 [-500]로 입력하고 [엔터]키를 누르지 말고 대기....

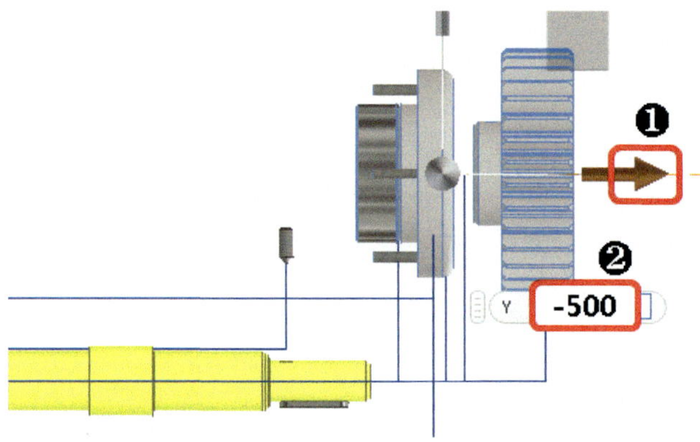

▶ ❶ [화살표]를 드래그하여 잡아 당겨 ❷ Z축 거리를 [90]로 입력하고 [엔터]키를 누르거나 ❸ [체크]를 누른다.

▶ F6을 눌러 등각투상으로 한 후 큐브박스의 뒤쪽 꼭짓점 ❹를 클릭한다.

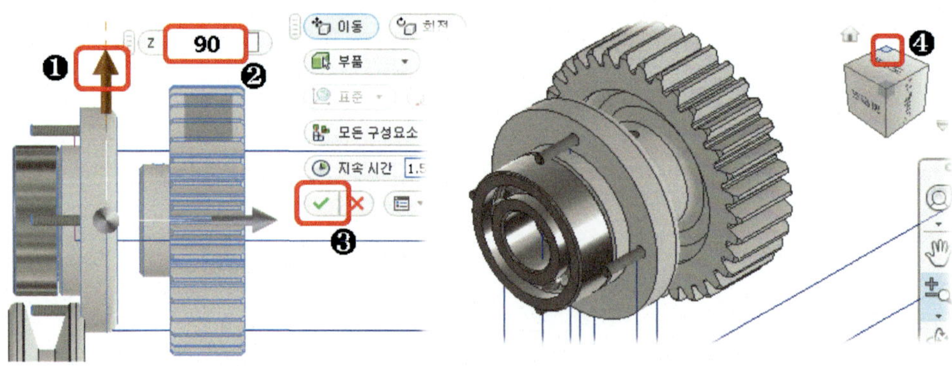

▶ ❶ [구성요소 미세조정]을 클릭하고 ❷ [기어]를 선택한 후 ❸ [화살표]를 드래그하여 잡아 당겨 ❹ Y축 거리를 [180]로 입력하고 ❺ [체크]를 클릭한다.

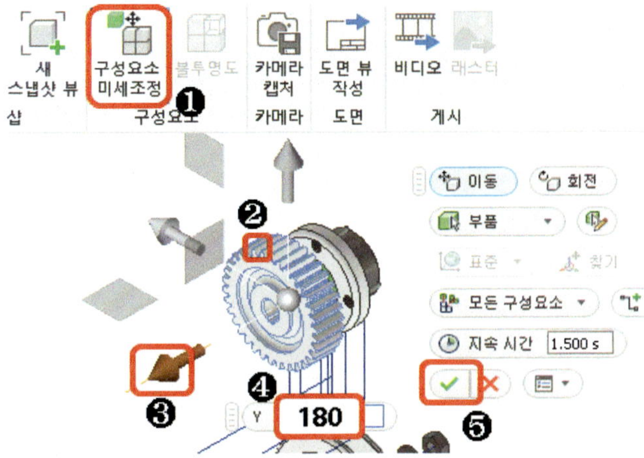

▶ ❶ [구성요소 미세조정]을 클릭하고 ❷ [오일 실]을 선택한 후 ❸ [화살표]를 드래그하여 잡아 당겨 ❹ Y축 거리를 [145]로 입력하고 ❺ [체크]를 클릭한다.

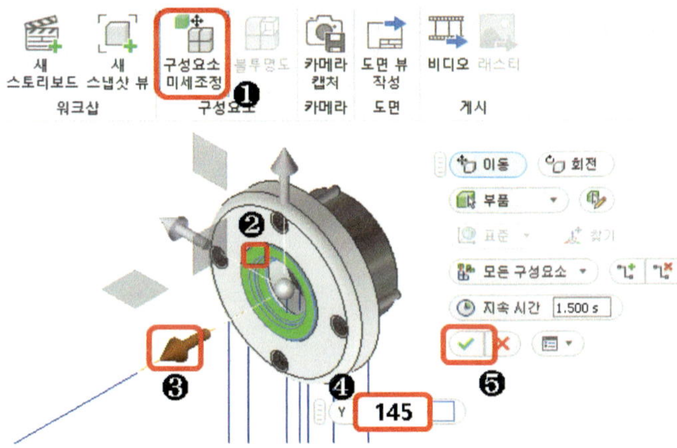

▶ ❶ [구성요소 미세조정]을 클릭하고 ❷ [볼트] 4개를 모두 선택한 후 ❸ [화살표]를 드래그하여 잡아 당겨 ❹ Y축 거리를 [100]로 입력하고 ❺ [체크]를 클릭한다.

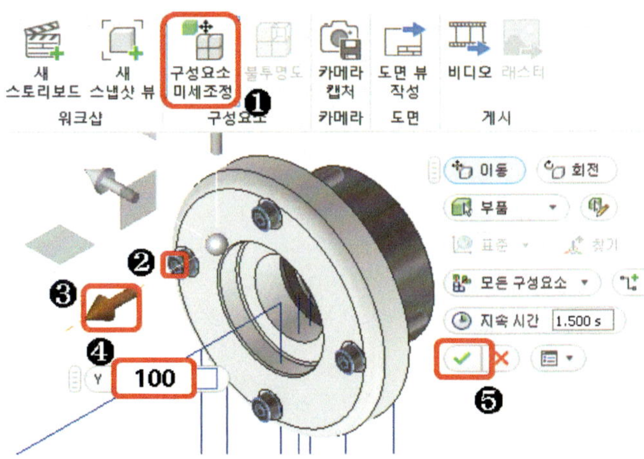

▶ ❶ [구성요소 미세조정]을 클릭하고 ❷ [커버]를 선택한 후 ❸ [화살표]를 드래그하여 잡아 당겨 ❹ Y축 거리를 [40]로 입력하고 ❺ [체크]를 클릭한다.

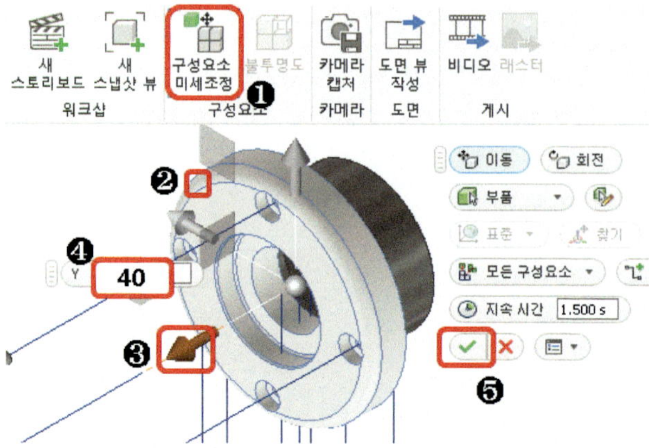

▶ ❶ [구성요소 미세조정]을 클릭하고 ❷ 아래쪽 [키]를 선택한 후 ❸ [화살표]를 드래그하여 잡아 당겨 ❹ Z축 거리를 [-30]로 입력하고 ❺ [체크]를 클릭한다.

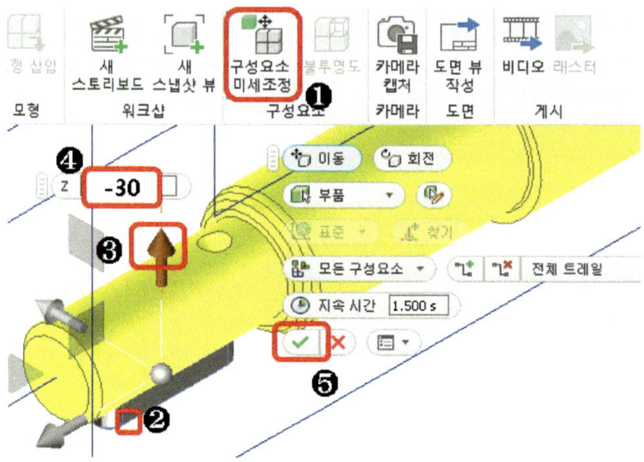

▶ 반대쪽으로 3D 회전시킨다. ❶ [구성요소 미세조정]을 클릭하고 ❷ 위쪽 [키]를 선택한 후 ❸ [화살표]를 드래그하여 잡아 당겨 ❹ Z축 거리를 [30]로 입력하고 ❺ [체크]를 클릭한다.

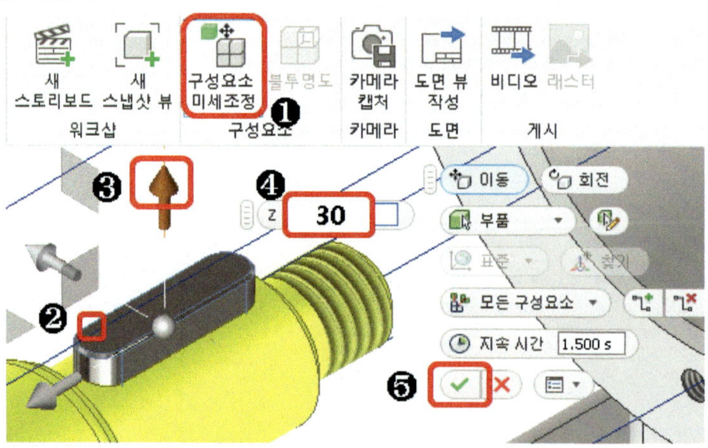

▶ 불필요한 트레일 선을 숨기기 위해서는 선 ❶을 선택한다. 그 다음 마우스 오른쪽 버튼을 클릭한 후 ❷ [트레일 세그먼트 숨기기]를 선택하여 ❸ [현재]를 누른다.

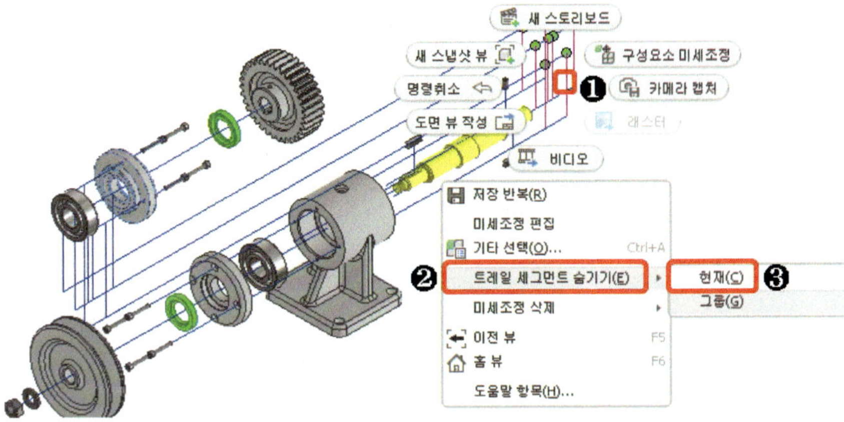

▶ [트레일 세그먼트 숨기기]를 반복 사용하여 다음과 같이 나타나도록 한다.

▶ 프리젠테이션을 저장하도록 한다.

▶ 화면 하단의 스토리보드 패널의 ❶ [재생] 버튼을 눌러 분해 및 조립 영상을 확인한다.

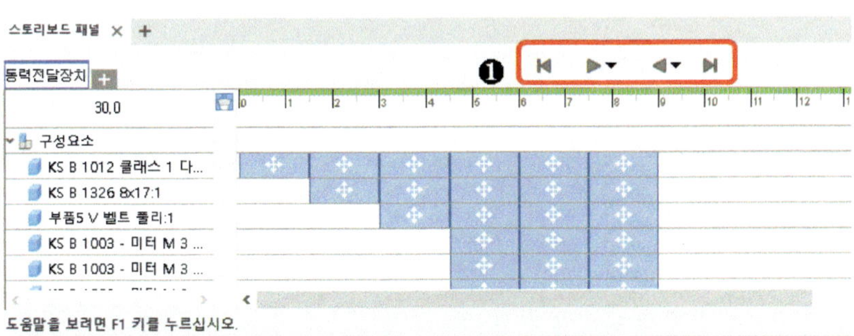

6.2 분해 조립도 작성

▶ ❶ [새 스냅샷 뷰]를 클릭하여 ❷화면 뷰를 저장하도록 한다. 필요시 뷰를 더블클릭하여 불러올 수 있다. ❸ [도면 뷰 작성]을 클릭한다.

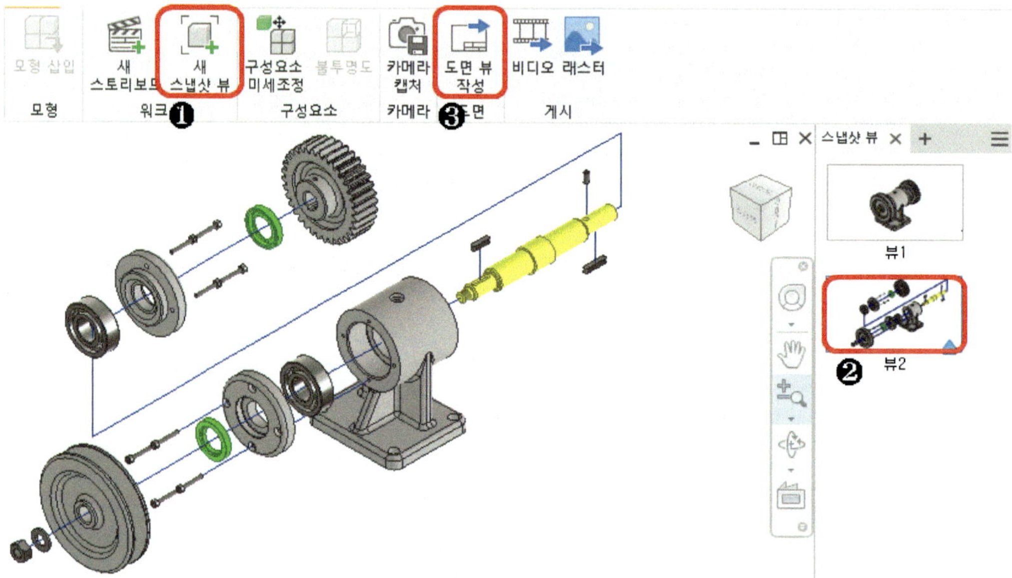

▶ 새 파일 작성 창이 뜨면 ❶ [ISO.idw]를 선택하거 ❷ [작성]을 누른다.

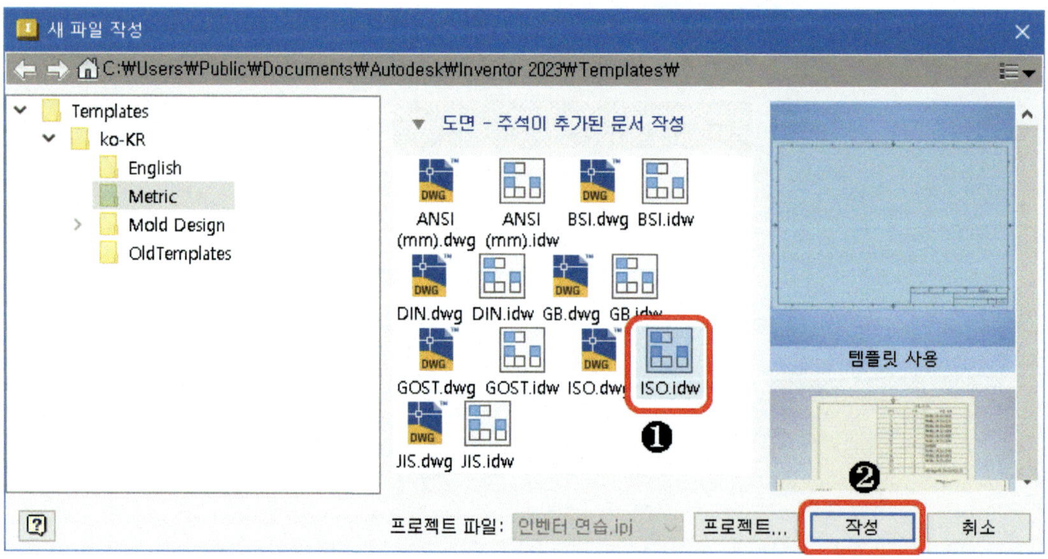

▶ ❶ 뷰의 [화살표]를 확장시켜 방금 생성한 ❷ [뷰2]를 선택한다. ❸ [화면표시 옵션] 탭을 누르고 ❹ [접하는 모서리]에 체크를 한 후 ❺ [확인] 버튼을 누른다.

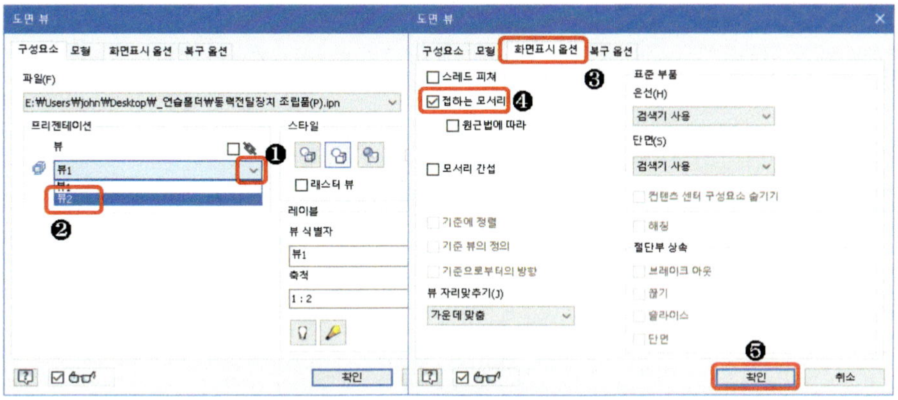

▶ 위 과정을 거치면 다음과 같은 분해도 화면이 나온다. 조립도를 같이 표현하기 위해서 ❶ [기준]을 누른다.

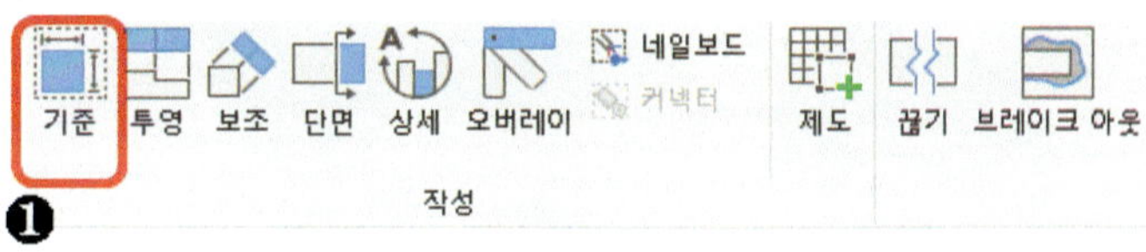

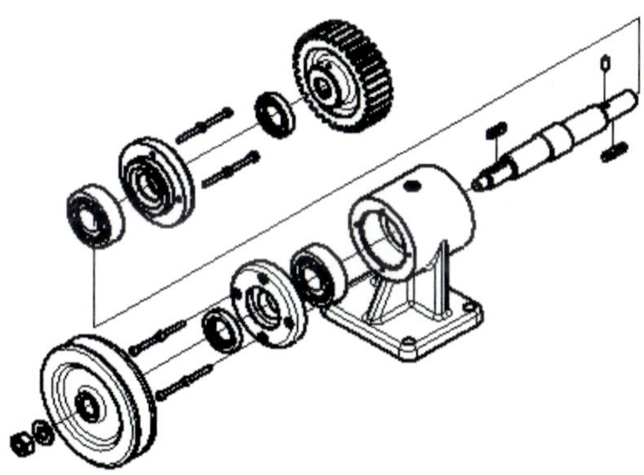

▶ ❶ [뷰1]을 선택하고 ❷ [확인] 버튼을 누르고 도면 왼쪽 상단에 배치한다.

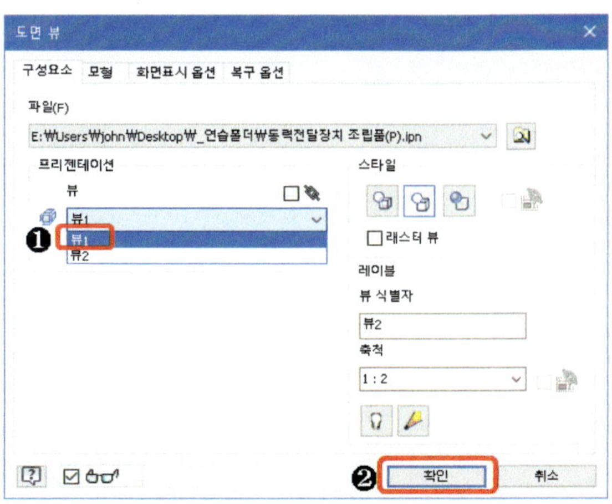

▶ 위 과정을 따르면 다음과 같은 분해 조립도를 완성할 수 있다. 도면을 저장하도록 한다.

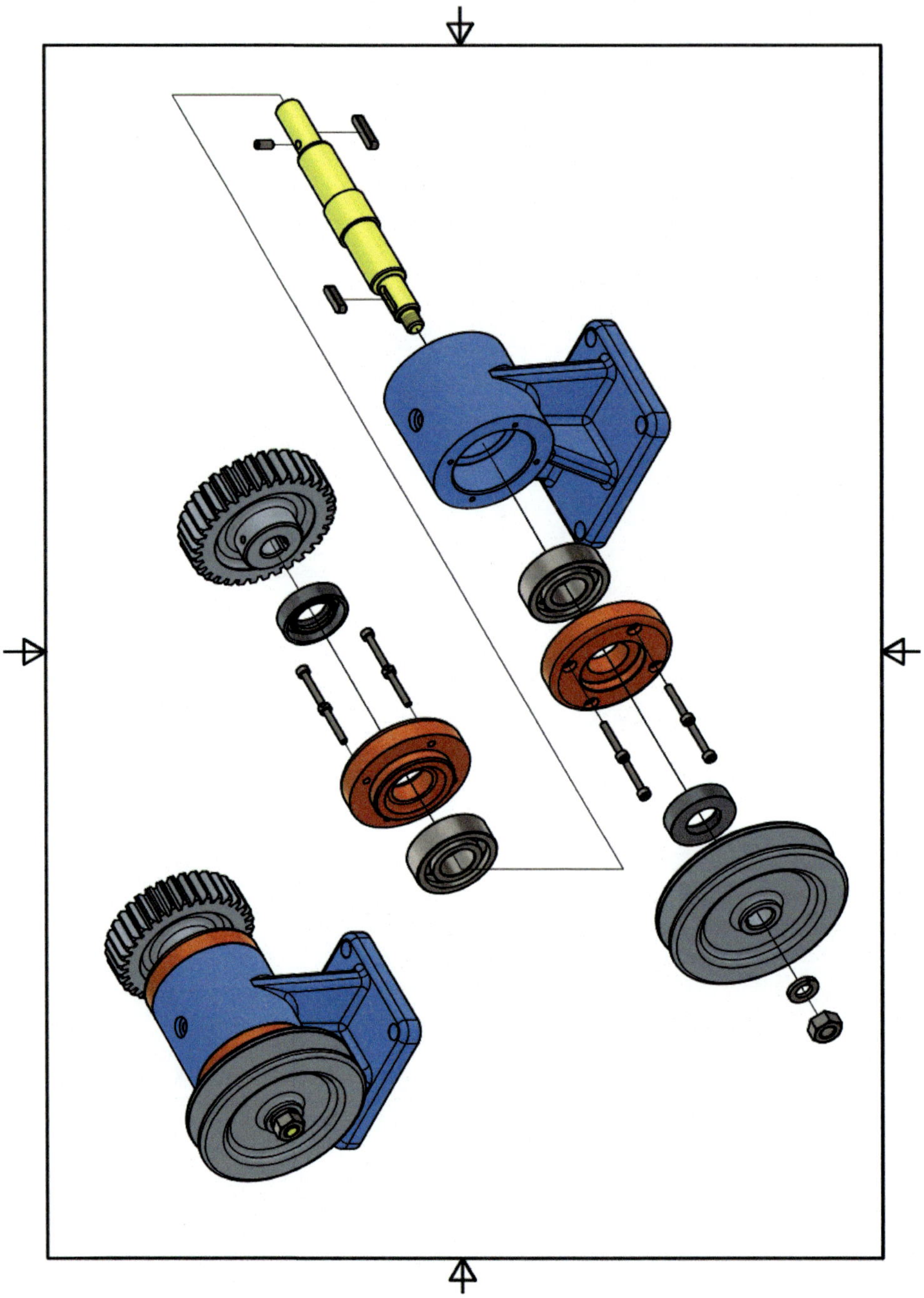

07 CHAPTER 2D 도면 작성

7.1 표제란 작성

아래 도면의 테두리를 포함해서 왼쪽 상단의 수험표란과 아래쪽의 표제란 및 부품란을 작성하도록 한다.

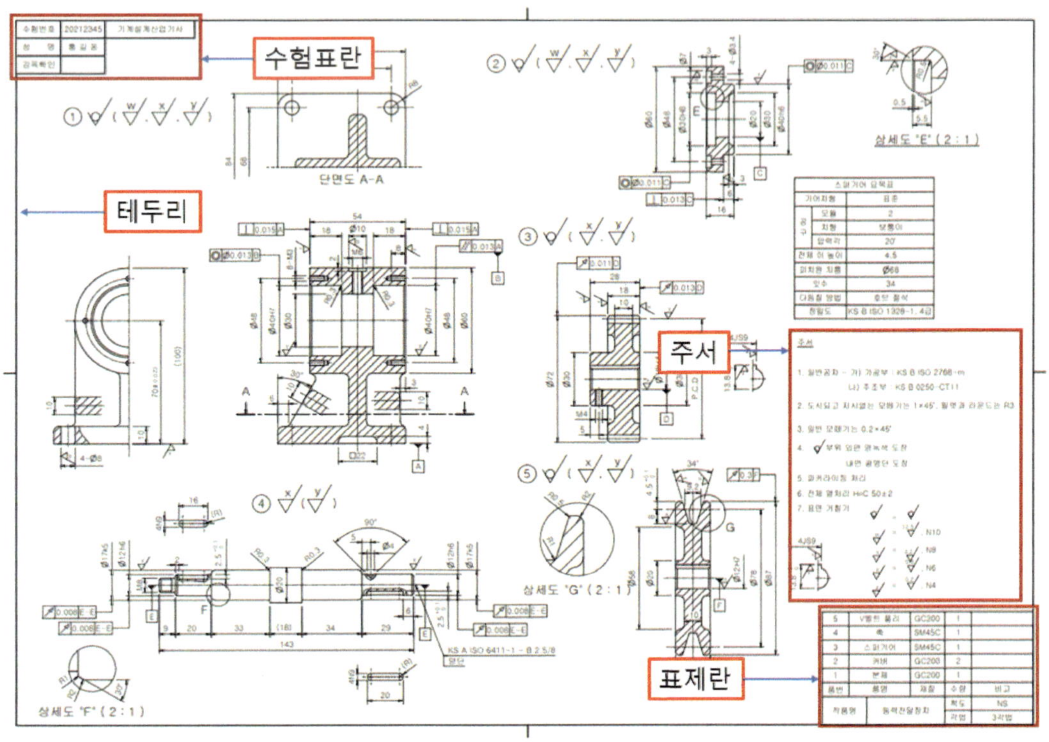

7.1.1 시트 편집

▶ 인벤터를 실행하고 ❶ [새로 만들기]를 확장시켜 ❷ [도면(.idw)]를 선택한다.

▶ 도면화 작업을 시작하기 전에 투상각법을 먼저 정의하도록 한다.

▶ KS 규격은 삼각법(3각법)을 기본으로 한다.

▶ ❶ [관리] 메뉴를 클릭하고 ❷ [스타일 편집기]로 들어가서 ❸ [기본 표준(ISO)]을 확장시켜 [기본 표준(ISO)]를 선택한다. ❹ [뷰 기본 설정] 탭을 클릭하고 ❺ [삼각법(T)]를 선택한 후 ❻ [저장] 버튼을 누른다.

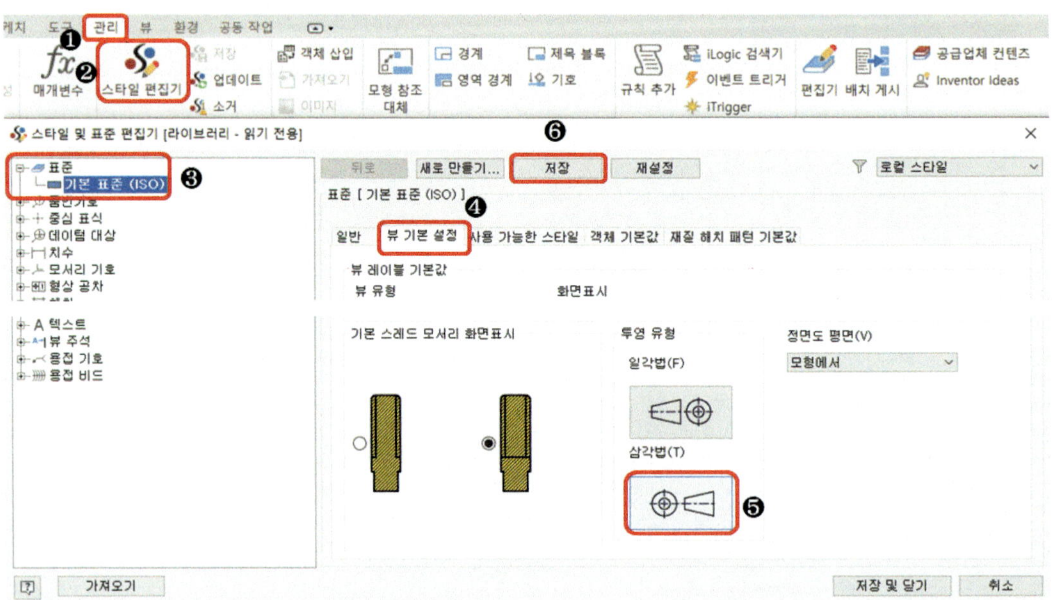

▶ 인벤터 기본 글꼴 Thahoma는 출력시 글자 깨짐이 발생할 우려가 있으므로 굴림으로 변경한다. ❶ [텍스트]를 확장시켜 [레이블 텍스트(ISO)]를 선택한다. ❷ 글꼴을 [굴림]으로 선택한 후 ❸ 글자 크기를 "7"로 한다. ❹ [저장] 버튼을 누른다.

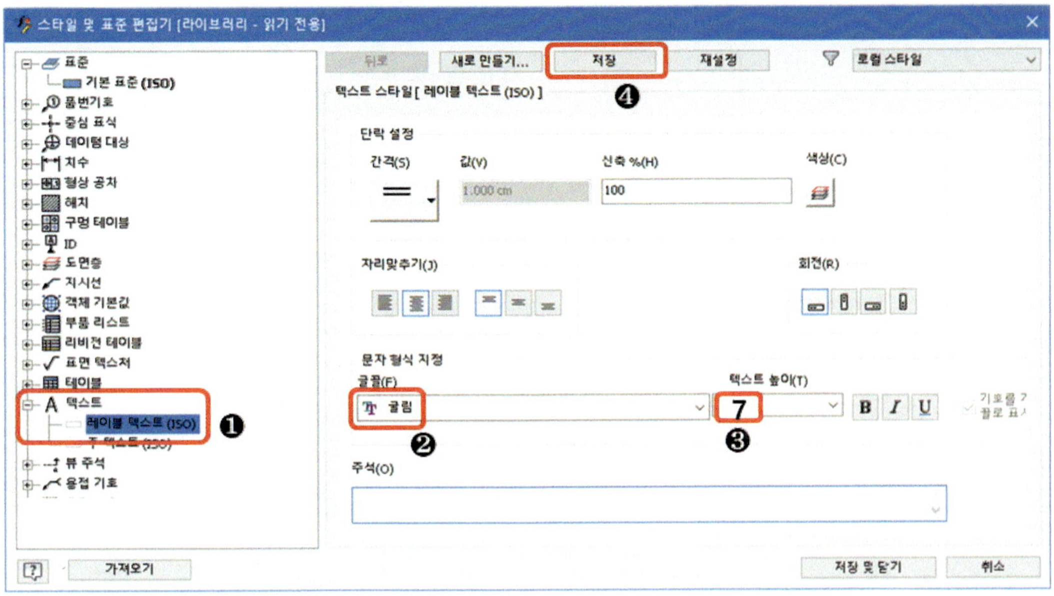

▶ [레이블 텍스트] 바로 밑에 있는 ❶ [주 텍스트(ISO)]를 선택하고 ❷ 글꼴을 [굴림], 글자 크기는 "3.5"로 변경한 후 ❸ [저장 및 닫기]를 누른다.

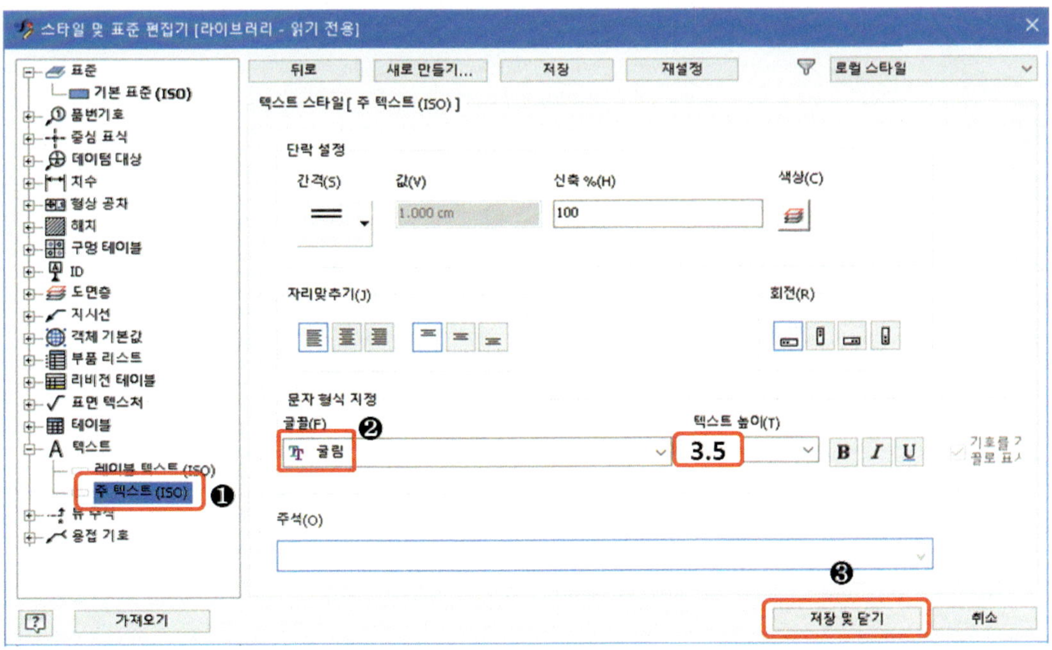

▶ 검색기 창에서 Ctrl을 누르고 ❶ [기본경계]와 [ISO]를 복수 선택하고 마우스 오른쪽 버튼을 눌러 ❷ [삭제]를 클릭하면 테두리와 표제란이 삭제된다.

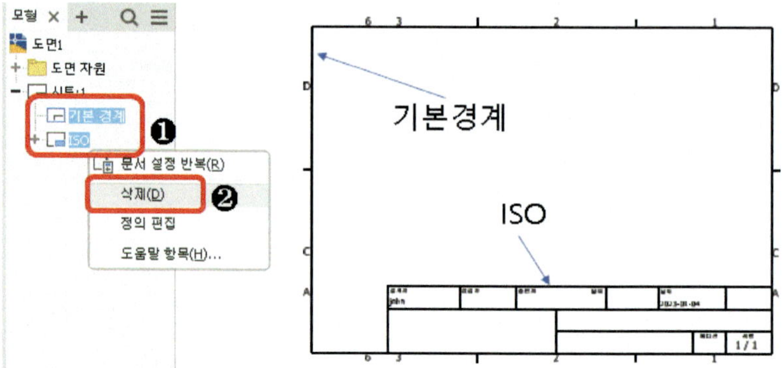

▶ 검색기 창에서 ❶ [시트:1]을 선택하고 마우스 오른쪽 버튼을 누르고 ❷ [시트편집]을 선택한다. 시트편집 창에서 ❸ 용지를 [A2]로 변경하고 ❹ [확인]을 누른다.

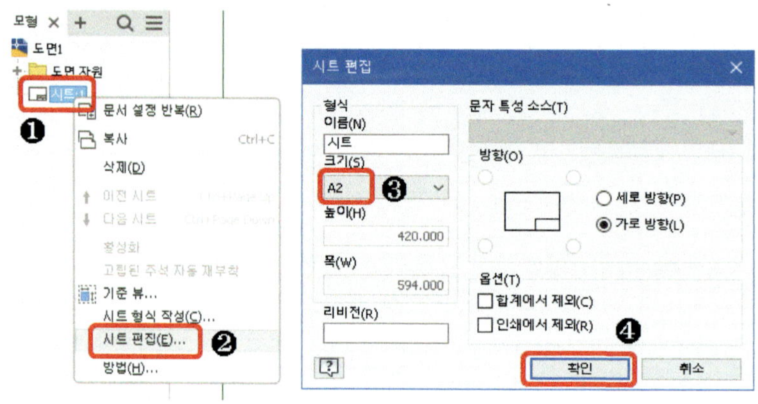

▶ ❶ [도면자원]을 확장시켜 ❷ [경계]에서 마우스 오른쪽 버튼을 클릭하여 ❸ [새 영역 경계 정의]를 클릭한다. [기본 도면 경계 매개변수] 창에서 수평과 수직 영역의 수를 "2", 레이블 없음에 체크한다. ❹ [>>(더보기)]를 누르고 ❺ [중심표식]의 체크를 해제한 후 ❻ [확인] 버튼을 누르면 스케치 모드로 들어간다.

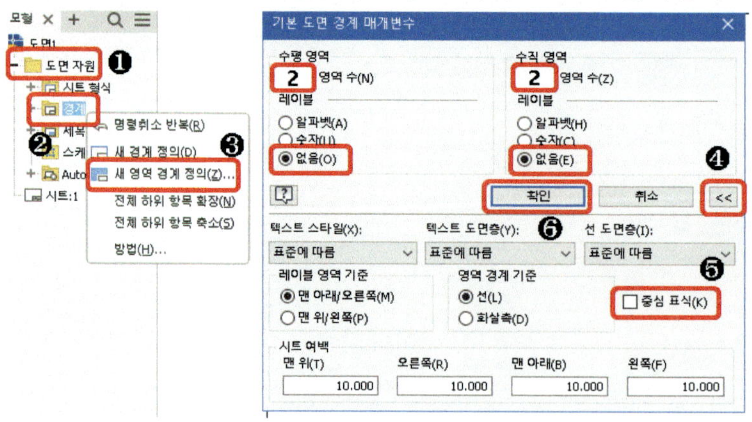

7.1.2 상단부(수험표란) 작성

▶ 선 명령으로 수험표란을 다음 치수를 참고하여 왼쪽 상단부에 그리도록 한다.

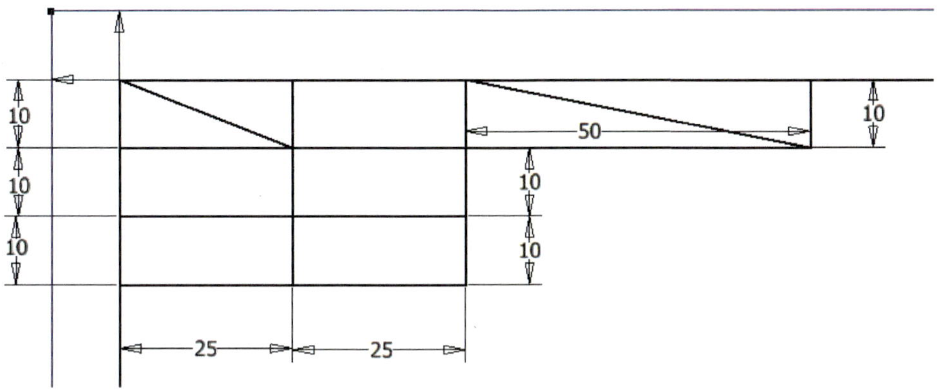

▶ ❶ [텍스트] 명령을 실행하고 작업 공간의 임의의 점 ❷를 찍는다. 텍스트 위치를 ❸ [중심], [중간]으로 자리 맞추기를 하고 ❹ "수험번호"를 입력한 후 ❺ [확인] 버튼을 누른다.

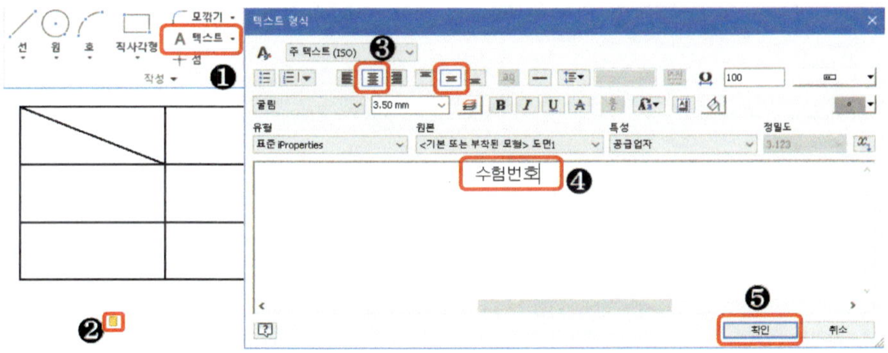

▶ ❶ [일치 구속조건]을 클릭하고 텍스트의 중간점 ❷를 선택하고 경사진 선의 중간점 ❸을 선택하여 테스트의 위치를 구속한다.

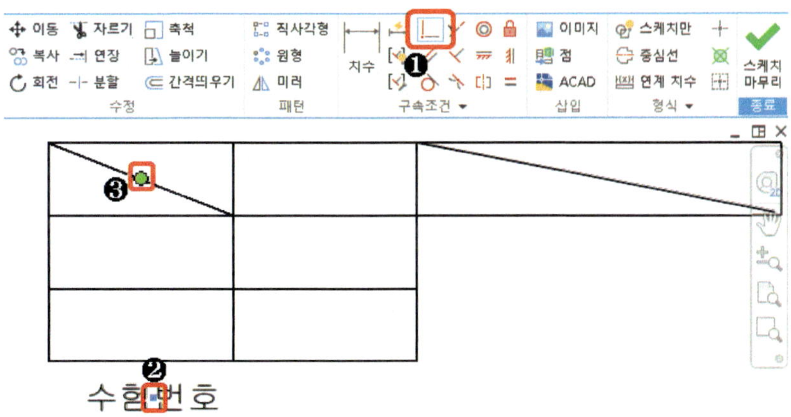

▶ ❶ [복사] 명령을 실행하고 ❷ 텍스트 [수험번호]를 선택한다.❸ 기준점[화살표]를 클릭한다. 선의 끝점 ❹를 선택한 후 각각 ❺ 끝점(빨간 네모안의 끝점)들을 선택하여 그림처럼 복사한다. ❻ [종료]를 누른다.

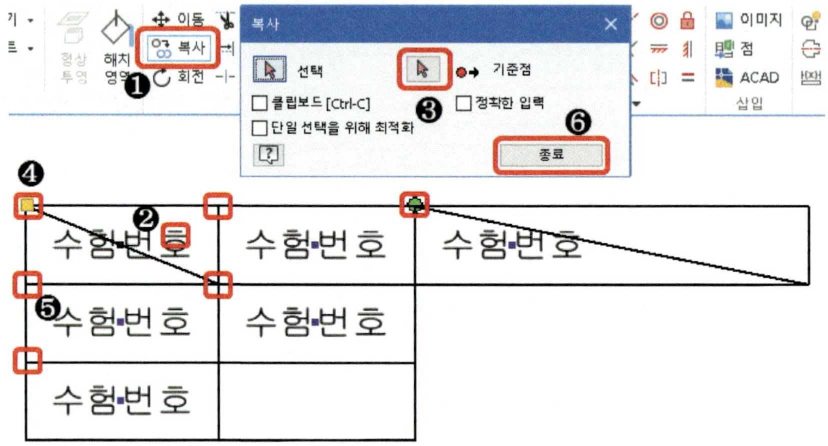

▶ ❶ [복사] 명령을 실행하고 ❷ 텍스트를 선택한다. 기준점으로 선의 끝점 ❸을 선택한 후 끝점 ❹를 선택하여 그림처럼 복사한다. ❺ [종료]를 누른다.

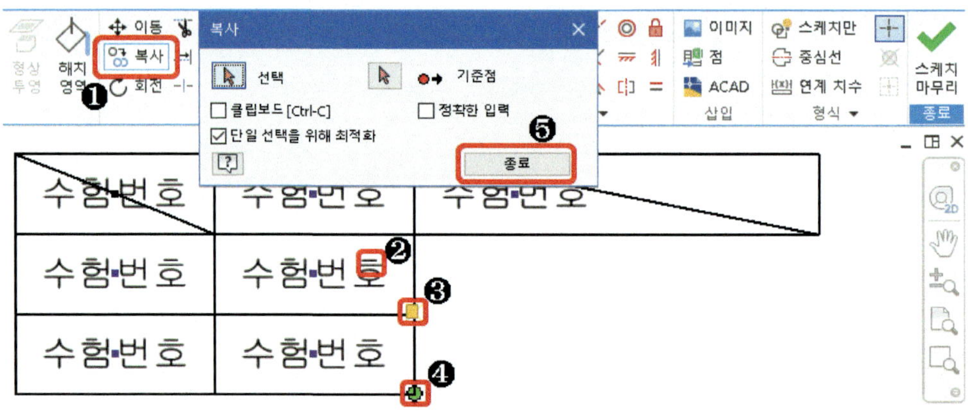

▶ Ctrl를 누른 채 경사진 선 ❶과 ❷를 복수선택한 후 ❸ [스케치만]을 누른다.

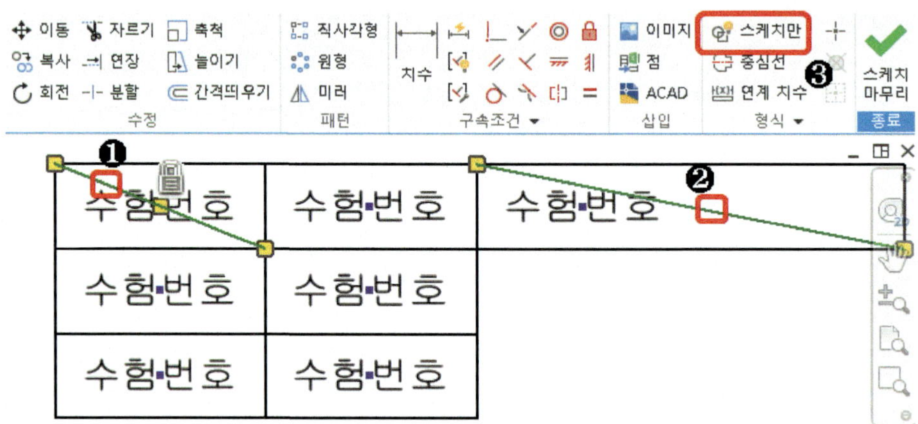

▶ ❶ [일치 구속조건]을 클릭하고 텍스트의 중간점 ❷를 선택하고 경사진 선의 중간점 ❸을 선택하여 테스트의 위치를 구속한다.

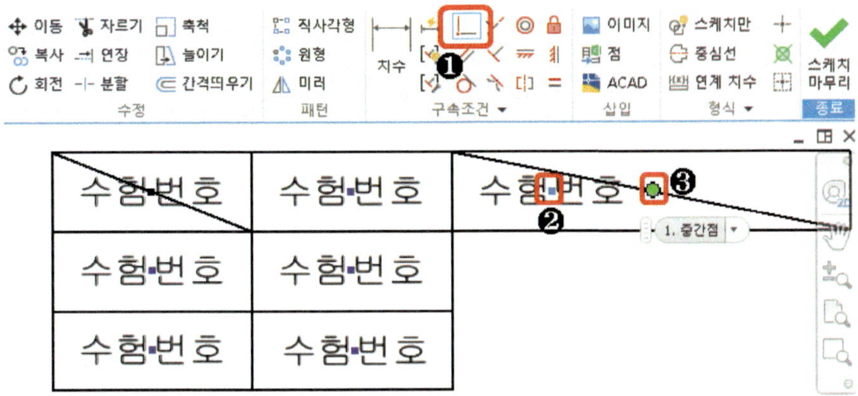

▶ ❶ 각각의 텍스트를 더블클릭하여 아래 그림처럼 모두 변경한다. 시험감독란의 (인)은 생략해도 된다.

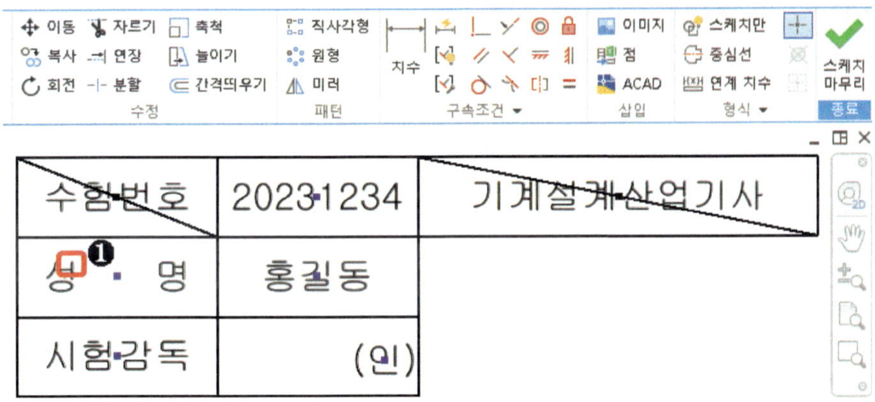

▶ ❶ [스케치 마무리]를 누르고 경계 창에서 ❷ 이름을 [테두리]라 명명하고 ❸ [저장] 버튼을 누른다.

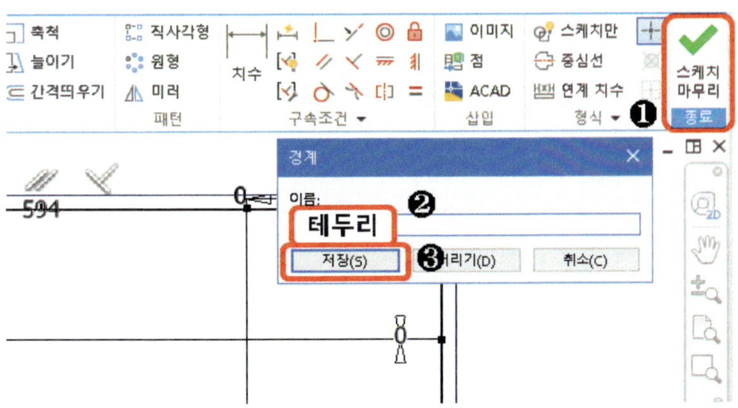

▶ ❶ [경계]를 확장하고 ❷ [테두리]를 더블클릭하거나 우클릭하여 ❸ [삽입]을 클릭한다. [도면 경계 매개변수 편집] 창에서 ❹ [확인] 버튼을 누르면 앞에서 정의한 경계가 화면에 나타난다.

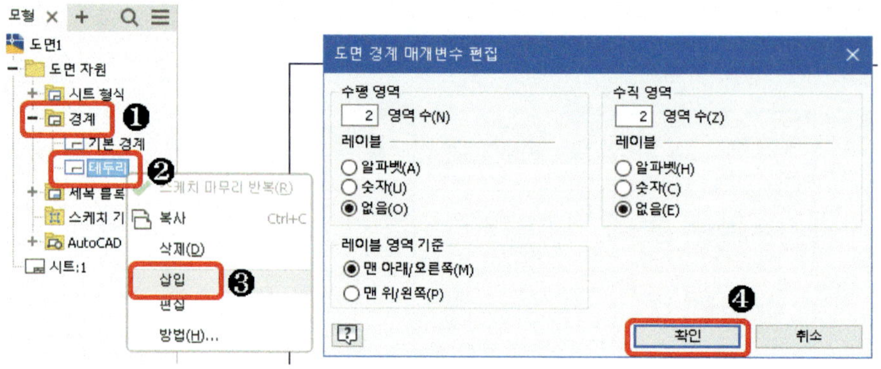

▶ 다음은 수험표란의 완성된 모습이다.

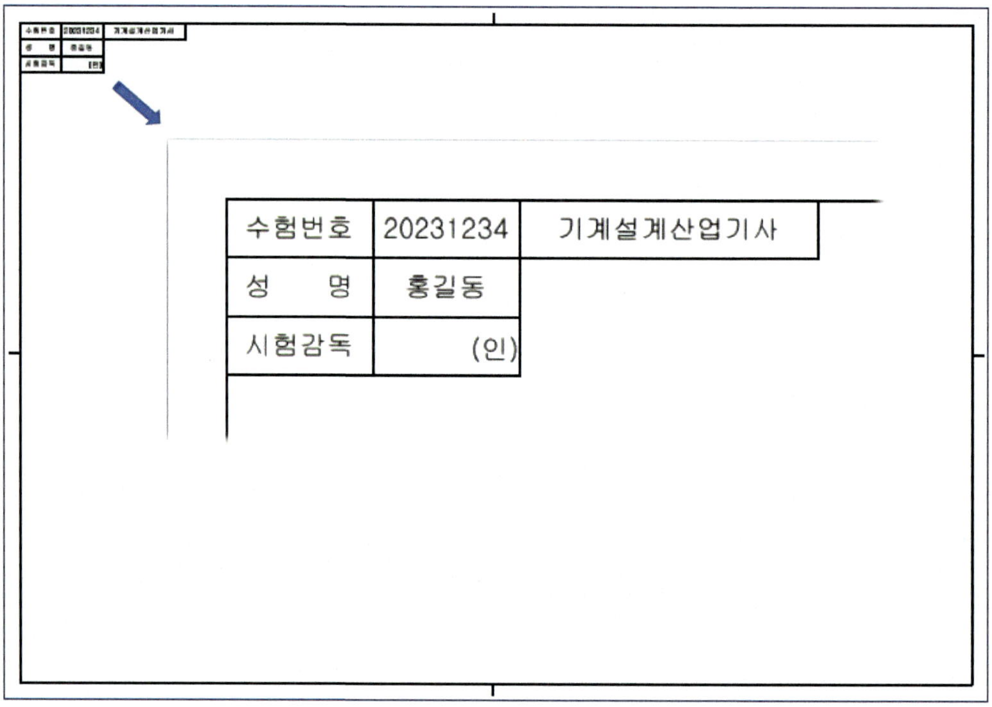

7.1.3 하단부(표제란, 부품란) 작성

다음과 같은 표제란을 작성하도록 하자.

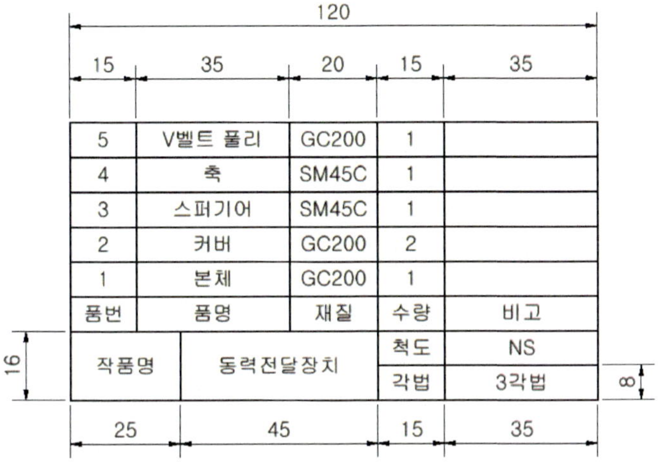

▶ 검색기 창에서 ❶ [제목 블록]을 선택하고 마우스 오른쪽 버튼을 눌러 ❷ [새 제목 블록 정의]를 누르면 스케치 모드로 들어간다.

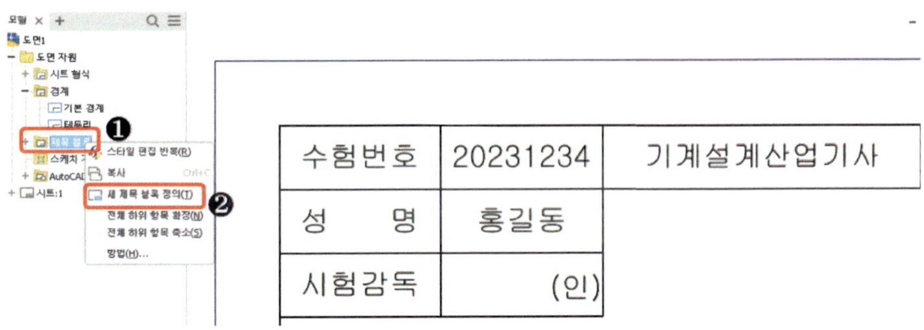

▶ [선] 명령을 이용하여 화면의 빈 공간 임의의 위치에 다음과 같이 그리도록 한다.

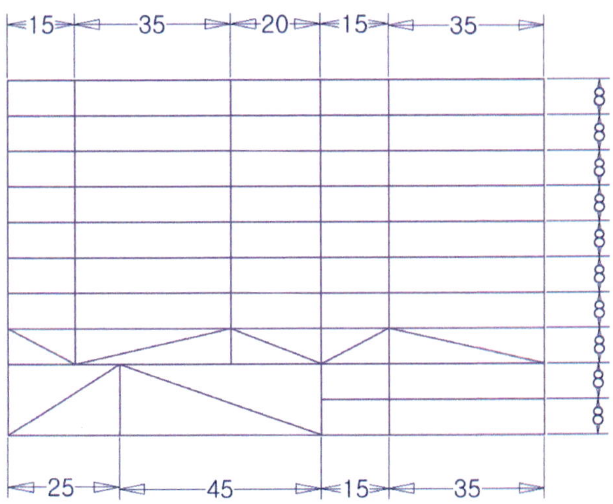

▶ ❶ [텍스트] 명령을 실행하고 작업 공간의 임의의 점 ❷를 찍는다. 텍스트 위치를 ❸ [중심], [중간]으로 자리 맞추기를 하고 ❹ "품번"이라 입력한 후 ❺ [확인] 버튼을 누른다.

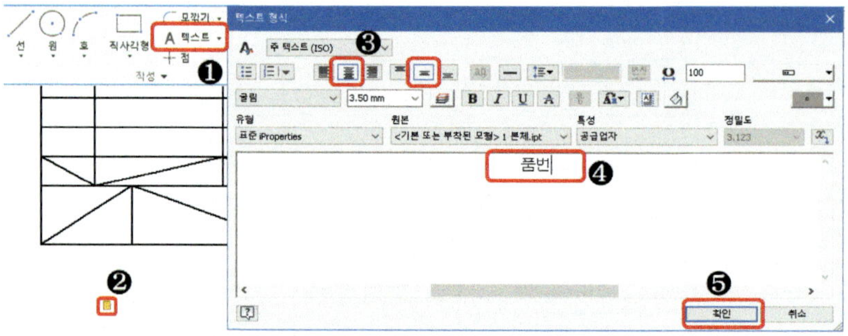

▶ ❶ 텍스트 [품번]을 선택하고 [Ctrl+C]를 눌러 복사를 한 후 [Ctrl+V]를 6번 눌러 텍스트 총 7개를 생성한다. ❷ [일치 구속조건]을 클릭하고 [품번]의 가운데 점 ❸을 선택한 후 경사진 선의 중간점 ❹를 선택한다.

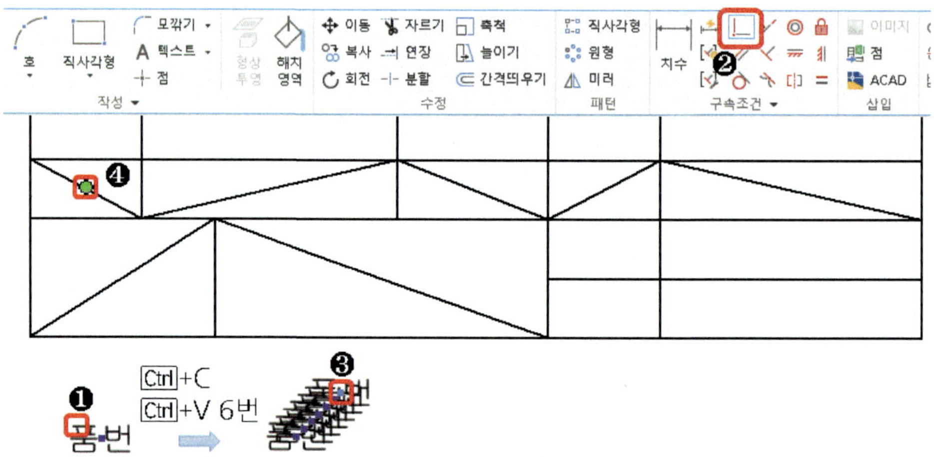

▶ 텍스트의 위치를 구속하는 또 다른 방법으로 [품번]의 가운데 점 ❶을 선택한 후 드래그하여 경사진 선의 초록색 점(중간점) ❷에 끌어다 놓는다.

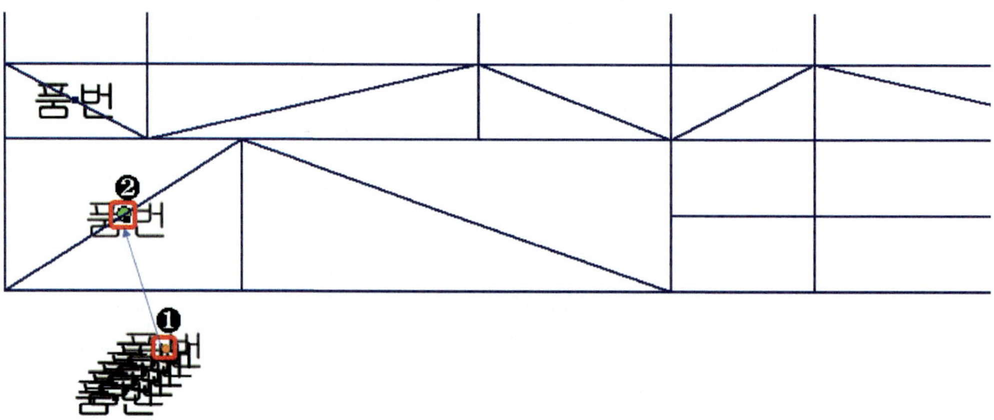

▶ 위 과정을 반복하여 그림처럼 각 경사진 선의 중간점에 텍스트를 구속시킨다.

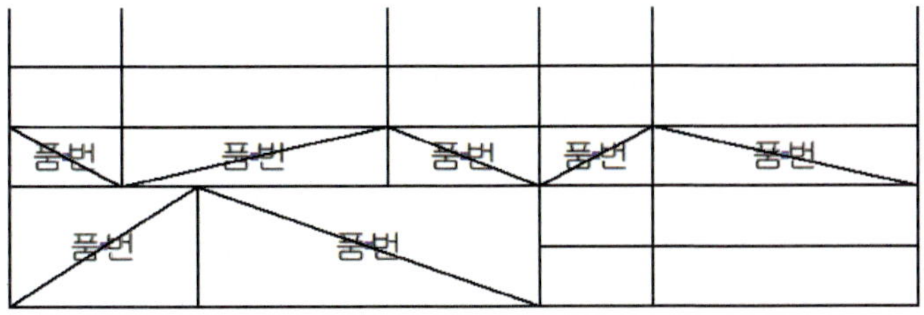

▶ ❶ [복사] 명령을 실행하고 [품번] 텍스트 ❷와 ❸ 2개를 선택한 후 ❹ 기준점[화살표]를 클릭한다. 선의 끝점 ❺를 선택한 후 각각 ❻과 ❼ 끝점들을 선택하여 그림처럼 복사한다. ❽ [종료]를 누른다.

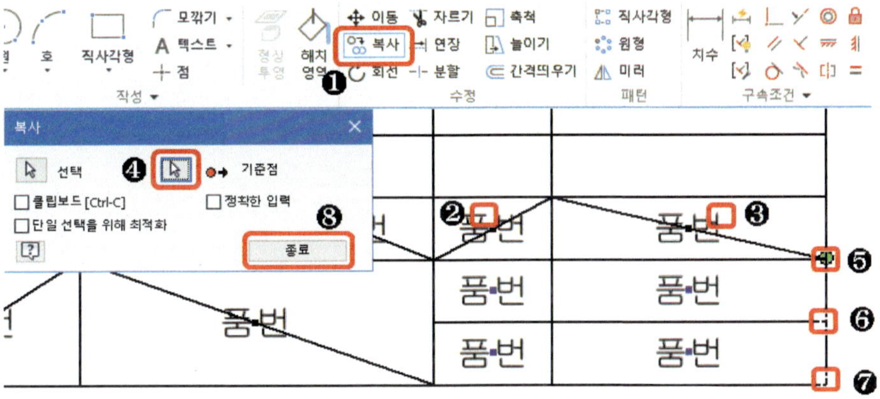

▶ 위와 같은 방법으로 나머지 칸들을 채운다. ❶ [복사] 명령을 실행하고 텍스트 ❷의 4개의 텍스트를 선택한다. ❸ 기준점 [화살표]를 클릭하고 기준점 ❹를 선택한 후 ❺~❾ 선들의 끝점(빨간 네모 안의 끝점)들을 각각 선택하면 그림처럼 복사가 된다. ❿ [종료]를 누른다.

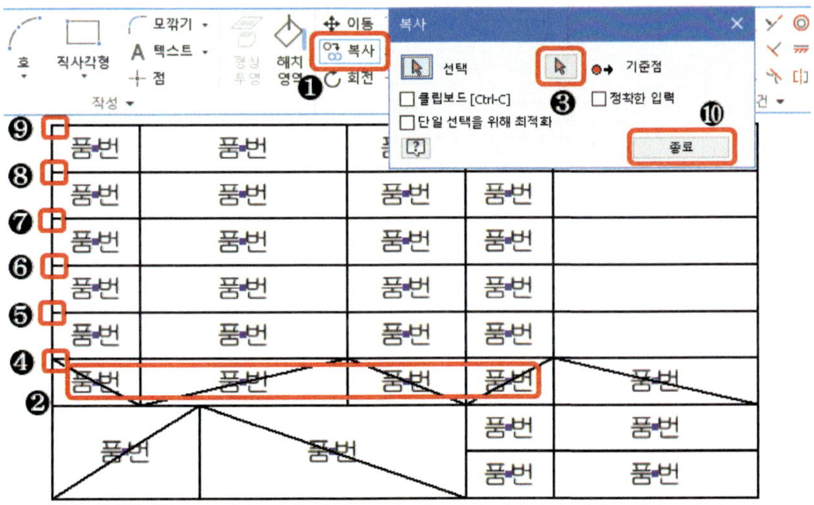

▶ ❶ 경사진 선 7개를 모두 선택한 후 ❷ [스케치만]을 누른다.

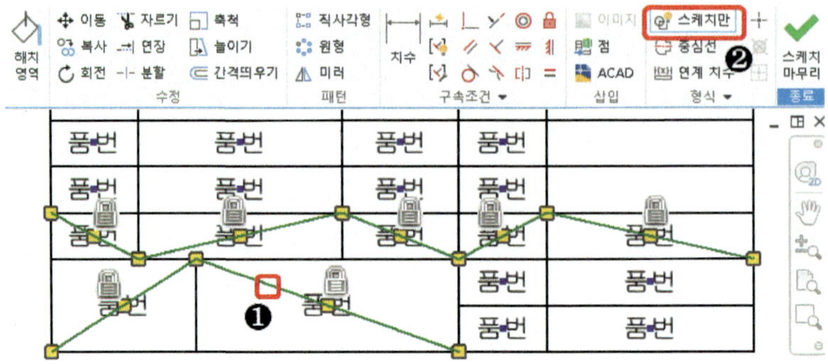

▶ 다음 그림을 참고하여 복사된 각각의 ❶ 텍스들을 더블클릭하여 그림처럼 표제란을 참고하여 변경한 후 ❷ [스케치 마무리]를 누른다.

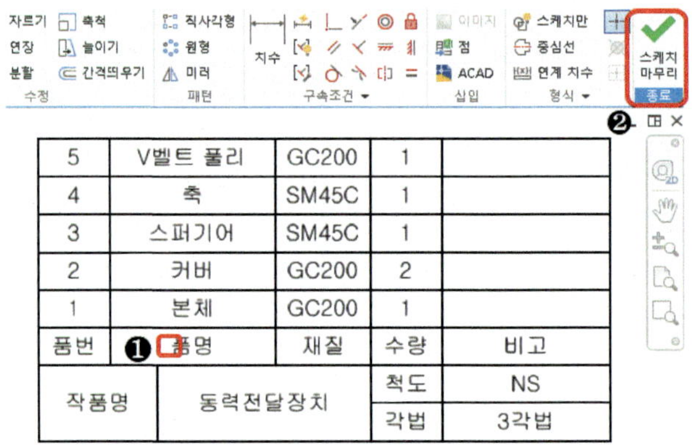

▶ 제목 블록의 이름을 ❶ "표제란"이라 명명한 후 ❷ [저장] 버튼을 누른다.

▶ ❶ [제목 블록]을 확장시켜 ❷ [표제란]에서 마우스 오른쪽 버튼을 눌러 ❸ [삽입]을 클릭하거나 더블클릭을 한다. 오른쪽 하단에 자동으로 위치하게 된다.

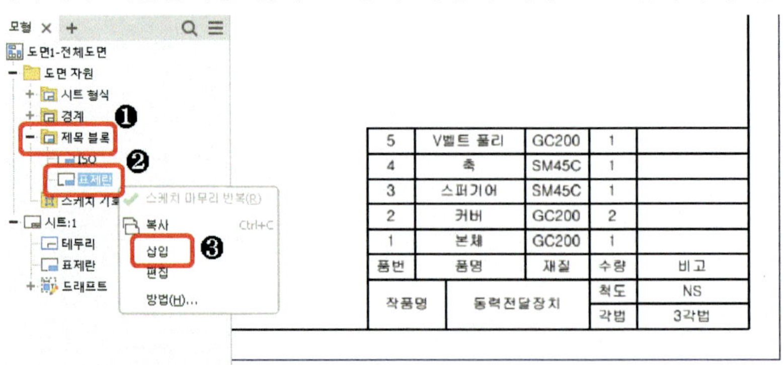

7.1.4 주서 작성

▶ ❶ [뷰배치] 메뉴를 클릭하고 ❷ [제도] 명령을 실행한다. ❸ 뷰 식별자에 "주서"라고 입력한 후 ❹ [확인] 버튼을 누른다.

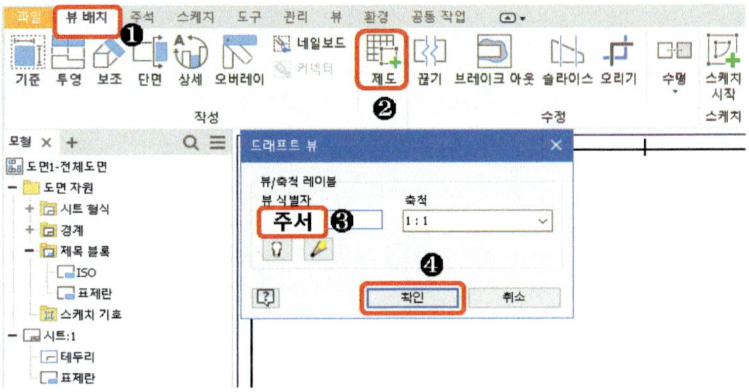

▶ ❶ [텍스트] 명령을 실행하고 원점 근처의 임의의 점 ❷를 먼저 찍는다. 텍스트 창에 다음과 같이 입력한다. ①, ②, ③의 특수문자 입력방식은 다음과 같다.

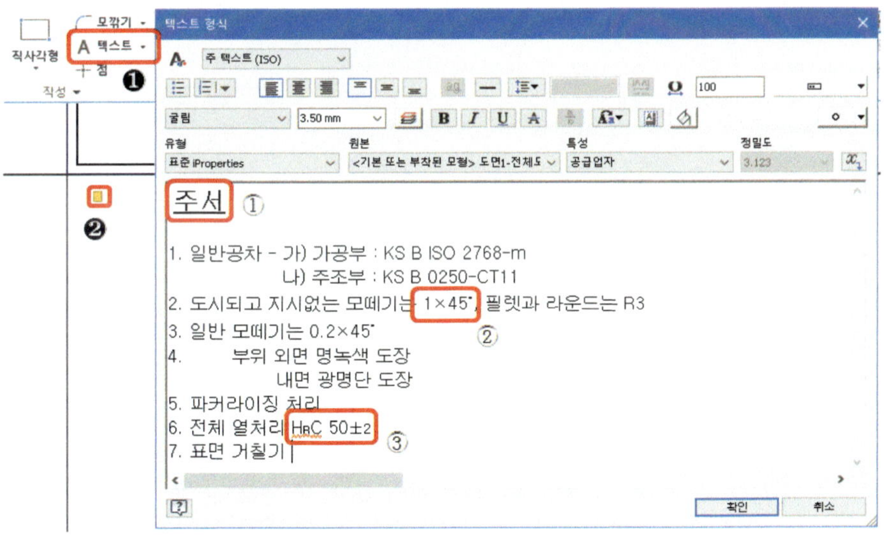

▶ ① [주서] : ❶ "주서"를 블록으로 설정한 후 ❷ 글자 크기를 [5]로 변경하고 ❸ [밑줄]을 클릭한다.

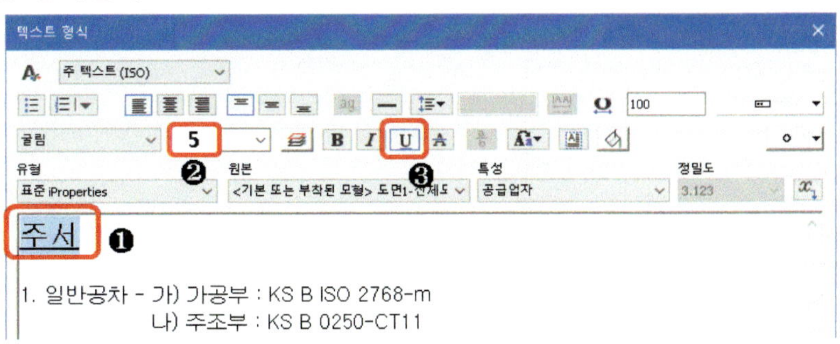

▶ ② 1×45˚ : ❶ 1과 45사이에 "ㄷ"을 입력한 후 키보드의 [한자]키를 누르고 ❷ [×]선택한다.

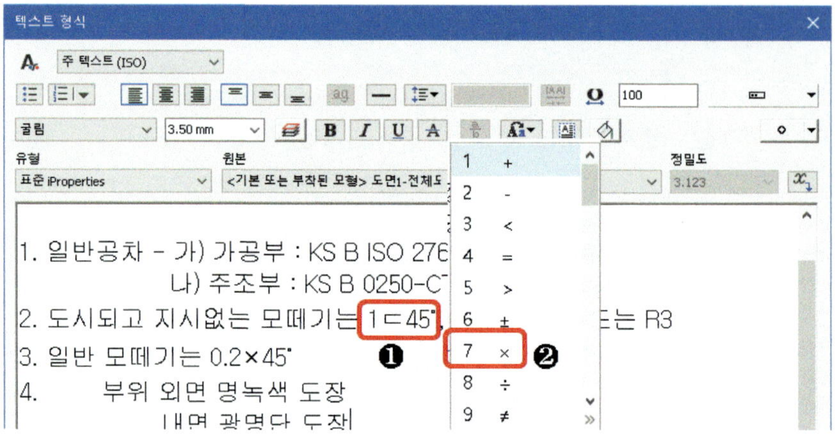

▶ 각도 표시 ❶ [˚]는 ❷ [특수문자[표를 확장시켜 ❸ [˚]를 선택한다.

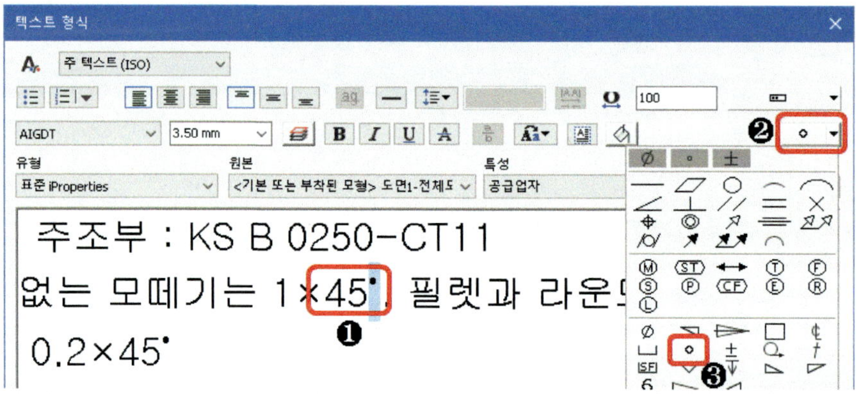

▶ ③ HRC 50±2 : 먼저 ❶ [R]을 블록설정한 후 글자 크기를 ❷ [2.5] 또는 적당한 크기로 변경한다. ❸ [2]에 대해서도 같은 방법으로 글자 크기를 변경한다.

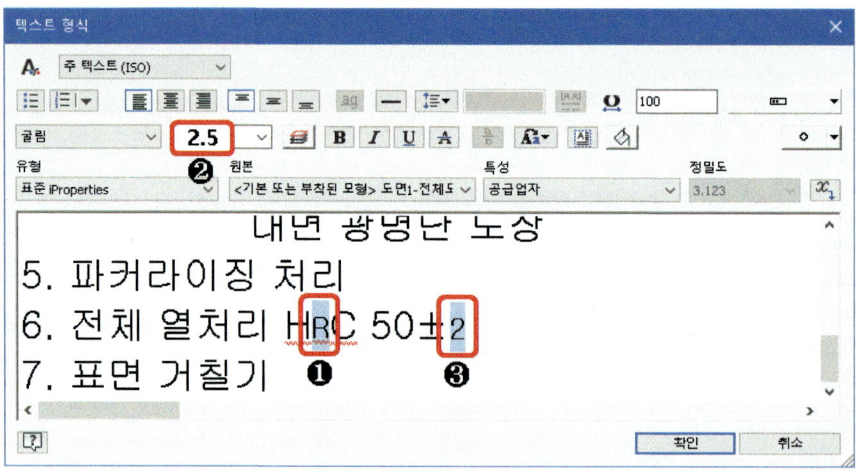

▶ ❶ 텍스트 모두를 선택하고 ❷ [행 간격]을 확장시켜 ❸ [1.5]행을 선택하여 줄 간격을 넓힌다. ❹ [확인] 버튼을 누른다.

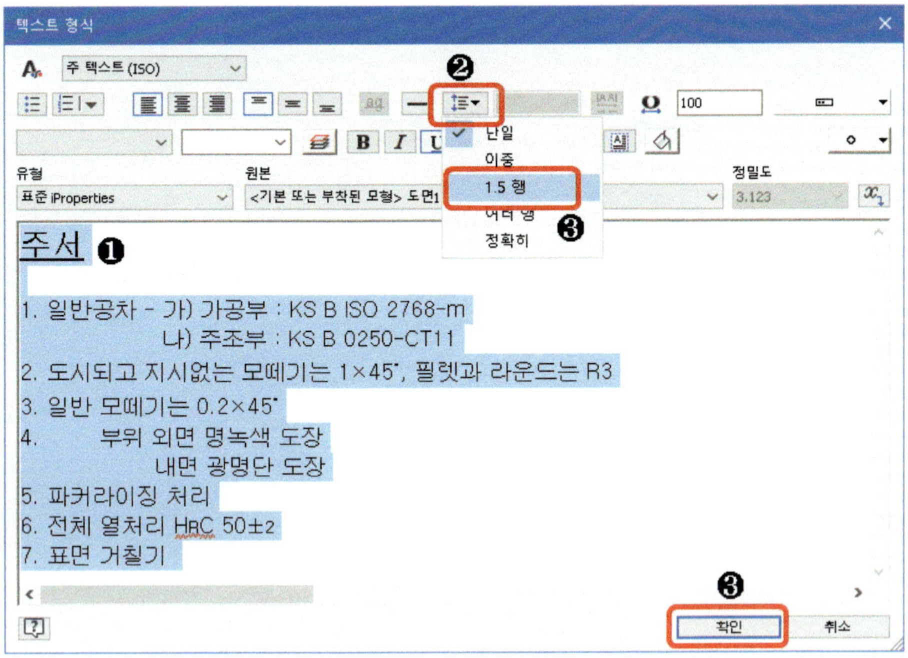

7.1.5 거칠기표 작성

다음 표면 거칠기표를 작성한다. 여기서 주어진 기호, 문자 크기 및 간격은 도면 크기에 따라 다를 수 있으므로 상황에 맞게 그 크기를 변경하여야 한다.

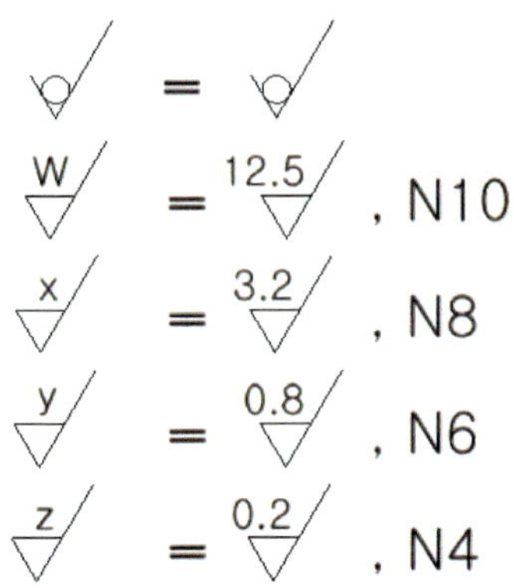

▶ ❶ [뷰배치] 메뉴를 클릭하고 ❷ [제도] 명령을 실행한다. ❸ 뷰 식별자에 "거칠기"라고 입력한 후 ❹ [확인] 버튼을 누른다.

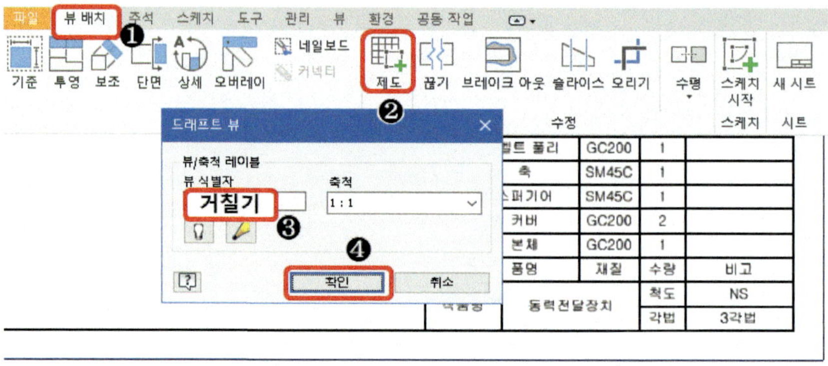

▶ ❶ [직사각형] 명령으로 ❷ 가로 세로 길이가 10인 직사각형을 그린다. ❸ [직사각형] 패턴 명령을 실행하고 ❹ [방향1]을 클릭하고 ❺ 수직방향을 선택한 후 개수 "5", 거리 "10"을 입력한다. ❻ [방향2]을 클릭하고 ❼ 수평방향을 선택한 후 개수 "3", 거리 "10"을 입력한 후 ❽ [확인] 버튼을 누른다.

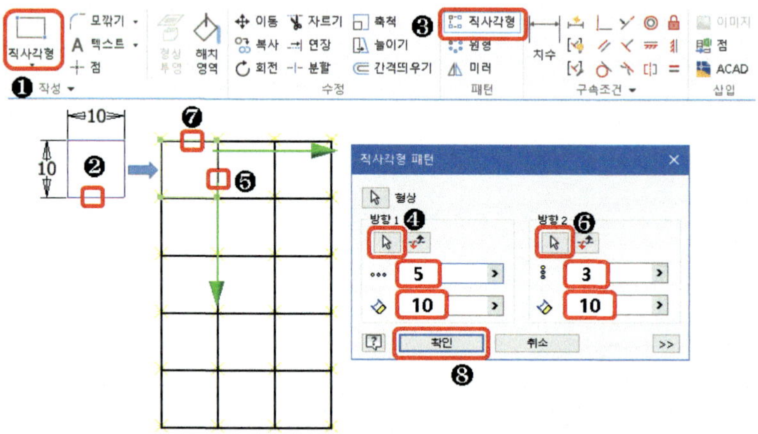

▶ ❶ [텍스트] 명령을 실행하고 원점 근처의 임의의 점 ❷를 먼저 찍는다. 텍스트 창이 뜨면 ❸ [맨 아래 자리 맞추기]를 누르고 ❹와 같이 스페이스바 9번 = 다시 스페이스바 9번을 누르고 ,N4를 다음과 같이 입력한다. ❺ [확인]을 누른다.

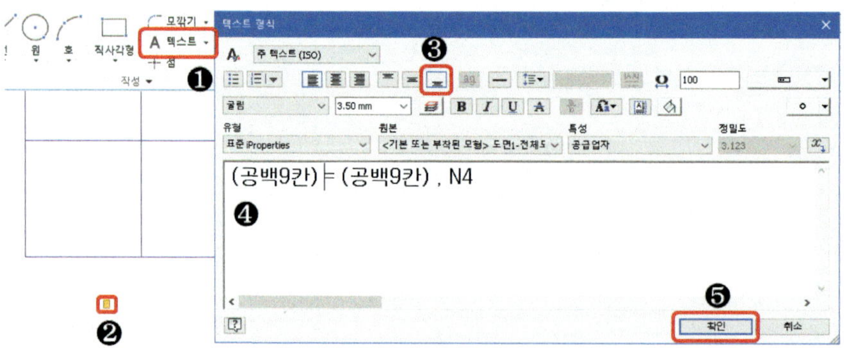

▶ ❶ [일치 구속조건]을 클릭하고 점 ❷와 ❸을 일치시켜 구속하도록 한다.

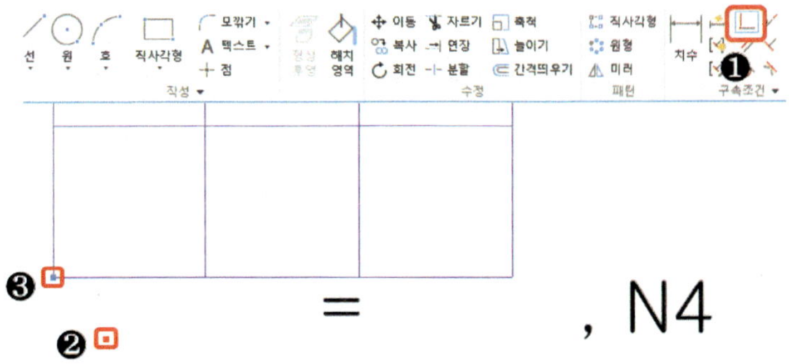

▶ ❶ [복사] 명령을 실행하고 텍스트 ❷의 텍스트를 선택한다. ❸ 기준점 [화살표]를 클릭하고 기준점 ❹를 선택한 후 ❺ 선들의 끝점들을 각각 선택하면 그림처럼 복사가 된다. ❻ [종료]를 누른다. 각 텍스트를 더블클릭하여 오른쪽과 같이 변경하고, 맨 윗줄의 N4는 삭제한다. ❼ [스케치 마무리]를 누른다.

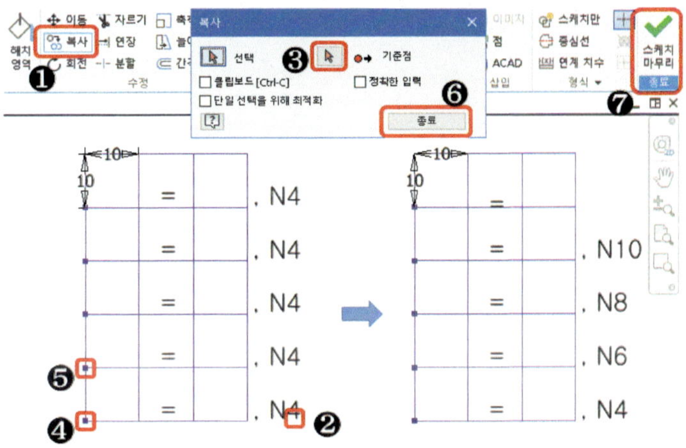

▶ ❶ [주서] 메뉴에서 ❷ [곡면]을 선택하고 ❸ 선의 중간점을 클릭하고 마우스 오른쪽 버튼을 클릭한 후 ❹ [계속]을 누른다. ❺ [재질 제거가 금지됨]을 클릭하고 ❻ [확인] 버튼을 누른다.

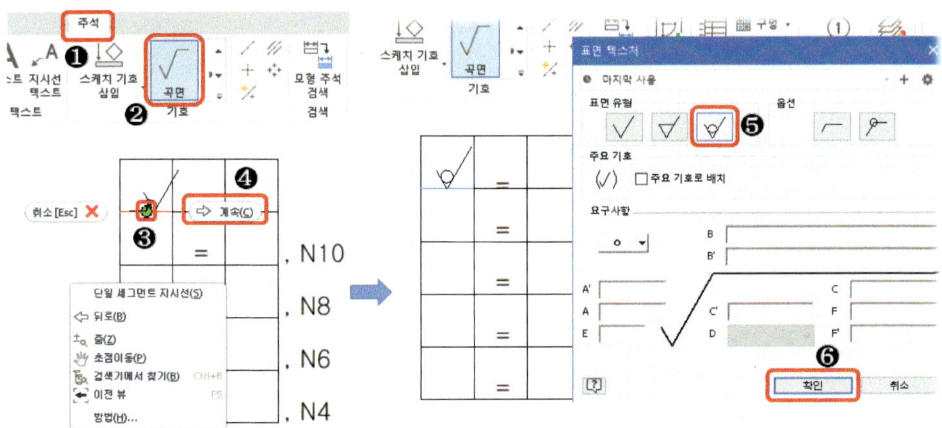

▶ 나머지도 표면 거칠기표를 다음을 참고하여 완성하도록 한다.

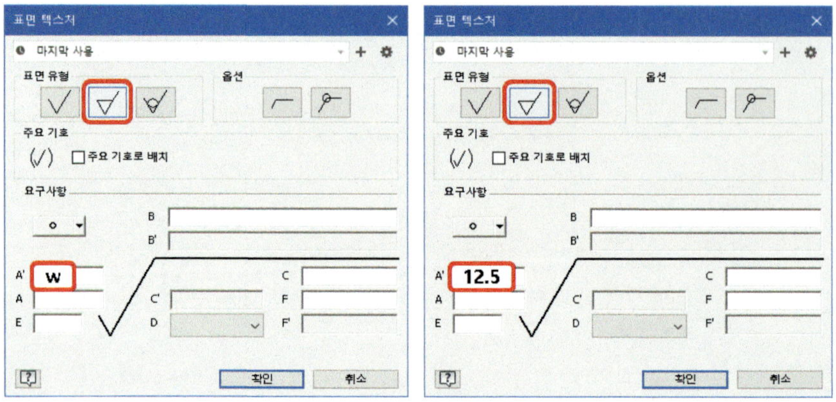

▶ 완성이 되면 다음과 같고 여기서 아무 ❶ 선이나 텍스트를 더블클릭하면 스케치 모드로 들어갈 수 있다. 사각형만 모두선택하기 위해 점 ❷에서 ❸까지 드래그하여 선택한 후 ❹ [스케치만]을 누른다. ❺ [스케치 마무리]를 누르면 사각형들만 사라진 것을 확인할 수 있다.

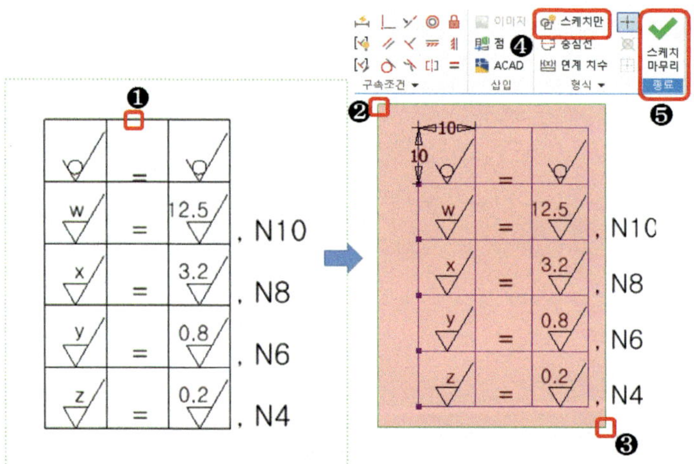

▶ 주서 4번 줄의 거칠기는 ❶ [곡면]을 선택하고 텍스트 임의의 점 ❷를 찍고 ❸ [재질 제거가 금지됨]을 클릭한 후 ❹ [확인] 버튼을 누른다.

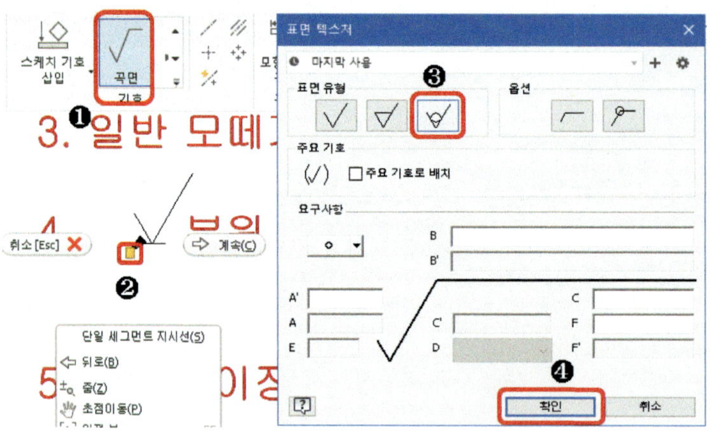

▶ 위에서 작업한 주서와 표면 거칠기표를 원하는 위치에 놓으면 다음과 같다.

▶ 도면 이름을 [표제란]으로 저장한다.

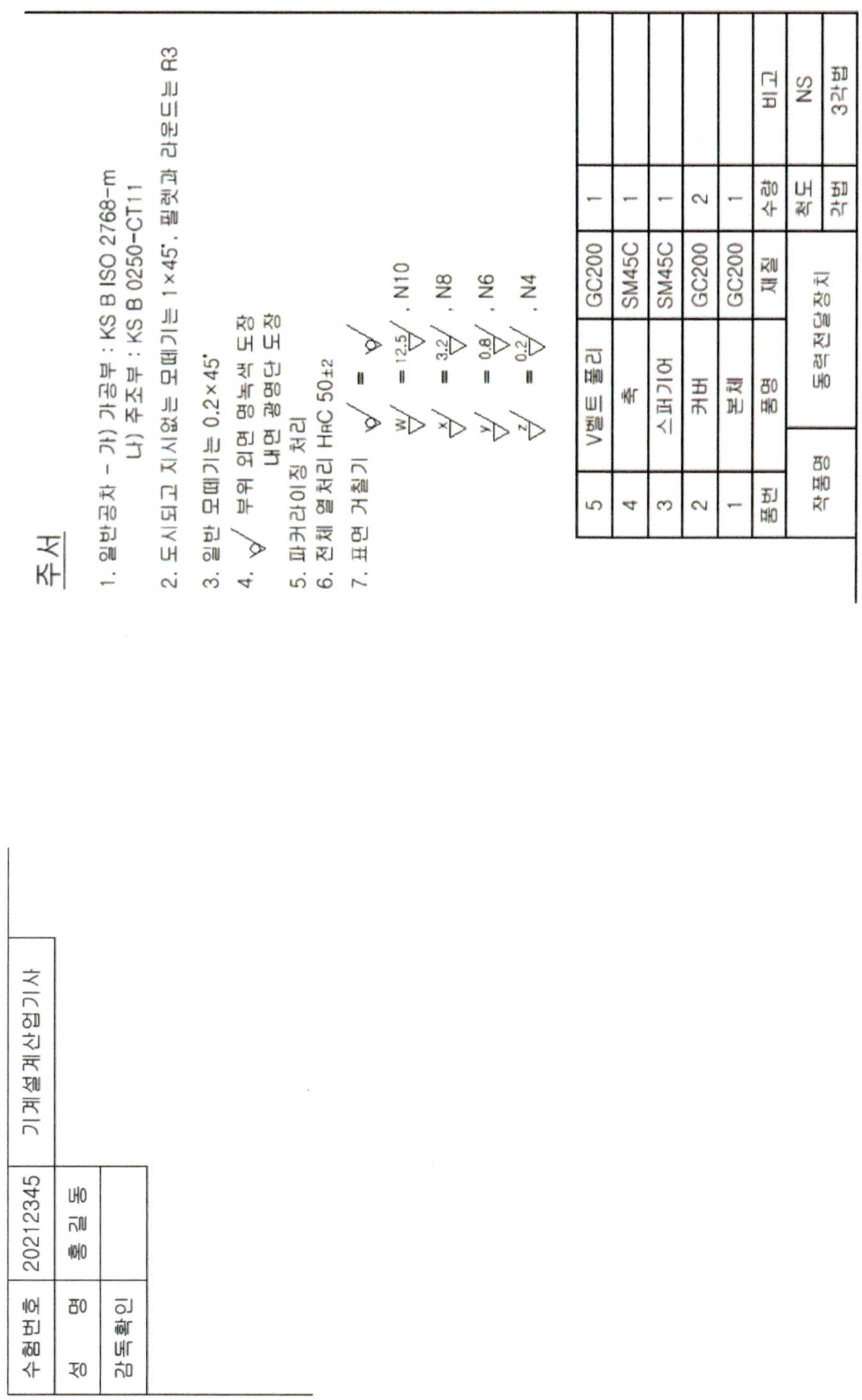

7.2 2D 도면 작성

앞 단계에서 작성한 테두리와 표제란에 앞 단계에서 모델링한 3D 모델링을 투영하여 다음과 같이 2D 도면을 작성하기로 하겠다.

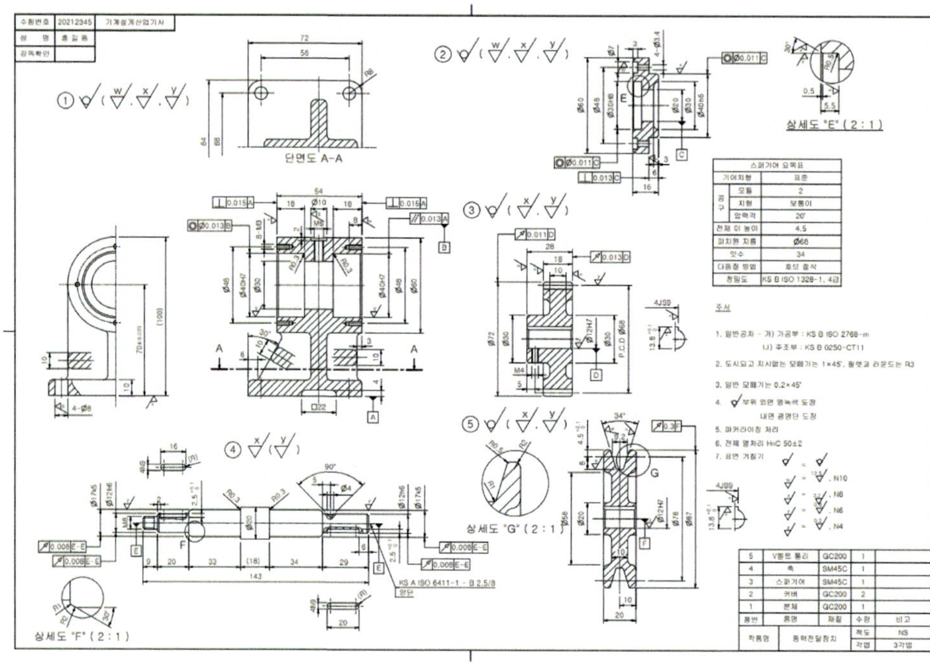

7.2.1 본체

1) 투상 뷰 생성

▶ ❶ [뷰 배치] 메뉴에서 ❷ [기준]을 클릭하고 ❸ [기존 파일 열기]를 누른다.

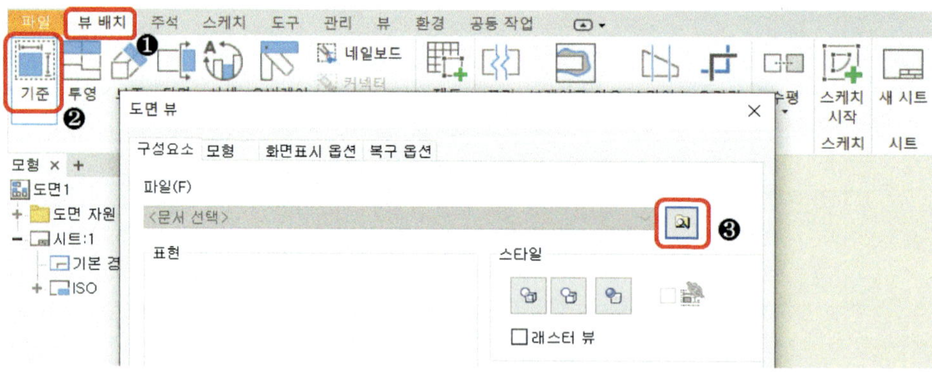

▶ ❹ [부품1 본체] 파일을 클릭하고 ❺ [열기] 버튼을 누른다.

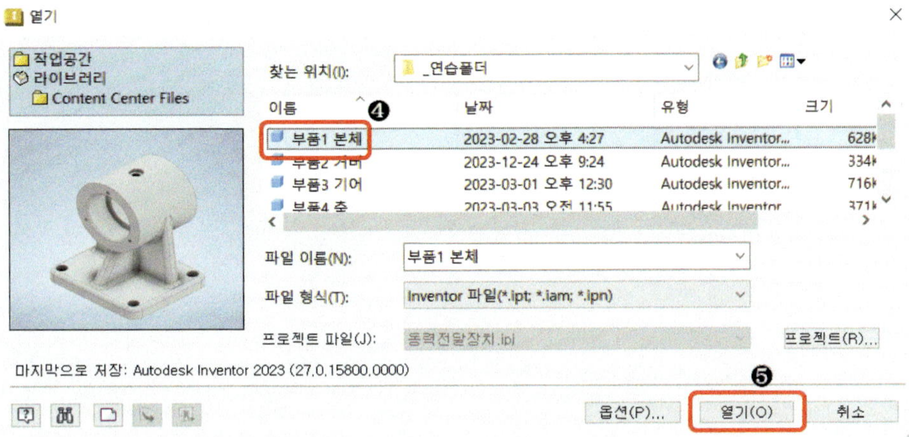

▶ 도면 뷰 창에서 ❶ [은선제거]를 선택한다. ❷ [화면표시 옵션] 탭을 열어 ❸ [스레드 피처]에 체크하고 [접하는 모서리]에 체크를 해제한다. ❹ [확인]을 누른다.

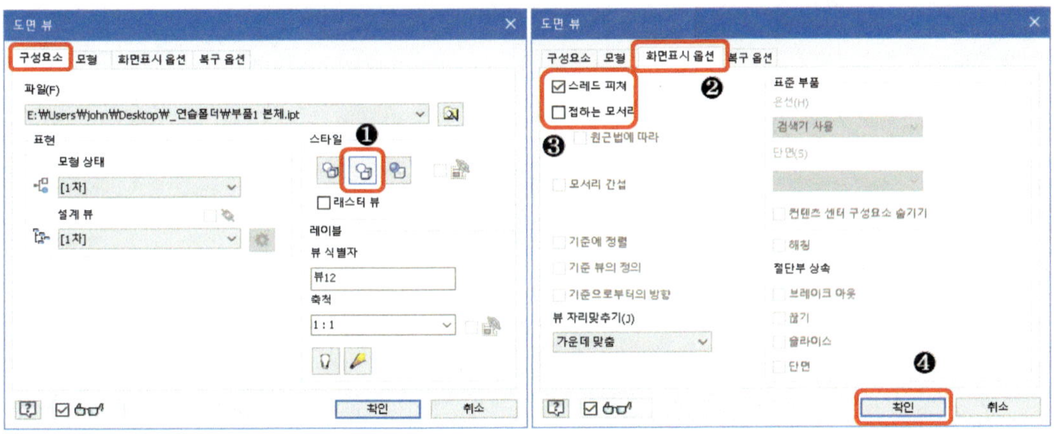

▶ ❶ [투영]을 클릭하고 마우스를 움직여 빨간색 테두리 안의 임의의 영역 ❷를 클릭한다. 마우스를 오른쪽으로 움직여 임의의 점 ❸을 클릭하고 마우스 오른쪽 버튼을 눌러 ❹ [작성]을 누른다.

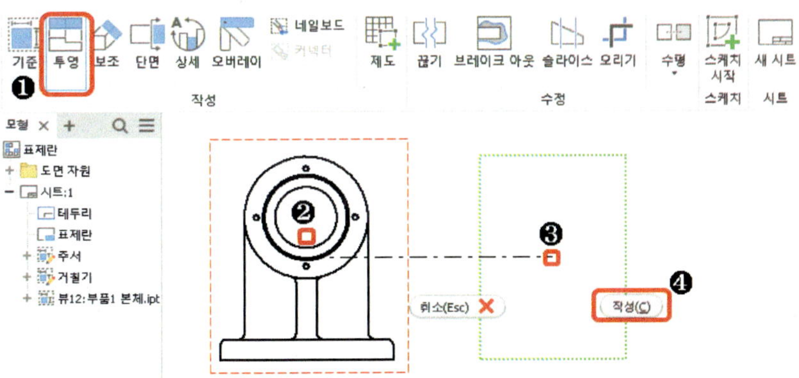

▶ ❶ [단면]을 클릭하고 앞에서 투영한 뷰 영역내의 임의의 점 ❷를 클릭한다. 임의의 점 ❸과 ❹를 찍고 마우스 오른쪽 버튼을 눌러 ❺ [계속]을 누른다.

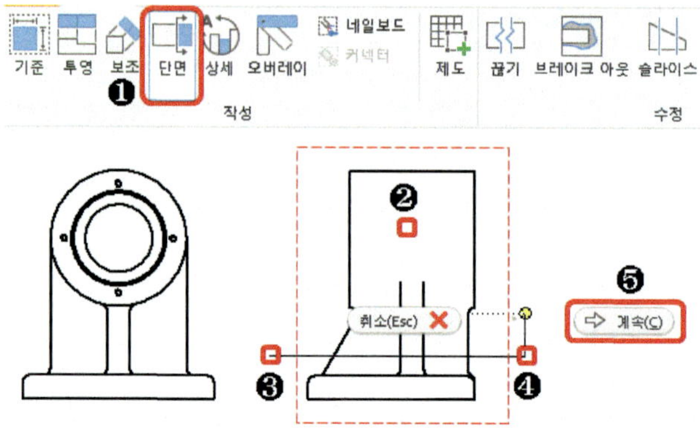

▶ 마우스를 위쪽으로 옮겨 임의의 위치점 ❻에 클릭하고 ❼ [확인] 버튼을 누른다.

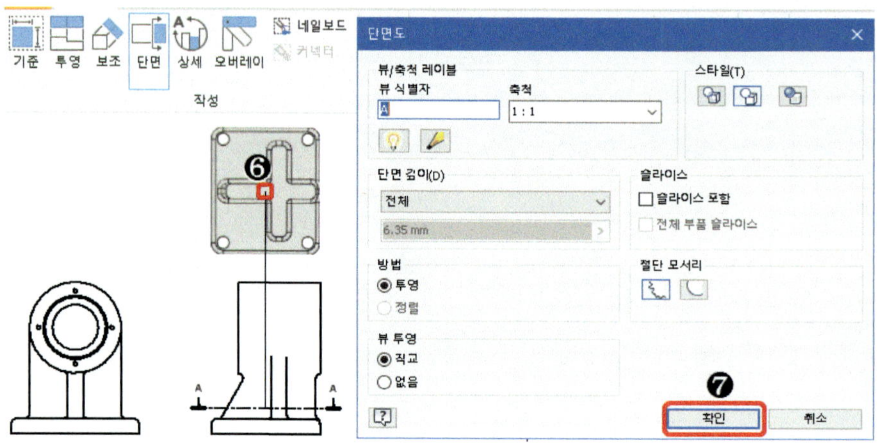

▶ 결과는 다음과 같다.

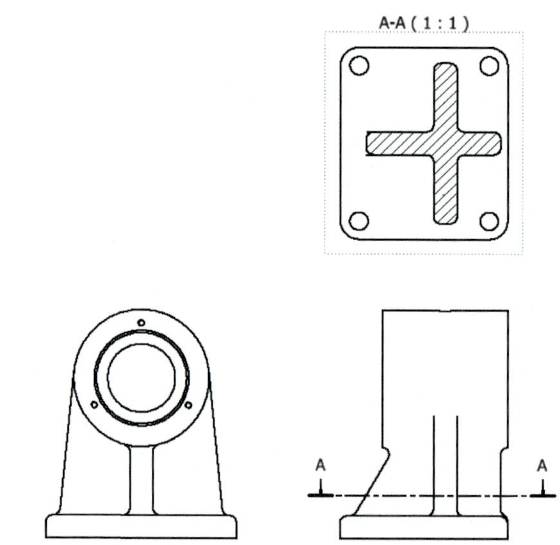

2) 오리기

▶ ❶ [오리기]를 클릭하고 단면 뷰 내의 임의의 영역 ❷에 클릭한다. 수직선의 중간점에서 왼쪽으로 마우스를 이동하여 임의의 점 ❸을 찍고 마우스 오른쪽 버튼을 눌러 ❹ [오리기 설정]을 누른다. ❺ [오리기 절단선 화면표시]의 체크를 해제하고 ❻ [확인] 버튼을 누르고 형상의 상단부가 모두 포함되도록 점 ❼을 찍는다.

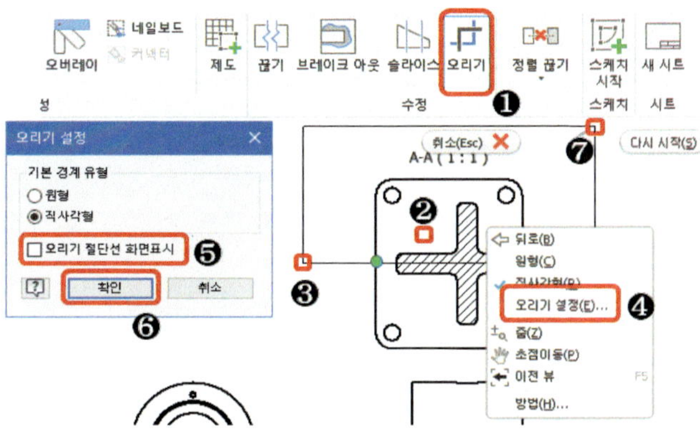

▶ 자르기가 완성된 모습은 다음과 같다.

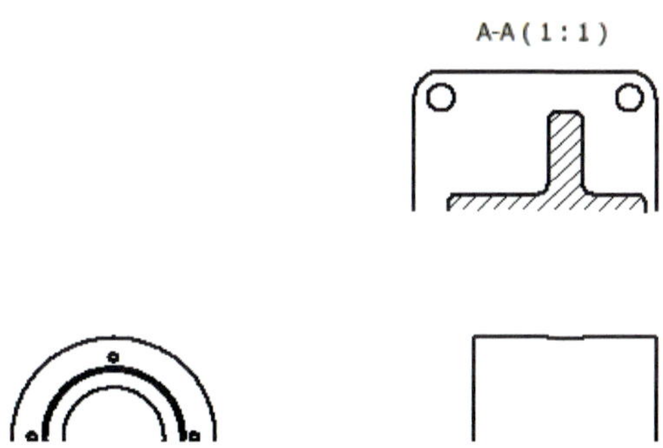

▶ ❶ [오리기]를 클릭하고 단면 뷰 내의 임의의 영역 ❷에 클릭한다. 맨 아래 수평선의 중간점 아래 임의의 점 ❸을 잡고 왼쪽 상단 임의의 ❹를 찍으면 오리기가 완성된다.

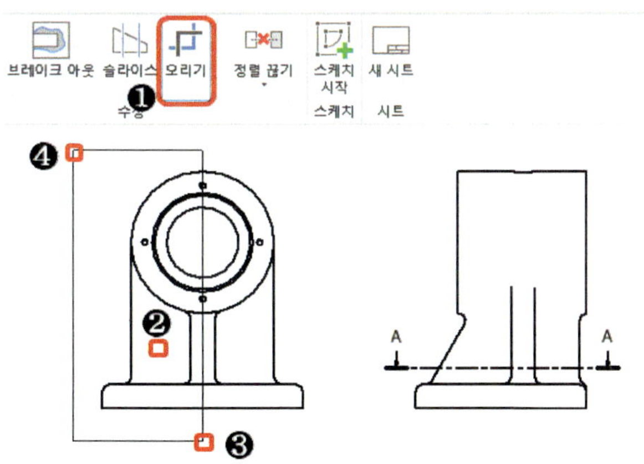

▶ 결과는 다음과 같다.

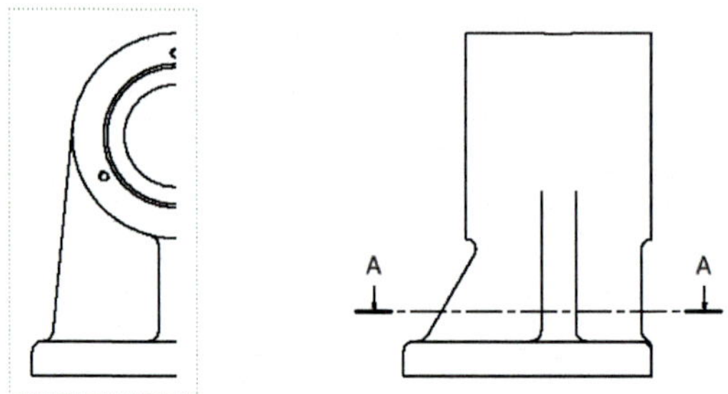

3) 브레이크 아웃

▶ 가장 먼저 해야 할 것은 브레이크할 뷰 ❶을 먼저 선택한 후 ❷ [스케치 시작]을 눌러 스케치 모드로 들어간다.

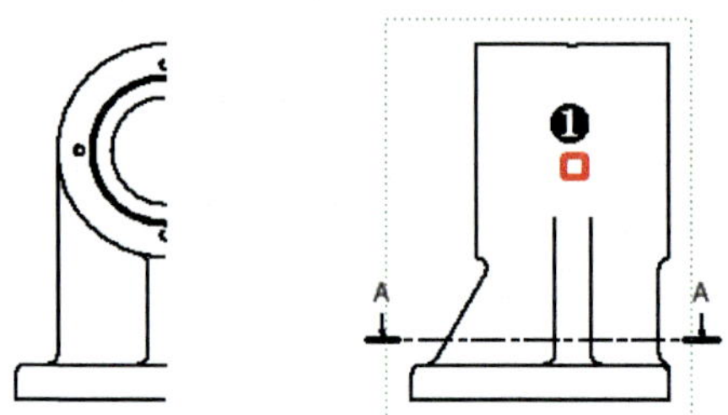

▶ ❶ [2점 직사각형] 명령으로 왼쪽 그림처럼 ❷ 사각형 3개를 그린다. 오른쪽 그림은 원 표시 부를 확대한 모습이다. ❸ [형상투영] 명령을 클릭하고 ❹ 커브를 선택한다. ❺ [일치 구속조건]을 실행하고 선 ❻과 확대시켜 커브의 끝점 ❼을 선택한다.

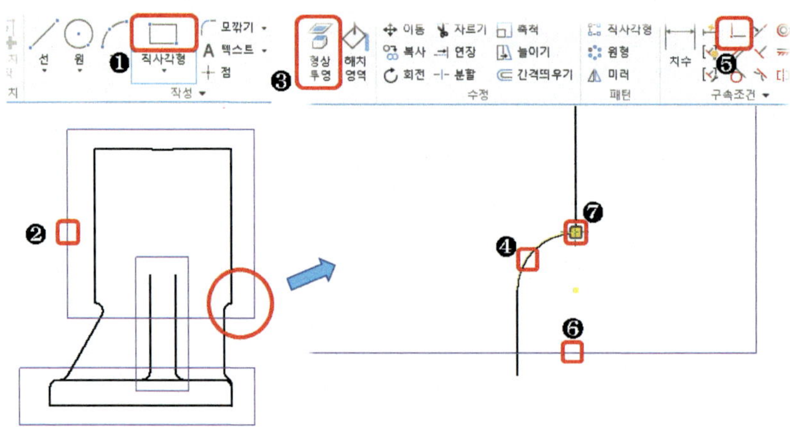

▶ ❶ [동일 선상]을 클릭하고 수직선 ❷와 ❸, ❹와 ❺를 선택하고 수평선 ❻과 ❼을 선택하여 서로 일치시킨다.

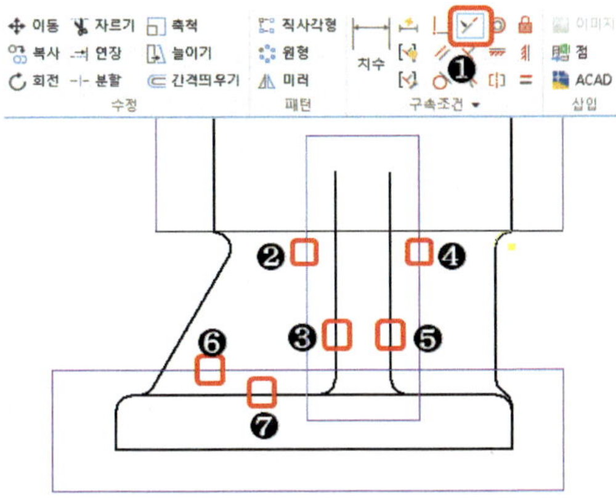

▶ ❶ [자르기]를 클릭하고 그림처럼 가운데 사각형 위의 점 ❷에서 ❸까지 드래그하여 중간부위를 자르기를 실시한다.

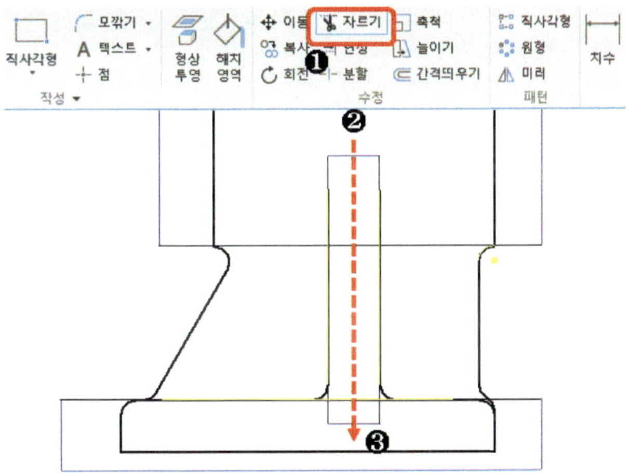

▶ ❶ [모깎기] 명령을 실행하고 ❷ 필렛 값을 "3"으로 주고 선 ❸과 ❹, ❹와 ❺, ❻과 ❼, ❼과 ❽을 선택하여 필렛 처리를 4번 한다. ❾ [스케치 마무리]를 누른다.

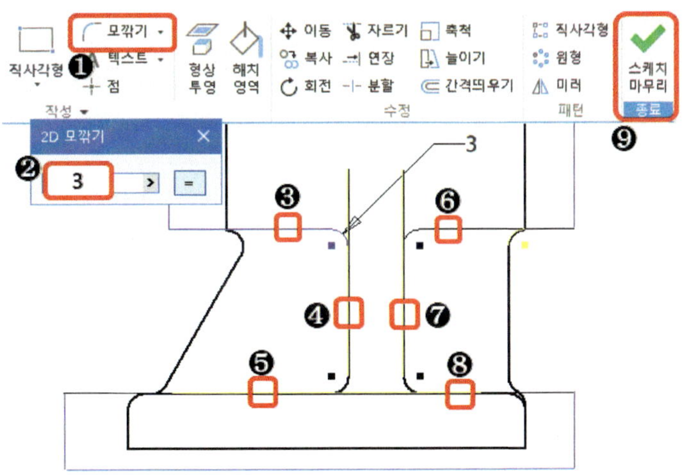

▶ ❶ [브레이크 아웃] 명령을 실행하고 ❷ 뷰를 선택하면 앞에서 그린 스케치가 자동 선택된다. 시작점으로 선의 끝점 ❸을 선택한 후 ❹ [확인] 버튼을 누른다.

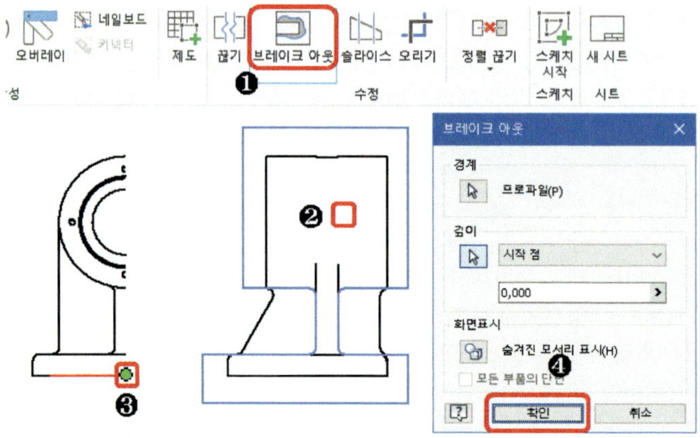

▶ ❶ 뷰를 선택하고 ❷ [뷰편집]을 누른다. ❸ [은선]을 클릭해서 숨은선이 보이도록 한 후 ❹ [확인] 버튼을 누른다.

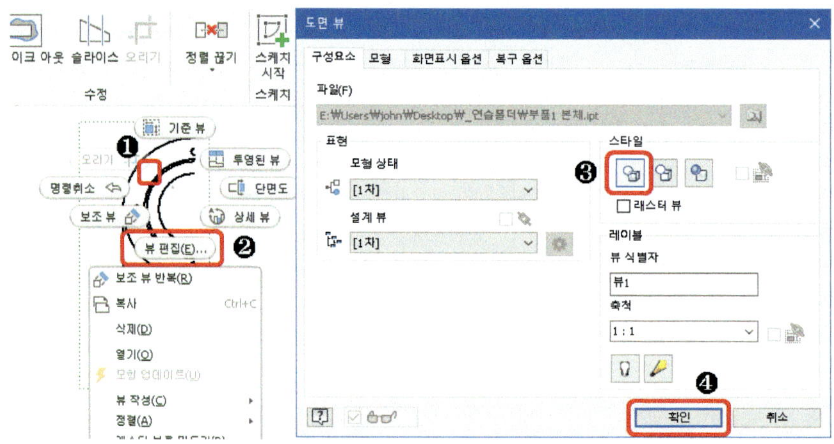

▶ 브레이크 아웃한 결과는 다음과 같다. 또 다른 브레이크 아웃하기 위해서 ❶ 뷰를 선택하고 ❷ [스케치 시작]을 클릭해서 스케치 모드로 들어간다.

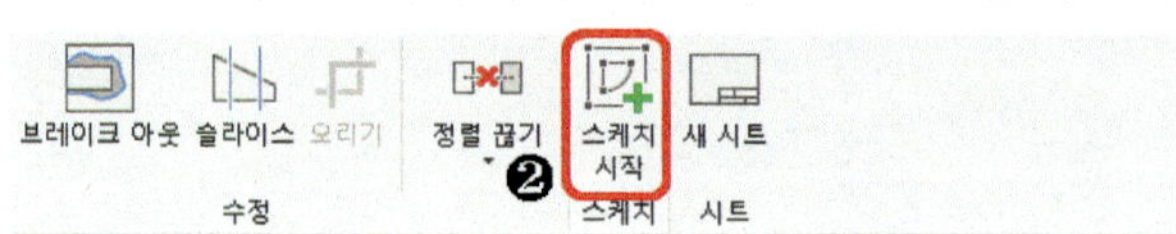

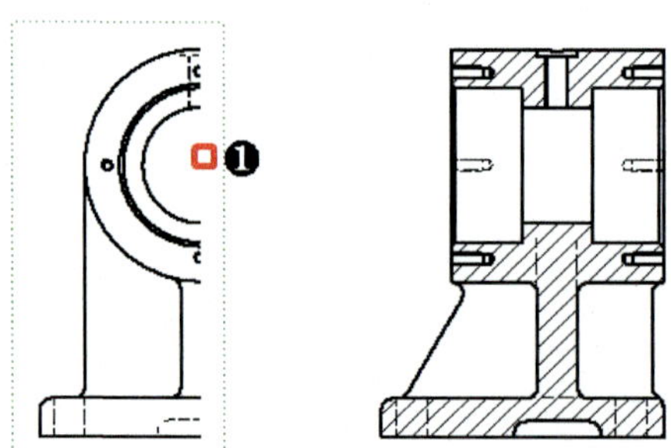

▶ ❶ [2점 직사각형]으로 왼쪽 그림처럼 사각형을 그리고 수직선 ❷를 삭제한다. ❸ [스플라인 보간]으로 수평선의 끝점과 끝점을 연결하는 스플라인 ❹를 그린다. ❺ [스케치 마무리]를 누른다.

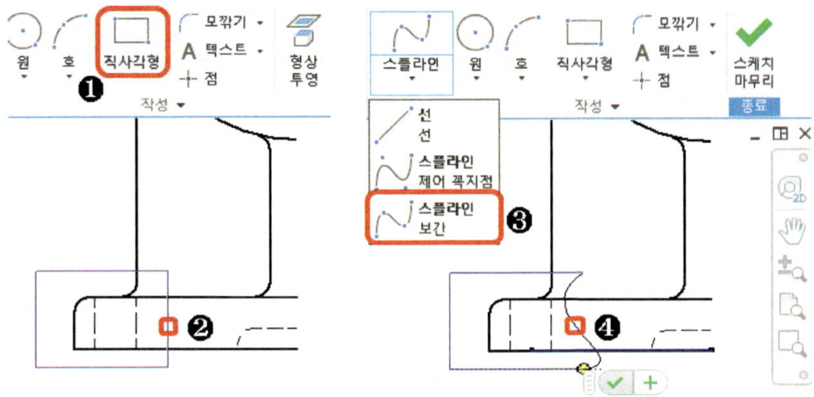

▶ ❶ [브레이크 아웃] 명령을 실행하고 ❷ 뷰를 선택하면 앞에서 그린 스케치가 자동 선택된다. 시작점으로 선의 임의의 점 ❸을 선택한 후 ❹ [확인] 버튼을 누르면 오른쪽 그림과 같이 나타난다.

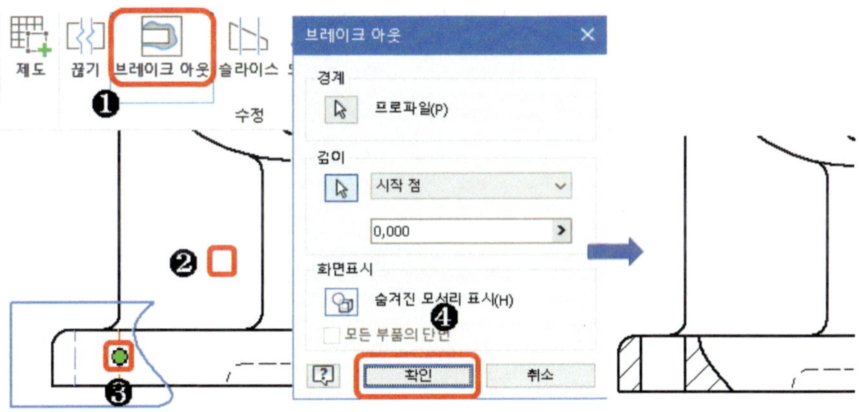

참고 아래 그림은 브레이크아웃을 위해 그린 스케치만 표시한 그림이다. 그림처럼 반드시 폐곡선이라야 브레이크아웃 명령을 수행할 수 있다.

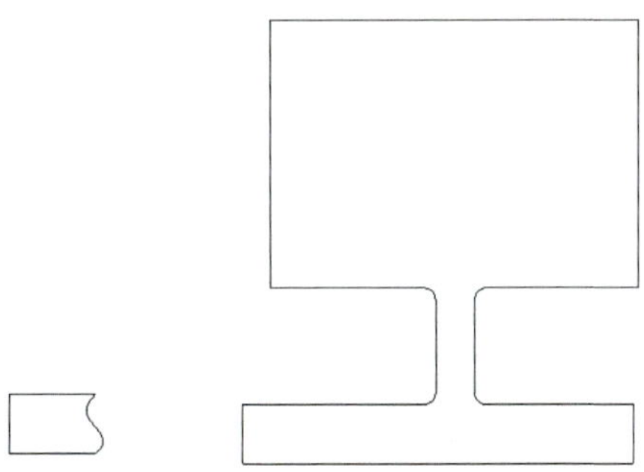

4) 회전 단면 표시

▶ ❶ [단면]을 클릭하고 ❷ 뷰를 선택한다. 점 ❸에서 ❹까지만 수평선을 그리고 마우스 오른쪽 버튼을 클릭하고 ❺ [계속]을 누른다. 단면도 창이 뜨면 ❻ [슬라이스 포함]과 [전체 부품 슬라이스]에 체크를 하고 ❼ [절단 모서리 부드럽게 처리]를 선택한다. 마우스로 단면을 적당한 위치 ❽에 놓는다.

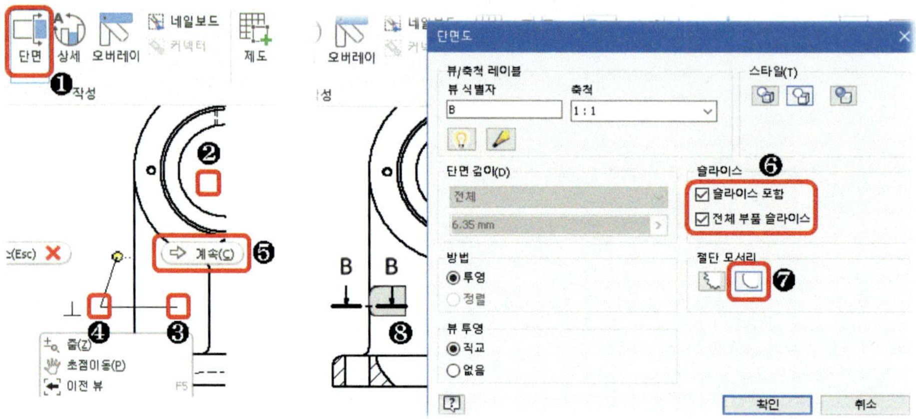

▶ 같은 방법으로 오른쪽 회전단면도 작성하도록 한다.

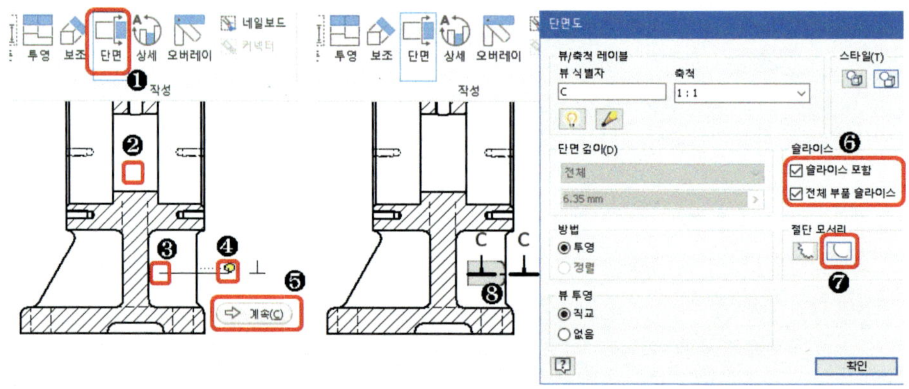

▶ 같은 방법으로 오른쪽 회전단면도 작성하도록 한다. 주의할 점은 점 ❸에서 ❹까지 선을 그릴 때 경사선에 수직(⊥) 표시가 나타나야 한다.

▶ 회전 단면도를 작성한 결과는 다음과 같다. 여기서 ❶ 단면도 이름과 ❷ 단면선 표시는 삭제할 수가 없다.

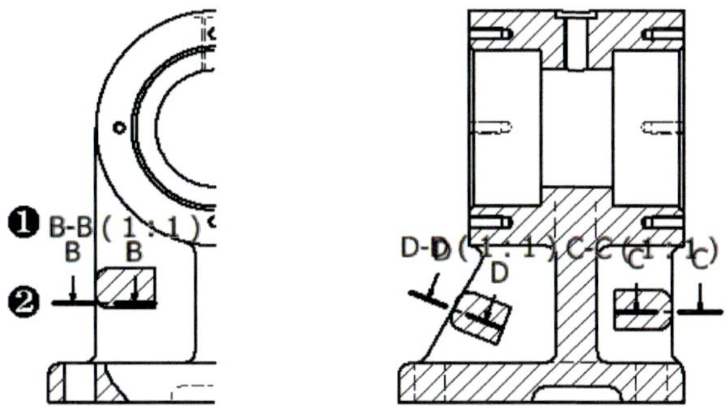

▶ 삭제할 수 없는 요소는 도면층(Layer)을 이용하여 잠시 숨기는 방법을 이용하도록 한다. ❶ [주석] 메뉴를 열고 상단 메뉴 바에서 ❷ [도면층 편집] 명령을 실행 한 후 ❸ [새로 만들기] 버튼을 누른다.

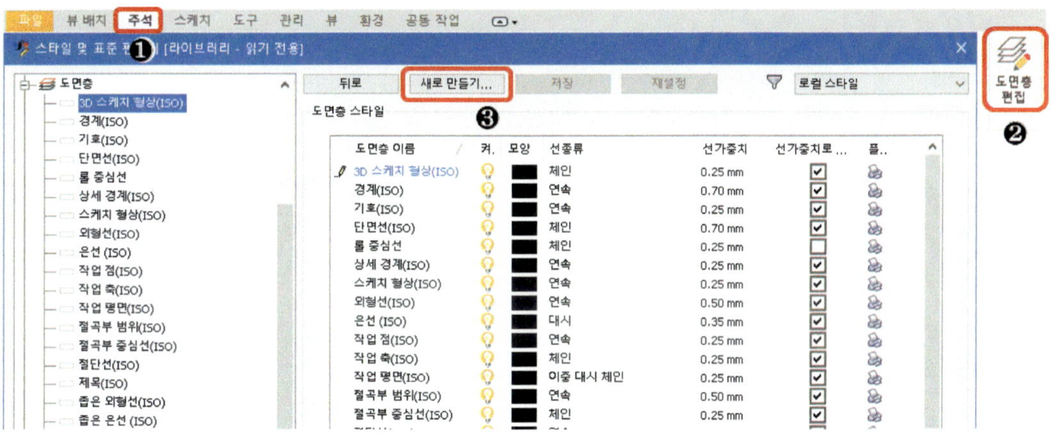

▶ 편집기 창 맨 아래에서 도면층 이름은 내림차순으로 정렬이 되므로 ❶ [0숨김]으로 이름을 주고 ❷ 전구를 눌러 끄고 ❸ [저장 및 닫기] 버튼을 누른다.

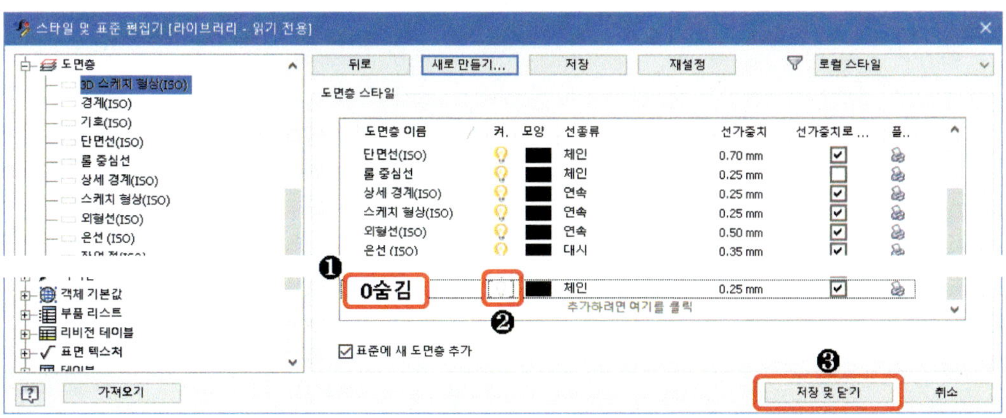

▶ ❶ 화면상의 텍스트를 모두 선택한 후 ❷ [표준에]를 확장시켜 방금 생성한 도면층 ❸ [0숨김]을 선택하면 텍스트들이 사라진다.

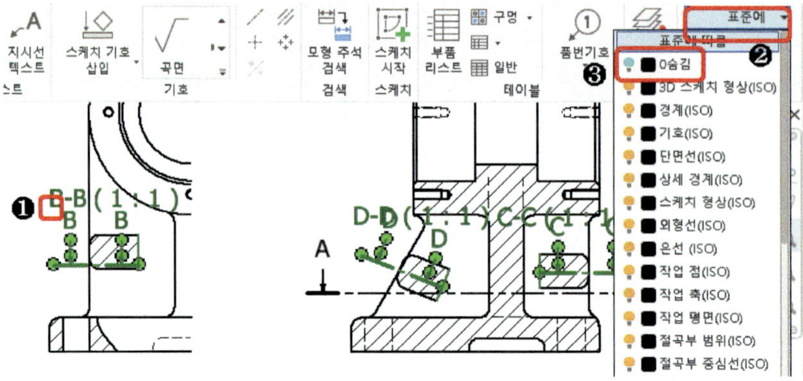

▶ 단면선은 가는 실선으로 표시하므로 ❶ 단면선들을 모두 선택한다. ❷ [표준에]를 확장시켜 ❸ [좁은 외형선]을 선택하면 가는 실선으로 변경된다.

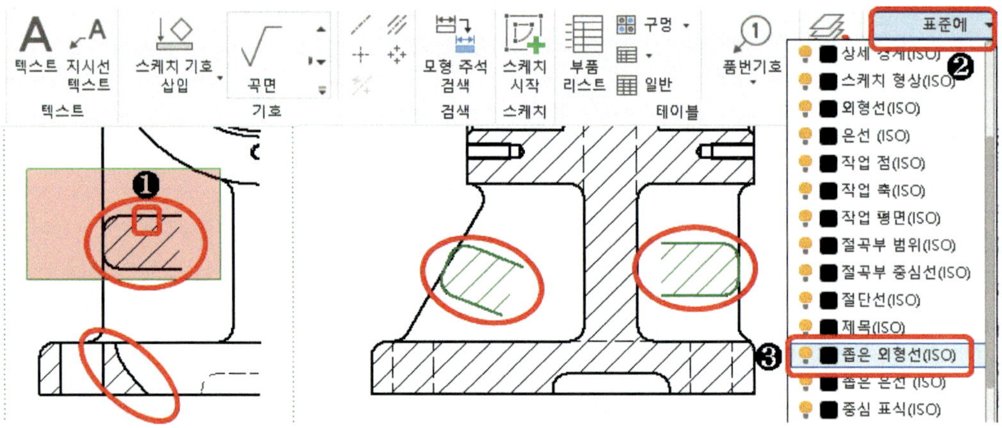

▶ 지금까지 작업한 결과는 다음과 같다.

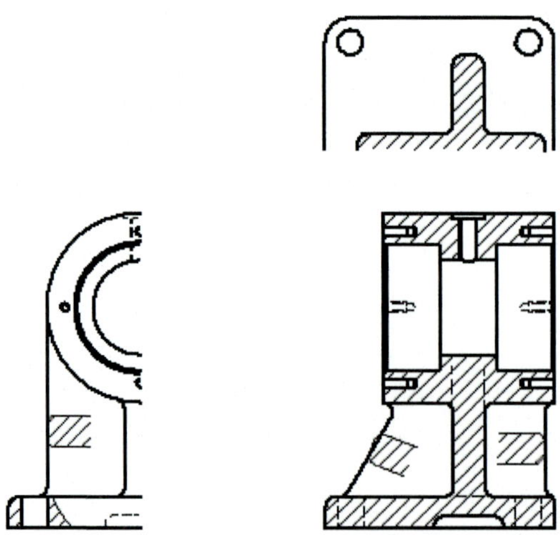

5) 중심선 표시

▶ ❶ [중심선] 명령을 실행하고 선의 끝점 ❷와 ❸을 선택한 후 연장선 상의 임의의 ❹를 찍는다. 이어서 점 ❺, ❻, ❼을 순서대로 클릭하여 중심선을 그린다.

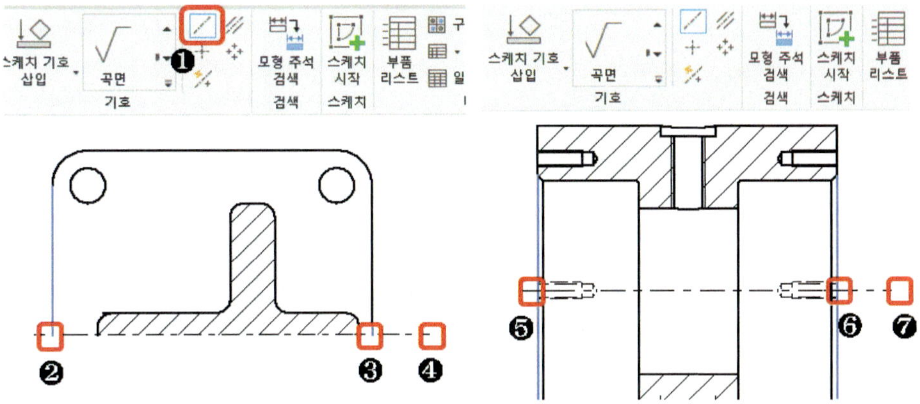

▶ ❶ [중심선 이등분] 명령을 실행하고 선 ❷와 ❸, ❹와 ❺를 선택하면 중심선이 생성된다. 오른쪽 뷰에도 같은 방법으로 중심선을 생성하도록 한다.

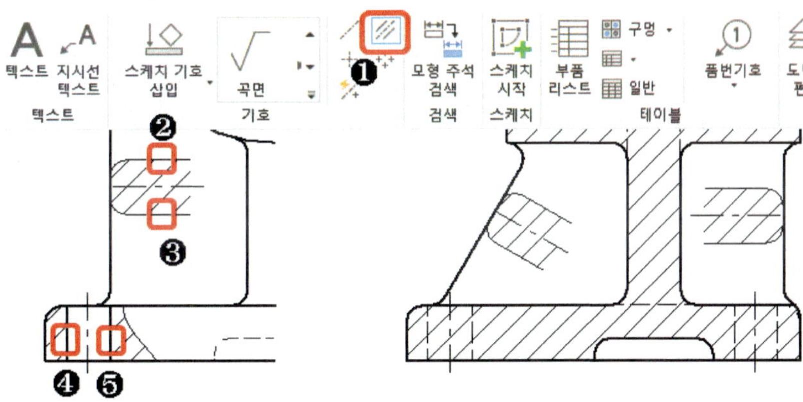

▶ Esc키를 누른다. 중심선이 짧은 경우 중심선을 선택하고 초록색 점 ❶을 드래그하여 연장시킬 수 있다. 오른쪽 그림은 중심선을 연장해 놓은 상태이다.

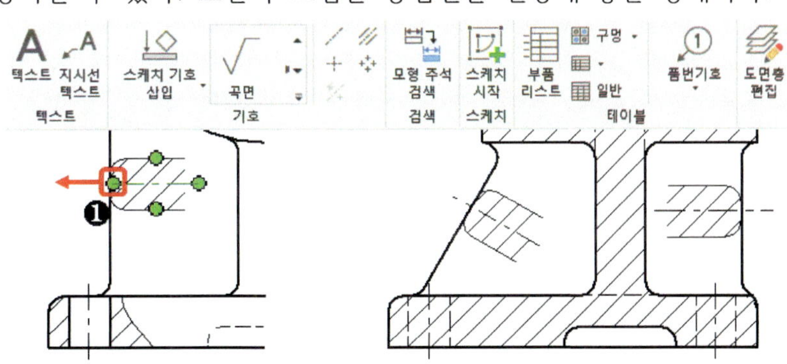

▶ ❶ [자동화된 중심선] 명령을 실행하고 ❷ 뷰를 선택한다. ❸ [구멍 피처]와 ❹ [축에 평행]을 선택한 후 ❺ [확인] 버튼을 누르면 오른쪽 그림과 같이 볼트 구멍에 중심선이 생성된다.

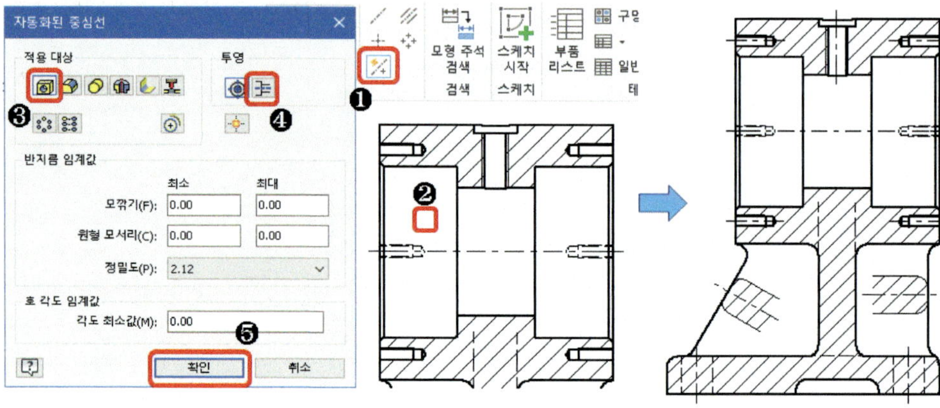

▶ ❶ [중심선 이등분] 명령을 실행하고 선 ❷와 ❸을 선택하면 중심선이 생성된다. ❹ [중심 표식] 명령을 실행하고 원 ❺와 필렛 호 ❻을 선택한다. 적당한 길이로 연장한다. 중심선인 일점쇄선이 제대로 표시되지 않았음을 유의한다. (중심선과 중심 표식의 차이점을 알 수 있다.)

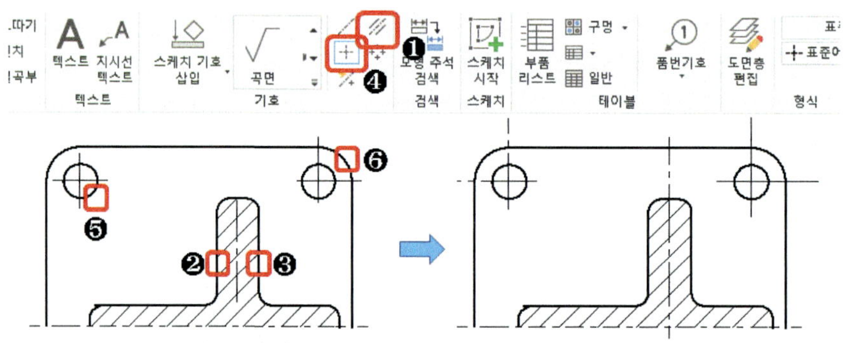

▶ ❶ [도면층 편집]을 실행하고 ❷ [중심 표식]과 [중심선]의 선 종류를 모두 [체인]으로 변경한다. ❸ [저장 및 닫기]를 누른다.

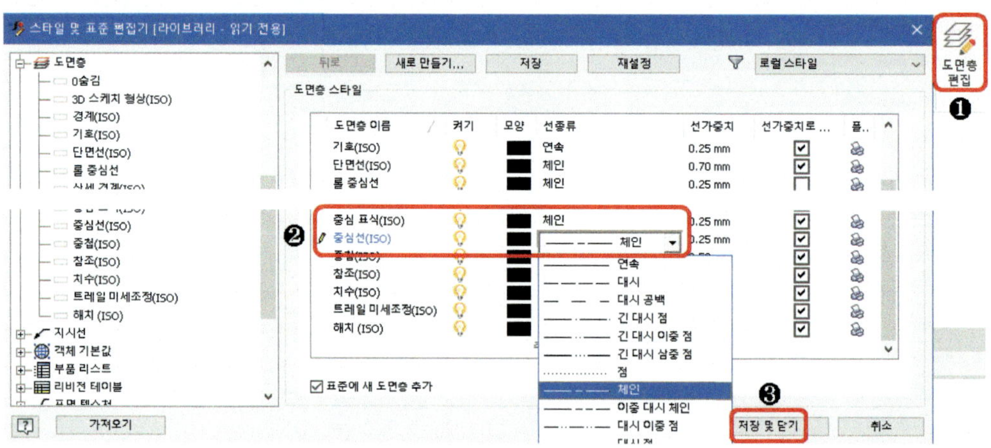

▶ ❶ [관리] 메뉴를 열고 ❷ [스타일 편집기]를 클릭한다. 편집기 창에서 ❸ [기본 표준]을 선택하고 ❹ [일반] 탭을 누른다. ❺ [전체선 축척]의 값을 “0.6”으로 주고 ❻ [저장 및 닫기]를 누른다. AutoCAD의 Ltscale 명령과 유사하다.

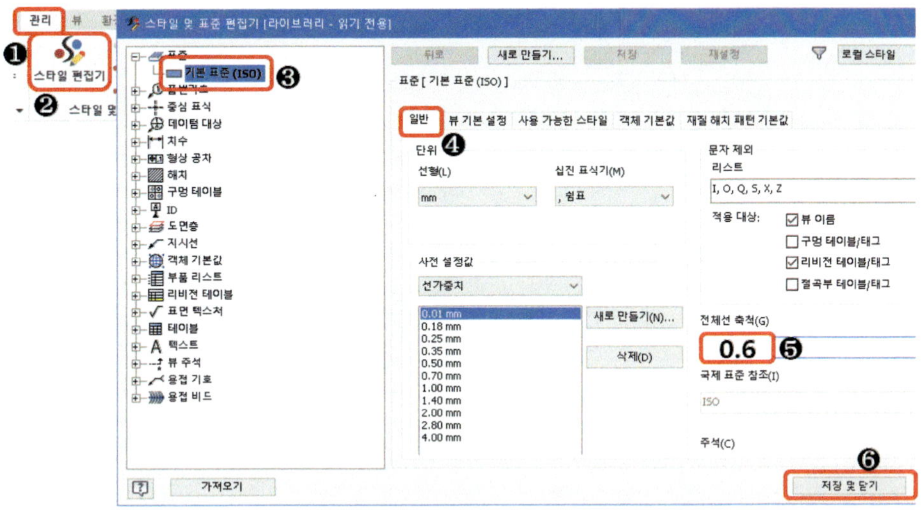

▶ 결과는 다음과 같다. 중심선이 일점쇄선으로 명확해진 것을 볼 수가 있다.

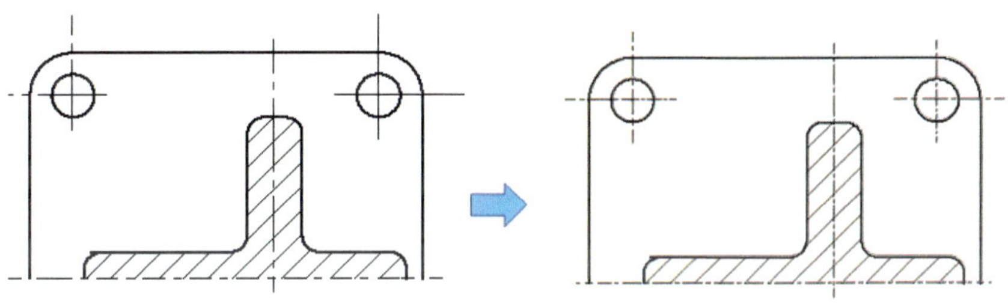

▶ ❶ [중심 패턴] 명령을 실행하고 ❷ 큰 원을 선택한 후 ❸ 나사구멍을 순서대로 선택한다. 마우스 오른쪽 버튼을 클릭한 후 ❻ [작성]을 누른다. 중심선이 생기면 Esc 키를 눌러 오른쪽 그림과 같이 중심선을 연장 시키도록 한다.

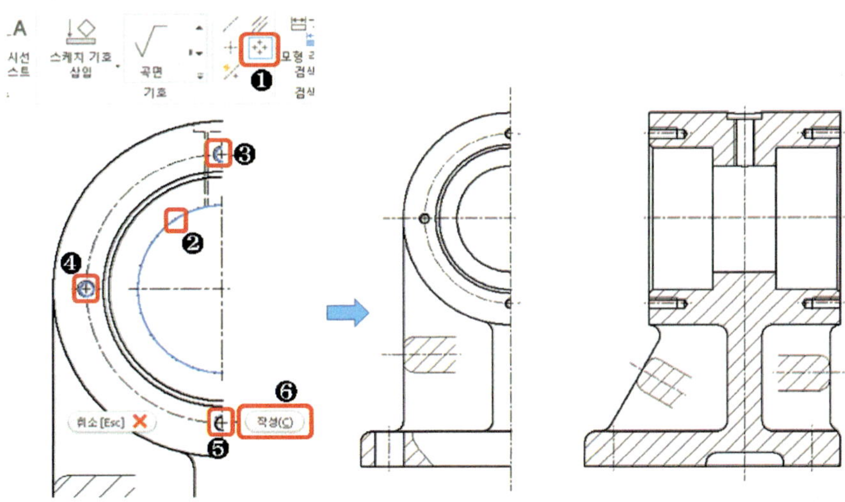

▶ ❶ 뷰를 선택하고 마우스 우클릭한 후 ❷ [뷰편집]을 누른다. ❸ [은선 제거]를 클릭해서 숨은선이 보이도록 한 후 ❹ [확인] 버튼을 누른다.

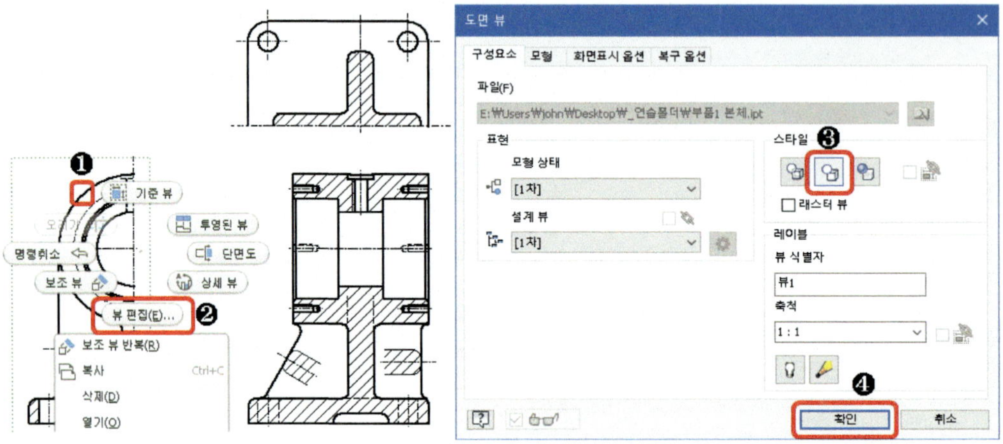

▶ 은선을 제거하면 다음과 같다.

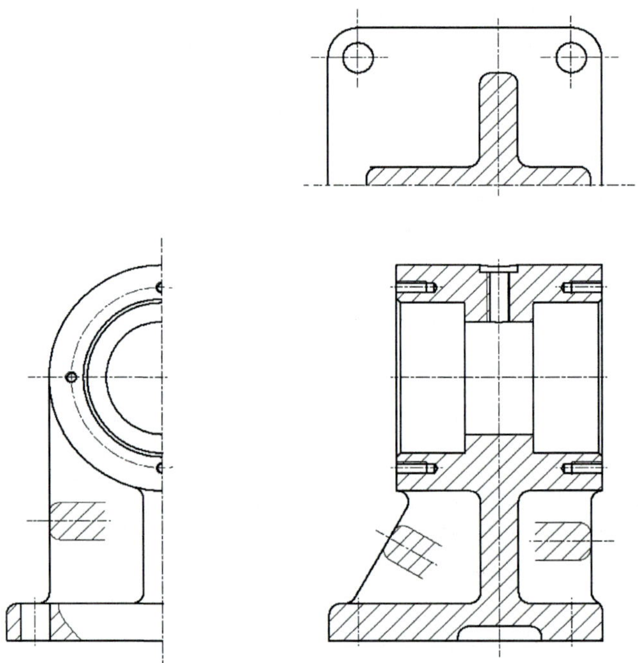

6) 치수 기입하기

▶ ❶ [치수] 명령을 실행하고 중심선 ❷와 ❸을 선택하면 치수가 나타나고 임의의 위치 ❹에 놓는다. 치수 편집 창이 뜨면 ❺ [확인] 버튼을 누른다.

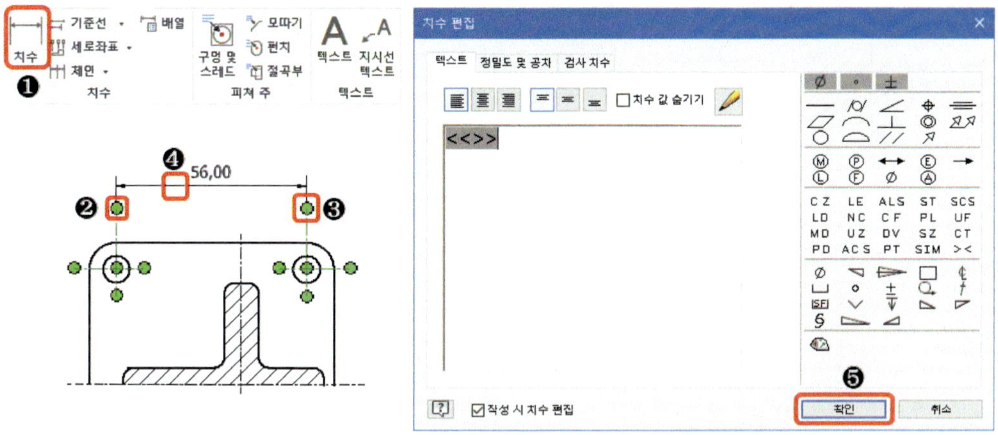

▶ Esc를 눌러 치수 명령을 빠져 나온다. ❶ 치수를 선택하고 마우스 오른쪽 버튼을 눌러 ❷ [치수 스타일 편집]을 누르면 편집 창이 뜨게 된다.

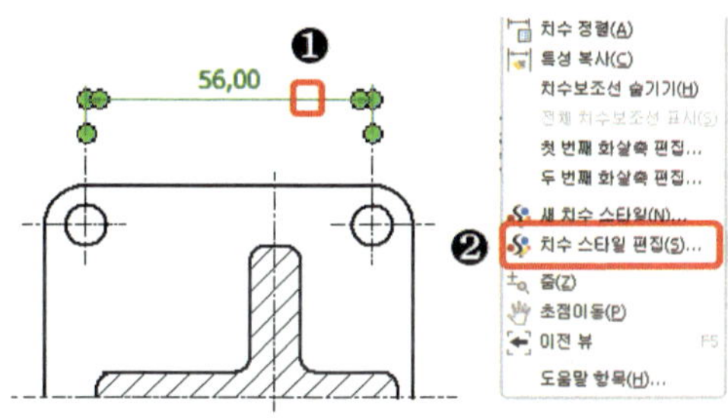

▶ ❶ [치수]를 확장하고 ❷ [기본값(ISO)]를 클릭한다. ❸ [단위] 탭에서 ❹ [십진 표식기]에서 [마침표]로 설정하고 [화면표시]의 ❺, ❻ [후행]의 체크를 해제한다.

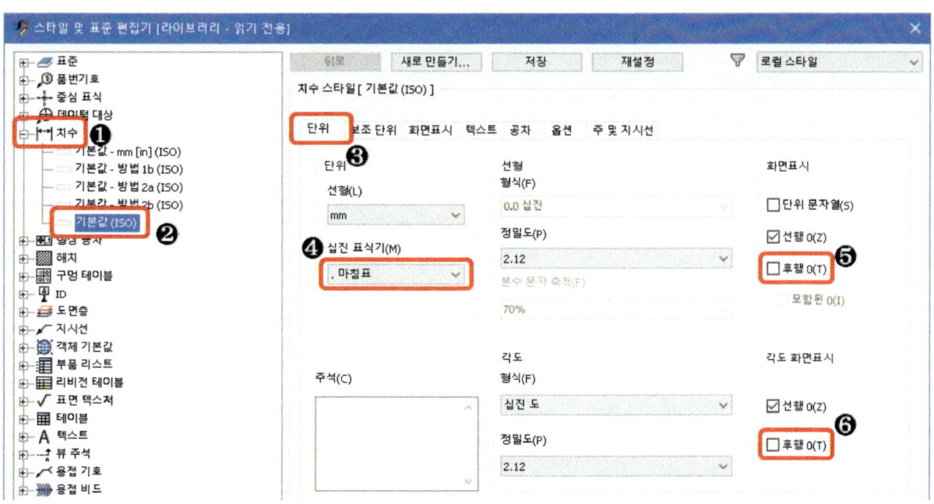

▶ ❶ [화면표시] 탭을 열고 ❷ [연장]과 ❸ [원점 간격띄우기]에 “2”를 입력한다. ❹ [간격]에 “8”을 입력한 후 ❺ [저장 및 닫기]를 누른다.

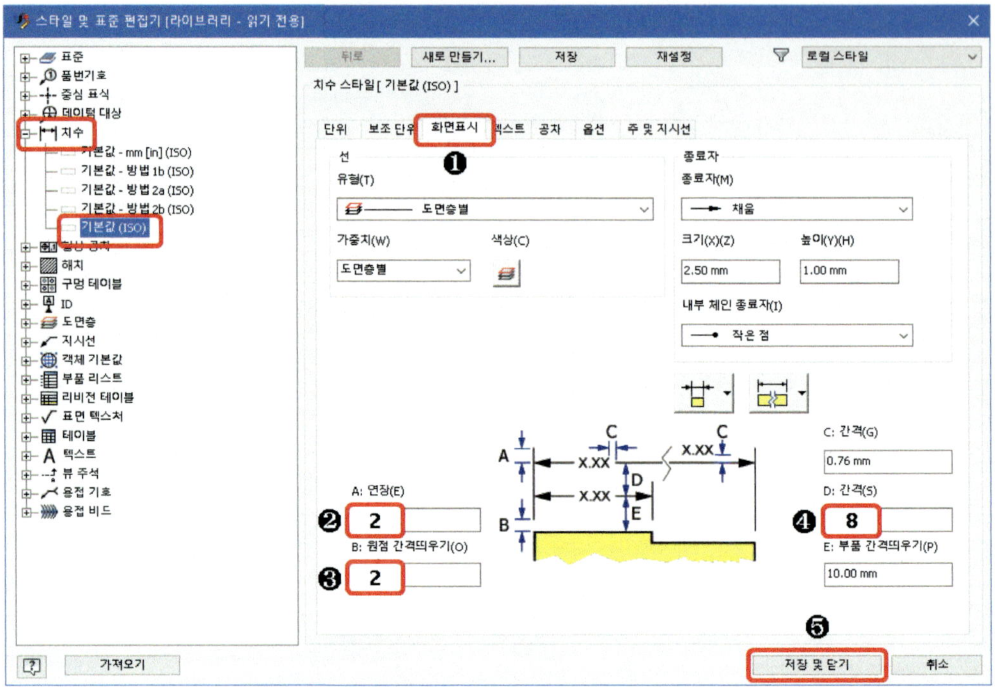

▶ ❶ [치수] 명령을 실행하고 수직선 ❷와 ❸을 선택하면해서 치수가 나타나면 임의의 위치 ❹에 놓는다. 치수 편집 창이 뜨면 ❺ [확인] 버튼을 누른다. 먼저 기입된 치수가 앞에서 정의한 치수 스타일로 기입되는 것을 알 수가 있다.

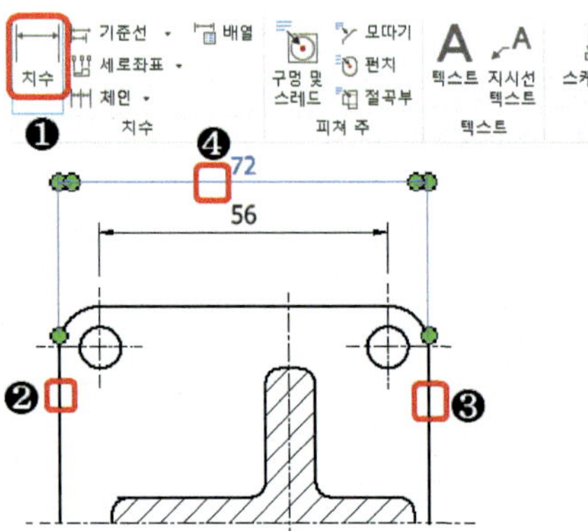

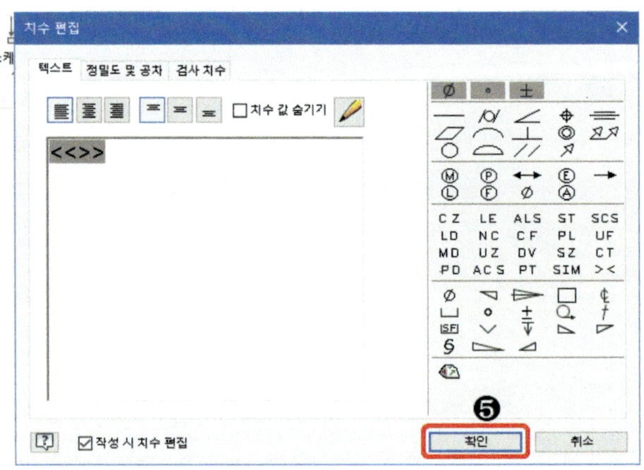

참고

새 치수 스타일(N)...
치수 스타일 편집(S)...

① 새 치수 스타일 : 선택한 단일 치수에 대해서만 스타일이 적용됨.

② 치수 스타일 편집 : 앞으로 기입되는 모든 치수에 대해서 스타일이 적용됨.

▶ ❶ [치수] 명령을 실행하고 중심선 ❷와 ❸을 선택한 후 마우스 오른쪽 버튼을 클릭한다. ❹ [치수유형]을 확장시켜 ❺ [선형대칭]을 선택하고 [치수편집] 창이 뜨면 [확인]버튼을 누른다. 오른쪽 그림과 같이 수직 치수 [68]을 기입할 수 있다.

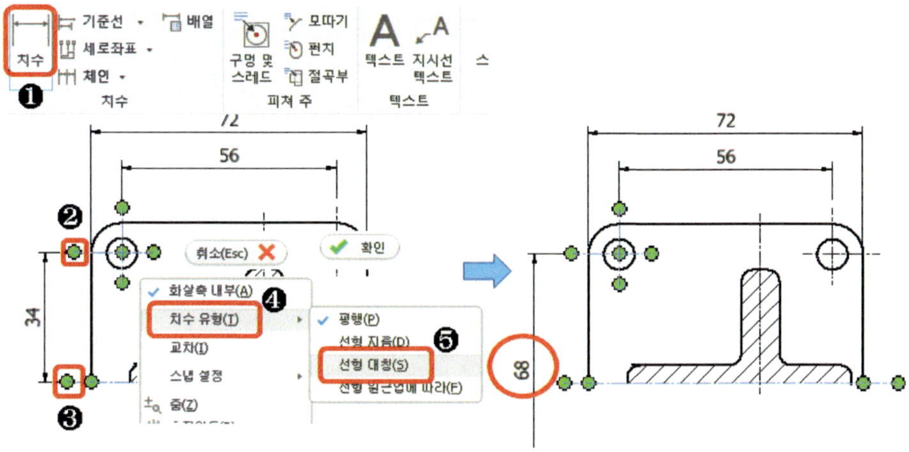

▶ 마찬가지 방법으로 수직 치수 “84”를 기입하고 Esc를 누르고 치수선의 끝점 ❶을 드래그하여 적당한 위치로 정렬시키도록 한다. 치수 “68”도 정렬시킨다.

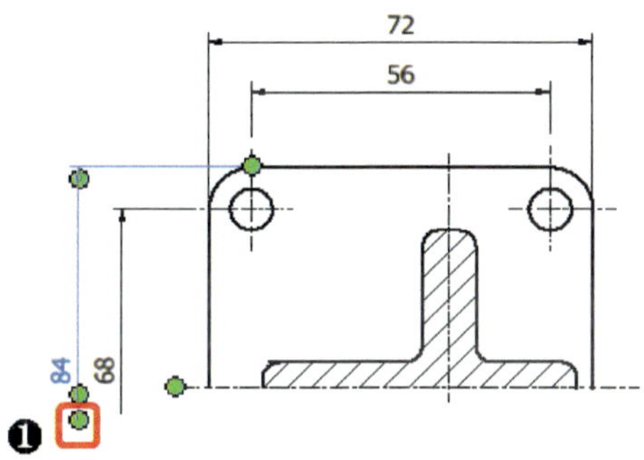

▶ ❶ [치수] 명령을 실행해서 필렛 모서리 ❷를 선택한다. 마우스 오른쪽 버튼을 눌러 ❸ [옵션]을 확장시켜 ❹ [중심선으로 부터의 시지선]을 선택하고 적당한 위치 ❺에 배치한다.

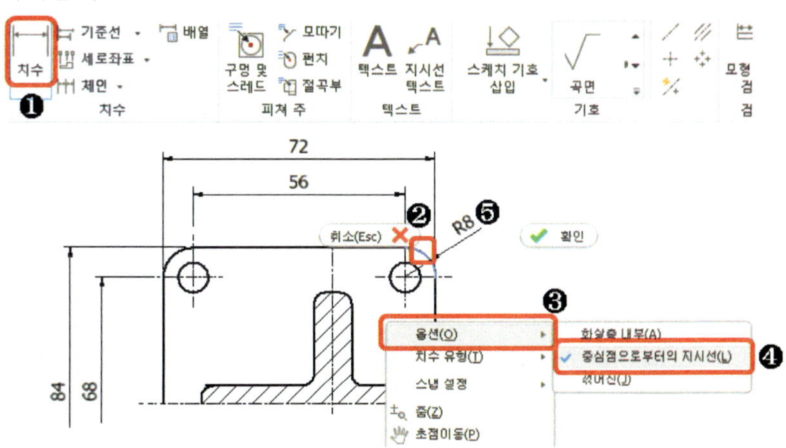

▶ 우선 그림처럼 수직 치수 [70]을 먼저 기입한다. ❶ [치수] 명령을 실행해서 점 ❷와 ❸을 선택하고 ❹ 치수 앞과 뒤로 괄호[(<<>>)]를 넣어 참조치수로 변경한 후 ❺ [확인] 버튼을 누른다.

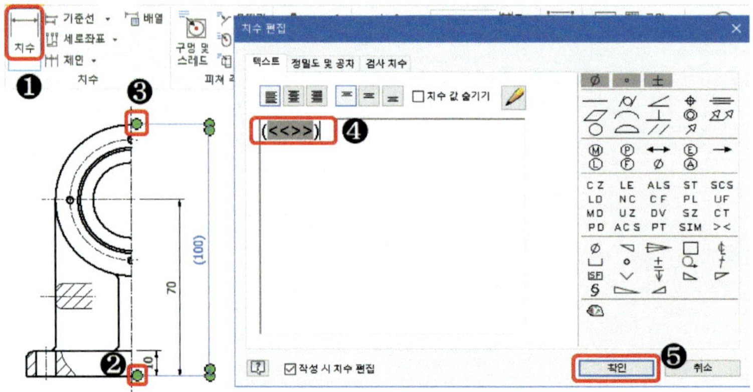

▶ 우선 리브 두께 치수 [10]을 기입한다. ❶ [치수] 명령을 실행해서 점 ❷와 ❸을 선택하고 ❹ 치수 앞에 "4-"를 기입한 후 ❺ [확인] 버튼을 누른다. Esc를 눌러 치수를 적당한 위치에 배치하도록 한다.

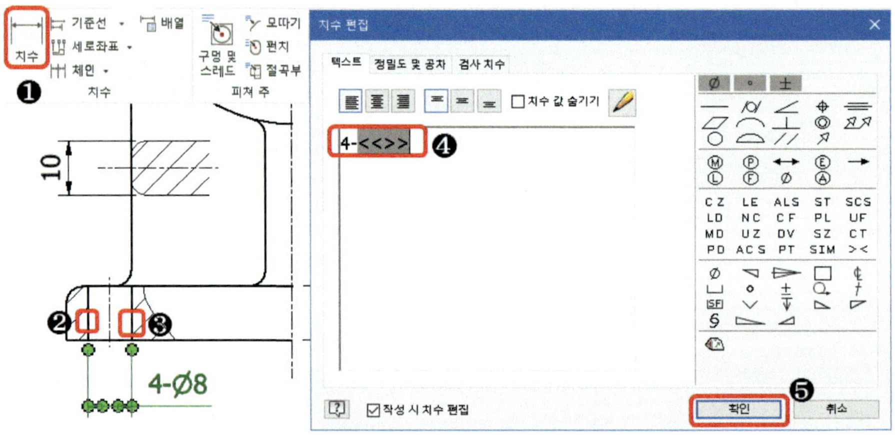

▶ ❶ [치수]를 실행해서 수직선 ❷선택해서 [∅30], ❸을 선택하고 직경 치수 [∅40]을 기입한다. 이어서 볼트 구멍의 중심선 ❹와 ❺를 선택한 후 ❻ 치수 앞에 ❼ 직경 기호 "∅"를 기입한 후 ❽ [확인] 버튼을 누른다.

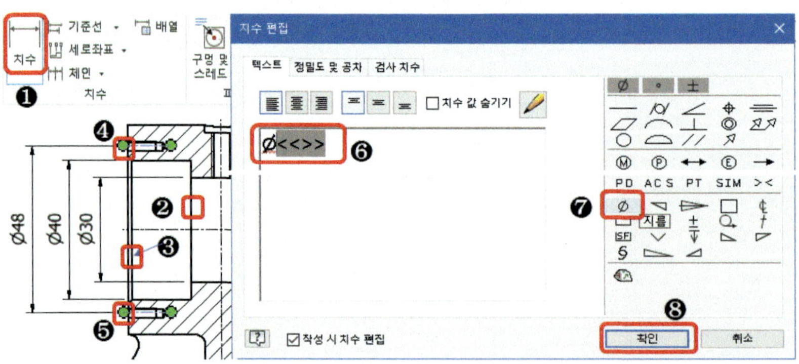

▶ 오른쪽 뷰에도 같은 방법으로 다음과 같이 수직 치수를 입력한다.

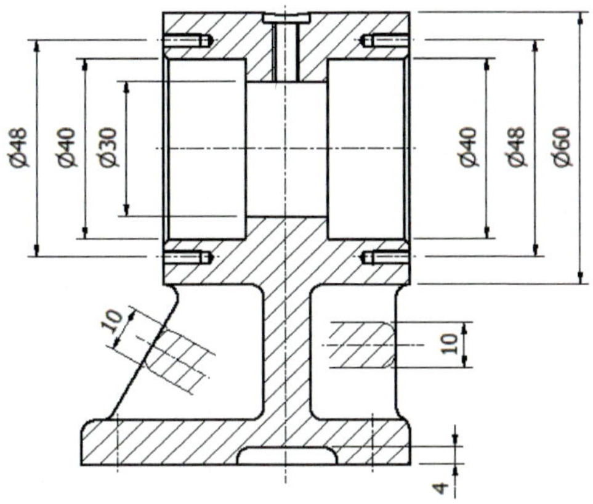

▶ ❶ [치수]를 실행해서 가는 수직선 ❷와 ❸을 선택하고 치수 편집창에서 나사를 표시하기 위해 ❹ 치수 앞에 "M"을 입력한 후 ❺ [확인]을 누른다.

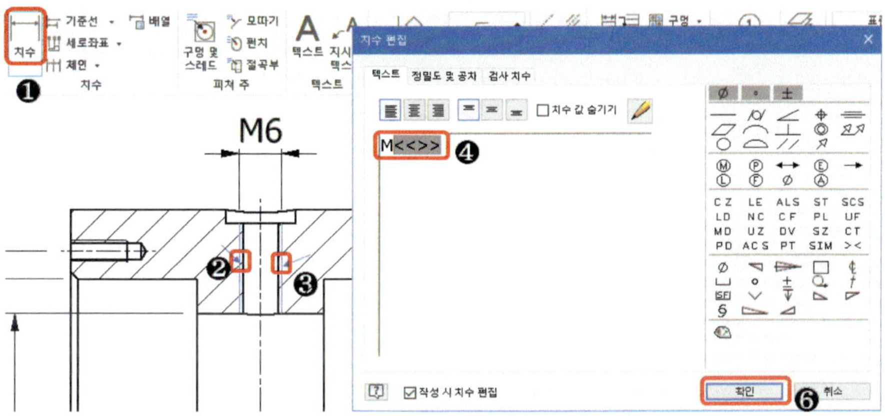

▶ 같은 방법으로 탭(볼트)구멍 치수 ❶ "8-M3"을 기입한다. 볼트 시트 자리 높이 치수 ❷ "2"를 입력한다. 다음 그림을 참고로 하여 상단 수평 치수들을 기입한다.

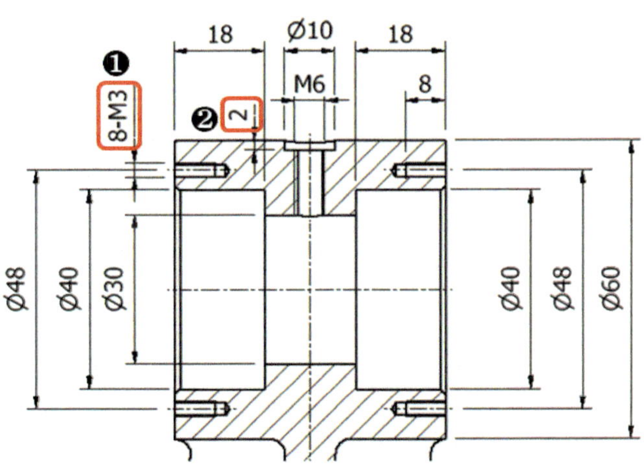

▶ ❶ [치수]를 클릭해서 ❷ 경사선과 수직선을 선택하여 각도 치수 [30°], ❸ 오른쪽 수평 치수 [3]을 기입한다. 아래 치수 ❹ [22] 입력은 ❺ 치수 앞의 정사각형 표시는 커서를 맨 앞으로 옮겨 ❻ [네모]를 붙이고 ❼ [확인] 버튼을 누른다.

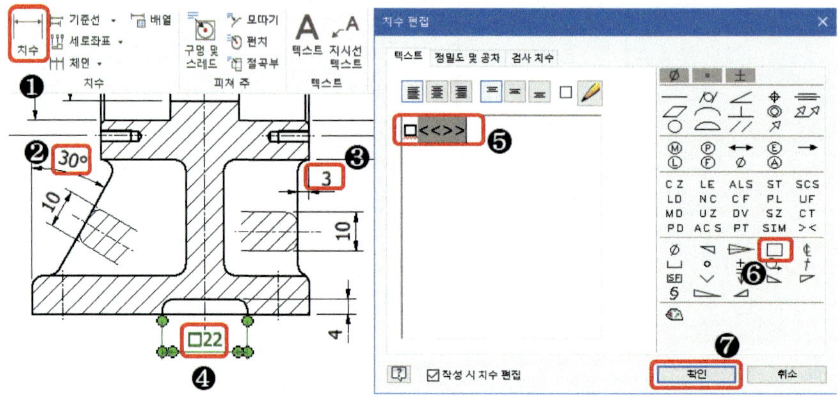

▶ ❶ [치수]를 클릭하고 선 ❷와 ❸을 선택해서 각도 치수가 나타나면 마우스 오른쪽 버튼을 클릭한 후 ❹ [교차]를 누른다. 이어서 수평선 ❺를 누르고 치수를 ❻ 적당한 위치에 놓는다. 이 치수 기입방법은 복잡하므로 다음을 참고로 한다.

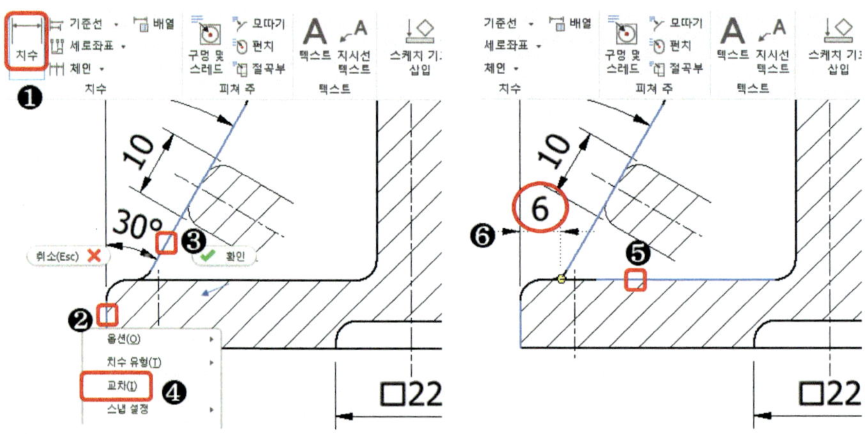

▶ **참고** 3D에서 입력한 치수를 불러오기 위해 ❶ [모형 주석 검색]을 누른다. ❷ 뷰를 선택한다. ❸ 숫자 [6]을 선택한 후 ❹ [확인] 버튼을 누른다.

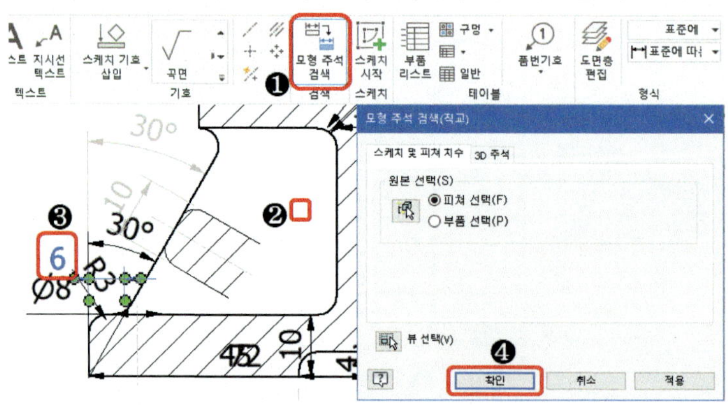

▶ 베어링 구석부 라운드 치수 기입을 위해 충분히 확대한 후 ❶ [치수] 명령을 실행해서 필렛을 선택해서 ❷치수 [R0.3]을 기입한다.

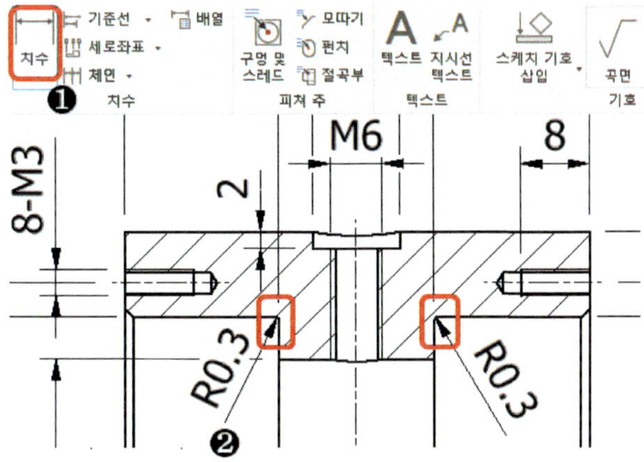

▶ 지금까지 작업한 결과는 다음과 같다.

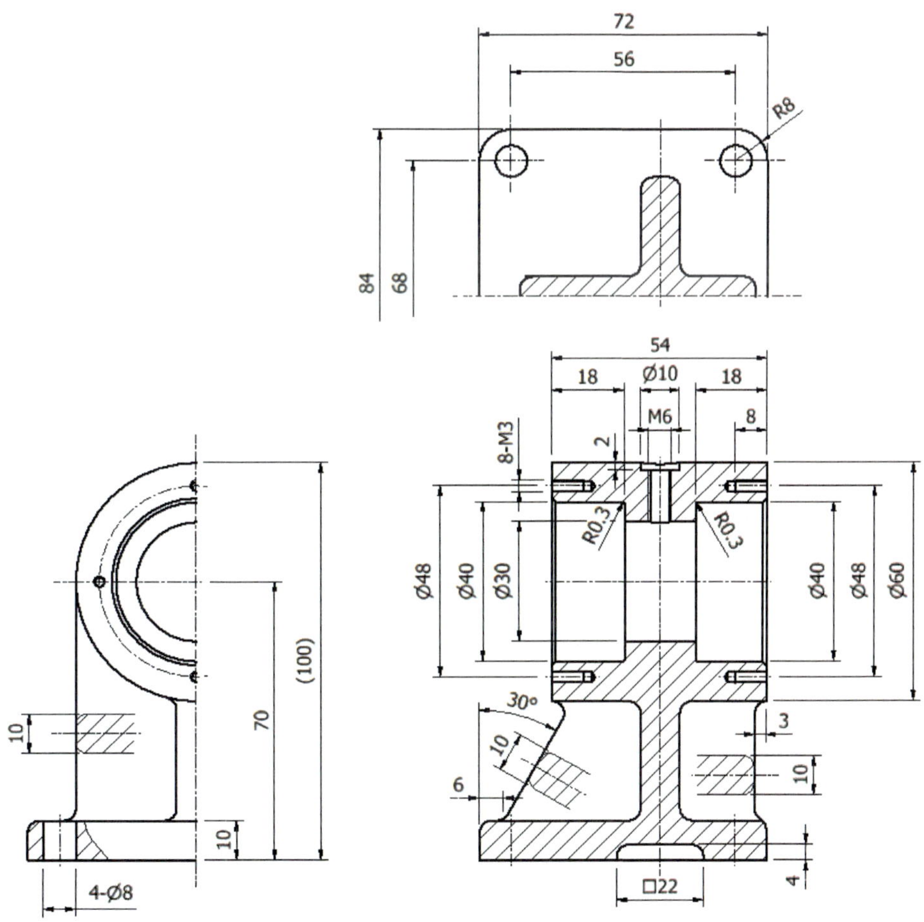

7) 공차 기입

▶ 다음 그림처럼 치수 공차(중심 거리 허용차) ❶과 끼워 맞춤 공차 ❷, ❸을 기입하도록 하겠다.

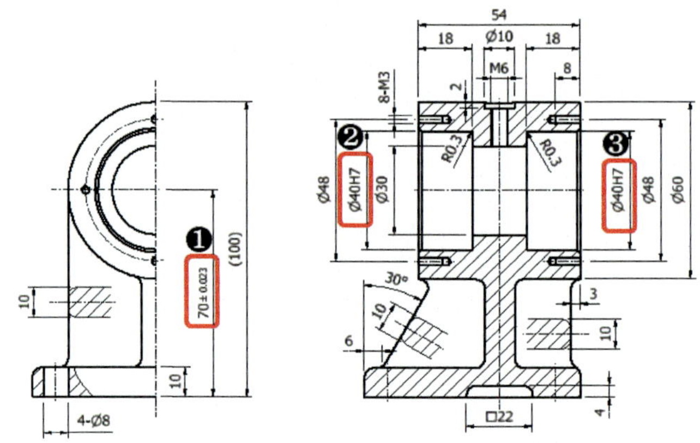

▶ 중심 거리 허용차를 기입하기 위해서 ❶ [70] 치수를 선택하고 마우스 오른쪽 버튼을 눌러 ❷ [새 치수 스타일]을 클릭한다.

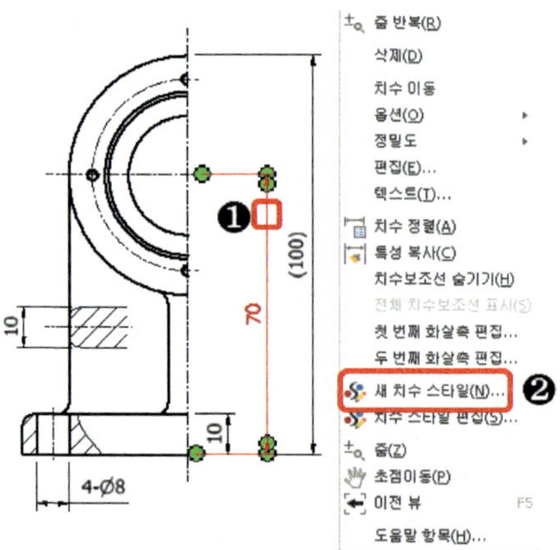

▶ ❶ [텍스트] 탭을 열고 ❷ [공차 텍스트의 크기를 [2.5]로 변경한다.

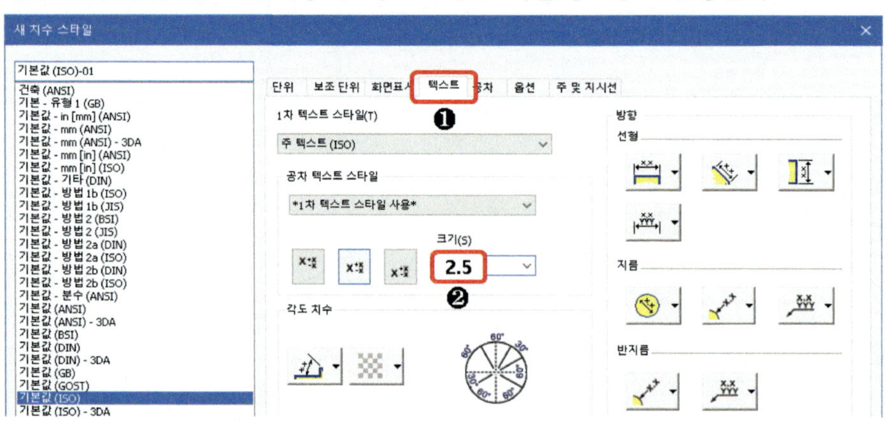

▶ ❶ [공차] 탭을 열고 ❷ [대칭]을 선택한 후 ❸ [상한]에 “0.023”이라고 입력한다. 소수점 3자리를 표기하기 위해 ❹ [선형 정밀도]를 확장시켜 ❺ [3.123]을 선택한 후 ❻ [확인] 버튼을 누른다.

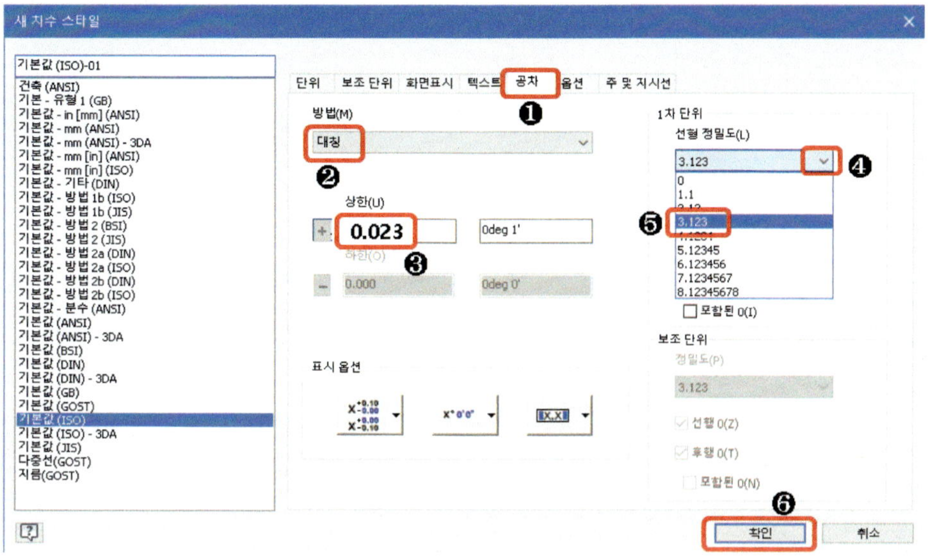

▶ 치수 ❶을 선택하고 ❷ [기본값]을 눌러 ❸ [기본값(ISO)-01]임을 기억해 둔다.

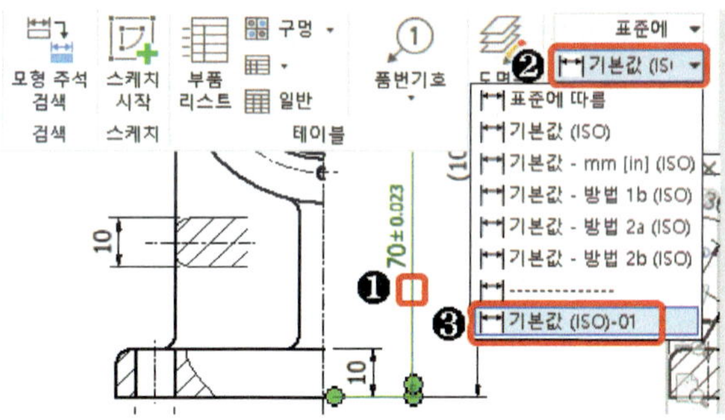

▶ 끼워 맞춤 치수 ❶과 ❷를 입력하려면, 직경치수 ⌀40을 각각 더블클릭하여 치수 뒤에 ❸ “H7”이라 입력한 후 ❹ [확인] 버튼을 누르면 기입할 수 있다.

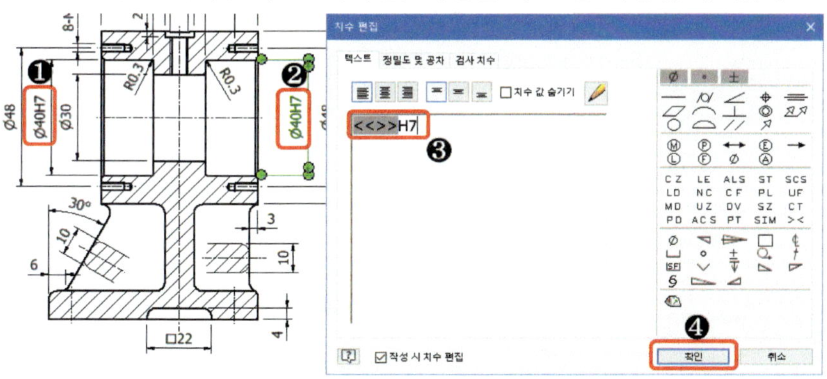

8) 기하공차 기입

▶ 데이텀 표시를 위해 ❶ [관리] 메뉴에서 [스타일 편집기]를 클릭하고 ❷ [ID]를 확장하여 [데이텀 ID(ISO)]를 클릭한다. ❸ [계단 모양 허용]에 체크를 해제하고 ❹ [저장 및 닫기]를 누른다.

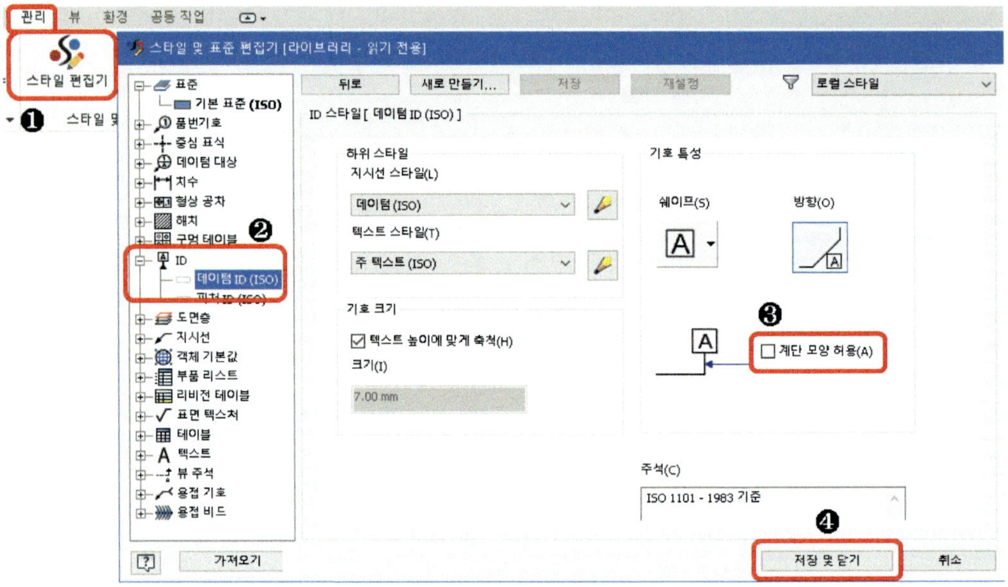

▶ 우선 치수 [4]를 위쪽으로 이동한다. ❶ [데이텀 식별자 기호]를 클릭하고 ❷ 치수 보조선 중간 부위를 선택하고 ❸ 데이텀이 놓일 위치를 클릭한다. 텍스트 창에 "A"를 입력하고 ❹ [확인]을 누른다.

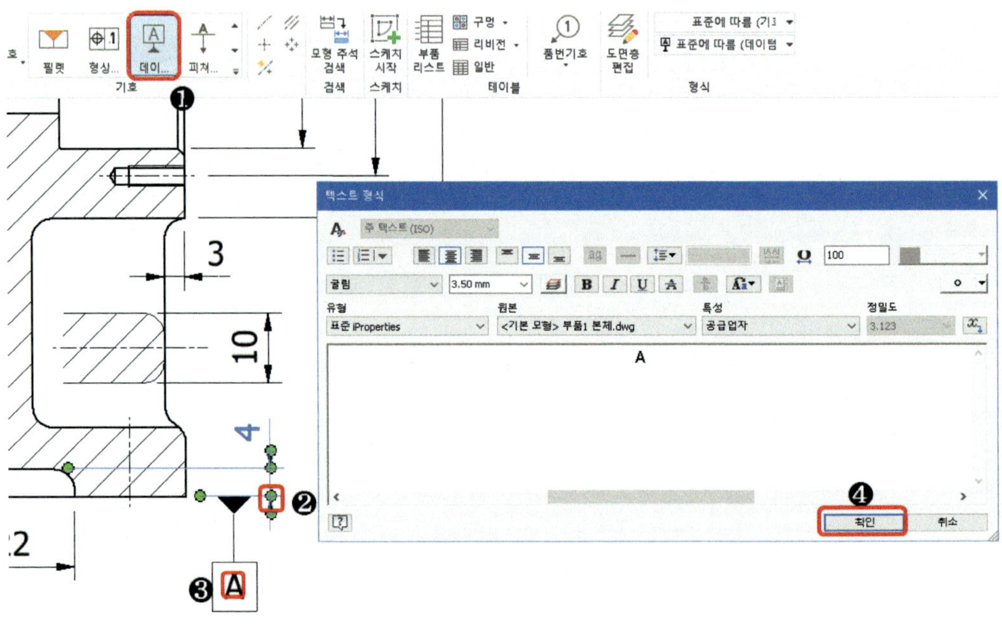

▶ ❶ [형상공차]를 실행하고 치수의 화살표 끝점 ❷를 선택한다. 수직 수평을 맞추기 위해 Ctrl키를 눌러서 점 ❸과 ❹를 클릭하고 마우스 오른쪽 버튼을 클릭해서 ❺ [계속]을 누른다.

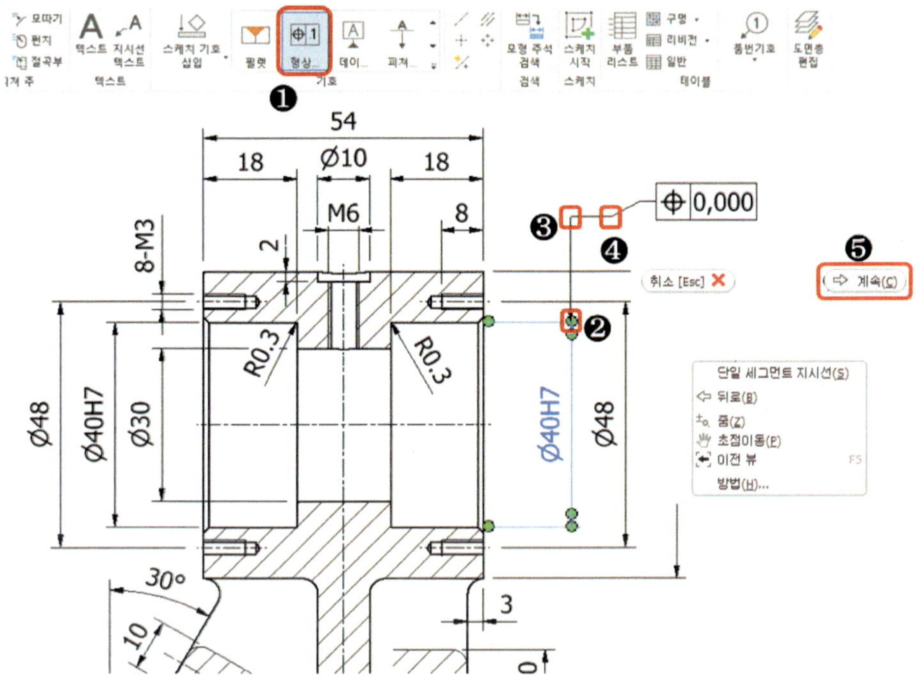

▶ 형상공차 창에서 ❶ [기호]를 확장시켜 [평행]을 선택한다. ❷ [공차]에 “0.013”, ❸ [데이텀]에 “A”를 입력한 후 ❹ [확인] 버튼을 누르면 ❺ 기하공차가 기입된다.

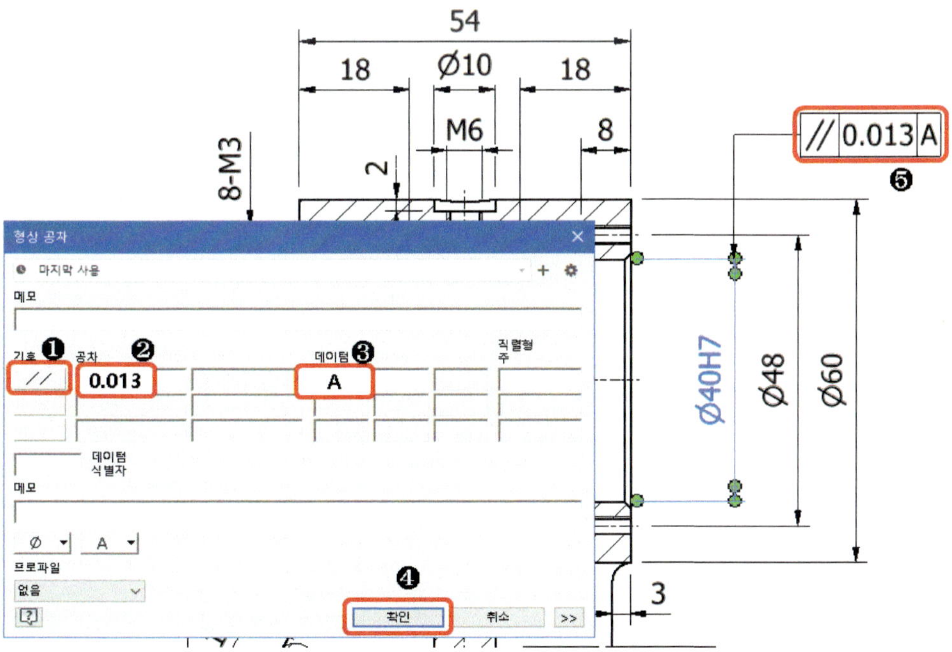

▶ ❶ [데이텀 식별자 기호]를 클릭하고 ❷ 기입된 형상공차 아래를 선택하고 ❸ 데이텀이 놓일 위치를 클릭한다. ❹ 텍스트 "B"를 입력하고 ❺ [확인]을 누른다.

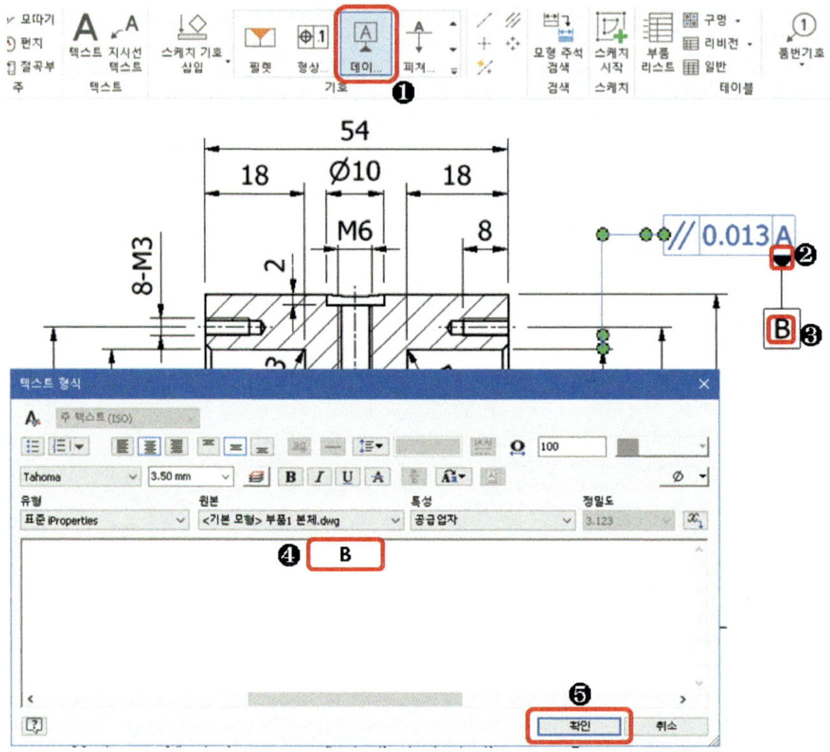

▶ ❶ [형상공차]를 실행하고 치수의 화살표 끝점 ❷를 선택한다. 수직 수평을 맞추기 위해 Ctrl키를 눌러서 점 ❸과 ❹를 클릭하고 마우스 오른쪽 버튼을 클릭하여 ❺ [계속]을 누르거나 Enter↵ 키를 누른다.

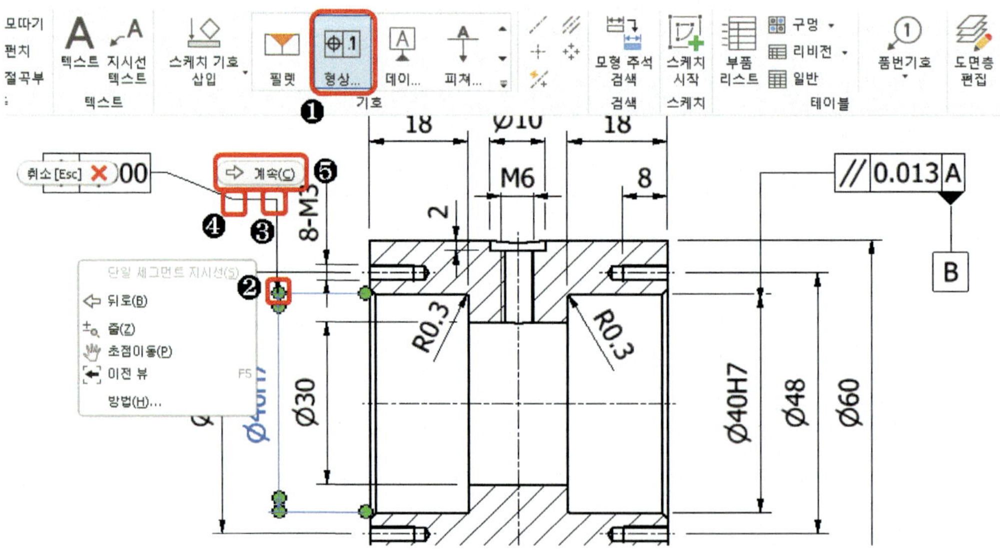

▶ ❶ 공차 기호를 [동심]으로 변경하고 ❷의 직경기호를 ❸기호에서 선택한 후 공차 값 "0.013"을 입력한다. ❹ [데이텀]에 "B"를 입력한 후 ❺ [확인]을 누른다.

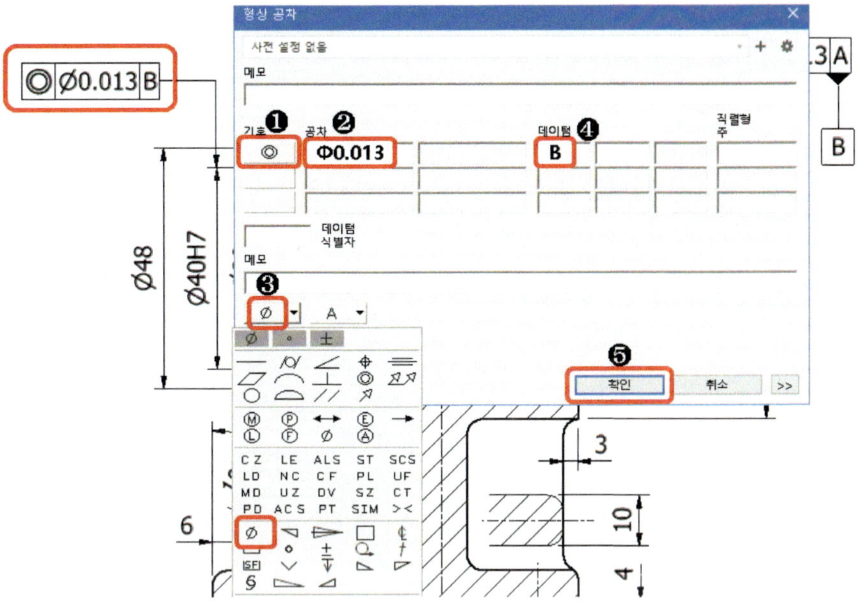

▶ ❶ [형상공차]를 실행하고 [54] 치수의 치수보조선상의 점 ❷를 선택한다. 수평을 맞추기 위해 Ctrl키를 눌러서 점 ❸을 클릭한 후 [엔터]키를 누른다. ❹ [기호]를 확장시켜 [직각]을 선택한다. ❺ [공차]에 "0.015", ❻ [데이텀]에 "A"를 입력한 후 ❼ [확인] 버튼을 누른다. ❽ 기하공차도 같은 방법으로 기입한다.

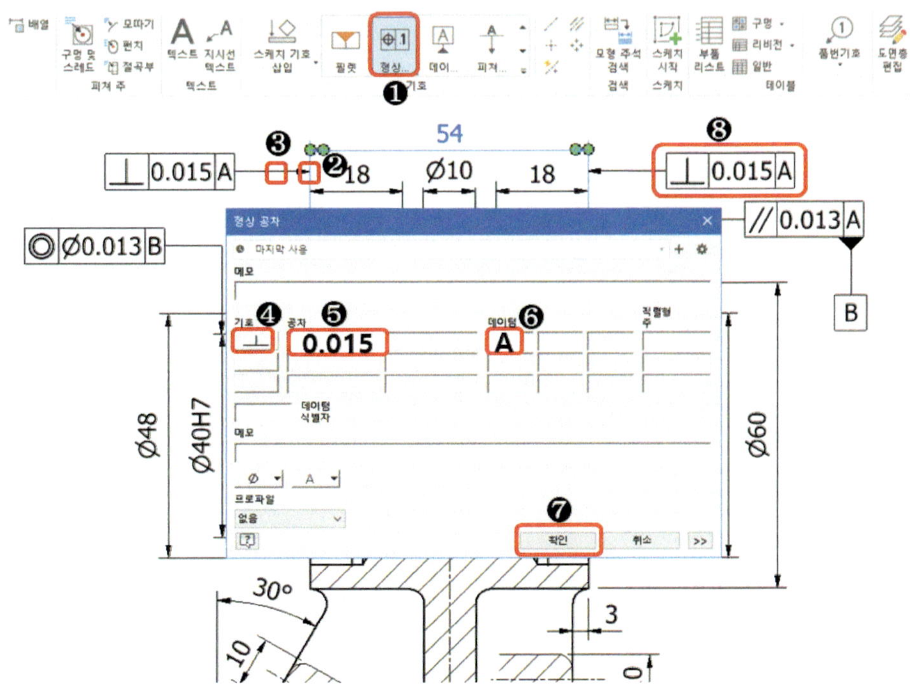

9) 표면 거칠기

▶ 인벤터에서 초기에 적용되는 표면 거칠기의 크기는 주 텍스트의 크기인 3.5와 같다. 표면 거칠기의 크기를 2.5로 변경하여 작업하는 것을 연습하도록 한다.

▶ ❶ [관리] 메뉴에서 [스타일 편집기]를 열고 ❷ [텍스트] 확장 후 [주 텍스트(ISO)]를 클릭한다. ❸ [새로만들기] 탭을 누르고 ❹ 이름을 "2.5 표면 거칠기"라 입력하고 ❺ [확인] 버튼을 누른다.

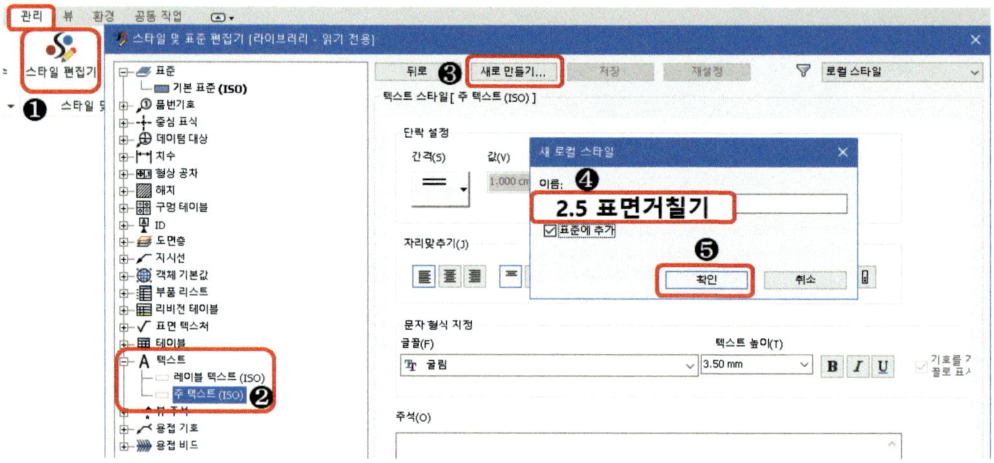

▶ ❶ [2.5 표면 거칠기]가 생성되고 ❷ [텍스트 높이]를 "2.5"로 입력하고 ❸ [저장]을 누른다.

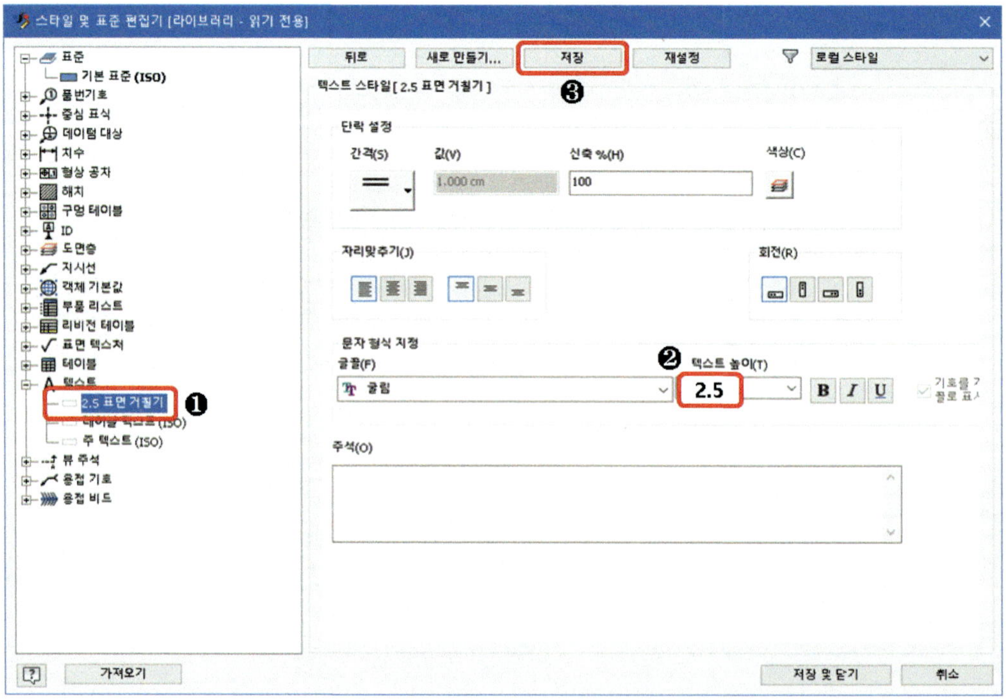

▶ ❶ [표면 텍스처]를 확장시켜 [표면 텍스처(ISO)]를 누르고 ❷ [새 만들기] 탭을 누른다. ❸ 이름을 "2.5 표면 거칠기"라 입력하고 ❹ [확인] 버튼을 누른다.

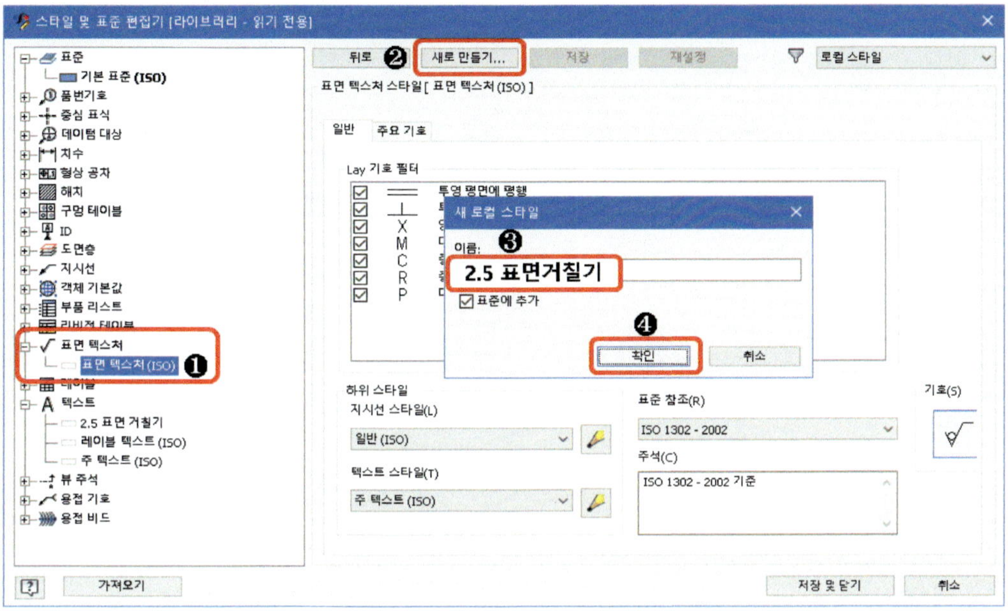

▶ ❶ [2.5 표면 거칠기]가 선택되고 ❷ [텍스트 스타일]을 [2.5 표면 거칠기]로 변경한다. ❸ [표준 참조]를 [ISO 1302-1978]로 변경하고 ❹ [제거가공 금지 기호 크기]를 눌러 크게 한다. ❺ [저장 및 닫기]를 누른다.

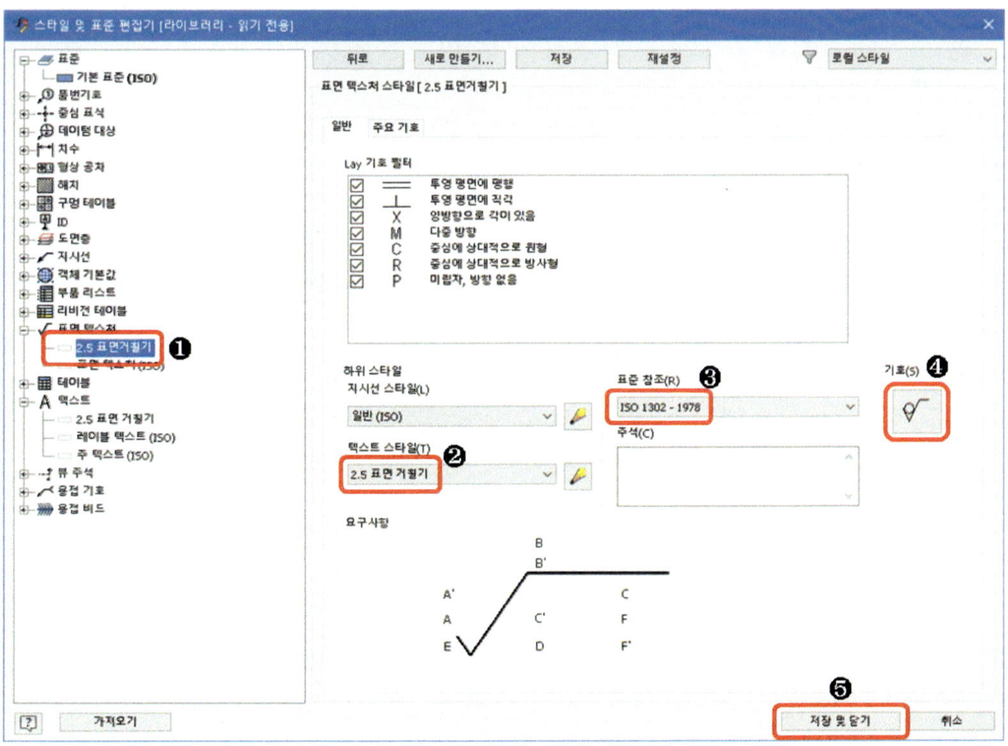

▶ ❶ [곡면]을 클릭하고 ❷ 표준을 [2.5 표면 거칠기]로 변경한다(중요!). ❸ [재질 제거가 요구됨]을 선택한 후 ❹ 거칠기 값에 "w"를 입력하고 ❺ 치수 보조선의 임의의 점을 클릭한다. 설정된 값으로 계속 표면 거칠기를 입력할 경우 ❻ [사전 설정]을 눌러 ❼ [마지막 사용]에 체크를 한다. ❽ [확인]을 누른다.

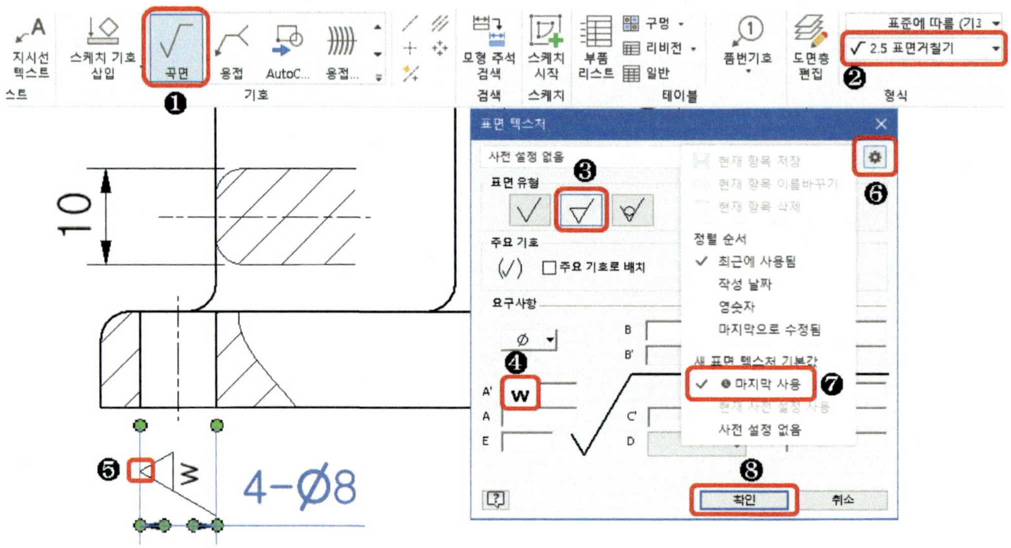

▶ 바로 이어서 본체 상단 카운터 보어 위치를 보이게 한다. [곡면] 명령이 실행되고 있음을 주의한다. 만약 [곡면] 명령을 재실행할 경우 반드시 [2.5 표면 거칠기] 표준도 다시 선택하여야 한다.

▶ ❶ 치수 보조선의 임의의 점을 클릭한 후 ❷ [확인] 버튼을 누른다.

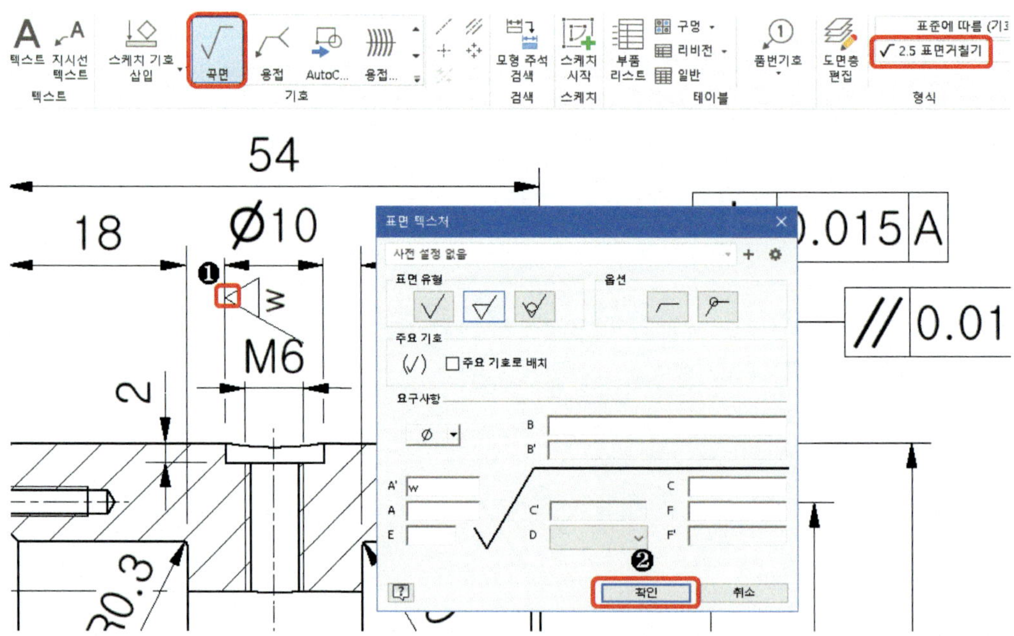

▶ ❶ 치수 보조선의 아래 부분의 임의의 점을 클릭하고 ❷ 텍스트를 "x"로 변경하고 ❸ [확인]을 누른다. 나머지 표면 거칠기 ❹와 ❺에 대해서도 같은 방법으로 기입한다.

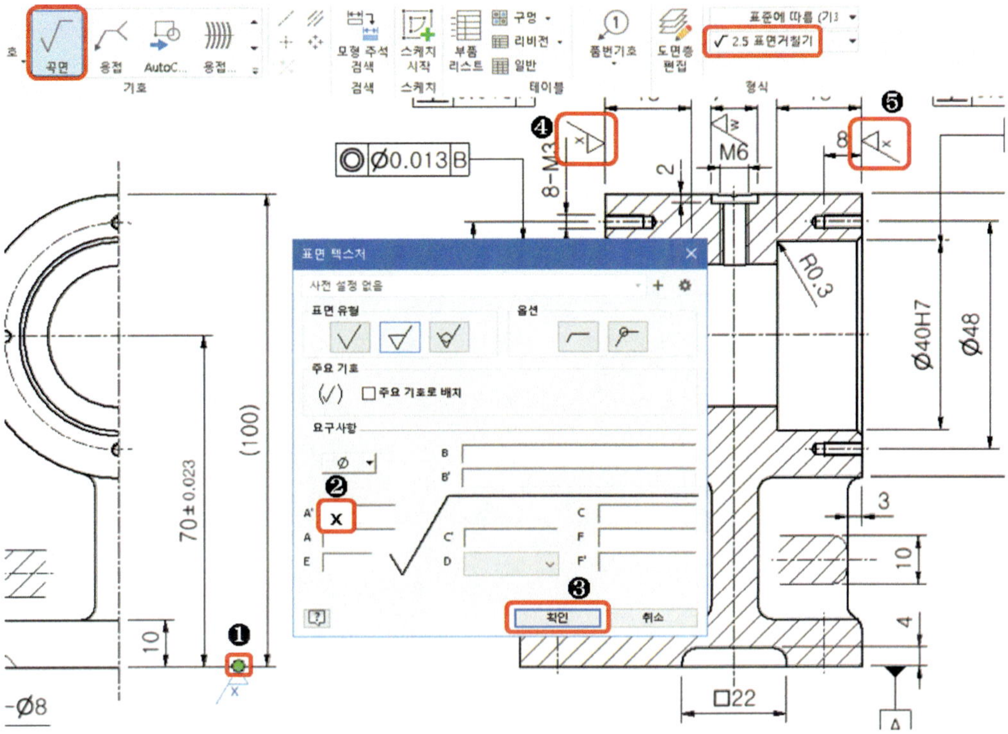

▶ ❶ 치수 보조선의 윗부분의 임의의 점을 클릭하고 ❷ 텍스트를 "y"로 변경하고 ❸ [확인]을 누른다. 나머지 표면 거칠기 ❹에 대해서도 같은 방법으로 기입한다.

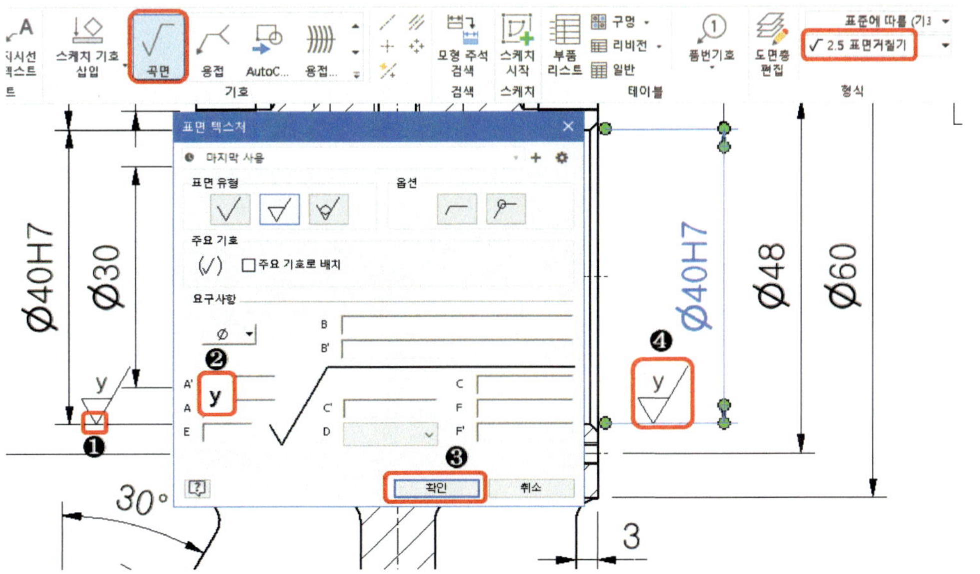

▶ ❶ [도면층]을 확장시켜 ❷ [0숨김] 앞의 전구를 켜(ON)서 화면을 클릭하면 숨겨져 있던 텍스트들이 나타난다. 여기서 Ctrl를 누르고 텍스트 ❸과 ❹를 선택한 후 다시 [도면층]을 확장시켜 [단면선]을 선택하면 텍스트가 나타난다.

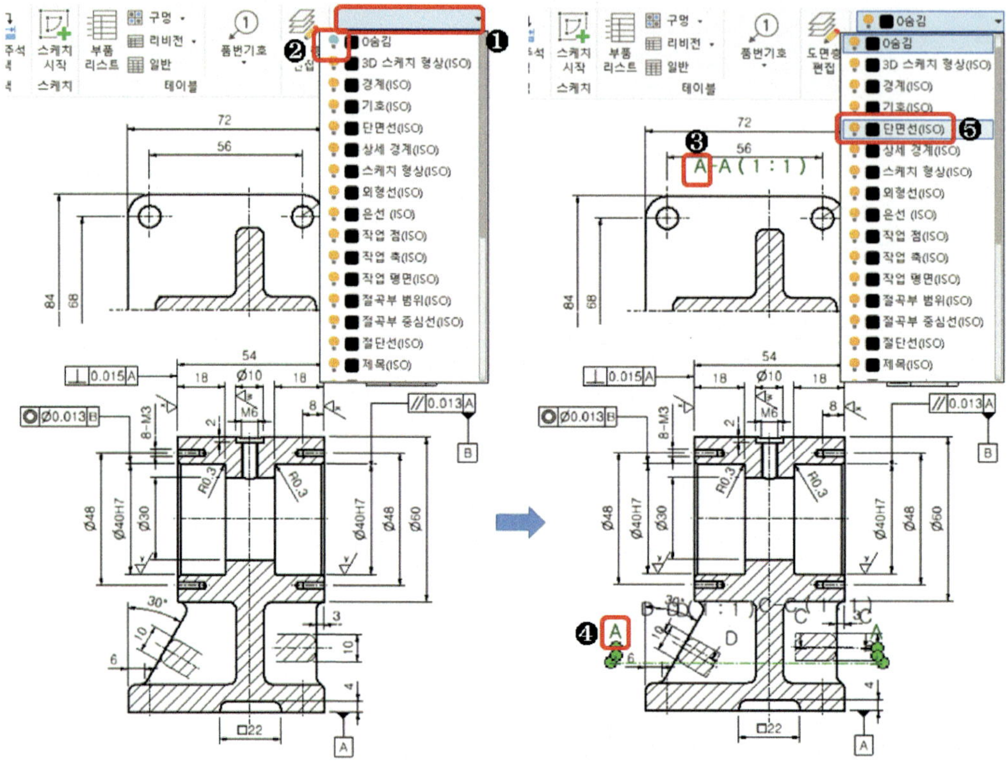

▶ ❶ [도면층]을 확장시키고 [0숨김] 앞의 전구를 다시 끈(OFF)다. ❷ 텍스트를 더블 클릭해서 이름을 변경하고, ❸ 선의 끝점을 잡아 당겨 길이를 조절하고 치수를 재배치하여 그림처럼 조정한다.

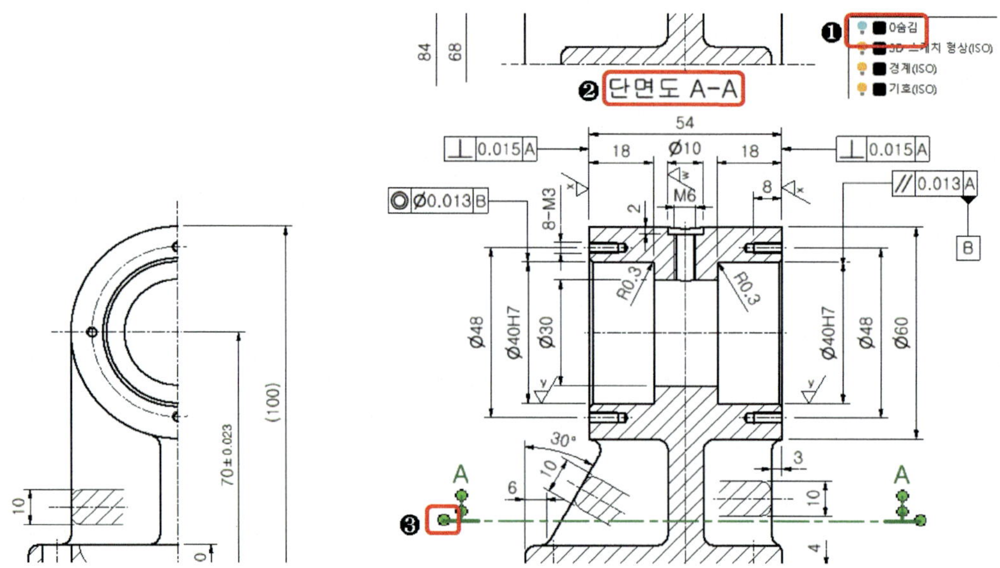

▶ 본체에 대한 2D 투상 및 도면 작성의 결과는 다음과 같다.

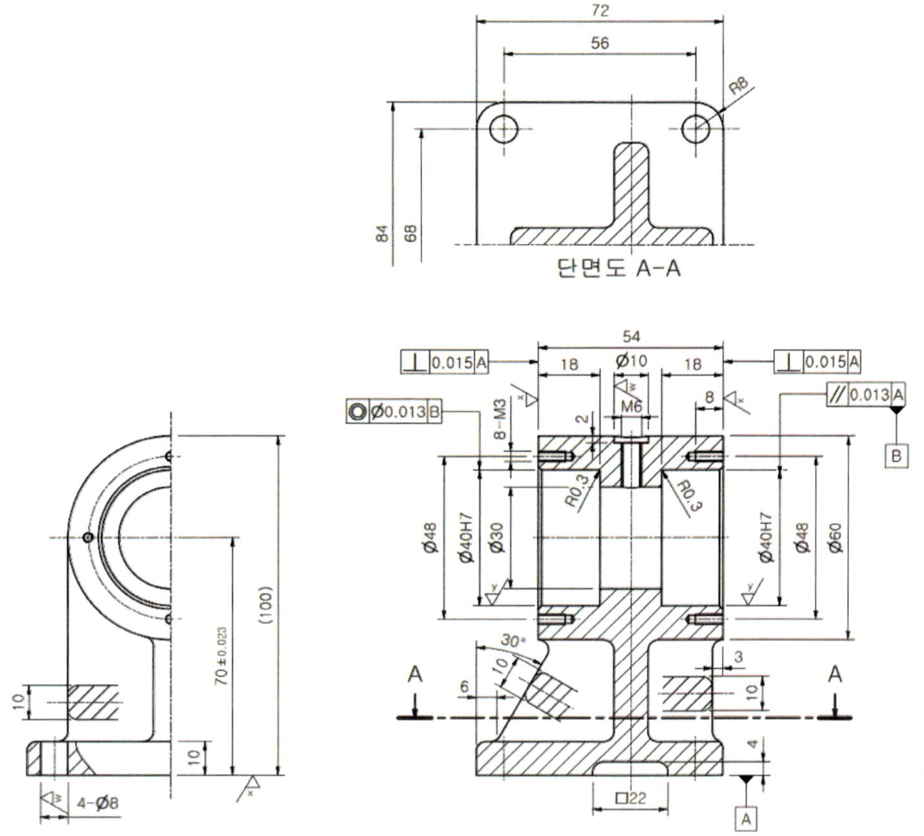

7.2.2 커버

1) 뷰 배치

▶ ❶ [뷰 배치] 메뉴에서 ❷ [기준]을 클릭하고 ❸ [기존 파일 열기] 버튼을 누른다. ❹ [부품2 커버] 파일을 클릭하고 ❺ [열기] 버튼을 누른다.

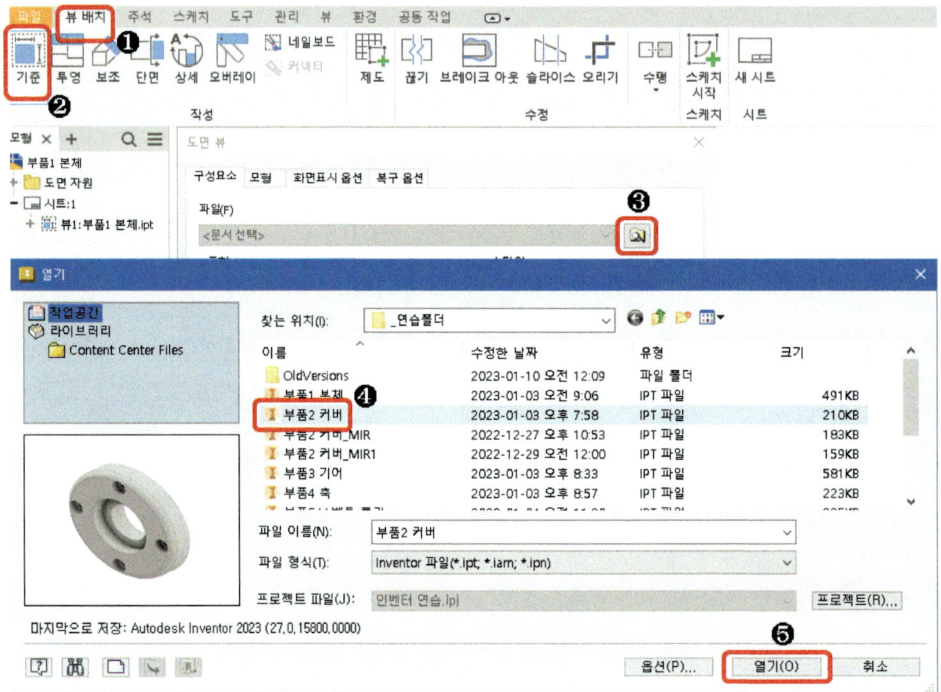

▶ 도면 뷰 창의 [구성요소] 탭에서 ❶ [은선 제거]를 선택한다. ❷ [화면표시 옵션] 탭을 열어 ❸ [스레드 피처]에 체크하고 [접하는 모서리]에 체크를 해제한다.

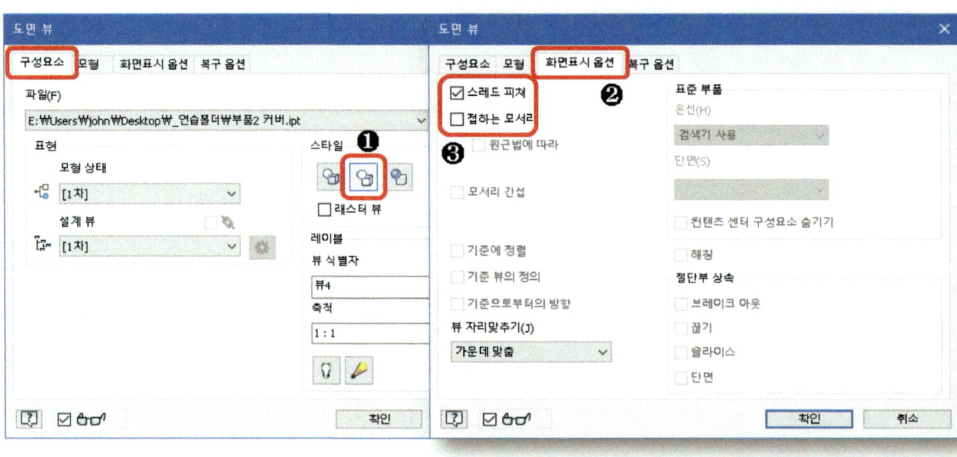

▶ 작업 화면에는 정면도가 보이는데 뷰큐브의 ❶ 오른쪽 삼각형(◁)을 누르면 오른쪽 그림처럼 우측면도가 보이게 된다. 마우스 오른쪽 버튼을 눌러 ❷ [확인] 버튼을 누른다.

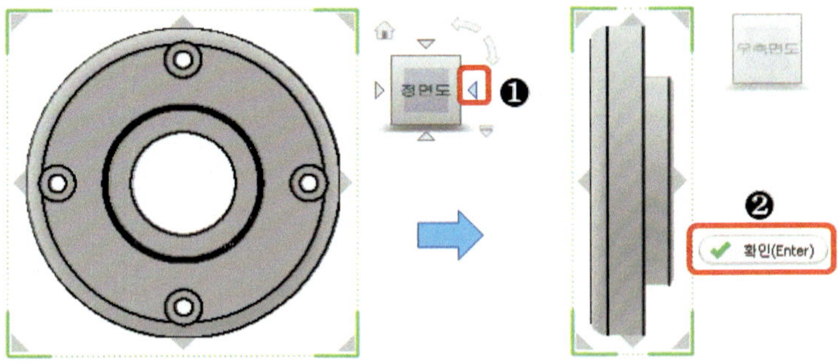

▶ 브레이크 아웃할 ❶ [뷰]를 먼저 선택하고 ❷ [스케치 시작]을 누른다. ❸ [2점 직사각형] 명령으로 점 ❹와 ❺를 대각선으로 하는 직사각형을 그린 후 ❻ [스케치 마무리]를 누른다.

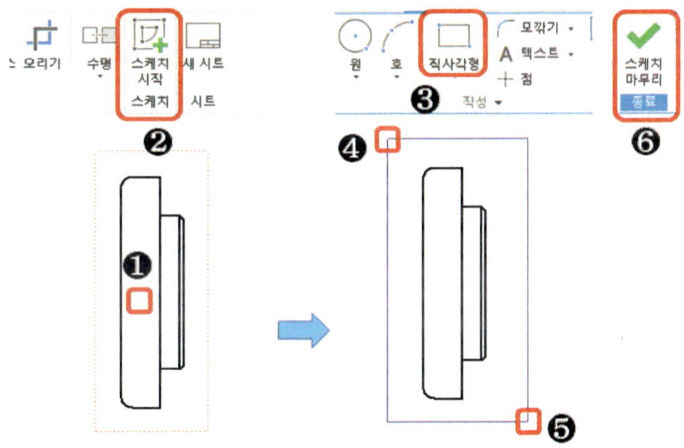

▶ ❶ [브레이크 아웃] 명령을 실행해서 ❷ [뷰]를 선택하고 ❸ 시작점으로 수직선의 중간점을 선택한다. ❹ [확인] 버튼을 누르면 오른쪽 그림과 같다.

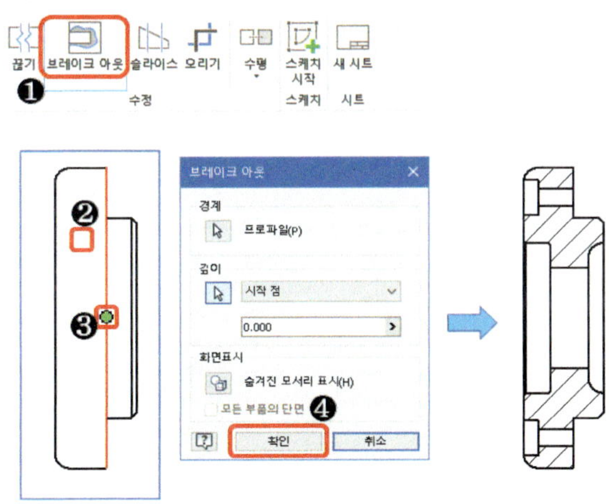

▶ ❶[상세]를 클릭하고 ❷ 뷰 영역 내를 선택한다. ❸ [절단 모서리를 부드럽게]를 선택하고, ❹ [전체 상세 경계 화면표시]에 체크를 한다. ❺의 원의 중심점을 먼저 잡고 반경 지점 ❻을 클릭하고 상세도를 원하는 위치에 놓는다.

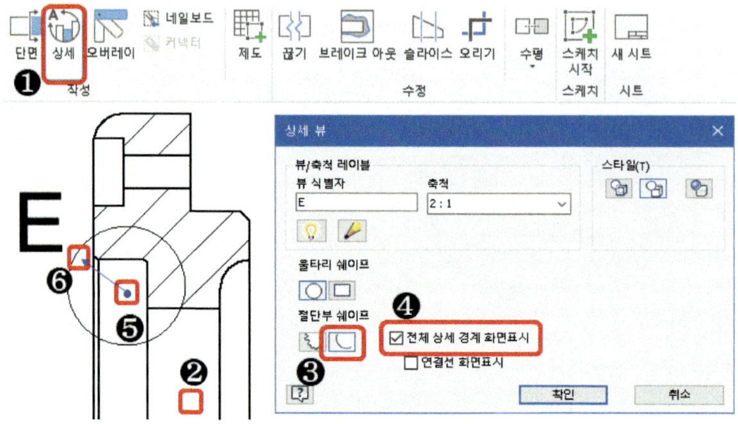

▶ ❶ 텍스트를 더블 클릭하고 ❷ 치수 앞에 "상세도"를 입력한 후 전체를 블록으로 잡는다. ❸ [밑줄]을 선택하고 ❹ [확인] 버튼을 누른다.

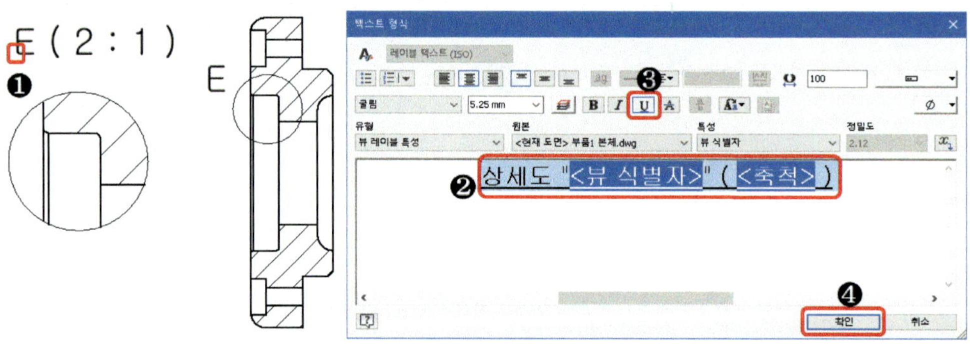

▶ ❶ [주석] 메뉴에서 ❷ [이등분 중심선] 명령을 이용하여 중심선 ❸, ❹ ,❺를 생성한다.

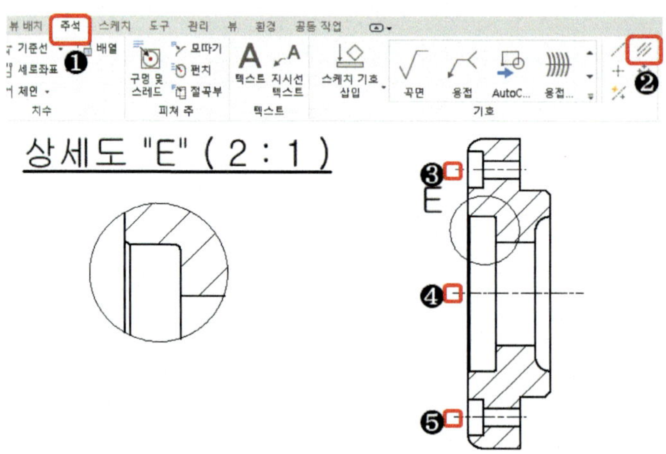

2) 치수기입

▶ ❶ [치수] 명령을 실행하고 수평선 ❷를 선택하고 마우스를 위로 옮겨 수평치수 [3]을 기입한다. 다시 선 ❷와 선 ❸을 선택하면 [∅7]을 기입할 수 있다. 수직선 ❹를 선택하고 치수 [∅3.4] 앞에 ❺ "4-"를 기입하고 ❻ [확인] 버튼을 누른다.

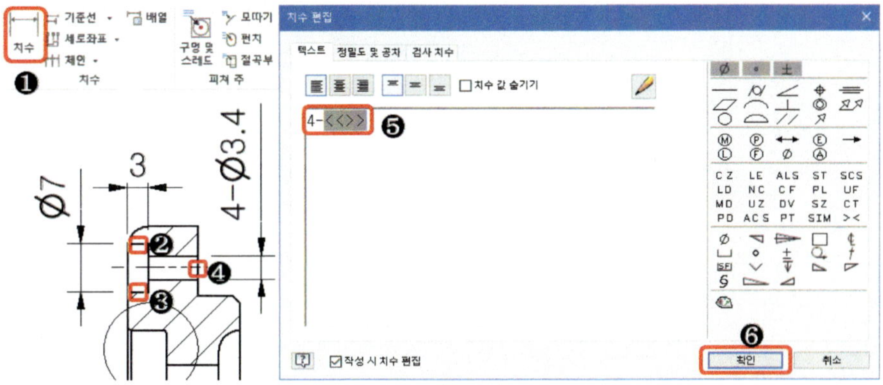

▶ 그림과 같이 직경 치수 ∅60, ∅48, ∅30, ∅20, ∅30, ∅48을 기입한다.

▶ 기호 ∅가 자동으로 붙지 않는 치수 ❶의 ∅48, ∅30인 경우에는 ❷ 치수(<<>>) 앞에 ❸ [∅]를 클릭하여 치수를 완성하고 ❹ [확인]을 누른다.

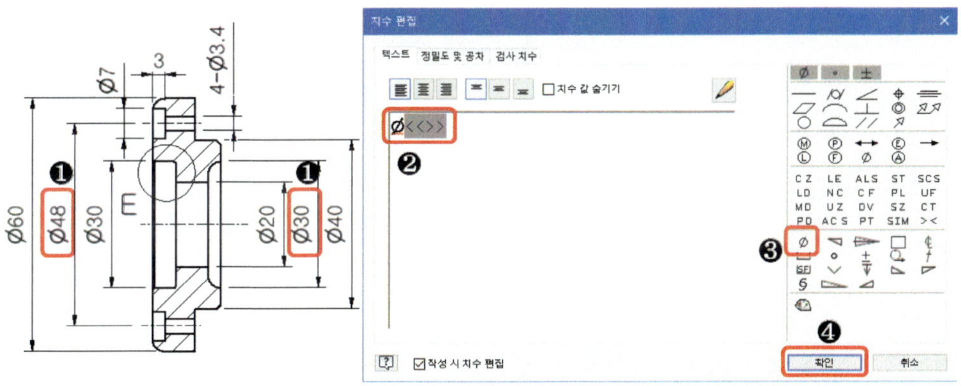

▶ 끼워 맞춤 공차가 있는 경우 치수 ❶을 각각 선택하고 ❷ 치수(<<>>) 뒤에 "H8" 및 "h6"을 대소문자 구분하여 입력한 후 ❸ [확인]을 누른다.

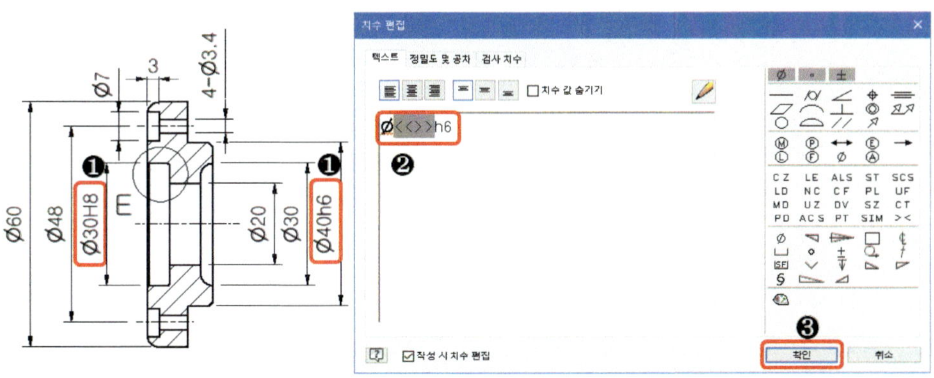

▶ 그림처럼 각도, 필렛, 수평 치수를 기입한다.

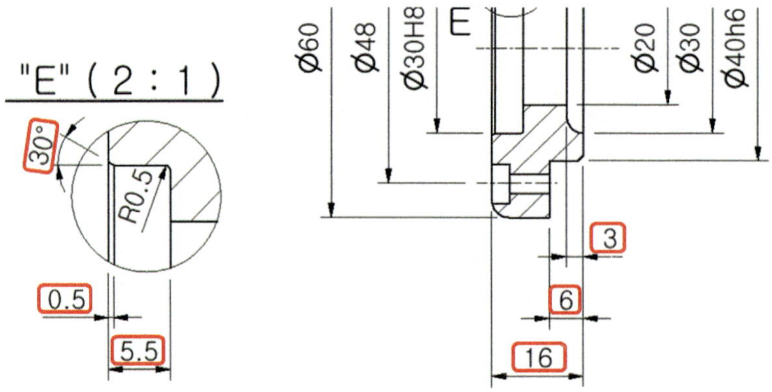

▶ ❶ [곡면] 명령을 실행하고 먼저 ❷ [2.5 표면 거칠기] 표준을 선택한다. 그림에 표시된 표면 거칠기를 기입한다.

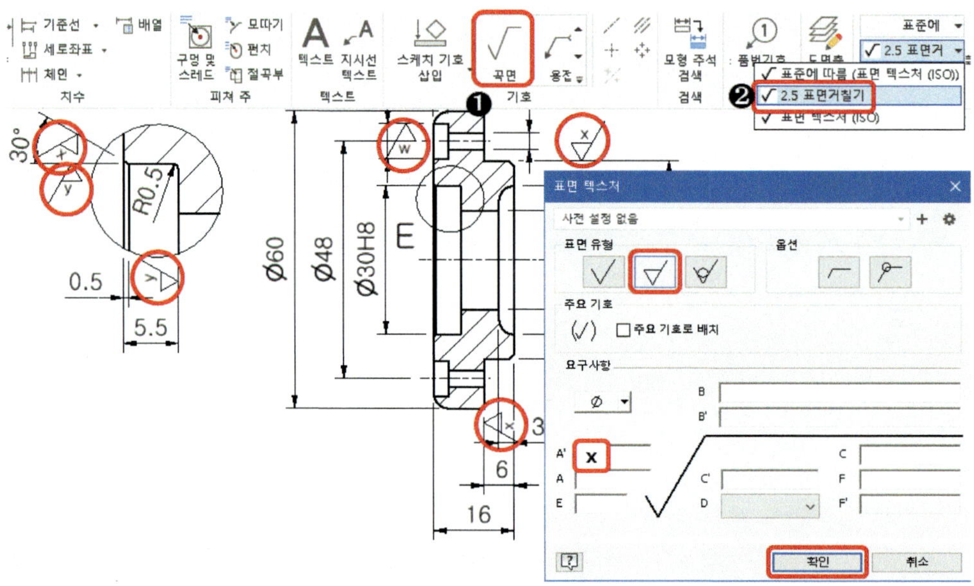

▶ ❶ [데이텀] 명령을 실행하고 ❷ [∅20]의 치수선 화살표 끝을 선택하고, 임의의 점 ❸을 클릭한다. 데이텀 기호 ❹ "C"를 기입하고 ❺ [확인] 버튼을 누른다.

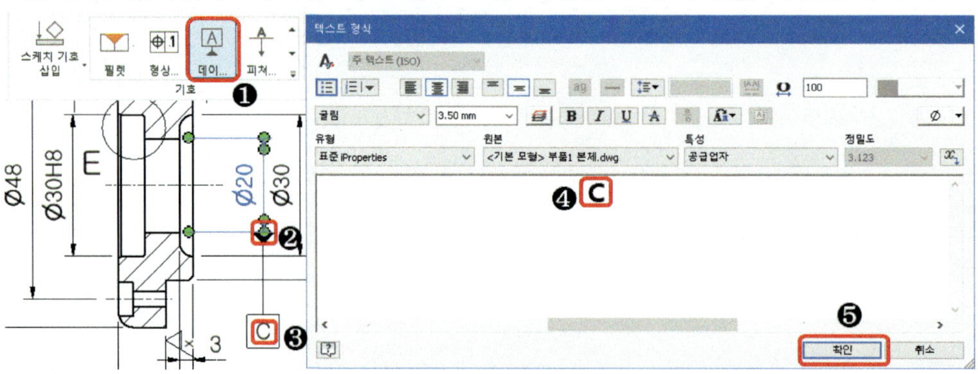

▶ ❶ [형상공차] 명령을 실행하고 ❷ 치수선의 화살표 끝점을 선택하고 ❸ [동심], ❹ [∅]를 선택한 후 ❺ 공차값 "∅0.011", ❻ 데이텀 "C"를 입력한 후 ❼ [확인]을 누른다. 나머지 기하공차도 같은 방법으로 기입한다.

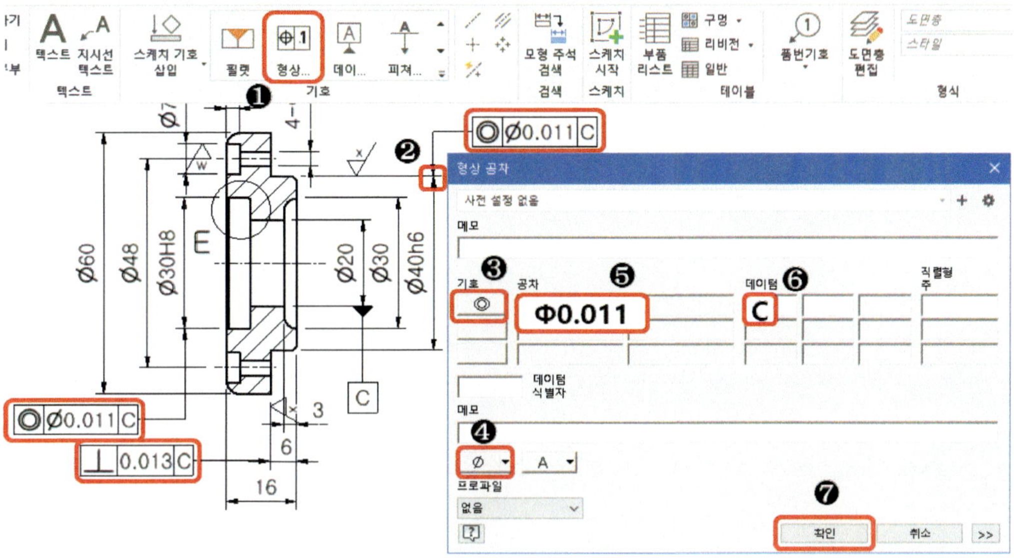

▶ 커버에 대한 최종적인 2D 도면은 다음과 같다.

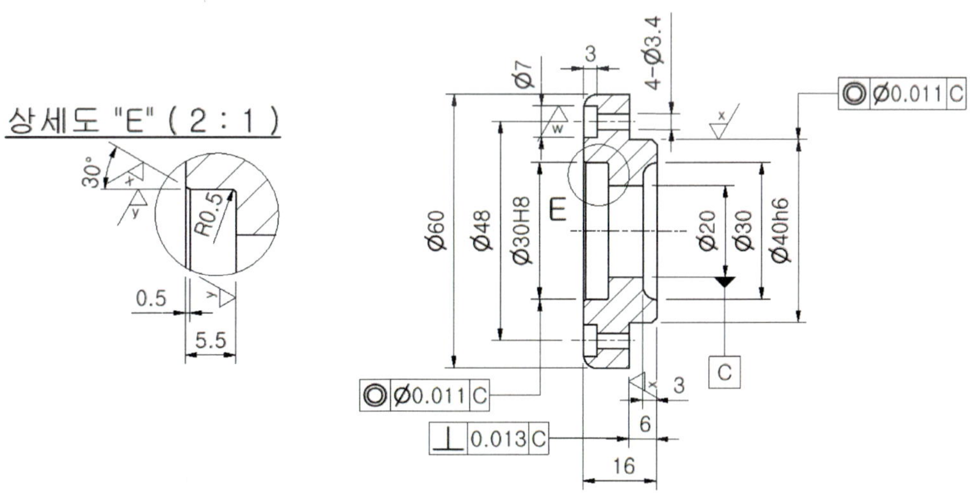

7.2.3 기어

1) 뷰 배치

▶ ❶ [뷰 배치] 메뉴에서 ❷ [기준]을 클릭하고 ❸ [기존 파일 열기] 버튼을 누른다. ❹ [부품3 기어] 파일을 클릭하고 ❺ [열기] 버튼을 누른다.

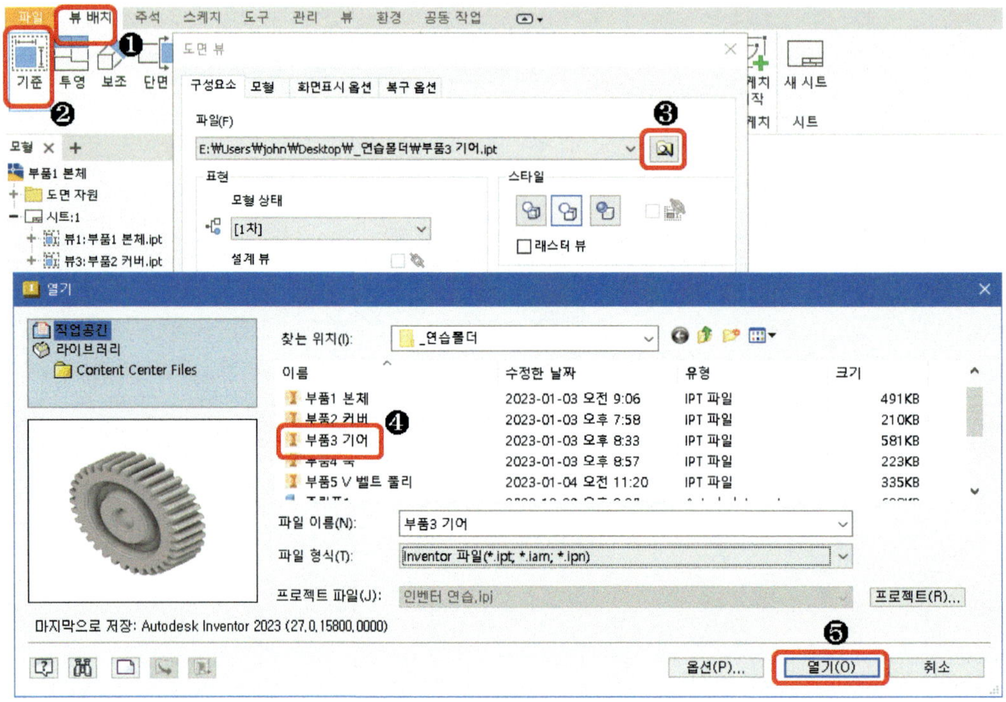

▶ 도면 뷰 창의 [구성요소] 탭에서 ❶ [은선 제거]를 선택한다. ❷ [화면표시 옵션] 탭을 열어 ❸ [스레드 피처]에 체크하고 [접하는 모서리]에 체크를 해제한다.

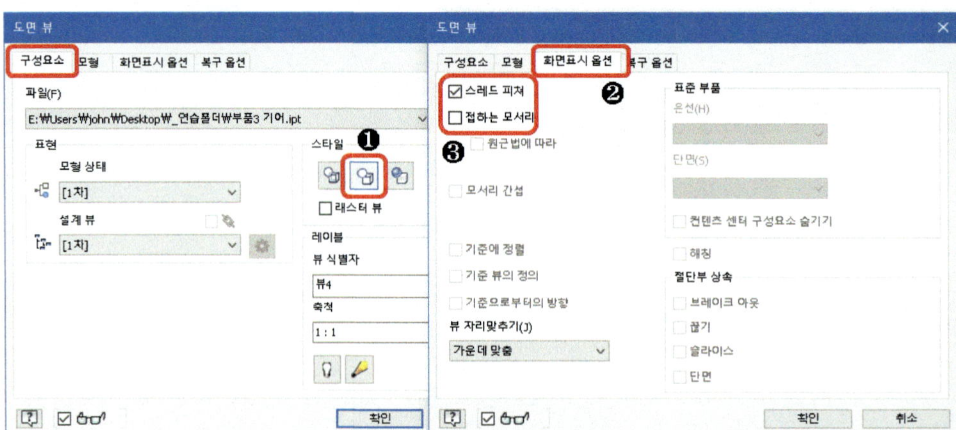

▶ 작업 화면에 기어 정면도가 나타나고 ❶ 왼쪽 임의의 점을 클릭하고 마우스 오른쪽 버튼을 눌러 ❷ [확인]을 누른다. 결과는 오른쪽 그림과 같다.

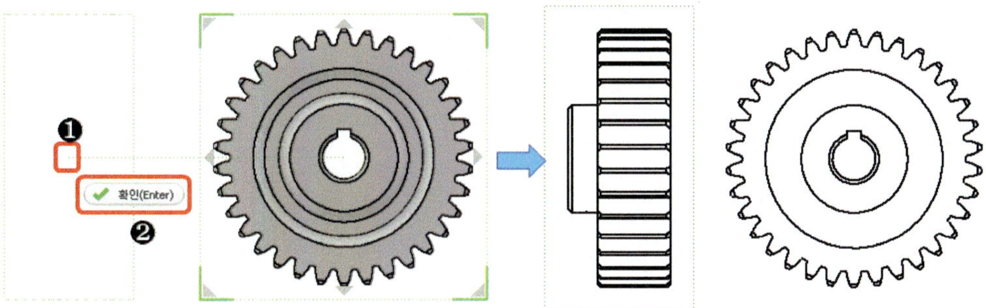

▶ 브레이크 아웃할 ❶ [뷰]를 먼저 선택하고 ❷ [스케치 시작]을 누른다. ❸ [2점 직사각형] 명령으로 점 ❹와 ❺를 대각선으로 하는 직사각형을 그린 후 ❻ [스케치 마무리]를 누른다.

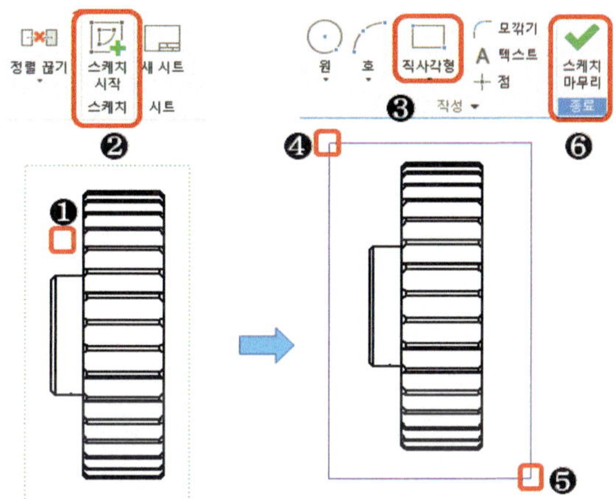

▶ ❶ [브레이크 아웃] 명령을 실행해서 ❷ [뷰]를 선택하면 사각형이 자동 선택되고 ❸ 시작점으로 수직선의 중간점(초록색)을 선택한다. ❹ [확인] 버튼을 누른다.

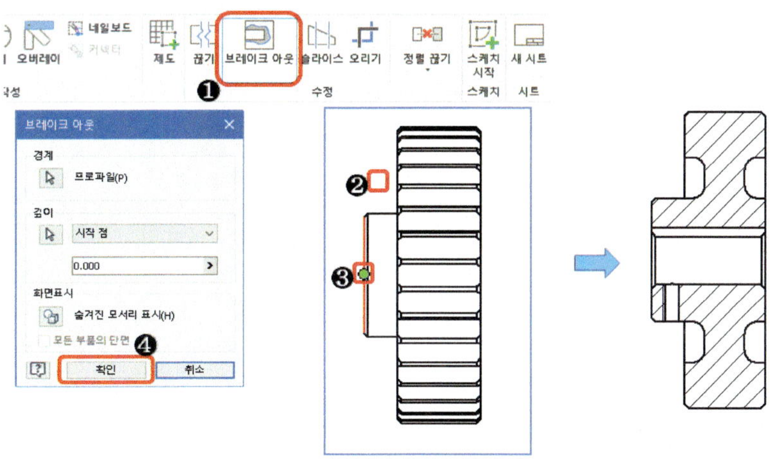

▶ ❶ [오리기] 명령을 실행하고 ❷ 키홈의 수평선 중간점에 마우스를 옮겨 초록색 점이 생길 때 바로 위의 점 ❸을 잡는다. 키의 반쪽이 포함되도록 점 ❹를 클릭하면 오른쪽 그림과 같이 된다. ❺ 맨 오른쪽 호를 선택하고 마우스 오른쪽 버튼을 누르고 ❻ 가시성 체크를 해제한다.

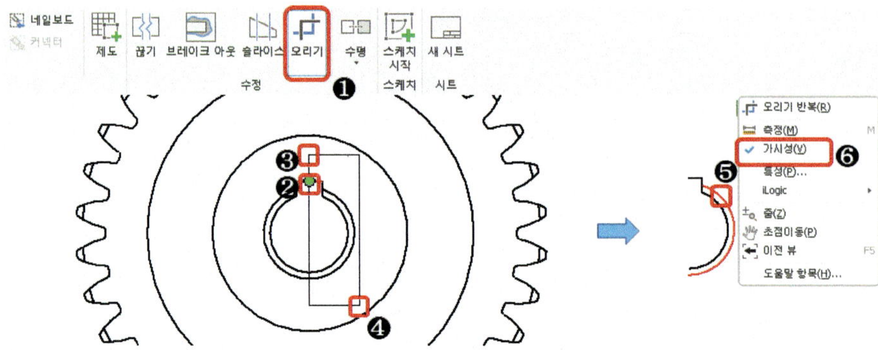

2) 기어 이 그리기

▶ ❶ 기어 내의 해칭을 선택하고 마우스 오른쪽 버튼을 누르고 ❷ 숨기기를 클릭하면 오른쪽 그림과 같다. ❸ 기어 뷰를 선택하고 ❹ [스케치 시작]을 클릭한다.

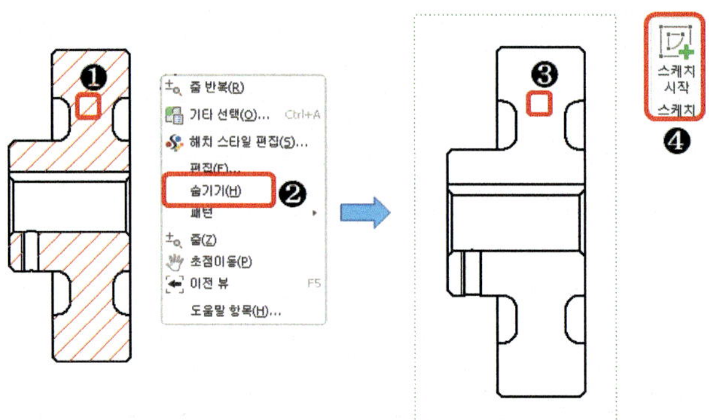

▶ ❶ [형상 투영] 명령을 실행하고 수직선 ❷와 ❸을 클릭한다. ❹ [선] 명령을 실행하고 투영된 선을 잇는 선 ❺를 그리도록 한다.

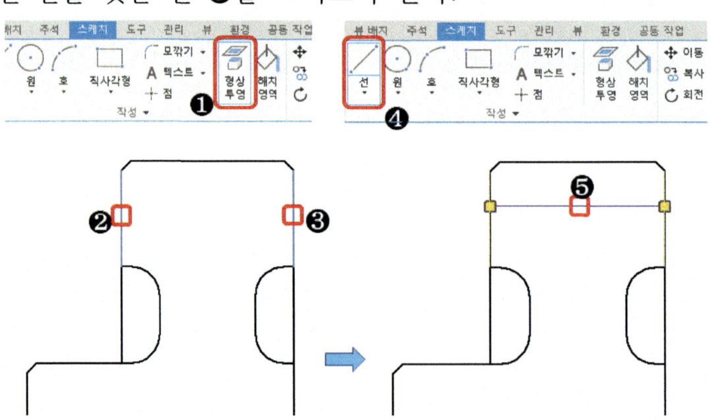

▶ ❶ [치수] 명을 실행하고 선 ❷와 ❸을 잡고 치수 [4.5]를 입력한다. ❹ [주석] 메뉴를 클릭하고 선 ❺를 선택한다. ❻ [표준에 따름]을 확장시켜 ❼ [외형선]을 선택하면 가는 선이 굵은 선으로 변경된다.

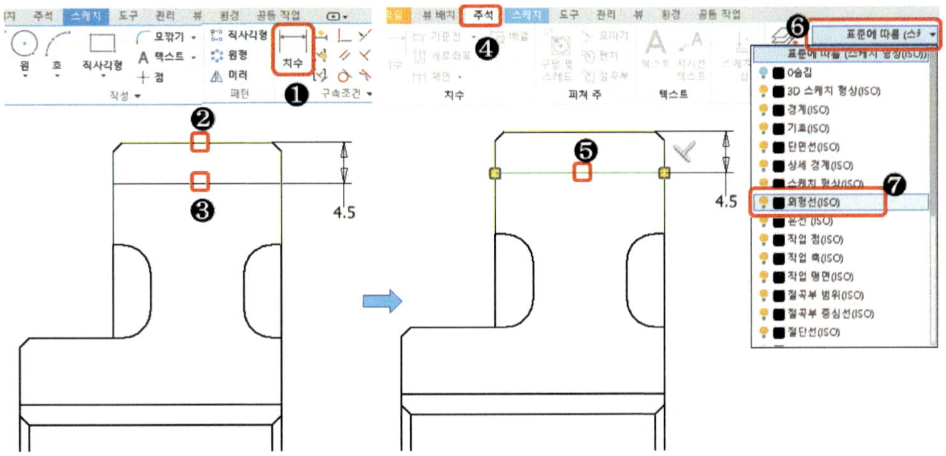

▶ ❶ [스케치] 메뉴를 눌러 ❷ [선] 명령을 클릭하여 섬 ❸을 그린다. ❹ [치수] 명령으로 그 거리값을 [2]로 준다. ❺ [주석] 메뉴로 들어가서 방금 그린 ❻ 선을 선택하고 ❼ [표준에 따름]을 확장하여 ❽ [중심선]을 선택한다.

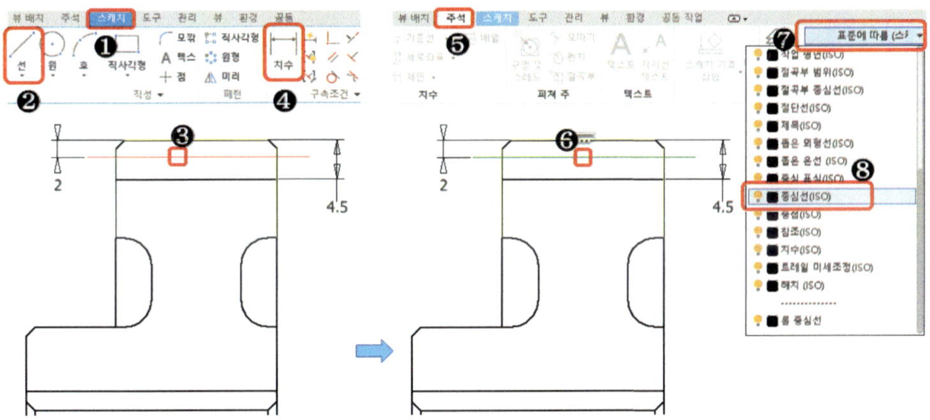

▶ 중심선으로 변경된 것을 확인한다. 아래 부분 ❶도 같은 방법으로 그리도록 한다.

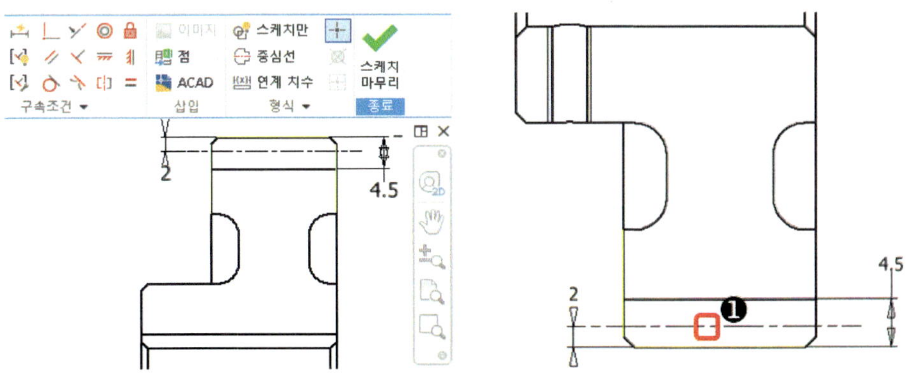

▶ ❶ [형상 투영] 명령을 실행하고 임의의 점 ❷에서 ❸까지 드래그하여 모두 선택한다. ❹ [해치] 명령을 실행하여 영역 ❺, ❻, ❼ 3곳의 영역을 선택한 후 ❽ [확인] 버튼을 누른다. 해칭(ANSI 31)이 완성되면 ❾ [스케치 마무리]를 누른다.

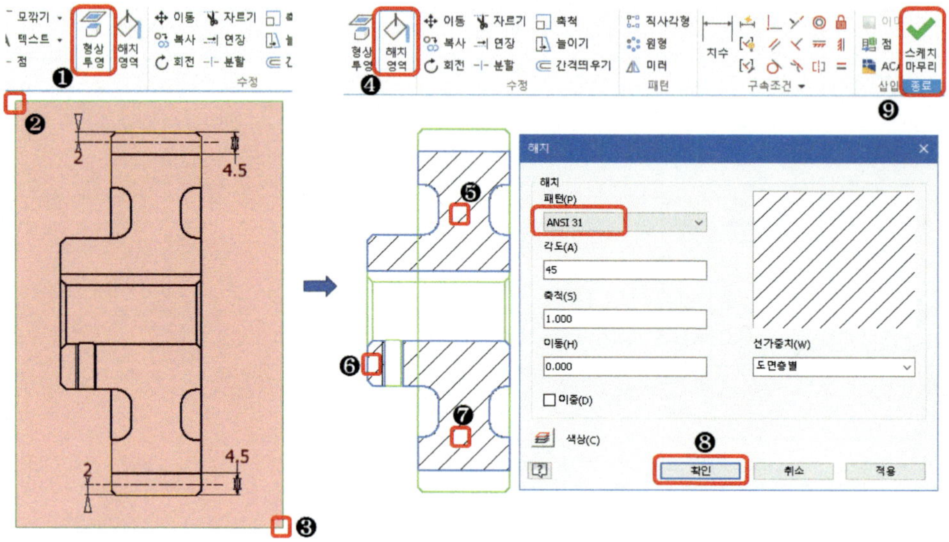

3) 치수 기입

▶ ❶ [이등분 중심선] 명령으로 이의 끝 선 ❷와 ❸과 스레드 선 ❹와 ❺를 선택하고 중심선을 작성한다. 바로 이어서 ❻ [중심표식] 명령을 실행하고 ❼ 호를 선택하여 중심 표식을 작성한다. 아직은 중심선이 길이가 불완전하다.

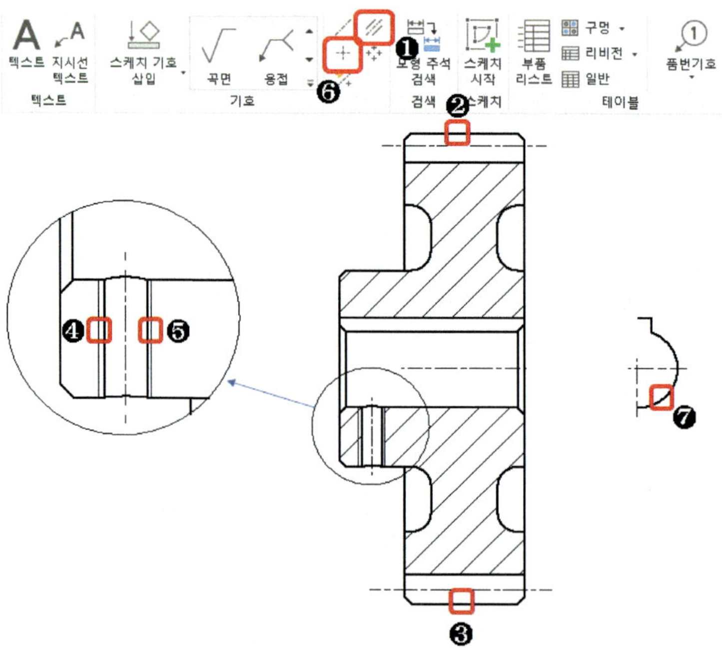

▶ Esc를 누른다. 중심선을 각각 선택하여 점 ❶, ❷, ❸을 잡아당겨 적당한 크기로 변경한다.

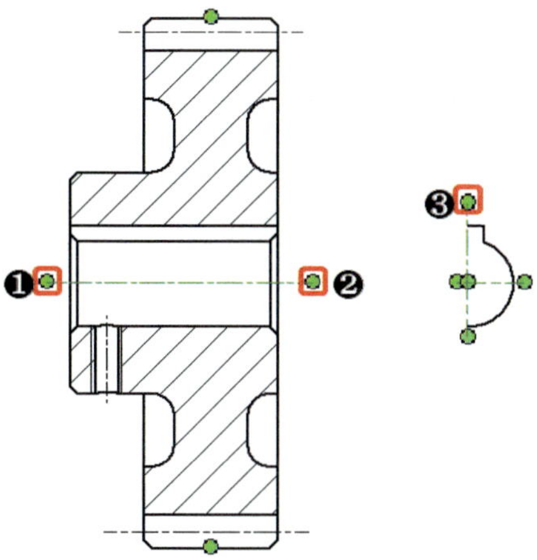

▶ ❶ [치수] 명령을 실행하고 선 ❷를 먼저 선택한 후 ❸ 중심선을 선택한다. 마우스 오른쪽 버튼을 눌러 [치수유형]을 확장시키고 ❹ [선형 지름]을 선택한다.

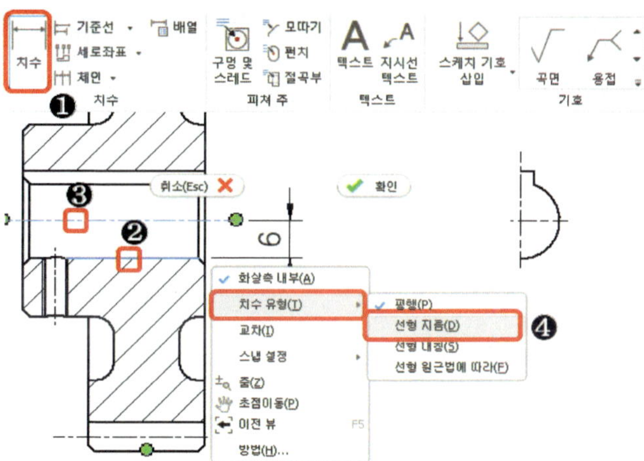

▶ 치수 (<<>>) 뒤에 ❺ "H7"을 기입한 후 ❻ [확인] 버튼을 누른다.

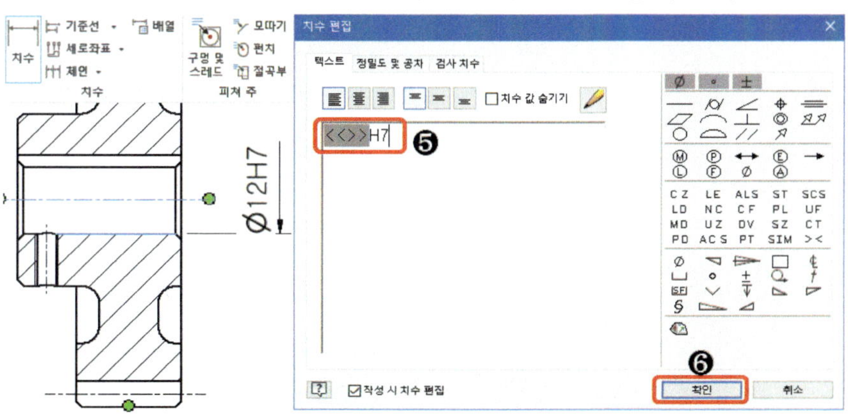

▶ ❶ [치수] 명령으로 다음과 같이 왼쪽의 ∅72, ∅30, 오른쪽의 ∅30을 기입한다. ❷ 피치원 지름의 기입은 치수 편집 창에서 치수 (<<>>) 앞에 “P.C.D” (Pitch Center Diameter)를 입력한다.

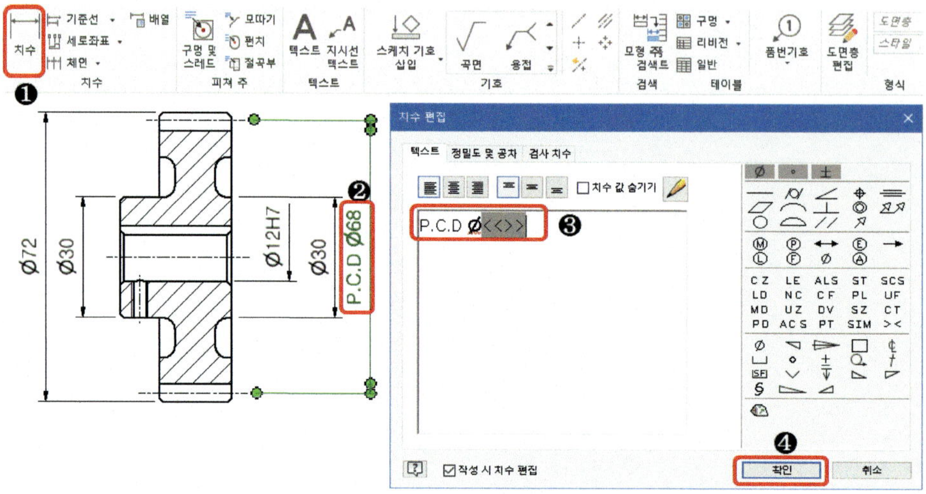

▶ 치수 명령을 이용하여 기어 상단부와 하단부 치수를 다음과 같이 기입한다.

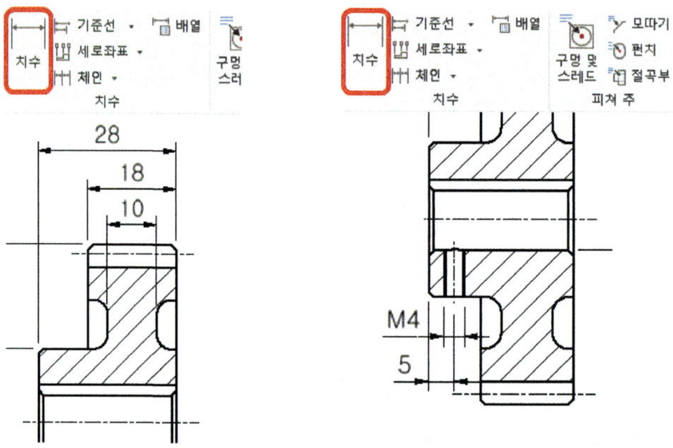

▶ ❶ [치수] 명령을 실행하고 점 ❷와 중심선 ❸을 선택한다. 치수를 적당한 위치에 두고 마우스 오른쪽 버튼을 누르고 ❹ [선형 대칭]을 클릭한다.

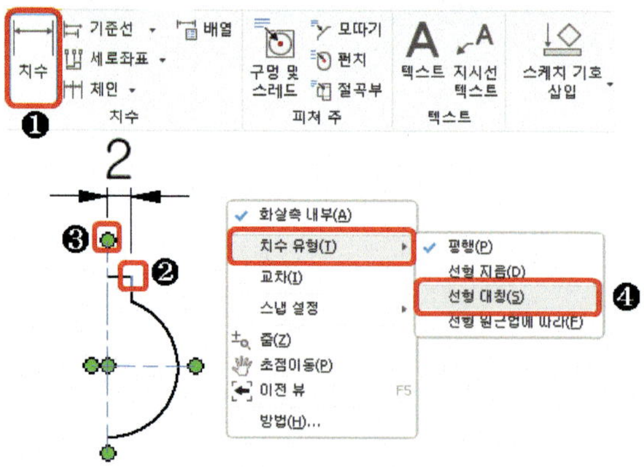

▶ 치수 (<<>>) 뒤에 ❺ "JS9"를 기입한 후 ❻ [확인] 버튼을 누른다.

▶ ❶ [치수] 명령을 실행하고 점 ❷와 ❸을 선택한다. 치수를 적당한 위치에 클릭하고 ❹ [확인] 버튼을 누른다.

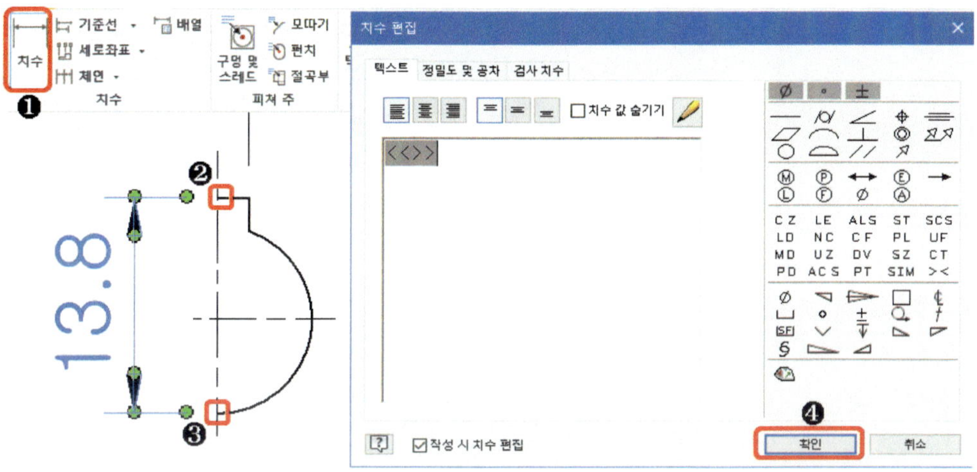

▶ Esc를 눌러 치수 명령을 빠져 나온다. ❶ 치수를 클릭하고 마우스 오른쪽 버튼을 눌러 ❷ [새 치수 스타일]을 누른다.

▶ ❶ [텍스트] 탭을 열고 공차 텍스트의 크기를 ❷ [2.5]로 한다.

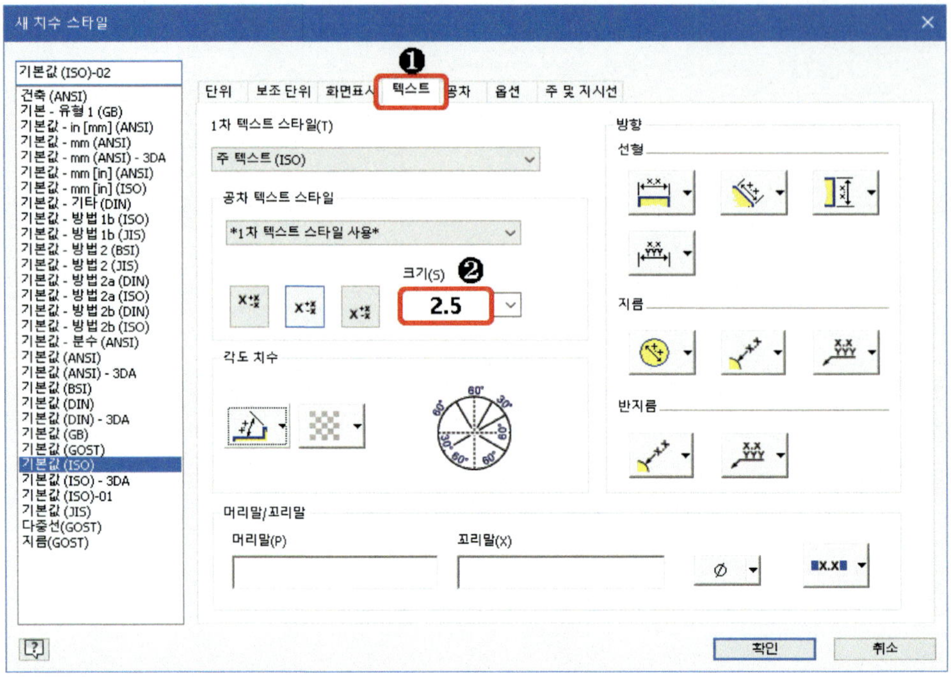

▶ ❶ [공차] 탭을 열고 아래와 같이 ❷ ~ ❻ 까지 세팅 값을 설정한 후 ❼ [확인]을 누른다.

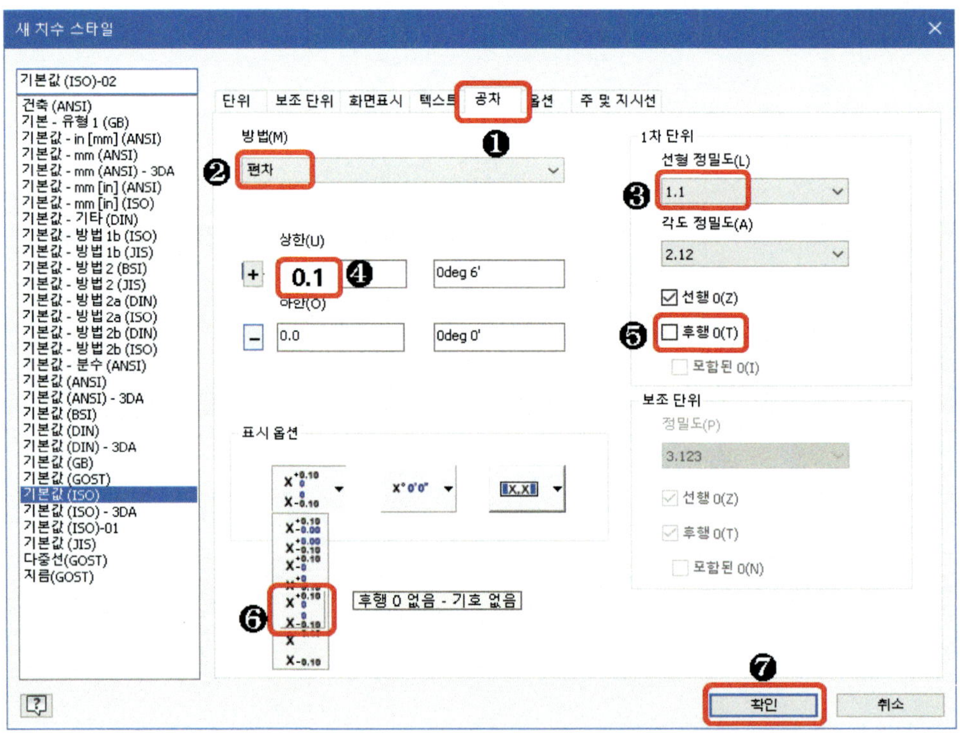

▶ ❶ 치수를 선택하고 오른쪽 맨 위의 [기본값(ISO)]를 확장시켜 보면 공차 스타일이 ❷ [기본값(ISO)-02]로 되어있음을 기억해 둔다. 여기서 [기본값(ISO)-01]은 [부품 1 본체]에서 설정한 대칭 공차의 표준이다.

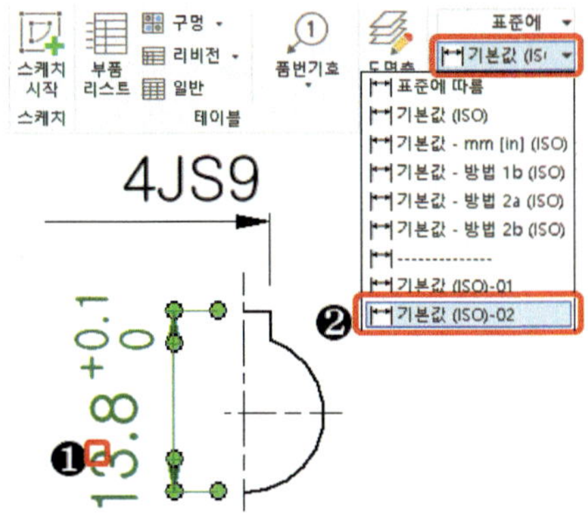

▶ ❶ [주석] 메뉴를 열고 ❷ [데이텀] 명령을 실행한다. 구멍 치수(∅12H7)의 치수선의 화살표 끝점 ❸을 클릭하고 위치 점 ❹를 찍는다. ❺ "D"를 기입하고 ❻ [확인] 버튼을 누른다.

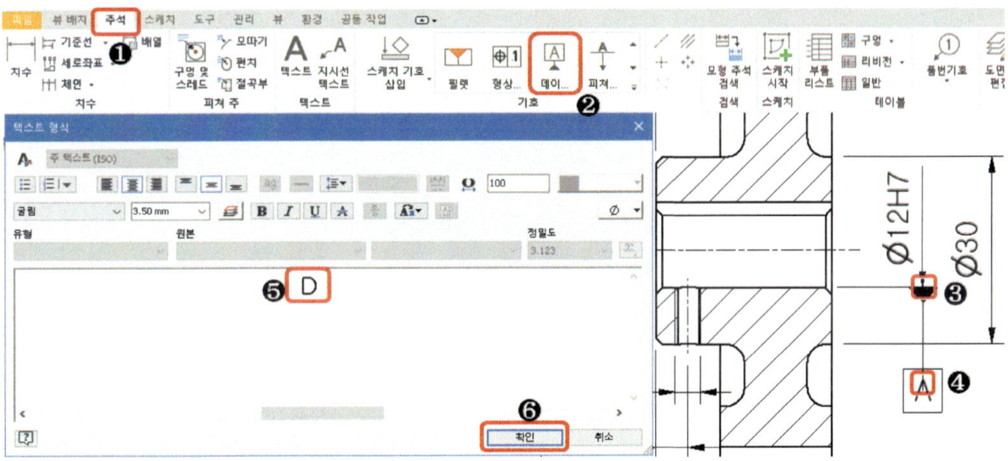

▶ ❶ [형상 공차] 명령을 실행하고 ❷ 흔들림 공차를 다음과 같이 기입한다.

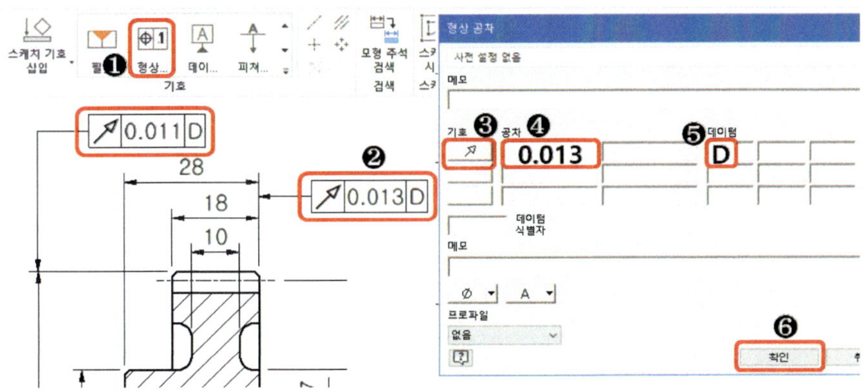

▶ ❶ [곡면] 명령을 실행하고 먼저 ❷ [2.5 표면 거칠기] 표준을 선택하고 다음과 같이 표면 거칠기를 기입한다.

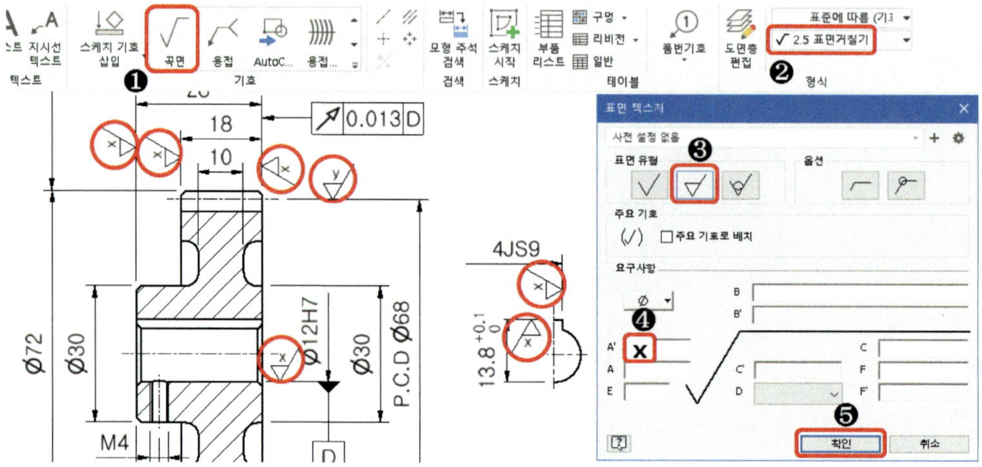

4) 요목표 작성

▶ ❶ [뷰배치] 메뉴에서 ❷ [제도] 명령을 클릭하고 ❸ "스퍼기어 요목표"라고 입력한다. ❹ [확인] 버튼을 눌러 스케치 모드로 들어간다.

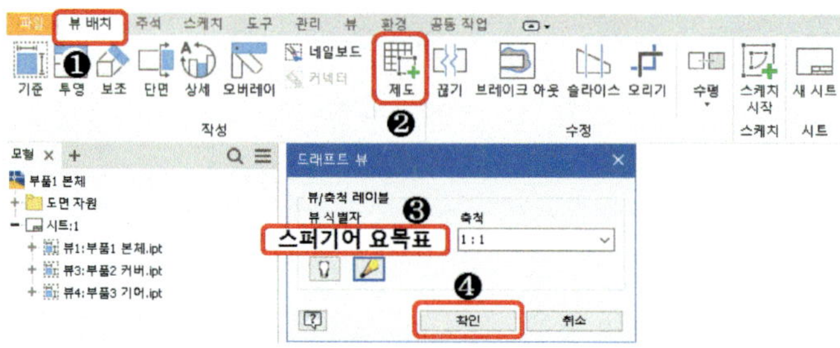

▶ ❶ [선] 명령으로 아래 왼쪽 테이블을 그린다. ❷ [스케치만]을 누른 후 ❸ 대각선 5개를 그린다. (역으로 경사진 선을 먼저 그리고 [스케치만]을 눌러도 된다.)

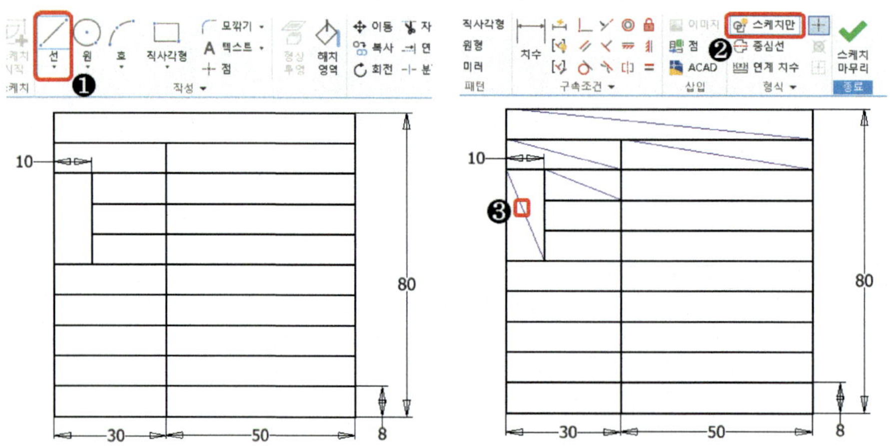

▶ ❶ [텍스트] 명령을 누르고 임의의 지점 ❷를 클릭한다. ❸ [중심 자리 맞추기], ❹ [중간 자리 맞추기]를 선택하고 ❺ "스퍼기어 요목표"라고 입력한 후 ❻ [확인] 버튼을 누른다.

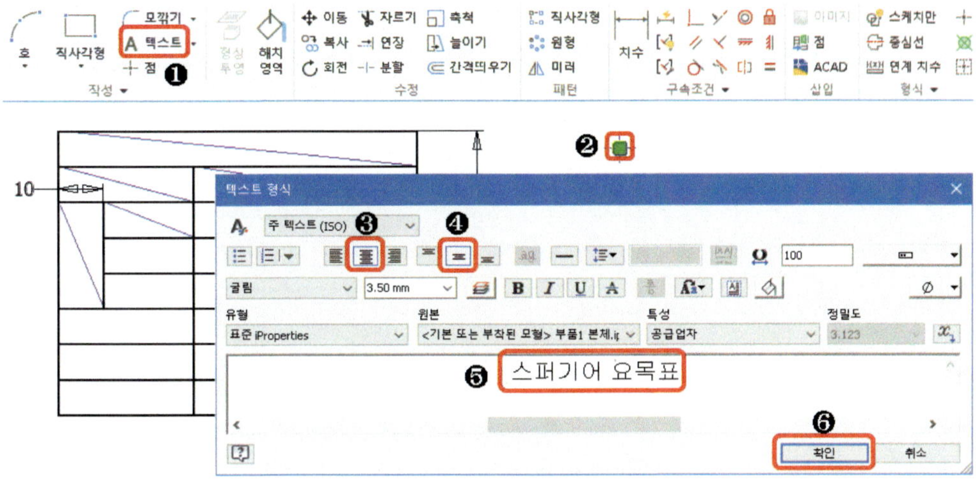

▶ ❶ [일치 구속조건] 명령을 실행하고 ❷ 테스트의 중간점을 선택하고 ❸ 대각선의 중간점을 클릭하여 일치시킨다.

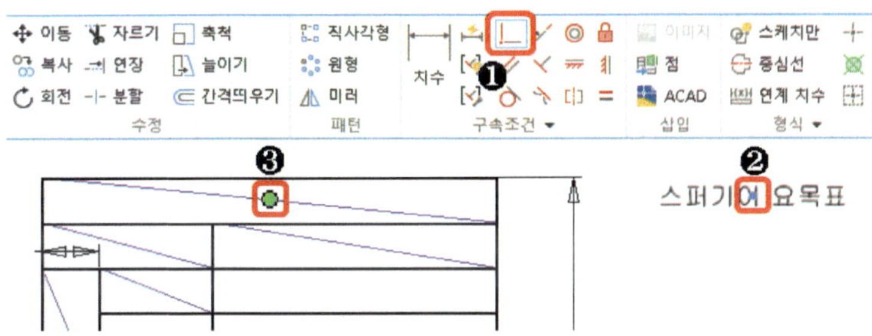

▶ 같은 방법으로 다음 표를 보고 글자를 입력 한 후 한 후 스케치마무리를 누른다.

스퍼기어 요목표		
기어치형		표준
공구	모듈	2
	치형	보통이
	압력각	20°
전체 이 높이		4.5
피치원 지름		Ø68
잇수		34
다듬질 방법		호브 절삭
정밀도		KS B ISO 1328-1, 4급

▶ 기어의 최종적인 도면은 다음과 같다.

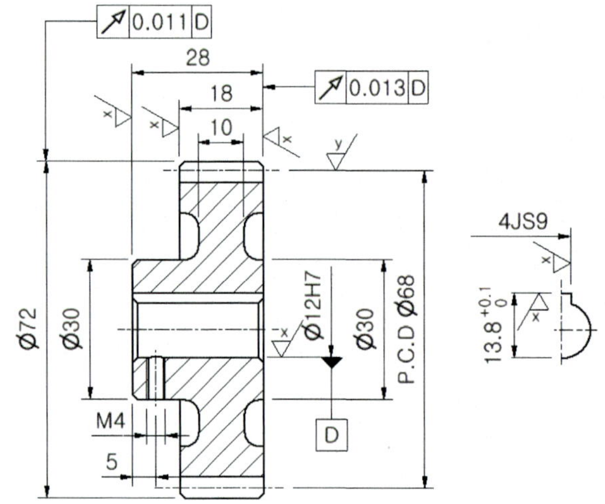

스퍼기어 요목표		
기어치형		표준
공구	모듈	2
	치형	보통이
	압력각	20°
전체 이 높이		4.5
피치원 지름		Ø68
잇수		34
다듬질 방법		호브 절삭
정밀도		KS B ISO 1328-1, 4급

7.2.4 축

1) 뷰 배치

▶ ❶ [뷰 배치] 메뉴에서 ❷ [기준]을 클릭하고 ❸ [기존 파일 열기] 버튼을 누른다. ❹ [부품4 축] 파일을 클릭하고 ❺ [열기] 버튼을 누른다.

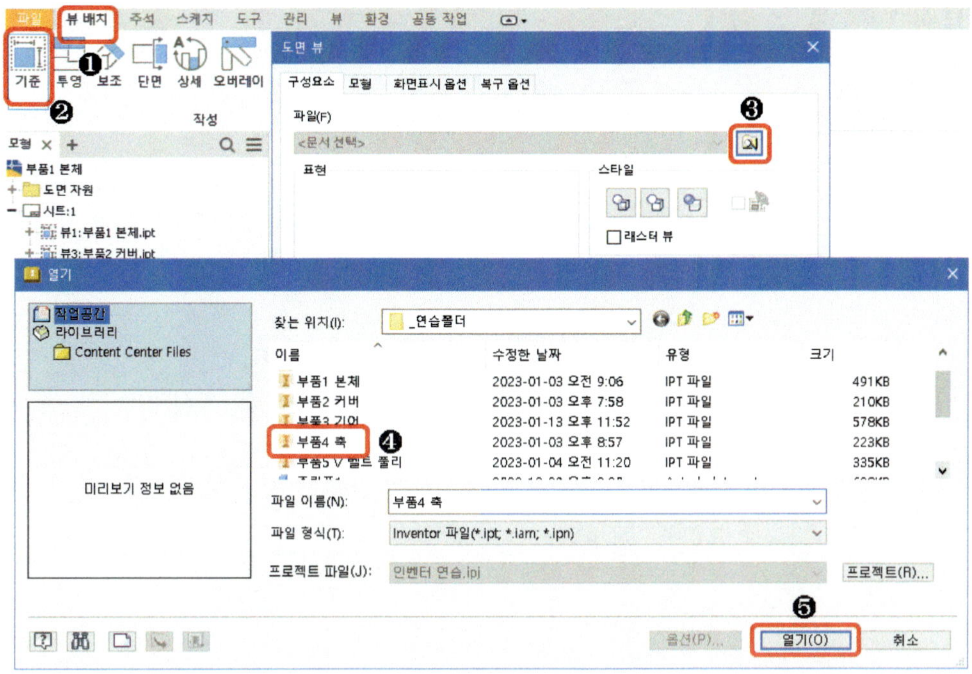

▶ 도면 뷰 창의 [구성요소] 탭에서 ❶ [은선 제거]를 선택한다. ❷ [축척]은 [1:1]로 한다. ❸ [화면표시 옵션] 탭을 열어 ❹ [스레드 피처]에 체크하고 [접하는 모서리]에 체크를 해제한다.

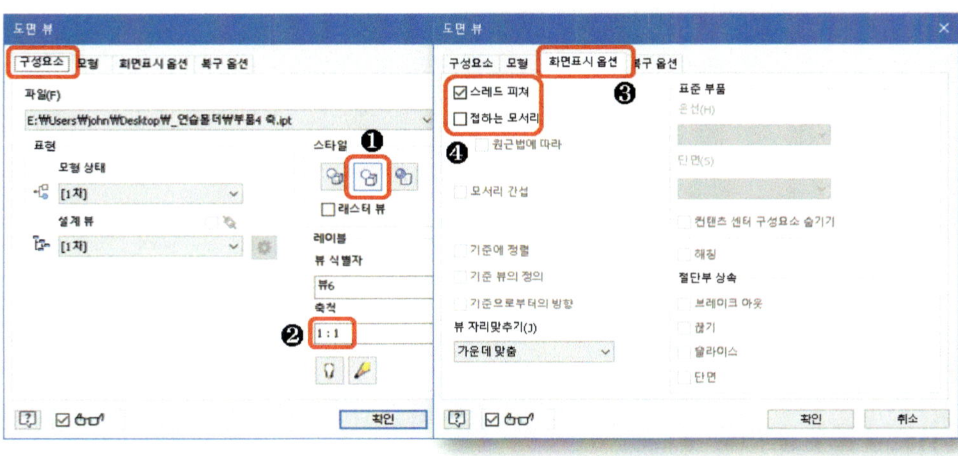

▶ 초기 화면상에는 왼쪽 그림처럼 정면도가 나타난다. 우측면도로 나타내기 위해서 ❶ 삼각형[◁]을 누르면 오른쪽 그림처럼 ❷ 우측면도가 나타난다. ❸ 위쪽으로 클릭하여 투영 뷰를 위치시키고, ❹ 아래쪽에도 클릭하여 투영하도록 한다. 마우스 오른쪽 버튼을 눌러 ❺ [확인]을 누른다.

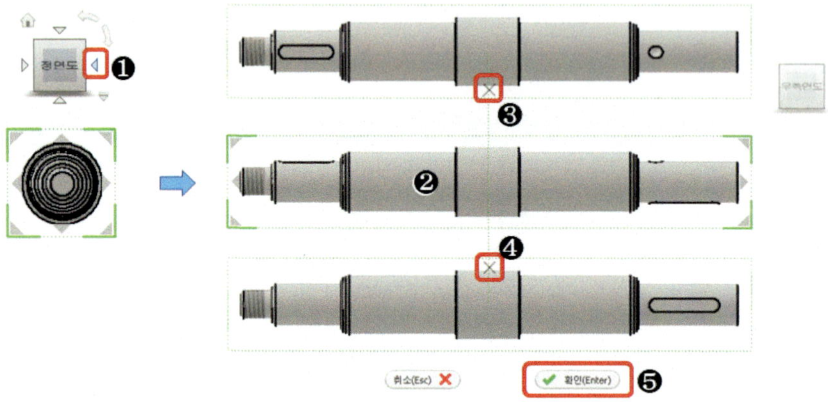

▶ ❶ [오리기] 명령을 실행하고 우선 ❷ 맨 위쪽 뷰를 선택한다. 키홈을 포함하는 점 ❸과 ❹를 사각형을 그리듯 잡으면 오른쪽 그림과 같이 키홈만 표시된다.

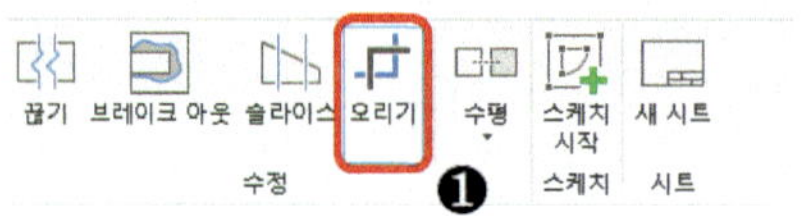

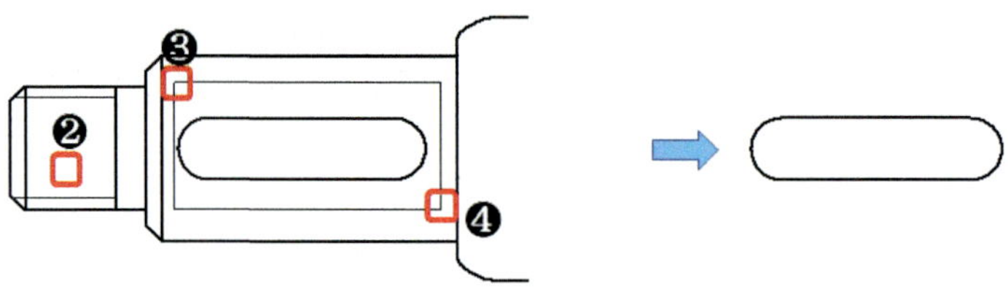

▶ 같은 방법으로 아래 부분의 투영 뷰에도 키홈만 나타내도록 한다. ❶ [오리기] 명령을 실행하고 우선 ❷ 맨 위쪽 뷰를 선택한다. 키홈을 포함하는 점 ❸과 ❹를 사각형을 그리듯 잡으면 오른쪽 그림과 같이 키홈만 표시된다.

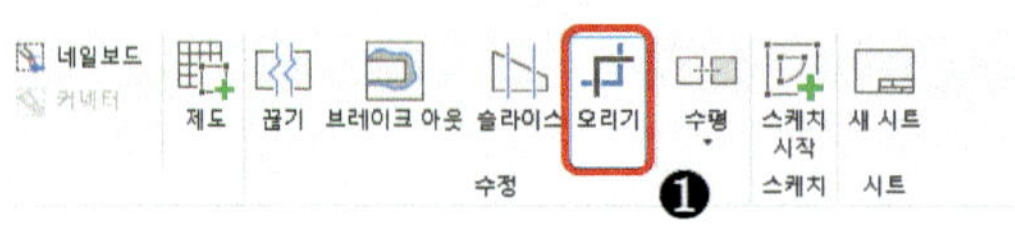

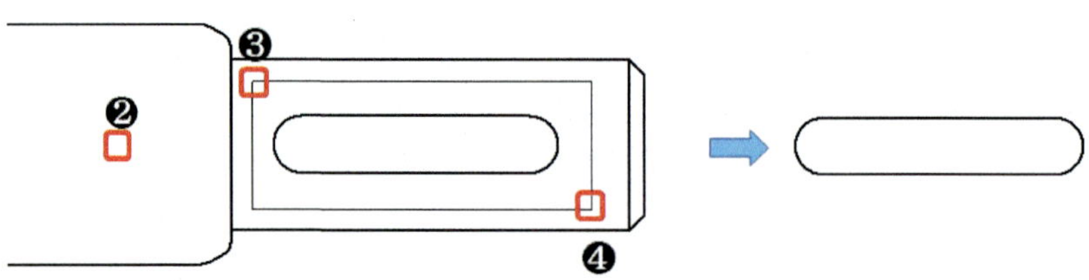

▶ 다음은 오리기를 한 모습이다.

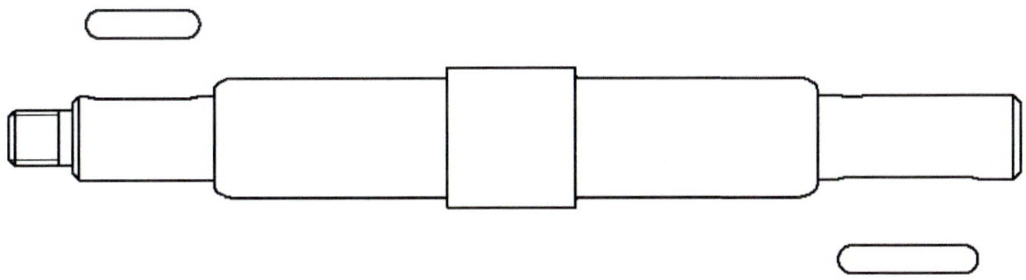

▶ ❶ [상세] 명령을 실행하고 ❷ 뷰를 선택하면 [상세 뷰] 창이 뜬다. ❸ [절단 모서리를 부드럽게 설정]을 누른다. ❹ [전체 상세 경계화면표시]에 체크를 하고 원의 중심점 ❺와 임의의 반경 점 ❻을 클릭한 후 상세 뷰가 놓일 위치 점 ❼을 찍는다.

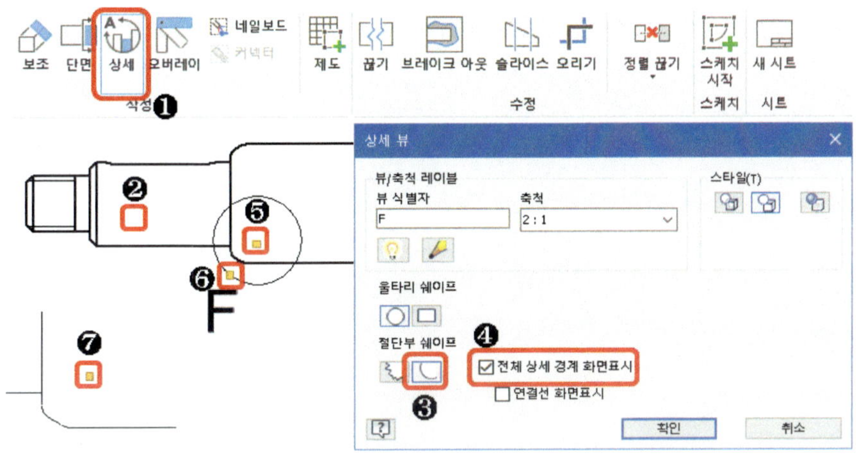

▶ 다음은 상세 뷰를 작성한 모습이다.

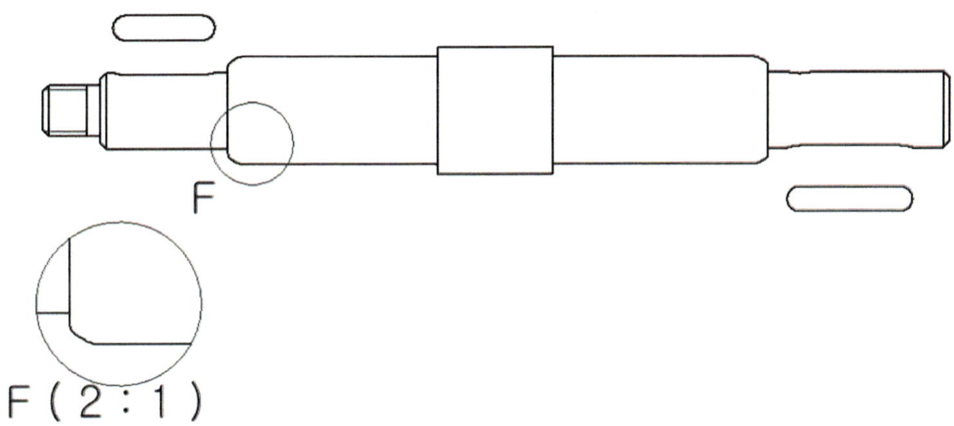

▶ 뷰 영역 내부 ❶ 지점에서 마우스 오른쪽 버튼을 눌러 ❷ [뷰 편집]으로 들어간다. ❸ [구성요소] 탭을 열고 ❹ [은선]을 선택한 후 ❺ [확인] 버튼을 누른다.

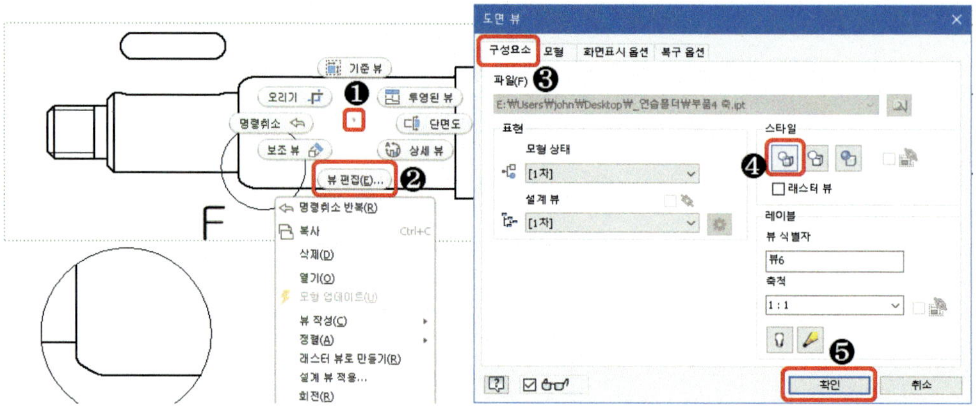

▶ 은선이 보이면 ❶ 브레이크 아웃을 할 뷰를 선택한 후 ❷ [스케치 시작]을 누르면 스케치 모드로 들어가게 된다.

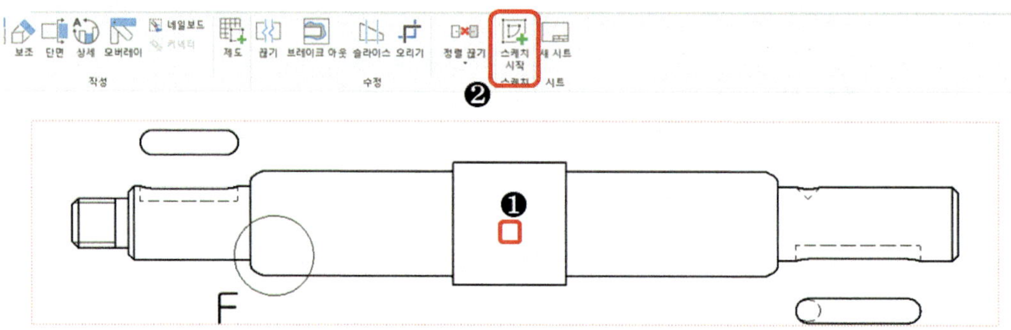

▶ ❶ [선]을 클릭하여 확장시켜서 ❷ [스플라인 보간] 명령을 실행하여 ❸ 스플라인을 그린다. 선 ❹는 [선]이나 [스플라인] 명령으로 그리면 된다. ❺ [스케치 마무리]를 클릭하여 스케치를 빠져 나온다. (끝점은 반드시 서로 일치되어야 한다.)

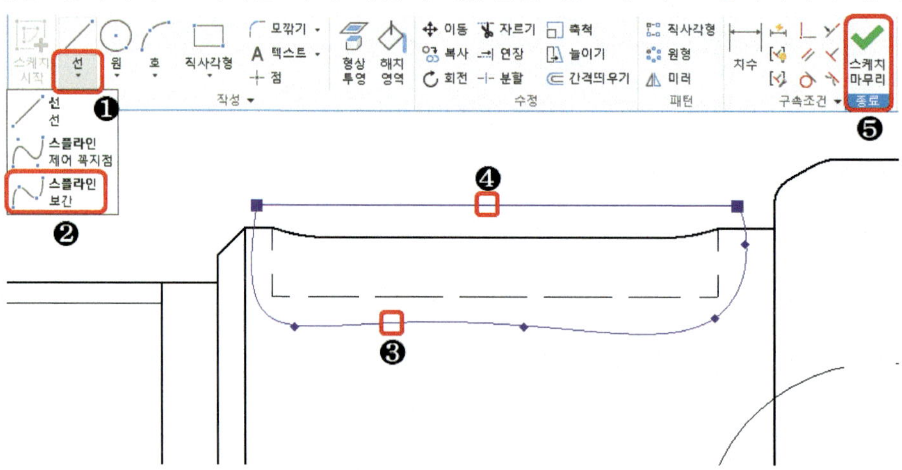

▶ ❶ [뷰 배치] 메뉴를 열고 ❷ [브레이크 아웃] 명령을 실행하고 ❸ 뷰를 선택한다. 시작점으로 위쪽 키의 중간점 ❹를 선택하고 ❺ [확인]을 누르면 오른쪽 그림처럼 부분 단면을 얻을 수 있다.

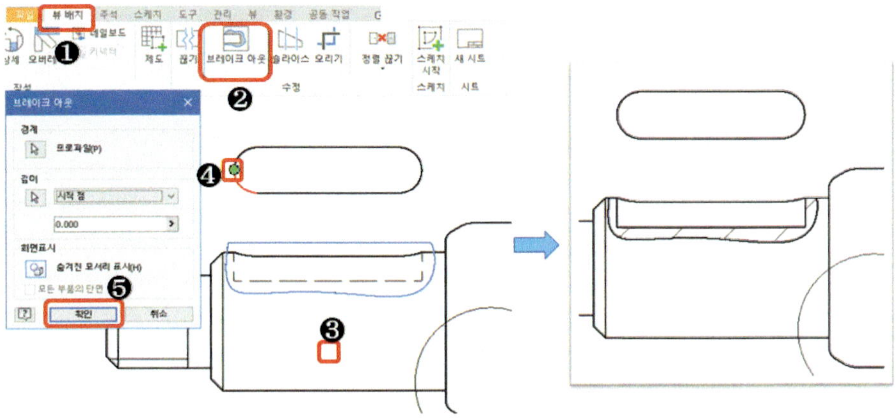

▶ ❶ 브레이크 아웃을 할 뷰를 다시 선택한 후 ❷ [스케치 시작]을 누르면 스케치 모드로 들어가게 된다.

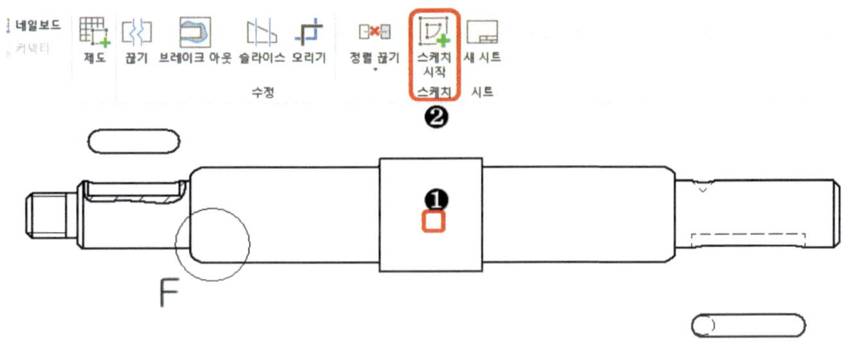

▶ ❶ [선]을 클릭하여 확장시켜서 ❷ [스플라인 보간] 명령을 실행한 후 ❸과 ❹ 2개의 스플라인을 그린다. 선 ❺와 ❻은 [선]이나 [스플라인] 명령으로 그린다. ❺ [스케치 마무리]를 클릭하여 스케치를 빠져 나온다.

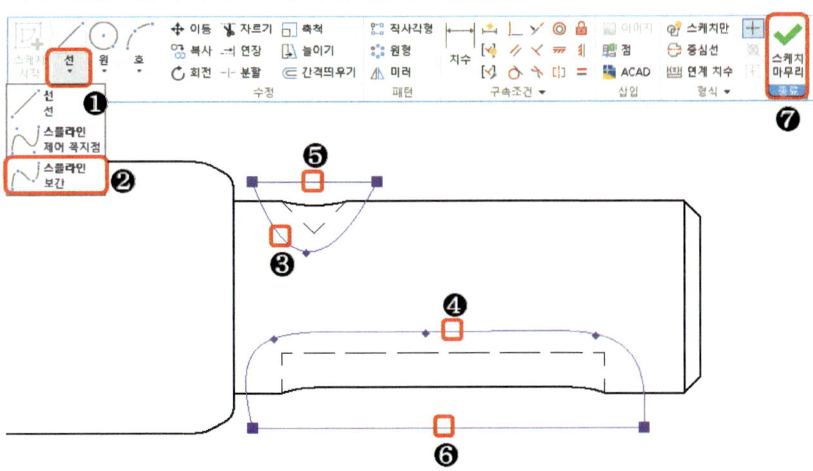

▶ ❶ [뷰 배치] 메뉴를 열고 ❷ [브레이크 아웃] 명령을 실행하고 ❸ 뷰를 선택한다. 브레이크 아웃할 영역 ❹와 ❺를 선택한다. ❻ [시작점] 앞의 [화살표]를 선택한 후 끝점 ❼을 선택하고 ❽ [확인]을 누르면 부분 단면을 얻을 수 있다.

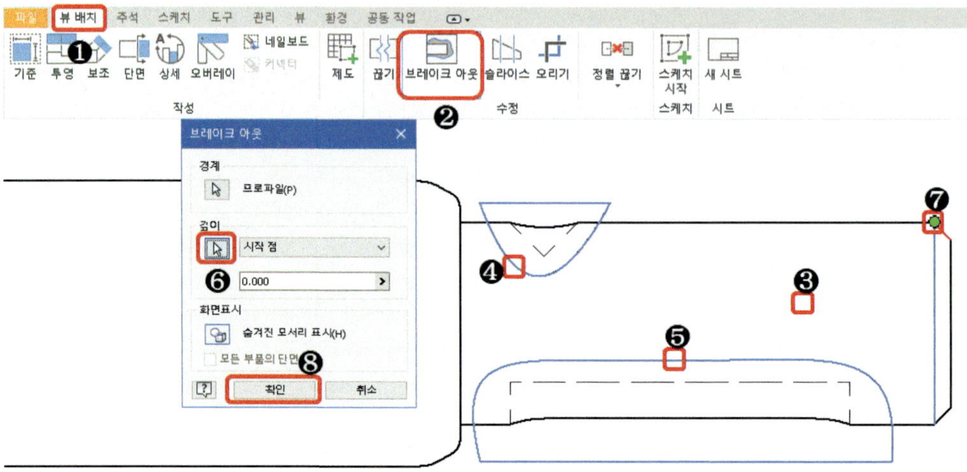

▶ ❶ [주석] 메뉴를 클릭하고 스플라인 ❷, ❸, ❹ 3개를 Ctrl 키를 누르고 복수 선택한다. ❺ [도면층]을 확장시켜 ❻ [좁은 외형선]을 클릭하여 선 종류를 변경한다.

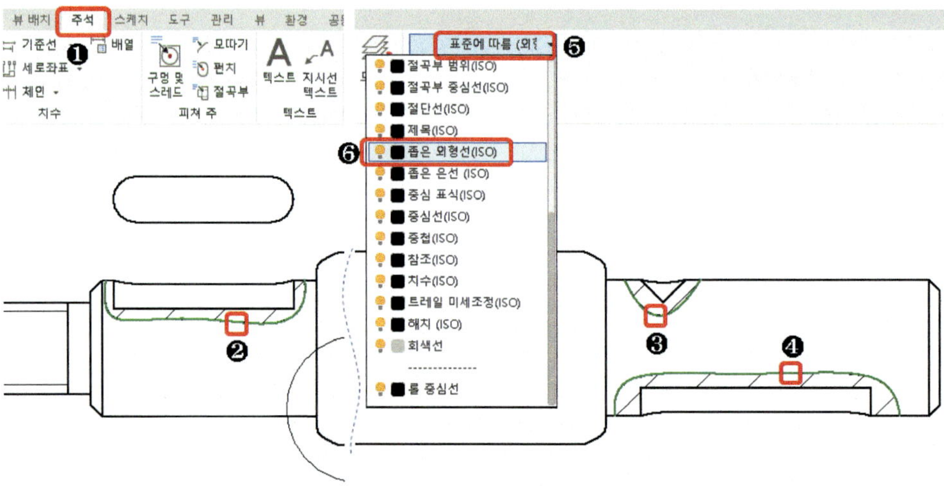

▶ 뷰 영역 내부 ❶ 지점에서 마우스 오른쪽 버튼을 눌러 ❷ [뷰 편집]을 클릭한다.

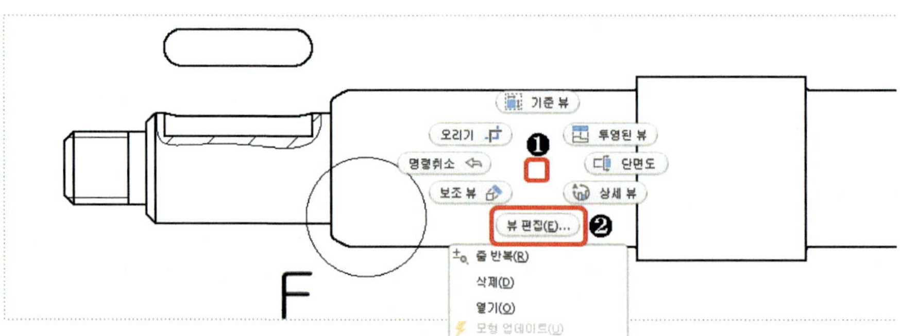

▶ ❶ [구성요소] 탭을 열고 ❷ [은선 제거]를 선택한다. ❸ [화면표시 옵션] 탭을 클릭한 후 ❹ [접하는 모서리]에 체크를 하고 ❺ [확인] 버튼을 누른다.

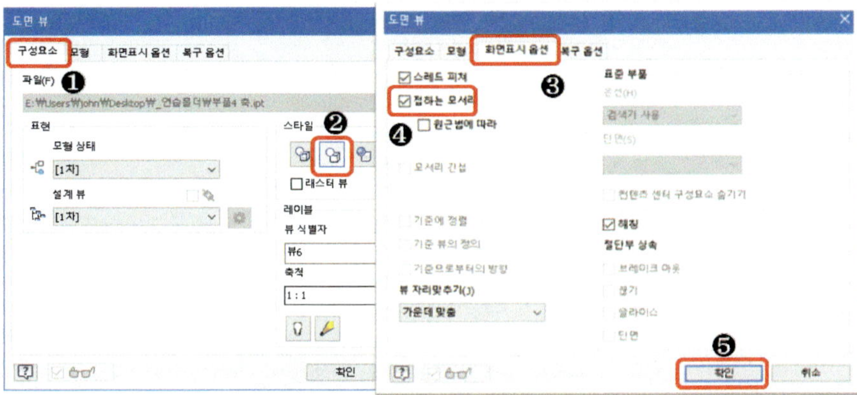

▶ ❶ [중심선] 명령을 실행하고 선의 끝 점 ❷와 ❸을 선택하면 중심선이 생성되고 임의의 점 ❹를 클릭하여 완성한다. 오른쪽 중심선도 마찬가지로 선의 끝 점 ❺와 ❻을 선택하고 중심선이 생성되면 임의의 점 ❼을 클릭하여 크기를 결정한다.

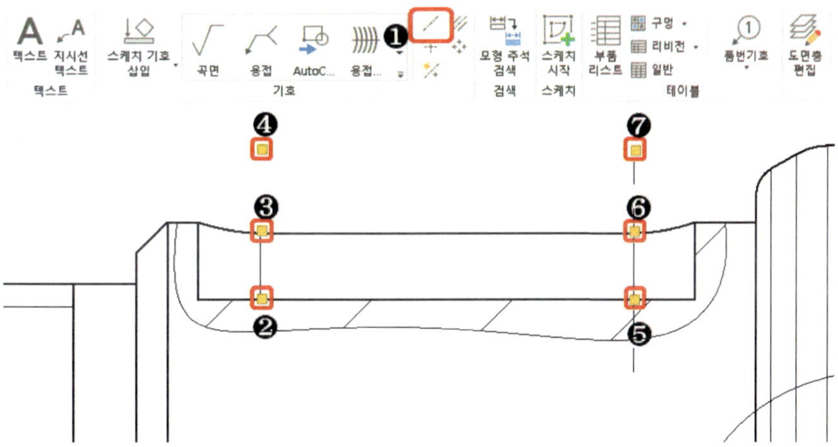

▶ 마찬가지 방법으로 축의 오른쪽 부분도 그림과 같이 중심선을 그리도록 한다.

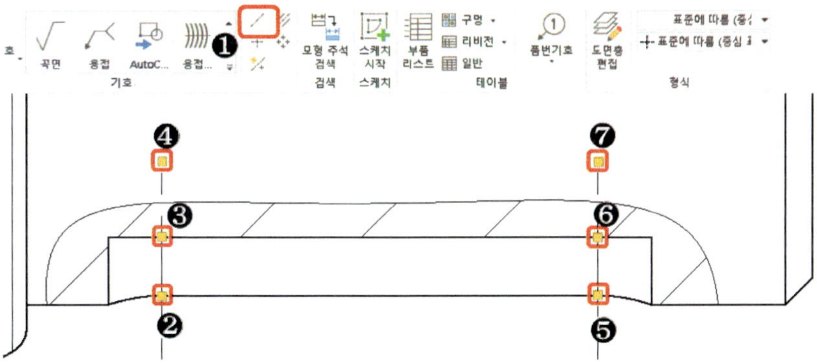

▶ 축의 중심부에 중심선을 그리기 위하여 ❶ [중심선] 명령을 실행하고 선의 끝 점 ❷와 ❸을 선택하고 중심선이 생성되면 임의의 점 ❹를 클릭하여 완성한다.

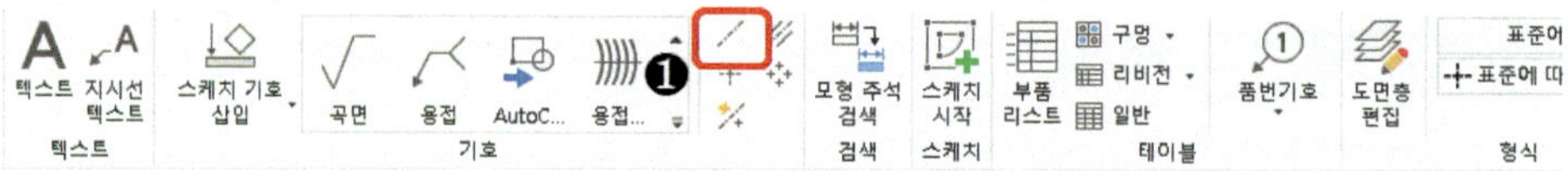

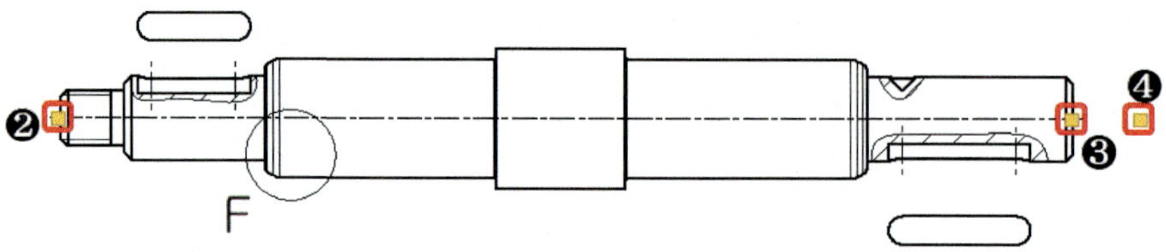

▶ ❶ [중심 이등분] 명령을 실행하고 경사선 ❷와 ❸을 선택하면 중심선이 생성된다.

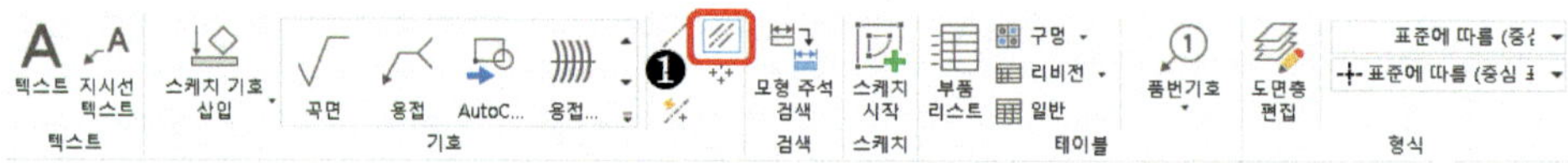

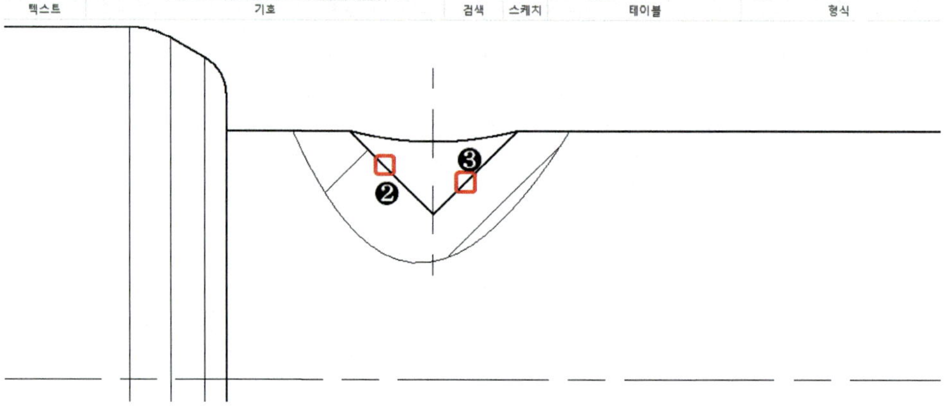

▶ ❶ [중심 표식] 명령을 실행하고 원호 ❷와 ❸을 선택하면 중심표식이 생긴다. Esc 키를 눌러 중심표식 명령을 취소시키고 중심표식을 선택하면 초록색 점들이 생성된다. ❹ 점을 각각 드래그해서 적당한 크기로 연장시킨다.

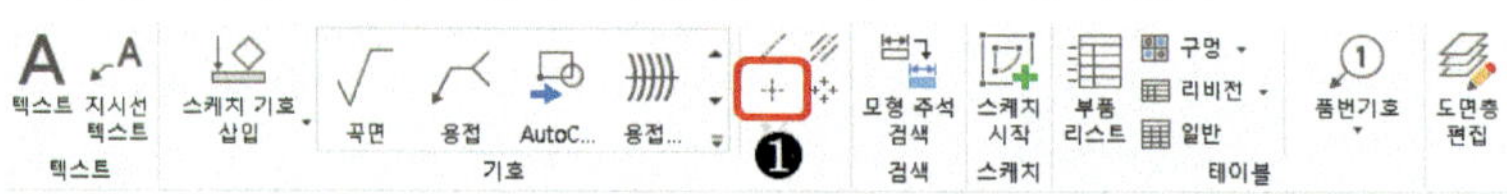

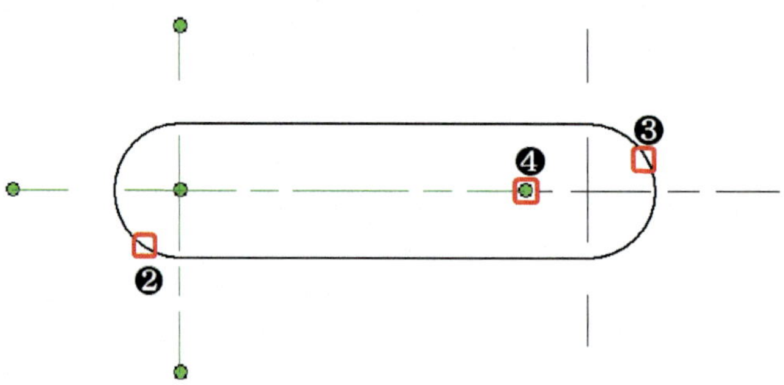

▶ 뷰 영역(점선 사각형) 내부 ❶ 지점에서 마우스 오른쪽 버튼을 눌러 ❷ [뷰 편집]으로 들어간다. ❸ [화면표시 옵션] 탭을 클릭한 후 ❹ [접하는 모서리]에 체크를 해제하고 ❺ [확인] 버튼을 누른다.

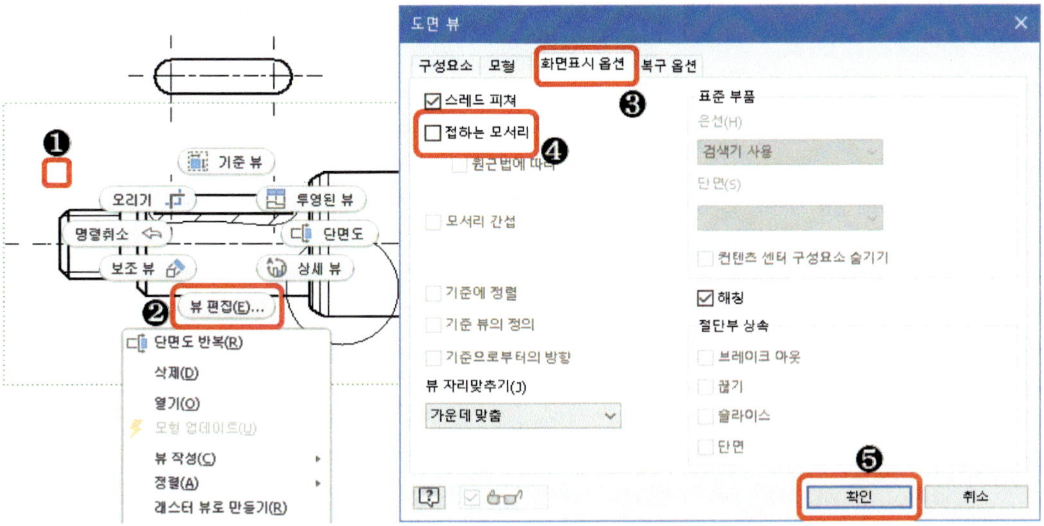

▶ 축의 오른쪽 하단부위 키홈도 마찬가지로 중심선을 그리도록 한다. 그 결과는 다음과 같다. 각각의 중심선을 적당한 길이로 연장시킨다.

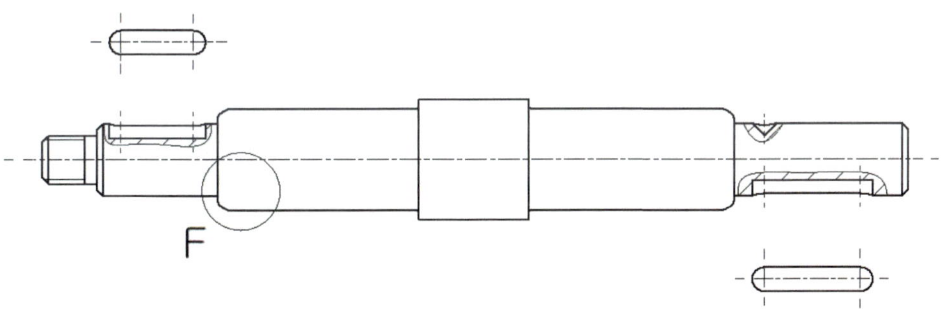

2) 치수기입

▶ ❶ [치수] 명령을 실행하고 선 ❷와 ❸을 선택하면 직경 치수가 나타나고 ❹ 적당한 위치에 배치하면 [치수 편집] 창이 뜬다.

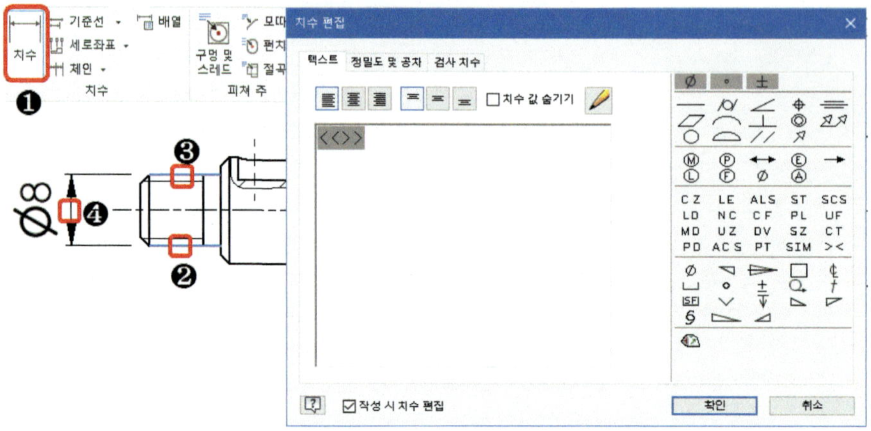

▶ ❺ [치수 값 숨기기]에 체크를 하고 ❻ "M8"을 기입한 후 ❼ [확인]을 누른다.

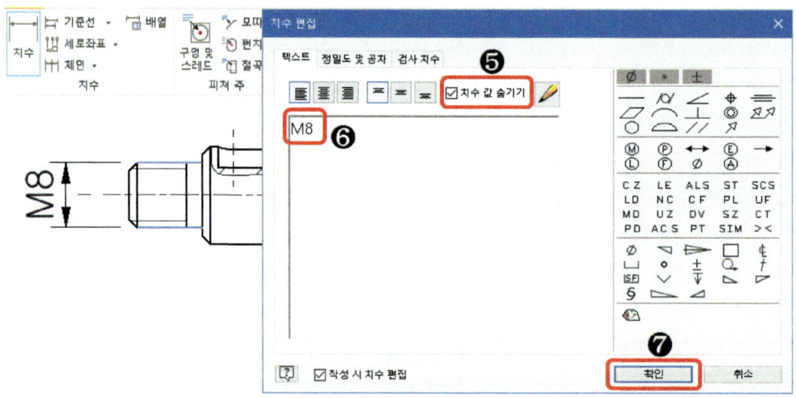

▶ 마찬가지 방법으로 직경치수 ❶, ❷, ❸ 치수를 각각 기입한다.

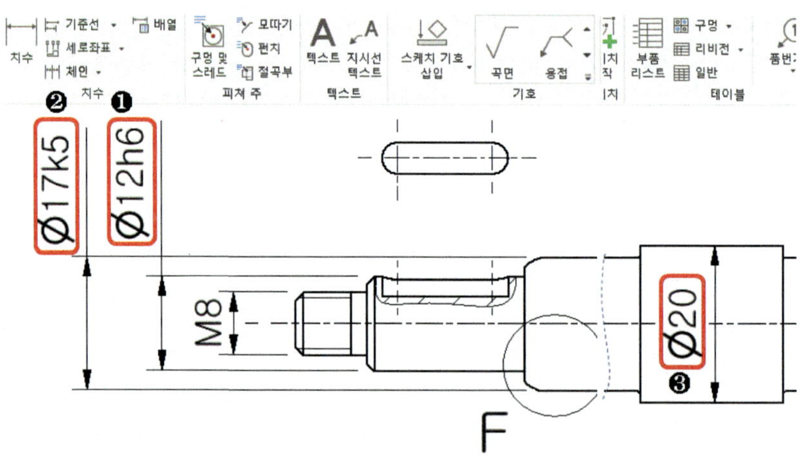

▶ 축의 오른쪽도 마찬가지 방법으로 직경치수 ❶, ❷ 치수를 각각 기입한다.

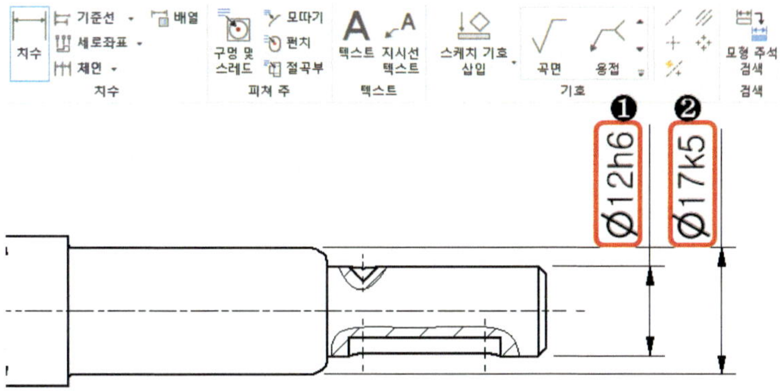

▶ 연속치수를 주기 위해 ❶ [관리] 메뉴에서 ❷ [스타일 편집기]를 연다. [치수]항목에서 ❸ [기본값(ISO)]를 클릭하고 ❹ [화면표시] 탭을 클릭한다. [내부체인 종료]에서 화살표를 ❺ [채움] 화살표로 변경한다. ❻ [저장 및 닫기] 버튼을 누른다.

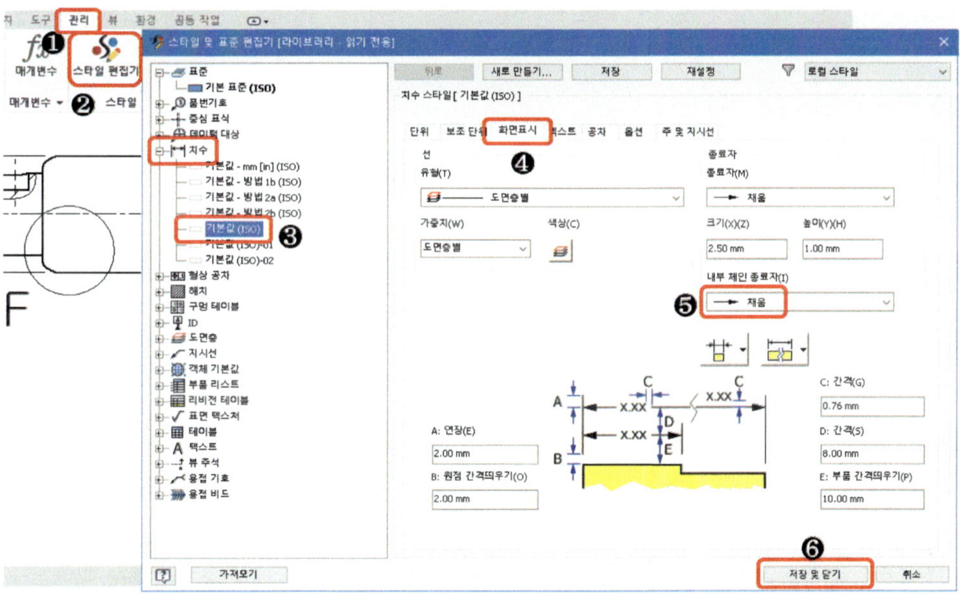

▶ ❶ [주석] 메뉴를 클릭하고 ❷ [체인] 명령을 실행한 후 수직선 ❸부터 ❾까지 순서대로 클릭한 다음 마우스 오른쪽 버튼을 클릭하여 ❿ [계속]을 누른다.

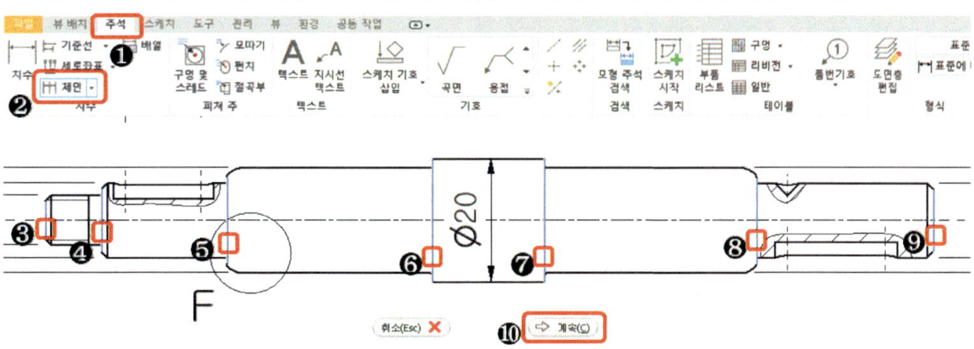

▶ 체인 치수가 생성되면 적당한 위치 ❶에 놓고 마우스 오른쪽 버튼을 눌러 ❷ [작성] 버튼을 누르면 체인 치수가 생성된다.(순서 중요!)

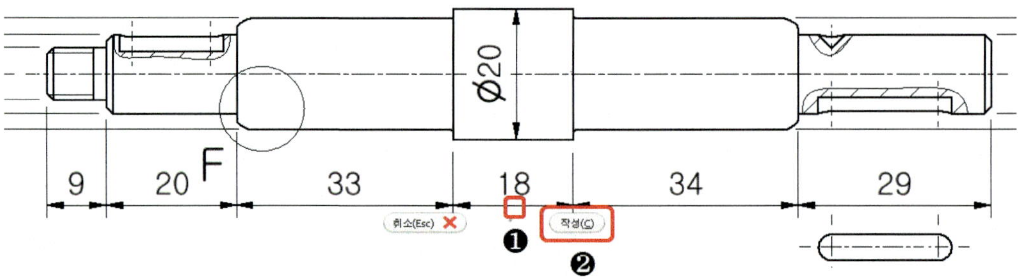

▶ 축 가운데 치수 ❶을 선택하고 ❷ 치수 앞뒤로 괄호를 부착한 후 ❸ [확인]을 누른다.

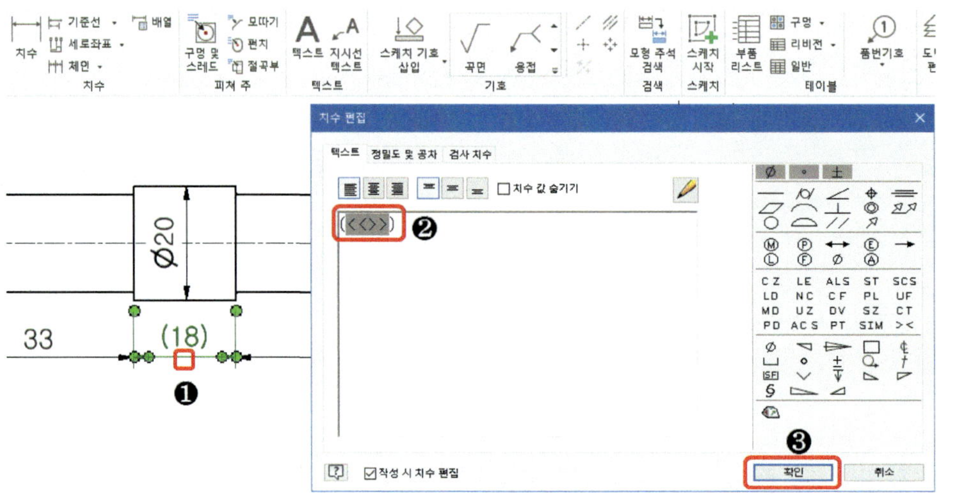

▶ ❶ [치수] 명령으로 축의 양 끝단을 잡고 ❷ 전체 길이를 기입한다.

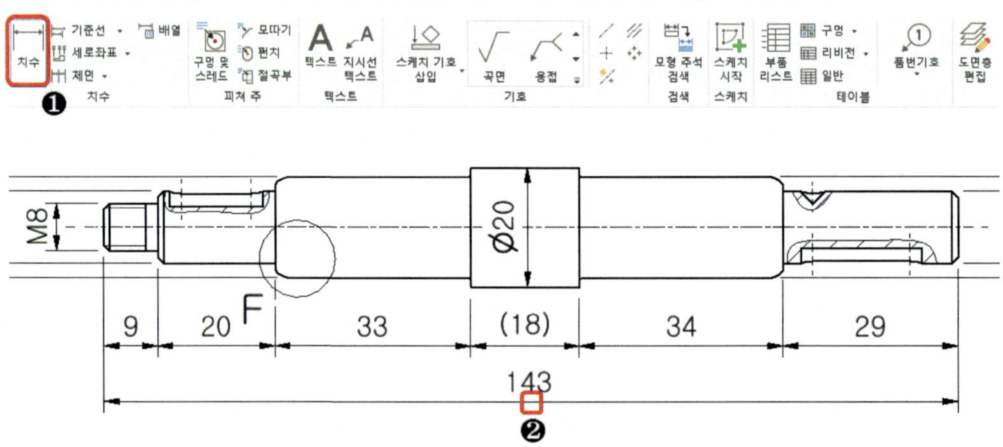

▶ ❶ [치수] 명령을 실행하고 원호의 끝점 ❷와 ❸을 선택한 후 치수를 적당한 위치에 놓고 ❹ [확인]을 누른다.

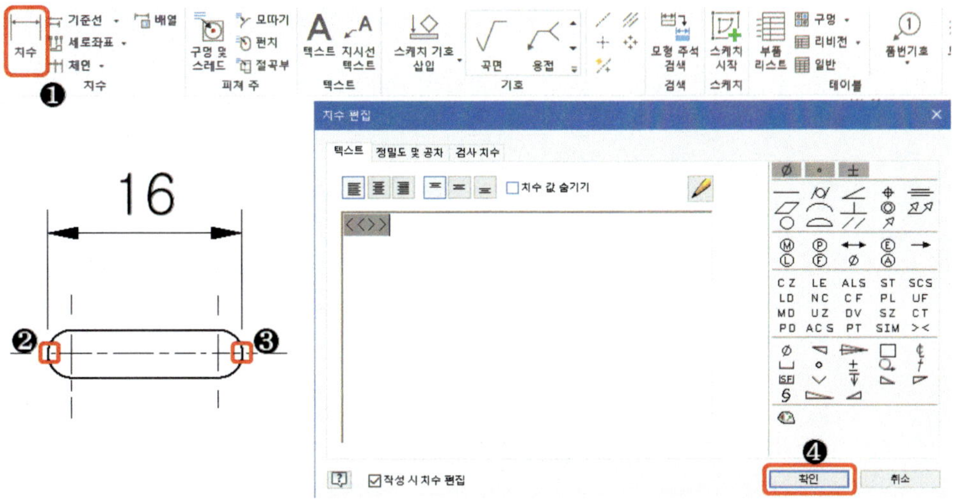

▶ [치수] 명령이 유지되는 상태에서 원호 ❶을 선택한 후 마우스 오른쪽 버튼을 눌러 [옵션]의 ❷ [중심선으로부터의 지시선]을 클릭한다.

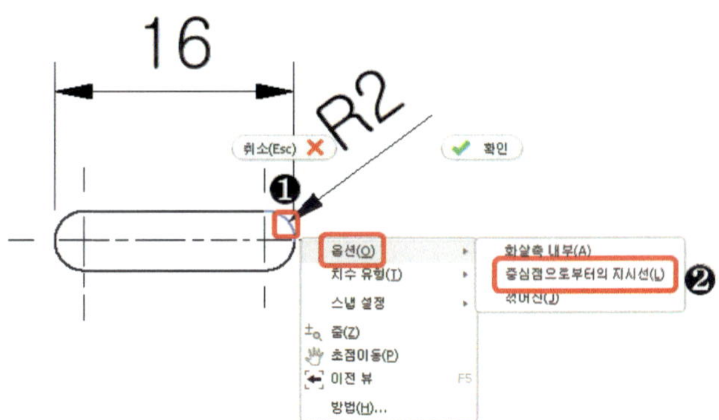

▶ 치수를 적당한 위치에 놓고 ❶ [치수 값 숨기기]에 체크를 하고 ❷ "(R)"을 기입한 후 ❸ [확인] 버튼을 누른다.

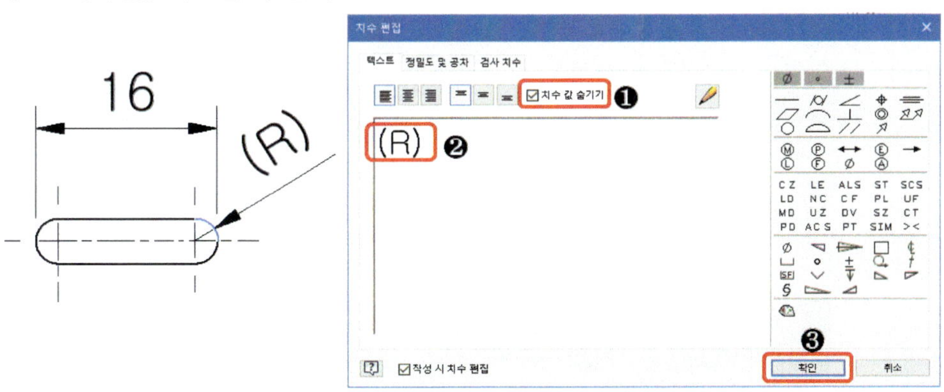

▶ [치수] 명령이 유지되는 상태에서 수평선 ❶과 ❷를 선택하고 ❸ 적당한 위치에 치수를 놓고 ❹ 치수 뒤에 "N9"라 입력한 후 ❺ [확인] 버튼을 누른다.

▶ 마찬가지 방법으로 축의 오른쪽 아래의 키홈을 그림처럼 치수를 기입한다.

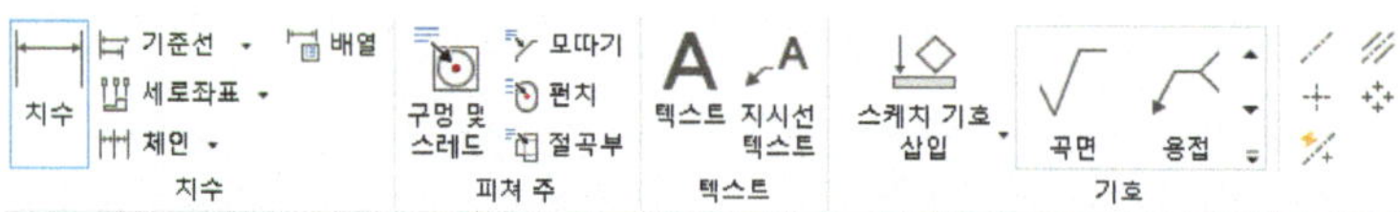

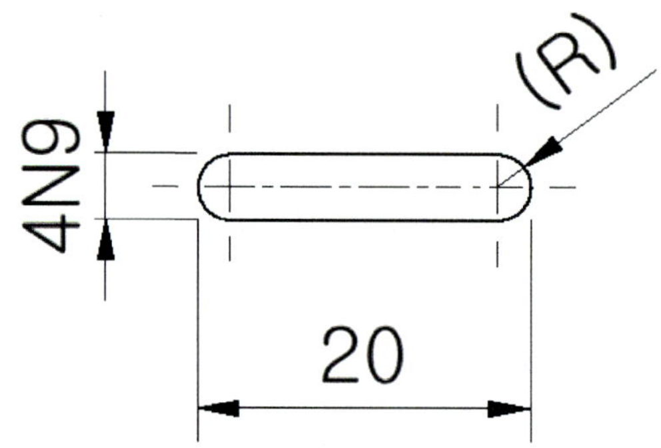

▶ ❶ [치수] 명령을 실행하고 수직선 ❷와 ❸을 선택하고 치수를 ❹ 적당한 위치에 배열하고 ❺ [확인] 버튼을 누른다.

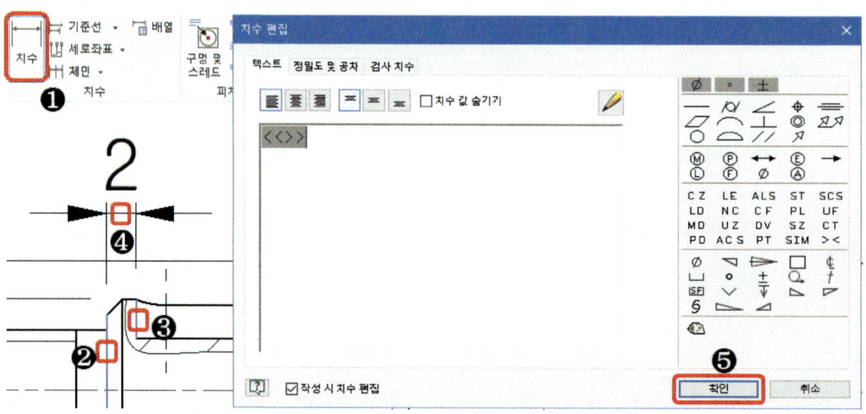

▶ ❶ [치수] 명령을 먼저 클릭하고 ❷ [표준에 따름]을 확장하여 ❸ [기본값(ISO)-02](기어에서 설정한 표준 값)를 선택한다.

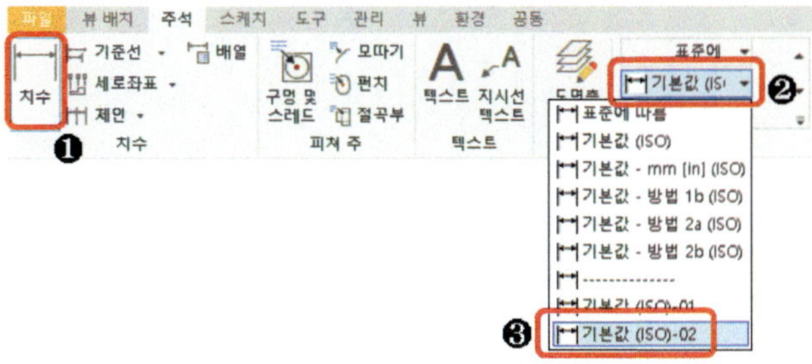

▶ 이어서 수평선 ❹와 ❺를 선택하고 생성된 치수를 ❻ 적당한 위치에 놓는다.

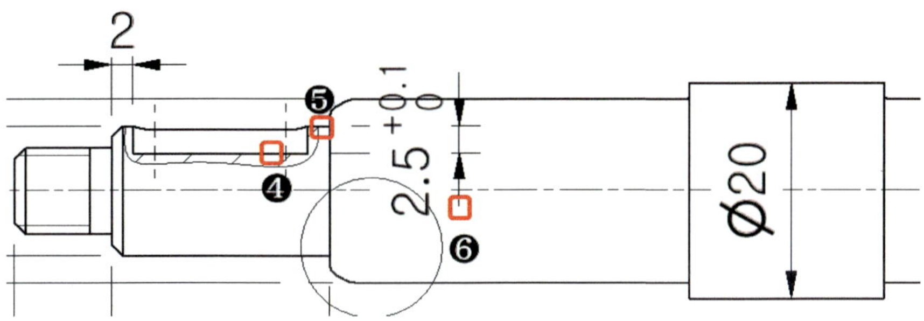

▶ Esc 키를 눌러 치수 명령을 취소시키고 위의 치수❻을 적당한 위치에 배치한다.

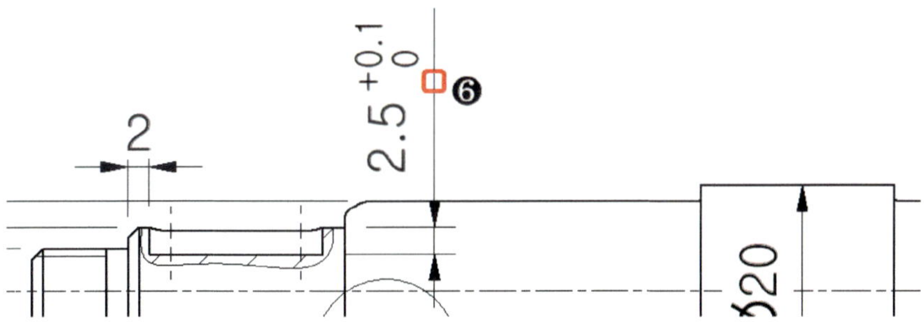

▶ 위와 마찬가지 방법으로 ❶ [치수] 명령으로 치수 ❷와 ❸을 기입한다.

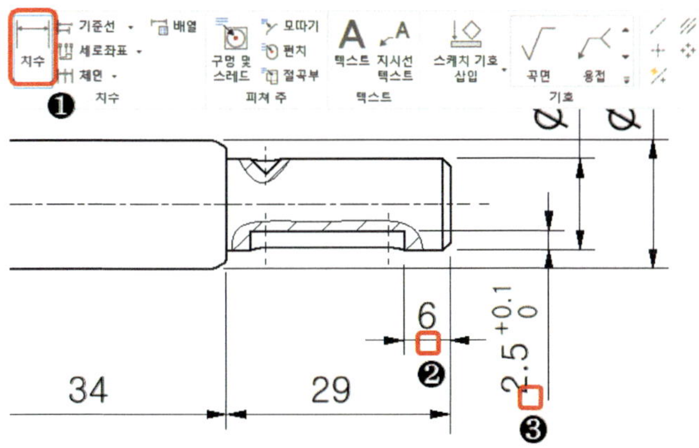

▶ ❶ [치수] 명령으로 치수 ❷, ❸, ❹를 기입한다.

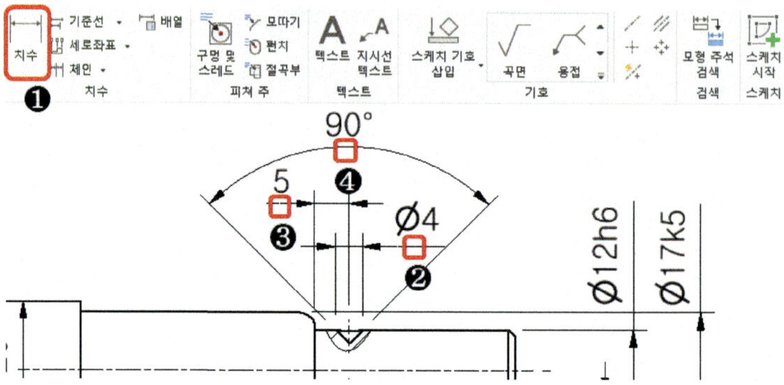

▶ ❶ [치수] 명령으로 ❷ 반지름 치수 [R1], [R2]와 각도 치수 [30°]를 기입한다. Esc 키를 눌러 치수 명령을 빠져 나온다. ❸ 텍스트를 더블클릭한 후 테스트 앞에 ❹ "상세도"라 기입하고 ❺ [확인]을 누른다.

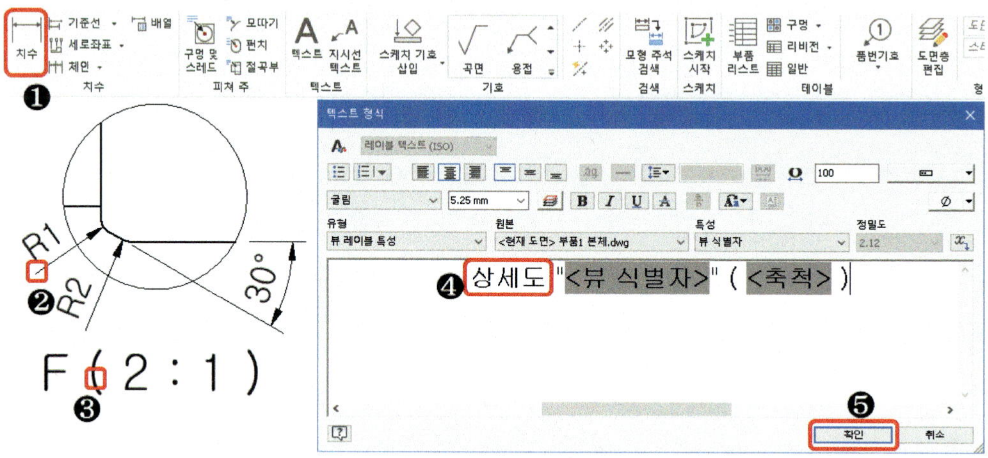

▶ ❶ [치수] 명령으로 베어링 구석부 필렛 ❷와 ❸을 그림과 같이 기입한다.

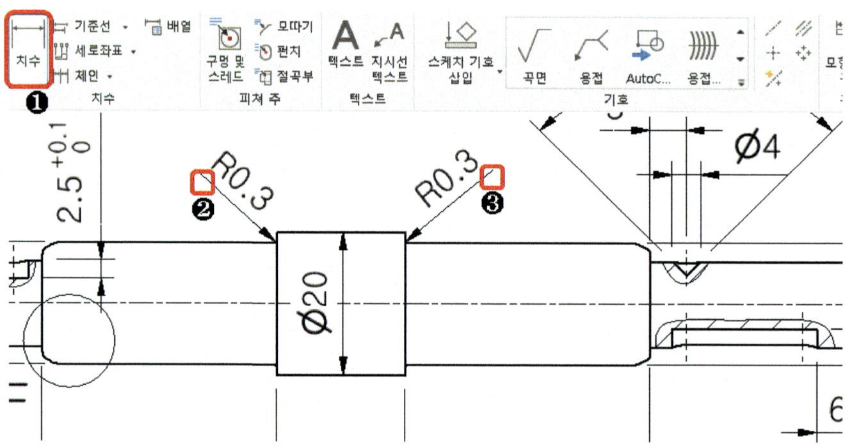

3) 기하 공차 기입

▶ 기하공차를 기입하기 위해서 ❶ [주석] 메뉴를 클릭하고 ❷ 기호 확장 버튼을 눌러 ❸ [데이텀] 명령을 실행한다.

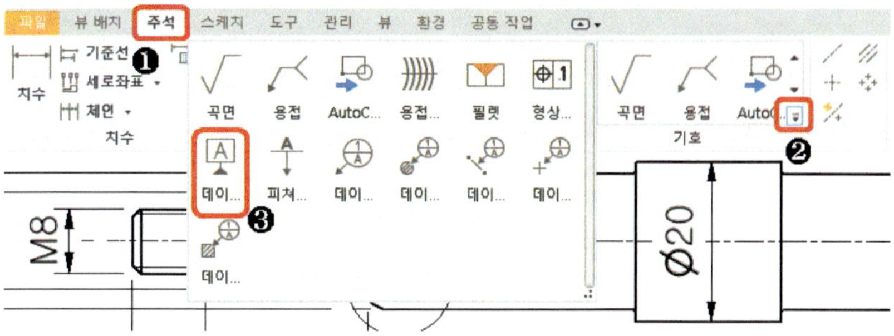

▶ 축의 중심선의 끝 부분의 임의의 점 ❹를 잡고 아래에 점 ❺를 잡으면 [텍스트 형식] 창이 나타난다. ❻ 입력창에 “E”를 기입하고 ❼ [확인]을 누른다. ❽, ❾ 축 오른쪽에도 같은 방법으로 기입하도록 한다.

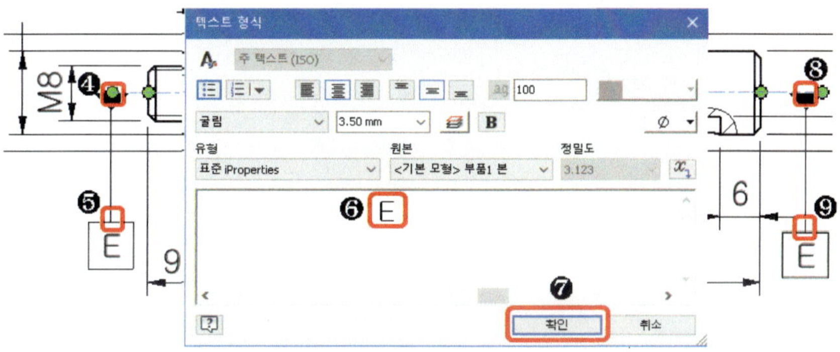

▶ ❶ [형상공차] 명령을 실행하고 치수선의 ❷ 화살표 끝점을 선택한다. Ctrl를 누르고 임의의 점 ❸과 ❹를 클릭하고 마우스 오른쪽 버튼을 눌러 ❺ [계속]을 누른다. ❻ 기호에 [흔들림], 공차 값, 에 “0.008”, 데이텀에 “E-E”를 입력하고 ❼ [확인]을 누른다. 위쪽의 ❽ 형상공차도 같은 방법으로 기입하도록 한다.

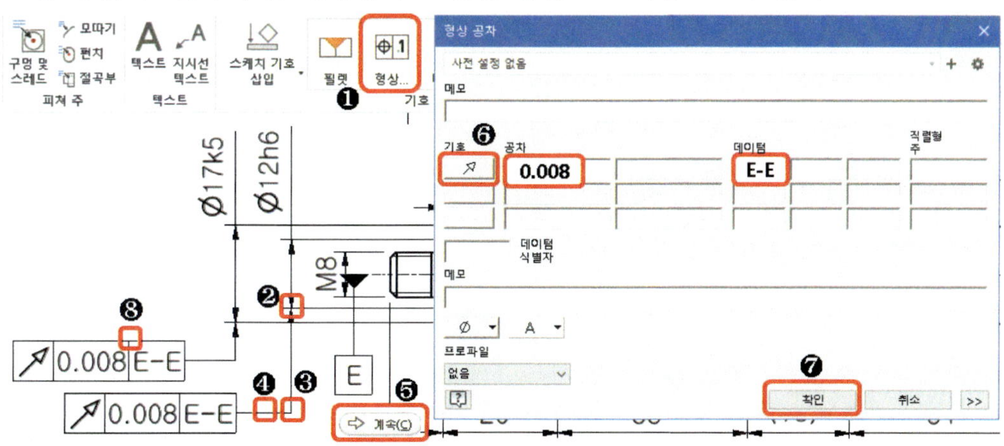

▶ 축의 오른쪽 형상공차 ❶과 ❷도 그림과 같이 기입하도록 한다.

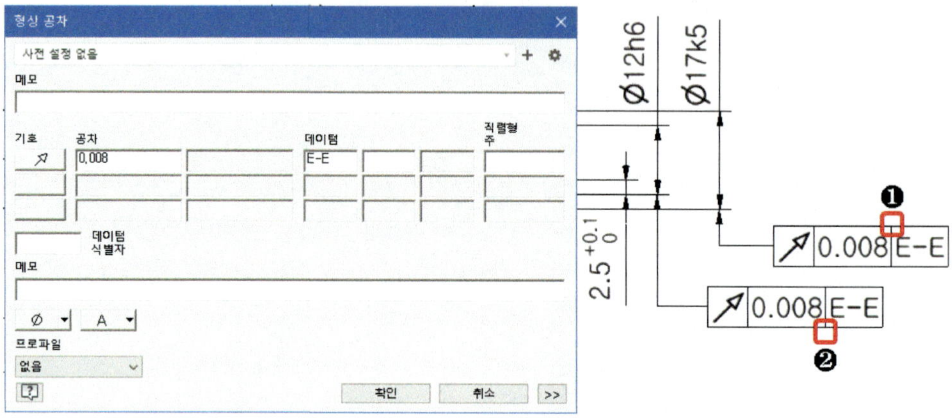

4) 표면 거칠기 기입

▶ 표면거칠기를 기입하기 위해서 ❶ [곡면] 명령을 클릭하고 [표준에 따름]을 확장하여 ❷ [2.5 표면거칠기]를 선택한다.

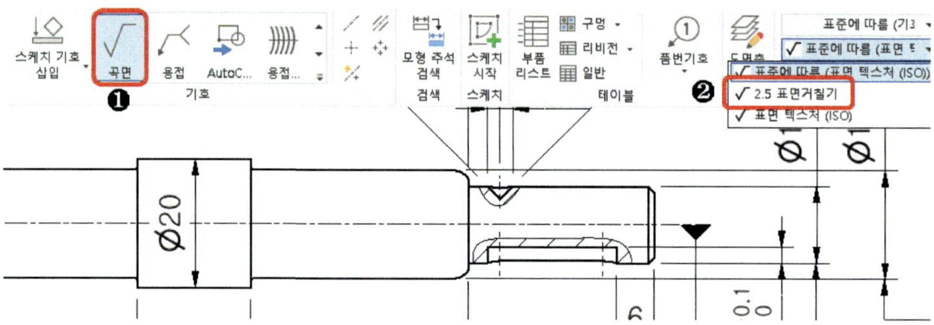

▶ 베어링 삽입부 직경치수 ∅17의 치수보조선 상의 임의의 점 ❸을 클릭하고 마우스 오른쪽 버튼을 눌러 ❹ [계속]을 누른다.

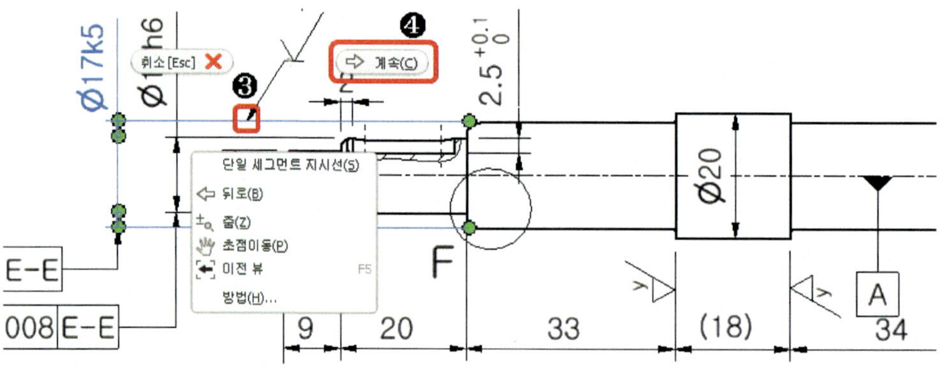

▶ ❺ [재질 제거가 요구됨]을 선택하고 ❻ 요구상항에 “y”를 입력하고 ❼ [확인] 버튼을 누르면 표면 거칠기가 기입된다.

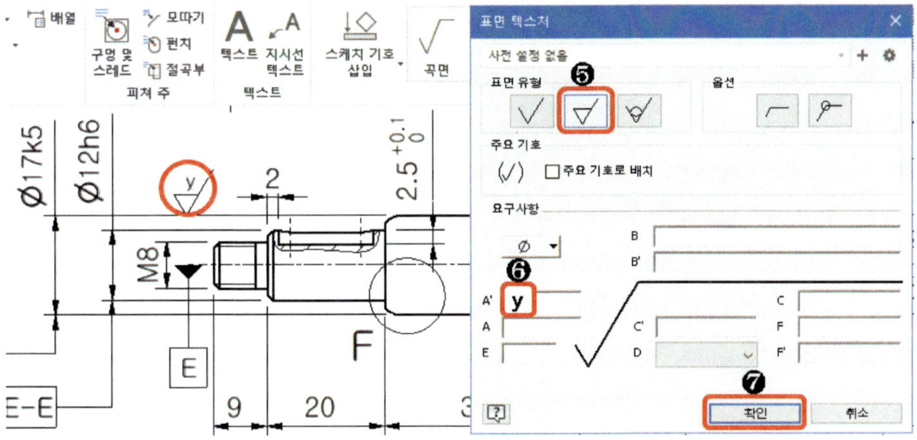

▶ 축의 오른쪽 표면 거칠기 ❶도 위와 같은 방법으로 기입한다.

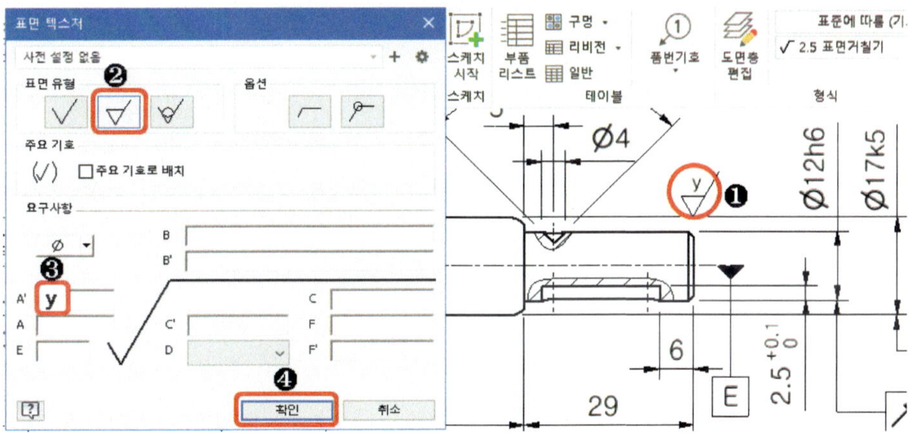

▶ 같은 방법으로 축 중앙의 베어링 접촉부 ❶과 ❷에도 그림과 같이 표면 거칠기를 기입하도록 한다.

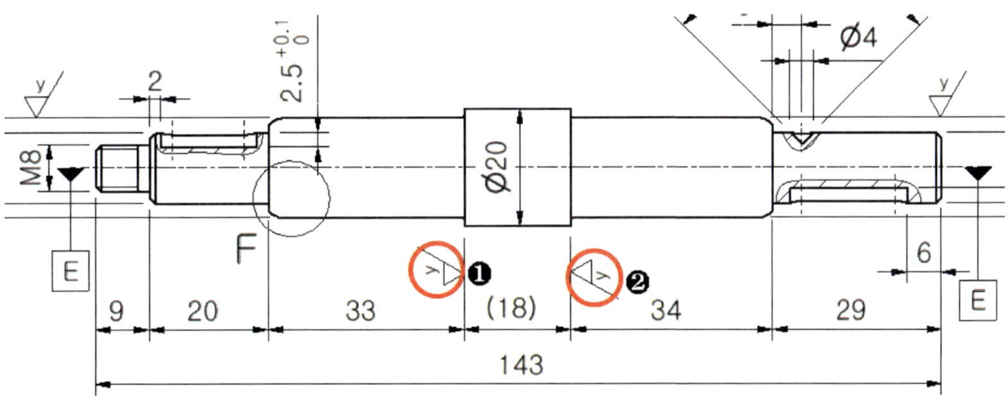

5) 센터 구멍 표시

▶ ❶ [지시선 텍스트] 명령을 실행하고 축 끝단 중심점 ❷를 클릭하고 임의의 점 ❸을 클릭한 후 마우스 오른쪽 버튼을 클릭하여 ❹ [계속]을 누른다.

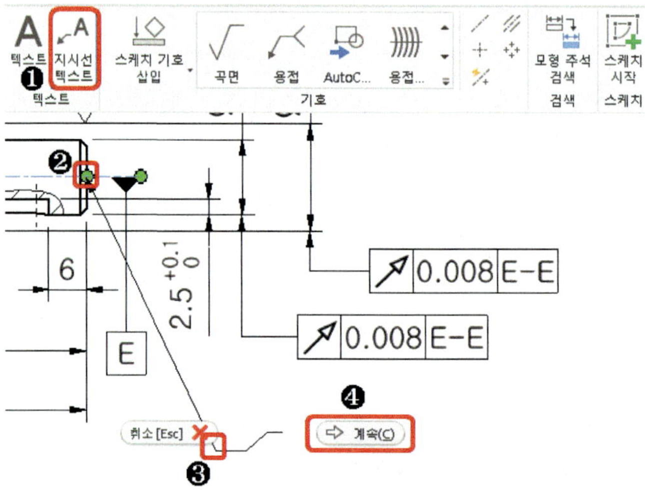

▶ 텍스트 입력 창에 그림과 같이 입력한 후 ❹ [확인]을 누른다.

▶ ❶ 생성된 텍스트를 선택하고 마우스 오른쪽 버튼을 눌러 ❷ [새 치수 스타일]을 선택한다.

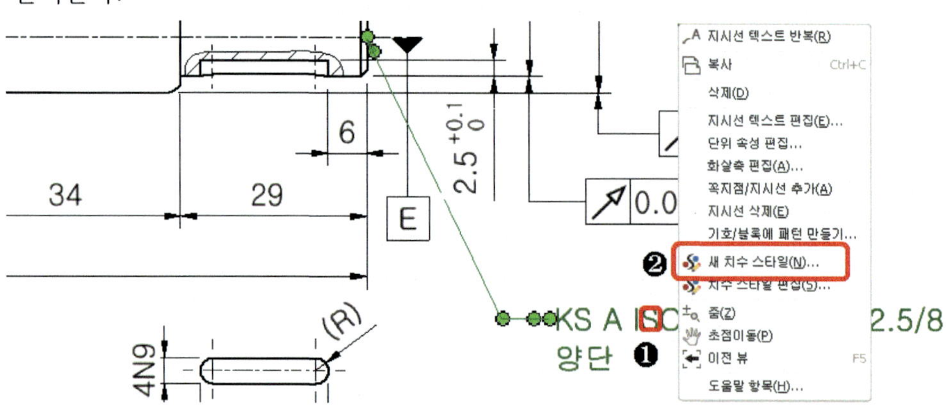

▶ [새 치수 스타일] 편집창에서 ❶ [주 및 지시선] 탭을 클릭하고 ❷ [지시선 텍스트 정렬]을 확장하여 ❸ [수직 연장]을 선택한다. ❹ [확인]을 누른다.

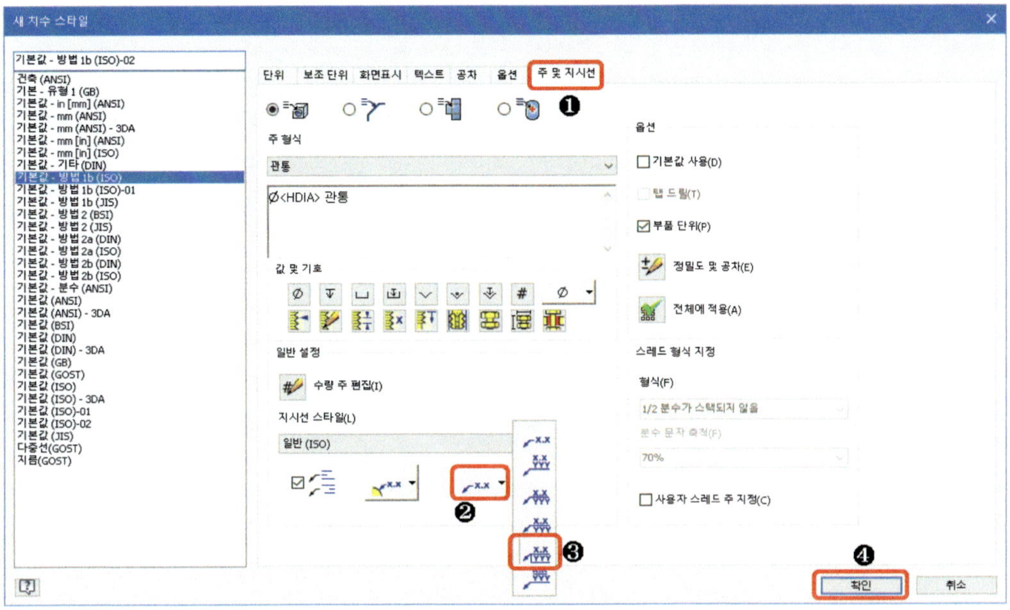

▶ 위 과정을 거치면 ❶과 같이 센터 구멍을 표시할 수 있다.

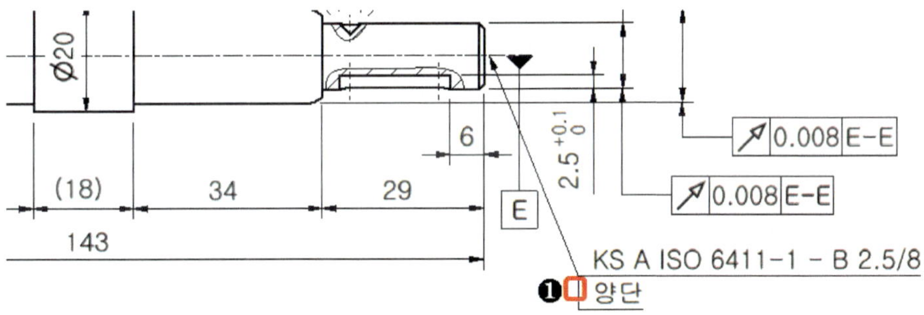

▶ 축에 대한 도면을 완성하면 다음과 같다.

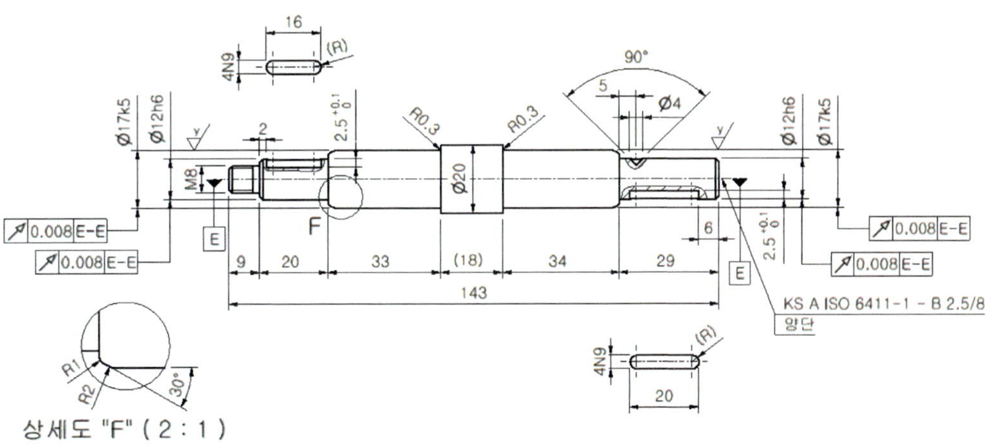

7.2.5 V 벨트 풀리

1) 뷰 배치

▶ ❶ [뷰 배치] 메뉴에서 ❷ [기준]을 클릭하고 ❸ [기존 파일 열기] 버튼을 누른다. ❹ [부품4 축] 파일을 클릭하고 ❺ [열기] 버튼을 누른다.

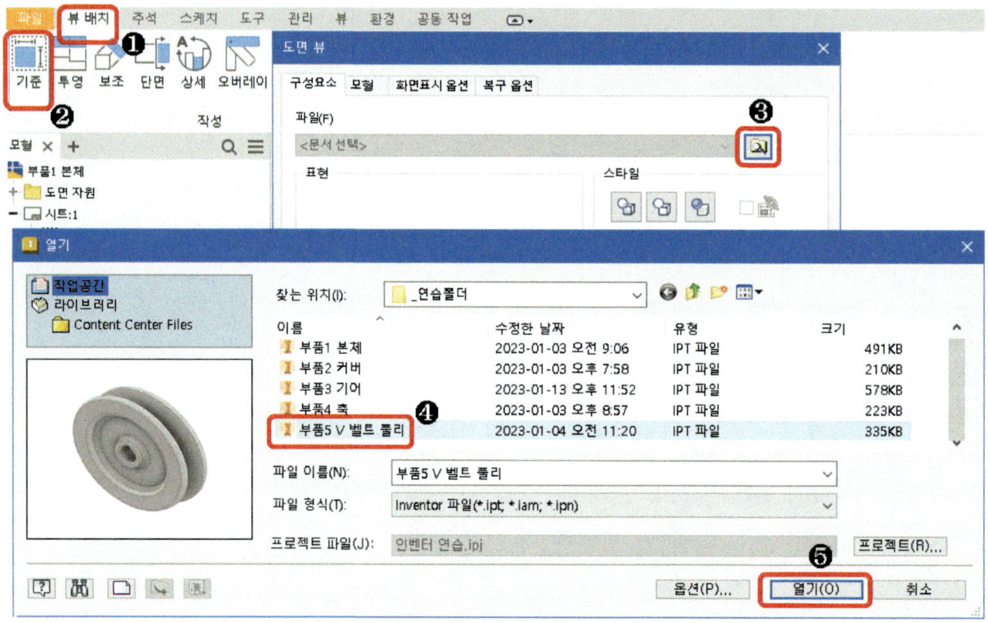

▶ 도면 뷰 창의 [구성요소] 탭에서 ❶ [은선 제거]를 선택한다. ❷ [축척]은 [1:1]로 한다. ❸ [화면표시 옵션] 탭을 열어 ❹ [스레드 피처]에 체크하고 [접하는 모서리]에 체크를 해제한다.

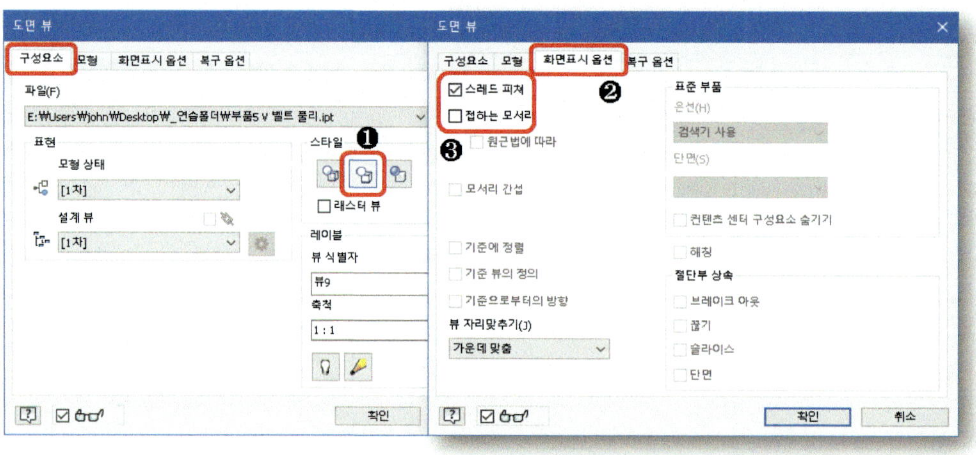

▶ 화면상에는 오른쪽 그림처럼 투영이 되고 왼쪽으로 임의의 점 ❶을 클릭하고 마우스 오른쪽 버튼을 눌러 ❷ [확인] 버튼을 누른다.

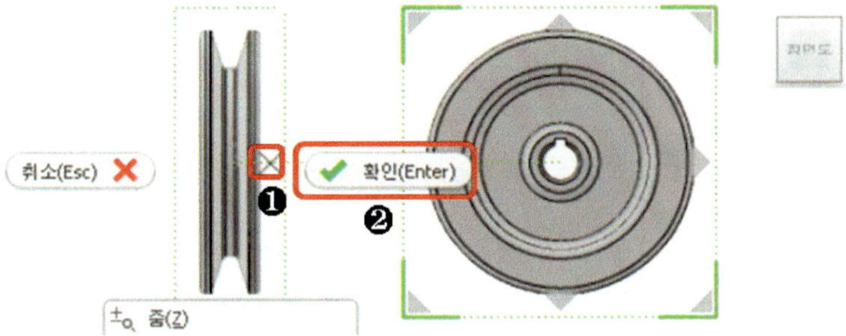

▶ 브레이크 아웃할 ❶ 뷰를 먼저 선택하고 ❷ [스케치 시작]을 누르면 스케치 모드로 들어간다.

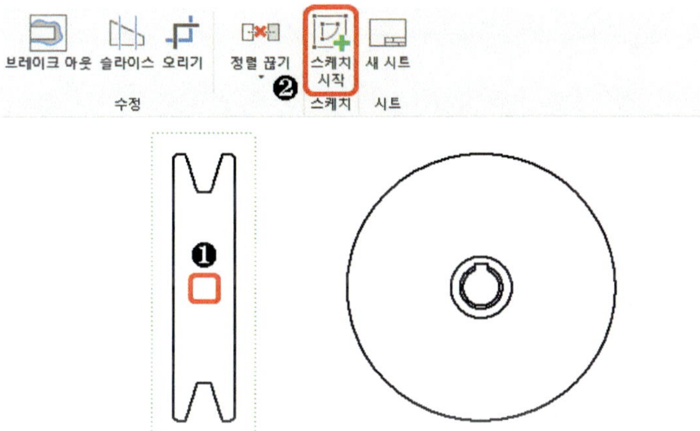

▶ ❶ [2점 직사각형] 명령을 실행하고 임의의 점 ❷와 ❸을 클릭하여 직사각형을 그리고 ❹ [스케치 마무리]를 누른다.

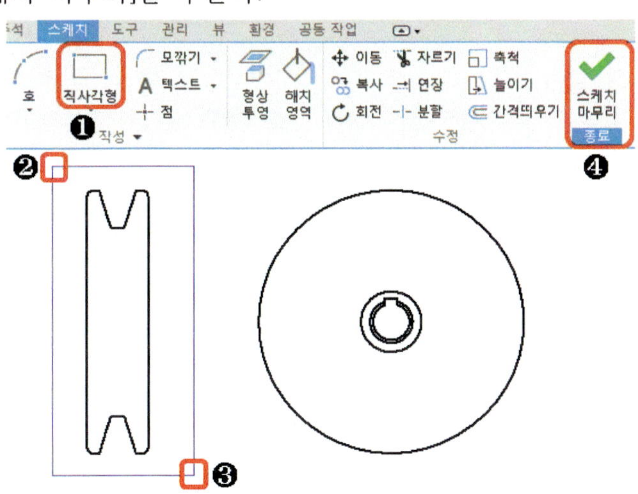

▶ ❶ [브레이크 아웃] 명령을 클릭하고 뷰 내부 영역 ❷ 지점을 클릭한다. [브레이크 아웃] 창이 뜨면 ❸ 원의 아래쪽 사분점을 선택하고 ❹ [확인] 버튼을 누른다.

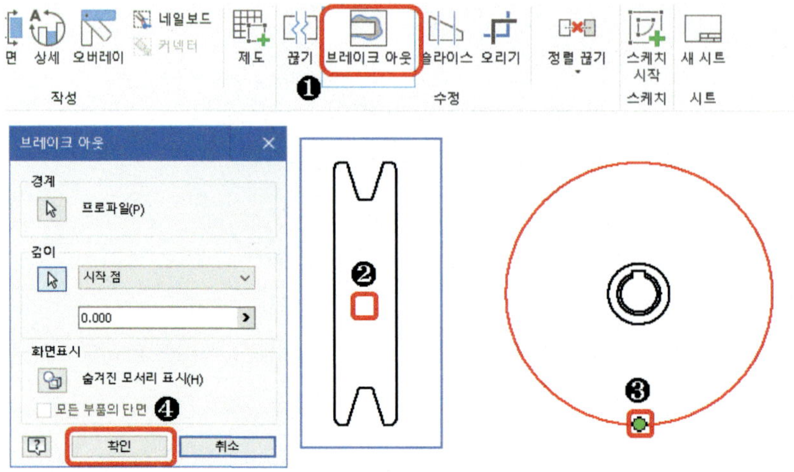

▶ ❶ [오리기] 명령을 실행하고 ❷ 뷰를 먼저 선택한다.

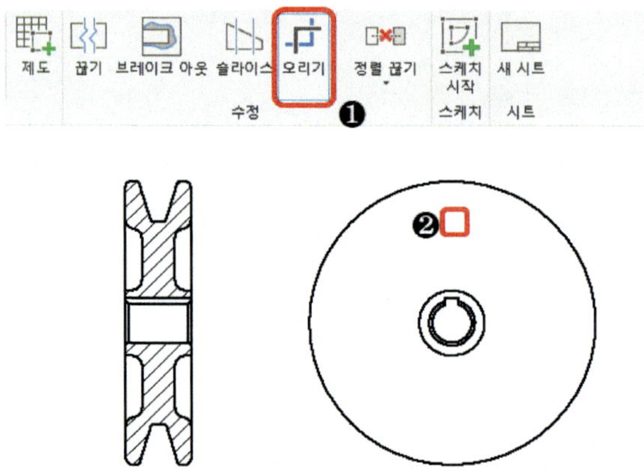

▶ 키홈 위쪽 수평선의 중간 초록색 점을 지나는 점 ❸과 점 ❹를 클릭하면 오른쪽 그림과 같다. Ctrl 키를 누른 상태에서 원호 ❺와 ❻을 선택하고 마우스 오른쪽 버튼을 클릭한 후 ❼ [가시성]을 해제한다.

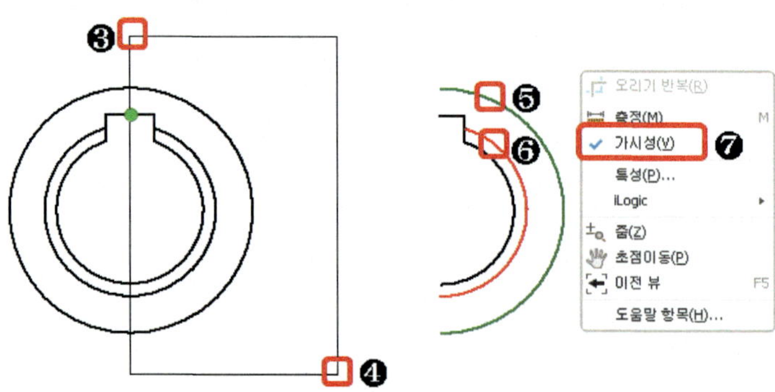

2) 중심선

▶ ❶ 스케치할 뷰를 먼저 선택한 후 ❷ [스케치 시작]을 누른다. ❸ [2점 직사각형] 명령을 실행하고 점 ❹와 ❺ 지점을 클릭하여 사각형을 그린다. ❻ [치수] 명령으로 위 아래를 각각 [4.5] 치수로 구속한다. 구속되지 않은 수직선은 삭제한다.

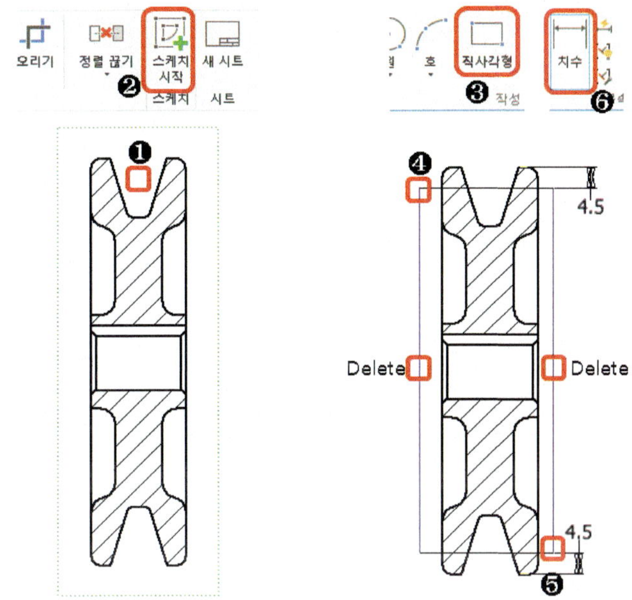

▶ ❶ [주석] 메뉴를 클릭하고, Ctrl 키를 누르고 수평선 ❷와 ❸을 선택한다. 도면층을 확장시켜 ❹ [중심선]을 선택하고 ❺ [스케치 마무리]를 누른다.

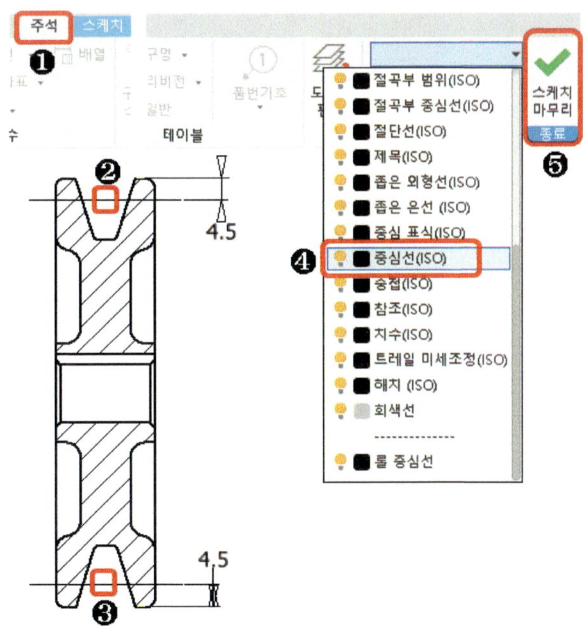

▶ ❶ [이등분 중심선] 명령을 클릭하고 중심선 ❷와 ❸을 선택하면 그 사이에 새로운 중심선이 생성된다. 경사선 ❹와 ❺를 선택하면 수직 중심선이 생성된다. 선을 연장하기 위해 Esc 키를 누르고 끝점 ❻을 잡아당겨 적당한 크기로 조정한다.

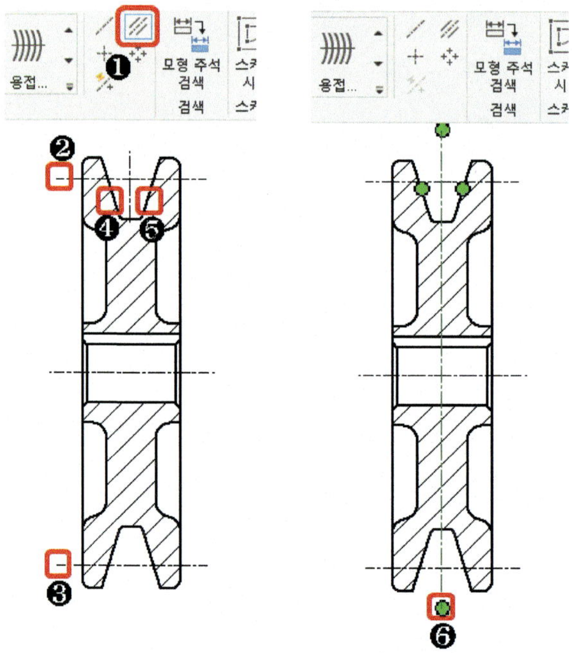

▶ ❶ [중심 표식] 명령을 실행하고 ❷ 원호를 선택한다. 선을 연장하기 위해 Esc 키를 누르고 끝점을 잡아당겨 아래 그림처럼 적당한 크기로 조정한다.

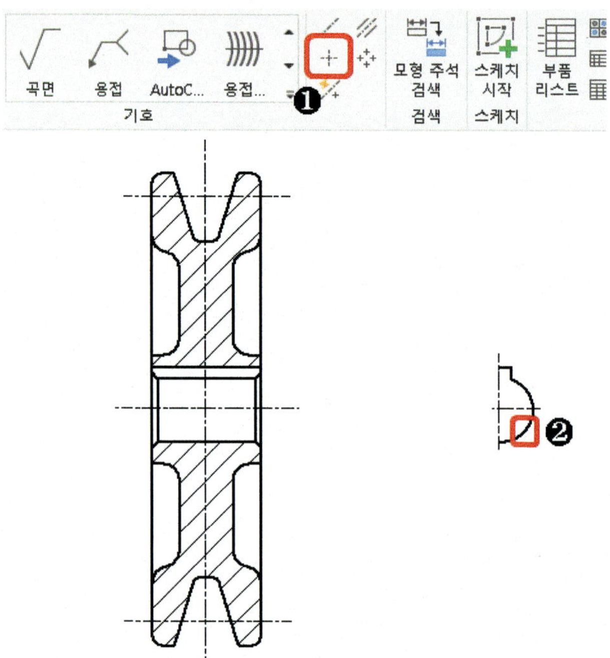

▶ ❶ [뷰배치] 메뉴에서 ❷ [상세] 명령을 클릭하고 뷰 영역 내부 ❸ 지점을 클릭한다. 상세 뷰 창에서 ❹ [절단부 모서리를 부드럽게]를 선택한 후 ❺ [전체 상세 경계 화면표시]에 체크를 한다. 가상점 ❻을 중심점으로 하고 반지름이 ❼지점인 원을 그리고 ❽ [확인] 버튼을 누른다. 생성된 상세뷰를 적당한 위치에 배열한다.

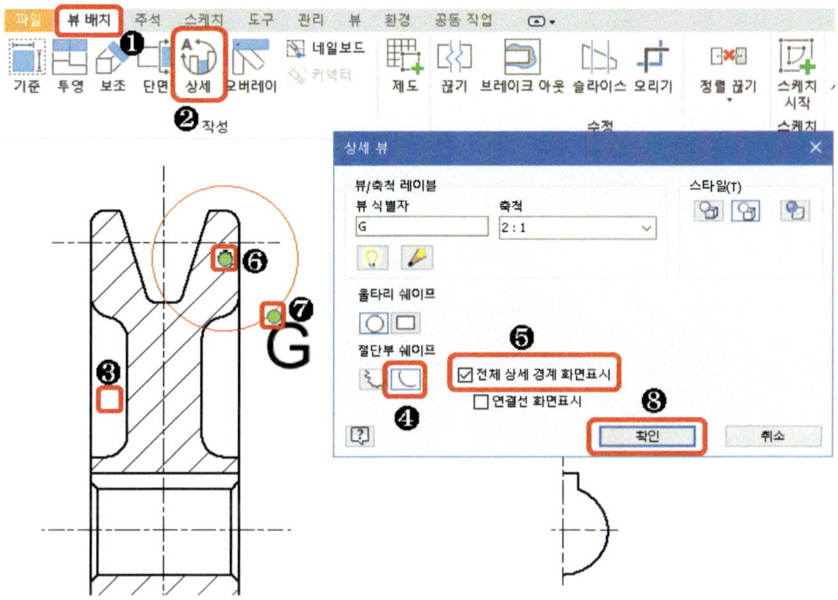

▶ ❶ 텍스트를 더블클릭하고 [텍스트 형식] 창에서 ❷ 텍스트 왼쪽에 "상세도"를 기입한 후 ❸ [확인] 버튼을 누르면 오른쪽 그림과 같다.

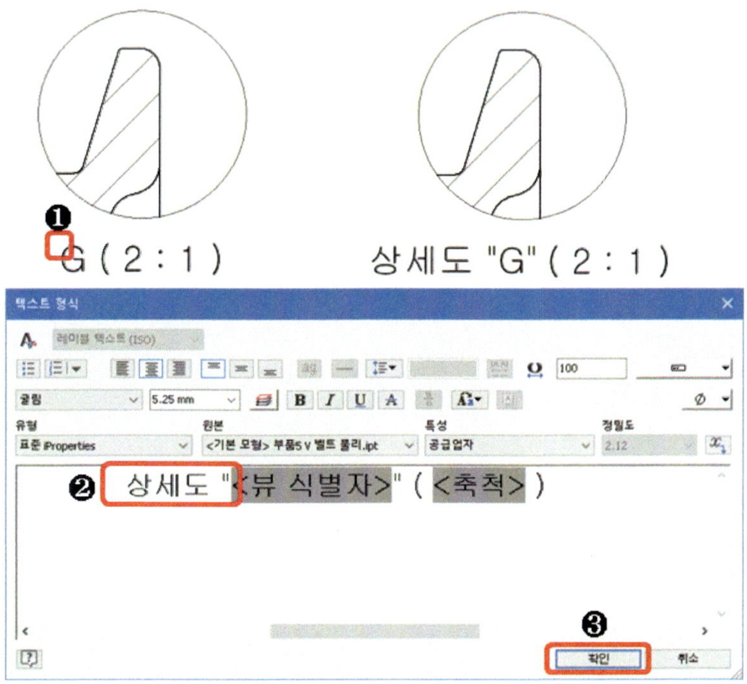

3) 치수기입

▶ ❶ [주석] 메뉴를 클릭하고 ❷ [치수] 명령을 실행한다. 선 ❸을 먼저 선택한 후 중심선 ❹를 선택한 후 마우스 오른쪽 버튼을 누른다. [치수유형]을 확장시켜 ❺ [선형 지름]을 클릭한다.

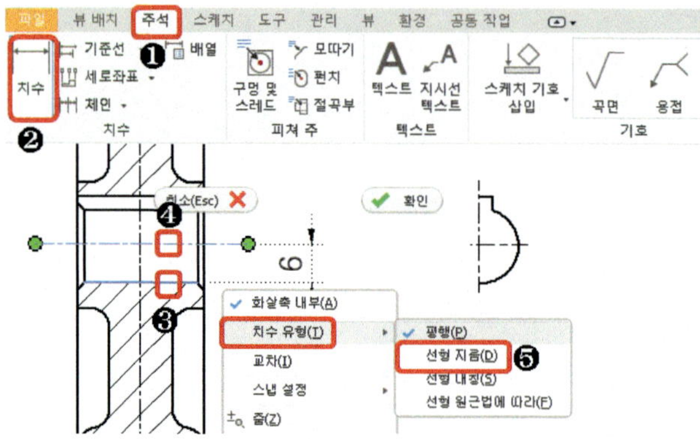

▶ 치수를 적당한 위치 ❶에 놓으면 [치수 편집] 창이 뜬다. ❷ 치수 [<<>>] 뒤에 "H7"을 입력한 후 ❸ [확인]을 누른다.

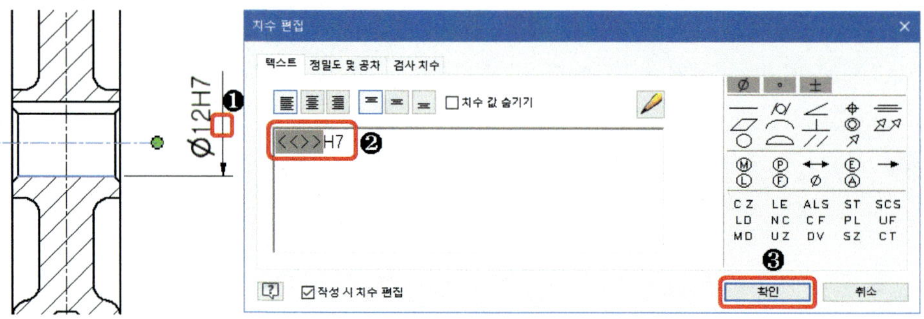

▶ 치수 명령이 실행 중이므로 직경 치수 ❶, ❷, ❸을 다음과 같이 기입한다. 치수 앞에 ∅ 기호가 자동으로 나타나지 않기 때문에 각 치수의 위치를 결정한 후 ❹ 치수 [<<>>] 앞에 ❺ ∅기호를 선택하고 ❻ [확인]을 누른다.

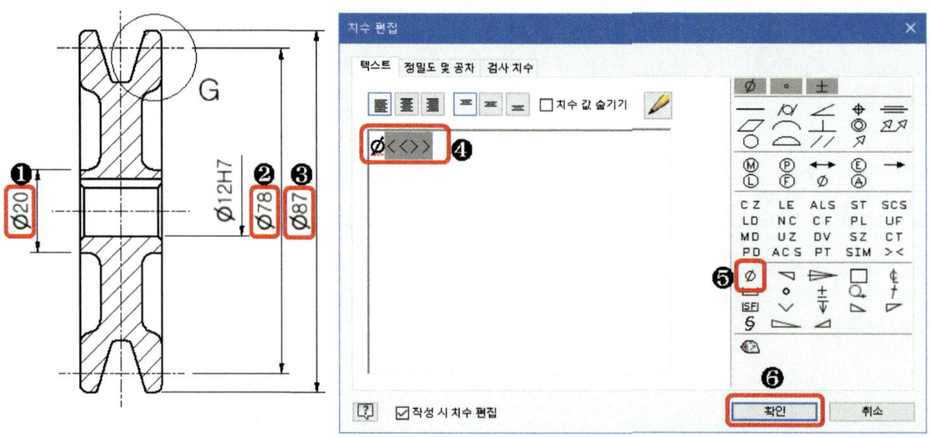

▶ ❶ [모형 주석 검색]을 클릭하고 ❷ [뷰]를 선택한다.

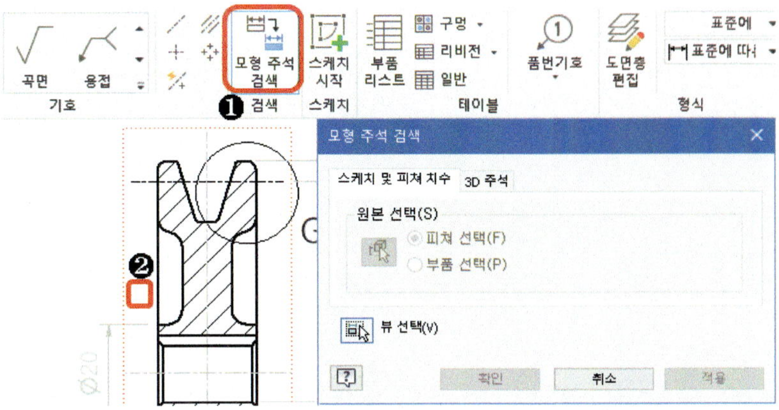

▶ 3D 작업할 때 입력했던 치수들이 나타나고 이 중에서 ❸ [⌀58]과 ❹ [9.2]를 선택한 후 ❺ [확인]을 누른다.

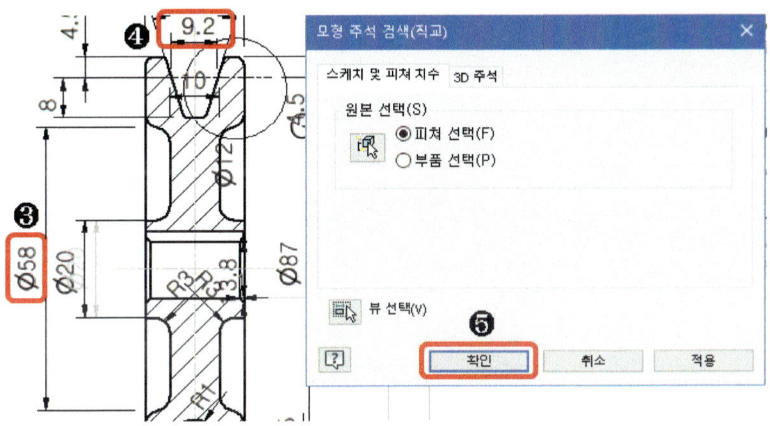

▶ 직경 치수 ❻과 ❼을 적당한 위치에 배치시킨다.

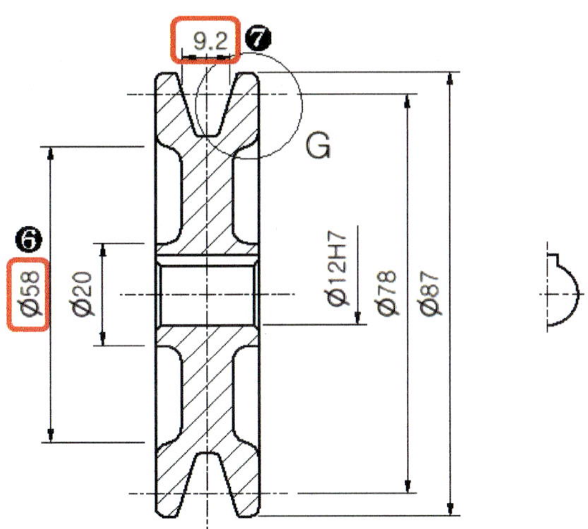

▶ ❶ [치수] 명령으로 수직 치수 ❷와 ❸, 그리고 각도 치수 ❹를 기입한 후 그림처럼 적당한 위치에 배치하도록 한다.

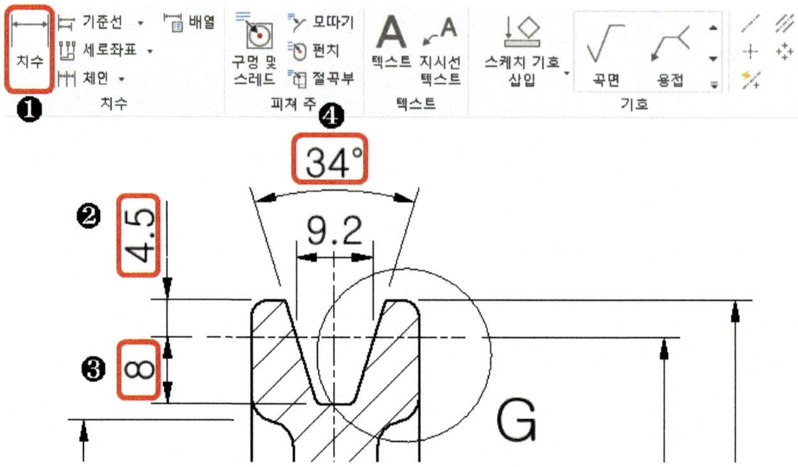

▶ Esc 키를 눌러 치수 명령을 해제한다. ❶ 치수 [4.5]를 선택하고 ❷ [표준에 따름]을 확장시켜 ❸ [기본값(ISO)-02]를 선택하면 오른쪽 그림처럼 편차 공차 치수 ❹를 기입할 수 있다.

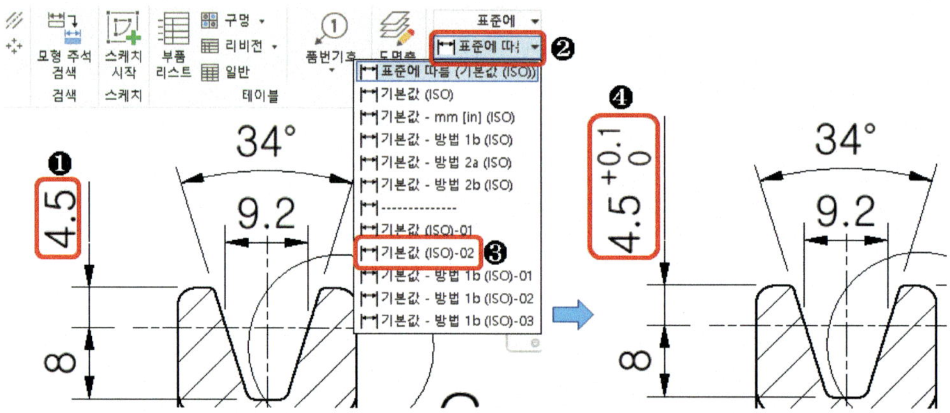

▶ ❶ [치수] 명령을 실행하고 수평치수 ❷, ❸, ❹를 기입하도록 한다.

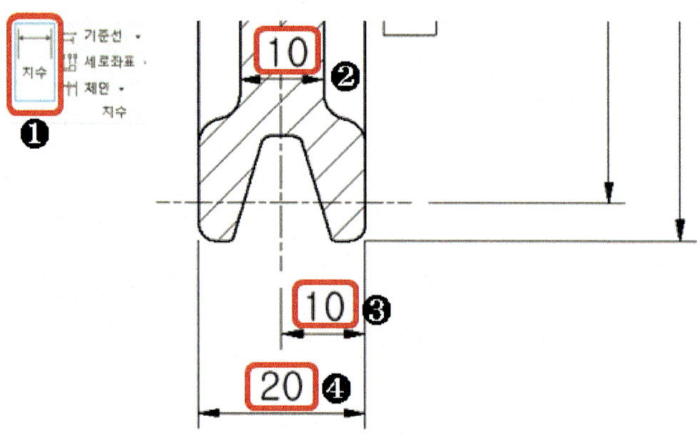

▶ ❶ [치수] 명령을 실행하고 ❷ [표준에 따름]을 확장시켜 ❸ [기본값(ISO)-02]를 선택한다. 선 ❹와 호의 끝점 ❺를 선택하면 오른쪽 그림처럼 편차 공차 치수 ❻을 기입할 수 있다.

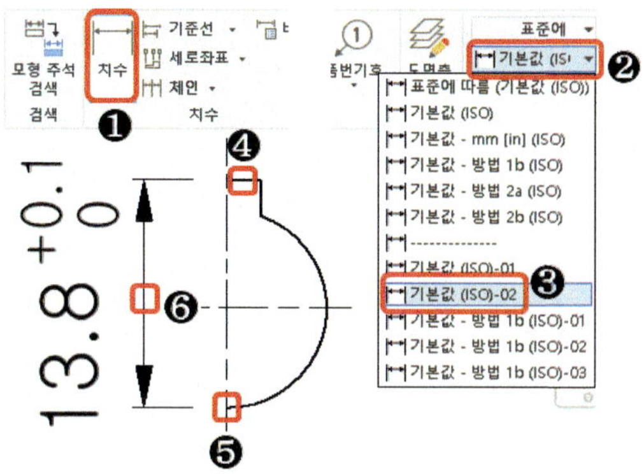

▶ ❶ [치수] 명령을 실행하고 수직선 ❷와 중심선 ❸을 선택하면 [2] 치수가 나타난다. 마우스 오른쪽 버튼을 클릭하고 ❹ [치수 유형]을 확장시켜 ❺ [선형 대칭]을 클릭한다.

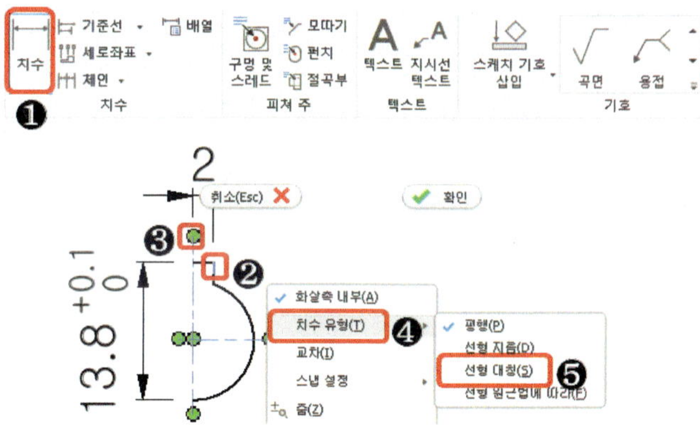

▶ 위의 [2] 치수가 [4]로 변경되고 ❻ 치수 [<<>>] 뒤에 "JS9"를 입력한 후 ❼ [확인] 버튼을 누른다. 치수 ❽을 적당한 위치에 배치한다.

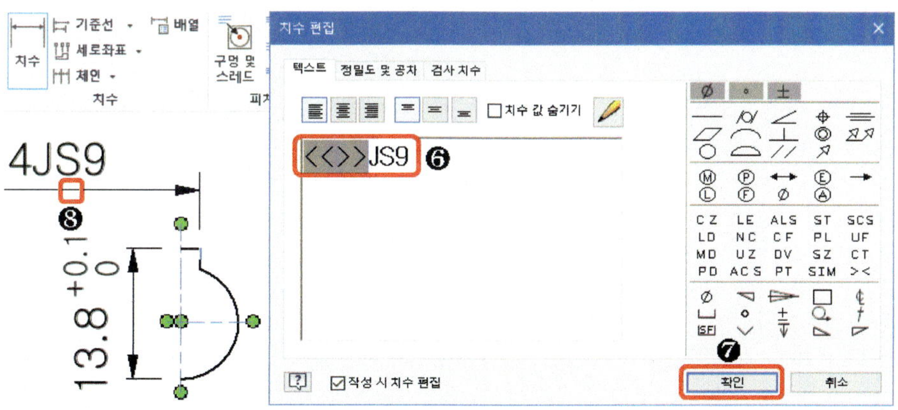

▶ ❶ [치수] 명령을 실행하고 상세도에 반지름 치수 3개를 그림처럼 기입한다. 여기서 ❷ 반지름 치수 [R2]와 [R0.5]는 호를 선택한 후 적당한 위치에서 마우스 오른쪽 버튼을 누르고 ❸ [옵션]을 확장시켜 ❹ [중심선으로부터의 지시선]을 선택하여 기입한다.

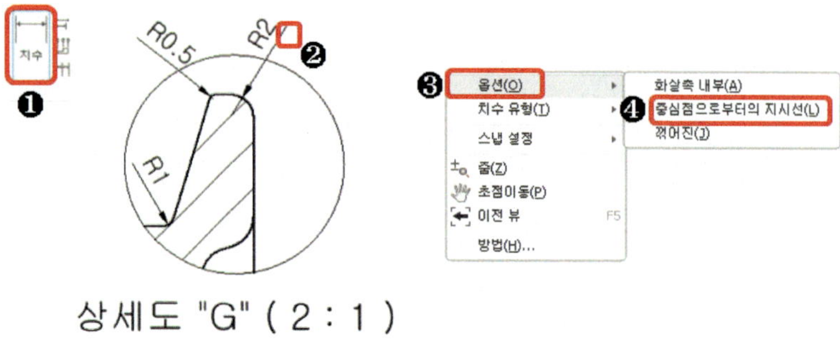

4) 기하공차

▶ ❶ [데이텀] 명령을 클릭하고 ❷ 중심선의 끝부분을 선택하고 ❸ 지점을 클릭한다. ❹ [텍스트 형식] 창에 "F"라고 입력한 후 ❺ [확인] 버튼을 누른다.

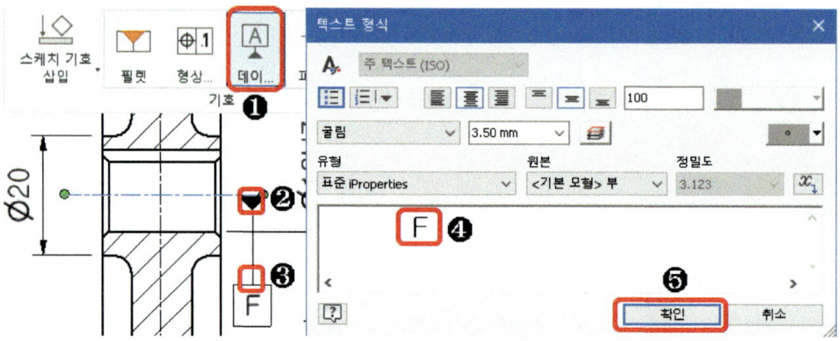

▶ ❶ [형상공차]를 클릭하고 [∅87] 직경 치수선의 ❷ 화살표 끝점을 선택한다. Ctrl 키를 눌러 점 ❸과 ❹를 클릭한 후 마우스 우클릭하고 ❺ [계속]을 누른다.

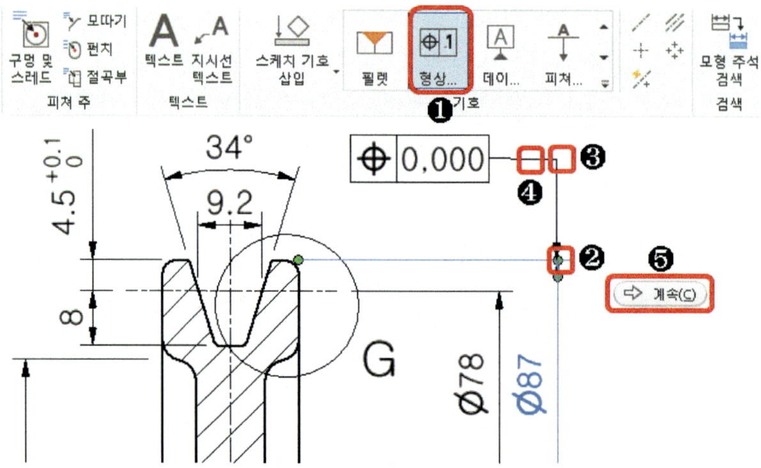

▶ [형상공차] 창이 뜨면 ❶ [흔들림] 기호를 선택한다. ❷ [공차]에 "0.3"을 입력하고 ❸ [데이텀]에 "F"를 입력한 후 ❹ [확긴] 버튼을 클릭한다.

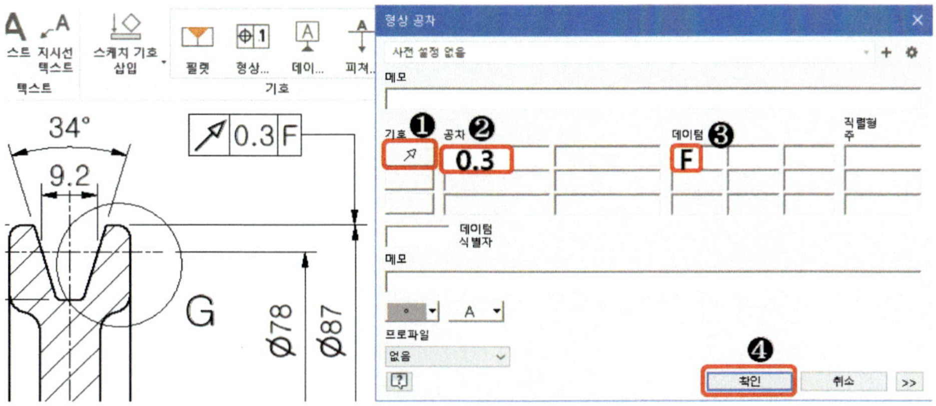

▶ ❶ [형상공차]를 클릭하고 [20] 수평 치수선의 ❷ 화살표 끝점을 선택한다. Ctrl 키를 눌러 점 ❸을 클릭한 후 마우스 우클릭하고 ❹ [계속]을 누른다. [형상 공차] 입력창의 설정 값은 앞에서 입력한 값을 그대로 유지하고 ❺ [확인]을 누른다.

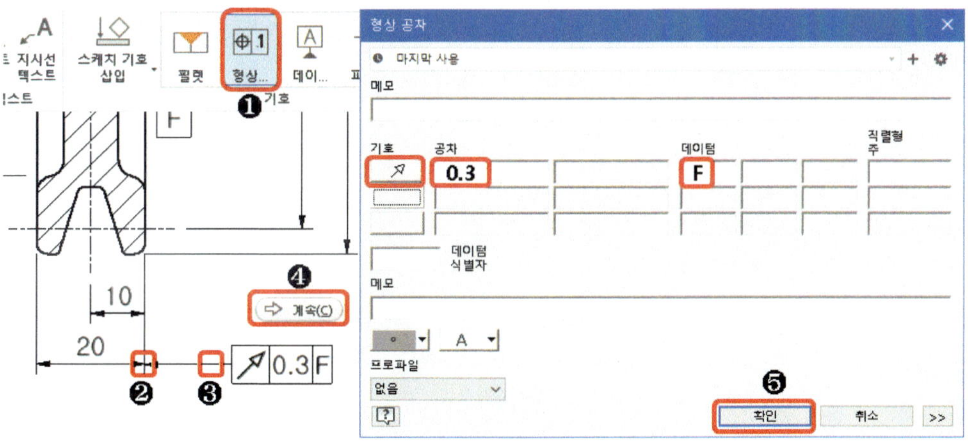

5) 표면 거칠기

▶ ❶ [곡면]을 클릭하고 ❷ [표준에 따름]을 확장시켜 ❸ [2.5 표면 거칠기]를 선택한다. [2.5 표면 거칠기]는 본체 도면 작업에서 미리 작성한 표면 거칠기 표준이다.

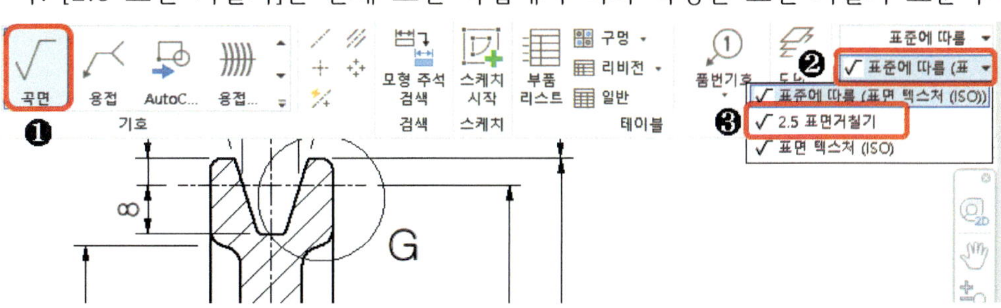

▶ [곡면] 명령이 실행 중이므로 치수 보조선상의 임의의 점 ❶을 클릭하고 마우스 우클릭한 후 ❷ [계속]을 누른다. [표면 텍스처] 창에서 ❸ [재질 제거가 요구됨]을 선택하고 ❹ [요구사항]에 “x”를 입력한 후 ❺ [확인] 버튼을 누른다. 같은 방법으로 나머지 표면 거칠기를 기입한다.

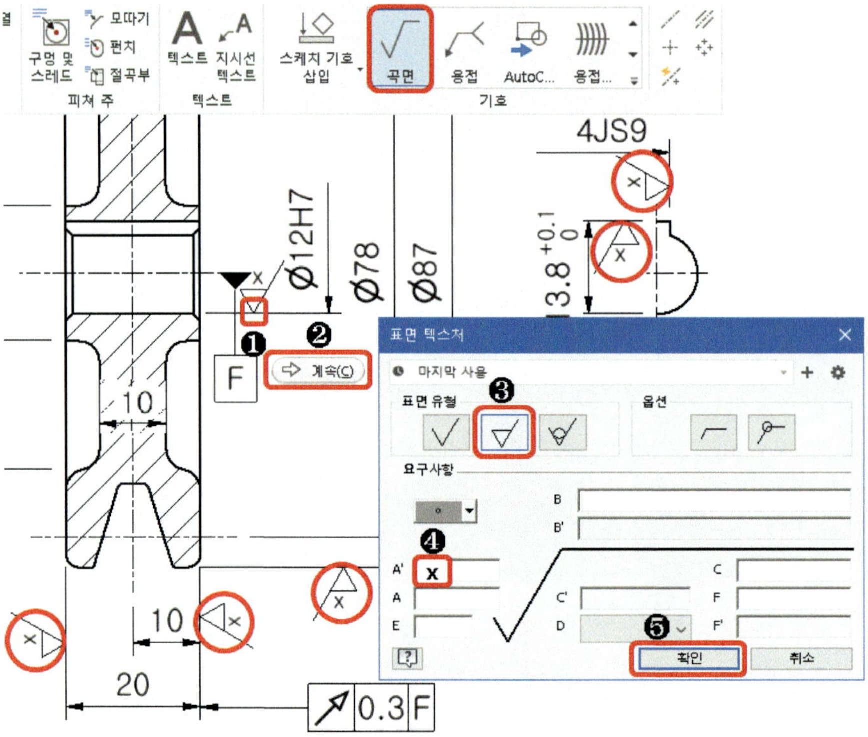

▶ [곡면] 명령이 실행 중이므로 각도 치수 보조선상의 임의의 점 ❶을 클릭하고 마우스 우클릭한 후 ❷ [계속]을 누른다. [표면 텍스처] 창에서 ❸ [재질 제거가 요구됨]을 선택하고 ❹ [요구사항]에 “y”를 입력한 후 ❺ [확인] 버튼을 누른다. 같은 방법으로 나머지 표면 거칠기를 기입한다.

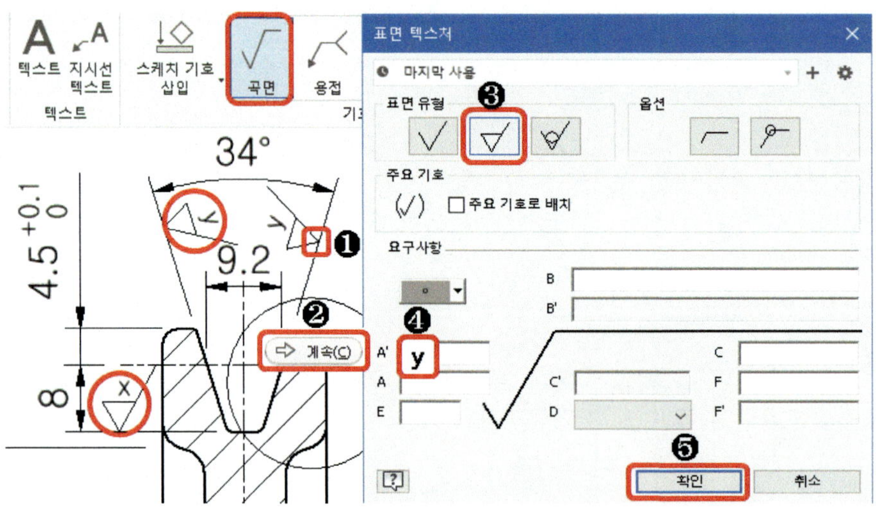

▶ V 벨트 풀리의 최종 도면 작업 결과는 다음과 같다.

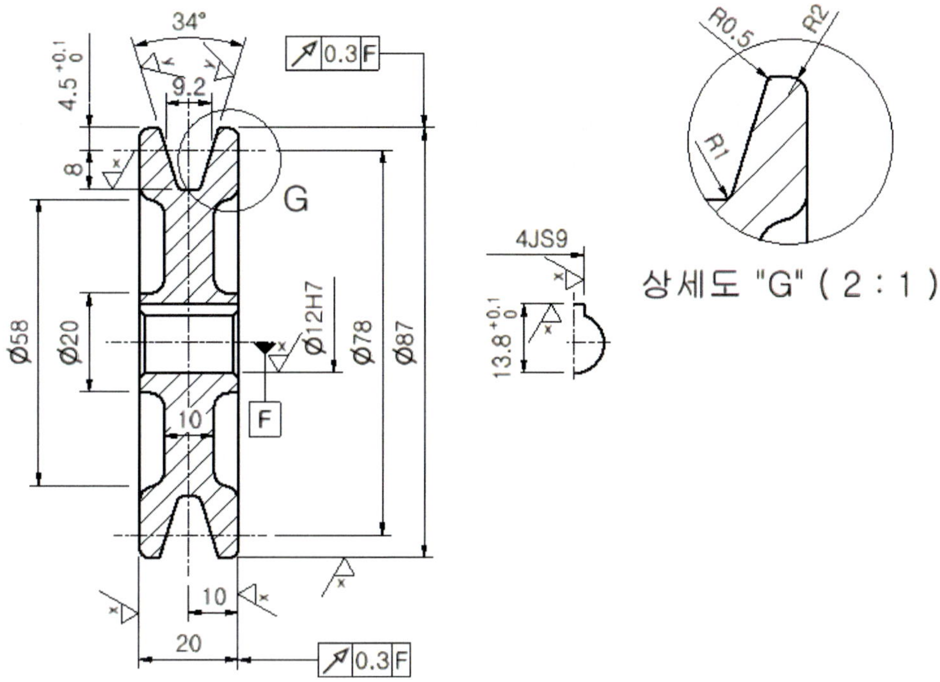

▶ 모든 부품들을 아래와 같이 배치하도록 한다.

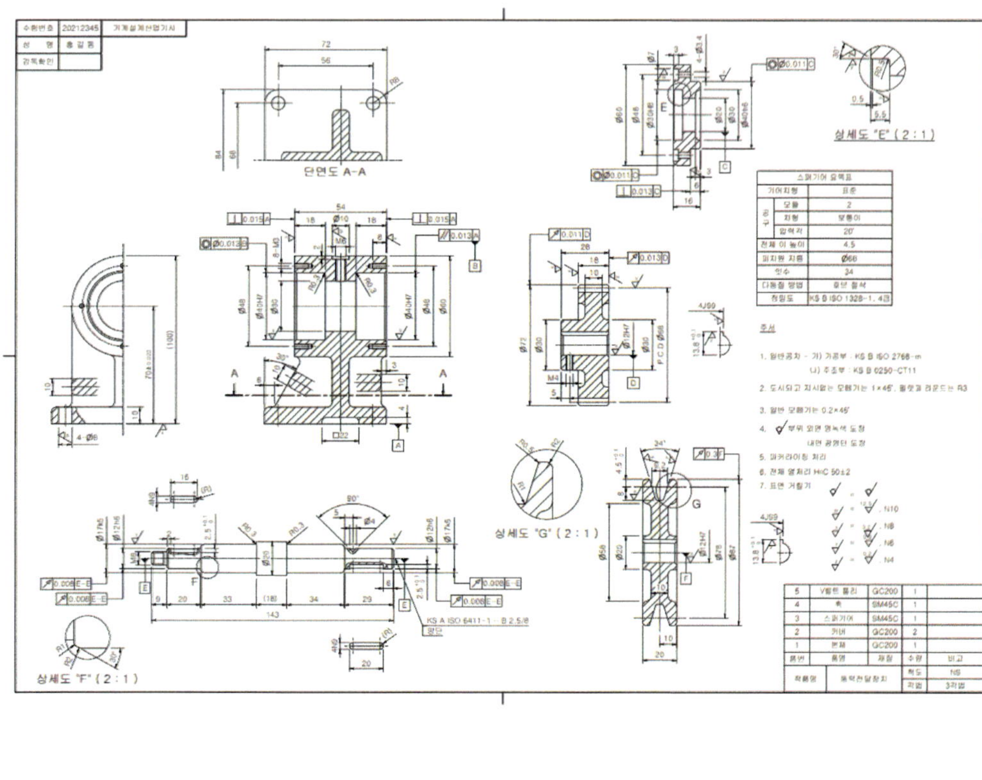

7.2.6 부품 번호 기입

1) 부품 번호 뷰 생성

아래 그림처럼 도면상에서 부품번호 옆에 표기된 표면거칠기 표시를 여러 번 작업할 경우가 있다.

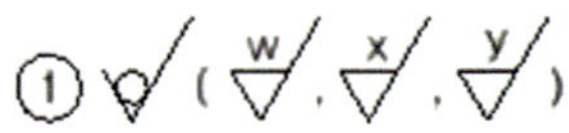

인벤터에서 새로 생성한 뷰는 복사가 되지 않기 때문에 불편한 점이 있다. 그래서 여기서는 이미 생성된 뷰의 하나를 편집해서 복사가 가능하도록 응용해보기로 한다.
인벤터에서 투영된 뷰 중에서 복사가 허용되는 것과 불가능한 뷰가 있다. 복사가 가능한 뷰를 선택하여 다음 과정을 천천히 따라해 보기 바란다.

1.1) 표면거칠기 뷰 작성

▶ ❶ [뷰 배치] 메뉴에서 ❷ [기준]을 클릭하고 ❸ [기존 파일 열기] 버튼을 누른다. ❹ [부품4 축] 파일을 클릭하고 ❺ [열기] 버튼을 누른다.

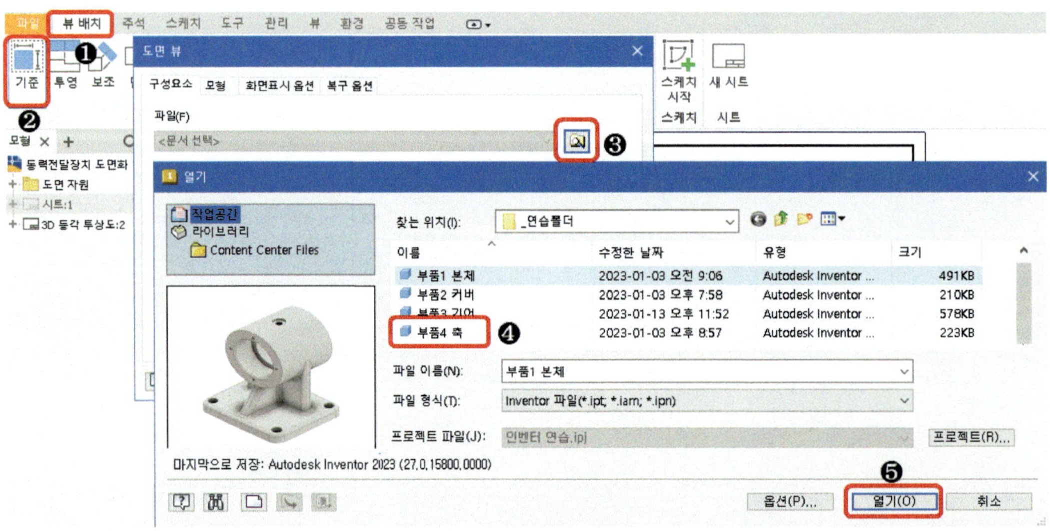

▶ 투영된 뷰가 화면에 나타나면 ❶ 축척을 [1:1]로 변경하고 ❷ [확인]을 누른다.

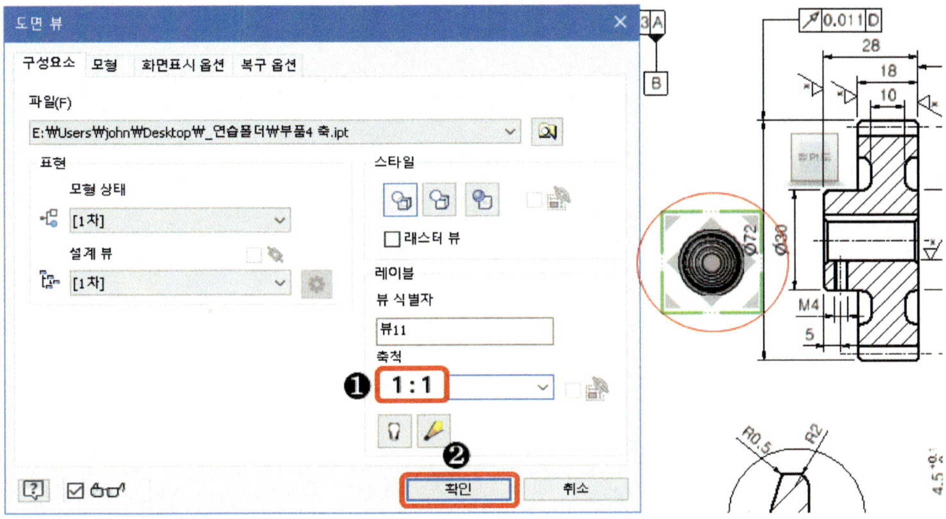

▶ 투영된 뷰를 적당한 위치로 옮긴 후 점 ❶에서 ❷까지 드래그하여 전체를 선택한다. 뷰 영역 내에서 ❸ 마우스 오른쪽 버튼을 클릭한 후 ❹ [가시성]을 클릭하면 모든 요소가 사라진다. 빈 뷰 ❺를 선택한 후 ❻ [스케치 시작]을 누른다.

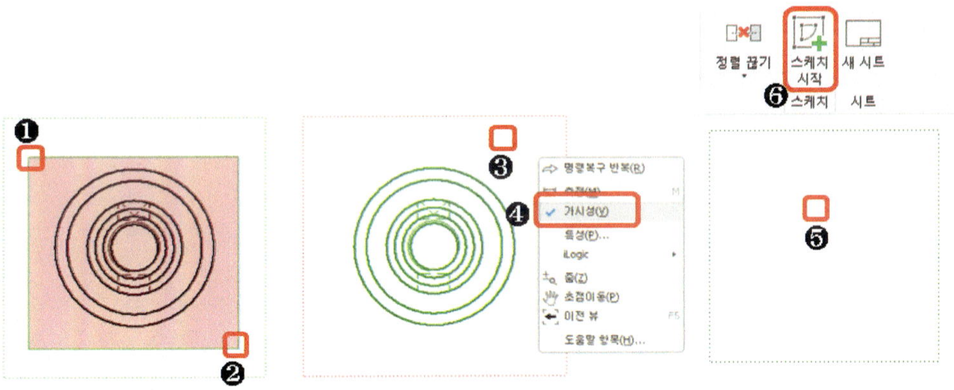

▶ ❶ [원]과 [선] 명령으로 그림과 같이 뷰 영역의 원점에 직경이 ∅10인 원과 그 원의 아래 사분점에서 시작하는 길이가 80인 수평선을 그린다.

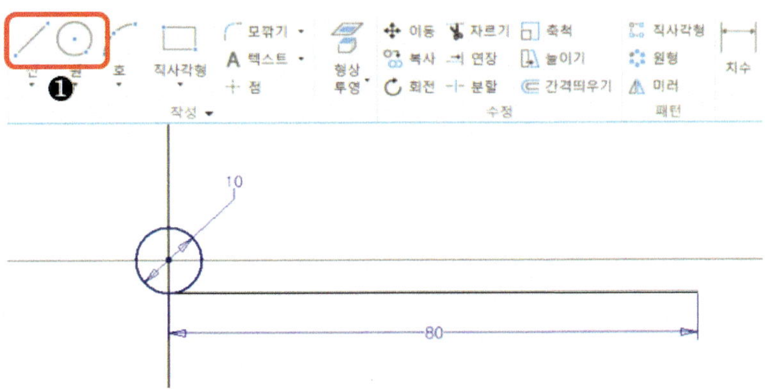

▶ ❶ [텍스트] 명령을 실행하고 임의의 점 ❷를 클릭하면 [텍스트 형식] 창이 뜬다. ❸ [중심 자리 맞추기] ❹ [중간 자리 맞추기]를 선택하고 ❺ 텍스트 크기를 [5]로 변경하고 ❻ 텍스트 "1"을 입력한 후 ❼ [확인]을 누르면 텍스트가 생성된다.

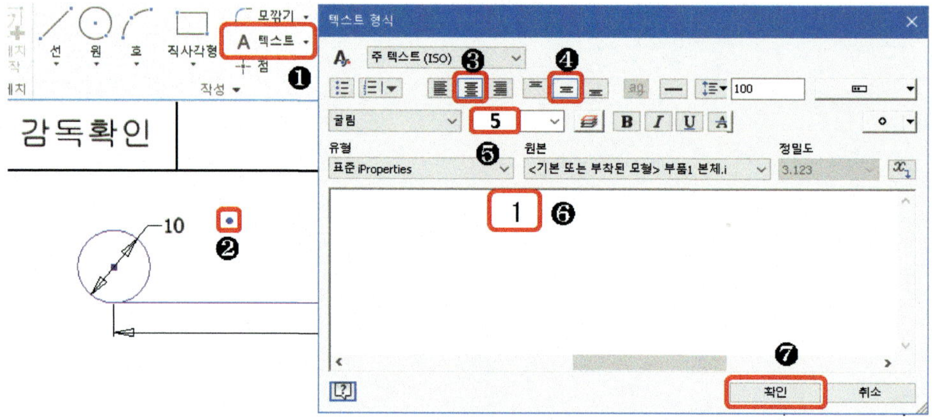

▶ ❶ [일치 구속조건] 명령을 실행하고 텍스트의 중간점 ❷와 원의 중심점 ❸을 선택하여 일치시킨다.

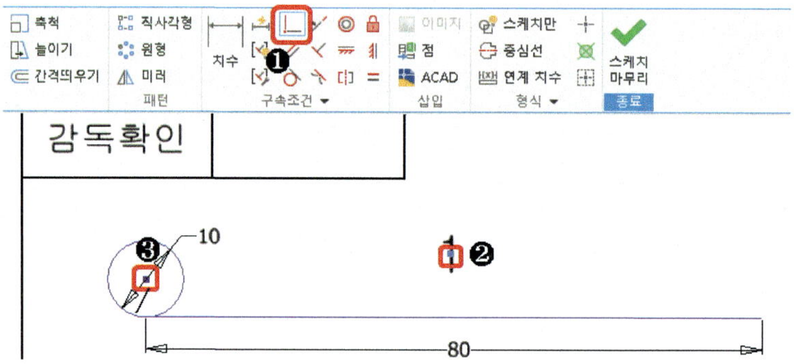

▶ ❶ [텍스트] 명령을 실행하고 임의의 점 ❷를 클릭하면 [텍스트 형식] 창이 뜬다. ❸ [중심 자리 맞추기] ❹ [중간 자리 맞추기]를 선택하고 ❺ 텍스트 크기를 [5]로 변경하고 ❻ 텍스트 "　(　,　,　)"을 그림처럼 공간을 띄우고 입력한 후 ❼ [확인]을 누르면 텍스트가 생성된다. 아래의 칸수는 적당한 간격으로 띄워도 된다.

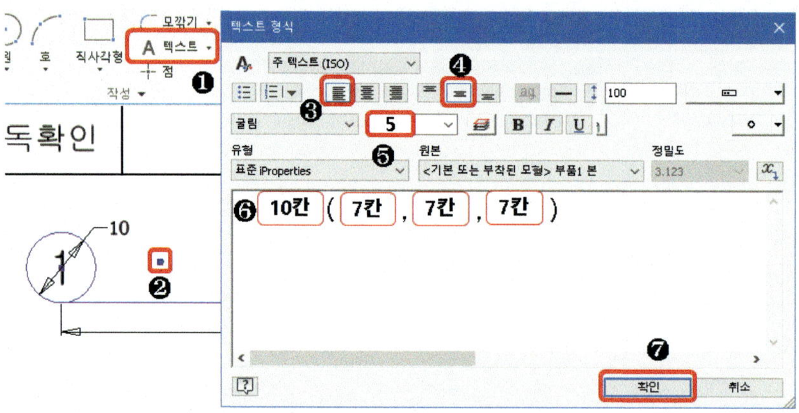

▶ ❶ [일치 구속조건] 명령을 실행하고 텍스트의 중간점 ❷와 원의 중심점 ❸을 선택하여 일치시킨다. ❹ [스케치 마무리]를 누른다.

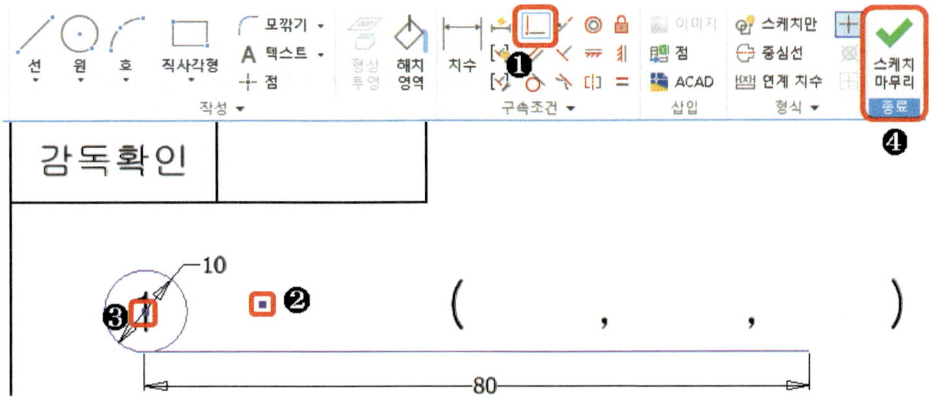

2) 표면 거칠기 기입

▶ 크기가 큰 표면 거칠기를 설정하기 위해 ❶ [관리] 메뉴를 클릭하고 ❷ [스타일 편집기] 명령을 실행한다. ❸ [표면 텍스처]를 확장시켜 ❹ [표면 텍스처(ISO)]를 선택한다. ❺ [새로 만들기] 버튼을 누른다.

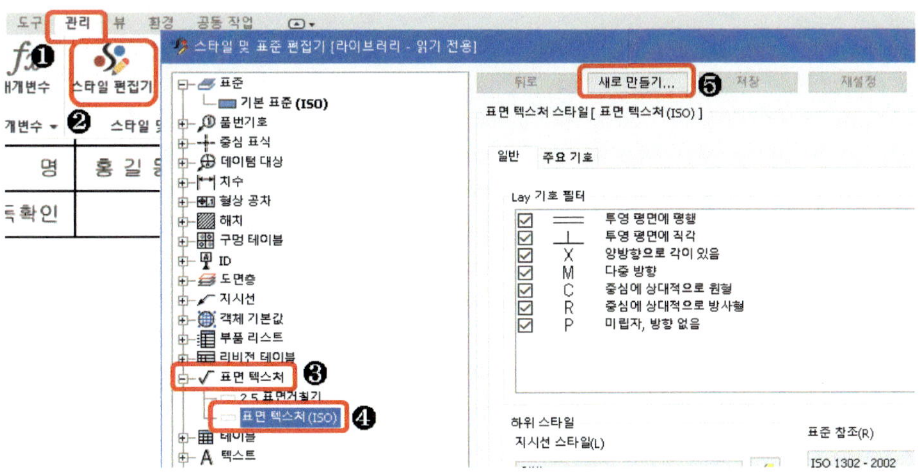

▶ ❶ [이름]을 "큰 표면 거칠기"라고 입력한 후 ❷ [확인] 버튼을 누른다.

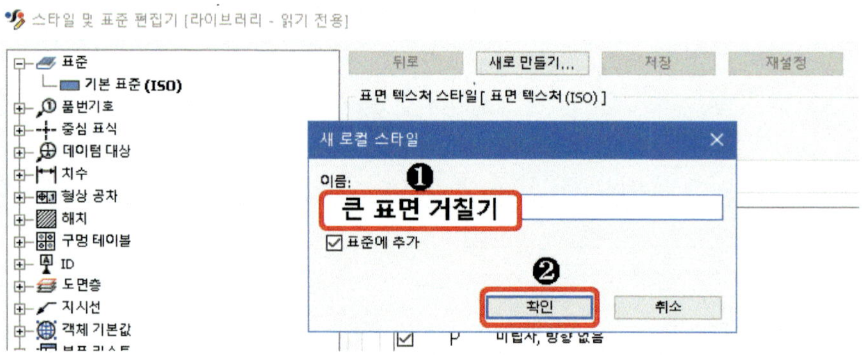

▶ ❶ [텍스트 스타일]을 [레이블 텍스트(ISO)]로 변경한 후 ❷ 표준 참조를 [ISO 1302-1978]로 변경한다. ❸ [저장 및 닫기] 버튼을 누른다. [레이블 텍스트(ISO)]의 글자 크기는 5.25이다.

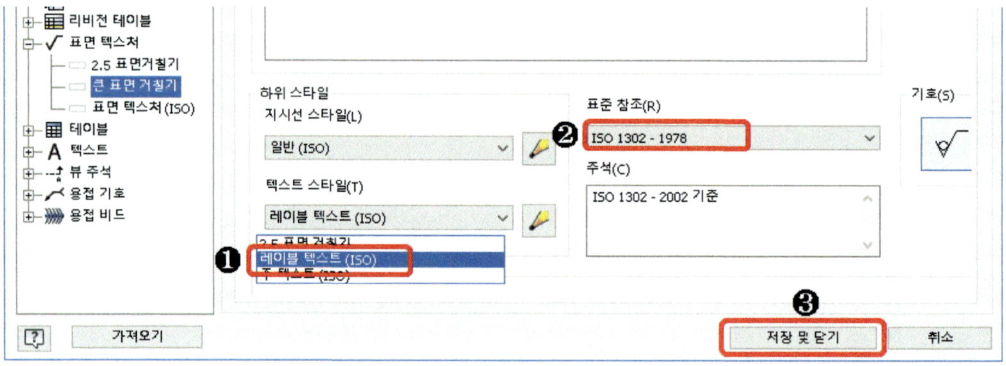

▶ ❶ [곡면] 명령을 실행하고 ❷ [표준에 따름]을 확장시켜 ❸ [큰 표면 거칠기]를 누른다. 선 위의 적당한 지점 ❹를 클릭하고 마우스를 위쪽으로 움직인 후 오른쪽 버튼을 클릭한다. ❺ [계속]을 누른다.

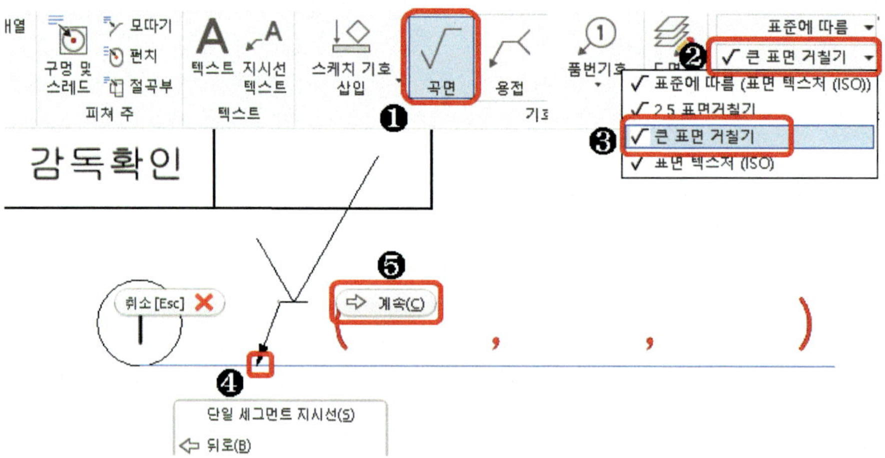

▶ ❻ [재질 제거가 금지됨]을 선택하고 ❼ [확인] 버튼을 누른다.

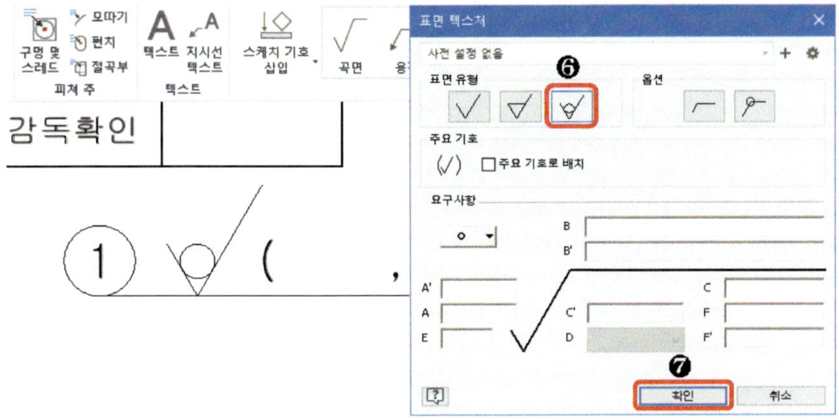

▶ 마찬가지 방법으로 정밀도가 w, x, y인 표면 거칠기를 그림과 같이 기입한다. ❶ [재질 제거가 요구됨]을 선택하고 ❷ 텍스트 "w, x, y"를 입력한 후 ❸ [확인]을 누른다. 수험표란 아래 적당한 위치로 옮기도록 한다.

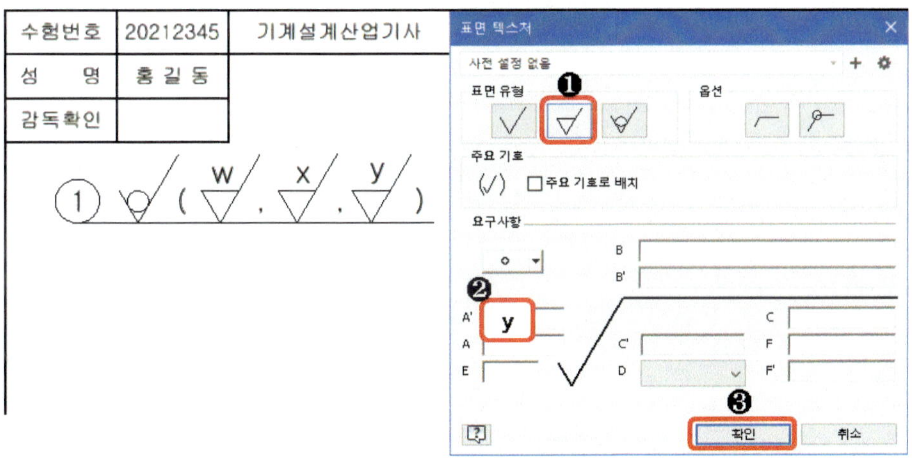

▶ ❶ 선을 더블클릭하면 스케치 모드로 들어간다. 다시 선 ❶을 선택하고 ❷ [스케치만]을 누른 후 ❸ [스케치 마무리]를 누르면 선이 보이지 않게 된다.

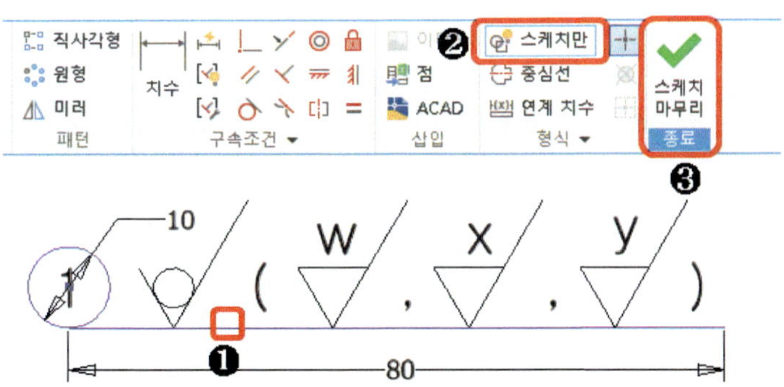

▶ 검색기 창의 ❶의 뷰나 화면상의 ❶ 뷰에서 마우스 오른쪽 버튼을 눌러 ❷ [복사]를 클릭한다.

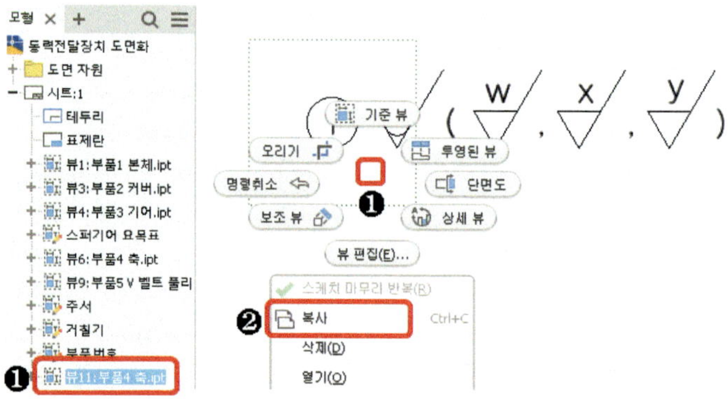

▶ ❶과 ❷ 지점에 붙여넣기(Ctrl+V)를 한다. 겹치지 않도록 적당한 위치에 놓는다.

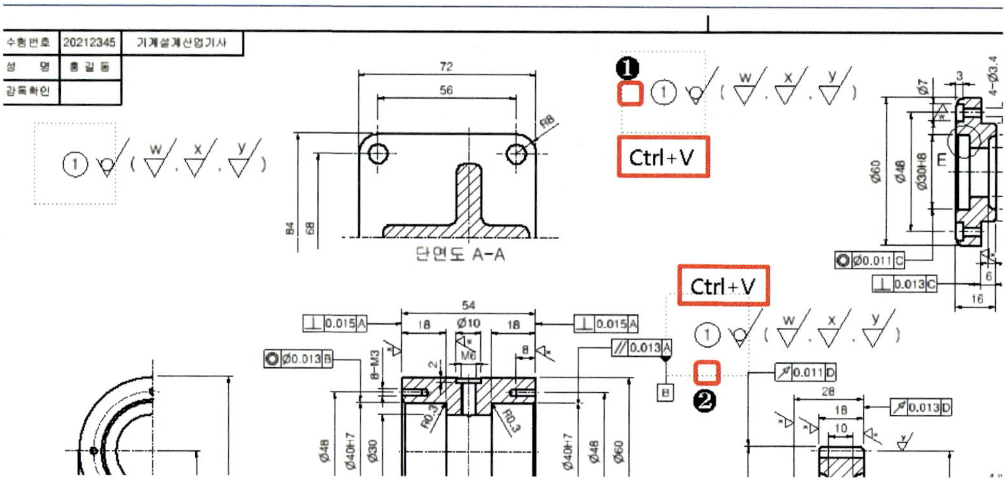

▶ 커버 도면에서 ❶ 텍스트 [1]을 더블클릭하면 [텍스트 형식] 창이 뜨는데 숫자 [1]을 ❷ "2"로 변경한 후 ❸ [확인] 버튼을 누른다. ❹ [스케치 마무리]를 누른다.

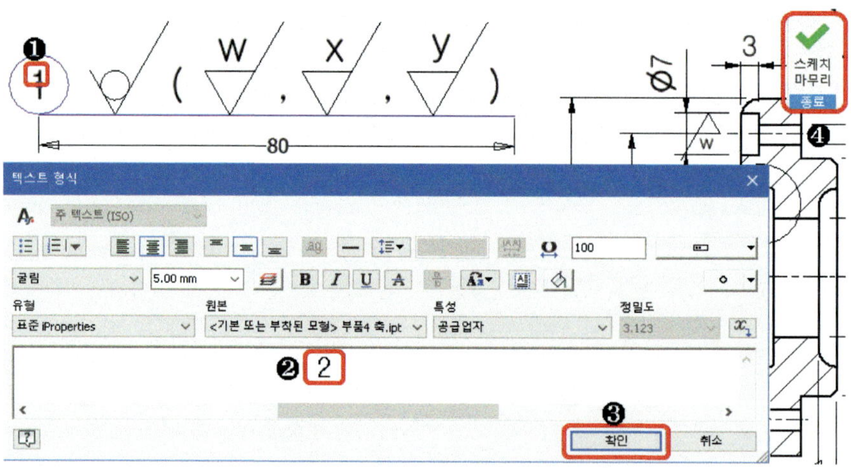

▶ 기어 도면에서 ❶ [w 표면 거칠기] 기호를 선택한 후 우클릭하여 ❷ 삭제한다. ❸과 ❹를 앞쪽으로 드래그하여 그림처럼 이동한다.

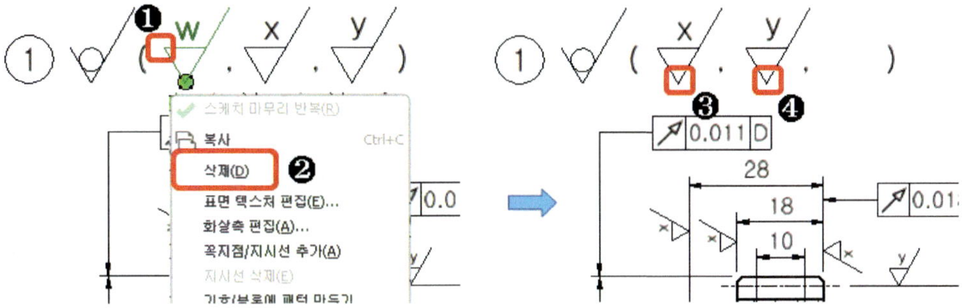

▶ ❶ 원을 더블클릭하여 스케치모드로 들어가서 ❷ 괄호 "("를 더블클릭하고 ❸처럼 블록(,에서 괄호 전까지) 설정한 후 삭제한다. ❹ [확인]을 누른다.

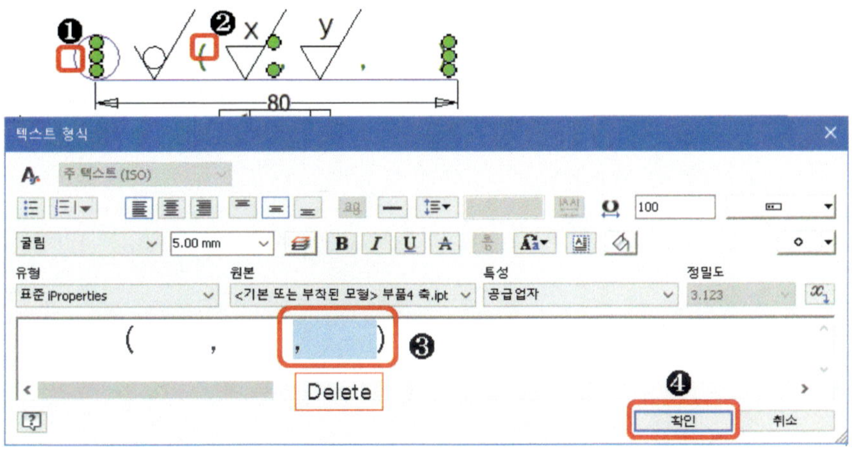

▶ 이어서 ❶ 텍스트 [1]을 더블클릭하면 [텍스트 형식] 창이 뜨는데 숫자 [1]을 ❷ "3"으로 변경한 후 ❸ [확인] 버튼을 누른다. ❹ [스케치 마무리]를 누른다.

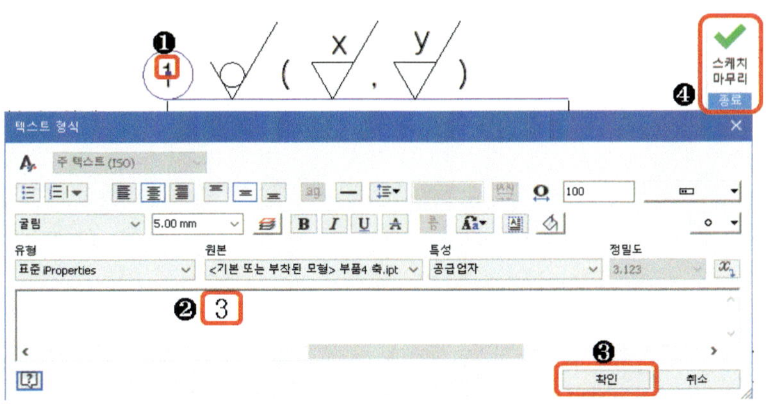

▶ 마우스로 기어의 부품 번호 근처에 점선 사각형이 생길 때 ❶ 뷰를 선택한 후 [Ctrl+C]를 눌러 복사를 하고 ❷와 ❸ 지점에 [Ctrl+V]를 눌러 붙여넣기를 한다.

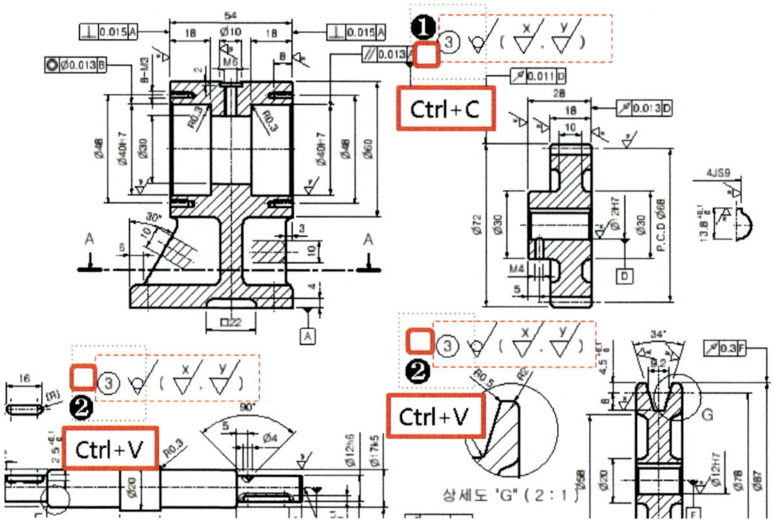

▶ V 벨트 풀리의 ❶ 괄호 "("을 더블클릭하면 스케치 모드로 변경된다. ❷ 텍스트 [3]을 더블클릭하고 ❷ 숫자 [3]을 "5"로 변경한 후 ❹ [확인] 버튼을 누른다. ❺ [스케치 마무리]를 누른다.

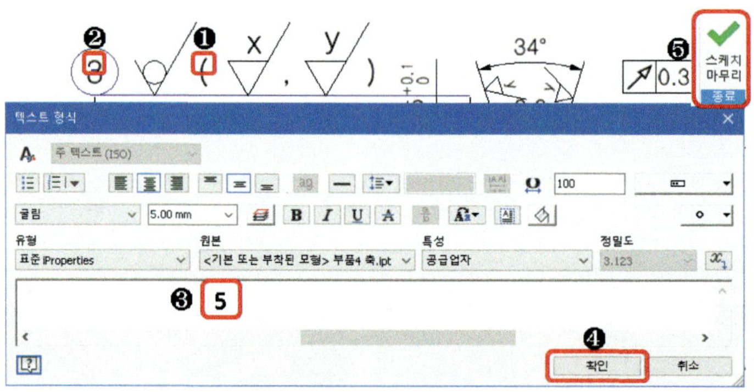

▶ 축의 ❶ [재질 제거가 금지됨] 표면 거칠기 기호를 선택하여 마우스 오른쪽 버튼을 클릭하여 ❷ 삭제한다. ❸과 ❹를 앞쪽으로 드래그하여 그림처럼 이동한다.

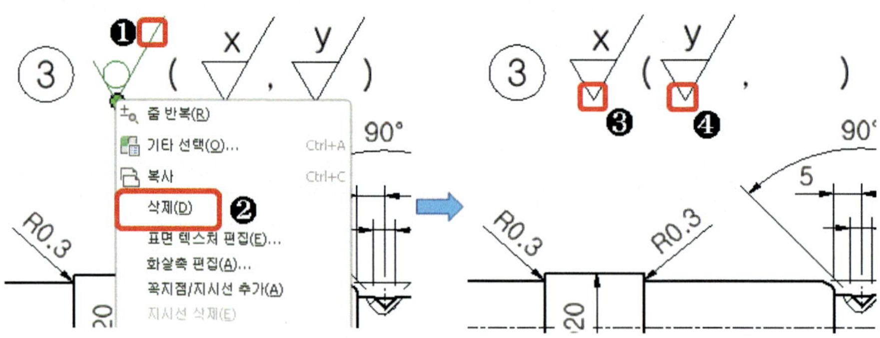

▶ ❶ 괄호 ")"를 더블클릭하면 스케치 모드로 들어가면 ❷ 숫자 "3"을 더블클릭한 후 ❸ "4"로 변경한다. ❹ [확인]을 누른다.

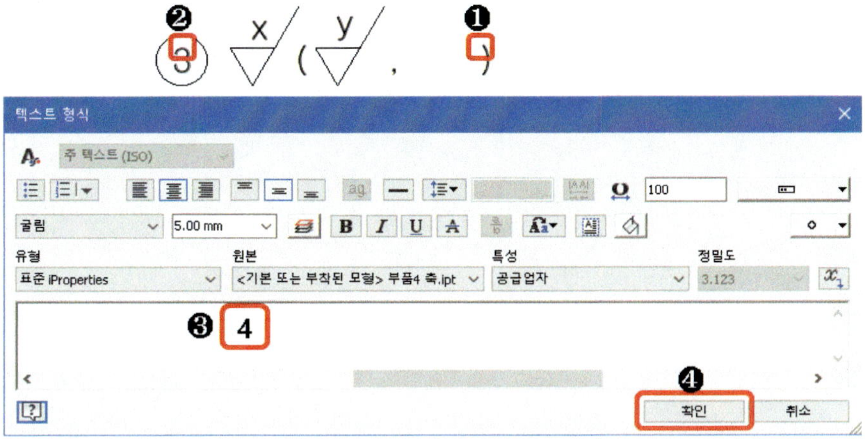

▶ 이어서 ❶ 괄호 ")"를 더블클릭하고 그림 ❷처럼 블록 설정한 후 삭제한다. ❸ [확인] 버튼을 누른다. ❹ [스케치 마무리]를 누른다.

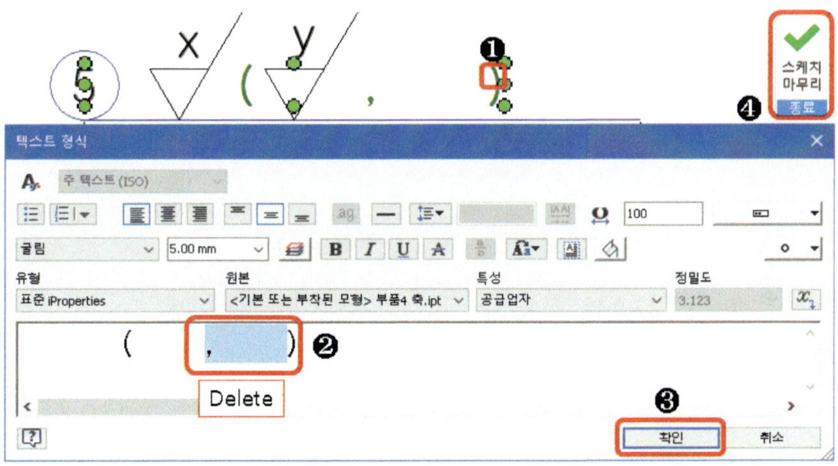

▶ 도면 작업이 끝난 최종 도면은 다음과 같다.

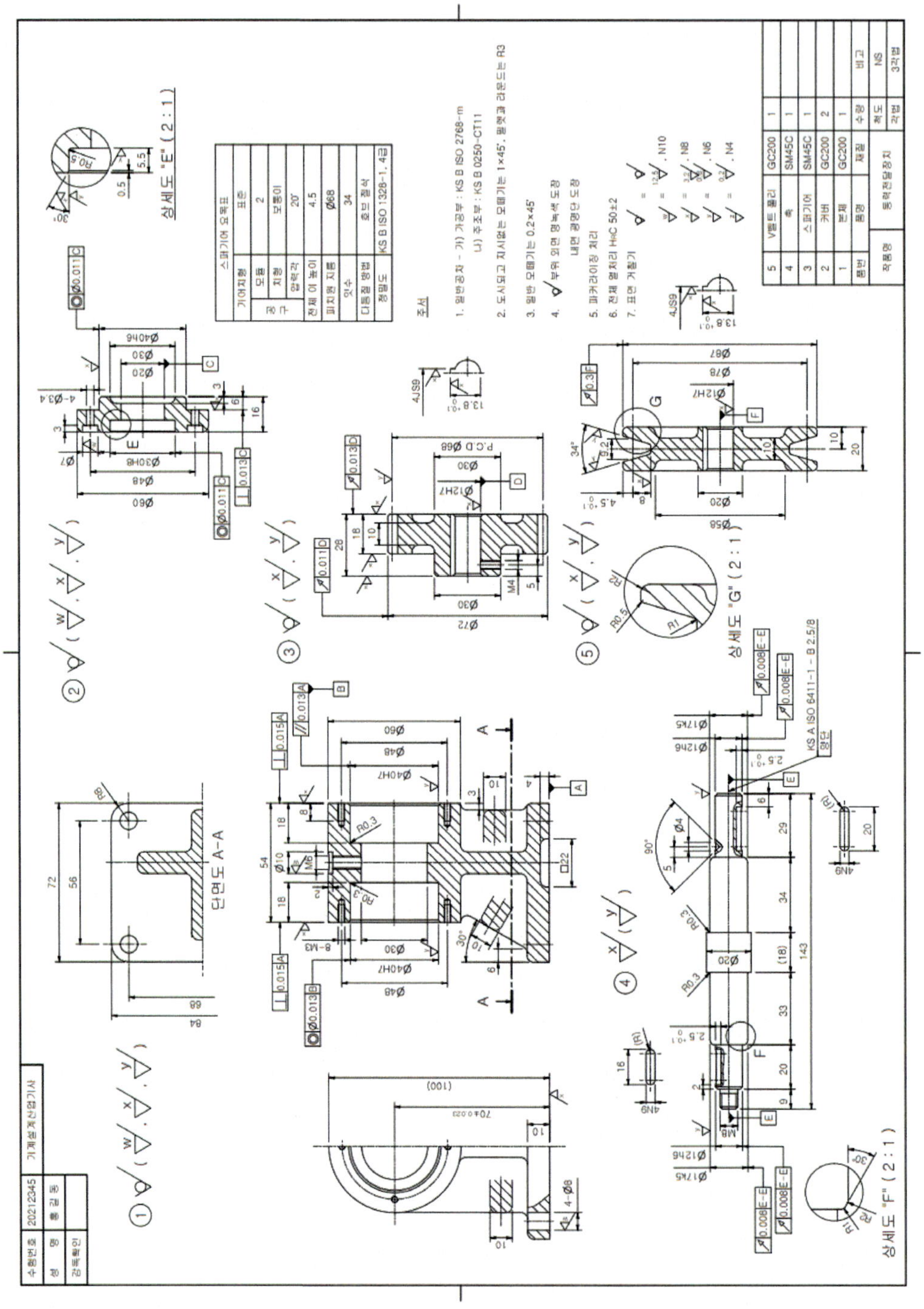

▶ 파일명을 [동력전달장치 도면화]로 저장한다. 확장자는 "idw" 또는 "dwg"를 선택한다.

AUTODESK INVENTOR 2024

08 3D 등각 투상도 작성

CHAPTER

8.1 3D 등각 투상

8.1.1 본체 등각 투상

▶ 앞에서 작성한 [표제란]을 새로 불러오거나 새 시트를 작성한다. 검색기 창에서 앞에서 저장한 ❶ [동력전달장치 도면화]를 선택하고 마우스 오른쪽 버튼을 클릭한다. ❷ [새 시트]를 선택한다.

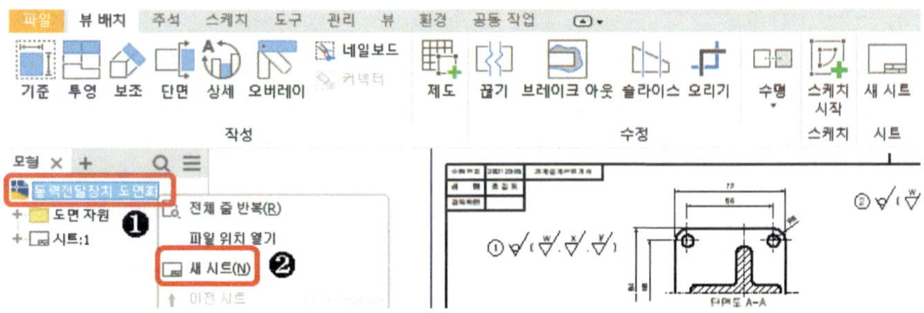

▶ 새로 생성된 ❶ [시트:2]를 선택한 후 마우스 오른쪽 버튼을 눌러 ❷ [시트편집]을 누른다. 시트 편집 창에서 ❸ 이름을 "3D 등각 투상도"라 입력하고 ❹ [확인]을 누른다.

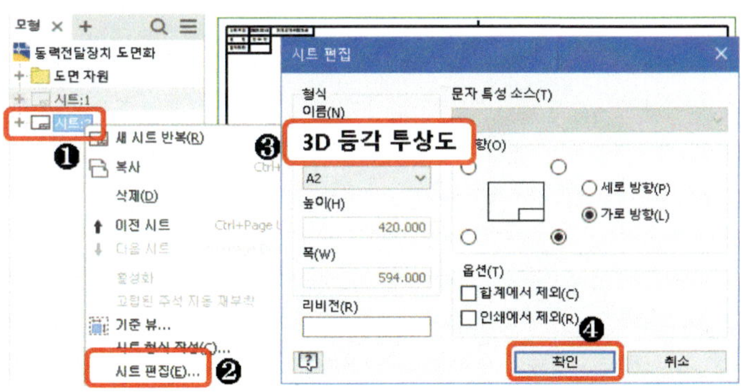

▶ ❶ [뷰 배치] 메뉴에서 ❷ [기준]을 클릭하고 ❸ [기존 파일 열기] 버튼을 누른다. ❹ [부품1 본체] 파일을 클릭하고 ❺ [열기] 버튼을 누른다.

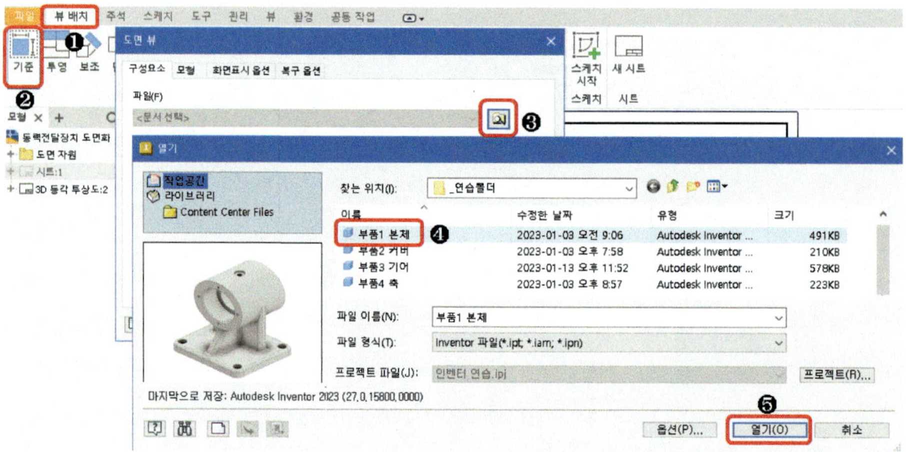

▶ 도면 뷰 창의 ❶ [구성요소] 탭에서 ❷ [은선 제거]와 ❸ [음영처리]를 선택한다. ❹ [화면표시 옵션] 탭을 열어 ❺ [스레드 피처] 및 [접하는 모서리]에 체크한다.

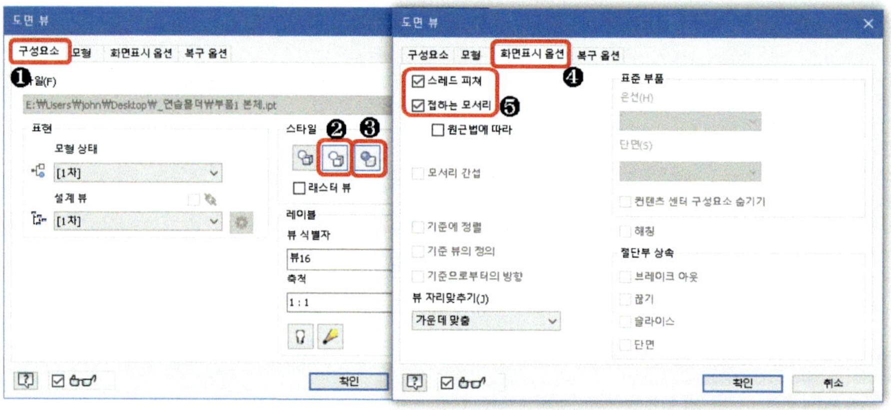

▶ 화면상에 본체가 정면도 투상이 되고 ❶ [홈]을 누르면 오른쪽 그림처럼 등각 투상이 된다. 마우스 오른쪽 버튼을 눌러 ❷ [확인]을 누른다.

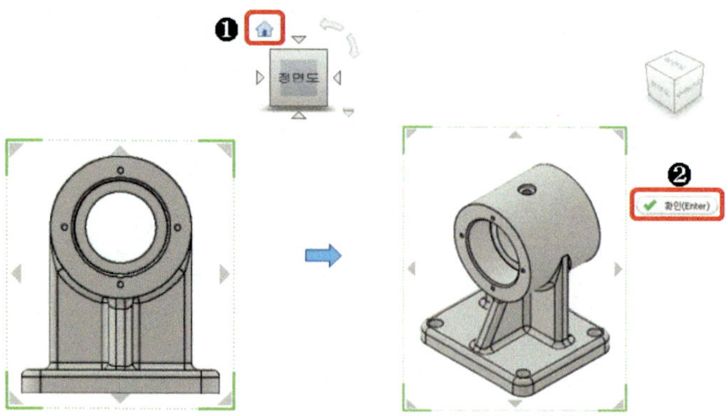

▶ 화면의 등각 투상된 ❶ 뷰를 선택하면 점선 사각형이 생기는 데 이 때 [Ctrl+C]로 복사를 하고 바로 옆에 [Ctrl+V]로 붙여넣기를 한다.

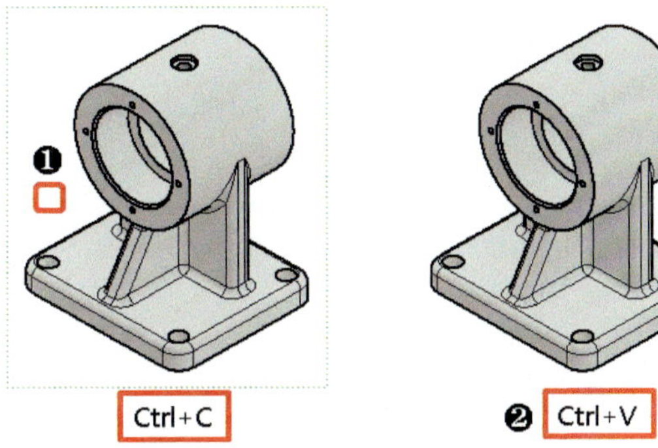

▶ 앞에서 복사한 두 번째 뷰 ❶을 더블클릭하면 [뷰큐브]가 나타난다. ❷ [위쪽] 꼭짓점을 클릭하면 가운데 그림처럼 뒷모습이 보이게 된다. 다시 뷰큐브에서 ❸ 아래쪽 꼭짓점을 클릭하면 오른쪽 그림처럼 바닥면이 보이게 된다. 이 때 마우스 오른쪽 버튼을 클릭하고 ❹ [확인]을 누른다.

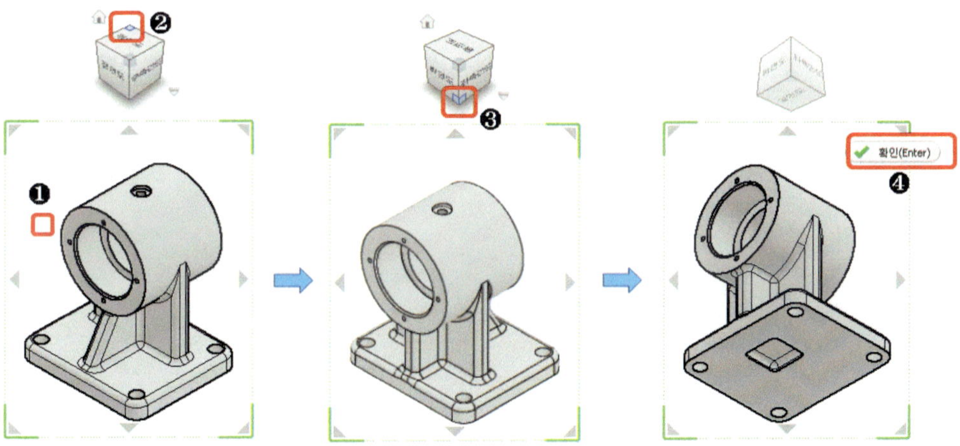

▶ ❶ [수평]을 확장시키고 ❷ [수평] 명령을 실행한다. 뷰 ❸과 ❹를 선택하면 수평으로 정렬할 수 있다.

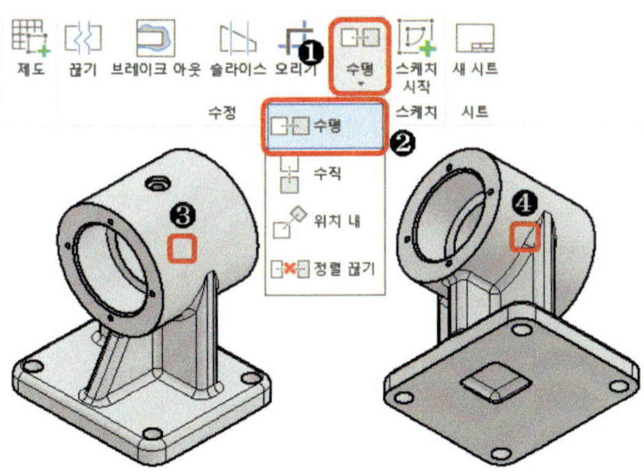

▶ 도면 왼쪽 상단부로 생성된 2개의 뷰를 이동시켜 배치하도록 한다.

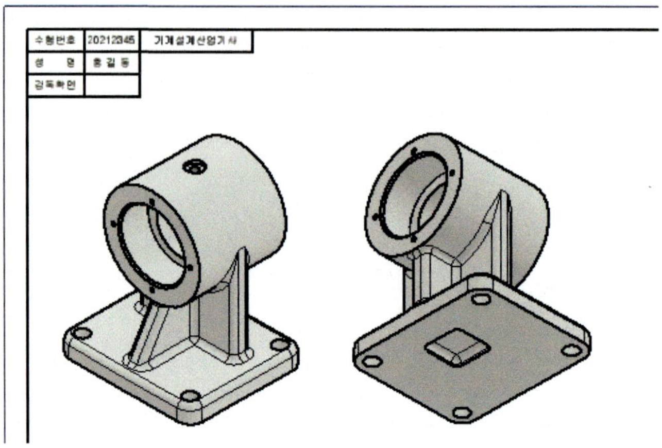

8.1.2 커버 등각 투상

▶ ❶ [뷰 배치] 메뉴에서 ❷ [기준]을 클릭하고 ❸ [기존 파일 열기] 버튼을 누른다. ❹ [부품2 커버] 파일을 클릭하고 ❺ [열기] 버튼을 누른다.

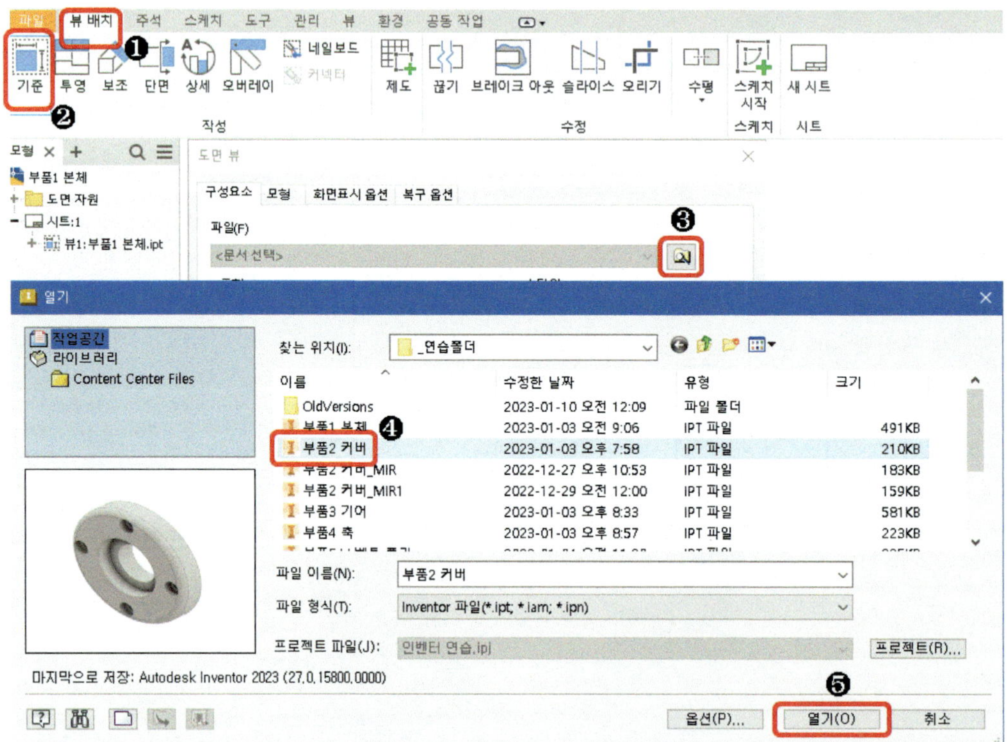

▶ 도면 뷰 창의 ❶ [구성요소] 탭에서 ❷ [은선 제거]와 ❸ [음영처리]를 선택한다. ❹ [화면표시 옵션] 탭을 열어 ❺ [접하는 모서리]에 체크한다.

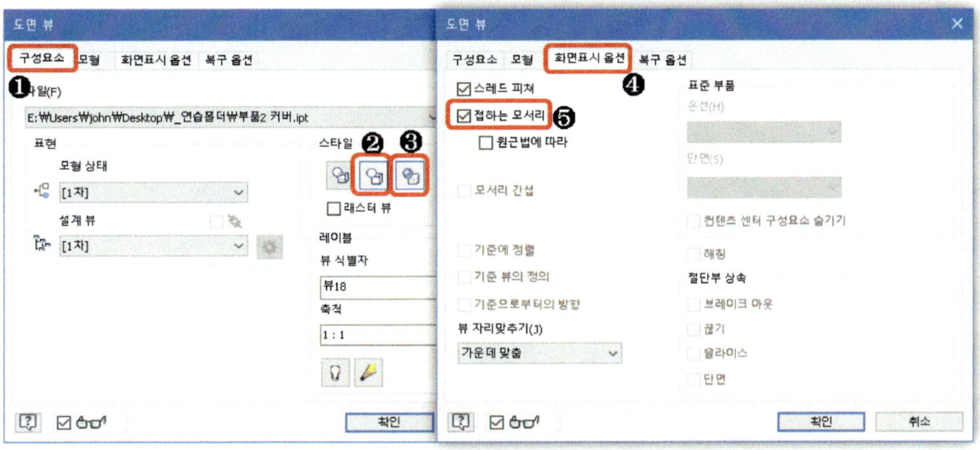

▶ 화면상에 커버 정면도가 투상이 되고 ❶ [홈]을 누르면 오른쪽 그림처럼 등각 투상이 된다. 마우스 오른쪽 버튼을 눌러 ❷ [확인]을 누른다.

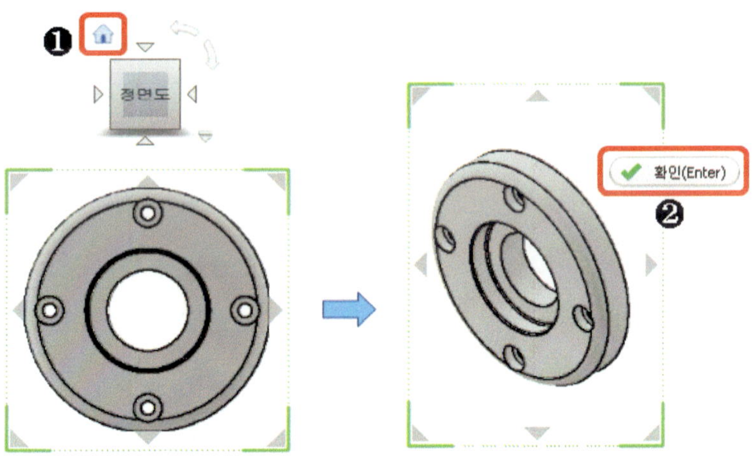

▶ 등각 투상된 ❶ 뷰를 선택하고 [Ctrl+C]로 복사를 하고 바로 옆에 [Ctrl+V]로 붙여넣기를 한다.

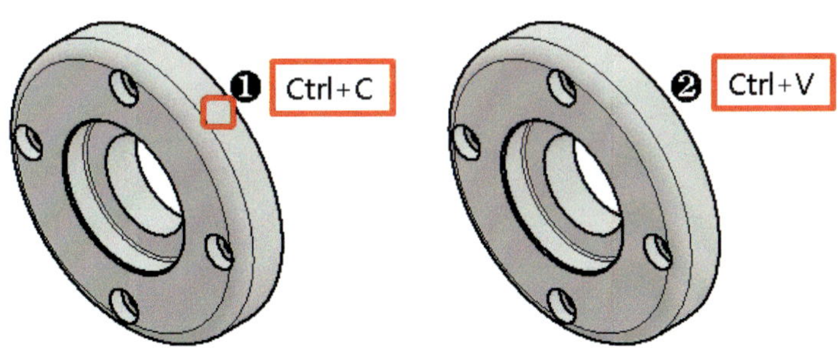

▶ 앞에서 복사한 두 번째 뷰 ❶을 더블클릭하면 [뷰큐브]가 나타난다. ❷ [오른쪽 위 꼭짓점]을 클릭하면 오른쪽 그림처럼 뒷면이 보이게 된다. 이 때 마우스 오른쪽 버튼을 클릭하고 ❸ [확인]을 누른다.

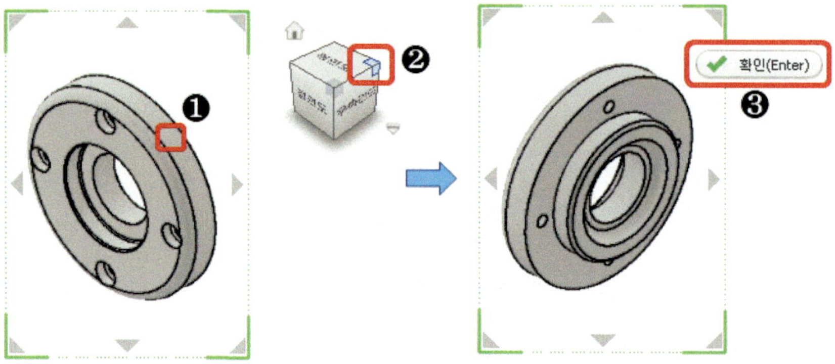

▶ 2개의 커버 뷰를 아래 부분이 어느 정도 일치하도록 배치한다. ❶ 뷰를 선택하고 ❷ [정렬 끊기]를 선택하여 확장시킨다. ❸ [수평]을 선택한 후 ❹ 뷰를 선택하며 좌우가 정렬된다.

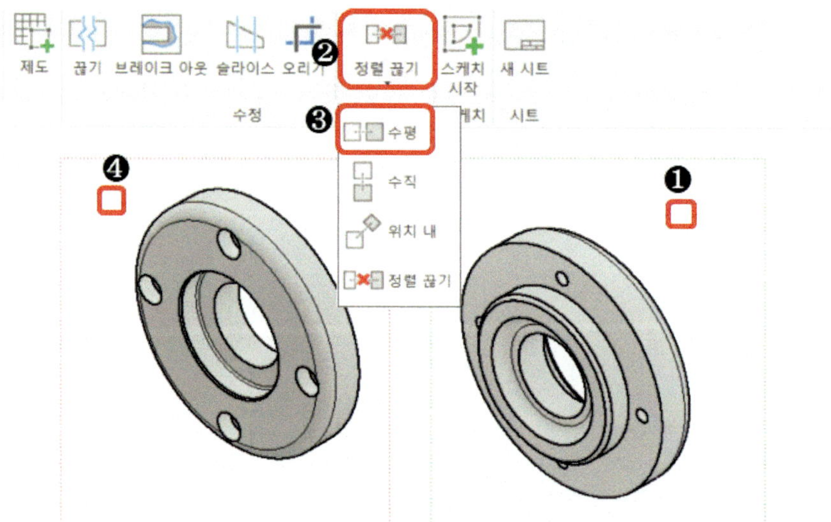

8.1.3 기어 등각 투상

▶ ❶ [뷰 배치] 메뉴에서 ❷ [기준]을 클릭하고 ❸ [기존 파일 열기] 버튼을 누른다. ❹ [부품3 기어] 파일을 클릭하고 ❺ [열기] 버튼을 누른다.

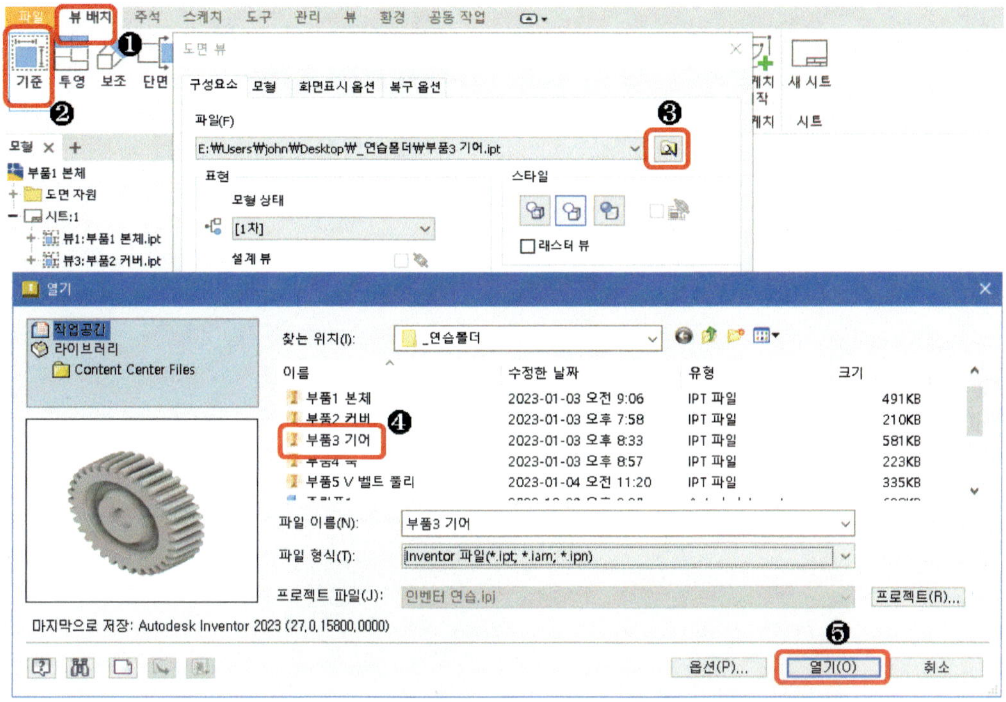

▶ 도면 뷰 창의 ❶ [구성요소] 탭에서 ❷ [은선 제거]와 ❸ [음영처리]를 선택한다. ❹ [화면표시 옵션] 탭을 열어 ❺ [접하는 모서리]에 체크한다.

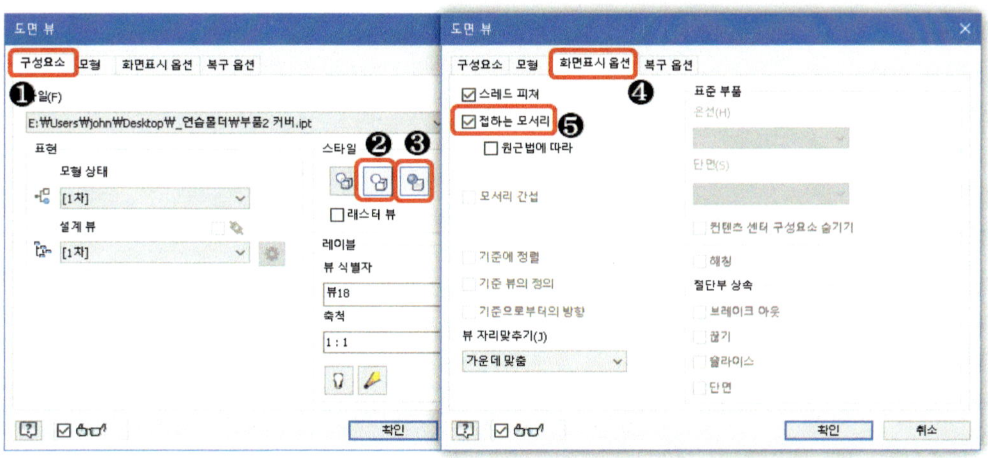

▶ 화면상에 기어 정면도가 투상이 되고 ❶ [홈]을 누르면 오른쪽 그림처럼 등각 투상이 된다. 마우스 오른쪽 버튼을 눌러 ❷ [확인]을 누른다.

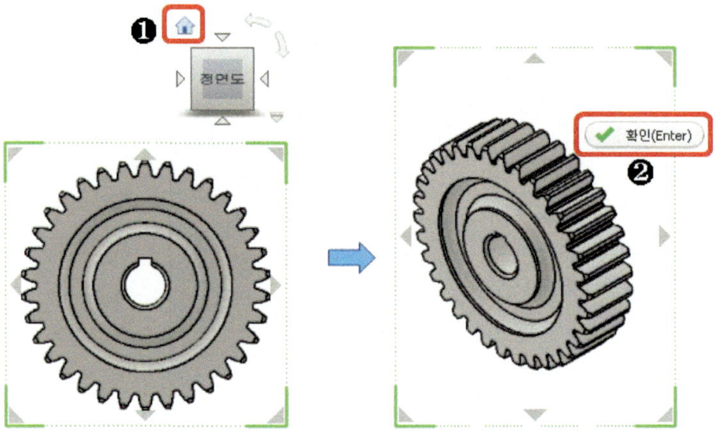

▶ 등각 투상된 ❶ 뷰를 선택하고 [Ctrl+C]로 복사를 하고 바로 옆에 [Ctrl+V]로 붙여넣기를 한다.

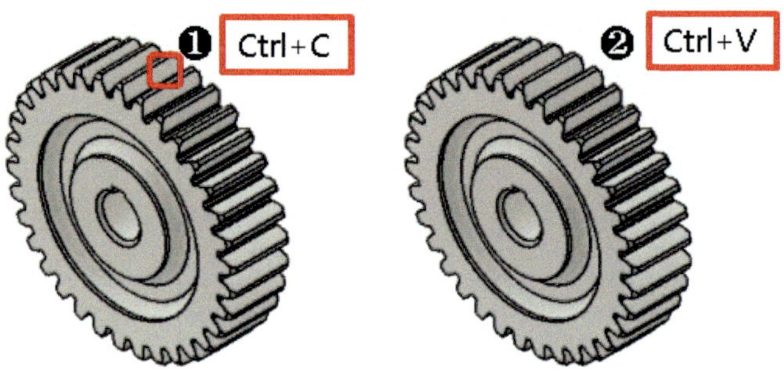

▶ 앞에서 복사한 두 번째 뷰 ❶을 더블클릭하면 [뷰큐브]가 나타난다. ❷ [오른쪽 위의 꼭짓점]을 클릭하면 오른쪽 그림처럼 뒷면이 보이게 된다. 이 때 마우스 오른쪽 버튼을 클릭하고 ❸ [확인]을 누른다.

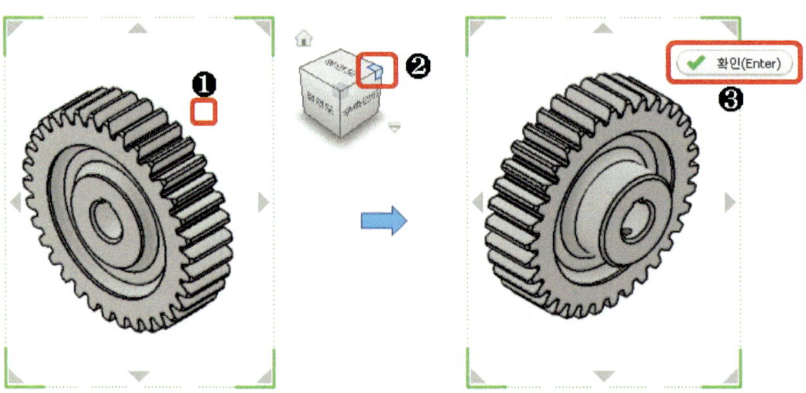

▶ ❶ [수평]을 확장시키고 ❷ [수평] 명령을 실행한 후 뷰 ❸과 ❹를 선택하면 수평으로 정렬할 수 있다.

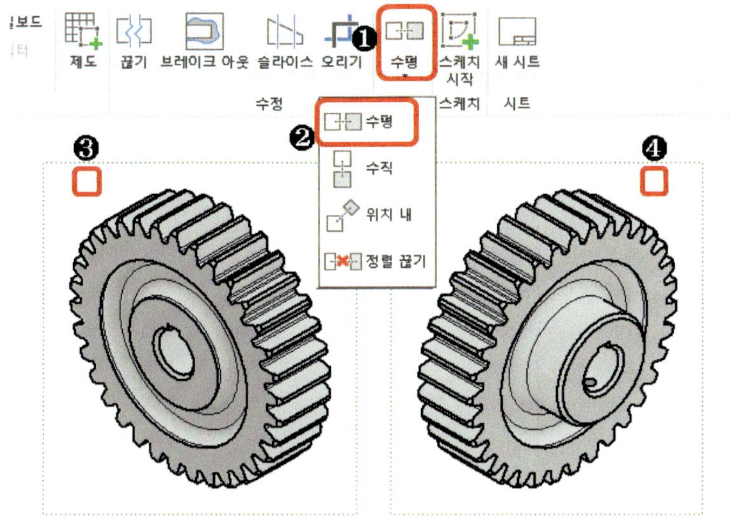

8.1.4 축 등각 투상

▶ ❶ [뷰 배치] 메뉴에서 ❷ [기준]을 클릭하고 ❸ [기존 파일 열기] 버튼을 누른다. ❹ [부품4 기어] 파일을 클릭하고 ❺ [열기] 버튼을 누른다.

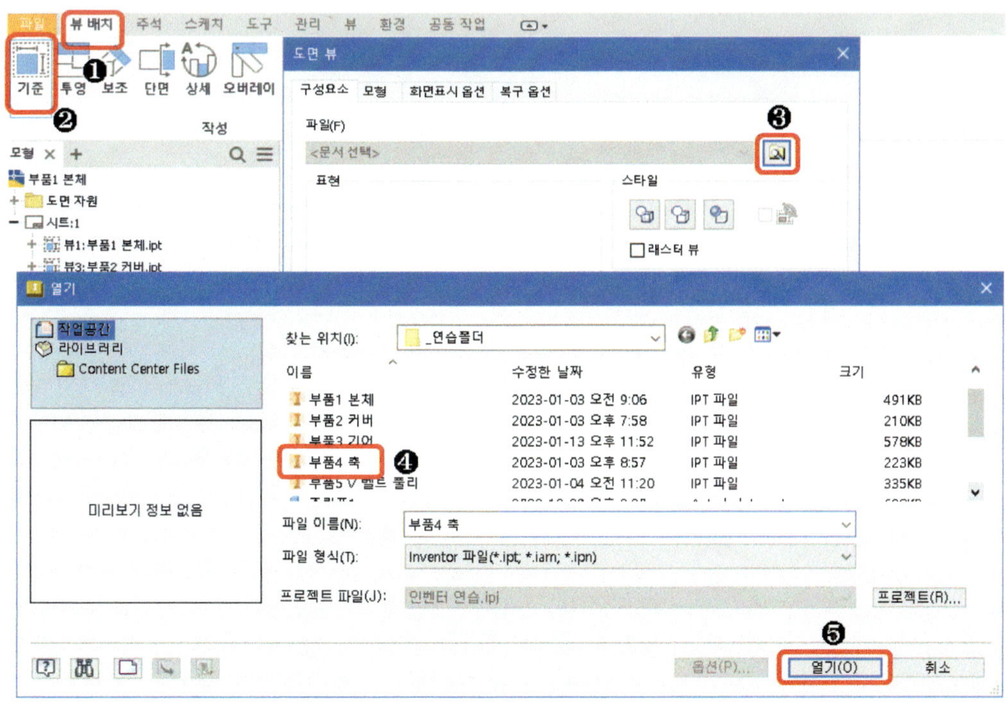

▶ 도면 뷰 창의 ❶ [구성요소] 탭에서 ❷ [은선 제거]와 ❸ [음영처리]를 선택한다. ❹ [축척]은 [1:1]로 한다. ❺ [화면표시 옵션] 탭을 열어 ❻ [접하는 모서리]에 체크한다.

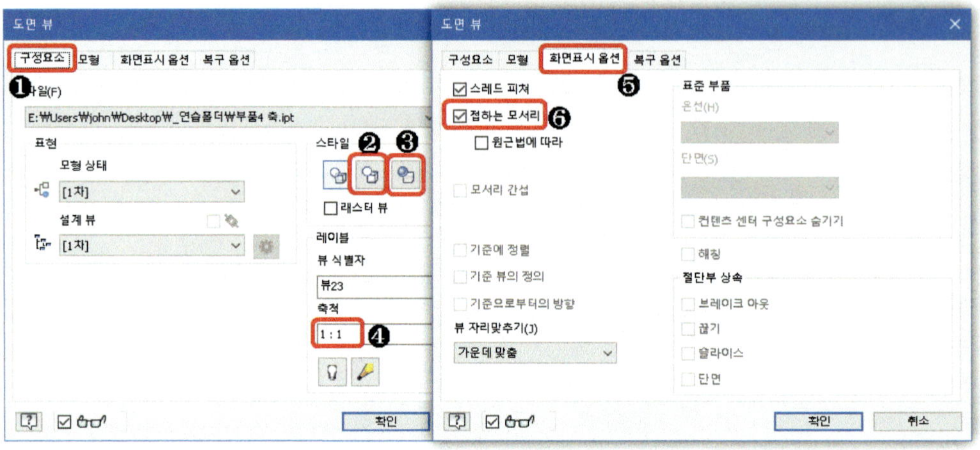

▶ 화면상에 축 정면도가 투상이 되고 ❶ [홈]을 누르면 오른쪽 그림처럼 등각 투상이 된다. 마우스 오른쪽 버튼을 눌러 ❷ [확인]을 누른다.

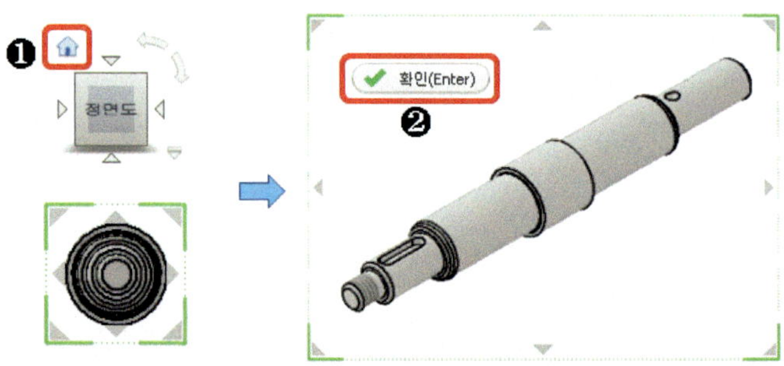

▶ 등각 투상된 ❶ 뷰를 선택하고 [Ctrl+C]로 복사를 하고 바로 옆에 [Ctrl+V]로 붙여넣기를 한다.

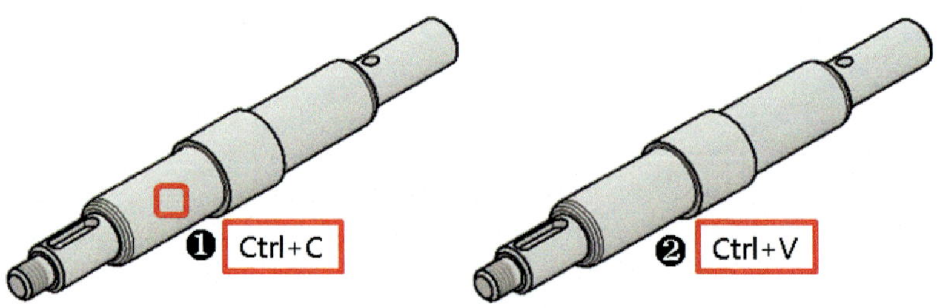

▶ 앞에서 복사한 두 번째 뷰 ❶을 더블클릭하면 [뷰큐브]가 나타난다. ❷ [위쪽] 꼭짓점을 클릭하면 오른쪽 그림처럼 밑 부분이 보이게 된다. 다시 뷰큐브에서 ❸ 아래쪽 꼭짓점을 클릭하면 아래 그림처럼 바닥면이 보이게 된다. 이 때 마우스 오른쪽 버튼을 클릭하고 ❹ [확인]을 누른다.

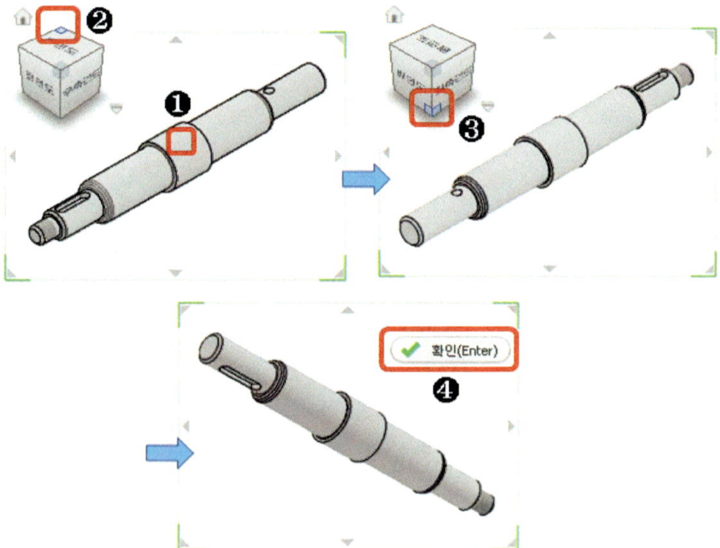

▶ ❶ [정렬 끊기]를 확장시키고 ❷ [수평] 명령을 실행한 후 뷰 ❸과 ❹를 선택하면 수평으로 정렬할 수 있다.

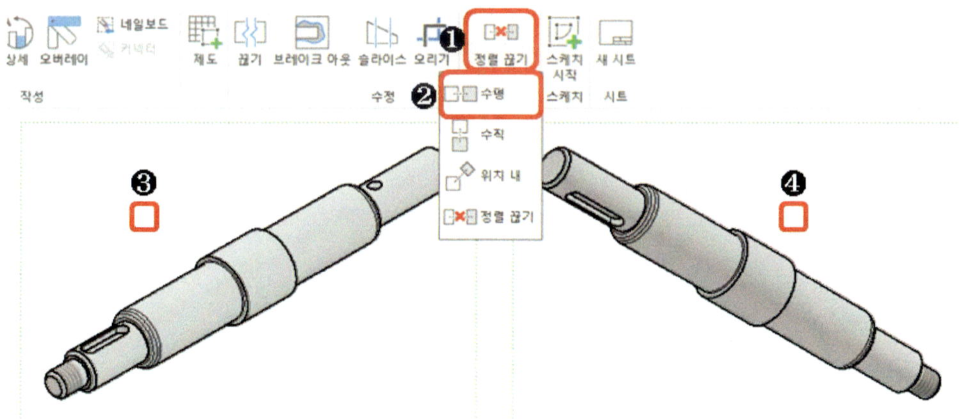

8.1.5 V 벨트 풀리 등각 투상

▶ ❶ [뷰 배치] 메뉴에서 ❷ [기준]을 클릭하고 ❸ [기존 파일 열기] 버튼을 누른다. ❹ [부품5 V 벨트 풀리] 파일을 클릭하고 ❺ [열기] 버튼을 누른다.

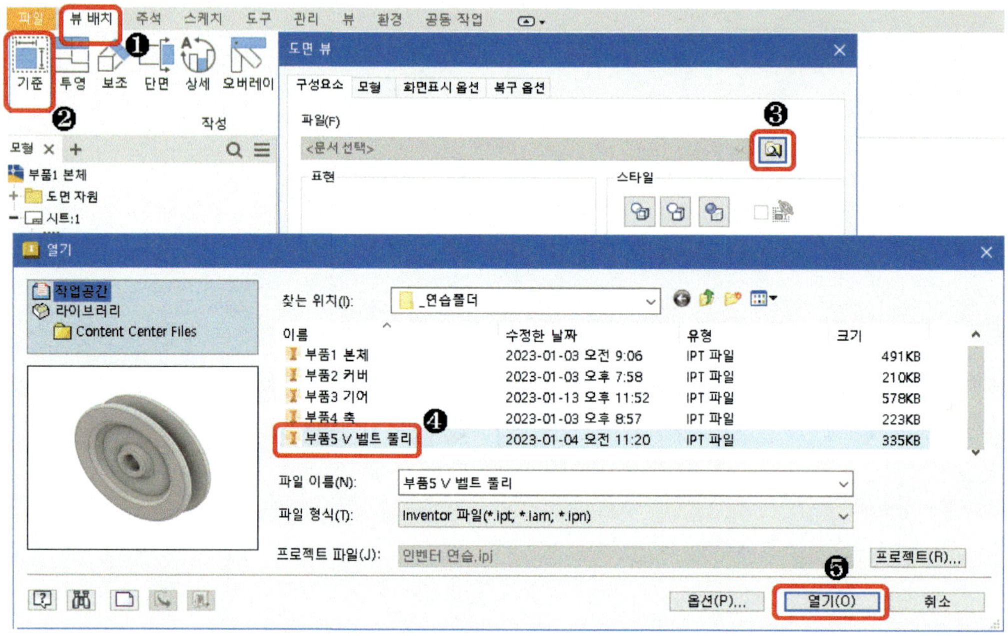

▶ 도면 뷰 창의 ❶ [구성요소] 탭에서 ❷ [은선 제거]와 ❸ [음영처리]를 선택한다. ❹ [화면표시 옵션] 탭을 열어 ❺ [접하는 모서리]에 체크한다.

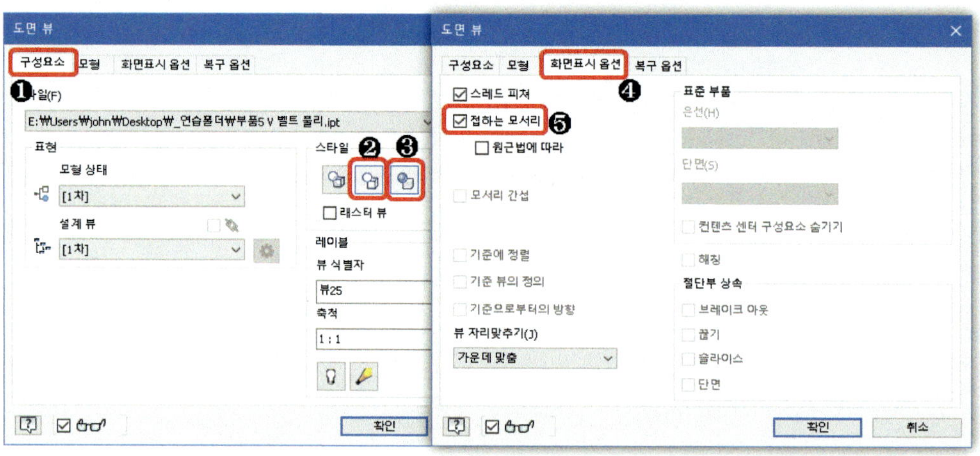

▶ 화면상에 V 벨트 풀리 정면도가 투상이 되고 ❶ [홈]을 누르면 오른쪽 그림처럼 등각 투상이 된다. 마우스 오른쪽 버튼을 눌러 ❷ [확인]을 누른다.

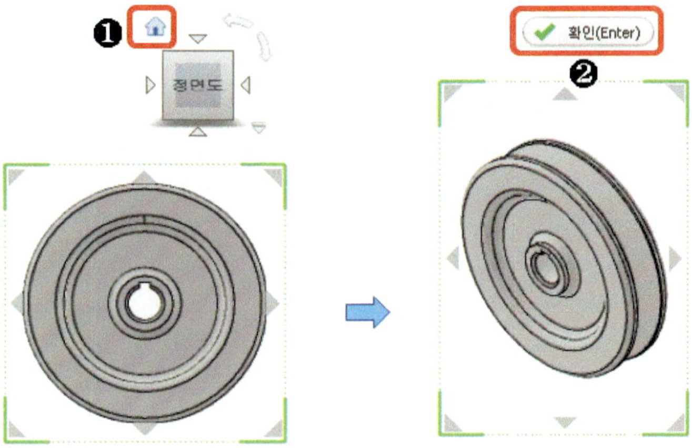

▶ 등각 투상된 ❶ 뷰를 선택하고 [Ctrl+C]로 복사를 하고 바로 옆에 [Ctrl+V]로 붙여넣기를 한다.

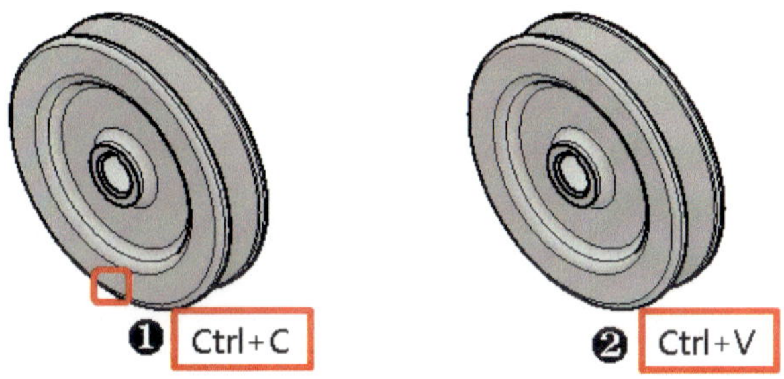

▶ 앞에서 복사한 두 번째 뷰 ❶을 더블클릭하면 [뷰큐브]가 나타난다. ❷ [오른쪽 위의 꼭짓점]을 클릭하면 오른쪽 그림처럼 뒷면이 보이게 된다. 이 때 마우스 오른쪽 버튼을 클릭하고 ❸ [확인]을 누른다.

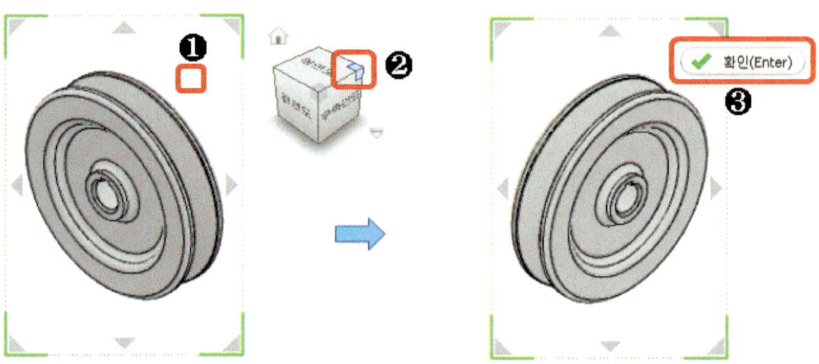

▶ ❶ [정렬 끊기]를 확장시키고 ❷ [수평] 명령을 실행한 후 뷰 ❸과 ❹를 선택하면 수평으로 정렬할 수 있다.

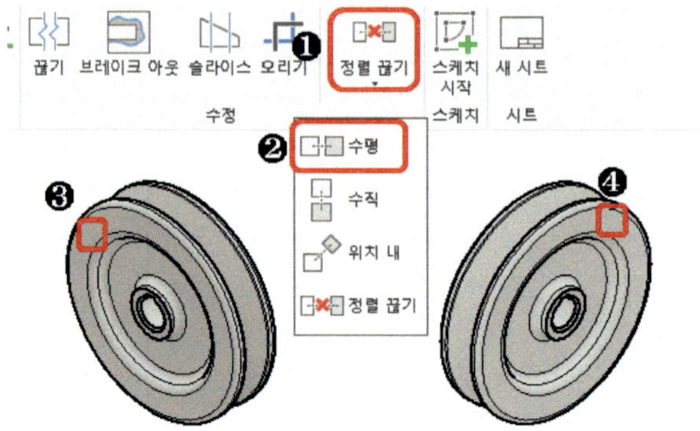

▶ 다음과 같이 부품들을 배치하도록 한다.

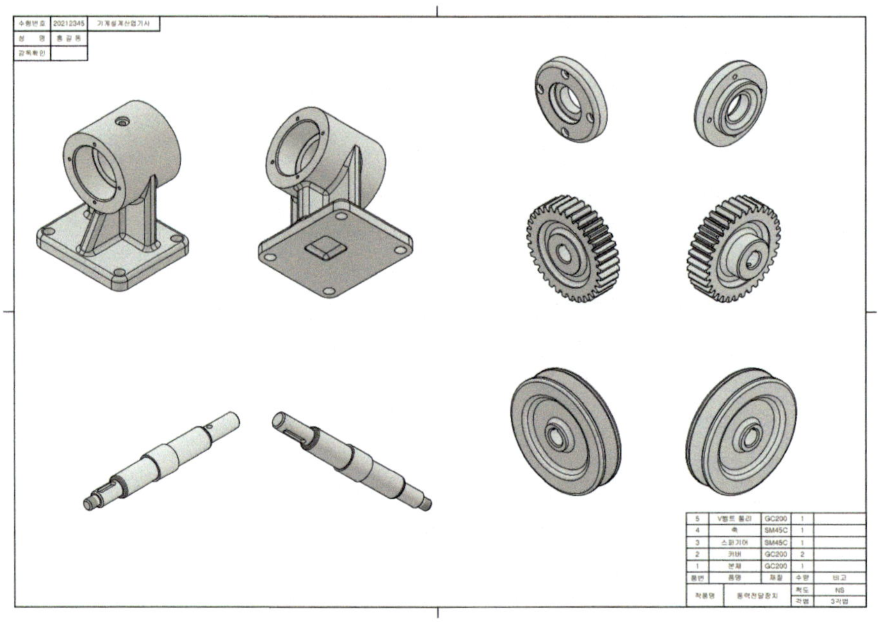

8.2 부품 번호 기입

▶ ❶ [뷰 배치] 메뉴에서 ❷ [제도] 명령을 실행하고 ❸ [뷰 식별자]에 "부품번호"라고 입력한 후 ❹ [확인]을 누른다.

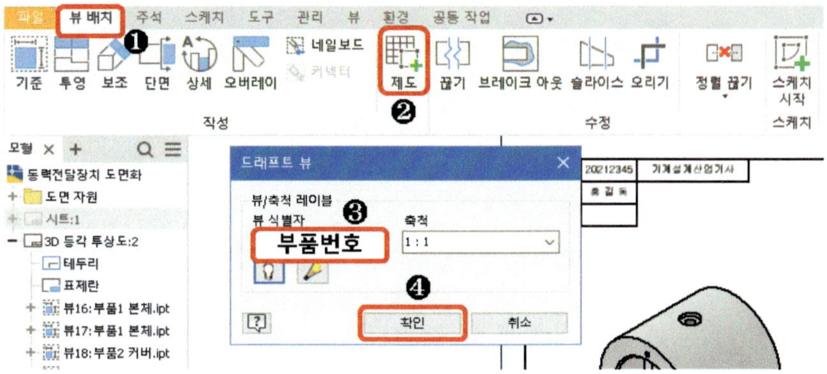

▶ ❶ [원] 명령으로 직경이 ∅10인 원 ❷를 그린다. ❸ [텍스트] 명령을 실행하고 화면에 임의의 지점 ❹를 클릭한다. ❺ [중심 자리맞추기], ❻ [중간 자리맞추기], ❼ 글자 크기 [5mm]를 선택한다. ❽ 입력창에 숫자 "1"을 입력한 후 ❾ [확인]을 누른다.

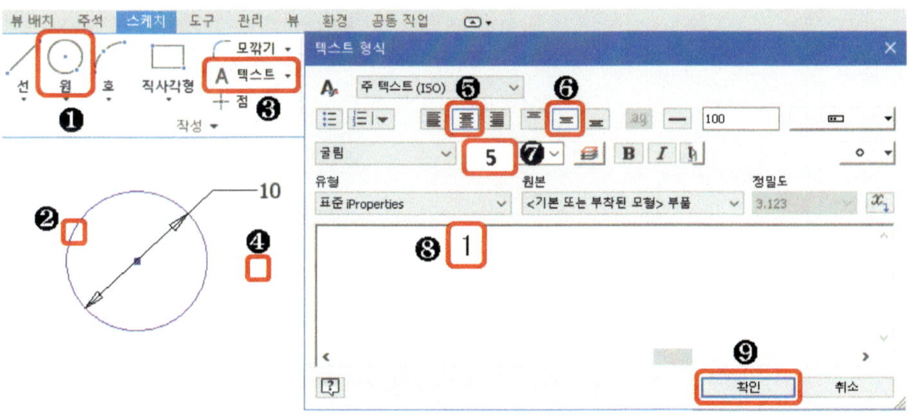

▶ ❶ [일치 구속조건] 명령을 실행하고 ❷ 테스트의 중간 중심점을 선택한 후 ❸ 원의 중심점을 선택하면 오른쪽 그림과 같이 일치시킬 수 있다.

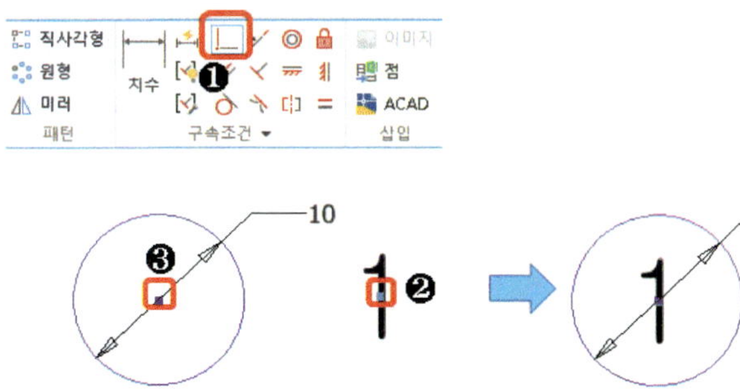

▶ ❶ [복사] 명령을 실행하고 점 ❷에서 ❸까지 드래그하여 원과 글자 모두를 선택한다. ❹ [기준점]을 클릭하고 ❺ 원의 중심점을 선택하고 원하는 지점에 붙여넣기를 한다.

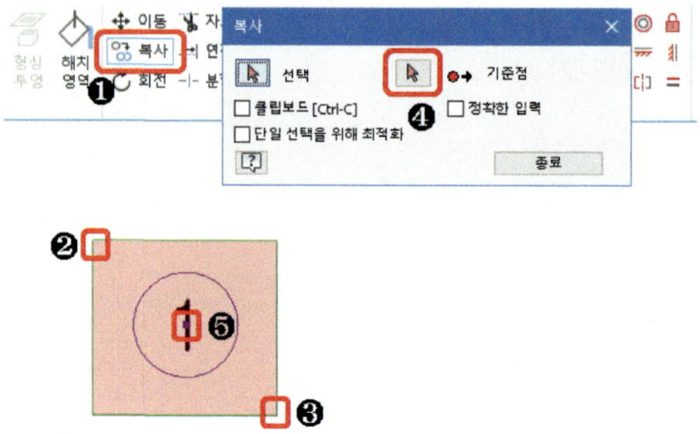

▶ 복사할 준비가 되면 그림처럼 적당한 위치 ❶ ~ ❹ 까지 클릭하여 붙여넣기를 하고 ❺ [종료]를 누른다.

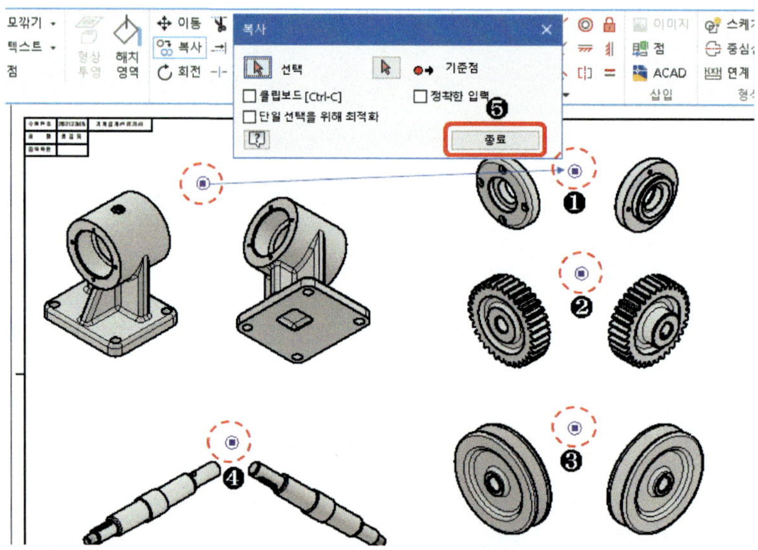

▶ ❶ 각각의 텍스트를 더블클릭하고 ❷ 각 부품 별로 원하는 숫자를 기입한 후 ❸ [스케치 마무리]를 누른다.

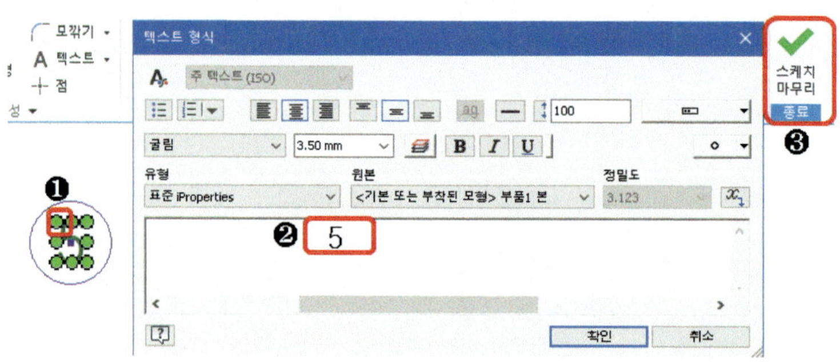

▶ 부품번호를 기입하기 위해 다른 방법을 사용해 보자.

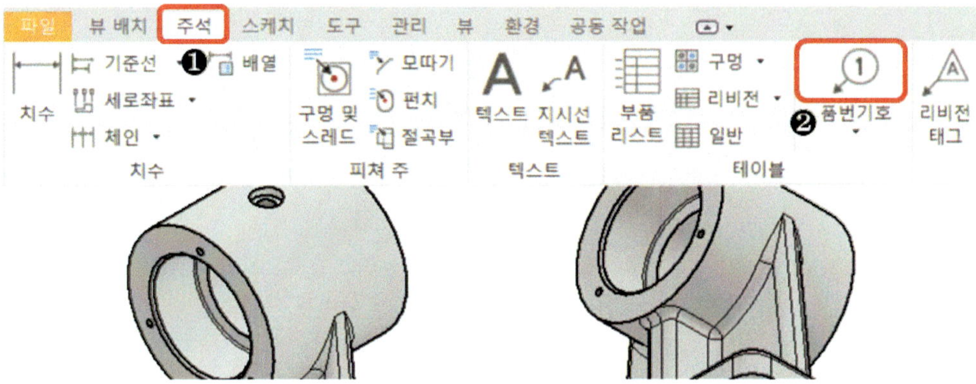

▶ 화면상에서 ❶ 원기둥의 테두리 원을 선택한 후 ❷ [확인]을 누른다.

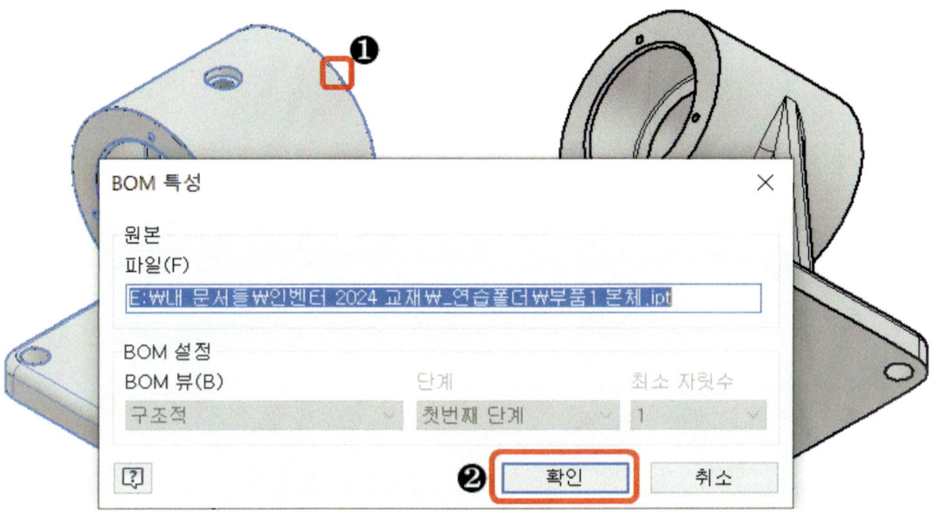

▶ 적당한 위치 ❸에 클릭한 후 우클릭하여 ❹ [계속]을 누른다.

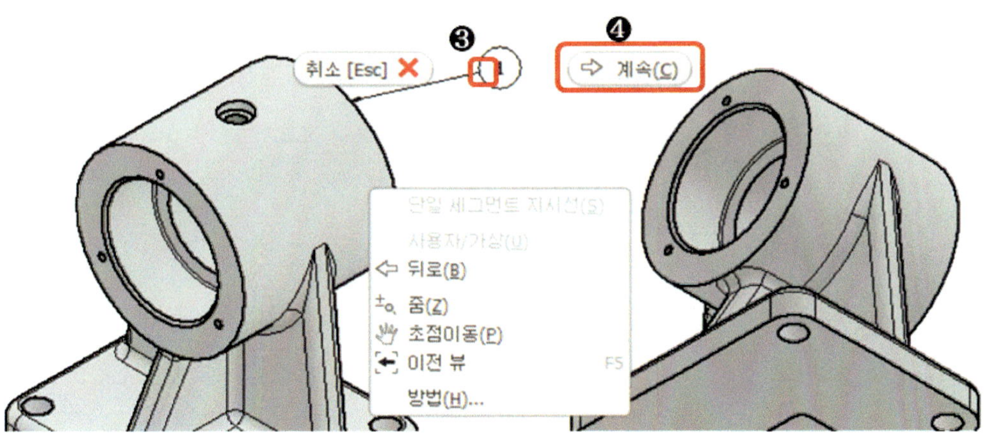

▶ ❶ 화살표를 드래그하여 ❷ 원안으로 끌어다 놓는다.

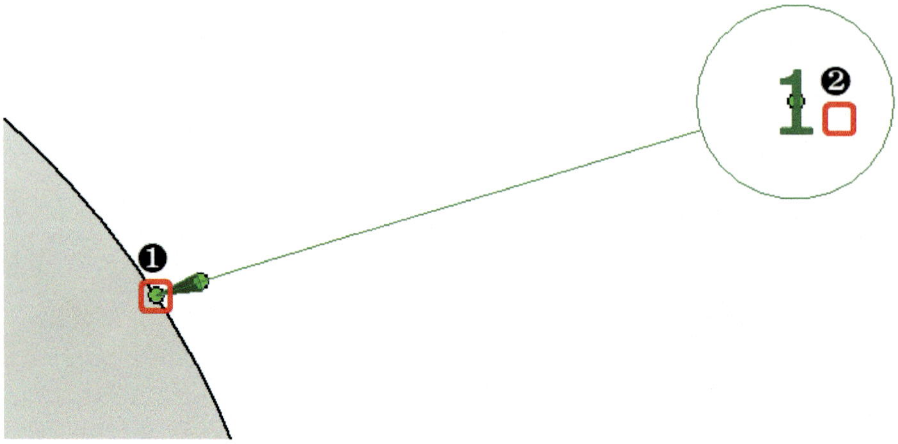

▶ 원안의 점을 선택하고 우클릭하여 ❷ [화살촉 편집]을 누른다. ❸ [스타일별]을 확장하여 화살촉의 모양을 ❹ [없음]을 선택한 후 ❺ 체크를 누른다.

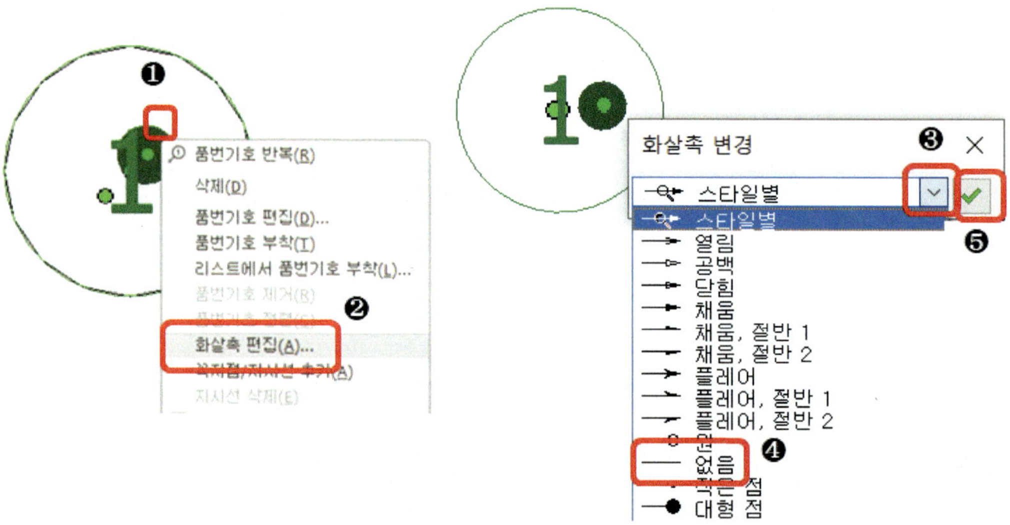

▶ 나머지 부품에 대해서도 같은 방법으로 부품 번호를 기입할 수 있다. 번호를 변경하고자 할 경우 숫자를 더블클릭하면 바꿀 수 있고 원 자체의 위치를 옮길 경우 원안의 숫자를 드래그하여 원하는 위치에 옮길 수도 있다.

▶ 이 때 선이 나타날 수 있는데 이 경우 선의 끝 부분을 드래그하여 원안으로 다시 집어넣으면 된다.

▶ 최종적인 3D 등각 투상도는 다음과 같다.

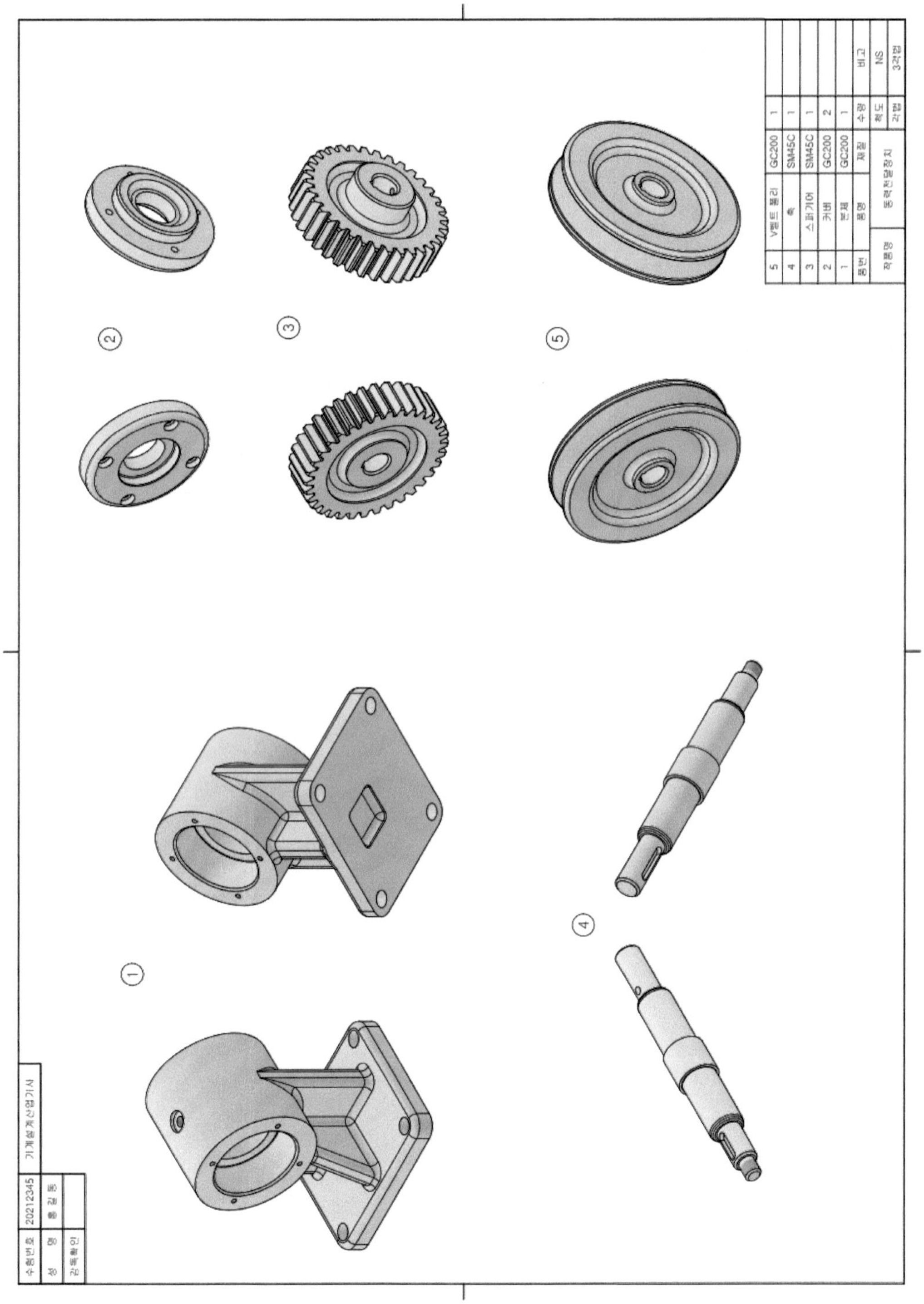

8.3 PDF 출력

① 3D 등각 투상도 출력

▶ 우선 ❶ [3D 등각 투상도]가 활성화되어 있는지 확인한다.

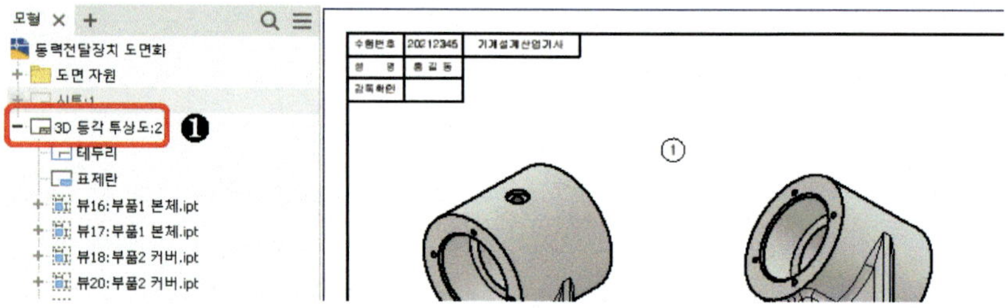

▶ ❶ [파일] 메뉴를 클릭하고 ❷ [내보내기]를 눌러 ❸ [PDF]를 선택한다.

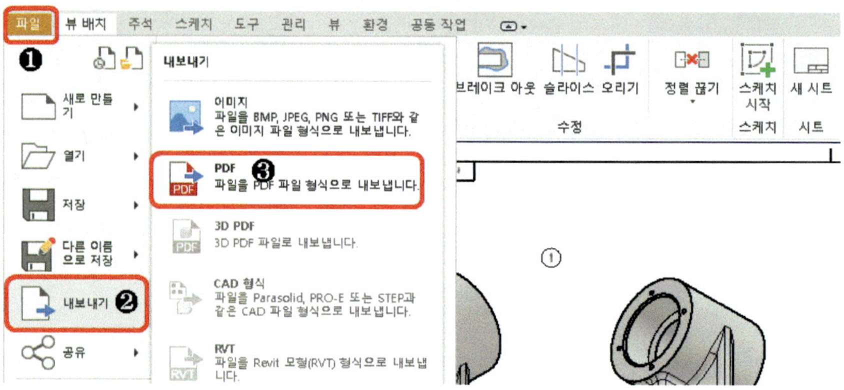

▶ ❶ [옵션]을 먼저 클릭하면 [PDF 도면] 창이 뜬다. ❷ [모든 색상을 검은색으로]에 체크를 하고 ❸ [확인]을 누르면 창이 닫힌다. ❹ 파일 이름을 "동력전달장치 3D"라고 입력한 후 ❺ [저장] 버튼을 누른다.

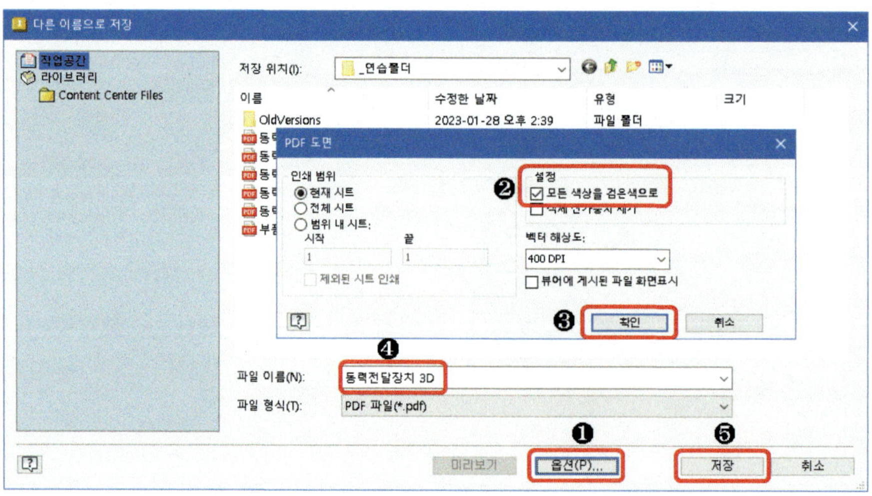

② 2D 도면 출력

▶ 먼저 작성한 ❶ [시트:1]을 더블클릭하여 활성화 시킨다. 다시 ❶ 시트에서 마우스 오른쪽 버튼을 클릭하여 ❷ [시트 편집]을 누르면 [시트 편집] 창이 뜬다. ❸ 이름을 "2D 도면"이라고 입력한 후 ❹ [확인] 버튼을 누른다.

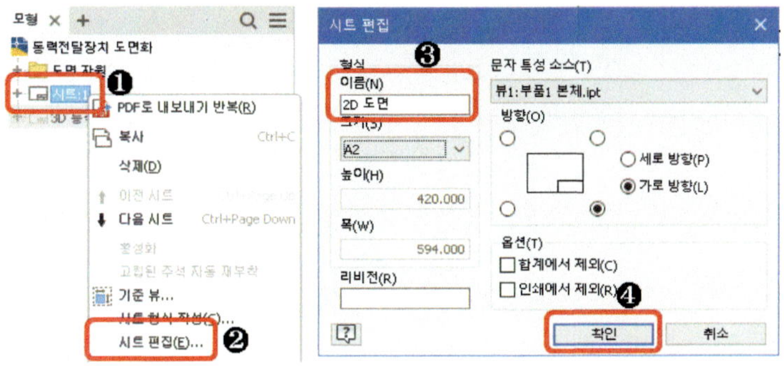

▶ ❶ [파일] 메뉴를 클릭하고 ❷ [내보내기]를 눌러 ❸ [PDF]를 선택한다.

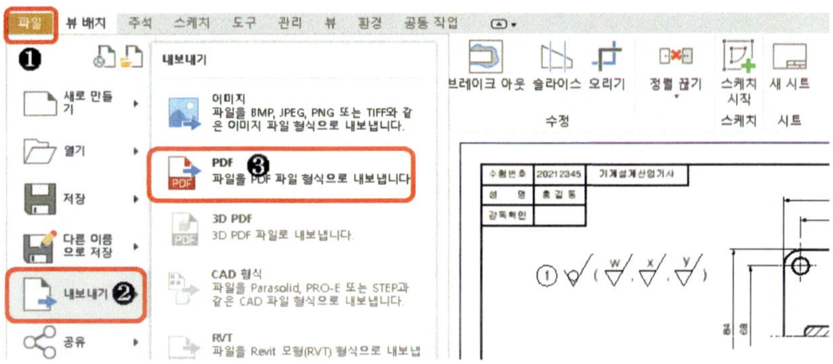

▶ ❶ [옵션]을 먼저 클릭하면 [PDF 도면] 창이 뜬다. ❷ [모든 색상을 검은색으로]에 체크를 하고 ❸ [확인]을 누르면 창이 닫힌다. ❹ 파일 이름을 "동력전달장치 2D"라고 입력한 후 ❺ [저장] 버튼을 누른다.

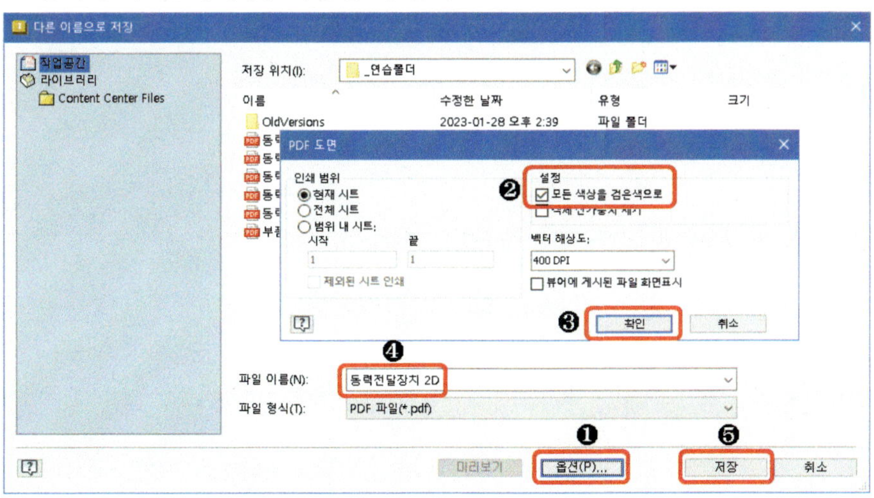

▶ 최종적인 2D 도면출력 결과는 다음과 같다.

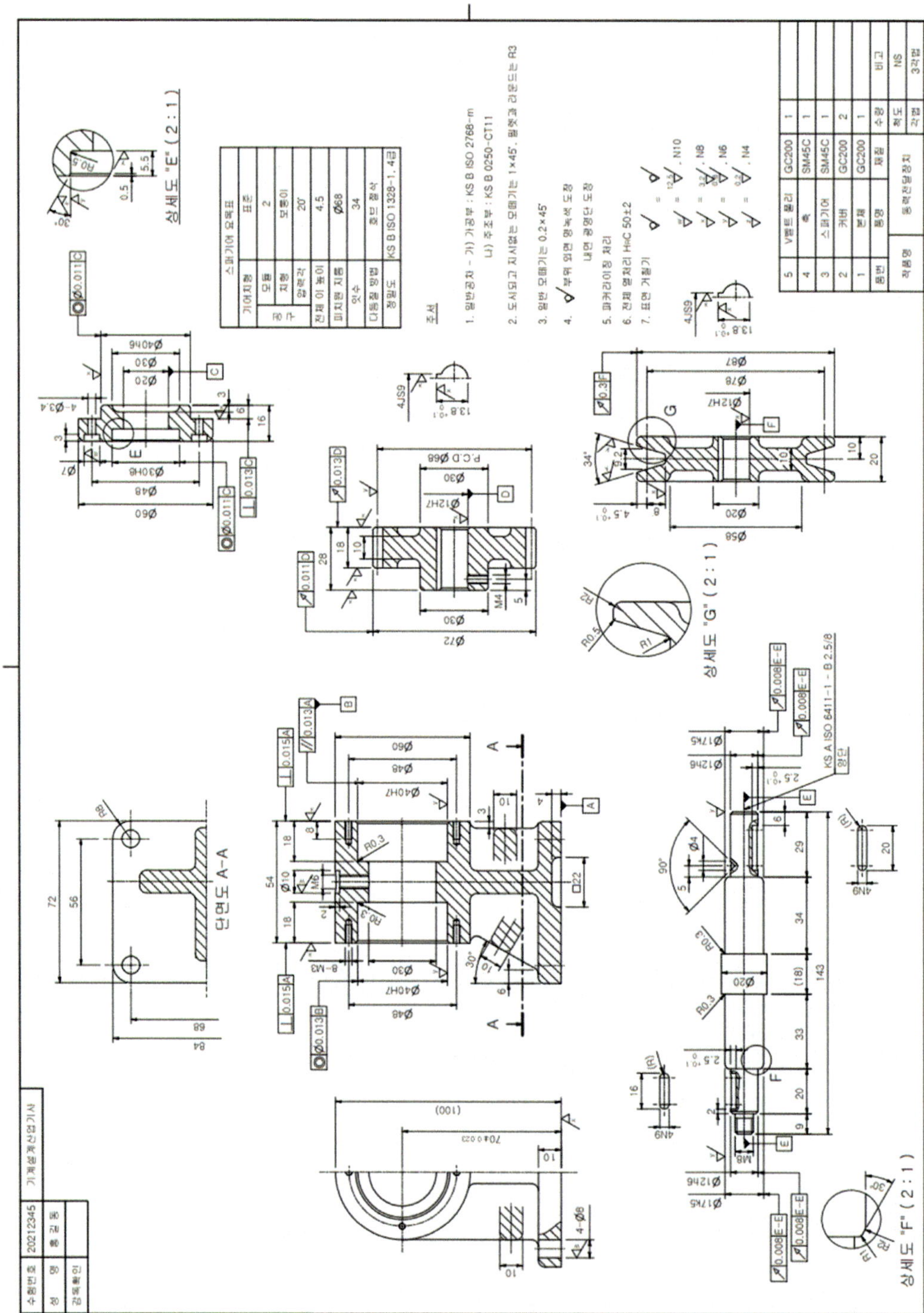

09 CHAPTER 예제 도면

예제 도면에서 표기되지 않은 치수는 비례 척도를 이용하거나 임의로 할 것.

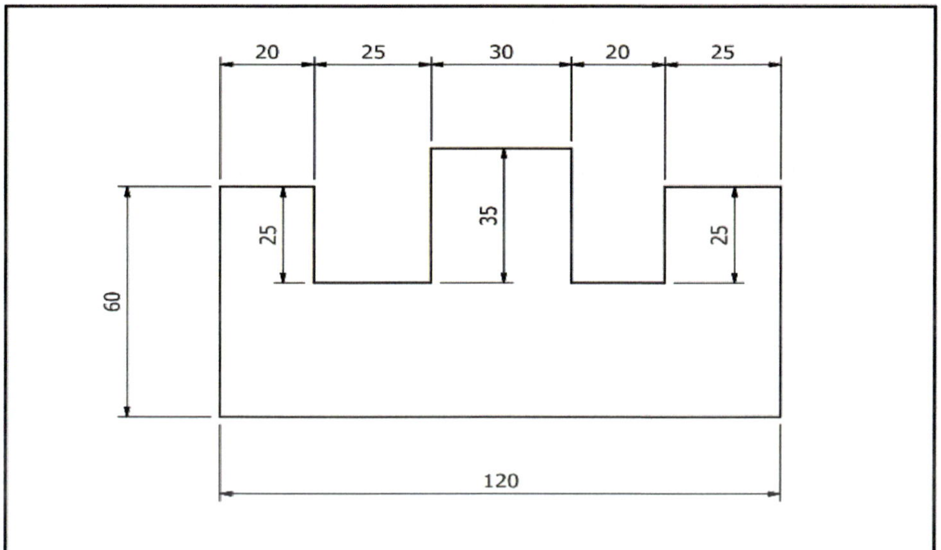

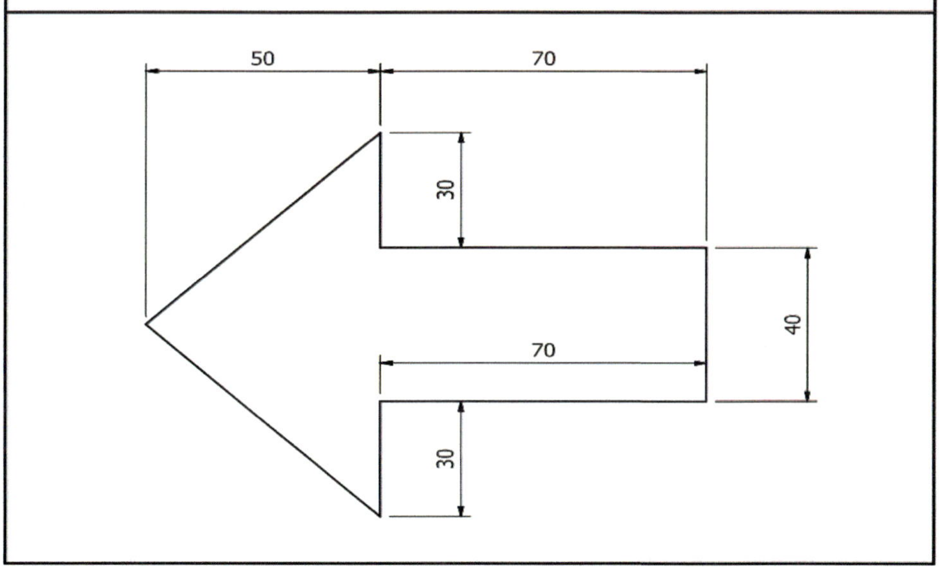

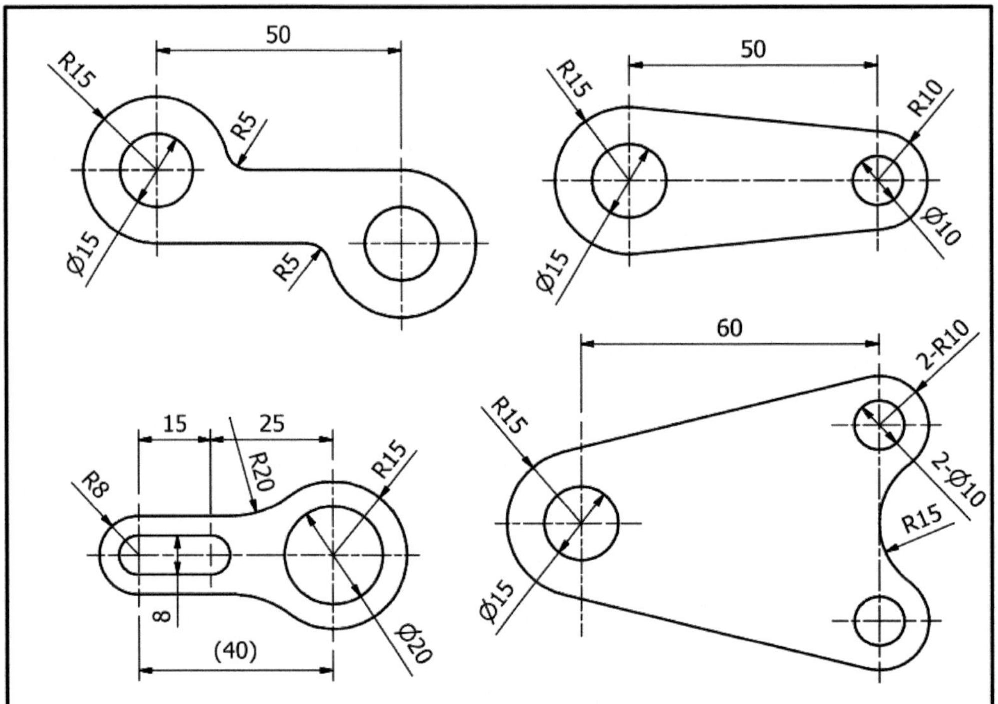
50
R15
R5
Ø15
R5
50
R15
R10
Ø15
Ø10
60
2-R10
R15
2-Ø10
R15
Ø15
15
25
R20
R15
R8
8
(40)
Ø20

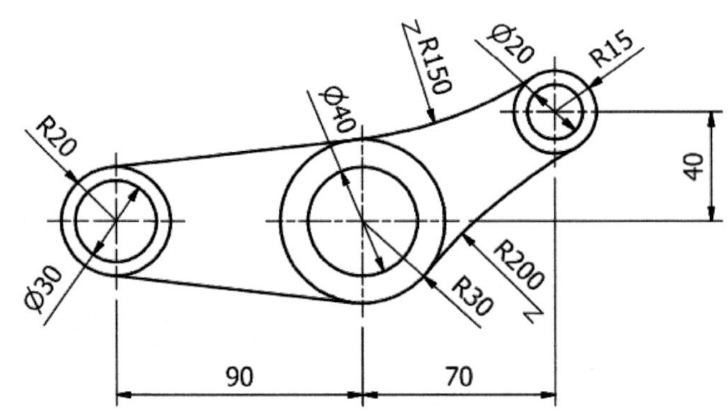
R150
Ø20
R15
Ø40
R20
40
Ø30
R200
R30
90
70

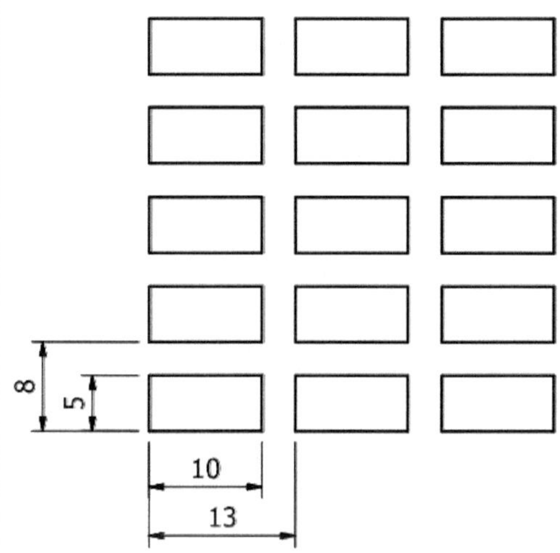
8
5
10
13

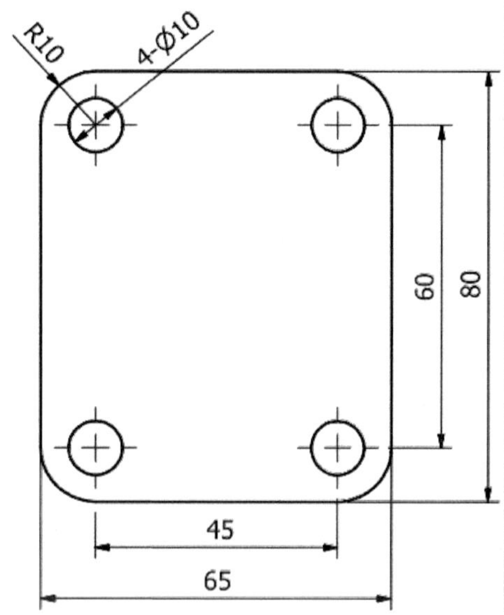
R10
4-Ø10
60
80
45
65

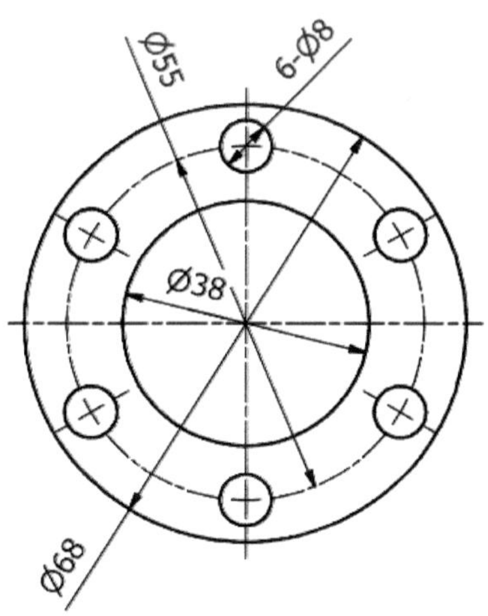
Ø55
6-Ø8
Ø38
Ø68

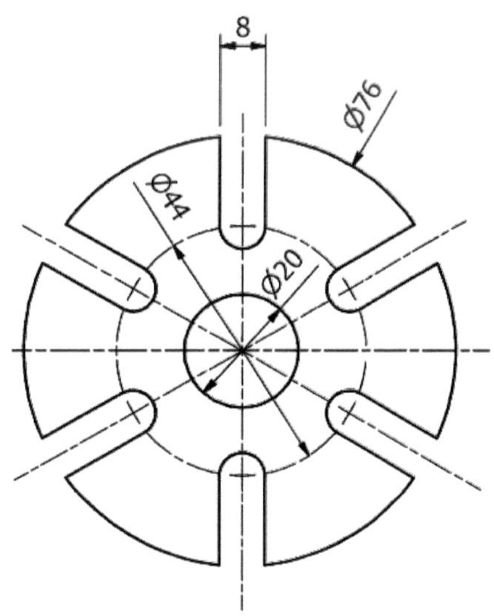
8
Ø76
Ø44
Ø20

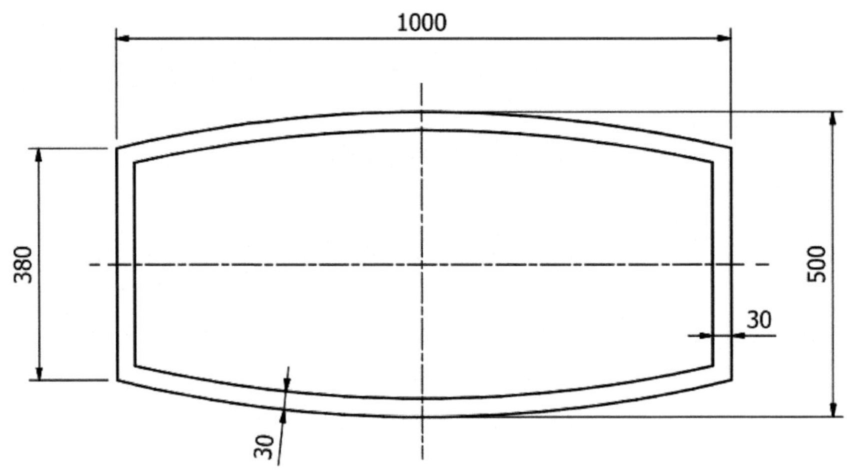
1000
380
500
30
30

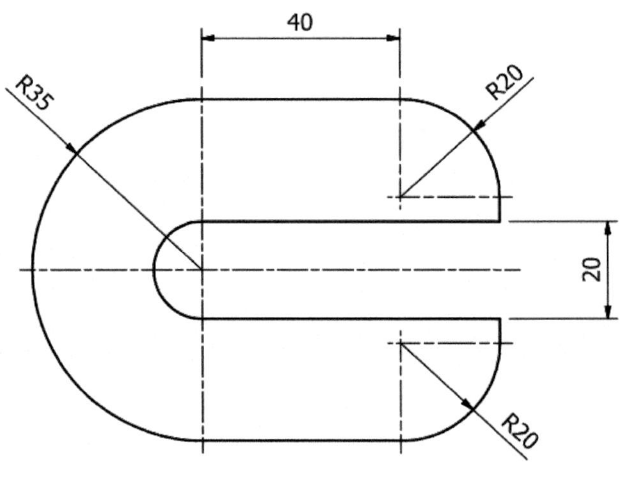
40
R35
R20
20
R20

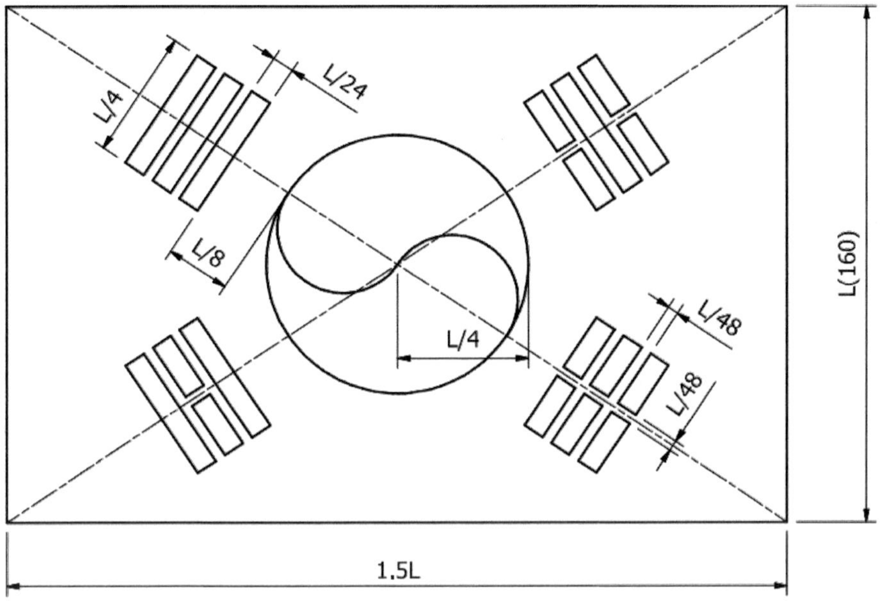
L/4
L/24
L/8
L/4
L/48
L/48
L(160)
1.5L

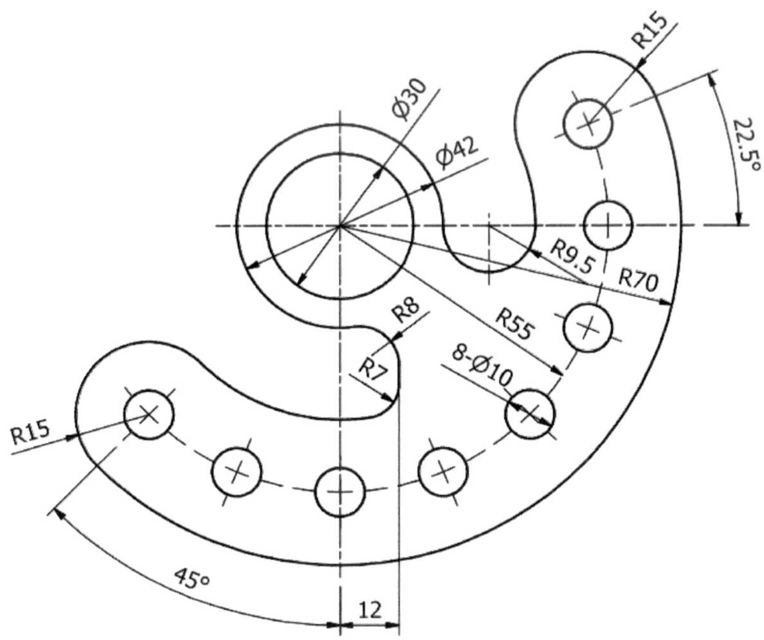
R15
22.5°
Ø30
Ø42
R9.5
R70
R8
R55
R7
8-Ø10
R15
45°
12

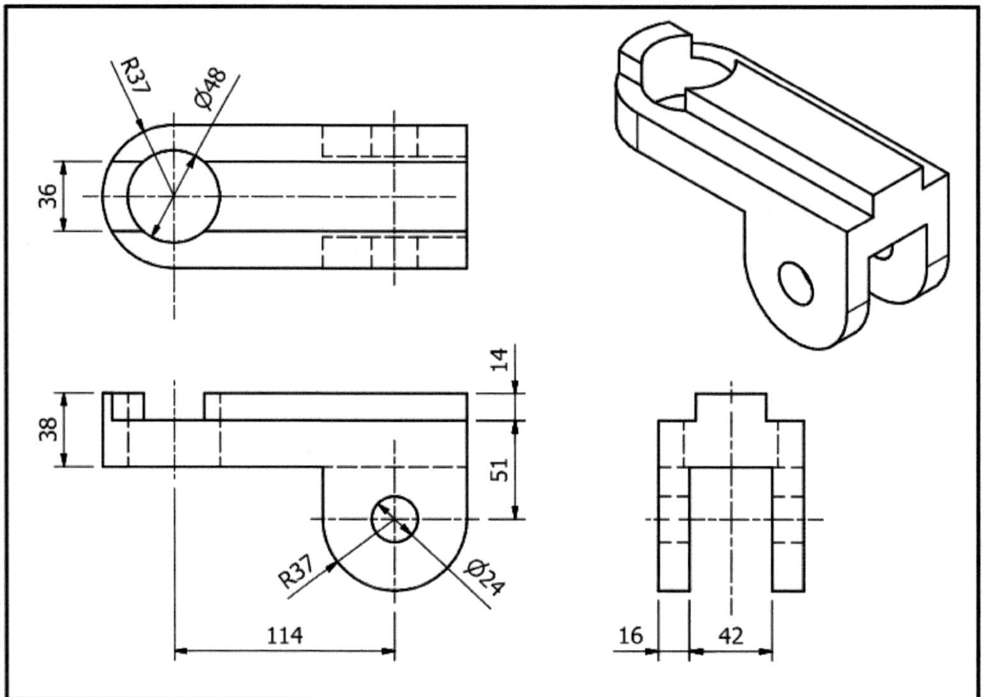
R37
Ø48
36
14
38
51
R37
Ø24
114
16
42

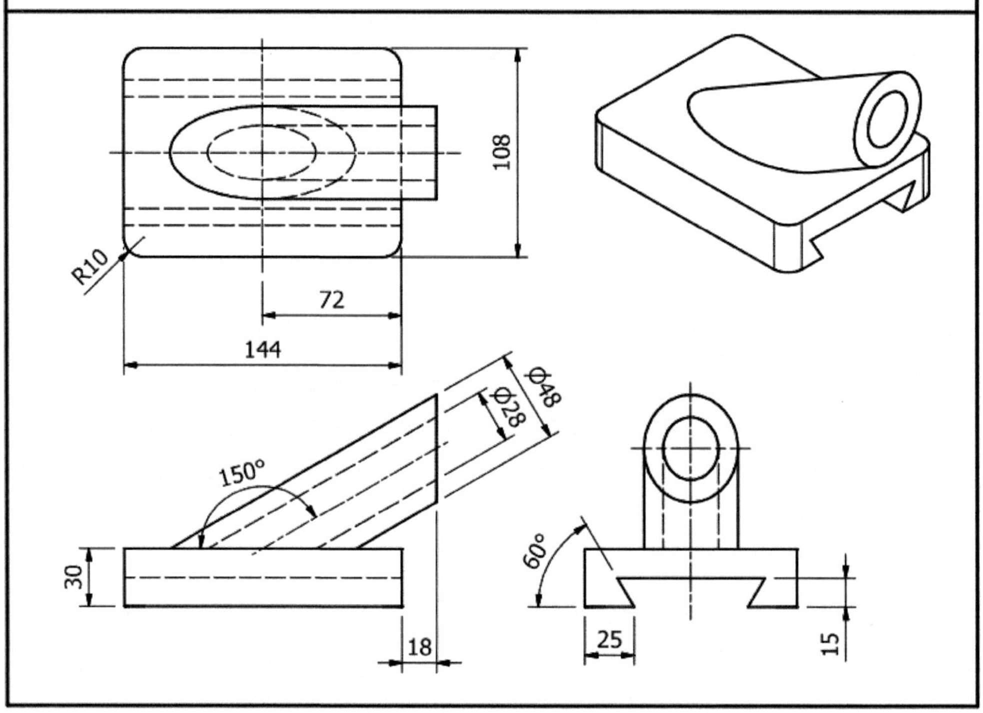
108
R10
72
144
Ø48
Ø28
150°
30
18
60°
25
15

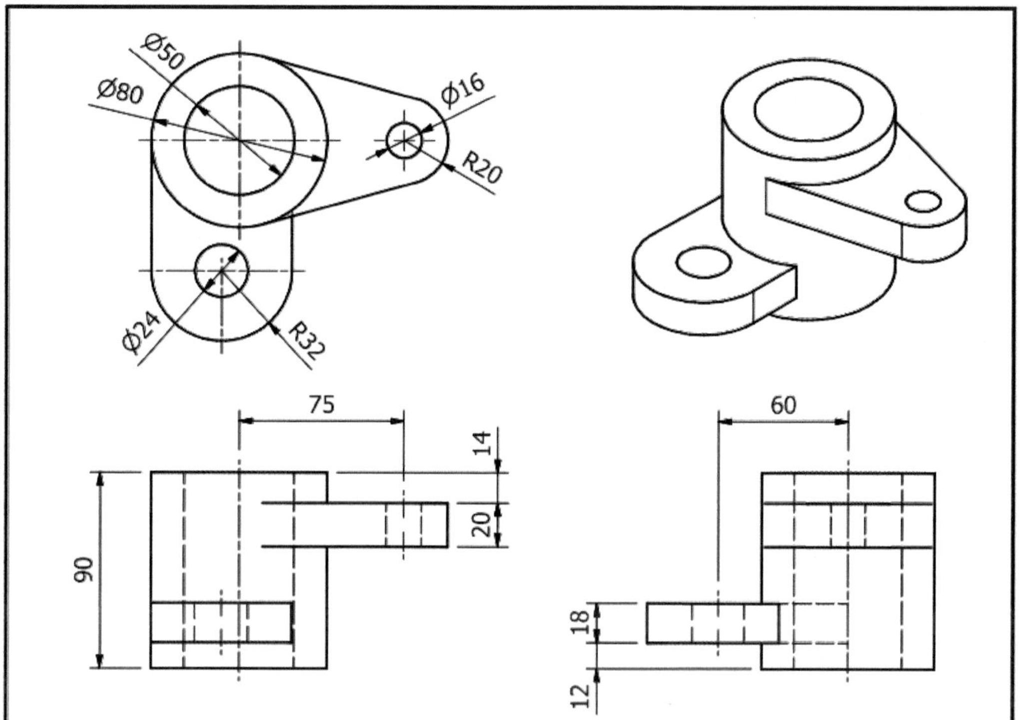
Ø50
Ø80
Ø16
R20
Ø24
R32
75
14
20
90
60
18
12

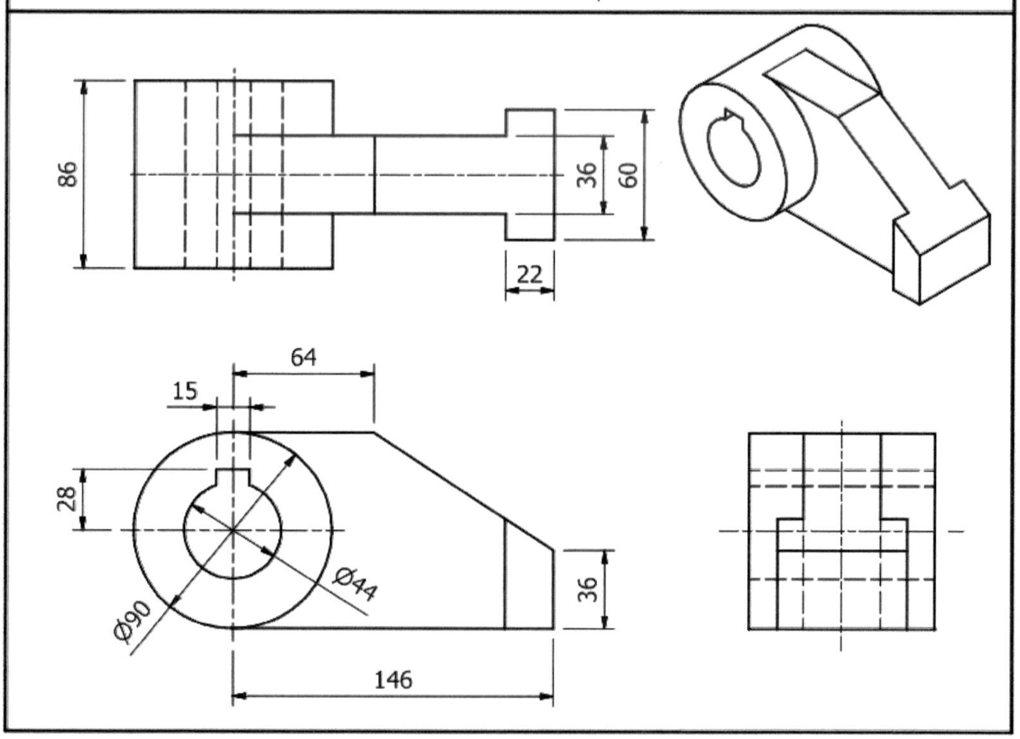
86
36
60
22
64
15
28
Ø44
Ø90
36
146

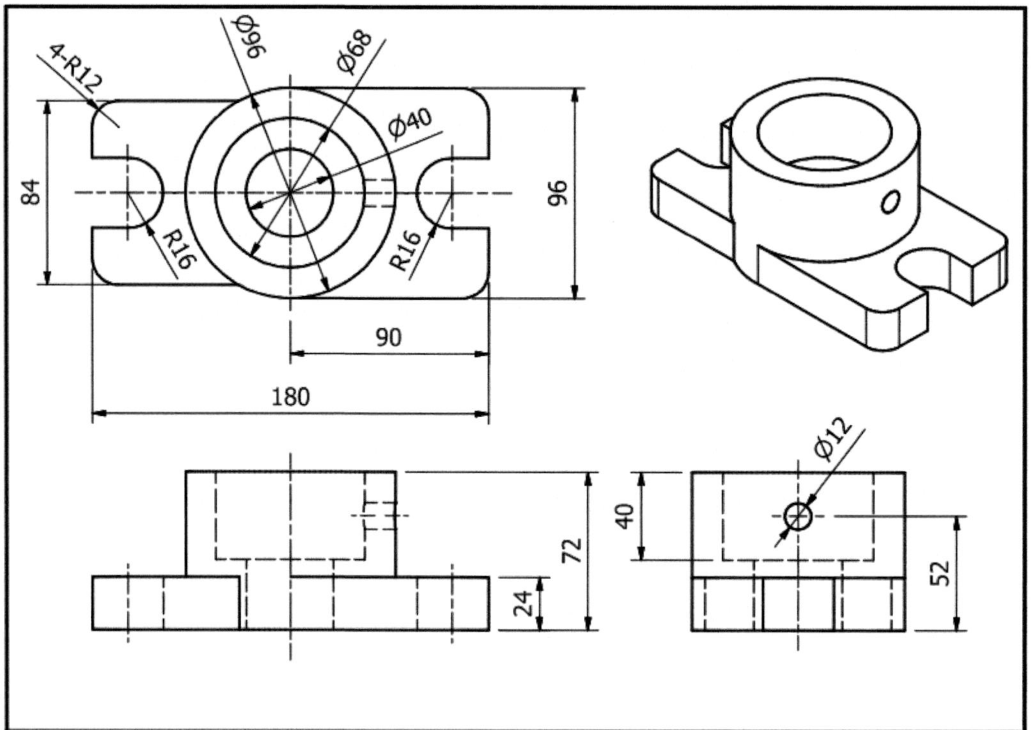
4-R12
Ø96
Ø68
Ø40
84
R16
R16
96
90
180
Ø12
40
72
24
52

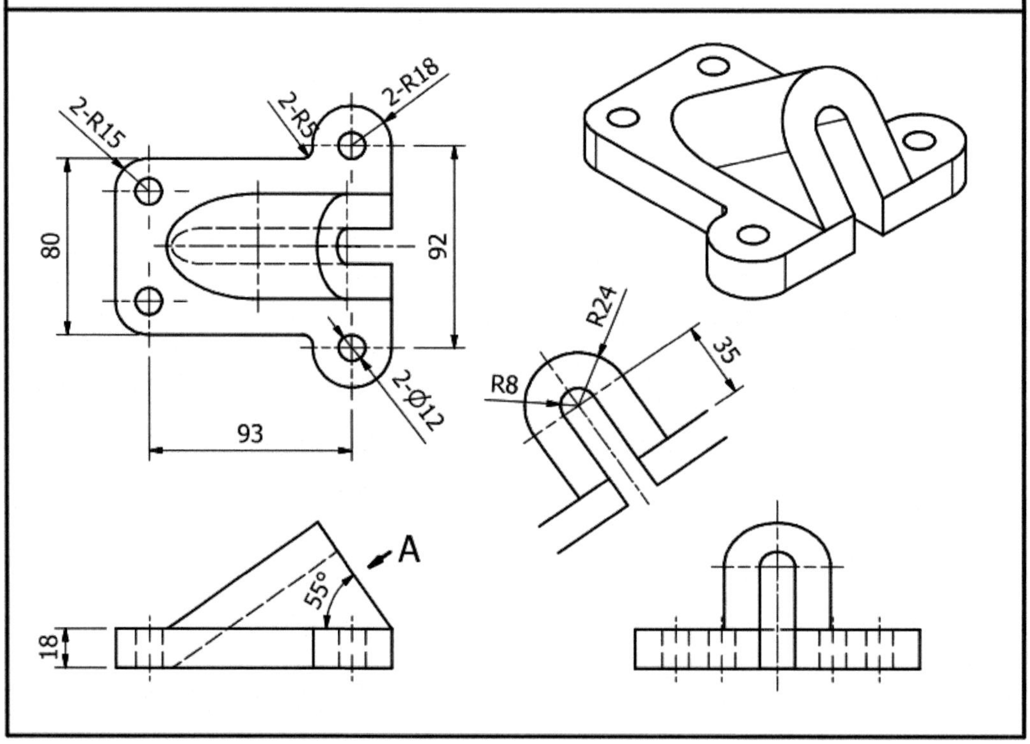
2-R15
2-R5
2-R18
80
92
2-Ø12
93
R24
35
R8
A
55°
18

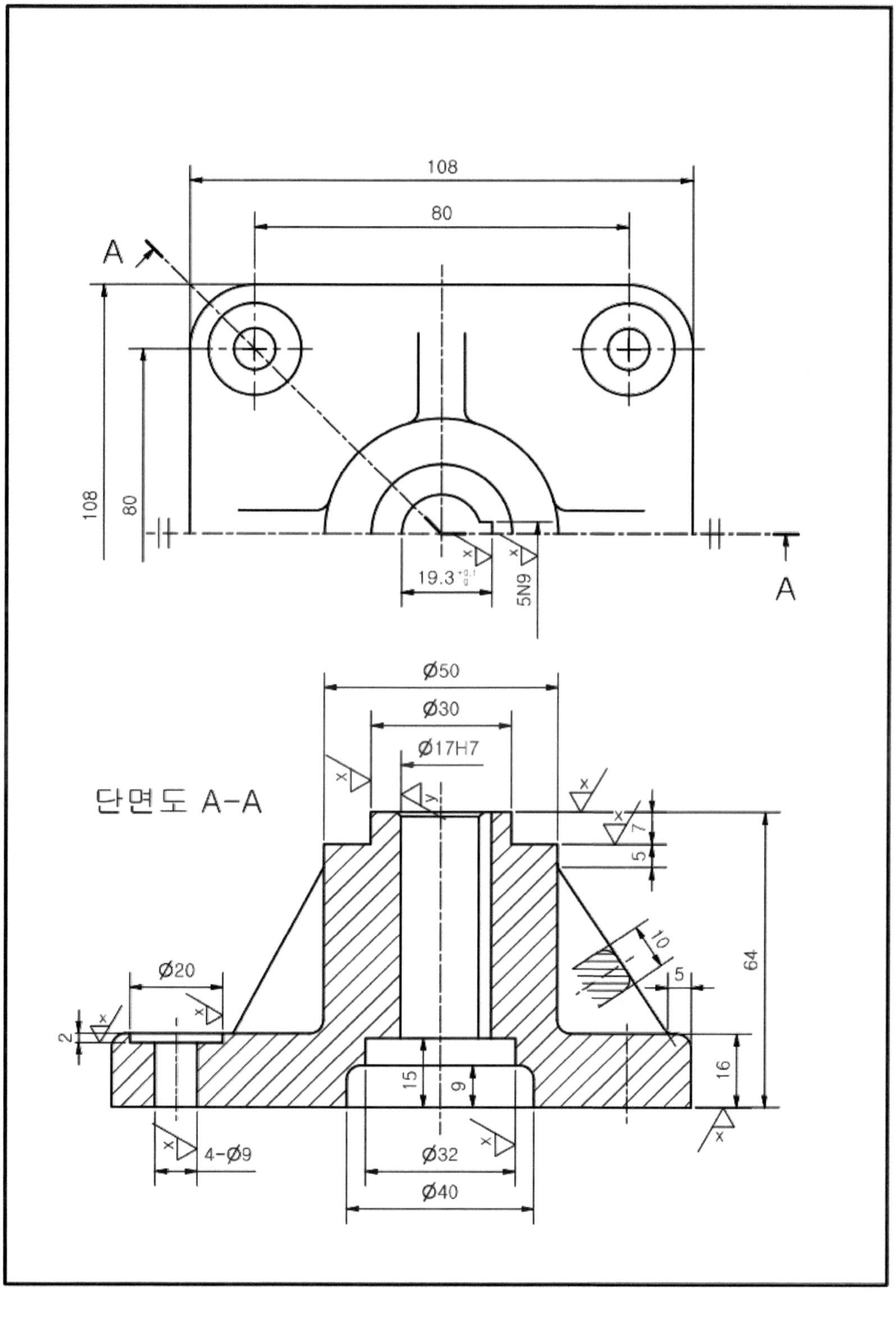
108
80
A
108
80
19.3
5N9
A
Ø50
Ø30
Ø17H7
단면도 A-A
7
5
10
5
64
Ø20
2
16
15
9
4-Ø9
Ø32
Ø40

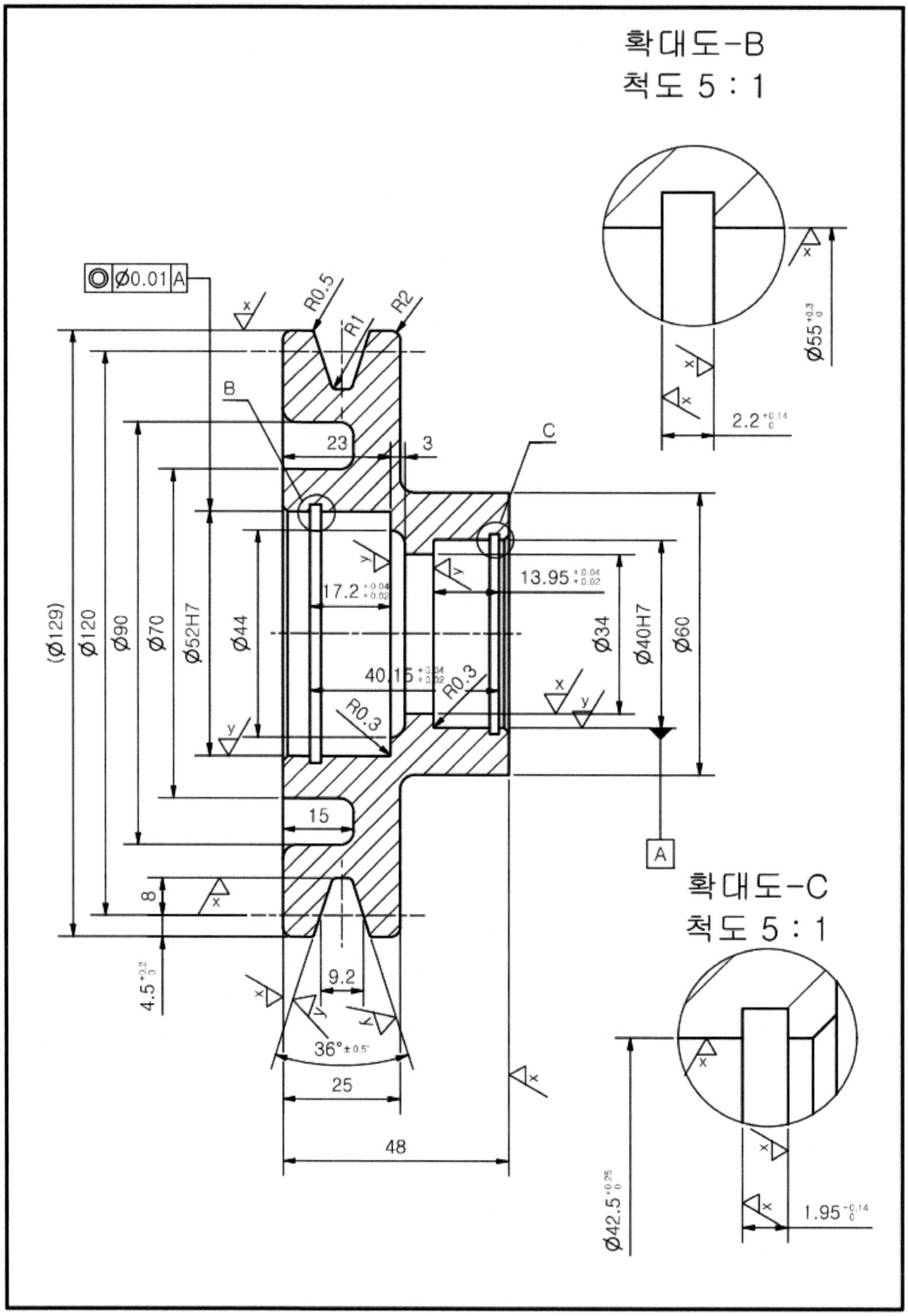
확대도-B
척도 5 : 1
확대도-C
척도 5 : 1
Ø0.01 A
R0.5
R1
R2
B
C
23
3
15
8
9.2
36°±0.5°
25
48
(Ø129)
Ø120
Ø90
Ø70
Ø52H7
Ø44
Ø34
Ø40H7
Ø60
17.2
13.95
40.15
R0.3
R0.3
A
Ø55
2.2
Ø42.5
1.95

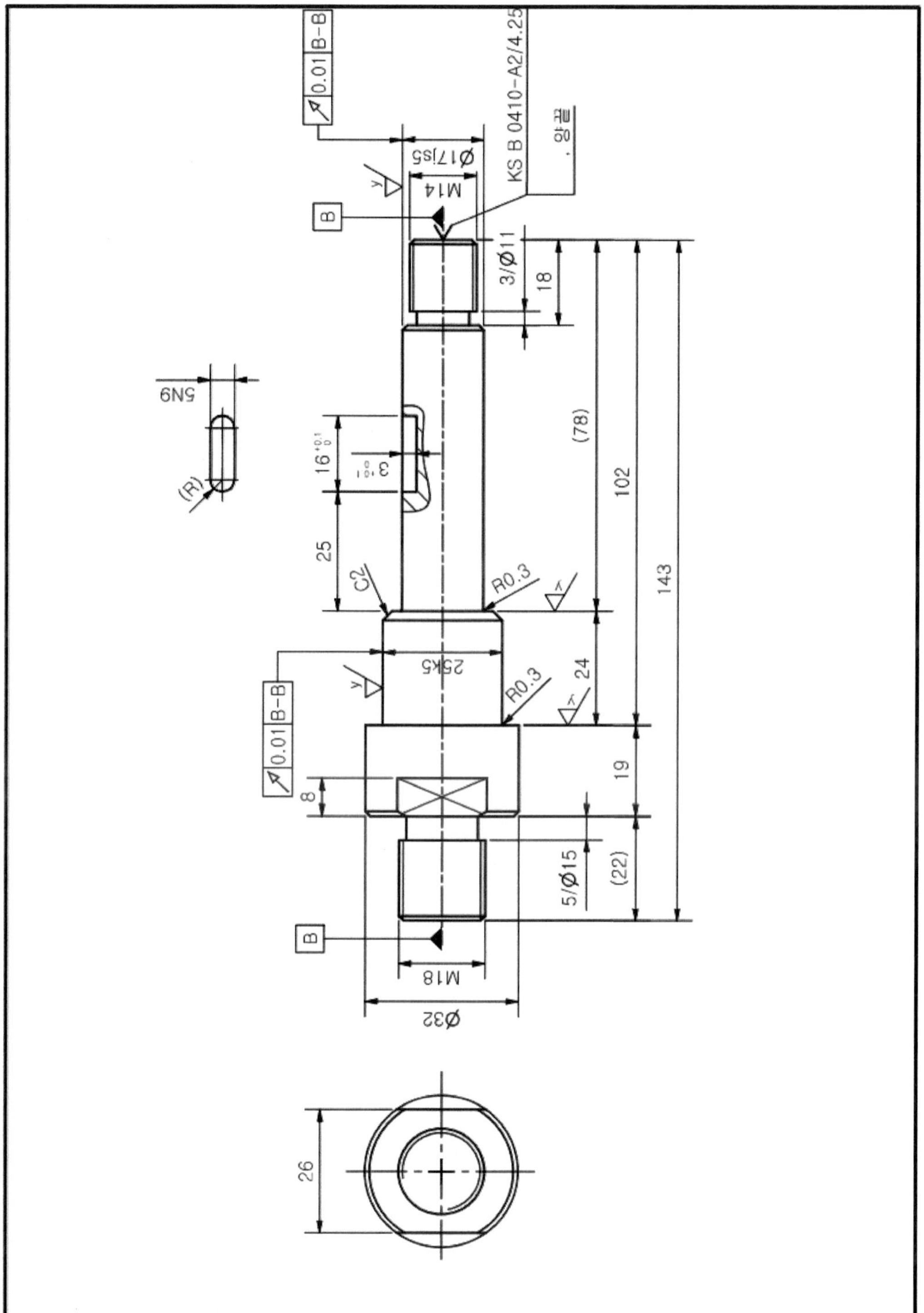
0.01 B-B
KS B 0410-A2/4.25
양끝,
Ø17js5
M14
B
3/Ø11
18
5N9
(R)
16 +0.1 0
3
25
C2
R0.3
(78)
102
143
25k5
24
19
8
5/Ø15
(22)
M18
Ø32
26

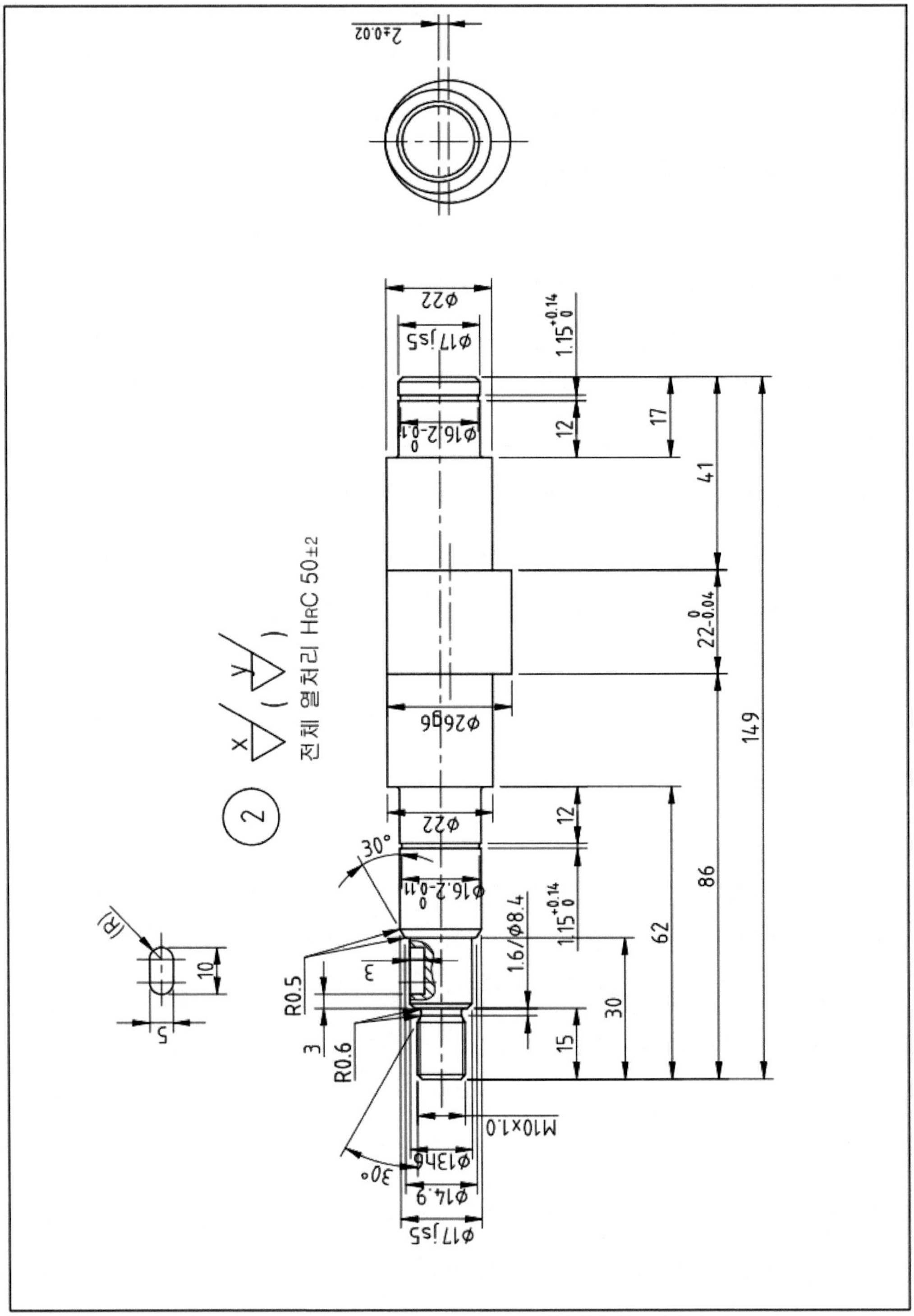
2
전체 열처리 HRC 50±2
2±0.02
φ22
φ17js5
φ16.2-0.11
φ26g6
φ14.9
φ13h6
M10×1.0
1.6/φ8.4
R0.5
R0.6
30°
1.15+0.14
12
17
41
22-0.04
149
86
62
30
15
10
5
3

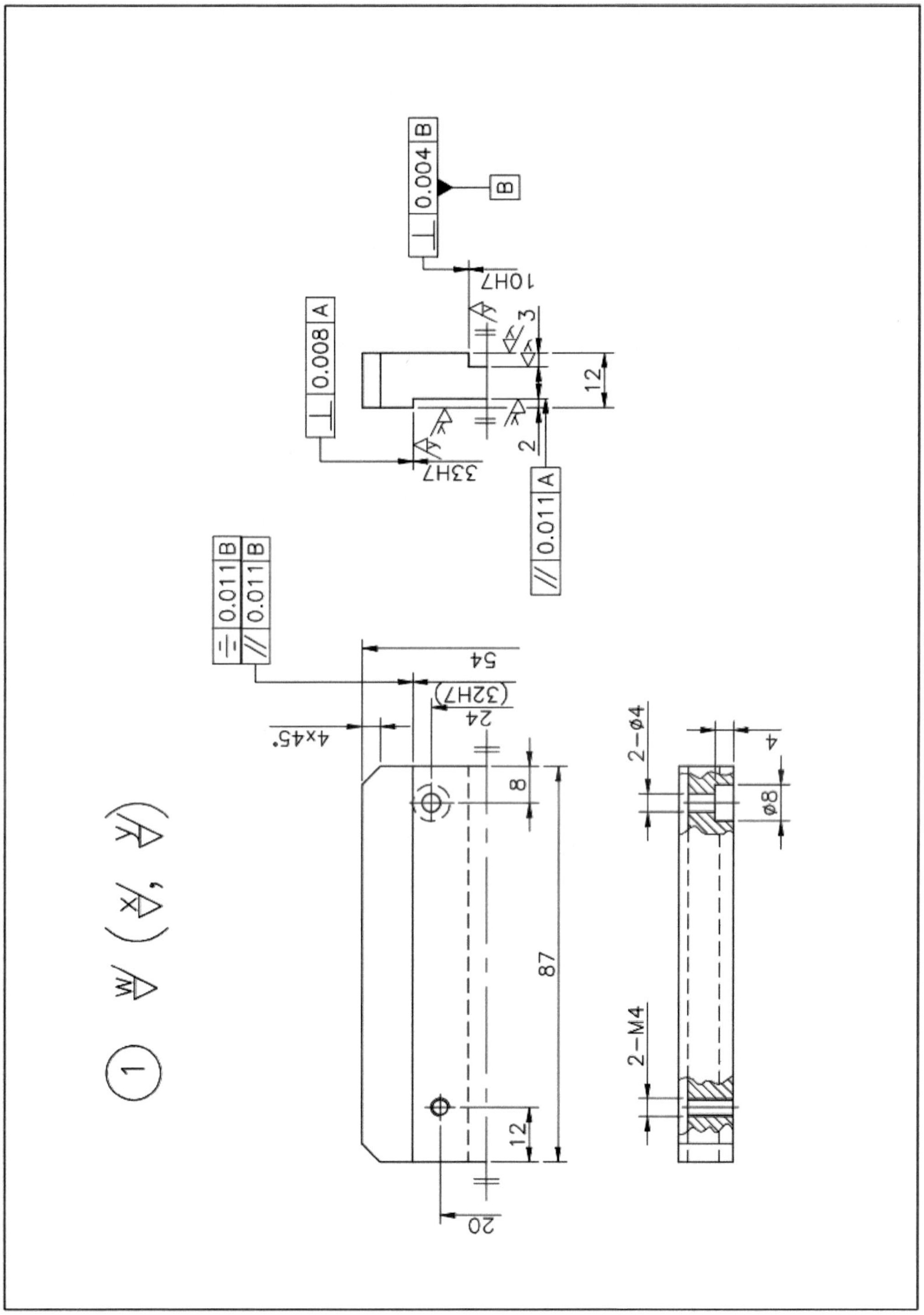
1
0.004 B
B
10H7
0.008 A
33H7
0.011 A
3
12
2
0.011 B
0.011 B
54
(32H7)
24
4x45°
8
87
12
20
2−φ4
4
φ8
2−M4

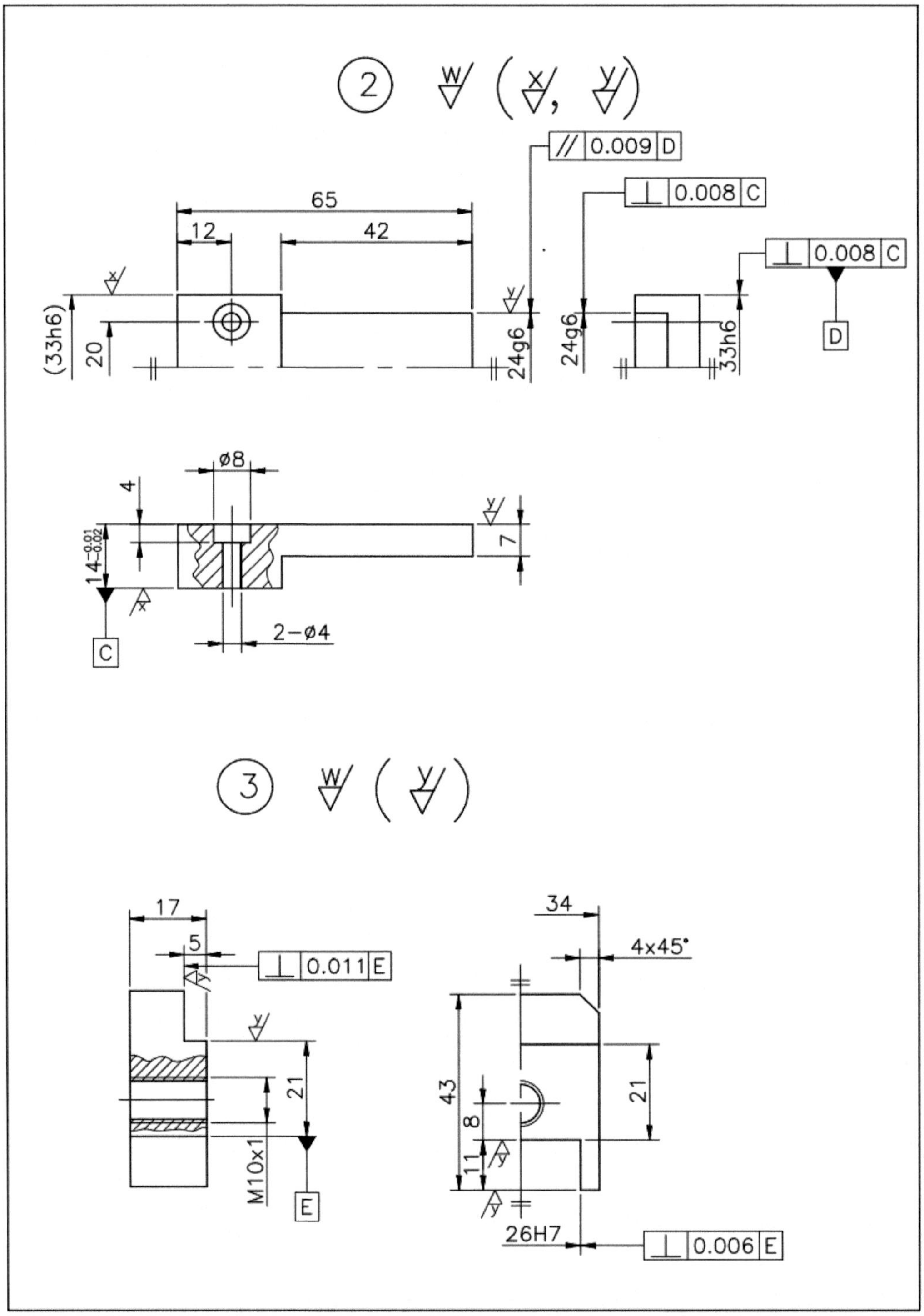
②
// 0.009 D
⊥ 0.008 C
⊥ 0.008 C
65
12
42
(33h6)
20
24g6
24g6
33h6
D
ø8
4
14-0.01/-0.02
7
C
2-ø4
③
17
5
⊥ 0.011 E
21
M10x1
E
34
4x45°
43
8
11
21
26H7
⊥ 0.006 E

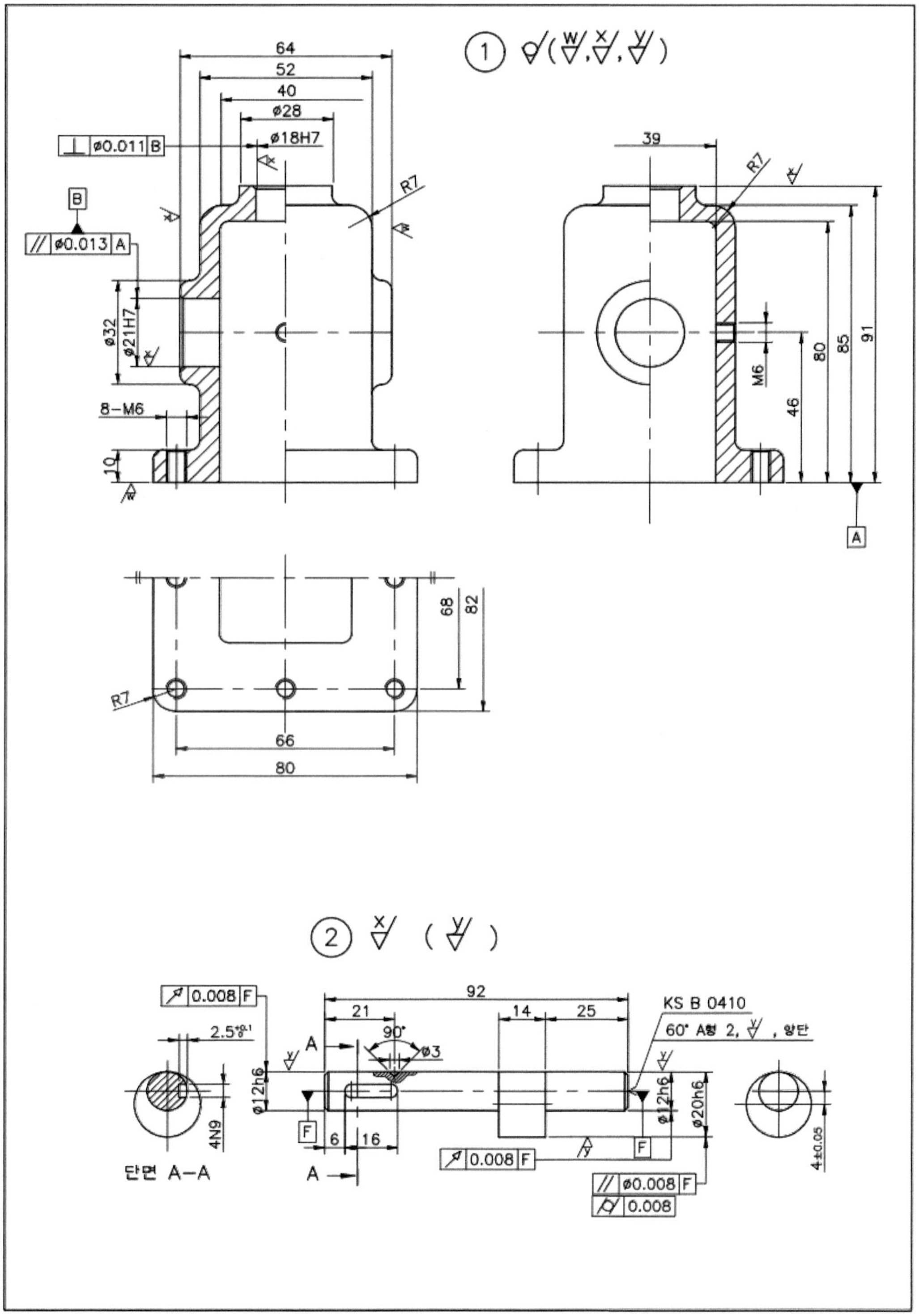

①
64
52
40
ø28
ø18H7
ø0.011 B
B
ø0.013 A
R7
ø32
ø21H7
8-M6
10
39
M6
46
80
85
91
A
68
82
66
80
②
0.008 F
2.5
4N9
단면 A-A
92
21
14
25
90°
ø3
A
ø12h6
ø20h6
F
6
16
KS B 0410
60° A형 2, 양단
0.008 F
ø0.008 F
0.008
4±0.05

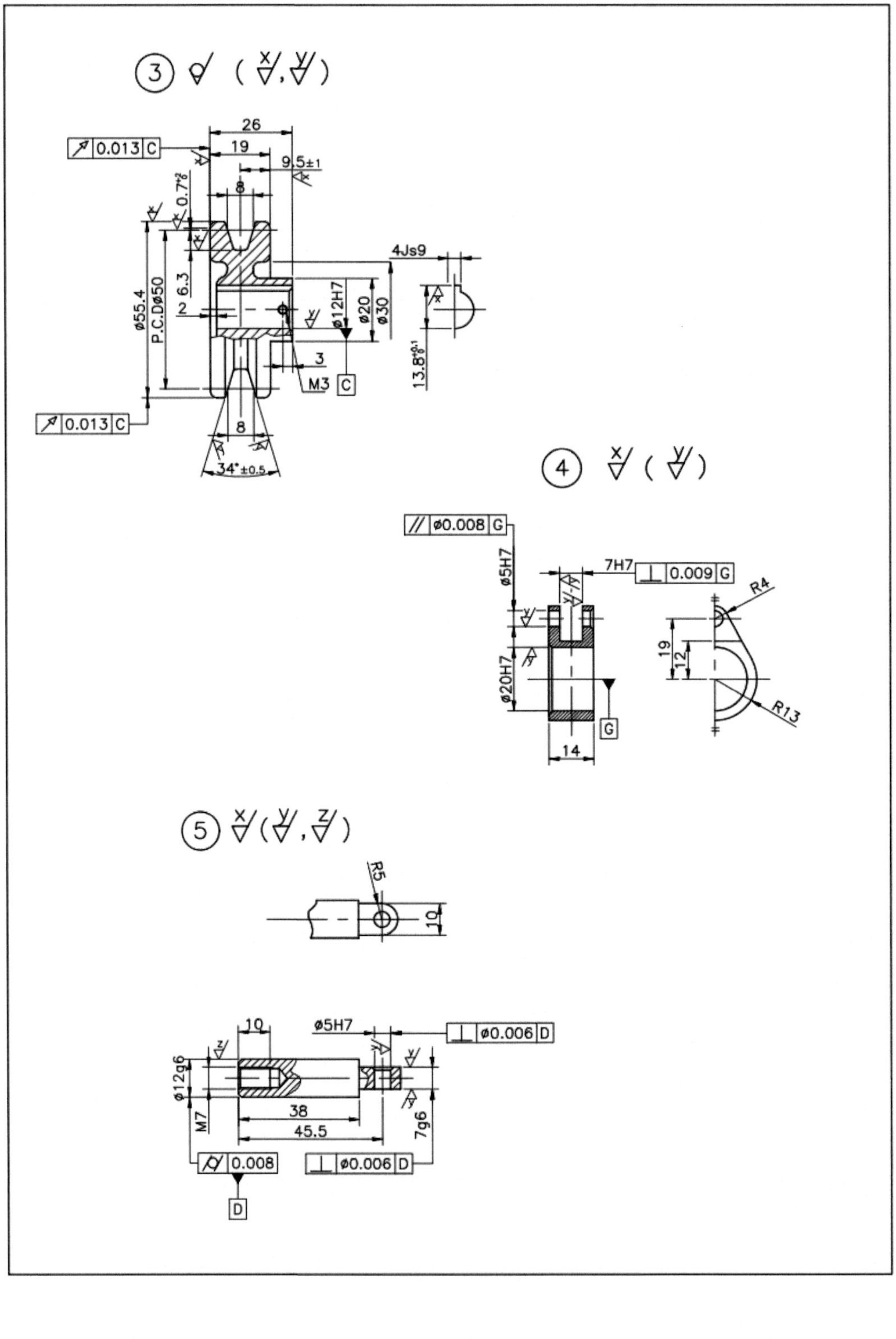
③
0.013 C
26
19
9.5±1
8
6.3
2
ø55.4
P.C.Dø50
ø12H7
ø20
ø30
3
M3 C
4Js9
0.013 C
8
34°±0.5
④
ø0.008 G
ø5H7
7H7
0.009 G
R4
19
12
ø20H7
G
14
R13
⑤
R5
10
10
ø5H7
ø0.006 D
ø12g6
M7
38
45.5
7g6
0.008
ø0.006 D
D

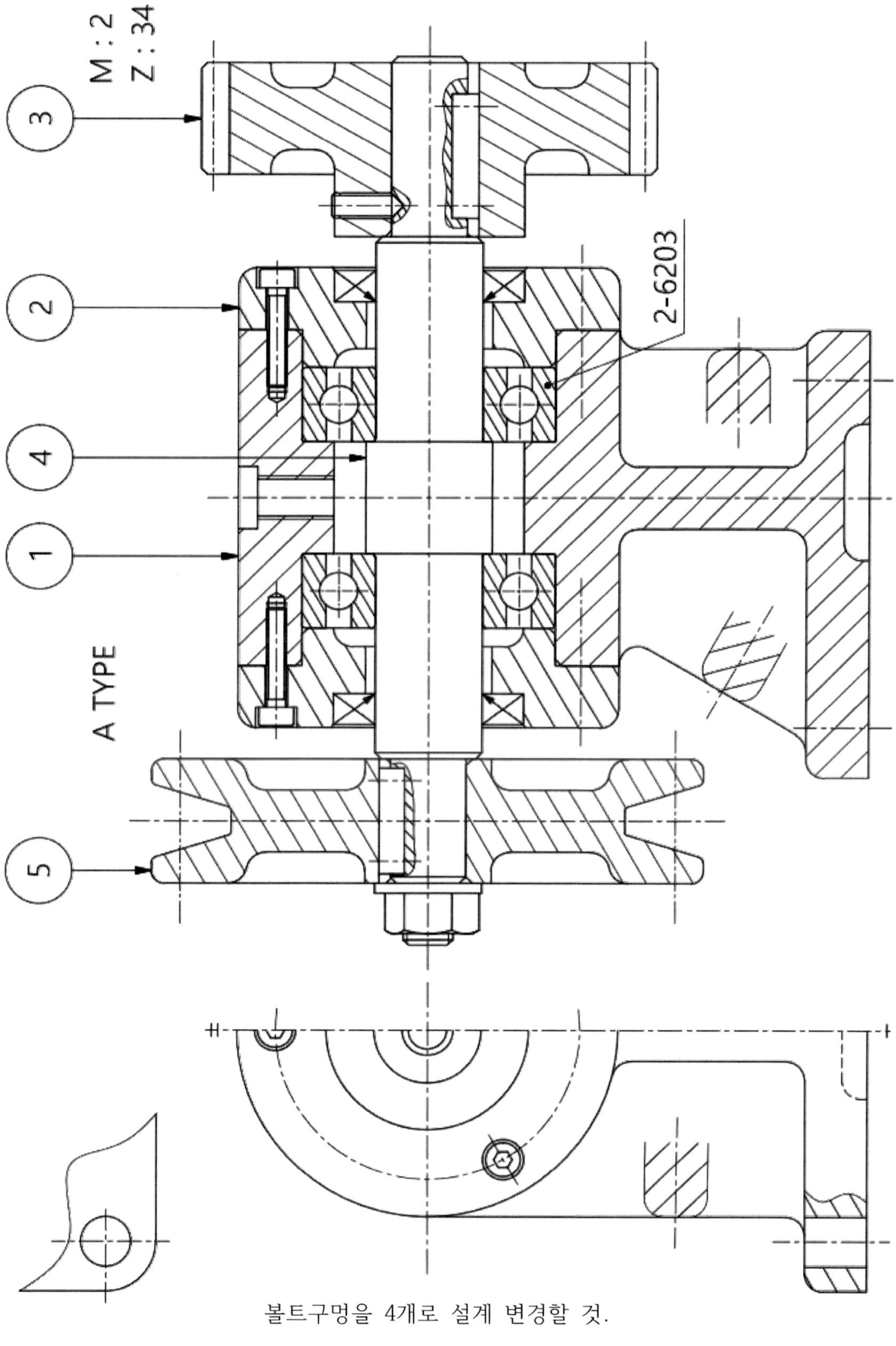

볼트구멍을 4개로 설계 변경할 것.

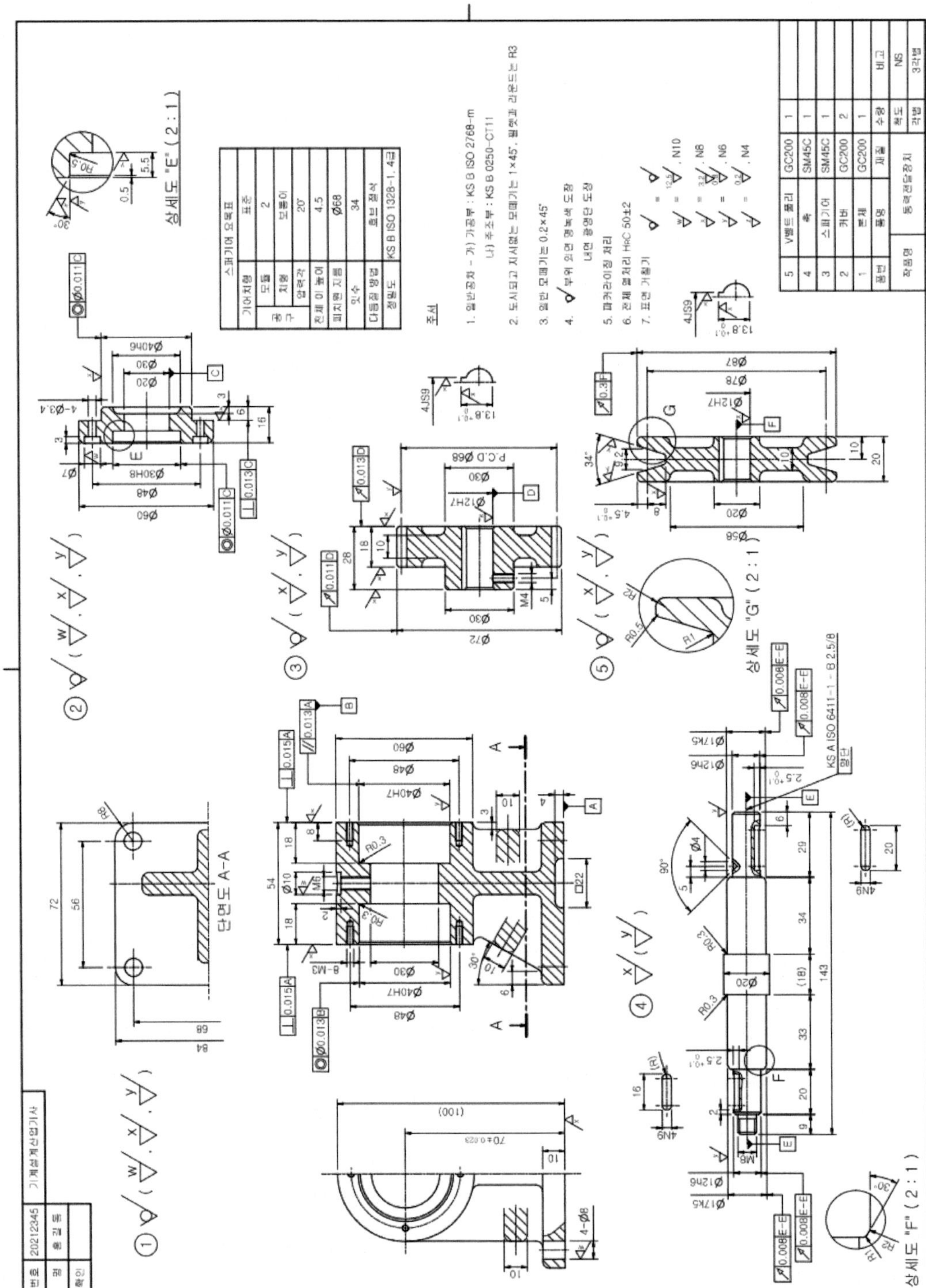
수험번호 20212345 기계설계산업기사
성 명 홍 길 동
감독확인
단면도 A-A
상세도 "E" (2 : 1)
상세도 "F" (2 : 1)
상세도 "G" (2 : 1)
스퍼기어 요목표
기어치형 표준
공구 모듈 2
공구 치형 보통이
공구 압력각 20°
전체 이 높이 4.5
피치원 지름 Ø68
잇수 34
다듬질 방법 호브 절삭
정밀도 KS B ISO 1328-1, 4급
주서
1. 일반공차 - 가) 가공부 : KS B ISO 2768-m
나) 주조부 : KS B 0250-CT11
2. 도시되고 지시없는 모떼기는 1×45°, 필렛과 라운드는 R3
3. 일반 모떼기는 0.2×45°
4. 부위 외면 명녹색 도장
내면 광명단 도장
5. 파커라이징 처리
6. 전체 열처리 HRC 50±2
7. 표면 거칠기
, N10
, N8
, N6
, N4
KS A ISO 6411-1 - B 2.5/8
양단
5 V벨트 풀리 GC200 1
4 축 SM45C 1
3 스퍼기어 SM45C 1
2 커버 GC200 2
1 본체 GC200 1
품번 품명 재질 수량 비고
작품명 동력전달장치 척도 NS
각법 3각법

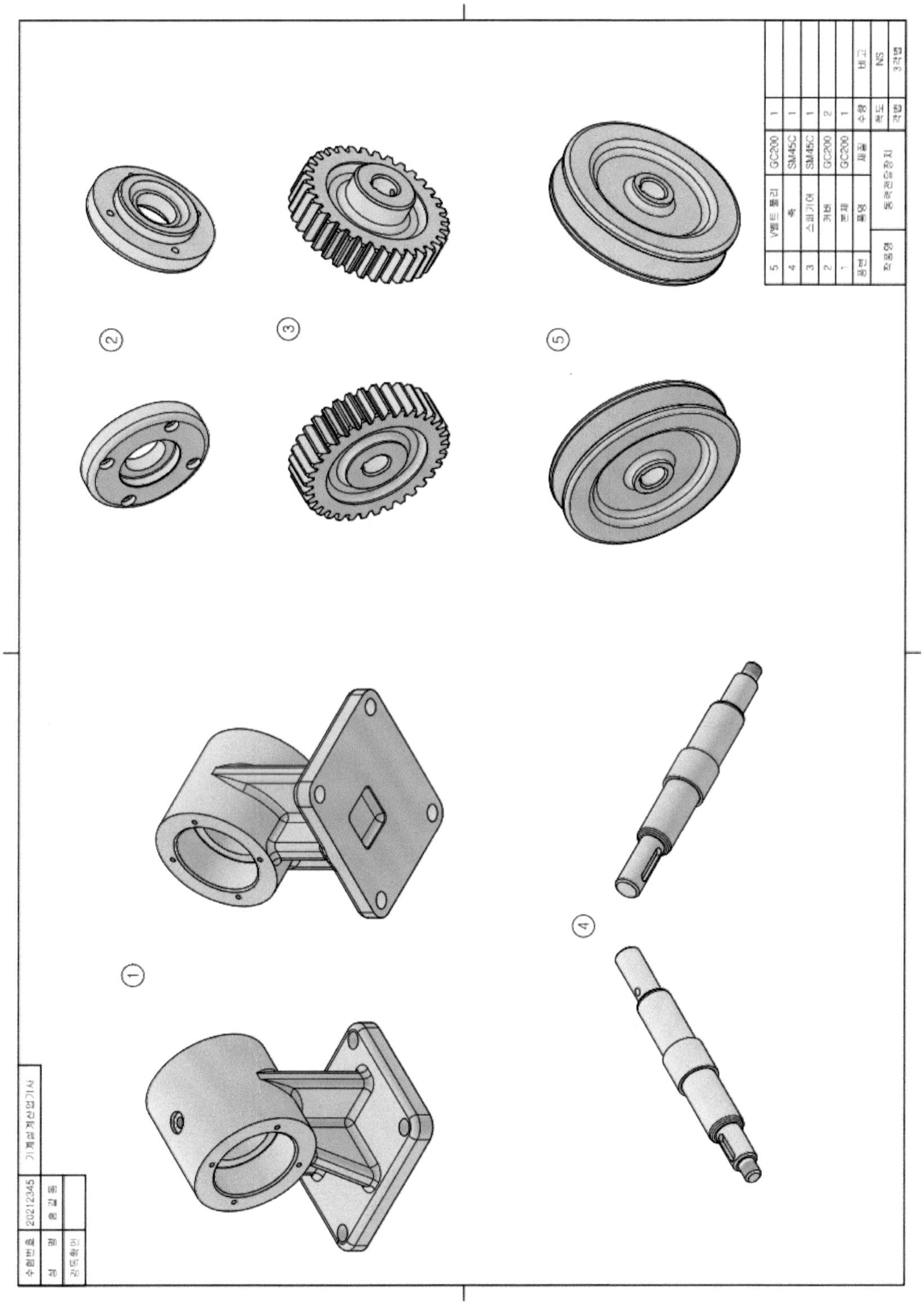
①
②
③
④
⑤
5 V벨트 풀리 GC200 1
4 축 SM45C 1
3 스퍼기어 SM45C 1
2 커버 GC200 2
1 본체 GC200 1
품번 품명 재질 수량 비고
작품명 동력전달장치 척도 NS
각법 3각법
수험번호 202112345 기계설계산업기사
성 명 홍길동
감독확인

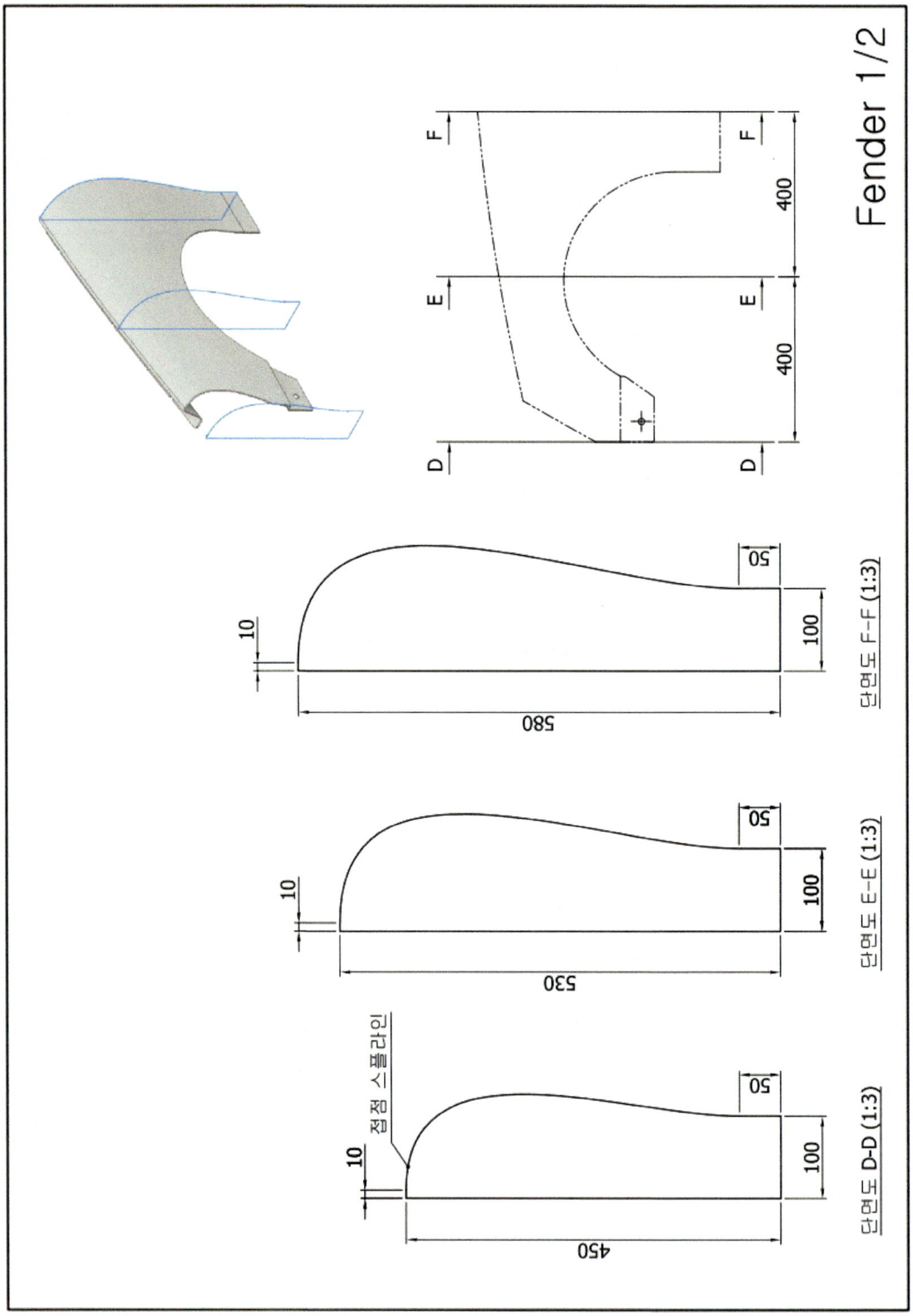
Fender 1/2
D
E
F
400
400
단면도 D-D (1:3)
접점 스플라인
10
50
100
450
단면도 E-E (1:3)
10
50
100
530
단면도 F-F (1:3)
10
50
100
580

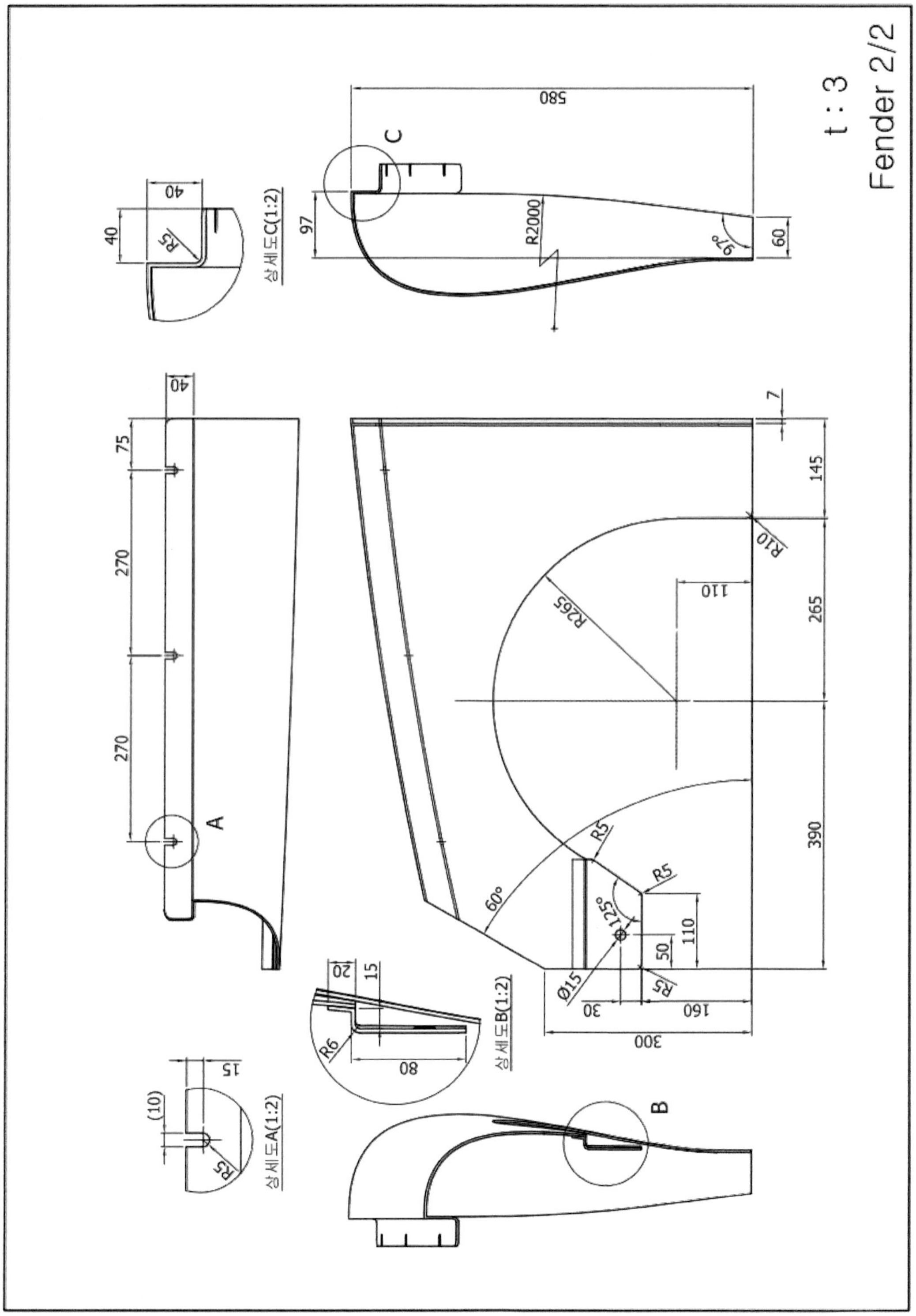
t : 3
Fender 2/2
상세도A(1:2)
상세도B(1:2)
상세도C(1:2)
A
B
C
R2000
R265
R10
R5
R6
Ø15
60°
125°
97°
580
390
265
145
300
160
110
97
80
75
270
60
50
40
30
20
15
7
(10)

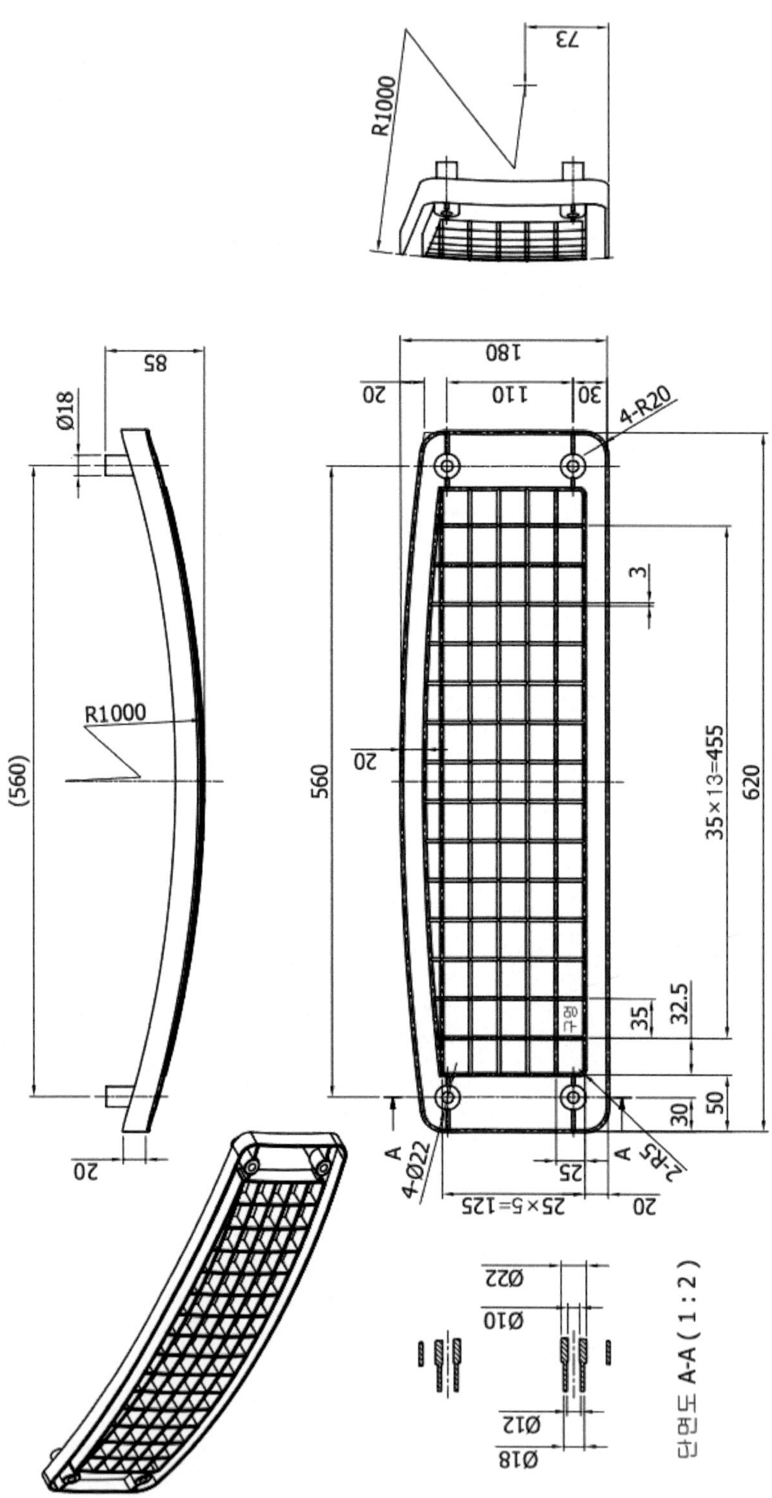

Front grille (프론트 그릴)